Rupert Riedl
Die Ordnung des Lebendigen

W0044845

Band 1018

Zu diesem Buch

Für den Wiener Zoologen Rupert Riedl war neben der Erforschung von Meerestieren die Evolutionstheorie immer ein Hauptthema seines Forschens und Nachdenkens. In diesem Buch setzt er sich mit dem Mechanismus auseinander, der die Gesetzmäßigkeiten der Evolution, dabei auch die Großabläufe der Stammesgeschichte, also die »Ordnung des Lebendigen« erklärbar macht.
»Die Genesis zum Menschen zu verstehen, scheint ein Anliegen, das uns schon lange beschäftigt. Bereits im Buch *Moses* ist ihr Ablauf vorausgesehen, im Gebiet der Evolutionsforschung schrittweise verbessert rekonstruiert worden: Und heute bildet die Evolutionstheorie längst eines der umfassendsten Gebäude unseres Denkens... Was aber den Mechanismus des Vorgangs betrifft, so ist die Diskussion nicht zur Ruhe gekommen. Dabei bleibt unbezweifelt, daß die Mechanismen der Selektion (Darwinismus), Mutation (Neo-Darwinismus) und Populationsdynamik (zusammen die Synthetische Theorie) einen fundamentalen Erklärungswert besitzen. Bezweifelt wird, ob diese bislang allein bewiesenen Mechanismen ausreichen, um die Gesetzmäßigkeiten ..., und damit die Ordnung des Lebendigen, zu erklären.« (Aus dem Vorwort)

Rupert Riedl, geboren 1925 in Wien, Studium der Medizin, Anthropologie und Biologie. 1948–1953 Leitung von Meeresexpeditionen, 1960 Professor für Zoologie in Wien, 1965 Professor an der University of North Carolina/USA, seit 1971 wieder an der Universität in Wien. Präsident des »Forums Österreichischer Wissenschaftler für Umweltschutz«. Veröffentlichungen u.a.: »Biologie der Erkenntnis«; »Die Spaltung des Weltbildes«; »Die Strategie der Genesis« (Serie Piper 290); »Evolution und Erkenntnis« (Serie Piper 378); »Kultur – Spätzündung der Evolution?«, »Der Wiederaufbau des Menschlichen«.

Rupert Riedl

Die Ordnung des Lebendigen

Systembedingungen der Evolution

Mit einem Vorwort zur Neuausgabe
Mit 317 Abbildungen und 7 Tabellen

Piper
München Zürich

Von Rupert Riedl liegen
in der Serie Piper außerdem vor:
Die Strategie der Genesis (290)
Evolution und Erkenntnis (378)

ISBN 3-492-11018-5
Februar 1990
R. Piper GmbH & Co. KG, München
Lizenzausgabe mit Genehmigung des Verlags
Paul Parey, Hamburg und Berlin
© der Originalausgabe 1975
Verlag Paul Parey, Hamburg und Berlin
© des Vorwortes zur Taschenbuchausgabe
R. Piper GmbH & Co. KG, München 1990
Umschlag: Federico Luci,
unter Verwendung einer Zeichnung von Daniela Auer
Photo Umschlagrückseite: M. Mizzaro
Satz: FotoSatz Pfeifer, Gräfelfing
Druck und Bindung: Clausen & Bosse, Leck
Printed in Germany

Inhalt

Zur Taschenbuchausgabe: Gebrauchsanweisung für Leser

Die Ordnung des Lebendigen ist erstmals deutsch im Herbst 1974 erschienen, englisch 1978 (bei Wiley, London), und in den vergangenen Jahren habe ich dazugelernt. Das betrifft Bestätigungen von Prognosen, die das Buch enthält, aber auch Einsicht darüber, wo in der Entwicklung der Evolutionstheorie (und der Erkenntnistheorie) dieser Band seinen Platz gefunden hat. Diese Einsicht mag den Gebrauch erleichtern.

Wohlmeinende Anwender des Buches empfehlen dem Biologen, z.B. nicht mit dem Kapitel I, II oder VIII, sondern mit Kapitel III oder VII zu beginnen, also im konkreten Material. Die erkenntnistheoretischen Ansätze wie Konsequenzen sind für Biologen eine Hürde. Bei den Wissenschafts- und Erkenntnistheoretikern mag das umgekehrt sein. Diese Empfehlung ist wohl ebenso berechtigt, wie zu begründen.

1. Das Buch ist an *einer Nahtstelle biologischen Denkens* entstanden, dort nämlich, wo an das Paradigma der Lehrbücher, an die Synthetische Theorie der Evolution ein erweitertes Konzept anzuschließen begann. Wenn erstere genetisch, populationsgenetisch argumentierte, begannen sich nun morphologisch organismische Argumente anzuschließen. Man kann auch sagen: Den »äußeren« Ursachen der Evolutionsvorgänge wurden »innere« hinzugefügt, und zwar in dem Sinne, daß die Synthetische Theorie zwar als eine notwendige, nicht aber als eine zureichende Erklärung aufgefaßt wird.

Im Grunde steht die Erweiterung des Konzepts vor dem Hintergrund einer Erweiterung des wissenschaftstheoretischen Ansatzes. Darauf wurde in dem Band nicht speziell hingewiesen. Es schien mir aus den Wiener Schulen der Systemtheorie von *Paul Weiss* und *Ludwig von Bertalanffy* und der Erkenntnistheorie von *Konrad Lorenz* zu selbstverständlich. Dies ist es im weiteren Kreise aber nicht. So wurde vielen das Verstehen erschwert.

2. Heute ist sichtbar, daß mein Zugang in die Perspektive des *Funktionellen Strukturalismus* gehört. Mit der Erwartung, daß alle komplexe Struktur der Weiterentwicklung ihrer Funktionen nicht nur neue Qualitäten schaffen läßt, sondern auch Grenzen setzt; daß beides in den neuen Strukturen zum Ausdruck kommt, welche neuerlich auf die Entwicklung der Funktionen wirken u.s.f. Die englische Literatur spricht heute von Constraints, Punktualismus und Konstruktivismus. Das war aber damals noch kein Paradigma.

Im Grunde steckt die Einsicht in Wechselzusammenhänge und Wechselkausalität dahinter; hier die in eine Wechselwirkung zwischen Genen und Phänen, und zwar in dem Sinne, daß die Wirkung auf die Phäne chemisch kodiert ist, die prognostizierte Wirkung auf die Gene aber auf einem stochastischen Prinzip beruhen muß.

3. Heute ist auch sichtbar, daß der von mir im Ansatz vorgestellte Prozeß des Kenntnisgewinns, besonders hinsichtlich der gewinnbaren Gewißheitsgrade morphologischer Prognosen das spätere Paradigma der *Evolutionären Erkenntnistheorie* vorweggenommen, jedoch nicht ausgearbeitet hat.

Im Grunde steckt ein iteratives, kybernetisches Modell des Lernprozesses dahinter, der, wie wir nun erkennen, uns angeboren ist und uns vorbewußt über einen Wechsel subjektiver, bedingter A-priori- und A-posteriori-Annahmen die außersubjektive Wirklichkeit zu natürlichen Kategorien gliedern läßt. Wie wir nun sehen: mathematisch ein spezieller Fall des *Bayes*'schen Theorems, lerntheoretisch dessen Voraussetzung. Dies erklärt, wie es kommt, daß der Weg zur Erkenntnis des natürlichen Systems so richtig gegangen wurde, ohne daß die Vorgangsweise bislang hätte formuliert werden können.

4. Heute wird schließlich sichtbar, daß meine Bemühung an jene *Darwins* anschließt, der aus Kenntnis der auch von mir zitierten morphologischen Phänomene wie Atavismen, Doppelbildungen, Heteromorphosen in seiner »Pangenesis-Theorie« nach einem notwendig zu postulierenden *inneren Evolutionsmechanismus* suchte; wenn auch, im Gegensatz zu mir, nach dem Erklärungsprinzip von *Lamarck*.

Im Grunde ist aber keine Wirkung von Milieubedingungen auf die Gene zu erwarten, sondern eine aus den Funktionszusammenhängen der Phäne; und diese wechselt nicht mit der Begegnung neuer Milieubedingungen, sondern haftet wie ein Schicksal am evolvierenden System. Es ist ein system-immanentes Prinzip, das *Goethe* in der Diktion seiner Zeit ein »esoterisches Prinzip« genannt hat.

5. Kollegen, die das Buch nicht gelesen haben, sondern nur darüber reden, etikettieren mich gerne als neuen Lamarckisten (Marxisten als Molekularidealisten). Das ist falsch (das andere hat keinen Sinn). Derlei ist aber nur aus dem Wunsche zu verstehen, *Paradigmen gegen ihre Widerlegung zu schützen.* Es ist ein Phänomen der Wissenschafts-Soziologie und damit nur im übertragenen Sinne eines der Evolutionsprozesse.

Im Grunde des Wissenschaftsfortschritts geht es jedoch darum, was konkret seit dem ersten Erscheinen geschehen ist. Und ich füge einige Schlüsselarbeiten an zum Nachschlagen: 1.) zum Erkenntnistheoretischen Hintergrund 2.) zu den weiteren Entwicklungen der »Systemtheorie der Evolution« und 3.) zu den sehr parallelen Bemühungen unserer Kollegen.

1.)

Lorenz, K. und *Wuketits, F. (Ed.)*, 1983: Die Evolution des Denkens. München, Zürich, Piper.

Riedl, R., 1978-79: Über die Biologie des Ursachendenkens; ein evolutionistischer, systemtheoretischer Versuch. In: Mannheimer Forum. Mannheim, Boehringer: 9-70.

Riedl, R., 1980. Biologie der Erkenntnis. Die stammesgeschichtlichen Grundlagen der Vernunft. Berlin, Hamburg, Parey.

Riedl, R., 1983: Denkordnung als Abbild der Naturordnung. In: Riedl, R. und Kreuzer, F. (eds), Evolution und Menschenbild. Hamburg, Hoffmann und Campe: 40-58.

Riedl, R., 1985: Die Spaltung des Weltbildes. Biologische Grundlagen des Erklärens und Verstehens. Berlin, Hamburg, Parey.

Riedl, R., 1987: Kultur – Spätzündung der Evolution. München, Piper.

Riedl R., 1988: Der Wiederaufbau des Menschlichen. München, Piper.

Riedl R., und *Wuketits, F.* (Ed.), 1987: Die Evolutionäre Erkenntnistheorie. Berlin, Hamburg, Parey.

2.)

Müller, G. B. und *Streicher, J.*, 1989: Ontogeny of the syndesmosis tibiofibularis and the evolution of the bird hindlimb: a caenogenetic feature triggers phenotypic novelty. Anat. Embryol. 179: 327-339.

Müller, G. B., 1989: Ancestral patterns in bird limb development: A new look at Hampé's experiment. J. evol. Biol. 2: 31-47.

Riedl, R. J., 1970: A systems-analytical approach to macro-evolutionary phenomena. The quarterly review of biology 52: 351-370.

Riedl, R. J., 1980: Die Entwicklung des Begriffs vom taxonomischen Merkmal oder das Problem der Morphologie. Zool. Jb. Anat. 103: 155-168.

Riedl, R. J., 1980: Homologien; ihre Gründe und Erkenntnisgründe. Verh. Dtsch. Zool. Ges., Stuttgart, Gustav Fischer Verlag: 164-176.

Riedl, R. J., 1988: The System Theory of Evolution. In: Schmidt, F. (Ed.), Neodarwinistische oder kybernetische Evolution? Heidelberg, Universitätsdrukkerei: 4-29.

Wagner, G. P., 1982: The Logical Structure of Irreversible Systems Transformations: A Theorem Concerning Dollo's Law and Chaotic Movement. J. Theor. Bio. 96: 337-346.

Wagner, G. P., 1986: The Systems Approach: An Interface Between Development and Population Genetic Aspects of Evolution, Patterns and Process in the History of Life. In: Raup, D. und Jablonski, D. (eds). Berlin, Heidelberg, Springer-Verlag: 149-165.

Wagner, G. P., 1988: The influence of variation and of developmental constraints on the rate of multivariate phenotypic evolution. J. evol. Biol. 1: 45-66.

Wagner, G. P., 1989: The origin of morphological characters and the biological basis of homology. Evolution 43: in press.

3.)

Cheverud, J., 1984: Quantitative Genetics and Developmental Constraints on Evolution by Selection. J. theoret. Biol. 101: 155-171.

Gould, S. J. und *Lewontin, R. C.*, 1978: The Spandrels of San Marco and the Panglossian Paradigm: A Critique of the Adaptationist Programme. Proc. R. Soc. London 205: 581-598.

Hall, B. K., 1984: Developmental Mechanisms underlying the formation of atavisms. Biol. Rev. 59: 89-124.

Sander, K., 1982: Rekapitulation aus der Sicht eines Entwicklungsphysiologen, die konservierende Rolle funktioneller Verknüpfungen in der Ontogenese. Verh. naturwiss. Ver. Hamburg 25: 33-50.

Saunders, P. T., 1981: On the Increase in Complexity in Evolution II. The Relativity of Complexity and the Principle of Minimum Increase. J. Theor. Biol. 90: 515-530.

Smith, J. M., Burian R., Kaufmann, S., Alberch, P., Campbell J., Goodwin, B., Lande R., Raup, D. und *Wolpert L.*, 1985: Development constraints and evolution. The Quarterly Review of Biology 60: 265-287.

Wake, D. B. und *Larson, A.*, 1987: Multidimensional Analysis of an evolving Lineage. Science 238: 42-48.

Die Ausgabe dieses Opus als Taschenbuch mag es nun den Studenten leichter erwerbbar machen. Dies ist auch deshalb wertvoll, weil es jene Generation ist, in der, wie ich erwarte, der Wechsel des Paradigmas, und damit ein getreueres Bild unseres eigenen Werdens, vollzogen werden könnte.

Somit danke ich dem Verlag R. Piper für diese Initiative und dem Verlag Paul Parey für seine Zustimmung.

Wien, im Juni 1989 Rupert Riedl

Vorwort

Die Genesis zum Menschen zu verstehen, scheint ein Anliegen, das uns schon lange beschäftigt. Bereits im Buch *Moses* ist ihr Ablauf vorausgesehen, im Gebiet der Evolutionsforschung schrittweise verbessert rekonstruiert worden: Und heute bildet die Evolutionstheorie längst eines der umfassendsten Gebäude unseres Denkens. Auch ließ sich seit der Deszendenz-Lehre durch jede neuentdeckte Struktur die Rekonstruktion des Ablaufes vervollständigen. Was aber den Mechanismus des Vorgangs betrifft, so ist die Diskussion nicht zur Ruhe gekommen. Dabei bleibt unbezweifelt, daß die Mechanismen der Selektion (Darwinismus), Mutation (Neo-Darwinismus) und Populationsdynamik (zusammen die Synthetische Theorie) einen fundamentalen Erklärungswert besitzen. Bezweifelt wird, ob diese bislang allein bewiesenen Mechanismen ausreichen, um die Gesetzmäßigkeiten, auch der Großabläufe der Stammesgeschichte (der transspezifischen Evolution) und damit die der Ordnung des Lebendigen, zu erklären. Denn: Bestünde diese Ordnung nicht, wieso könnten Tausende von Bänden sie bereits beschreiben?

Ein Konzept der Phylogenie aber, das auf opportunistischer, kurzsichtiger Auswahl gelegentlicher Zufallsfehler in der Transmission von Bauvorschriften beruht, muß, so fühlt man, dort versagen, wo die entstehende Gesetzmäßigkeit gewaltige, eternale Form annimmt. Diesen ordnenden Mechanismus nicht zu kennen, bildet eine Lücke im Konzept. Der Kenner weiß, daß dies schon *Darwin* empfand, aber seither haben sich anstelle von Lösungen eher Fronten gebildet. Der Neo-Darwinismus stand gegen den Neo-Lamarckismus, die *Weismann*-Doktrin gegen den Vitalismus, und heute stehen Über-Empirismus und Reduktionismus gegen Systemtheorie und Holismus; ja, manche meinen, die Experimentalfächer wären, da nur sie Fragen nach den Ursachen beantworten könnten, berechtigt, die Gestaltsforschung, die Grundlage von Morphologie, Systematik und Groß-Phylogenie aus den Wissenschaften auszuschließen.

Diesen ordnenden Mechanismus will ich versuchen darzulegen. Es ist das jener kausale Zusammenhang, der die Gesetzmäßigkeiten der Makroevolution sowie der geordneten, vorhersehbaren Mannigfaltigkeit der organischen Gestalten zur notwendigen Folge hat; ja, der die Ursache dafür ist, daß das Lebendige nicht ein unbeschreibliches Wirrwarr, sondern eine beschreibbare Ordnung bildet, welcher selbst von den Mustern unseres Denkens und seinen ordnenden Folgen (unserer Zivilisation) entsprochen wird. Bei so universeller Wirkung besteht Gefahr, reale mit gedachter Ordnung zu verwechseln. Ich muß darum voraus die Muster der realen Ordnung selbst erklären. Tatsächlich ergibt sich der Mechanismus dann fast von selbst. Der Schlüssel liegt nämlich in der Einsicht, daß die zahlreichen Rätsel, die uns das Richtungshafte in der Evolution und das Vorhersehbare in Gestalt und Entwicklung noch immer aufgeben, sämtlich Konsequenzen jenes allgemeinen Ordnungsprinzips sind. Sie verhalten sich wie die Fälle zum Gesetz. Um uns aber in Realität und Maß dieser Ordnung nicht zu täuschen, müssen wir wissen, wie wir Gesetzmäßigkeit überhaupt objektiv erfassen können. Damit ist zu beginnen.

Meine Theorie geht von einem vollständigeren Kausalkonzept aus, von der Einsicht, daß die Wirkungen des Evolutionsmechanismus auf das, was wir seine Ursachen nennen, selbst zurückwirken. Ich werde zeigen, daß die Chancen, nämlich mit mutativer Änderung Erfolg zu haben, in allen Ebenen der Organisation verschieden sind; und daß deshalb die Erfolgschancen der Änderung von Merkmalen (Phänen, Ereignissen) über diejenigen der Gene (genetischen Entscheidungen) ebenso wachen wie die der Gene über jene Merkmale. Entscheidungen wie Ereignisse sind über einen ›Feed-Back‹- oder Rückkoppelungsmechanismus zu einem Gesamtsystem von Wirkungen verbunden. Dies ist im Wesen ein Selektionsmechanismus, der den Gesetzen der Zufallswahrscheinlichkeit die wachsende Zufalls-Unwahrscheinlichkeit der Organisation des Lebendigen abringt. Dabei führt die Ausnützung der möglichen Wechselabhängigkeiten sowohl zur Ausbildung der vier bekannten molekularen Schaltmuster der Entscheidungen als auch zu vier korrespondierenden morphologischen Ordnungsmustern der Ereignisse (die wir Norm, Hierarchie, Interdependenz und Tradierung nennen werden). Dynamisch bedeutet dies ein ›Self-Design‹, eine Selbststeuerung in der Evolution, aus welcher sich unsere schwebenden Probleme erklären: Trend und Orthogenese (um nur je zwei zu nennen) in der Phylogenie, Biogenesegesetz und Homöostase in der Ontogenie, Operon- und Regulator-System in der Genetik, Homologie und Typus in der Morphologie sowie die Realität der Systemgruppen und des Natürlichen Systems in der Systematik.

Die Konsequenzen der Theorie sind Evolutionsbahnen, die sich in sich selbst regeln und gestalten, die sich in sich selbst entwarfen. Wir selbst sind somit weder das Produkt des blinden Zufalles noch irgendwie vorgeplant; weder sinnlos noch von a-priorischem Sinn. Wir sind vielmehr – wenn man so will – das Produkt einer Strategie entstehender Gesetzmäßigkeit (einer Strategie gegen Entropie und Verfall) und haben uns unseren Sinn, sobald wir einen besitzen, selbst verdient. Wir stecken weder in einer Sackgasse, noch ist der Weg zur Vollkommenheit gefunden. Dieser kann vielmehr wieder und wieder gefunden werden, solange die dem Zufall abgerungenen Vorteile den Gesetzen der Wahrscheinlichkeit rückgezahlt werden können. Die zu unserem Wohle wirkenden Mechanismen sind zwar bereits kanalisiert, doch auch nicht minder unsere Chance, die verankerten Übel loszuwerden. Freiheit ist kein Abwerfen von Bürde, sondern die Vervollkommnung der Massen- zu Individualgesetzen: Und unser Milieu weder das Jagdland des Opportunismus noch der Jungbrunnen der Reformisten, sondern Spiegel- wie Zerrbild seiner Kreaturen. Die Chancen unseres Weges zum Menschen liegen in der Schaffung eines Milieus des Humanen.

Mein Wunsch ist es, den Gedanken dieser Theorie verständlich zu machen. Denn viele sind voll Unruhe oder Zweifel. Ob meiner Theorie der Zeitgeist geneigt ist, ist schwer zu sagen. Über die alten Fronten hinweg wurde ja kaum mehr verhandelt. Dennoch hoffe ich; weil ich das Befreiende und Versöhnliche sehe, das in der Einsicht in die Ordnung der Genesis liegt; ansonsten hätte ich dieses Unternehmen besser nicht versucht. Zwar, vieles in der Zeit spricht dagegen: Die Verifikation ist stets eine Sache von morgen, die Molekulargenetik der höheren Organismen steckt erst in den Anfängen, die Metrik der lebendigen Ordnung ist voll von Widersprüchen, das Problem der Gestalt ist ungelöst, ihre Methode im Verfallen, die Literatur aber für den einzelnen fast unüberblickbar. Vieles aber spricht schon dafür: Die Verifikation ist im Kommen, die Lösung ist zwischen den Fronten eingeengt, ja, von Forschern beider Lager in fast allen Teilen des Mosaikes antizipiert, und um uns für das Produkt des reinen Zufalles zu halten, auch für legitime Plünderer oder Manipulanten unseres Milieus, sind wir schon fast zu einsichtig geworden.

Den Mut für einen solchen Text habe ich Informationstheorie und Thermodynamik entnommen. Sie belehren uns, daß wir unsere eigene Ordnung übersahen. Und ich habe ihn jenen einsam werdenden Bibliotheken entnommen, in die unser einschichtiges Denken die Morphologie gesperrt hat, obwohl auf ihr die vergleichende Anatomie und die Systematik der großen Zusammenhänge ruhen, die eine der tiefgreifendsten Erkenntnisse des Menschen enthalten, und vielleicht die rettendste; die Erkenntnis seiner Genesis.

Dankbar bin ich meiner Frau, die mir, auch in diesen Arbeitsjahren beiderseits des Atlantik, eine kaum mögliche Aufgabe möglich machte, dem Verlagshause *Paul Parey*, das meinen Bemühungen schon zum vierten Male verständnisvoll eine treue, hütende Hand reichte, meinen Mitarbeiterinnen *Daniela Auer*, die die Abbildungen fertigte, *An Painter* und *Hermi Troglauer*, die meine Texte stets betreuten (hüben und drüben des großen Wassers), und meinem Freunde *Harald Rohracher*, der all das auch noch mit ansehen mußte.

Wien und North Carolina, im Dezember 1973 Rupert Riedl

Einführung

Dem Leser mehr als erwartet Mühen zu bereiten, beruht auf der Ungeschicklichkeit des Autors; ihn aber ungewarnt zu lassen, wäre bloße Unhöflichkeit. Nur letztere, so sehe ich voraus, werde ich ganz vermeiden können. Darum will ich, bevor wir uns der Ungewißheit des Unbekannten anvertrauen, jene Haltegriffe beschreiben, die wir wiederholt zu benützen haben werden. Man wird diese Fährnisse verstehen, wenn man sich daran erinnert, daß Leser wie Autor jeweils ein System aus ziemlich vielen Molekülen darstellen, deren Grad an Ordnung oder Organisation groß genug ist, sie sogar über die Chancen von Molekülen nachdenken zu lassen.

Es ist um die Sicherung dessen, was wir eigentlich erkennen können und wie das geschieht – selbst im beschränkten Rahmen unserer Untersuchungen –, nicht ernstlich herumzukommen. Ich will darum eine Vorschau auf einige jener Begriffe geben, die, soweit ich sehe, den Schlüssel zu unserem Problem enthalten, ja sogar schon den Mechanismus zu seiner Lösung.

a. Zufall und Notwendigkeit

Was immer wir in dieser Welt beobachten, wir haben die Erfahrung gemacht, daß es entweder auf den Zufall oder auf Notwendigkeit zurückgeführt werden kann. Dies ist eine Scheidung nach der Möglichkeit der Voraussicht. Dabei wächst mit zunehmender Einsicht in einen Mechanismus die Voraussehbarkeit (unsere Erklärung aus Notwendigkeiten); und zwar auf Kosten unserer Ungewißheit (unsere Erklärung durch den Zufall). Aber auch objektiv kann die Notwendigkeit, die Anzahl der notwendigen Folgen, wachsen. Etwa, indem wir eine Maschine ausbauen oder indem ein Organismus oder eine Organisation zusätzliche Gesetzmäßigkeit in sich aufnimmt. Und auch das geschieht dadurch, daß weitere Merkmale ihre Zufallsverteilung verlieren, indem sie sich vorhersehbaren Anordnungen unterwerfen lassen: Wie etwa die Metallteile einer Kramschachtel zur Fertigung des Sekundenzeigers einer Uhr, die Biomoleküle eines Gewebes zur Fertigung eines Auges oder die Verhaltensweisen einer Menschengruppe zur Erweiterung eines Vereinsstatutes.

Die subjektive Grenze zwischen Zufall und Notwendigkeit wird von den Möglichkeiten unseres Erkenntnisapparates bestimmt. Sie liegt dort, wo Voraussehbares in Unvoraussagbares übergeht. Das ist in der täglichen Praxis (im Makrobereich) dort, wo sich ein Vorgang der Untersuchung entzieht. So vertrauen wir ja z.B. dem reinen Zufall der ›Kopf-Adler-Entscheidung‹, obwohl wir überzeugt sein können, daß die geworfene Münze ausschließlich physikalischen Gesetzen folgt.

Die subjektiven Grenzen zu erweitern und die objektiven zu finden, ist die Aufgabe der Naturwissenschaften. Bisher hat aber nur die Annahme einer einzigen objektiven Grenze die Anerkennung vieler Wissenschaftler gefunden. Sie liegt im Bereich der Atome (im Mikrobereich der Physik), wo Voraussagen über den Zeitpunkt einer atomaren Änderung prinzipiell unmöglich zu sein scheinen.

b. Entscheidung und Ereignis

Als ein zweites verhilft uns unser Wahrnehmungsapparat dazu, zwischen Entscheidungen und Ereignissen zu unterscheiden; und zwar so konsequent, als ob es sich um nichts anderes als um Ursache und Wirkung handelte.

Die Unterscheidung hat wiederum nur praktische Bedeutung; und zwar selbst in jenen einfachen Fällen, in welchen wir überzeugt sein können, daß ein Ereignis nichts anderes sein kann als der vereinfachte Ausdruck für eine große Anzahl in bestimmten Mustern zusammenhängender Entscheidungen. Wie etwa Ereignisse nach Knopfdruck an unserem elektrischen Tischrechner, nach der Aussaat von Grassamen oder nach Versenden eines Telegramms. Ja, der Tischrechner ist (nicht unähnlich dem Samenkorn) mit der Absicht gebaut, alle jene Entscheidungen zu beinhalten sowie die Logik ihrer Verdrahtung, die seinem Benützer abgenommen werden können.

Soweit wir wissen, setzen sich alle Ereignisse aus Entscheidungen letzlich molekularer Art zusammen; und das bildet auch die praktische Notwendigkeit unseres Unterscheidens. Die Einsicht in ihr Wirken ist uns nämlich ganz verwehrt oder nur durch komplizierte methodische Analyse rekonstruierbar. Denn obwohl die besten der Sinneswahrnehmungen bis dicht an den atomaren Bereich heranreichen, sehen wir doch weder ein Lichtquant, noch hören wir die Schwingungen eines Moleküls; denn auch die kleinste Sinnes- oder Nervenzelle setzt sich bereits aus Billionen (10^{12}) atomarer Entscheidungen zusammen. Es ist darum verständlich, daß wir die uns einsehbare Welt nicht nach den Entscheidungen beschreiben, sondern nach jenen Komplexen ihrer Systeme, die wir Ereignisse nennen: einen Kristall, dessen Wachstum, einen Organismus und dessen Keimen.

c. Mutation und Selektion

Zu den Merkwürdigkeiten der Evolution scheint nun der Umstand zu zählen, daß die erblichen Änderungen nur im Bereich von Zufall und

Mikrowelt, die Auslese aber nur in jenem von Notwendigkeit und Makrowelt erfolgen. Zwischen beiden aber klafft im Komplexitätsgrad eine Lücke, die die Größenordnung von Trillionen und Quadrillionen (10^{18} bis 10^{24}) erreichen kann.

Damit mußte die Vorstellung eines einsinnigen Mechanismus entstehen: eine Theorie, nach welcher, bei der notwendigen Auswahl veränderter Ereignisse aus zufalls-veränderten Entscheidungen, Zufall und Notwendigkeit voneinander unabhängig wären. Faßt man zudem Entscheidung und Ereignis wie Ursache und Wirkung auf, so erscheint die Möglichkeit eines Einflusses der Ereignisse auf die Entscheidungen sogar definitionsgemäß ausgeschlossen. Dieser für den Neo-Darwinismus entscheidende Punkt ist in der ›*Weismann*-Doktrin‹ der frühen Genetik und im ›Dogma‹ von heute dekretiert. In diesem Sinne wäre aller Wandel in der Evolution das Ergebnis des reinen Zufalles.

Die Erfordernisse der Selektion wiederum wären ausschließlich vom Milieu definiert. Die Begegnung der neu geschaffenen Ereignisse mit dem sich neu erschließenden Milieu ist uns aber ebensowenig vorhersehbar. Folglich wären auch alle Produkte der Evolution das Ergebnis des reinen Zufalles.

Diese beiden Konsequenzen wären zwingend, könnte man die Befehlsgabe in der Evolution tatsächlich als einen Streifen gleichwertiger Entscheidungen verstehen; etwa wie die Legeanleitung eines riesigen Puzzles, niedergelegt auf einem langen Morsestreifen. Tatsächlich handelt es sich aber keineswegs um eine bloße Durchnumerierung von Proteinen, sondern um ein vielschichtiges System von Entscheidungen und Ereignissen, welches die gesamte trillionenweite Komplexitätsspanne überbrückt.

d. Das System der Phänomene

Nach dem Umfange der von ihnen ausgelösten Ereignisse reichen die Entscheidungen von der Fertigung der einfachsten Biomoleküle bis zu der des gesamten Organismus. Dabei ist unter den vielen Schichten der Komplexität, bis hinauf zu den Organgruppen und Körperregionen, keine bekannt, die nicht von einer einzelnen Sub- oder Super-Entscheidung dirigiert werden könnte (und die Erfahrung zeigt, daß die Zufallsänderungen ebenso in jeder Schichte dieser Entscheidungen und mit derselben Wahrscheinlichkeit auftreten).

Somit werden Entscheidungen voneinander abhängig. Nach der Art der Dependenz, der Abhängigkeiten, welche im System der Entscheidungen aufgebaut werden, scheinen alle Formen realisiert zu sein, die geometrisch möglich sind. Man kann sie nach zeitgleichen und aufeinanderfolgenden, ein- und wechselseitigen Abhängigkeiten gleicher und ungleicher Phänomene sortieren; wobei nun ›Phänomen‹ jeweils sowohl für die Entscheidungen wie für die durch sie ausgelösten Ereignisse verwendet werden kann. Damit ist zunächst eine kausale Verknüpfung der Entscheidungen untereinander gegeben, die über das einsinnige Konzept des Neo-Darwinismus hinausgeht.

Strukturell äußert sich dieselbe im Vorliegen einer definierten Zahl von Abhängigkeitsmustern. Diese erscheinen im Molekularbereich der Entscheidungen als vier Schalt- oder Verdrahtungsmuster. Im Gestaltenbereich der Ereignisse sind sie die vorhersehbaren Ordnungsmuster der Gestalt. Sie bilden die Grundlage der Beschreibbarkeit des Lebendigen.

Im Gesamtzusammenhang handelt es sich um die Durchsetzung einer Wechselabhängigkeit der Entscheidungen untereinander über den Umweg der Selektion der von ihnen hervorgerufenen wechselabhängigen Ereignisse; um eine Bevorzugung von Entscheidungen durch bevorzugte Ereignisse: um eine ›Strategie des Zufalles‹.

e. Ursache und Wirkung

Der Mechanismus der Evolution ist damit tatsächlich mehrsinnig. Seine Kausalität ist nicht exekutiv, sondern funktionell. Wirkungen beeinflussen ihre Ursachen. Folgende Spielregel liefert unserer Vorstellung das einfachste mechanische Modell:

Jeder Spieler (jedes Genom) folgt der Regel (identischen molekularen Gesetzen), eine Münze z.B. zunächst viermal zu werfen (vier zufällige Genentscheidungen, jede mit einer Erfolgschance von 0,5). Das Ziel ist, das dem Spieler nicht bekannte, von der Bank (den Außenbedingungen) definierte Gewinnmuster der Ereignisse zu erreichen; wir nehmen an, die Bank honorierte das Muster: (1) Kopf – (2) Kopf – (3) Kopf – (4) Adler (als Selektionsvorteil im Milieu). Jedem Spieler ist aber erlaubt, durch wahlloses Versuchen, sagen wir nach jedem 20. Durchgang (der Chance mutativ erreichbarer Gen-Überordnung), seine Strategie zu ändern, indem eine Entscheidung weggelassen und durch eine vorausgehende vertreten werden kann. – Wie die Praxis zeigt, steigt die Erfolgschance mit jeder zufällig richtig gewählten Vertretung, z.B. (1) für (1) und (2), auf das Doppelte (von $0,5^4$ auf $0,5^3$), mit jeder falschen, z.B. (3) für (3) und (4), sinkt sie auf Null. Werden nun die steten Verlierer in gleicher Weise ausgeschieden und die Gewinner samt ihrer Strategie durch identische Replikation vermehrt, so wird die Strategie des Zufalles das geheime Erfolgsmuster der Bank bald nachgeahmt haben.

Treten also Entscheidungen zu Systemen zusammen, so werden unter Selektionsbedingungen die Muster der Entscheidungen die von ihnen geforderten Muster der Ereignisse kopiert haben. Ganz besonders dann, wenn die funktionellen Abhängigkeiten (die Bürden) der Ereignisse (der Merkmale) getrennte Veränderungen gar nicht mehr zulassen. Ereignisse wirken auf ihre Erzeuger zurück. Ursache und Wirkung gewinnen neue Dimensionen. Da diese Regel im Lebendigen mit Mutationsraten von einem Zehntausendstel, mit zehntausend Entscheidungen und Gewinnmustern aus zehntausend Ereignissen und mit sehr hohen Replikations-Selektions-Raten über Millionen von Einzeldurchgängen operiert, erreichten die Systeme von Wirkungen und Rückwirkungen riesige Dimensionen. Dem Zufall der Entscheidungen wird die geforderte Harmonie der Wirkungen aufgezwungen.

Freilich ist der Zufall nicht zu beschwindeln. Die erreichten Vorteile gelten nur für das jeweilige Erfolgsmuster. Da sich aber dieses wandelt, muß jeder erreichte Vorteil mit einer Einengung der Möglichkeiten bezahlt werden. Die Phänomene, die Muster der Entscheidungen wie die der Ereignisse, die möglichen Ursache-Wirkungs-Muster werden kanalisiert. Und die Folge ist eine Ordnung von eternaler Stetigkeit. Die Ordnung des Lebendigen.

f. Material und Methode

Wenn, wie eben behauptet, Zufall und Notwendigkeit in Entscheidungen und Ereignissen durch Mutation und Selektion zu Systemen sich selbst ordnender Wechselbeziehungen zusammentreten, wenn das richtig ist, erwarten uns zwei Konsequenzen, die für die Beurteilung des Lebendigen von Interesse sind.

Statisch gesehen, müßte Ordnung von nachgerade unvorstellbarer Dimension alle Ebenen des Lebendigen vollständig durchdringen. Es müßte Gesetzmäßigkeit herrschen, Voraussagbarkeit möglich sein, wo wir mit dem Zufall rechneten: von der Struktur des molekularen Code bis zur Gestalt ganzer Organismenstämme und von der Datenleitung im epigenetischen System bis zu der unseres Denkapparates. Jede Lükke würde die Theorie widerlegen. Dies ist der Grund, warum noch so viele Seiten folgen müssen.

Dynamisch gesehen träte das Konzept der Evolution aus der Sinnlosigkeit des blinden Zufalles in die Ebene der Notwendigkeit, der Selbstplanung, der (wir haben kein Wort dafür) Selbst-Zielsetzung, fixierter Hoffnungen und Übel und damit der Vorhersehbarkeit ihrer Wege und Chancen. Dies aber zu behaupten, ist verantwortungsvoll: eine Ermutigung, wenn es richtig ist, eine Täuschung, wenn es falsch wäre. Darin liegt das Motiv, im folgenden mit aller Sorgfalt vorzugehen.

Und noch eines, bevor wir ernstlich beginnen: Ich werde mich bemühen, den Fachjargon, das Rotwelsch der Spezialgebiete, wo nur immer möglich, zu vermeiden, um nicht nur Einzeldisziplinen der Biologie zugängig zu sein, sondern auch von den übrigen Wissenschaften verstanden zu werden und vom gebildeten Laien. Darum werde ich alle für die Sache wichtigen Begriffe soweit erklären, daß möglichst der Fachmann nicht ermüdet, der Nicht-Fachmann aber nicht überfordert wird. Wo aber eines der beiden eintritt, möge man die Stelle getrost überschlagen, um an den Punkten seines Interesses fortzusetzen; denn die Struktur des Ableitungsweges werde ich einhalten. Kapitel I und II beschreiben die allgemeine und die biologische Ordnung, III die molekulare, IV bis VII die morphologische (die Unterkapitel, A die Definitionen, B die Dokumentation, C den Mechanismus), Kapitel VIII enthält die Zusammenfassung (A den Mechanismus, B die Konsequenzen).

KAPITEL I

Was ist Ordnung?

Ordnung ist ein Ausdruck von Gesetzmäßigkeit; »sinnvoller Zusammenhang selbständiger Größen nach inneren Gesetzen« definiert *Brockhaus*. Ordnung ist ›Gesetz mal Anwendung‹ werden wir zu definieren haben.

Ordnung ist ein universeller Begriff. Offenbar gibt es kein Gebiet des Denkens, das auf ihn verzichten könnte. Auch seine fachliche Anwendung reicht von der Kunst bis zur Thermodynamik und von der religiösen Ethik bis zur Verkehrsordnung. Ebenso universell ist unsere Beziehung zu dieser Ordnung; von der frühen Begriffsbildung bis zu den wissenschaftlichen Methoden ist sie die Grundlage. Ethik, Metaphysik und Erkenntnislehre fordern sie in übereinstimmender Weise:

›Eine Welt ohne Ordnung hätte keinen Sinn.‹
›Die Ordnung dieser Welt, bestünde sie nicht, müßte gefordert werden.‹
›Eine Welt ohne Ordnung wäre weder erkennbar noch denkbar.‹

A. Die drei Perspektiven der Ordnung

Gegenüber dieser einhelligen Erwartung bilden die Formen der erwarteten Ordnung bereits ein weit weniger übereinstimmendes Bild. Ja, es scheint zu den allgemeinen Kriterien der Ordnung zu gehören, daß sich über ihre Formen und Grenzen, selbst über ihre Existenz, stets diskutieren läßt.

1. Für und wider die Ordnung

Unter solchen Umständen die Ursache der Ordnung finden zu wollen, erscheint recht aussichtslos; besonders dann, wenn, wie ich es vorhabe, von der naturwissenschaftlichen Methode nicht abgewichen werden soll. Tatsächlich ist das Problem der Ordnung bis in jüngste Zeit ausschließlich mit historisch-geisteswissenschaftlichem Werkzeug in Philosophie, Recht, religiöser Ethik und den Sozialwissenschaften bearbeitet worden.

Dies sollte für einen Naturwissenschaftler an sich der Warnung genug sein, wäre nicht doch aus der Zufalls- und Wahrscheinlichkeitslehre ein metrischer Begriff für Ordnung entstanden. Das ist der von *Schrödin-*

ger so genial entworfene Begriff der Negativen Entropie[1]). Durch die Umkehrung der Entropie, die ein Maß für Chaos, die Freiheit des Zufalls oder die Unvorhersehbarkeit darstellt, zeigt er die Richtung, in der gesucht werden kann.

Doch muß ein Veturin von Zunft wohl noch die Hürden beschreiben, die uns auf dem naturwissenschaftlichen Weg zur Erkenntnis der biologischen Ordnung bevorstehen.

a. Ordnung als Voraussetzung

Da wir ohne Ordnung nicht denken können, besteht die erste Hürde in der Schwierigkeit, zwischen realer und gedachter Ordnung zu unterscheiden. Ja, wir müssen zugeben, daß wir, wo immer uns Einsicht in die *causa* einer regelmäßigen Erscheinung verschlossen blieb, dazu neigen, das Walten einer präformierten Ordnung anzunehmen. Allda ist Ordnung Ersatz für Einsicht.

Intuitiv erscheint Ordnung als ein untrennbarer Bestandteil dieser Welt. Es ist ihre geregelte, beruhigend in Bahnen gelenkte und vorhersehbare Komponente in einem Meer von Ungewißheit und lauerndem Wirrwarr. Diese Denknotwendigkeit ist nicht nur vorwissenschaftlich, sie ist wohl so alt wie das Denken selbst; ihr Beginn steht in der Prähistorie der Frühkulturen.

Die Menschen waren offenbar seit jeher vom Walten einer Ordnung überzeugt, denn je weiter uns die Frühgeschichte die ›primitiven‹ Weltbilder eröffnet, umso handgreiflicher werden die gedachten Schöpfer und Götter, deren Erlässe allesamt dazu ausersehen waren, das Unerklärliche einer offensichtlich eternalen Ordnung zu erklären. Und auch heute brauchen wir die Frage nur jenseits der naturwissenschaftlichen Methode zu stellen, etwa nach dem Zweck der Schöpfung oder dem Sinn der Evolution, nach dem Ziel von Werden und Vergehen, um uns sogleich in jener Hoffnung wiederzufinden, die allein der Glaube an eine Ordnung bietet. Und zwar gleichgültig, ob wir den Glauben beim Namen nennen oder ihn mit dem Namen Entelechie oder Vitalismus[2]) philosophisch oder naturphilosophisch[3]) umschreiben: *Deus lex mundi.* Dabei haben wir nicht nur erfahren, daß die würdigsten und humansten dieser Ordnungsvorstellungen das Fundament unserer modernen Kultur bilden, sondern daß sie auch die erforschte *causa*, wohin sie immer zu reichen vermochte, wieder und wieder bestätigt hat, wenn auch in unerwartetem Gewande (Fig. I1).

[1] *Schrödingers* Überlegungen wurden schon 1943 vorgetragen und 1944 erstmals publiziert.

[2] Man vergleiche *Driesch* 1927 und *Schubert-Soldern* 1962.

[3] Vorzüglich dargelegt von *Strombach* 1968.

Fig. I1: *Die Annahme von Ordnung jenseits der erfaßlichen Welt.* Jenseits der Himmelsglocke erwartet der Künstler wieder das Herrschen von Normen, Symmetrien, ja von geordneten Mechanismen. Nach einem deutschen Holzschnitt des 15. oder 16. Jahrhunderts, aus *Zinner* 1931.

Man wird es einem Biologen zugute halten, wenn er hier nicht fortsetzt, denn es haben Berufenere darüber Erschöpfendes gesagt. Es sollte auch nur daran erinnert werden, wie tief die Vorstellung waltender Ordnung verankert erscheint.

b. Ordnung und Realität

Seitdem mit dem neunzehnten Jahrhundert ein gewisses Verständnis dafür, worum es sich bei Materie, Leben und Evolution handeln mag, gewonnen wurde, ist jedoch der Glauben an die Realität solcher Ordnung unsicher geworden. Nach meiner Meinung sind es drei Gründe, die für den Zweifel verantwortlich sind. Sie bilden den Gegenpol der Beziehung von Ordnung und Erwartung heute.

Erstens vermeint man festzustellen, daß sich der Begriff der Ordnung überall auflöst, wo das spezielle Ordnungsphänomen der kausalen Analyse zugänglich wird. Entweder das Ordnungsphänomen wird als nicht wirklich existent befunden, die Ordnungs-Hypothese falsifiziert, oder, der häufigere Fall, die Hypothese bestätigt sich, dann finden sich die Phänomene in einem Gebiet wieder, die man besser die

›Fälle eines Gesetzes‹ nennt. Ordnung wäre ein Durchgangszustand unserer Einsicht vor der kausalen Erkenntnis.

Zweitens sind es die Konsequenzen der beiden universellen Evolutionstheorien der Naturwissenschaften, der Physik und der Biologie, die, so wie sie heute vorliegen, einem Ordnungskonzepte keinerlei Stütze liefern. In der Physik ist das der zweite Satz der Thermodynamik, das Entropiegesetz, welches besagt, daß jeglicher Vorgang in diesem Universum letztlich eine Vergrößerung der Unordnung zur Folge hat: Ohne daß wir etwas über den Ursprung der Ordnung erführen, die offenbar groß genug gewesen sein muß, um heute noch abgebaut werden zu können. In der Biologie ist es die Synthetische Theorie (die Gebiete des Darwinismus und der Genetik synthetisierend), welche besagt, daß die Evolution der Organismen aus der Milieuselektion wahlloser Fehler zu erklären ist, die dann und wann bei der Replikation der genetisch festgelegten Entscheidungen auftreten: Ohne daß bislang eine einzige jener vielen Theorien, die zusätzlich das Wirken eines ordnenden Prinzipes reklamierten, verifiziert werden konnte. Ordnung anzunehmen, wäre in den großen Zusammenhängen gar nicht erforderlich.

Drittens scheinen die vermeintlichen Ordnungsmuster der Außenwelt mit den Mustern unseres Denkens auffallend übereinzustimmen. Wie, muß man dann fragen, kommt es zu dieser Koinzidenz? Ist es nicht naheliegend anzunehmen, daß das, was wir für reale Ordnung halten, in Wahrheit nichts anderes sei als die Projektion der Ordnungs-Notwendigkeiten unseres Denkens; ein Kunstprodukt, ein Artefakt gewissermaßen der Limitationen unseres Denkapparates. Denn die einzige Alternative, unsere Denkmuster wären das Selektionsprodukt der Realmuster, scheint weit hergeholt.

Ich darf in einer Einführung in den Begriff ›Ordnung‹ nicht ausführlicher werden. Wir kommen auch auf alle drei Fragen gebührend zurück. Dabei wird sich aber zeigen, daß erstens Fall, Gesetz und Ordnung zusammenhängen, daß zweitens unsere Evolutionstheorien tatsächlich nicht vollständig zu sein scheinen und daß drittens die Hypothese ›Denkmuster, ein Selektionsprodukt der Realmuster‹ dennoch wahrscheinlicher ist.

2. Entropie, Negentropie, Ordnung und Chaos

Neuen Auftrieb gewinnt unsere Frage durch die Forschung der Physiker, und es kommt mir darauf an, ihren Optimismus verständlich zu machen. Ihre fachliche Begründung desselben muß ich freilich weglassen und nur erwähnen, daß sie unabhängig vom bisher Erwähnten aus den Dimensionen von Erwartung und Ungewißheit gegeben wird.

Die Physik belehrt uns ja schon lange, daß sich alle isolierten Systeme in Richtung größeren Gleichgewichtes verändern, was einer Entwertung von Energie gleichkommt. Das *perpetuum mobile* ist unmöglich. Die Thermodynamik weist weiter nach, daß diese Abnahme einer Zunahme atomarer Unordnung (*D*) entspricht und zwar im Ausmaße (*k*) der *Boltzmann*-Konstante (von $1{,}38 \cdot 10^{-16}$ *erg* pro ° C). Diesen Energieverfall oder Wachstumsgrad atomarer Unordnung nennt man *Entropie (S)*:

$$S = k \log D \qquad \text{(Formel 1).}$$

Mit diesem Maße für Unordnung fand *Schrödinger* (schon 1944) – worauf wir (Abs. IB3a) noch zurückkommen – den Ansatz eines metrischen Ausdruckes für atomare Ordnung oder negative Entropie; und heute stimmt man darüber überein, daß *Negentropie (N)* einer Funktion des Kehrwertes atomarer Unordnung (1/*D*) entsprechen muß:

$$N = k \log 1/D \qquad \text{(Formel 2).}$$

Damit haben die Physiker ein Maß für Ordnung entdeckt und nicht nur das, sie haben es besonders für die Biologen geschaffen, denn es ist am Phänomen des Lebens, an *Schrödingers* Frage »*What is life*?«, entwikkelt worden, wo es mit Abstand am offensichtlichsten ist; und damit beginnt das Vertrauen in die Realität der Ordnung zurückzukehren.

»Leben erscheint als geordnetes und gesetzmäßiges Verhalten der Materie, das nicht ausschließlich auf deren Neigung beruht, von Ordnung zu Unordnung überzugehen«.[4)] Im Gegenteil: »Es springt in die Augen, daß die Tendenz der Lebewesen darin besteht, ihr eigenes Milieu zu organisieren, was nicht weniger heißt, als dort Ordnung zu schaffen, wo Unordnung geherrscht hat. Leben erscheint damit gewissermaßen im Gegensatz zur allgemeinen Drift ins Ungeordnete. – Aber bedeutet das, daß die Lebewesen das Entropiegesetz übertreten?«[5)] Nein, das ist nicht der Fall. Die Biosphäre, einschließlich ihres *in*- und *outputs*, folgt den Entropiesatz, ihre offenen Systeme, die Lebewesen, können ihn umgehen. »Der Gesamtprozeß folgt dem Entropiewachstum als ein Glied des Energieflusses von der Sonne in den Weltraum. Die einzelnen Lebensprozesse aber können so große Ordnung aufbauen wie in einem Rädertier, in einem Sonett oder im Lächeln der *Mona Lisa*.«[6)] Diesem Optimismus der Physiker wollen wir uns zunächst anschließen.

Wie die Organismen den Entropiesatz umgehen, werden wir im einzelnen auch der Physik zu entnehmen haben. Welche Mechanismen aber zu den Ordnungsmustern der lebendigen Strukturen führen und welche diese sind, will ich selbst zu entwickeln versuchen. Zunächst ist

4 *Schrödinger* 1951, p. 97.
5 *Bridgman* 1941, zitiert nach Morowitz 1970.
6 *Morowitz* 1970, p. 169.

die Feststellung wichtig, daß Negentropie als ein Maß für materielle Ordnung ihre Realität belegen und ihre Erforschbarkeit einleiten kann.

3. Zufall und Notwendigkeit, Gewißheit und Ungewißheit

Bevor wir mit dem metrischen Konzept materieller Ordnung fortsetzen, wird es nützlich sein, noch jene Begriffe zu klären, die mit ihm eng verknüpft sind.

Sämtliche Ereignisse, deren Studium der naturwissenschaftlichen Methode erreichbar ist, kann man in zufällige und notwendige sortieren. Diese Welt aus Zufall und Notwendigkeit scheint keine dritte Alternative zu beinhalten. Freilich ist mit dieser Einteilung vorerst nicht viel gewonnen. Man erkennt jedoch, daß wir gegenüber den Ereignissen zweierlei Haltung einnehmen. In einer Gruppe von Fällen besitzen wir eine gewisse Voraussicht und erwarten, daß sie von den Wiederholungen eines Ereignisses bestätigt werden wird, in der anderen besitzen wir eine solche nicht und nehmen mit unterschiedlichem Grad an Ungewißheit Unerwartetes zur Kenntnis. In den letzteren Fällen sammeln wir neue Erfahrung, in den ersteren sammeln wir Bestätigungen der bereits gemachten. Der Grenzbereich zwischen Zufall und Notwendigkeit ist dabei so groß, daß wir kaum eine Erfahrung machen können, in der nicht etwas Überraschung mit der bestätigten Voraussicht kommt und umgekehrt. Das muß uns noch beschäftigen. Was sind nun aber Notwendigkeit und Zufall?

Von der Notwendigkeit eines Ereignisses beginnen wir überzeugt zu werden, wenn sich unsere Voraussicht mit einer solchen Zuverlässigkeit bestätigt, daß die letzten Spuren von – sagen wir vereinfachend – Ungewißheit verschwinden. Wir neigen in diesen Fällen dazu, für solche Regelmäßigkeit eine Ursache anzunehmen, das Walten einer Ordnung oder einer Gesetzmäßigkeit, wie man zu sagen pflegt; und zwar aus der Erfahrung, daß sich Gleiches nicht grundlos wiederhole. Ob sich die angenommene Ursache bestätigt oder einer anderen wird Raum geben müssen – man denke an den Wandel unserer Vorstellungen von der Ursache des Sonnenumlaufes –, wird erst im Anschluß gefragt.

Zufällig hingegen nennen wir jene Ereignisse, über welche uns die verfügbare Methode keine Voraussicht zu bilden erlaubt; sei es, daß sich dasselbe eben nicht wiederholt, wie bei historischen Ereignissen, sei es, daß der Zeitpunkt des Wiedereintretens unbestimmbar bleibt; und diese Unbestimmtheit ist wieder darauf zurückzuführen, daß Einzelheiten, etwa der Ursache von Bewegungsvorgängen, entweder außer acht gelassen werden (wie bei der Kopf-Adler-Entscheidung), zu kompliziert sind, um verfolgt werden zu können (wie beim zufälligen Treffen von Freunden), oder sich grundsätzlich der Untersuchung entziehen (wie beim Zerfall eines Atoms). Dabei entspricht jener Ausschnitt eines Ereignisses dem reinen Zufall, über welchen keinerlei zutreffende Voraussage getroffen werden kann; und die Ungewißheit ist umso größer, je mehr Raum dem Zufall gegeben ist.

B. Ordnung als Wahrscheinlichkeit

Wo also befinden wir uns? Was bedeutet gewiß und ungewiß? So gefragt müssen wir den merkwürdigen Versuch machen, von Ungewißheit auf Gewißheit zu schließen. Das heißt: Da wir für alle weiteren Fragen einmal zu wissen haben, was wir von ›Gesetzmäßigkeit‹ und ›Gesetzesgehalt‹ halten können, muß ich den Leser bitten, mir für einige Seiten in ein Zwischengebiet von Erkenntnis- und Wahrscheinlichkeitslehre zu folgen, das – wie ich versichere – so schwierig aussehen mag, wie es einfach ist. Der Schlüssel zur Lösung ist sogar recht simpel. Wir werden ihn in der Doppelnatur dessen finden, was wir Wahrscheinlichkeit nennen, in der (merkwürdig) komplementären Auslegung von ›Information‹ in der Wissenschaft heute. Doch sei nicht weiter vorgegriffen.

1. Indetermination und Determination

Ungewißheit und Voraussicht zeigen ein gegensätzliches Verhalten; und da das Ausmaß an Überraschung oder Zufall messend zu fassen ist, will ich nun auch das Ausmaß der Voraussicht oder der Notwendigkeit quantitativ definieren. Beginnen wir mit dem Bekannten.

a. Informationsgehalt

Das Maß zur Bestimmung des Überraschungsgrades hat die Informationstheorie entwickelt. Der sogenannte *Informationsgehalt (I)* eines Zufallsereignisses entspricht dabei dem Kehrwerte seiner Wahrscheinlichkeit *(P)*. *I* wächst also mit der Zahl der unvorhersehbaren Möglichkeiten des Zufalles, also mit dem Grad an Ungewissheit. Im einfachsten Falle, beim Münzwurf, ist die Wahrscheinlichkeit *(P)*, daß das nächste Ereignis ›Adler‹ *(x)* sein wird $P_x = 1/2$; der Kehrwert $1/P_x$ ist als Maß an Ungewißheit 2.

Bei einer solchen Verwendung des Begriffes ›Information‹[7)] ist es uns unerläßlich, den Umstand im Auge zu behalten, daß er vom Informationsbegriff der Umgangssprache (damit auch vom Begriffe der genetischen Information) befremdlicherweise sehr abweicht. Im letzten Begriff bilden Tatbestände den Inhalt eines Informationsereignisses, die Qualitäten wie ›wichtig‹, ›richtig‹, ›verständlich‹ besitzen, im ersteren ausschließlich der Wahrscheinlichkeitsgrad des Auftretens. Lediglich die Voraussetzung eines uninformierten Empfängers stimmt in beiden überein.[8)]

[7] Zurückgehend auf *Wiener* 1948, *Shannon* u. *Weaver* 1949 und *Fisher* 1942.

[8] Sehr übersichtlich dargestellt von *Hassenstein* 1966.

Als Maßeinheit für I wird meist das *bit*, die digitale Ja-Nein-Entscheidung, verwendet, wie sie in der Elektronik Verbreitung fand. Da zur binären Wahl innerhalb von 2, 4, 8 und 16 Ereignissen 1, 2, 3 und 4 *bit* erforderlich sind, also eine Beziehung nach dem *logarithmus dualis (ld)* vorliegt, entspricht der Informationsgehalt *(I)* eines Ereignisses (x) in *bit* dem *ld* des Kehrwertes seiner Wahrscheinlichkeit:

$$I_x = ld\ 1/P_x \qquad \text{(Formel 3).}$$

Wenn z.B. aus einem Volumen von 32 möglichen und chancengleichen Ereignissen (Roulette mit 32 Positionen) eine Serie von 6 Einzelereignissen wie 15, 2, 12, 9, 12, 20 auftritt, dann besitzt jedes $P = 1/32$ und $I = 5$ *bit*. Man kann auch sagen, der Zufall muß fünf gleichwertige Entscheidungen treffen, um ein Ereignis unter 32 auszulesen. Die ganze Serie von sechs Ereignissen würde $I = 6 \cdot 5 = 30$ *bit* enthalten.

Nun kann es in einem seltenen Falle ›der Zufall wollen‹, daß bei sechs Würfen die Serie 1, 2, 3, 4, 5, 6 entsteht, eine scheinbar sinnvolle Reihe. Wenn es dabei wirklich mit dem Zufall zuging, muß sie wieder dieselben 30 *bit* Information enthalten.

Sollte aber die ›sinnvolle Reihe‹ beabsichtigt, beispielsweise im Mechanismus der untersuchten Maschinerie festgelegt sein, so würde, sobald man davon überzeugt wird, der Informationsgehalt gänzlich verschwinden. Denn sobald der Eintritt eines Ereignisses mit Gewißheit vorausgesagt werden kann, verschwindet jegliche Überraschung, was auch nach der Formel 3 zum Ausdruck kommt. Die Wahrscheinlichkeit (P) ist genau 1, ihr Kehrwert ist 1 und der *ld* 1 = 0.

Diese Überlegung wird für unsere Bestimmung des Determinationsgehaltes Gewicht gewinnen und muß darum sorgfältig geprüft werden. Das besonders deshalb, weil sich ja in den Naturwissenschaften noch ein gegensätzlicher Informationsbegriff entwickelt und bewährt hat. Wir wollen hier den Faden nicht verwirren, jedoch nach Klarstellung des Determinationsbegriffes (Absatz IB3b und c) darauf zurückkommen.

b. Die Voraussicht

entscheidet also darüber, ob die Ereignisse 1, 2, 3, 4, 5, 6 (aus 32 möglichen) mit 30 oder 0 bit_I zu Buche stehen. Um Voraussicht gewinnen zu können, bedarf es fünfer Voraussetzungen. Zwei müssen im Beobachter, drei in den Systemen gegeben sein, welche die Ereignisse produzieren. Und um diese Voraussetzungen prüfen zu können, bedarf es zudem eines objektiven Standpunktes. Wir werten darum den Beobachter als Empfänger, die Produzenten der Ereignisse als Sender.

Damit folgen wir methodisch dem objektiven Verfahren von Nachrichtentechnik und Informationstheorie, indem angenommen wird, daß der Empfänger von der Struktur des Senders nichts weiß und nicht mehr erfahren wird, als er dessen

Sendungen entnehmen kann. Und wir gehen über deren Prämissen auch noch nicht hinaus, wir sind lediglich hier verhalten zu definieren, was auch dort erkenntnistheoretisch als vorausgesetzt gelten müßte.

(1) Der Sender muß seine Sendungen wiederholen, denn erst dann kann ein Empfänger jene Regelmäßigkeit, aus der man auf Gesetz oder Sinn schließen kann, erkennen. Denn es wird erst mit der Dauer unwahrscheinlich, daß sich ein Ereignis nur durch Zufall in gleicher Weise wiederholt.

Die Sendung ›ß & 5‹ ließe ebensowenig wie die Sendung ›& § ≠ ß% 5 usf.‹ auf einen Sinn, die Sendung ›ß & 5 ß & 5 ß & 5 usf.‹ aber auf Regelmäßigkeit schließen; auf die Wiederholung der Ereignisgruppe ›ß & 5‹. Dieses Phänomen der Wiederholung ist von so großer Bedeutung, daß wir es noch eingehend untersuchen werden.

(2) Der Empfänger muß Gedächtnis haben und

(3) über die Fähigkeit des Vergleiches verfügen, weil er ansonsten weder die Wiederkehr eines Ereignisses, in einer Serie derselben, noch das Volumen der möglichen Sendeereignisse erkennen könnte.

(4) Die Programme einer großen Zahl von Sendern müßten so organisiert sein, daß der Empfänger zwischen Einzelereignissen und Serien zu unterscheiden lernen kann. Würden die Einzelereignisse der Serie ›1 2 3 4 5‹ stets nur als 12345 12345 usf. auftreten, dann erführe der Empfänger ebensowenig von einer Regelmäßigkeit, als empfinge er die Sendung ß ß ß usf. Er muß die Ereignisse 1–5 überwiegend in anderen Kombinationen ›kennenlernen‹, um von deren Individualität ›überzeugt‹ zu werden, denn es wird erst mit vielen Vergleichen unwahrscheinlich, daß sich ein Programm (eine Folge von Naturereignissen) nur durch den Zufall stets durch das Gleiche unterscheidet.

(5) Das Programm eines Senders muß wenigstens so lange begrenzt bleiben, als der Empfänger zur Wahrnehmung dieser Grenzen (beispielsweise des Zeichenumfanges) braucht. Denn es wird erst durch viele Vergleiche unwahrscheinlich, daß Grenzen (in einer Folge von Naturereignissen) nur durch den Zufall dieselben bleiben.

Man wird festgestellt haben, daß die Prämissen im Empfänger auch die Minimalvoraussetzungen für das Denken sind, und ich will vorwegnehmen, daß diejenigen im Sender die Minimalbedingungen von Ordnung darstellen. Naturgemäß sind sie überall, wo wir Gesetze erkennen, erfüllt.

c. Unwahrscheinlichkeitsgrade des Zufalles

Wir kehren nun zu der wichtigen Frage zurück, nach welchen Kriterien beim Auftreten eines Ereignisses auf das Herrschen von Zufall oder aber von Notwendigkeit geschlossen werden kann. Folgende Überlegung kann das illustrieren:

Wie oft muß mein Gegenspieler bei seinen Münzwürfen ausschließlich den Adler werfen (auf den er gesetzt hat), bis ich am Herrschen des reinen Zufalls zweifle? Schon nach wenigen Würfen, denn die Wahrscheinlichkeit ist zwar bei seinem ersten Erfolg noch 1/2, sie sinkt aber mit der Koinzidenz eines zweiten, dritten, fünften, zehnten und hundertsten auf 1/4, 1/8, 1/32, 1/1024 und $1/1{,}3 \cdot 10^{30}$. Noch rascher wird mein Glaube an den Zufall sinken, wenn er aus den 32 Skatkarten ausschließlich den Buben zieht, nämlich schon beim ersten, zweiten und zehntenmal wird sich die Wahrscheinlichkeit wie 1/32, 1/1024 und $1/1{,}1 \cdot 10^{15}$ verringern.

Wir können dieses Sinken der Wahrscheinlichkeit auch als Steigen der Unwahrscheinlichkeit (die Kehrwerte der obigen Kehrwerte) ausdrükken, indem wir sagen, daß es im Grade von $1{,}1 \cdot 10^{15}$ und von $1{,}3 \cdot 10^{30}$ unwahrscheinlich ist, daß der Bube zehnmal gezogen und der Adler hundertmal geworfen wird. Wenn aber nun eine Erklärungshypothese unmöglich wird (nämlich die Annahme des Vorliegens von Zufallsereignissen), sind wir gezwungen, eine andere zu suchen.

Freilich kann man im vorliegenden Stand der Untersuchung noch immer auf jenen winzigen Grad von Wahrscheinlichkeit verweisen, daß es sich doch um Zufall handeln könnte. Noch ist es gewissermaßen Geschmacks- oder Glaubenssache, ab welchem Grad an Unwahrscheinlichkeit wir vom Herrschen von Absicht und Tricks völlig überzeugt werden. Einmal wird dieser Punkt aber sicher erreicht. Das Spiel ist nur beliebig lang fortzusetzen.

Beim hundertsten Ziehen des Buben ist das Maß der Unwahrscheinlichkeit bereits $3{,}3 \cdot 10^{150}$ und beim tausendsten Fallen des Adlers $1{,}07 \cdot 10^{301}$. Zahlen wie diese liegen auch schon jenseits aller physikalischen Möglichkeiten. Auch wenn die ganze Menschheit ($2 \cdot 10^{9}$) jede Sekunde ($3 \cdot 10^{7}$) des Jahres seit der Weltentstehung experimentierte, sie hätte kaum 10^{27} Experimente fertiggebracht, wo 10^{123} bis 10^{274} mal so viele Experimente nötig wären, um dem Zufall ein einziges Mal jene Chance einzuräumen.

d. Zufalls- versus Determinations-Wahrscheinlichkeit

Wird der Zufall als Erklärung unmöglich, so sagt uns die Erfahrung, dann müssen wir das Vorliegen seines Gegenteils annehmen, welches wir Absicht, Bestimmung, Festlegung oder Gesetzlichkeit nennen. Es erscheint zwingend, daß es in einer Welt aus Zufall und Notwendigkeit dann nur die letztere sein kann. Ich werde dieses Phänomen künftig *Determination* nennen.

Damit ist jener nächstwichtige Schritt zur Definition der Ordnung getan, indem wir erkennen, daß wir die Ereignisse, ja ein und dasselbe Ereignis, unter gegensätzlichen Gesichtspunkten betrachten können, indem wir im Sender entweder das Walten von Zufall oder aber das Herrschen von Determination annehmen.

So werden nun zweierlei Wahrscheinlichkeiten (P) zu beachten sein;

die Wahrscheinlichkeit eines Zufalls- oder Indeterminations-Ereignisses (P_I) und die Wahrscheinlichkeit eines Determinationsereignisses (P_D). Die Indeterminations-Wahrscheinlichkeit P_I gibt an, in welchem Ausmaße ein Ereignis als Zufallsentscheidung, die Determinationswahrscheinlichkeit P_D, in welchem Ausmaße es als Folge einer im Sender nicht mehr zu treffenden, sondern bereits getroffenen Entscheidung vom beobachtenden Empfänger erwartet werden kann.

Diese Überlegung sowie die Zerlegung von P in P_I und P_D geht über den üblichen Rahmen der Informationstheorie hinaus. Man könnte sie als Ansatz einer ›Determinationstheorie‹ auffassen, die wohl am korrespondierenden Wahrscheinlichkeitstheorem aufbaut, aber im Überraschungskonzept allein keinen Sinn hätte.

e. Wahrscheinlichkeitsgrad der Determinationserwartung

Das Ausmaß der Wahrscheinlichkeit, daß es sich bei einem Ereignis (einer Reihe von Ereignissen) um Determinations- oder Indeterminations-Ereignisse handelt, muß vom Verhältnis der beiden Wahrscheinlichkeiten P_I und P_D abhängen; und zwar deshalb, weil wir erwarten müssen, daß die Wahrscheinlichkeitsgrade, mit welchen wir in einem Ereignis das Herrschen von Indeterminations- oder aber Determinations-Vorgängen erwarten können, sich reziprok verhalten werden. Wir können diesen Verhältniswert, als Gesetzes-Wahrscheinlichkeit, beispielsweise in Graden Determinations-Erwartung ausdrücken, also nach dem Wahrscheinlichkeitsgrad, mit dem wir das Walten von Gesetzmäßigkeit (P_g) anzunehmen verhalten sind. Soll dabei die an volle Sicherheit grenzende Wahrscheinlichkeit $P_g = 1$ und die größte Unwahrscheinlichkeit, daß mit Gesetzmäßigkeit zu rechnen ist, $P_g = 0$ sein, dann verwenden wir den Quotienten:

$$P_g = P_D/(P_D + P_I) \qquad \text{(Formel 4).}$$

Dieser Verhältniswert wird auch den Grad der gemachten Erfahrung wiedergeben; denn am Beginne der Erforschung eines jeden Naturereignisses (der Programme uns unbekannter Sender) werden wir hinsichtlich seiner Hintergründe im unklaren sein. Diesem Zustand werden mittlere Werte zwischen 0 und 1 entsprechen. Mit wachsender Erfahrung wird hingegen die Gewißheit wachsen, daß es sich entweder um indeterminierte oder aber um determinierte Ereignisse handelt, und entsprechend wird sich der Verhältniswert sehr stark 0 oder aber 1 nähern.

Bestätigte sich z. B. unser Verdacht, daß es mit Determination zuginge und der Adler fallen werde (der Gegenspieler mutmaßlich schwindelt), bei einem einzigen Münzwurf, so bleiben wir sehr im Ungewissen, weil die Chance des Zufalles noch immer 1/2 war: $P_g = P_D/(P_D + P_I) = 1/(1 + 0{,}5) = 1/1{,}5 = 0{,}66$. Erst der fortgesetzte Erfolg unseres Gegenspielers wird unser Mißtrauen begründet wachsen lassen.

Unsere Erfahrung wird also mit der Wiederholung des Ereignisses steigen. Wir sind der Bedeutung solcher Wiederholung für unsere Urteilsfähigkeit ja schon begegnet (Absatz IB1c). Hier können wir nun fortsetzen, indem wir feststellen, daß die Zahl der Wiederholungen – und zwar für den Fall, daß sich unsere Zufalls-Erwartung nicht bestätigt – sogar als Potenz in die untersuchte Wahrscheinlichkeit eingeht. Die Zufallswahrscheinlichkeit (P_I), daß ausschließlich der Adler zwei, drei, fünf und zehnmal hintereinander fallen werde, sinkt ja wie 1/4, 1/8, 1/32 und 1/1024, also wie $1/2^2$, $1/2^3$, $1/2^5$ und $1/2^{10}$. Nennen wir die Anzahl des Auftretens desselben Satzes von Ereignissen *a*, dann können wir die Wahrscheinlichkeit der *Gesetzeserwartung* (P_g) *unter Berücksichtigung der Anzahl der Anwendungen* (P_{ga}) nach unserer Formel 4, nun

$$P_{ga} = P_G^a/(G_G^a + P_I^a) \qquad \text{(Formel 5)}$$

schreiben.[9] Können wir aufgrund lückenloser Bestätigung unserer Voraussicht in einer Serie von Ereignissen ganz bei der Annahme herrschender Determinationsgesetze bleiben ($P_G^a = 1$), dann vereinfacht sich die Formel zu: $P_{ga} = 1/(1 + P_I^a)$.

Bestätigte sich also unsere Voraussicht, es werde nur der Adler fallen, beim ersten Wurfe, so bleiben wir ja noch ganz im Ungewissen: $P_{ga} = 1/(1 + 0{,}5) = 0{,}66$. Bestätigt sie sich aber noch beim zweiten, fünften und zehnten Wurf, dann steigt die Wahrscheinlichkeit, mit unserer Ansicht rechtzuhaben, von $1/(1 + 0{,}5^2)$ auf $1/(1 + 0{,}5^5)$ und $1/(1 + 0{,}5^{10})$, also von $P_{ga} = 0{,}8$ auf 0,97 und 0,999. Und bei der hundertsten Wiederholung hat die Wahrscheinlichkeit, daß es sich um einen determinierten Vorgang handelt, eine mit Gewißheit übereinstimmende Dimension erreicht: $P_{ga} = 1/(1 + 0{,}5^{100}) = 1/(1 + 7{,}9 \cdot 10^{-31})$, entsprechend einer Zahl nahe 1, die erst nach mehr als 30 Stellen hinter dem Komma den Wert 9 unterschreitet.

Es mag freilich wieder Geschmacksache sein, ab welchem Näherungswert zu 1 das Herrschen von Determinationsgesetzmäßigkeit angenommen werden muß. Da sich das Experiment jedoch beliebig lange fortsetzen läßt, ist es gewiß, daß ein solcher Näherungswert erreicht wird.

Dasselbe gilt im umgekehrten Sinne. Wird unsere Gesetzeserwartung immer wieder enttäuscht (durchschnittlich bei jedem zweiten Wurfe), so wächst nun die Unwahrscheinlichkeit unserer Annahme ebenso potentiell. Hingegen wird sich die Erwartung eines Ereignisses unter Zufallsbedingungen ($P_I = 0{,}5$) immer wieder bestätigen, also erhalten bleiben: $P_{ga} = P_D/(P_D + P_I)$.

[9] Hier wurde anstelle P_D die Gesetzes-Wahrscheinlichkeit P_G angeschrieben (die minimal erforderlichen Entscheidungen), was in Abs. IB2 begründet werden wird. Besprechung von *a* in Abs. IB4.

Man könnte daher auch sagen, daß im Falle bestätigter Erwartung eine Wiederholung die Wahrscheinlichkeit des Auftretens nicht verändert, sondern natürlich wiederum bestätigt.

Vom fünften zum zehnten Doppelwurf wird daher P_{ga} von $0{,}5^5 / (0{,}5^5 + 0{,}5) = 0{,}0588$ auf $0{,}5^{10} / (0{,}5^{10} + 0{,}5) = 0{,}0019$ sinken. Und spätestens nach dem hundertsten Doppelwurf wird man vom Herrschen reinen Zufalles überzeugt sein müssen: Denn $P_{ga} = 0{,}5^{100} / (0{,}5^{100} = 7{,}9 \cdot 10^{-31} / (7{,}9 \cdot 10^{-31} + 0{,}5) \approx 1{,}6 \cdot 10^{-30}$, repräsentiert durch einen Wert mit weiteren dreißig Nullen hinter dem Komma.

Bestätigt sich jedoch unsere Erwartung $P_D = 1$ (d.h.: der Adler werde fallen) manchmal nicht, dann sänke P_D bei jedem enttäuschenden Ereignis auf die Hälfte seines Wertes; und in unserer Gegenannahme sänke P_I in derselben Weise, jedoch erwarten wir ($P_I = 1/2$, das Fallen des Adlers) die Enttäuschung ja nur in jedem zweiten Ereignis (vgl. ein Beispiel Abs. IIB2a und IB1f).

f. Bestimmung des Determinationsgehaltes

Sobald die Wahrscheinlichkeit zureichend hoch erscheint, daß eine Serie von Ereignissen nicht durch Zufalls-, sondern durch Determinationsentscheidungen bestimmt ist, wird es gerechtfertigt, diese auch zu wählen; und es läßt sich nun in Analogie zum Informationsgehalt (*I*) der Determinationsgehalt (*D*) einer Nachricht, einer Serie von Naturereignissen bestimmen.

(1) Die *vereinfachte Lösung*: Wie erinnerlich, entspricht der Informationsgehalt (*I*) eines Einzelereignisses – mit dem *logarithmus dualis* des Kehrwertes seiner Zufallswahrscheinlichkeit (P_I) – der Mindestzahl von Zufallsentscheidungen, die im System zu seiner (einmaligen) Sendung zu treffen sein werden. Folglich entspricht der (maximale) Determinationsgehalt (D_{max}) *eines Ereignisses* (*E*) – mit dem *logarithmus dualis* der möglichen verschiedenen Einzelereignisse (ld *E*) – der Mindestzahl von Determinationsentscheidungen, die im System des Senders bereits etabliert sein müssen; und für den ganzen Zeichenvorrat (wieder *E*) folgt:

$$D_{max} = E \cdot ld\, E \qquad \text{(Formel 6).}$$

Es ist ja leicht zu sehen, daß man einer Maschine mit einem Repertoire von z.B. 32 Zeichen mindestens fünf Digitalentscheidungen einbauen muß, um jedes der 32 auswählen zu können (ld 32 = 5). Damit finden wir die anzunehmenden Zufallsentscheidungen gleichzeitig als Determinationsentscheidungen wieder.

(2) *Die allgemeinere Lösung*: Der *maximale Determinationsgehalt* (D_{max}) ist aber ein Extremfall. Er gilt nur, wenn über den ausschließlichen Determinationscharakter eines Senders völlige Gewißheit besteht. Beispielsweise, wenn wir ihn selbst konstruiert haben. Für die Analyse von Naturerscheinungen müssen wir aber stets mit der Möglichkeit des

Wirkens beider Entscheidungsarten mit *Zufalls- (bit_I)*, wie mit *Determinations-Entscheidungen (bit_D)*, rechnen. Das entspricht dem Vorgang des Lernens.

Solange wir z.B. die Sendung 1 2 3 4 5 6 (aus einem Repertoire von 32 chancengleichen Zeichen) für ein Zufallsprodukt halten können, bestimmen wir den Nachrichteninhalt mit 30 bit_I; wird aber durch Wiederholungen P_{ga} sehr hoch, dann bestimmen wir 30 bit_D. Sollte sich die Sendung aber wie 1 2 3 4 5 6 12 32 15 8 8 3 verlängern, scheinen auch jene *30* bit_D wieder in das Gebiet des Zufalles zurückzukehren.

Ferner könnte diese ›Zufallsserie‹ wie 16 2 8 30 4 12 4 28 26 usf. erscheinen, also mit *5* bit_I pro Ereignis, bis wir entdecken, daß nur gerade Zahlen vorkommen. Das uns bisher mit 32 Zeichen bekannte Repertoire hat sich auf 16 reduziert. Wir finden nur mehr 4 bit_I pro Ereignis, das fehlende ist als ›Befehl‹, als die Entscheidung ›keine ungeraden Zahlen‹, als 1 bit_D wiederzufinden.

Diesem Lernen von gesetzmäßigem Verhalten entspricht eine Abnahme der Ungewißheit, das ist eine Abnahme des in einer Nachricht maximal möglichen Informationsgehaltes. So wird der *allgemeine Determinationsgehalt* aus der Differenz des maximalen (I_I) und des tatsächlichen (I_D) Informationsgehaltes bestehen (wir können auch sagen: aus dem Informationsgehalt bei Anwendung der Zufalls-Theorie abzüglich des Informationsgehaltes bei Anwendung der Determinations-Theorie):

$$D = I_I - I_D \qquad \text{(Formel 7).}$$

Das heißt: In jeder Kette von Ereignissen erreicht der Informationsgehalt (I) ein Maximum (I_I), wenn alle Ereignisse durch den Zufall bestimmt werden. Ist es aber möglich, ein Ereignis genauer als mit Hilfe der Zufallswahrscheinlichkeit vorauszusagen, dann verringert sich I auf den tatsächlichen Informationsgehalt (I_D). Die Differenz muß dem bisher erkannten Determinationsgehalt (D) entsprechen.

Unter Anwendung von $I_I = \text{ld}\ 1/P_I$ und $I_D = \text{ld}\ 1/P_D$ (vergleiche Formel 3) ergibt sich nun der *spezielle Determinationsgehalt* eines Ereignisses (oder einer Kette von Ereignissen) als $D = ld\ 1/P_I - ld\ 1/P_D$ bzw.:

$$D = ld(P_D/P_I) \qquad \text{(Formel 8).}$$

Nach dem Beispiel eines anfänglichen Zeichenvolumens von 32, aber dem Fortbleiben der ungeraden Zahlen, errechnet sich pro Ereignis $D = ld\ (P_D/P_I) = \text{ld}\ [(1/16)/(1/32)] = \text{ld}\ (32/16) = \text{ld}\ 2 = 1$ *bit*. Dieses bit D, dessen Existenz wir als den generellen Determinationsbefehl ›keine ungeraden Zahlen‹ vorausgesehen haben.

So wäre vor jeder Einsicht z.B. in das Gravitationsphänomen I beim ersten Fallversuch I_I (maximal). Mit der Einsicht – der Verifikation von Determinationsannahmen – nimmt das Restvolumen an Ungewißheit I_D ab. Die Differenz steckt in den schon möglichen Prognosen D. Mit der wachsenden Erkenntnis nähert sich D stetig I_I, bis die Formulierung des Gravitationsgesetzes als D_{max} ($= I_I = E \cdot ld\ E$; vergleiche Formel 6) mit seinem Gesetzesgehalt eine verwandelte Form jener Maximalinformation ist, die als Ungewißheit oder Unkenntnis aus dem Gravitationsphänomen zu gewinnen war.

Im Falle von gemischten zufalls- und determinationsabhängigen Ereignissen ist bei voller Erkenntnis des Determinationsgeschehens die verbleibende Ungewißheit ($I_D = I_I - D$); vgl. Formel 7) ein Maß für die verbleibende Freiheit des Systems.

g. Grenzen der Systeme und Methode

Das Informations- wie das Determinationskonzept verlangen definierte Grenzen der Betrachtung (Grenzen des Repertoires bzw. der Sendersysteme) zur Bestimmung der Wahrscheinlichkeit der Ereignisse; und es zählt zu den elementaren Lernvorgängen, die Grenzen der Methode (oder Betrachtung) den Systemgrenzen zu nähern.

Hier interessieren noch besonders jene Systemgrenzen, welche die Natur zwischen den Zufalls- und Determinationsereignissen zieht. Dabei ist festzustellen, daß wir längst daran gewöhnt sind, die Zufallsphänomene in ihrer Begrenzung durch Determinations-Phänomene zu untersuchen und umgekehrt.

Beispielsweise endet das Interesse bei Untersuchungen des Determinationsgehaltes der Fallgesetze bei den Zufällen der Tageszeit, der Zahl der Beobachter oder Sprachen während der Experimente. Und ebenso endet das Interesse bei der Untersuchung des Informationsgehaltes des Würfelspielers bei jenen Determinanten, welche gerade die Farbe des Würfels, das Alter des Bechers oder des Experimentators bestimmen.

Es ist aber nützlich, diese Grenzen zu definieren, und es ist zu fordern, daß jede Repertoire-Erweiterung in Rechnung gezogen wird, auch dann, wenn sie die Grenze zwischen den Zufalls- und Determinationsvorgängen überschreitet.

Stellt man z.B. nach zahlreicher Beobachtung das Ziffern-Repertoire von 1 bis 32 fest, deren Auftreten der reine Zufall bestimmt, dann haben wir gleichzeitig festgestellt ›33 kommt nicht vor‹. Diese Determinante ist, wie viele andere im System, etwa durch den Konstrukteur eines Roulettes bereits festgelegt worden. (So, wie beim Würfel die siebente Fläche, bei der Kugel jede Kante ausgeschlossen ist.) Nach der Erforschung des ganzen Roulettes gilt wieder $I_I = D + I_D$, wobei D gleich dem Determinationsgehalt der Konstruktion, I_D gleich dem Informationsgehalt der verbleibenden Kugelentscheidung ist.

Dasselbe ist auch für Änderungen in der Zeit zu fordern, falls ein System aus einer Welt der Zufallsereignisse in den Bereich der Determinationsgesetze tritt oder ihn wieder verläßt. Schon die Gesetzmäßigkeit einer so simplen Ereigniskette wie z.B. der zehnfachen Sendung der Reihe 1–16 aus 32 Zeichen müssen wir anerkennen, weil ihr P_{ga} volle Gewißheit bietet, gleichgültig, ob der Sender vorher wie nachher ausschließlich Unvorhersehbares von sich gibt. Umso mehr ist es für die Gewißheit über die Ordnungsgesetze des Lebendigen gleichgültig, ob es aus der Welt des reinen Zufalles entstand und daß sich seine materielle Ordnung wieder völlig in Chaos verwandelt, nachdem wir es zu Grabe tragen mußten.

An dieser Stelle könnten wir die metrische Definition des Ordnungsgehaltes an sich schon vornehmen; doch verlangt der heutige Stand der Theorie, vorerst noch die Beziehung zu einem der Ordnung sehr verwandten Begriff herzustellen, dem des Gesetzesgehaltes.

2. Redundanzgehalt und Gesetzesgehalt

So wenig Übereinstimmung zwischen dem statistischen und umgangssprachlichen Begriff der Information besteht, so überraschend werden wir im Phänomen der Redundanz den Schlüssel sowohl für die Erkenntnis als auch für die Bestimmung des Umfanges von Gesetzmäßigkeit zu finden haben.

Redundant oder überzählig nennt man bei einer Nachricht üblicherweise jenen Teil, der weggelassen werden kann, ohne (wie wir zunächst vorsichtigerweise sagen) den Nachrichtengehalt zu schmälern.[10)]

Etwa in dem Sinne, wie das Telegramm ›boy arrived‹ nicht weniger Aufschluß gibt als etwa Verdoppelungen seiner Einzelereignisse, wie ›boy boy arrived arrived‹ oder ›bbbooyy aarriivveedd‹.

Ein Empfänger mit Gedächtnis und Vergleichsmechanismen muß, wie bisher, auch zum Erkennen von Redundanz vorausgesetzt werden. Erkennen von Redundanz bedeutet nun Wiedererkennen einer bereits empfangenen Nachricht und ist gleichbedeutend mit der Voraussicht, daß etwa im Nachrichtenzustand ›boy boy arrived arriv …‹ noch ›… ed.‹ eintreffen werde. Die Determinationswahrscheinlichkeit (P_D) muß also $P_D = 1$ werden.

Man erkennt die erste wichtige Eigenschaft der Redundanz: sie hat nur im Rahmen von Determinationsereignissen Sinn. Das zweite Eintreffen des Zeichens 32 beispielsweise ist im Roulette nicht angebbar. Anstelle von ›Nachrichtengehalt‹ können wir nun präziser ›Determinationsgehalt‹ (*D*) sagen.

Ein scheinbarer Grenzfall ist gegeben, wenn man vermeint, ›Einsicht‹ in eine ›Zufallsgesetzlichkeit‹ zu gewinnen. Nach sehr vielen Beobachtungen der Nachrichten, z.B. eines Roulettes mit 32 chancengleichen Positionen, läßt sich natürlich voraussehen, daß $P_I = 1/32$ ist, die Ziffer 33, Brüche, Buchstaben usf. nicht vorkommen werden. Tatsächlich ist aber nicht das Paradoxon einer ›Einsicht in den Zufall‹ erreicht, sondern nur Einsicht in jene Determinationsentscheidungen, die der Konstrukteur des Spieles dem Wirken des Zufalles als Grenzen gesetzt hat. Einsicht, wie die Kugel die Position 32 wählt, ist nach Anlage des Spieles verwehrt. Und studiert man es, dann hat man es sogleich mit Bewegungsgesetzen zu tun und gewinnt *D* auf Kosten von I_D.

10 Man orientiere sich beispielsweise bei *Zemanek* 1959, *Hassenstein* 1965 und *Flechtner* 1970.

a. Der Redundanzgehalt

(R) einer Nachricht, wir sagen bereits eines Determinationsgehaltes (in bit_D), kann man wieder nur mit der uns nun schon vertrauten Methode gewinnen. Wir bestimmen ihn durch die Zahl der für die Sendung des redundanten Determinationsgehaltes minimal nötigen Determinationsentscheidungen (bit_R) im Mechanismus des Senders; durch die *überzähligen Entscheidungen* (einer Spezialform von bit_D).

Man wird sich erinnern, daß der Empfang der Sendung ›1 2 3 4 5 6‹ eines uns mit 32 Zeichen bekannten Sende-Repertoires zunächst $I_I = 6 \cdot 5 = 30$ bit_I Information enthält. Muß nach 10 Wiederholungen (11 Sendungen) aufgrund hoher P_{ga} die Zufallshypothese aufgegeben werden, erhält man $D = 11 \cdot 6 \cdot 5 = 330$ bit_D, von welchen sich $10 \cdot 6 \cdot 5 = 300$ als bit_R erweisen.

Wann der Initialpunkt, die ›Entdeckung‹ von Determination im Laufe der Sendung zu erwarten ist, hängt nur von P_{ga} ab; möglicherweise erst nach zahlreichen Wiederholungen. Sobald aber die Erkenntnis feststeht, kann der Redundanzgehalt bis zur ersten Wiederholung zurückschauend errechnet werden.

So wie wir den Redundanzgehalt eben definiert haben, war vereinfachend vorausgesetzt, daß bei Übertragung und Empfang der Sendung ebenso wie im Gedächtnis und Vergleichsmechanismus des Empfängers Fehler entweder nicht auftreten oder nicht beurteilt werden können.

Treten im Determinationsgeschehen aber Fehler auf, dann lassen sie sich auch zumeist beurteilen und damit zwei Redundanzformen unterscheiden, deren Unterschied allerdings bei der metrischen Analyse gleich wieder verschwindet.

b. Fördernde und leere Redundanz

Fördernd nennt man jenen Redundanzgehalt, der die Fehler oder Unverständlichkeiten der Original-Nachricht durch korrekte Wiederholung ausgleicht oder expliziert.

Z.B. würde die Nachricht ›boy arrived‹ in einem System, das jedes zweite Ereignis verwirrt, als ›n*o*z u*r*n*i*i*e*a‹ ganz unverständlich (Nichtpermutierendes kursivgedruckt), die Verdoppelung (›b*boo*y*y* a*arri*i*vvee*d*d*‹ aber als ›n*b*z*ou*y n*a*i*r*a*r*h*i*z*v*a*e*n*d*‹ eben noch dechiffrierbar sein.

Die Analyse des Redundanzgehaltes zeigt aber folgendes: Erkennt ein Beobachter – etwa der Konstrukteur des Sender-Empfänger-Systems – an der Nachricht ›1 2 14 1 2 3 1 2 3 ...‹ (aus 32 Zeichen) in Zeichen ›14‹ eine Permutation von ›3‹, dann verwandeln sich die 5 bit_I (Überraschung) aus ›14‹ in 5 bit_D und die 5 bit_D der ersten ›3‹ in der Wiederholung in 5 bit_R. Das ist bei der Sprachtheorie und in der Nachrichtentechnik gegeben. Meist ist der Naturforscher aber selbst der Empfänger, da er den Mechanismus unbekannter Sender nur aufgrund von deren Nachrichten zu rekonstruieren hat. Ein solcher Primärempfänger muß zunächst durch eine hohe P_{gr} (Wahrscheinlichkeit der Gesetzeserwartung) Gewißheit über den Determinationscharakter und den Fehler in der Sendung gewinnen. Dann aber wandelt sich gleichermaßen wieder alle fördernde in leere Rendundanz in dem Umfange und Augenblikke, als Überraschung in Fehler der Determination umzudenken ist.

Bei der Analyse löst sich die Unterscheidung also stets auf, und wir können mit einem einheitlichen Redundanz-Konzept fortsetzen. Erst beim Bau von Sender-Empfänger-Systemen durch Dritte gewinnt die fördernde Redundanz wieder ihren Sinn, als Konstruktionselement gewissermaßen: in der Determination des genetischen Codes wie in der Entwicklung der Sprachen und der Nachrichtenmaschinen.

So befremdlich wie die Tatsache, daß ›Information‹ überrascht und Determination informiert, erweist sich nun bei der Analyse die fördernde Redundanz als ebenso leer, wie sich leere Redundanz als fördernd erweisen wird.

c. *Redundanz- und Gesetzesgehalt*

Bereits zweien der zu verwendenden Maße für Redundanz (a und R) sind wir begegnet. Die Zahl des identischen Auftretens einer Nachricht (a) war entscheidend für die Erkenntnis von Determinationsgeschehen (Absatz IB1e). Mit *Redundanzgehalt R* hingegen haben wir eben (Absatz IB2a) die Anzahl der redundanten Entscheidungen in einem ebensolchen Determinationsgeschehen bezeichnet; wobei wir (vorläufig) annehmen, daß sie sämtlich repräsentiert sind.

Sobald R definiert ist, kann man diese wiederkehrenden Entscheidungen vom Gesamtvolumen einer Nachricht, dem Determinationsgehalt D, abziehen. Der verbleibende Rest (G) entspricht dem Gehalt der Originalmitteilung, des Originalsatzes oder dem *Gesetzesgehalt* eines Determinationsgeschehens:

$$G = D - R \qquad \text{(Formel 9).}$$

Diese wichtige, alle Wiederholungen eines Determinationsgeschehens bestimmende Einheit G entspricht den Begriffen Gesetz oder Gesetzmäßigkeit der Umgangssprache. Den Determinationsgehalt eines Geschehens, bisher in bit_D, können wir nun differenzierter als Gesetzes- plus Redundanzgehalt in $bit_G + bit_R$ anschreiben.

Analog läßt sich der Gesetzesgehalt G als der Quotient aus Determinationsgehalt D und relativer Redundanz r (aus $r = D/G$), das ist (ähnlich Formel 5) die Länge der Serie, als $G = D/r$ beschreiben, woraus

$$D = G \cdot r \qquad \text{(Formel 10)}$$

folgt. Sie formuliert den Umstand, daß wir Determination als Gesetzmäßigkeit mal wiederholter Anwendung von Entscheidungen beschreiben; angewandte Gesetzmäßigkeit ist aber wiederum das, was man unter Ordnung versteht (näheres bei Formel 18).

Ordnung als das Produkt aus Gesetz und Anwendung zu beschreiben, befriedigt zunächst die allgemeine Vorstellung, daß ein Gesetz, wird es nicht angewendet, zu keiner Ordnung führt, sowie unser Empfinden, daß der Umfang an entstandener Ordnung nicht allein von der Komplikation der Gesetzmäßigkeit abhängen kann, auf deren Anwendung sie beruht (wir kommen darauf auf S. 56 zurück).

Wie oft erleben wir es, Gesetze in Form untergeordneter Erlasse vorgesetzt zu bekommen, die, in einem Übermaß an verwickeltem Text (Gesetzesgehalt) und Wenn und Aber der Abgrenzung kaum und uneindeutig zur Anwendung kommend, nach längstens vier Jahren überholt sind. Wogegen wir das Gravitationsgesetz ›höchst simpel formuliert‹ eine Ordnung schaffen sehen, der eine Welt an Materie seit ihrer Erschaffung zu folgen scheint.

Soweit also die Ableitung des *Ordnungsgehaltes (D)* aus Wahrscheinlichkeits-Überlegungen. Einen weiteren Hinweis darauf, daß er tatsächlich das Produkt aus Gesetzesgehalt und Anwendung darstellt, werden wir gewinnen (Abs. IB3), sobald wir die reale Dimension für Gesetz und Ordnung hinzufügen können. Vorher sei aber noch das Redundanzphänomen durch die Darstellung jener Merkmale abgeschlossen, die im Falle seiner Materialisation zu erwarten sind.

Determination, sei es nun in Form von Gesetzmäßigkeit oder Redundanz, veranlaßt nun auch im Sender, wie es im Empfänger anzunehmen war, wenigstens die einfachste Form von Gedächtnis vorauszusetzen und, wie später zu detaillieren sein wird, einen konstanten Dechiffrierungs-Mechanismus. Wie anders sollte man verstehen, daß die nötigen Entscheidungen für die Auswahl (die Determination) eines speziellen Ereignisses aus dem Repertoire stets in der geeigneten Reihenfolge aufeinander folgen könnten.

Die einfachste Form eines solchen Gedächtnisses, die mir denkbar scheint, kann aus zwei unterschiedlichen Strukturen bestehen, die gemeinsam eine Kette bilden. Dabei können die unterschiedlichen Entscheidungen durch Ungleichheit der Zusammensetzung, der Oberfläche, der Ladung oder – wie beim Lochstreifen – der Position differenziert sein; wobei die Kette oder der Streifen, sobald die Leserichtung feststeht, die Abfolge der Einzelentscheidungen in materieller Form determinieren.

d. Sichtbare und verdeckte Redundanz

Sobald man die für ein Determinationsgeschehen nötige Kette von Entscheidungen materialisiert denkt, sieht man, daß nicht jede redundante Entscheidung in einem redundanten Ereignis sichtbar werden muß. Wir können also sichtbare und verdeckte Redundanz unterscheiden; zunächst ein untergeordnetes Phänomen, das aber bald seinen Einfluß auf die Muster der Ordnung zeigen wird. Deshalb ist auch seine Arithmetik kurz zu prüfen.

Fragt man hier, warum wir uns um Entscheidungs-Redundanz bemühen, die ja keinen direkten Einfluß auf die Form der Nachricht besitzt, so sind ein Rückblick und eine Voraussicht einzufügen. Einmal sei daran erinnert, daß der quantitative Zugang zum Redundanz-Phänomen nur über die Entscheidung führt. Ein andermal sei vorweggenommen, daß die Muster der Entscheidungsredundanz (über den Umweg der Notwendigkeit ihres Abbaues) die Grundformen der Ordnungsmuster zur Folge haben werden, gleichgültig, ob die Redundanz des Einzelereignisses sogleich ins Auge fällt oder nicht. Dieser für unsere Theorie entscheidende Punkt wird uns noch ausführlich beschäftigen.

(1) *Sichtbare Redundanz (R')* muß auf einer Wiederholung jener Entscheidungen beruhen, die *G* (den Gesetzesgehalt) der Nachricht definieren. Dabei ist zu fordern, daß die ganze Kette in so vielen Replika materiell festzulegen ist (*a*-mal), als sich die Serie von Ereignissen (*E*) wiederholt. Der *Maximalgehalt sichtbarer Redundanz* beträgt dann:

$$R'_{max} = E \cdot ld\, E \cdot (a-1) - x \qquad \text{(Formel 11).}$$

Die Identität der sichtbaren Redundanz-Determinanten beruht damit auf einem identischen Nacheinander (einer Gesamtreplizierung) aller Ja-Nein-(A oder B)-Entscheidungen. Das ganze Muster wiederholt sich.

Wie erinnerlich, erfordert die Sendung von *E* z.B. 1–16 (aus 16 möglichen) Ereignissen: $\mathrm{E} \cdot \mathrm{ld\,E} = 16 \cdot 4 = 64\ bit_G$, bei *a* Sendungen $\mathrm{E} \cdot \mathrm{ld\,E} \cdot a\ bit_D$. Folglich stiege R_{max} (der maximale Redundanzgehalt) bei 1, 100 und 10 000 Wiederholungen ($a = 2$, 101 und 10 001) von 64 auf 6 400 und 640 000 $bit_{R'}$. Von diesen ziehen wir nur *x* Entscheidungen als nicht redundant, z.B. mit der vorläufigen Annahme ab, daß jede Sendung den Befehl ›go!‹ benötigte; d.h. $x = a - 1$.

Sichtbar ist z.B. in der Sendung ›L*a* mi*a* bell*a* amic*a*‹ die Redundanz dreier *a*, da schon das erste *a* das Geschlecht bestimmt.

Verdeckte Redundanz dagegen muß, da sie keine Wiederholung von Ereignissen zur Folge hat, auf einer *Umständlichkeit* der Determinations-Entscheidungen beruhen. Damit ist auch kein Buchstaben-Beispiel möglich (die Umständlichkeit läge ja analog in den ›Denk-Entscheidungen‹). Aber das Prinzip ist ja ganz entsprechend: Die Identität der versteckten Redundanz-Determination beruht auf einer identischen Position (der Überordnung) bestimmter übereinstimmender Ja-Nein-(A oder B)-Vorentscheidungen.

Dieser Zusammenhang ist nicht sogleich anschaulich. Ich will ihn daher an Hand der beiden Grundformen illustrieren: der Einzel- und der Serienüberordnung.

(2) *Verdeckte Einzel-Redundanz (R'')* ist gegeben, wenn jeweils einzelne positionsgleiche Entscheidungen redundant werden. Determination kann man anschaulich als die Festlegung der Reihenfolge bestimmter Entscheidungen beschreiben. Stellt man sich die für die Sendung der Ereignisse (*E*) I- VIII nötigen ($\mathrm{E} \cdot \mathrm{ld\,E} = 8 \cdot 3 =$) 24 bit_D als die Löcher 1–24 eines Lochstreifens vor, dann erkennt man erstens, daß es sich bei

den jeweils 3 bit_D pro Ereignis um eine 1. und 2. Vorentscheidung und um eine Endentscheidung handelt, und zweitens, daß stets einige Entscheidungen gleicher Position (hier in drei Schichten)[11] identisch sind (z.B. Nr. 1, 4, 7, 10 oder 14, 17 usf.)

Nr. der Entscheidung	1	2	3	4	5	6	7	8	9	10	11	12	13	14	15	16	17	18	19	20	21	22	23	24
1. Vorentscheidung	a			*a*			*a*			*a*			b			*b*			*b*			*b*		
2. Vorentscheidung		a			*a*			b			*b*			a			*a*			b			*b*	
Endentscheidung			a			b			a			b			a			b			a			b
Ereignis			I			II			III			IV			V			VI			VII			VIII

Nähme man einen Dechiffrierungsmechanismus an, der sich eine Vorentscheidung ›merkt‹, bis sie von der Gegenentscheidung umgekehrt wird (z.B. von Nr. 1 bis Nr. 13), dann sind alle jene Entscheidungen (z.B. 4, 7, 10), die am obigen Lochstreifen kursiv gesetzt sind, redundant, denn sie können weggelassen werden, ohne den Inhalt der Nachricht zu schmälern. Ihre Anzahl entspricht der Differenz.

$$R''_{max} = E \cdot ld\, E - \Sigma_{i=1}^{ld E} 2^i \qquad \text{(Formel 12).}$$

Das ist die Differenz zwischen der maximal (E · ld E) und der minimal erforderlichen Zahl der Entscheidungen $(2^1 + 2^2 + 2^3)$; somit $8 \cdot 3 - (2 + 4 + 8) = 24 - 14 = 10$ bit_R.

Freilich ist dafür jener Dechiffrierungsmechanismus mit Minimalgedächtnis unbedingt Voraussetzung. Daß ihn die Nachrichtentechnik anwendet, ist leicht vorauszusehen. Viel wichtiger aber wird die Tatsache werden (vgl. Abs. IIIC), daß ihn auch das molekulargenetische System enthält. Ich werde das im Zusammenhang mit der Ursache der biologischen Ordnungsmuster belegen. Hier sei nur angemerkt, daß diese Prämisse völlig bestätigt wird, ja das ganze Phänomen der Decodierung noch darzustellen sein wird, da ohne Decodierung kein Code einen ›Sinn‹ ergäbe.

(3) *Verdeckte Serien-Redundanz (R″)* ist gegeben, wenn ganze Serien einander übergeordneter Vorentscheidungen in gleichem Umfange redundant werden. Das tritt ein, wenn aus dem möglichen Zeichenvolumen eines Senders nur einige gesendet (*E*), andere aber gänzlich (*A*) *ausgeschlossen* werden. Dann ist R‴ zusätzlich zu R″:

$$R'''_{max} = (E - 1) \cdot [ld(E + A) - ld\, E] \qquad \text{(Formel 13).}$$

Werden z.B. nur die Ereignisse I–VIII aus einem möglichen Zeichenvolumen von 1 024 gesendet (*E = 8, A = 1 016*), dann ergibt sich das folgende Bild und die angeschlossene Berechnung:

[11] Man findet dieses Problem in der Nachrichtentechnik unter ›Gruppenverfahren‹ und ›optimaler Gruppeneinteilung‹ z.B. in *Zemanek* 1959.

Berechnung:

Nr. der Entscheidung	1	2	3	4	5	6	7	8	9	10	11	12	13	14	15	16	17	18	19	20	21	22
1. Vorentscheidung	a										*a*											*a*
2. Vorentscheidung		a										*a*										*a*
3. Vorentscheidung			a										*a*									
4. Vorentscheidung				a										*a*								usf.
5. Vorentscheidung					a										*a*							nach
6. Vorentscheidung						a										*a*						Formel
7. Vorentscheidung							a										*a*					13
8. Vorentscheidung								a										*a*				usf.
9. Vorentscheidung									a										*a*			nach
Endentscheidung										a										b		Formel 12
Ereignis										I										II		

Nach der Formel 13 folgt $R''' = (8–1) \cdot [\text{ld}\,(8 + 1016) – \text{ld}\,8] = 7 \cdot [10 – 3] = 49$ bit_R; d.h. sieben ›b‹ ausschließende Entscheidungen würden sich siebenmal (für die Ereignisse II–VIII) identisch wiederholen. Sie sind im Falle eines Befehls-Gedächtnisses redundant.

Zusammenfassend interessiert uns hier, daß die maximale Gesamtredundanz (aus R', R″ und R‴) schon bei sehr einfachen, zusammengesetzten Sendungen oder Determinationsereignissen sehr hoch wird; während wir auf die Bedeutung der Redundanzmuster später zurückkommen. Der zusammengesetzte *maximale Redundanzgehalt* ist (unter Anwendung der Formeln 11, 12 und 13):

$$R_{max} = E \cdot ld\,(E+A) \cdot a - \Sigma_{i=1}^{ld\,E} 2^i - [ld\,(E+A) - ld E] - x \qquad \text{(Formel 14).}$$

Falls also unser Sender mit dem Repertoire $(E + A)$ von 1024 verschiedenen Einzelereignissen nur jene (E) von I bis VIII sendet, diese aber 10000mal, gälte $E = 8$, $A = 1016$ und $a = 10^4$. Für x treffen wir zwei Grenzannahmen. Maximal wird ein Decodierungs-Mechanismus für jede Replizierung von G den Befehl ›go‹ benötigen $(x = a - 1)$. Minimal kann er mit den Befehlen ›Ein‹ und ›Aus‹ operieren $(x = 2)$.

R_{max} einer solchen Sendung errechnen wir nun aus dem Maximum möglicher Entscheidungen, hier also $E \cdot ld\,(E+A) \cdot a$ (vgl. Formel 11), abzüglich des minimal erforderlichen Gesetzesgehaltes, bestehend aus den Gliedern $\Sigma_{i=1}^{ld\,E} 2^i$ und $ld\,(E+A) - ld\,E$ (vgl. Formel 12 und 13) sowie des Wertes für x. Im Falle der zweiten Grenzannahme ergibt sich: $8 \cdot 10 \cdot 10\,000 - (2 + 4 + 8) - (10 - 3) - 2 = 799\,977\ bit_R$, bei $800\,000\ bit_D$ nur 23 bit_G. Erreichte r bei solch einfachen Systemen $(D/G = 8 \cdot 10^5/23 = 3{,}5 \cdot 10^4)$ bereits Werte zwischen 10^4 und 10^5, dann wird bei der Komplexität der Organismen zu zeigen sein, daß Größenordnungen von 10^5 bis 10^{20} zustande kommen könnten.

Da wir solche *erhaltene Redundanz* als eine Dimension kennenlernten, welche sowohl die Gesetzeswahrscheinlichkeit als auch die Anwendung des Gesetzesgehaltes bestimmt, kann man voraussehen, mit welch außerordentlich hoher Wahrscheinlichkeit wir sowohl die Ordnungsgesetze des Lebendigen erkennen werden, als auch die fast unvorstellbaren Dimensionen, welche die lebendige Ordnung als Gesetz mal Anwendung erreicht.

e. Herkunft und Zukunft der Redundanz

Eine Kette von Determinationsereignissen, die sich nicht wiederholt, enthielte zwar die reine Gesetzmäßigkeit, aber, wie schon festgestellt, vorauszusehen wären ihre Ereignisse keineswegs. Jedes Phänomen und jeglicher Vorgang, den wir in diesem Universum als gesetzmäßig voraussehen können, enthält in seinem Determinationsgehalt ein großes, zum Teil außerordentlich großes Maß an Redundanz. Eine Welt ohne Redundanz, wenn es eine solche gibt, muß sich unserem Begriffsvermögen gänzlich entziehen.

(1) *Die Herkunft der Redundanz* bildet ein Problem, dessen biologischer Sektor (vgl. Abs. IIIB2b) gelöst werden kann. Ob das Problem generell, also auch für den anorganischen Bereich von Gesetz und Anwendung, zu lösen ist, muß noch nicht entschieden werden. Es scheint uns zunächst eine philosophische Frage zu sein, ob diese in hohem Maße redundante Ereigniswelt aus einer solchen mit weniger oder gar keiner Redundanz, aus der nicht wiederholten, reinen Gesetzmäßigkeit hervorgegangen wäre; ob diese Redundanz der Ereignisse stets von einer solchen der Entscheidungen begleitet würde; oder ob sie aus fast reiner Redundanz entstand, aus der Auffächerung eines Ur- oder Minimalgesetzes. Lassen wir das vorerst noch beiseite (wir kommen in Abs. VIIIB7c darauf zurück).

Im Lebendigen werden wir finden, daß Gesetzmäßigkeit, Ereignis- und Entscheidungsredundanz ein System zur Kumulation von Determination (also Ordnung) bilden. Man denke nur an das Wachsen von Gesetzmäßigkeit mit der Differenzierung der Bauformen, an das der sichtbaren Redundanz mit dem Massen-Werden der Individuen einer Art.

(2) *Der Aufbau* redundanter Entscheidungen durch ihre Kumulation erscheint aber als eine allgemeine Notwendigkeit. Nur ein finales Prinzip der Natur scheint ihm ganz ausweichen zu können. Finalität ist jedoch selbst im Aufbau des Determinations-Codes des Lebendigen nicht nachzuweisen. Der Einbau neuer Entscheidungen wird zunächst immer nach den unmittelbaren Selektionsvorteilen akzeptiert oder verworfen, gänzlich unabhängig davon, ob eine Entscheidung, von außen betrachtet, als redundant gelten kann oder nicht; ob sie ›mit Überlegung‹ vermieden werden könnte, ohne den Nachrichtengehalt zu schmälern.

(3) *Die Kumulation* redundanter Entscheidungen gewinnt aber einen ganz neuen Aspekt, wenn man ein Ökonomie-Prinzip einführt. Das ist

dann erlaubt, wenn beispielsweise Einbau, Erhaltung und Dechiffrierung von Determinationsentscheidungen Energie kosten; wie bei der Konstruktion von Sender-Empfänger- oder biologischen Systemen.

Man erinnere sich, daß selbst in einer so einfachen Sendung wie der 10 000 Wiedergaben der Zeichen 1–8 aus 1 024 möglichen nur 23 unvermeidliche Entscheidungen 799 977 solchen gegenüberstehen, die bei verbesserter Decodierung zu vermeiden wären.

Beginnen die vermeidbaren Entscheidungen die unvermeidlichen um mehrere Größenordnungen zu übertreffen, dann wird, wie wir das vom Apparatebau kennen, deren Vermeidung im gleichen Umfange wichtig und folglich auch durchgesetzt.

(4) *Dieser Abbau* redundanter Determinationsentscheidungen muß sich durchsetzen, sobald der erreichbare Gewinn größer wird als das, was wir im Apparatebau die Mühe der Überlegung, in der Evolution der Organismen die Selektionschance von Versuch und Irrtum nennen.

Dieser Zusammenhang wird sich als Schlüssel zur *causa* der biologischen Ordnungsmuster erweisen und genau zu untersuchen sein. Hier sei nur erwähnt, daß es sich um ein allgemeines Prinzip handelt und daß die Kumulation redundanter Entscheidungen keinem Maximum zustrebt.

(5) *Entscheidungs- und Ereignis-Redundanz* (also *r* und *a*) verhalten sich nun verschieden. Während bei Systemen, die dem Ökonomieprinzip unterliegen, dem Wachstum redundanter Entscheidungen ein Regulativ entgegenwirkt, ist davon auf seiten der Ereignisse nichts zu entdecken. Jedenfalls nicht in gleicher Ebene. Der Ausbreitung, der Anwendung einer Gesetzmäßigkeit scheint erst weit später eine Grenze gesetzt zu sein. Das ist am Rande des Geltungsbereiches der Determinationssysteme der Fall, wo ihre Stabilitätsbedingungen erlöschen: Nach Erschöpfung des Marktes beim Apparatebau, nach Füllung der ökologischen Nische und des Lebensraumes bei den Organismen und ihren Gemeinschaften.

3. Ordnung, Determination und Negentropie

In den bisherigen Abschnitten habe ich versucht darzulegen, was man im allgemeinen unter Ordnung versteht, und eine Methode entwickelt, welche eine quantitative Beschreibung zuläßt. Anerkennt man die vorgeschlagene Möglichkeit, Ordnung als das Resultat von Determinationsentscheidungen, die den Gesetzesgehalt definieren, und dessen Anwendung zu bestimmen, dann könnten wir zum nächstwichtigeren Schritt, zur Beschreibung der biologischen Ordnung weitergehen.

Es liegt hier jedoch noch ein Problem am Wege, das nicht unerwähnt bleiben soll, obwohl unsere weiteren Überlegungen seine Lösung nicht voraussetzen. Es ist das Problem des Zusammenhanges von Entropie, Negentropie und Information. Und zwar sei es deshalb erwähnt, weil unsere bisherigen Überlegungen zur Lösung beitragen könnten und weil diese Lösung auch unsere Theorie weiter stützt.

Wir können das in drei Schritten tun, indem wir die Begriffe rekapitulieren, das Problem schildern und zuletzt einen Lösungsversuch vorschlagen.

a. Entropie und Negentropie

(1) *Was ist Entropie?* »Lassen Sie mich zunächst betonen«, so schildert es *Schrödinger* so vorzüglich (für den gebildeten Laien) (1951, p. 101), »daß sie nicht eine verschwommene Vorstellung oder Idee, sondern eine meßbare physikalische Größe ist, gerade so wie die Länge eines Stabes, die Temperatur an irgendeiner Stelle des Körpers ... Um ein Beispiel zu geben: Wenn man einen festen Körper zum Schmelzen bringt, so nimmt seine Entropie um den Betrag der Schmelzwärme dividiert durch die Temperatur des Schmelzpunktes zu. Daraus sieht man, daß die Einheit, mit der Entropie gemessen wird, *cal/° C* ist. –

Viel wichtiger für uns«, so folgen wir *Schrödingers* klassischer Darstellung weiter, »ist ihr Zusammenhang mit dem statistischen Begriff von Ordnung und Unordnung, ein Zusammenhang, der durch die Forschungen von *Boltzmann* und *Gibbs* über statistische Physik aufgedeckt wurde. Auch er stellt eine exakte quantitative Beziehung dar und wird ausgedrückt durch die Gleichung

$$\textit{Entropie} = k \log \mathbf{D} \qquad \text{(vgl. Formel 1).}$$

Es bedeutet *k* die sogenannte *Boltzmann*-Konstante (= $3{,}2983 \cdot 10^{-24}$ *cal/° C*)«, (heute öfter = $1{,}38 \cdot 10^{-16}$ *erg/° C* angeschrieben) »und ***D*** ein quantitatives Maß der atomaren Unordnung des fraglichen Körpers. Eine exakte Erklärung dieser Größe ***D*** in kurzen Ausdrücken der Nichtfachsprache ist beinahe unmöglich. Die damit bezeichnete Unordnung ist zum Teil diejenige der Wärmebewegung, zum Teil diejenige, welche bei verschiedenen Arten von Atomen oder Molekülen auftritt, wenn sie aufs Geratewohl gemischt statt säuberlich auseinandergehalten werden. –

Ein isoliertes Gefüge ... erhöht seine Entropie und nähert sich mehr oder weniger rasch dem trägen Zustand maximaler Entropie. –

Wir erkennen in diesem fundamentalen Gesetz der Physik gerade das natürliche Streben der Dinge, sich dem chaotischen Zustand zu nähern (das gleiche Streben, das auch die Bücher einer Bibliothek oder die Papierstöße und Manuskripte auf dem Schreibtische zeigen), wenn wir ihm nicht zuvorkommen. (Der unregelmäßigen Wärmebewegung entspräche in dem angeführten Gleichnis unser Verhalten gegenüber den Büchern und Papieren, die wir immer wieder benützen, ohne sie wieder an der gehörigen Stelle einzuordnen.)«

(2) *Was ist Negentropie?* »Wenn nun *D*«, so lautet *Schrödingers* gewichtiger Satz, »ein Maß der Unordnung ist, so kann der reziproke Wert $1/D$ als direktes Maß der Ordnung betrachtet werden. Da der Logarithmus von $1/D$ minus Logarithmus *D* ist, können wir die *Boltzmann*sche Gleichung folgendermaßen schreiben:

$$-\mathit{Entropie} = k \log (1/D) \qquad \text{(vgl. Formel 2).}$$

Entropie ist in Verbindung mit dem negativen Vorzeichen selbst ein Ordnungsmaß«; und er fügt nach Kritik, die ihm anfänglich begegnete, hinzu: »Übrigens ist die ›negative Entropie‹ gar nicht meine Erfindung. Sie ist nämlich der Begriff, um den sich *Boltzmanns* unabhängige Erörterung dreht.« Soweit die erste Überlegung.

b. Gewißheit und Ungewißheit

Eine zweite Überlegung erhellte die Beziehung zwischen Chaos und Wahrscheinlichkeit. *Boltzmann* betrachtete schon 1894 Entropie als ein Maß für mangelnde Information.[12] Entropie (*S*) als ein Maß für Unordnung zeigt nun auch einen Zusammenhang mit Wahrscheinlichkeit.

(1) *Information als Entropie*. Jedes geschlossene physikalische System wandelt sich ja mit seinem Zuwachs an Entropie gleichzeitig von einem unwahrscheinlicheren zu einem wahrscheinlicheren Gesamtzustand. Diese Beziehung zwischen Entropie (*S*) und Wahrscheinlichkeit (*P*) beschreibt die *Boltzmann-Planck*-Formel:

$$S = k \log P \qquad \text{(Formel 15),}$$

in welcher wir *k* als die *Boltzmann*-Konstante wiedererkennen (vgl. Formel 1). Hingegen steht für **D** (atomarer Unordnung) jene Wahrscheinlichkeit *P*, die die Zahl der ›elementaren Komplexionen‹ im betrachteten System angibt. Das sind die einzelnen unterscheidbaren Konfigurationen, die Atomsysteme in sprunghaften Änderungen von einer halbstabilen Struktur zur anderen annehmen können (*Planck*, vgl. *Brillouin* 1956, p. 120).

Sowohl das Fachgebiet des Autors wie die Geduld des Lesers lassen es geraten erscheinen, hier nicht tiefer vorzudringen. Tatsächlich macht unser Thema das auch gar nicht erforderlich. Nur zur Illustration sei hinzugefügt, daß *P* mit der Zahl der Möglichkeiten des Systemes, dem allgemeinen Wirrwarr, wächst und im idealen Einkristall am absoluten Nullpunkt 1 erreicht, d.h. jedes Atom hätte nur mehr eine einzige mögliche und voraussehbare ($P = 1$) Position; wodurch $S = k \log 1 = 0$ die mindestmögliche Unordnung erreichte.

Schon *Boltzmann* sah also in der Entropie auch ein Maß für mangelnde Information. Die quantitative Fassung wurde dann von *Smolu-*

12 Darauf hat bereits *Weaver* (p. 95) hingewiesen; in *Shannon* und *Weaver* 1949.

chowski (1914) vorausgesehen, von *Szilard* (1929) entdeckt, blieb unverstanden, wurde vergessen, aber mit der Formulierung der Informationstheorie in der Hauptsache durch *Wiener, Shannon* und *Weaver*[13] Ende der Vierzigerjahre wiederentdeckt. Information (*I*) definieren sie bereits (wie wir es in Formel 3 taten) als den *logarithmus* des Kehrwertes der Wahrscheinlichkeit eines Einzelergebnisses $I = K \log 1/P$ (*K* als eine Konstante) oder der Zahl der Möglichkeiten:

$$I = K \log P_o \qquad \text{(Formel 16),}$$

und die Entsprechung der Formeln 15 und 16 ist offensichtlich. Setzte man anstelle der Konstante *K* die *Boltzmann*-Konstante *k*, so mißt man Information in den Energie-Einheiten des Entropiesatzes.

Die Umkehrung $1/P$ zu P_o ist wieder aus unserem Roulette mit z.B. 32 chancengleichen Einzelereignissen explizierbar. Jedes Einzelereignis hat eine Chance von $P = 1/32$, $i/P = 32$ und 32 ist nun gleichzeitig die Anzahl der Möglichkeiten P_o.

Man kann nun mit *Shannon* und *Weaver*[14] feststellen: »Information erweist sich als genau das, was man in der Thermodynamik Entropie nennt«, indem es sich da wie dort um die Zahl von Möglichkeiten und die Freiheit ihrer Wahl handelt. Entropie, Chaos, Mischung, Wahlfreiheit und Information sind dann identisch, wie das in der Nachrichtentheorie und der Physik weiterhin verstanden wird.[15]

(2) *Information als Negentropie*. Man kann nun aber ebensogut verkehrtherum sagen: »Wenn wir mehr Information hinsichtlich eines Problems gewinnen, können wir in die Lage kommen, festzustellen, daß nur eine von den P_o Möglichkeiten realisiert wird. Je größer also die Ungewißheit in der Ausgangsposition ist, umso größer ist P_o und umso größer wird die Menge der erforderlichen Information sein müssen, um diese Wahl zu treffen.« Dieses Theorem, das in der Hauptsache auf *Brillouin* (1956, p. 1) zurückgeht, besagt nun das Gegenteil: Negentropie, Ordnung, Organisation, Entmischung, Konstruktion und Information sind identisch. Dem haben sich so viele Biophysiker und Kybernetiker angeschlossen,[16] daß in der angewachsenen Literatur der Eindruck entsteht, die Sache wäre entschieden.

Ganz gewiß handelt es sich um jene Perspektive, welche das Studium der Naturgesetze und der Organisation des Lebendigen am meisten beflügelt. Auch hat ja schon *Schrödinger* Ordnung mit Negentropie, *Boltzmann* Chaos mit Informationsmangel verglichen.

13 Die ersten zusammenfassenden Darstellungen haben *Wiener* 1948 und *Shannon* u. *Weaver* 1949 erscheinen lassen. Man vergleiche auch *Wiener* 1952 und 1961, *Hassenstein* 1966, *Peters* 1967 und *Flechtner* 1970.

14 1949, p. 103.

15 Vgl. z.B. *Zemanek* 1959, und andere.

16 *Linschitz* 1953, *Quastler* 1964, *Lwoff* 1968, *Morowitz* 1968, 1970, *Monod* 1971, *Eigen* 1971, *Schuster* 1972.

(3) *Entropie oder Negentropie*. Daß aber nur eines der beiden scheinbar widersprüchlichen Theoreme richtig sei, halte ich für unwahrscheinlich; obwohl die Diskussion, wer Entropie mit Negentropie verwechselt haben könnte, nicht abgerissen ist.[17] Ebenso unwahrscheinlich wie *Brillouins* Vermutung, daß schon *Shannon* und *Weaver* Entropie und Negentropie verwechselt hätten. Nur eine Wahrscheinlichkeit muß ich hier für mich buchen: Es ist zwar unwahrscheinlich, daß ein Anatom in Informationsfragen die Informationstheoretiker belehren könnte; dennoch scheint es mir wahrscheinlich, daß beide Auffassungen nebeneinander zurecht bestehen, ja sich sogar gegenseitig voraussetzen.

Wir müssen, wenn wir von Information reden, nun eben nicht nur den befremdlichen Unterschied zwischen dem Alltags- und dem metrischen Begriff, sondern auch des letzteren Doppelbeziehung zu Determination und Indetermination, zu Ordnung und Chaos nicht aus dem Auge verlieren.

c. Information als Entropie und Negentropie

Nach dieser Lage haben wir also noch eine Hürde zu nehmen, um die entwickelte Formulierung der Ordnung widerspruchslos in das Gefüge der einschlägigen Theoreme einzufügen. Diese besteht in dem offenbaren Widerspruch, daß Information einmal mit dem Grad der Ungewißheit, der Unordnung, ein andermal mit dem der Voraussicht, der Ordnung zu steigen vermag; denn obwohl jedes der Theoreme in sich durchaus widerspruchslos erscheint, kann man doch nicht erwarten, daß Entropie gleich Negentropie sein könnte.

Tatsächlich haben wir die Lösung schon erarbeitet, indem unser Ordnungsbegriff eine Gegenüberstellung von Zufalls- und Determinations-Phänomenen vorschreibt. Nehmen wir also den bewährten Ansatz: Wir stellen zunächst fest, daß sowohl das Entropie- wie das Negentropiekonzept von der Bestimmung der Wahrscheinlichkeit ausgehen kann. Und nun braucht man lediglich zu fragen: ›Wahrscheinlichkeit wovon?‹, um die Übereinstimmung herzustellen.

Das ist vielleicht eine unorthodoxe Frage, aber wir werden uns sogleich daran erinnern, daß ›Wahrscheinlichkeit an sich‹ in der Natur nicht vorkommt. Diese Welt enthält eben Zufall wie Notwendigkeit. Erstens nur diese, weil neben Zufälligem und Nicht-Zufälligem keine dritte Alternative möglich ist. Zweitens immer beide, weil wir sie ohne Erfahrung nicht trennen können. Wenn wir uns also nach der Wahrscheinlichkeit eines Ereignisses fragen, so kann es sich stets entweder um die Wahrscheinlichkeit handeln, ein Ereignis aus Zufallsentschei-

[17] Zuletzt z.B. *Popper* 1967, *Woolhouse* 1967, *B. Campbell* 1967, *Wilson* 1968a, 1968b.

dungen (bit_I) oder aber aus Determinationsentscheidungen (bit_D) erklären zu können.

Information wird zwar fachlich ganz übereinstimmend als ein Maß für mangelnde Voraussicht oder Kenntnis, ein Maß für Seltenheit von Ereignissen, das Überraschende, Neue, Unerwartete, betrachtet, identisch mit der Zahl der Entscheidungen, die zur Erklärung eines Phänomens, zur Beschreibung nötig oder zu seiner Etablierung erforderlich sind; ein Maß für die Unwahrscheinlichkeit, daß diese in größerer Zahl zusammentreffen. Aber von welchen Entscheidungen ist die Rede?

(1) *Information als Indetermination.* Einmal faßt man Zufallsereignisse ins Auge; und diese beruhen auf Zufallsentscheidungen, deren Entscheidungsweise schon definitionsgemäß nicht mitvollzogen werden kann. So handelt es sich folglich um Information, die ich hätte, könnte ich sie gewinnen; also Informationen aus dem Roulette, der Geschichte oder der Bewegung der Moleküle, die außer *Maxwells* Dämon niemand besitzt. Solche Information wächst konsequenterweise mit dem Repertoire, der Anzahl der Zeichen und Möglichkeiten des Senders, also mit der Grenzenlosigkeit, Wahllosigkeit, Unordnung, Unsinn, Chaos, folglich mit der Entropie.

Dieser von *Maxwell* erdachte Dämon kann ein Türchen zwischen zwei gleich gasgefüllten Räumen immer nur dann öffnen, um im Hin und Her der Wärmebewegung der Moleküle beispielsweise jene, die vom rechten Raum in den linken streben, durchzulassen, jene in der umgekehrten Richtung aber nicht. Das Druckgefälle, die freie Energie, das *perpetuum mobile*, das er damit aufbauen könnte, entspricht der Information, die er uns über die Bewegung des Einzelmoleküls voraus hat.

Im Apparatebau (Zufallsgenerator oder Glückspiel) vergrößern wir diese Information, indem wir den Rahmen der Möglichkeiten, die wir dem Zufall einräumen, durch Abbau der determinierten Vorschriften erweitern.

Der Informationsgehalt der Zufallsereignisse entspricht jener Zahl von Entscheidungen, die ich zur Erklärung annehmen oder einräumen muß, ohne daß Einsicht in Zeitpunkt und Art der Entscheidungen gewonnen werden könnte. Wir haben ihn mit bit_I dimensioniert, mit I_D beschrieben und könnten ihn nun auch *Indeterminationsgehalt* nennen.

(2) *Information als Determination.* Ein andermal faßt man die nicht zufälligen Ereignisse ins Auge, die wir Determinationsereignisse nannten; und diese beruhen auf Determinationsentscheidungen, deren Entscheidungsweise grundsätzlich aufgeklärt, d.h. kausal verstanden, ja von uns selbst eingerichtet werden kann. Somit handelt es sich um Information, die ich habe, sobald sie gewonnen ist; also Information aus dem Apparatebau, kausaler Gesetzmäßigkeit, aus Organisation. Solche Information wächst entsprechend mit der Entfernung vom thermody-

namischen Equilibrium und dessen wahrscheinlichstem Zustand von Mischung und Wahllosigkeit, sie wächst mit dem Ausschluß des Zufalles, also mit Organisation, Spezialität, Konstruktionsaufwand, den Vorbedingungen, dem Sinn, mit dem Grad der Ordnung, folglich mit der Negentropie.

Im Apparatebau (Maschinen und Organisationen) vergrößern wir diese Information, indem wir den Rahmen, der ausschließlichen Determinationsentscheidungen eingeräumt ist, durch Zurückdrängen der angrenzenden Zufallsereignisse erweitern.

Der Informationsgehalt der Determinationsereignisse entspricht nun der Zahl jener ganz andersartigen Entscheidungen, die mir nach Position und Art, wie ich annehmen muß, zugänglich, d.h. verstehbar, beschreibbar und letztlich vorhersehbar werden, aus Notwendigkeit, Entschluß, Kausalität etabliert wurden; wir haben ihn mit bit_D dimensioniert, mit D beschrieben und *Determinationsgehalt* genannt.

Noch ein Beispiel soll diesen notwendigen Antagonismus der Wahrscheinlichkeit illustrieren:

Rechne ich mit dem Walten des Zufalles, indem ich ein vorgeordnetes Puzzle in seiner Schachtel schüttle, dann wird die wahllose Mischung, die Entropie seiner Teile, immer wahrscheinlicher, daß ich aber irgendeinen bestimmten Teil nach den Gesetzen der Vorlage an seinem Platz finde, immer unwahrscheinlicher.

Rechne ich aber umgekehrt mit dem Ausschluß des Zufalles, indem ich die wahllose Mischung nach den Gesetzen der Vorlage ordne, dann wächst für jeden Teil die Wahrscheinlichkeit, ihn in bestimmter Lage zu finden, aber mit der Ordnung, der Negentropie des Spieles, wird das Produkt als Zufallsergebnis immer unwahrscheinlicher.

(3) *Die Synthese* ist, wie man sieht, sehr einfach: Wahrscheinlichkeit an sich hat noch keinen Sinn, denn die Unwahrscheinlichkeit der Ordnung ist aus der Wahrscheinlichkeit des Chaos zu verstehen, wie die Unwahrscheinlichkeit des Chaos nur aus der Wahrscheinlichkeit der Ordnung (vgl. Fig. I2–5).

Aber man muß gleichzeitig verstehen, daß die Wissenschaft von den Wahrscheinlichkeiten zunächst die Übereinstimmung von Information ($I = K \log P$) und Chaos ($S = k \log P$) sehen mußte, weil nur dieses überzeugend definiert war; und daß sie erst später die Beziehung von Information und Ordnung in den Vordergrund brachte, weil die Erforschung waltender Ordnung eben ein Hauptziel der Wissenschaften ist. Daß aber drittens besorgte Stimmen ob der Möglichkeit eines Widerspruches nicht verstummten, das spricht für die Akribie in dieser Wissenschaft.

All das ist aber in der großen Literatur dieses Gebietes schon angedeutet worden. *Wiener* soll gesagt haben: »Ordnung ist ihrem Wesen nach ein Mangel an Zufälligkeit.«[18] Praktisch gehe ich nur einen kleinen Schritt weiter, wenn ich folgere, daß die Summe aus Indeter-

[18] Zitiert nach *Flechtner* 1970, p. 74.

Gehalt an:

Information, I_I (in bit)	Indetermination (Zufall), I_D (in bit_I)			Determination (Notwendigkeit), D (in bit_D)	Gesetz und G (in bit_G)	Redundanz R (in bit_R)
160	160	P O N F I H J L H W S R C G A K N A J M L B K G I P O E D F E D	2	-	-	-
160	80	F H P N L A U K A A A A B B B B C C C C D D D D D J G O E M J I	3	80	20	60
160	6	A B C D E F G H I J K L M N O P A B C D E Σ G H I J K L M N O P	4	154	80	74
160 (4,2 · 10⁶)	- (-)	S A G E / M I R / M U S E / D I E / T A T E N / D E S / V I E L …	5	…160 (4,2 · 10⁶)	160 (4,2 · 10⁶)	- (-)

Fig. I2–5: *Spiele mit Gehalten von Zufall und Notwendigkeit* bei Sendungen mit gleich vielen Ereignissen (32) und gleichem Zeichenvorrat (E = 16, mal 4 möglichen Positionen = 64). 2: Walten reinen Zufalles. 3: Sendung halb determiniert. 4: Determiniert mit einem Fehler. 5: Determiniert (In Klammern die Werte für jenen, der die Odyssee über diese Sendung hinaus kennt) (Orig.).

minationsgehalt (I_D) und Determinationsgehalt (D) eines definierten Systems, der *allgemeine Informationsgehalt*, gleich bleibt;

$$I_D + \mathrm{D} = \text{konstant} \qquad \text{(Formel 17),}$$

weil in dieser Welt wie zwischen den Alternativen von Zufall und Notwendigkeit auch nur zwischen den Erwartungen, kausal zu verstehen und kausal nicht zu verstehen, zu wählen ist; und zwar unabhängig davon, wie oft wir uns am Wege der Erkenntnis irren. – Und auch das ist praktisch schon gesagt worden: »Alles, was im Weltall existiert, ist die Frucht von Zufall und Notwendigkeit«, und zwar schon von *Demokrit*, und es ist auch weder widerlegt noch vergessen worden. *Monod* (1971) setzt den Satz als Motto an die Spitze seines Buches.

Ein abschließendes Beispiel möge das ins Gedächtnis zurückrufen: Ich besitze einen Sender mit 32 Zeichen im Repertoire, der mindestens 12 000 Zeilen mit bis 70, offenbar sinnlosen Einzelereignissen mitteilen kann; mit ld 32 = 5 ergeben sich 12 000 · 70 · 5 = 4,2 · 10⁶ bit_I, also über vier Millionen scheinbar wahllose Zufallsentscheidungen. Es mag genügen, eine einzige Zeile wiederzugeben:

```
Ereignis Nr.  .  .  .  .  5  .  .  .  .  10 .  .  .  .  15 .  .  .  .  20 .  .  .  .  25 .  .  .
Ereignisart   19 1  7  5  27 13 9  18 29 13 21 19 5  29 4  9  5  27 20 1  20 5  14 27 4  5  19 27
              .  30 .  .  .  .  35 .  .  .  .  40 .  .  .  .  45 .  .  .  .  50
              22 9  5  12 7  5  23 1  14 4  5  18 20 5  14 27 13 1  14 14 5  19
```

Teile ich nun mit, daß mit den Ziffern 1–26 das Alphabet und mit 27–32 die Zeichen ›spatium . , ; ! ?‹ bezeichnet sind, so entdecken wir die erste Zeile des ersten Gesanges (vgl. Fig. I5):

Ereignis Nr. · · · · 5 · · · · 10 · · · · 15 · · · · 20 · · · · 25 · · ·
Ereignisart s a g e m i r , m u s e , d i e t a t e n d e s

· 30 · · · · 35 · · · · 40 · · · · 45 · · · · 50
v i e l g e w a n d e r t e n m a n n e s

und nicht nur 250 *bit* Chaos verwandeln sich sogleich in 250 *bit* unwahrscheinlichster Ordnung, mit dem Begriff der Odyssee tauchen *Polyphemos* auf, *Eumäos* und, wie gut ich meinen *Homer* eben kenne, bis zu $4{,}2 \cdot 10^6 bit_D$ voraussehbarer Gesetzlichkeit, für den Philologen die ganze Welt des homerischen Zeitalters mit $10^7 bit_D$ und mehr. Aber ich bräuchte z.B. nur in Frequenzstufen zurückchiffrieren, und schon verfiele selbst für den Gräzisten alle Ordnung in über vier Millionen *bit* Chaos, sinnlosen Zierrates, wofür wir ja auch die Hieroglyphen vor dem Fund des Steins von Rosette gehalten haben.

Was wir Determinationsgehalt (*D*) oder Ordnung nannten, muß nun der Negentropie (*N*) ähnlich oder gleich sein, was wir den Gehalt an Indetermination (I_D) nennen, könnte hingegen (*S*) Chaos und Entropie entsprechen.

4. Ordnung als Gesetz mal Anwendung

Mit der dargelegten Formulierung – und nur soweit will ich den allgemeinen Konsequenzen (in Kap. VIII) vorgreifen – können wir jene drei Probleme lösen, die einer Anwendung des bisher förderlichen Theoremes ›Information ist gleich Ordnung oder Negentropie‹ besonders im Bereiche der biologischen Ordnungsphänomene Schwierigkeiten machen, und wir können an die biologischen Ereignisse anschließen.

a. Lösung der Paradoxa der Information

Zunächst die Widersprüche, die wir nun als Probleme der Kontradiktion der verminderten und der vergrößerten Anwendung aufklären können. Zur Illustration verwende ich aus der Literatur wohlbekannte Beispiele:

(1) *Problem der Kontradiktion.* »Ein Theorem von *Einstein* oder eine wahllose Mischung von Buchstaben enthält gleich viel Information, vorausgesetzt, die Anzahl der Buchstaben ist gleich.«[19] »Die Entropie eines Eisenkristalls, in die Form eines Zahnrades gebracht, würde sich kaum ändern«[20], obwohl ganz neue Funktionen damit möglich sind. Wir können beiden Feststellungen bedingt zustimmen.

[19] Zitiert nach *Lwoff* 1968, p. 84.
[20] Zitiert nach *Linschitz* 1953, p. 261.

Im Buchstabenbeispiel erkennen wir die gleichzeitige Verwandlung von Determinations- in Indeterminationsgehalt, die auch schon durch das Schütteln der *Einstein*schen Buchstaben, ja dadurch erreicht wäre, daß ein Leser kein Wort des Theorems versteht. Der Gehalt an Einsicht plus Ratlosigkeit bleibt konstant. Im Zahnradbeispiel kommt aber zur Wahllosigkeit Gesetzmäßigkeit hinzu, und zwar so viele bit_D, wie zur Beschreibung des nicht Zufälligen seiner Oberfläche erfoderlich wären.

(2) *Problem der verminderten Anwendung.* »Wenn, beispielsweise ein bestimmtes Guanin-Molekül eines bestimmten Gens (also eine einzige Entscheidung im ungeheuer langen genetischen Code) durch ein Adenin-Molekül ersetzt wird, bleibt der Informationsgehalt, die strukturelle Negentropie des Systems, gleich. Für den Physiker hat sich, selbst wenn diese Mutante letal ist, nichts geändert; der Negentropiegehalt blieb derselbe. Wenn die Mutante aber letal ist, der veränderte Organismus nunmehr unfähig, normal zu funktionieren und sich zu vermehren, hat er aufgehört zu leben.« Und, so fügen wir *Lwoffs* vorzüglichem Beispiel hinzu, seine Negentropie löst sich sogleich völlig auf.

Hier löst sich, stellen wir fest, nicht nur die Wiederholung der Ereignisse (a) auf. Nicht nur die Neuanwendung wird null ($a = 1$), und die Ordnung des Systems reduzierte sich mit seiner Auflösung auf die kurze Lebenszeit der Mutante; sondern die ganze Anwendung der im Code festgelegten Gesetzmäßigkeit (G) wird null ($a = 0$). Folglich wird der Determinationsgehalt $D = G \cdot a = G \cdot 0 = 0$, die Ordnung sogleich aufgelöst.

Unsere Formulierung befriedigt sogar das Paradoxon, daß selbst eine Zunahme des Gesetzesgehaltes den Determinationsgehalt zerstören kann. »Die Folge des Eindringens eines Virus und seines genetischen Materials ist eine Vergrößerung der Negentropie Zelle-Virus gegenüber der Negentropie der ursprünglich nicht infizierten Zelle. Aber die infizierte Zelle wird absterben; das heißt«, so formuliert *Lwoff*, »ihre Information zerstört.«[21]

Wir haben ja schon festgestellt, daß die Bedeutung eines Gesetzes nicht durch seine Formulierung und schon gar nicht durch die Länge seiner Formulierung bestimmt wird, sondern durch seine Anwendung. Wieviele unverwendbare Gesetzestexte ruhen funktionslos in Laden, wieviele Gesetzesgehalte unanwendbarer Erfindungen in den Archiven der Patentämter, auf wieviele wohlformulierte Vorsätze vergessen wir im Laufe eines einzigen Lebens, wenn sie sich nicht realisieren lassen.

(3) *Problem der vermehrten Anwendung.* Ein treffliches Beispiel von *Linschitz*[22] kann hier für fast alle stehen: »Die Unzulänglichkeit der physikalischen Entropie allein zur Messung biologischen Informationsgehaltes wird auch durch die Breite des Entropiekonzeptes klar,

[21] Zitiert nach *Lwoff* 1968, p. 93.
[22] Zitiert nach *Linschitz* 1953, p. 261.

nach welchem die Entropie zweier identischer Zellen das Doppelte jeder dieser Zellen beträgt. Hier wird aber sowohl der Biologe als auch der Nachrichtentechniker einzuwenden haben, daß in zwei identischen Zellen kaum mehr Information enthalten ist, als in einer derselben bereits vorliegt.«

Wir können *Linschitz* völlig zustimmen und dennoch das Paradoxon lösen. Denn in unserer Formulierung heißt das: Der Ordnungs- oder Negentropiegehalt des Systemes wird verdoppelt, aber sein Gesetzesgehalt ändert sich kaum. Die Lösung liegt auf der Hand: $D = G \cdot a = G \cdot 2$. Es ist das fundamentale Konzept der identischen Replikation bewährter Gesetzmäßigkeit, dessen Breite uns noch sehr beschäftigen wird.

Der biologische Unterschied zwischen $G_1 + G_2$ und $G \cdot 2$ ist nämlich noch größer als jener zwischen der Leistung *Darwins*, den »Ursprung der Arten« zu verfassen, und der des Druckers, nochmals 40 Bogen einzuspannen. Die lebendigen Codices enthalten ja sogar die Anleitung zum Wiederdruck. Die Leistung, an der Druckmaschine, das Abschaltzählwerk auf eine Auflage von 10^4 zu stellen, müßte mit zehntausend Leben *Darwins* verglichen werden. – Wir ahnen die Bedeutung dieser Vereinfachung für Leben und Evolution, deren Besprechung wir auch schon greifbar nahe sind.

Sollte es richtig sein, daß unsere generelle Auffassung: Ordnung ist Gesetz mal Anwendung, wie es scheint, auch die gravierendsten der bisherigen Widersprüche löst, dann darf man versuchen, sie nun auf die spezielle Komplexität der Ordnung des Lebendigen anzuwenden.

b. Anwendung, Entscheidung und Ereignis

Damit kommen wir zur letzten, vielleicht wichtigsten Konsequenz unserer einführenden Überlegungen. Sie leitet zur Ursache der Ordnungsmuster über, also zum Hauptteil unserer Untersuchung. Wir erleichtern uns dabei das Vorgehen, wenn wir uns zweierlei vor Augen halten: Einmal die Vereinfachung, die wir vorgenommen haben; ein andermal die Gegenläufigkeit von Gesetzes-Einsicht und Redundanz-Abbau.

Im einen haben wir uns so verhalten, als bestünde zwischen Entscheidungen und Ereignissen ein grundlegender Unterschied, der uns berechtigte, das Redundanzproblem allein von den Entscheidungen her zu analysieren. Dies war eine didaktische Vereinfachung, um den Gang der Darstellung nicht zu verwirren. Wir müssen aber nun zur Kenntnis nehmen, daß in der Natur ein Ereignis nichts anderes sein kann als das System der (unter Umständen unübersehbar vielen) Entscheidungen, die es auslösen.

Im anderen stellen wir fest, daß auf das Vorliegen von Gesetzmäßigkeit nur aufgrund von Wiederholung geschlossen werden kann (Abs.

IB1e), die sich wiederholenden Entscheidungen aber abgebaut werden (IB2e), wenn es auf Ökonomie ankommt. Diese beiden Beziehungen sind von einer allgemeinen, für das Lebendige von spezieller Relevanz.

(1) *Die Identität von Entscheidung und Ereignis* ist im komplexen Bereich freilich nicht leicht zu sehen, wird aber, betrachtet man zunehmend einfachere Systeme, immer zwingender. Unter *Entscheidungen* (*b*) haben wir uns bislang z.B. die Ja-Nein-Entscheidungen der Relais einer Maschine (eines Senders) vorgestellt. In der Natur entsprechen ihnen die Entscheidungen im Molekularbereich der Materie, die durch das Eintreten der Atome in den einen oder anderen stabilen Zustand (der Lage und Bindung nach, mit maximal etwa zwei Dutzend bit_D an möglichen Alternativen) beschrieben werden können.[23)]

Ein Ereignis, das durch die Entscheidungen eines Menschen hervorgerufen wird, auf Atompositionen zurückführen zu wollen, verdiente heute wohl noch nicht einmal akademisches Interesse. Das ist aber, nähmen wir die Herstellung beispielsweise eines Proteins als das Ereignis, anders. Hier können wir bereits die molekularen Entscheidungen zählen, die für seine Fertigung angenommen werden müssen. Gilt das für die Bausteine eines Organismus, dann wird es für ganze Organismen und mag es auch für ihre Funktionen gelten. Wir brauchen hier aber keiner philosophischen Erörterung nachzuhängen: Es genügt uns die Voraussicht, daß die Natur der Ereignisse (*E*) aus Systemen besteht, die sich gleichermaßen aus Entscheidungen (*b*) letztlich molekularer Art zusammensetzen.

Der Unterschied zwischen Ereignis und Entscheidung liegt in der Betrachtung. Interessiert der Endzustand, dann mögen wir diesen Ereignis (*E*), interessieren die Zwischenzustände, dann mögen wir sie *Entscheidungen* (Entscheidungsfindungen; *b*) nennen. Wir machten uns dies ja schon in der ›Einführung‹ klar. Schrieben wir bisher

Vorentscheidung	a	a	b	b
Endentscheidung	a	b	a	b
Ereignis	I	II	III	IV

dann beinhaltet ja z.B. I nicht mehr als *aa* (wie II nicht mehr als *ab* besagt); es sei denn, wir haben unseren Sender mit mehr Determination ausgerüstet, als bislang angegeben wurde; beispielsweise in der Form von Leuchtziffern, von welchen aufgrund der Ereignisse *aa* die Ziffer I aufgerufen wird. Wieder ist es eine Vereinfachung, die z.B. in einem solchen Ziffern-Mechanismus eingebauten Entscheidungen nicht beschrieben zu haben. Mehr ist vorerst nicht nötig (beide Größen werden uns im ganzen Band, die psychologischen Ursachen der Unterscheidung erst zuletzt, in Abs. VIIIB7b, beschäftigen). Hier kommt es vielmehr darauf an, daß sich

23 Nach der Darstellung von *Dancoff* und *Quastler* 1953, 24,5 *bit*.

(2) *das Schicksal der beiden Zustände* als sehr verschieden erweisen wird. Zuerst erkennen wir, daß mit dem Abbau sich wiederholender, also redundanter Entscheidungen (*b*; bit_R) keine Minderung in der Anwendung (*a*), d.h. in der Zahl der sich identisch wiederholenden Ereignisse verbunden sein muß. Im Gegenteil: Werden die sich wiederholenden Entscheidungen nicht einfach alle gestrichen, sondern – wie wir es beschrieben – systematisch durch Rangung und Wiederverwendung eingespart, so entsteht ein System, welches durch die Reduktion der *Entscheidungsfindungen b* die identische Wiederholbarkeit der Ereignisse sogar begünstigt.

Nehmen wir als einfachstes Beispiel die einmalige Wiederholung unserer Sendung (der Ereignisse) I bis IV. Vor und nach dem Abbau der bit_R ergeben sich folgende drei Wiederholungswerte:

															x				
Vorentscheidung	a	a	b	b	a	a	b	b	$R = 10$	a	–	b	–	–	–	–	–	$R = 0$
Endentscheidung	a	b	a	b	a	b	a	b	$r = 2{,}66$	a	b	a	b	–	–	–	–	$r = 1$
Ereignis	I	II	III	IV	I	II	III	IV	$a = 2$	I	II	III	IV	I	II	III	IV	$a = 2$

Wie gewohnt ersetzen wir im (rechten) systemisierten Beispiel die bit_R durch (Striche) das Gedächtnis des Mechanismus. Es können acht bit_R an sichtbarer – und zwei bit_R an verdeckter Entscheidungs-Redundanz (also an Umständlichkeit) eingespart werden. Dabei bleibt die Wiederholung der Sendung (*a*) erhalten; unter der Voraussetzung, daß eine siebente Entscheidung (Vorentscheidung *x*; mit ca. 1 bit_G Gehalt) eingeführt werden kann.

Wir haben es also mit zweierlei Größen identischer Wiederholungen zu tun, deren relative Werte wir im üblichen Sprachgebrauch *Anwendung* (Auftreten, Auflage oder Replika plus Original) nennen: die wiederholte Anwendung identischer Entscheidungen, die wir bereits als *r* kennen, sowie die Anwendung identischer (redundanter) Ereignisse (*E*), die wir nun *a* nennen (die relative Redundanz der Ereignisse). Der Vorgang der Systemisierung, des systematischen Abbaus von Entscheidungen, muß im Vereine mit dem Wachsen determinativer Systeme (dem Umfang der Sendungen) dazu führen, daß die Zahl der identischen Ereignisse die der verbleibenden Entscheidungen (nennen wir diese nun $r_{(syst.)}$) weitaus übertrifft ($a \gg r_{(syst.)}$).

(3) *Das Verhältnis* zueinander hängt also zunächst[24)] vom Systemisierungsgrad der Entscheidungen ab. Vor der Systemisierung ist *a* gleich der sichtbaren Redundanz *r* und wird nur von dieser gemeinsam mit der verdeckten Redundanz der Entscheidungen noch übertroffen. Ist die Systemisierung aber vollkommen, also jede Entscheidungsredundanz verschwunden und $r_{(syst.)} = 1$, dann ist die Differenz am größten.

24 Später werden wir finden, daß in der Evolution der Systeme auch *a* zu Gunsten von *G* reduziert wird. Das gehört aber noch nicht hierher (vgl. Abs. VIIIB7c).

Wir könnten auf diese Weise den *Systemisierungsgrad* (s) durch den Quotienten $a/r_{(syst.)}$ *mit Werten von* $s < 1$ bis $s = a$ beschreiben (wir knüpfen in Abs. IIIB2 wieder an).

Wichtig ist nun der Umstand, daß wir bei voller Systemisierung den Determinationsgehalt ($D_{(syst.)}$) eines Systems nun auch als das Produkt aus Gesetzesgehalt (G) und der relativen Redundanz, der Anwendung der Ereignisse (a),

$$D_{(syste.)} = G \cdot a \qquad \text{(Formel 18)}$$

beschreiben können; als die *Zusammensetzung des systemisierten Determinationsgehaltes.* Die Struktur des Gesetzestextes wie die Art und der Umfang der Wiederholungen lassen ja die Mindestzahl auch der ersetzten Entscheidungen (bit_G) voraussehen. (Man vergleiche unser einfachstes Beispiel, die zweimalige Sendung der Ereignisse I bis IV.)

Die Ursache für dieses Steigen der Systemisierung wird das Grundthema aller folgenden Kapitel sein. Folgendes wird sich herausstellen: Die Erhaltungschancen eines Systems (d.h. seiner Binnenbedingungen unter definierten Außenbedingungen) wachsen sowohl mit einer Zunahme der Anwendung seiner Ereignisse (deren bereits bewährten Korrelationen) als auch mit einer Abnahme der erforderlichen Entscheidungsfindungen (deren Reproduktions-Kosten, Fehlerursachen und Adaptierungsschwierigkeiten).

An dieser Stelle bedeutet das natürlich viel und wenig zugleich. Wir müssen nun ins Konkrete der biologischen Ordnung vorankommen, um das Gesagte lebendig zu machen.

Ich zweifle nicht daran, mit dieser Voruntersuchung die Geduld des Lesers sehr beansprucht zu haben. Dem Biologen mag sie wenig relevant, dem Informations-Wissenschaftler unnötig erschienen sein. Man wird mir aber, so vertraue ich, bald bestätigen, daß das Problem der lebendigen Ordnung nicht zu lösen wäre, hätten wir nicht versucht, zunächst den erkenntnistheoretischen Teil zu ordnen.[25)]

[25] Wesentliches zu diesen Erkenntnisfragen kann man bei *Popper* 1962 und *D. Campbell* 1966b nachschlagen; besonders aber bei *Lorenz* 1973 bestätigt finden (dessen Band aber leider erst erschien, als der vorliegende schon in Satz gegangen war).

KAPITEL II

Dimensionen und Formen lebendiger Ordnung

Hier kommen wir unserer Sache bereits näher. Es gibt nämlich in dem uns bekannten Kosmos kein Phänomen, dessen Gehalt an Ordnung auch nur annähernd jenem der Lebenserscheinungen nahekäme; und es gibt keine Lebenserscheinung, die nicht selbst auf einem ungeheuren Gebäude an Ordnung beruhte. Selbst das »Wissen der Menschheit«, stellt *Lorenz* fest, »gleichwohl persönliches, kulturelles oder wissenschaftliches, ist nur ein Sonderfall jenes Prinzipes, jenes Wunders der Entwicklung, in welchem das Leben, allen Wahrscheinlichkeitsgesetzen zum Hohn, vom Ungeordneten und Wahrscheinlichen zu einer Harmonie nahezu unermeßlicher Unwahrscheinlichkeit aufsteigt.« Aber nicht nur Biologen, Chemiker, Physiker, Mathematiker, Erkenntnistheoretiker sind sich einig: Leben ist das dominierende Ordnungsphänomen, es ist Ordnung schlechthin.[1)]

Man wollte an dieser Stelle auch sogleich das Wunderbarste erörtern, jene Mechanismen, die unter Umgehung des Entropiesatzes solche Ordnung, noch dazu in bestimmten universellen Mustern, aus dem Chaos entstehen lassen. Doch es ist unerläßlich, zunächst das Phänomen zu beschreiben – nach Mengen und nach Qualitäten – sowie das Problem, bevor wir darangehen, es zu lösen. Denn, wie wir sehen werden, das Wunderbare des Mechanismus steckt nicht in seiner Konstruktion – diese ist relativ einfach –, es steckt in den Wundern, die er produziert.

A. Die Ausmaße der biologischen Ordnung

Zur quantitativen Beschreibung wollen wir zunächst jenen beiden Ansätzen folgen, die die Biophysiker schon entwickelt haben, und wir können aus unserem Theorem (Ordnung = Determinationsgehalt, $\Sigma\, bit_D$ = Gesetz mal Anwendung = Gesetzesgehalt mal relativer Redundanz, $\Sigma\, bit_G \cdot r$) noch einen dritten Ansatz aus der vergleichenden Anatomie ableiten.

1. Ordnung als Energie

zu beschreiben, bildet den ältesten Ansatz. Schon 1916 findet man ihn von *Otto Meyerhof* vorbereitet. In jedem Organismus laufen fortgesetzte Prozesse ab, die dazu beitragen, die potentielle Energie abzubau-

1 Zitiert aus *Lorenz* 1971, p. 231; man vergleiche auch *Whitehead* 1933, *Popper* 1935, *Needham* 1936, *Burgers* 1965, *Koestler* 1968, *Peters* 1967, p. 251 und 254, *Popper* 1962, *D. Campbell* 1966a, *Thom* 1972 u.a.

en. »Nachdem aber Leben die Erhaltung dieser potentiellen Energie verlangt, muß dauernd Arbeit geleistet werden«[2], und auch das kann nur geschehen »durch einen steten Strom von Energie von einer Energiequelle zu einem Energie-Abfluß (sink)«.[3]

Morowitz hat unsere Kenntnisse auf diesem Gebiet unlängst zusammengefaßt, und ich darf mich darauf beschränken, die für uns wichtigen Zusammenhänge dort zu entnehmen. »Eine lebendige Zelle stellt, bezogen auf ihre thermische Energie, ein System von sehr großer Energie dar, sowohl strukturell wie auch elektronisch gebundener, wenn man es mit seinem Äquivalent im Equilibrium vergleicht«; dieses wird ja durch seinen Tod eingeleitet. Ordnung entspräche vereinfacht der Differenz von *Helmholtz'* freier Energie des lebendigen und des toten Zustandes eines Organismus, der »Spannung zwischen gespeicherter Energie und ihrem Zerfall in den ungeordnetsten Zustand«[4]; und »die auf Erhaltung des Stabileren wirkende Selektion unter stetem Durchpumpen mit Energie wird zu Zuständen größtmöglicher Energiespeicherung und größtmöglicher Ordnung führen«.

Ich darf hier nicht versuchen, *Helmholtz'* freie und thermische Energie anschaulich zu machen; und kann es mir versagen, weil wir nicht mit dem Energiekonzept fortsetzen können. Vielmehr wird mit dem Informationskonzept fortzusetzen sein, das mit ersterem eng verwandt ist.

Der Zusammenhang zwischen Energie und Information ist wieder durch das Paradoxon *Maxwells* Dämons illustriert (der uns, wie aus Kap. IB3c erinnerlich, die Kenntnis der Bewegung der Moleküle voraushat). Die Energie, die er scheinbar aufbauen kann, indem er Moleküle sortiert, entspricht ja seiner Information, die er über deren Bewegung haben müßte. »In einem gewissen Sinne ist darum das eher bio- oder psychologische Informationskonzept mit dem reinen Energiekonzept verbunden.«[5] Umgekehrt zeigt *Brillouin*, daß Arbeit geleistet werden muß, um Information zu erhalten.[6] Um es kurz zu machen: »für nichts ist auch nichts zu haben – nicht einmal Information.«[7] Tun wir den nächsten Schritt, er führt uns weiter.

2. Ordnung als Unwahrscheinlichkeit der Zustände

Ordnung läßt sich aus dem Determinationsgehalt, also nach der Zahl jener Determinationsentscheidungen abschätzen, die zu ihrer Beschrei-

2 *Meyerhof* 1924, zitiert nach *Morowitz* 1968.

3 *Morowitz* 1968, p. 20.

4 Zitate aus letzterem von den Seiten 7, 20, 134, 146; der interessierte Leser vergleiche besonders auch *Odum* 1971.

5 Zitiert aus *Morowitz* 1970, p. 108.

6 *Brillouin* 1956.

7 *Morowitz* 1970, p. 111.

bung, Festlegung oder Konstruktion erforderlich sind. Redundanz und Gesetzeshaltung müssen hier zunächst also noch nicht getrennt werden.

Wir erinnern uns dabei, daß hier erstens in bit_D gemessen wird, daß zweitens die Summe des Determinationsgehaltes zweier gleicher, also gleich unwahrscheinlicher Zustände doppelt so groß ist als der Determinationsgehalt jedes der beiden, und daß drittens die Wahrscheinlichkeit, Determinationszustände durch den Zufall erklären zu können, mit der negativen Potenz der erforderlichen Entscheidungen wächst, z.B.:

Art des Ereignisses	1	2	3	4	1	2	3	4
bit_D kumulativ	2	4	6	8	10	12	14	16
Zufallswahrscheinlichkeit	2^{-2}	2^{-4}	2^{-6}	2^{-8}	2^{-10}	2^{-12}	2^{-14}	2^{-16}
	1/4	1/16	1/64	1/256	....			1/65536

Der Determinationsgehalt der größten vom Menschen gebauten Informationsmaschine bildet, wie *Brillouin* zeigt, eine gute Vergleichsbasis. »Betrachten wir beispielsweise ein Telephonnetz in der Größe etwa des amerikanischen. Die Zahl der Teilnehmer wird um einige zehn Millionen liegen, aber seien wir großzügig und nehmen wir hundert Millionen an.« Die Zahl der möglichen Einzelergebnisse ist somit $E = 10^8$. Da wir uns der determinativ arbeitenden Relais sicher sind, können wir Formel 6 anwenden und feststellen, »daß der Informationsgehalt (wir sagen: Determinationsgehalt) des ganzen Systems zu jeder Zeit in der Größe von«

$$E \, ld \, E = 10^8 \, \mathrm{ld} \, 10^8 \approx 4 \cdot 10^9 \, bit_D$$

»liegen muß; eine riesige, aber in Entropieeinheiten, also $4 \cdot 10^9 \cdot 10^{-16}$ erg ° C, noch immer sehr kleine Zahl, nämlich $4 \cdot 10^{-7}$. Zwar ist es schwer, sich eine Maschinerie von viel größerem Informationsgehalt auch nur vorzustellen, aber wenn wir an Organismen denken, treffen wir auf noch ganz andere Größenordnungen.«[8)]

Dennoch ist auch solch eine Maschine von einer Zufallsunwahrscheinlichkeit bereits unvorstellbarer Dimensionen. Die Zahl der Versuche, die nötig wären, sie einmal durch wahlloses Mischen der Verbindungen herzustellen, wäre $2^{4 \cdot 10^9} \approx 10^{1\,204\,120000}$, also eine Zahl mit einer Milliarde Nullen. Aber die Unwahrscheinlichkeit biologischer Systeme ist noch viel größer.

In ähnlicher Weise läßt sich der Determinationsgehalt von Organismen abschätzen, indem man die Zahl der physikalisch möglichen Kombinationen der auch nach ihrer Position lebenswichtigen Atome oder Moleküle des Systems mit der ungleich kleineren Zahl der lebensfähigen vergleicht; oder indem man bestimmt, wieviele Entscheidungen erforderlich sind, um die spezielle, die lebensfähige Position dieser Bauteile zu definieren. Es wird nicht nötig sein, den Rechenvorgang zu schildern, noch weniger die Verbesserungen, die zu diesen Näherungsbestimmungen vorgeschlagen werden. Uns können die Resultate genügen.

8 *Brillouin* 1956, pp. 288–289.

Für kleine Bakterien sind die Werte zwischen $5 \cdot 10^{10}$ und 10^{13} bit_D bestimmt worden.[9] Schon die einfachsten Lebensformen übertreffen der Menschheit komplizierteste Maschine um das Zehn- bis Fünftausendfache an Determinationsgehalt und entsprechend um sehr viele Potenzen an Unwahrscheinlichkeit. Für den menschlichen Organismus errechnen *Dancoff* und *Quastler*[10] auf der Basis von 24,5 *bit* pro Atom mal $7 \cdot 10^{27}$ erforderlichen Atomen – selbst wenn von diesen nur jedes Zehnte von definiter Lage wäre – einen Determinationsgehalt von rund $2 \cdot 10^{28}$ bit_D. Das ist ein Volumen an Festlegungen, welches den Gehalt aller Bibliotheken dieser Erde übertrifft. Aber auch auf der Basis von Molekülen berechnet, sind es für unseren Körper noch immer $2 \cdot 10^{25}$ bit_D.

Und noch einen wichtigen Umstand unserer Überlegungen bestätigt diese aufschlußreiche Studie. Unsere Keimzelle läßt auf etwa $10^{11} bit_D$, unser Gen-Katalog, also die reine Erbsubstanz, auf nur mehr 10^5 oder $10^6 bit_D$ schließen. Da wir wissen, daß alle Gesetzlichkeit unseres Organismus im genetischen Code repräsentiert sein muß, hat man sogleich zu fragen, woher jene 16 bis 21 Größenordnungen Determinationswachstum vom Code und der Keimzelle bis zum Adultus kommen.

Die Antwort, die wir nun geben können, ist wieder höchst einfach. Die Differenz wird überwiegend von *a*, der wiederholten Anwendung identischer Gesetzmäßigkeit, getragen. Wir brauchen dazu nur den Umstand zu berücksichtigen, daß auch die spezialisiertesten Zellen unseres Körpers in sehr großen Zahlen identischer Replika, identischer Wiedersendungen ein- und desselben Gesetzesgehaltes, vorliegen; Sehzellen ca. $2 \cdot 10^8$, Neuronen 10^{12} - 10^{13}, Erythrozyten $2{,}5 \cdot 10^{13}$ bis $5 \cdot 10^{15}$ im Laufe eines Lebens usf. Damit sind bereits 15 der 16 Größenordnungen der Differenz vom Determinationsgehalt der Keimzelle zum Determinationsgehalt des adulten Menschen überbrückt. Und da wir in jeder dieser identischen Zellen wieder identische Organellen und Ultrastrukturen in riesigen Auflagen vorfinden, kann man das Ausmaß der relativen Redundanz, der Anwendung von Ereignissen (*a*), tatsächlich zwischen $a = 10^{19}$ und $a = 10^{21}$ erwarten. Wir kommen darauf (in Kap. IV) eingehender zurück.

Hier ist nun die Feststellung wichtig, daß der Determinationsgehalt des Codes überwiegend aus $D \approx 10^6 bit_G$, jener des fertigen Organismus aber aus $D \approx 106\ bit_G \cdot 10^{20}\ a$ zusammengesetzt sein könnte. Dies bildet auch den Schlüssel zum anatomischen Ansatz der Lösung.

3. Ordnung als Umfang möglicher Voraussagen

Im ersten Ansatz sind wir so vorgegangen, als wüßten wir nicht, wie das Determinationssystem unseres Organismus organisiert sei. Freilich

9 *Linschitz* 1953, *Morowitz* 1955.

10 *Dancoff* und *Quastler* 1953, *Quastler* 1964.

kennen wir die Bauteile nicht so vollständig, wie die Bell-Company das von ihr gebaute Telephonnetz kennen könnte. Aber wir kennen bereits mehr, als man glauben wird, erwarten zu dürfen. Und auch die Voraussagen sind im höchsten Maße sicher. Ein Beispiel wird das verdeutlichen:

Wird an einer Unfallstelle auch nur ein winziges Bruchstück eines Haares entdeckt, so wird der erfahrene Kriminologe, falls es ein menschliches ist, dieses nach den mikroskopischen Strukturkriterien, die es enthält, mit Gewißheit identifizieren. Wie groß ist nun die Zahl der gewissen Voraussagen, die Anatom, Histologe, Zytologe, Ultrastrukturforscher, Biochemiker und Molekularbiologe gemeinsam über den Träger dieser mikroskopischen Struktur machen könnten?

Zunächst müssen wir Voraussagen der Gesetzlichkeit von jenen über relative Redundanz trennen. Über beides wissen wir gut Bescheid und haben auch kaum Schwierigkeiten, die Gebiete sauber zu trennen.

Hier muß ich, um mich nicht zu wiederholen, auf das in Kapitel IIB noch genau Darzulegende verweisen; die Begriffe der anatomischen Plurale und Singulare, der Einzelindividualitäten und der Anzahl ihrer Anwendungen. Man möge sich entweder dort sogleich davon überzeugen, daß ihre Bestimmung methodisch einwandfrei gelingt, oder aber mir zunächst weiter folgen.

Wie z.B. die Atlanten der ›Normalen Anatomie des Menschen‹ lehren, können rund 10^4 voraussehbare Einzelmerkmale des Bewegungsapparates und z.B. $7 \cdot 10^4$ des Nervensystems definiert werden. Mindestens weitere $5 \cdot 10^3$ kann die Histologie hinzufügen, und die Gebiete von der Zytologie bis zur Molekularbiologie jeweils nicht viel weniger. Summiert man diese Merkmale, dann sind es 10^5 bis $5 \cdot 10^5$ und zwar bit_G; denn sie enthalten erstens keinerlei Redundanz, und wir berufen uns weiters auf den minimalen Informationsgehalt der Digitalentscheidung, so als ob es für jedes der definierten Merkmale nur eine Alternative gäbe. Mit $D_{min} = 10^5$ bis $5 \cdot 10^5\ bit_G$ sind wir der Dimension des Gesetzesgehaltes unseres Genoms (bestimmt nach der Unwahrscheinlichkeit der Zustände) auf weniger als eine Größenordnung nahegekommen.

Und die Differenz (mal 5 bis mal 10), die noch zwischen dem maximalen Lehrbuchstoff und dem tatsächlichen Gesetzesgehalt der Organisation des Menschen liegt, wird, wie jeder Fachmann bestätigt, leicht durch den Unterschied zwischen Lehrwissen und Gesamtwissen oder zumindest durch die Spanne zum noch Unerforschten überbrückt.

Noch leichter ist das Ausmaß *a* an identischen Wiederholungen in unserem Organismus abzuschätzen. Es steigt mit Abnehmen der Komplexität. Folgende Zahlen identischer Bausteine sind pro Komplexitätsstufe bekannt: Anatomie $2\text{-}10^7$ (z.B. symmetrisch identische Extremitäten bis 10^7 identischer Haare eines größeren Säugers), Histologie 10^3–10^{14} (z.B. Erythrozyten), Zytologie 10^{10}–10^{16} (z.B. Chromosomen mal Zellen), Ultrastrukturforschung 10^{12}–10^{20} (z.B. Granula des endoplasmatischen Reticulum mal Zellen), Biochemie 10^{15}–10^{25} (z.B. Replika eines Aminosäuremoleküls), Molekularbiologie 10^{16}–10^{27} (z.B. Anzahl der Stickstoffatome). Somit erreicht *a* gewiß 10^{20}–10^{21}.

Der Umfang der möglichen Voraussagen über einen Organismus kann also trotz unserer noch immer beschränkten Kenntnisse bereits Werte von $D = 10^5\ bit_G \cdot 10^{20}\ a$ bis $D = 5 \cdot 10^5\ bit_G \cdot 10^{21} a$ erreichen, was $D = 10^{25}$ bis $5 \cdot 10^{26}\ bit_D$ entspricht. Das sind ungeheure Dimensionen der Voraussicht. Die Forschung scheint auf 1–2 Größenordnungen an den Gesamtumfang der Ordnung in Organismen vorgedrungen zu sein; 25 der 27 Größenordnungen durch Erkenntnis bereits dokumentieren zu können. – Eine gewiß ermutigende Einsicht für jeden unserer weiteren Schritte.

Später werden wir sehen, daß zu diesen Ordnungsdimensionen noch weitere, wie die der Individuen (mal 10^8) und die der Arten (mal weitere 10^6), eingehen, wenn das Gesamtphänomen des Lebens zu erfassen sein wird.

B. Die Formen der biologischen Ordnung

Nun geht es um die qualitative Analyse dessen, was wir lebendige Ordnung nennen; und damit treten wir in ein ganz anderes Gebiet der Fragestellung. Wir werden es aus dem Wissensstoff der Biologie fast zur Gänze zu synthetisieren, also neu zu formulieren haben.

Zunächst müssen wir uns daran erinnern, daß wir bisher Ordnung lediglich als ein quantitatives Phänomen untersuchten. Dazu hat einmal unsere Suche nach einer metrischen Fassung Anlaß gegeben, ein andermal scheint es mir erforderlich, bei der Erörterung der erkenntnismäßig viel schwerer faßbaren qualitativen Aspekte der Ordnung, bei ›meinem Leisten‹, bei der Biologie, zu bleiben.

Wir stehen also wieder an einem Beginn; das ist eine Stelle, an der Umsicht sehr am Platze ist. Wir müssen, um nichts vorauszusetzen, wieder zu den Grundlagen zurück und fragen: Was ist das Qualitative der Ordnung? Muß Ordnung Qualitäten besitzen? Und was ist das Gemeinsame solcher Qualität?

1. Das Qualitative der Ordnung

Kehrt man an den Anfang, die Beobachtung des Verhaltens eines Senders zurück, wie wir ihn stellvertretend für die Erforschung eines uns noch unerklärlichen Naturphänomens verwendet haben, so findet man sich im unbestimmten Wahrscheinlichkeitsbereich, im Niemandsland zwischen Zufall und Notwendigkeit, wieder. Dort ist festzustellen, daß Ordnung nur unter der Voraussetzung gesendeter Determinationsgesetzlichkeit zu erkennen ist.

(1) *Das Qualitative* in solcher Minimalprämisse steckt im Gesetzesgehalt. Seine Replika enthalten nur Quantität. Der Gesetzesgehalt z.B. der fortgesetzten Sendung von ›1 2 3 4 5 6 7 8‹ enthält $E \, ld \, E = 8 \cdot ld \, 8 = 24 \, bit_G$ als Quantität, aber die ›Art‹, das ›Muster‹ oder ›pattern‹ der hier niedergelegten Gesetzlichkeit als Qualität. Dieses Muster könnte man das Grundgesetz, die ›Ausschließung‹ oder ›Idee‹ nennen, was aber freilich nicht viel sagt. Man kann es aber (als: n = 1 mit n, n + 1, n + 2 ... n + 7) eindeutig beschreiben. Da diese Qualitäten sehr kompliziert und nur durch Wiederholung erklärt werden können, paßt für sie der in Umgangssprache und Kybernetik übliche Begriff des *Musters*.

So wie sich das ›Grundgesetz‹ von Sinus, Punkt und Quadrat unterscheidet, sind auch die Muster, die sie bilden, die Wellen-, Punkt- und Karoraster, voneinander verschieden. Und so, wie die Formeln von Sinus- und Kreisbahn dimensionslose Qualitäten darstellen, muß auch den Grundgesetzen der Muster erst Dimension hinzugefügt werden.

(2) *Die Erforderlichkeit* von Qualitäten ist damit auch gegeben, weil jeglicher Gesetzesgehalt seinen nicht reduzierbaren Kern besitzen muß; unabhängig von der Komplexität des einen und dem quantitativen Gesetzesgehalt des anderen. Darum steckt in jedem Determinationsereignis ein Muster. Wir würden es ansonsten nicht erkennen.

Eine ganz andere Frage ist allerdings, wieviele Muster zu erwarten sind. Zu postulieren ist zunächst nur eines. Eine Welt mit nur einem Muster ist ebenso denkbar wie eine solche mit unendlich vielen. Zu den Merkmalen der lebendigen Ordnung unserer Welt gehört es, wie ich nun zeigen werde, daß sie eine geringe Zahl wohldefinierter Grundmuster enthält.

(3) *Das Gemeinsame* aller Muster ist die ›Identität ihrer Individualitäten‹. Man sieht schon, daß wir uns bereits in beunruhigender Nähe der Grenze wissenschaftlicher Methoden befinden, und ich will darum sogleich versichern, daß wir nicht weitergehen müssen: Denn zum einen läßt sich dieser Zusammenhang von Identität und Individualität noch durchaus aufklären, und zum anderen haben wir mit ihm die zureichende Grundlage für unsere weiteren Untersuchungen der Ordnungsmuster gefunden.

Dieser Zusammenhang ist eine Konsequenz von *a*; sie hat mit Wiederholung, Anwendung und identischer Replikation, ja mit Befolgung und Vermehrung zu tun; und sie kommt im Unterschied von ›dasselbe‹ und ›das gleiche‹ zum Ausdruck. Dieser Zusammenhang steckt in der Merkwürdigkeit des Vergleiches, bei welchem wir annehmen, daß bei Gleichem Dasselbe dahintersteht. Und das ist wieder eine Wahrscheinlichkeitsüberlegung.

Empfangen wir nach der Sendung ›1 2 3 4‹ nochmals ›1 2 3 4‹, dann sagen wir: ›Das ist das gleiche.‹ Wir sehen von den Umständen ab, daß die Sendung zu anderer Zeit ankommt, auf einem anderen Teil des Blattes steht, die Moleküle der

Druckerschwärze ganz andere sind usf. Ja, wir nähmen in Kauf, daß die eine Nachricht schwarz, die Wiederholung rot ausgedruckt ist, ja daß die eine nur durch Schallwellen, die andere durch Lichtwellen in ganz verschiedenen Teilen unseres Gehirns ankommt.

Wir ziehen das Wirken von Zufall und Notwendigkeit in Betracht. Und spricht zuviel gegen den Zufall, aber für die Notwendigkeit, dann, so lehrt uns die Erfahrung, kommen wir besser weg, wenn wir das Ungleiche ›vergleichen‹ (ausgleichen) und uns an die Annahme einer Notwendigkeit halten, an die Hypothese, daß trotz unbezweifelter Unterschiede doch ›dasselbe‹ im Hintergrunde steht.

Und damit haben wir nicht nur das Qualitative der biologischen Ordnung definiert, sondern auch bereits den Weg zu ihrer Untersuchung betreten.

2. Die Bauteile: Identität von Individualitäten

Was uns hier begegnet, ist das sogenannte Homologie-Theorem, welches dem Fachmann als das Rückgrat der biologischen Strukturforschung vertraut ist. Es bildet den Kern ihrer Prinzipienlehre, also der Morphologie, und deren Prinzipien wiederum die Grundlage der vergleichenden Anatomie, der Systematik und der Evolutionsforschung (der transspezifischen Evolution im besonderen, welche Phänomene jenseits der noch genetisch verknüpften Organismen untersucht). Das Homologietheorem enthält also die Erkenntnisgrundlagen des Vergleiches lebendiger Strukturen, und das entspricht unserem Identitätsproblem in der Biologie.

Seine Bedeutung für die ganze biologische Forschung kann man sich damit vorstellen. Es steht etwa dem Kausalitäts-Theorem gleichwertig gegenüber. Und da es zudem zu den ältesten Themen der zeitgenössischen Biologie zählt, ist die Literatur groß. Wir werden aber sehen, daß unter den frühen Morphologen *Goethe* und unter den zeitgenössischen *Remane* schon fast alles Wesentliche gesagt haben.[11)]

Demgegenüber ist das Individualitäts-Problem ein so geringes, daß wir es gleich vorwegnehmen können. Es handelt sich um die Bestimmung dessen, was man eine Einheit, einen Komplex oder ein System nennen will. Man versteht darunter Einheiten, die sich strukturell wie funktionell abgrenzen und wiedererkennen lassen; und zwar in weiten Grenzen unabhängig von ihrer Komplexität. Man denke an ein Gen, ein Chromosom, eine Muskelfaser, den Bizeps, das Nervensystem, ein Individuum des Genus *Homo*, aber auch an den ›Lockruf der Bartmeise‹ oder das ›Aggressions-System‹, ein Adeninmolekül oder nur eine Was-

11 *Goethe* 1795; *Remane* 1971; der Begriff geht auf *Owen* 1848 zurück; vergleiche zudem *Hennig* 1950, *Troll* 1941, sowie die in Abs. VIIIB3c angegebenen morphologischen Schriften.

serstoffbindung. Man kann über die Grenzen von Einheiten natürlich viel diskutieren, aber das ist nicht unser Thema. Uns genügt, daß es sie so sicher gibt, wie wir eben die Sendung ›1 2 3 4 5‹ unter bestimmten Voraussetzungen als Wiederholung von ›1 2 3 4 5‹ wiedererkennen können.

Die Aufgabe dieses Abschnittes ist es also, eine Lösung des Identitäts-Problems zu versuchen. Dabei kann ich mich zwar auf ein außerordentlich umfängliches Gebiet der Biologie stützen, praktisch die ganze Morphologie, Anatomie und Systematik, werde aber doch in drei Richtungen weitergehen müssen. Erstens ist Homologie nur ein Spezialfall der biologischen Identität, zweitens soll eine Quantifizierung der Ähnlichkeit und vor allem drittens eine solche von Homologie und Identität vorbereitet werden.

Besonders letzteres ist uns hier wichtig, weil in jüngerer Zeit Zweifel an der Objektivität des Homologie-Theorems geäußert werden. Diese Diskussion hat zwar zu nichts Brauchbarem geführt, aber doch das Vertrauen in die Gebiete Morphologie und Systematik unterminiert. Das Hin und Her der Argumente ging von der sogenannten ›Numerical Taxonomy‹ aus, einer quantitativen Systematik, und dreht sich um die ›Wägung‹, ›Realität‹ und ›Phenetik‹, auf die wir zeitgerecht zurückkommen. Hier ist zunächst ein objektiver Standpunkt zu beziehen.

Dabei ist die Quantifizierung von Homologie und Ähnlichkeit keine Voraussetzung für meine weiteren Ableitungen, sie soll aber jene Vorteile bringen, die wir an klaren Definitionen eben stets zu schätzen wissen.

a. Die sieben Formen der Ähnlichkeit

Hier kann zunächst ein Griff in das biologische Lehrbuchwissen helfen, denn von den wichtigsten Begriffen der Ähnlichkeit der Lebensstruktur haben wir wohldefinierte Vorstellungen.

Den Schlüssel zum Ähnlichkeitsproblem liefert die Unterscheidung von Analogie und Homologie. Man könnte diese als eine Scheidung von äußerlicher und wesentlicher Ähnlichkeit verdeutschen, in dem Sinne, als die eine von außen herangetragen, die andere aber im Wesen der Vergleichsobjekte gelegen zu denken ist. Erstere beruht auf unmittelbaren, direkten und funktionellen Vergleichen; letztere auf logischen Operationen, welche beim Vergleichen stets das ganze einschlägige Volumen an Erfahrungen mit in Betracht ziehen.

Das Ergebnis dieser komplizierten Vergleichsart ist jedermann geläufig, etwa aus dem Erlebnis: ›Das ist ja nicht anders als …‹ oder ›Das entpuppte sich schließlich als …‹. Es ist uns wichtig zu wissen, daß die ersten Schritte der Homologisierung schon bei jeder naiven Betrachtung gegeben sind.«[12] Wie sonst könnten schon Kinder den Rüssel des Elefanten eine Nase nennen, wo doch dieses Organ mit dem unseren äußerlich gewiß nicht viel gemein hat. Wie sonst könnten Kinder wie primitive Völker zu weitgehend richtigen Klassifikationen gelangen.

[12] *Remane* 1971, p. 28; man beachte auch die Untersuchungen von *Diamond* 1966 sowie von *Berlin* und *Breedloue* 1966.

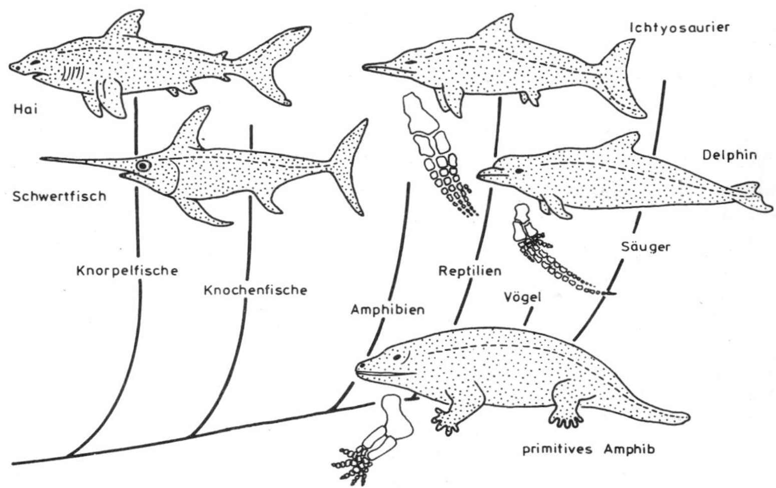

Fig. II1: *Analogien der Fischform und der Flossenform* im Stammbaum der Wirbeltiere. Beachte die Konvergenz der Ichthyosaurier- und der Delphin-Flosse aus der primitiven Tetrapodenextremität (z.B. Eryops: zusammengestellt aus *Riedl* 1970, *Romer* 1966 und *Schindewolf* 1950).

(1) *Analog* nennt man jene Strukturähnlichkeiten, von welchen wir annehmen müssen, daß sie konvergent, also aus ungleichen Ursprüngen entstanden sind. Als Mechanismus, der die Bildung von Analogien fördert, kann die Anpassung an übereinstimmende Funktionen angenommen werden. Als Bestimmungskriterien kann man die Umkehrung aller Homologiekriterien (vgl. Abs. 2) verwenden. Analogie ist das Gegenteil der Homologie. Die beiden zu trennen ist von ebenso fundamentaler Wichtigkeit wie die Unterscheidung von Zufall und Determination.

Für die Möglichkeiten unserer Einsicht bleibt es ja weiter ein Zufall, welchen der Tetrapodengruppen sich das Meer als Lebensraum und als Anpassungsraum wiederum ganz öffnete (den Ichtyosaurieren, Walen und Seekühen); welchen Heuschrecken eingeräumt wird, einen wehrhaften Käfer zu imitieren, welchem kleinen Raubfisch einen harmlosen Putzerfisch, welchem Insekt ein Laubblatt oder aber eine Blüte, und welcher Blüte eine Weibchenattrappe bestimmter Bienen (vgl. Fig. II1 und II2-6).

Das Phänomen der Analogie wird immer ein Wunder bleiben. Ein Rätsel zu sein, hat sie seit *Darwin* aufgehört. Die Selektion erläutert sie völlig; daß aber die Selektion minimaler Abänderungen (und nur solche bleiben lebenstüchtig) so außerordentlich unwahrscheinliche Ziele erreichen kann, ist die Wirkung eben unvorstellbar langer Versuchsreihen. Das ist das Wunderbare.

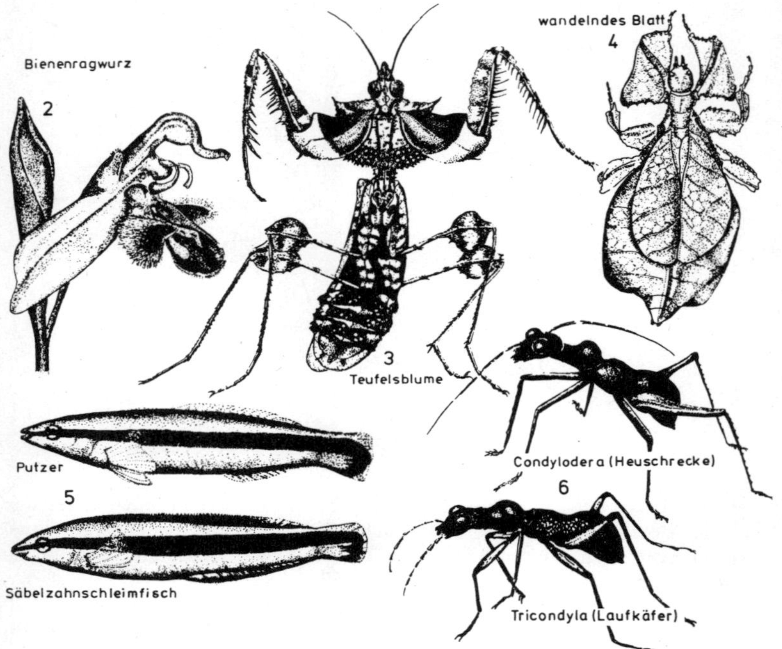

Fig. II2–6: *Mimikry als Extremform der Analogie.* 2: Orchidee (*Ophrys apifera*) bildet eine Bienen-Weibchenattrappe. 3: Fangheuschrecke (*Idolum diabolicum*) ahmt eine Blume, 4: Heuschrecke (*Phyllium pulchrifolium*) ein Blatt nach. 5: *Aspidonotus taenatus* ahmt einen harmlosen Putzerfisch (*Labroides dimidiatus*), 6: junge Heuschrecke einen wehrhaften Sandlaufkäfer nach. (Vorwiegend aus *Wickler* 1968).

Ansonsten beschreibt die Analogie in ihren elementaren Schritten das einzige, was die uns bekannten Evolutionsmechanismen in der Phylogenie der Organismen als gewiß voraussehen lassen. Denn welche Extremitäten-Form immer zum Schwimmen eingesetzt wird, sie wird zum Ruder werden, welche Körperform schnell durchs Wasser muß, sie wird zur Fischform werden (Fig. II1). Wie wunderbar die komplizierten Analogien auch sind, Rätsel bleiben sie nicht. Das Rätsel in der lebendigen Ordnung ist noch die Homologie.

(2) *Homolog* nennt man jene Strukturähnlichkeiten, von welchen wir annehmen müssen, daß die Unterschiede durch Divergenz aus identischem Ursprunge zu erklären sind. Unter ›identischem Ursprung‹ mußte man sich vor der Deszendenztheorie einen übereinstimmenden

›Grundplan‹ oder Bauplan vorstellen; heute deutet man ihn als ›gemeinsame Abstammung‹. Der Mechanismus, der den gravierendsten Variationen und Funktionsänderungen zum Trotz ein Beharren auf identischen Mustern durchsetzt, ein Konservatismus oder Beharrungsvermögen, ist kausal nicht aufgeklärt. Er ist aber ein Hauptfaktor der Ordnung der Organismen, und wir werden ihn aufklären.

Als Bestimmungskriterien werden von *Remane* (1971, p. 30f) drei Haupt- (1–3) und drei Hilfskriterien (4–6) unterschieden, welchen wir wörtlich folgen. (Ich modifiziere lediglich die Namensgebung).

1. *Lagekriterium*: »Homologie ergibt sich bei gleicher Lage in vergleichbaren Gefügesystemen.« (Fig. II7–16)

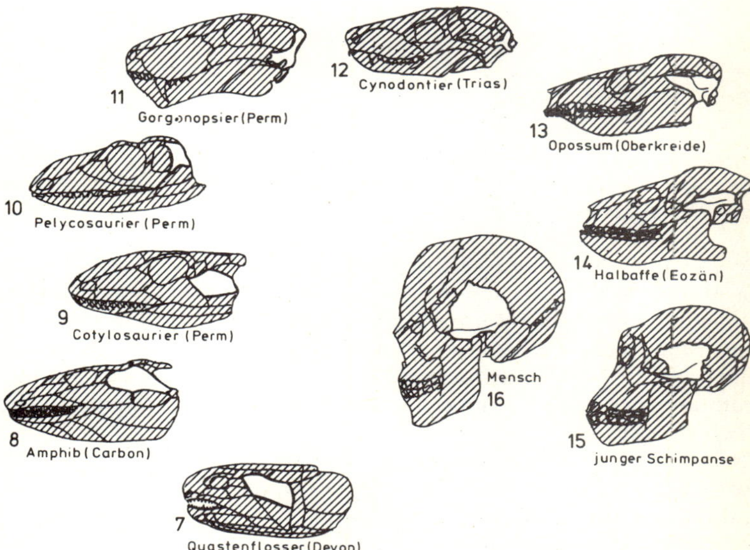

Fig. II7–16: *Formunterschiede eines homologen Merkmales* am Beispiel der Entwicklung des Schläfenbeines (nicht schraffierter Teil des Schädels) von den Quastenflossen bis zum Menschen (beachte Form und Position in 12; aus *Gregory* 1951).

2. *Strukturkriterium*. »Ähnliche Strukturen können auch ohne Rücksicht auf gleiche Lage homologisiert werden, wenn sie in zahlreichen Sondermerkmalen übereinstimmen. Die Sicherheit wächst mit dem Grad der Komplikation und Übereinstimmung der verglichenen Strukturen.« (Fig. II17–21)

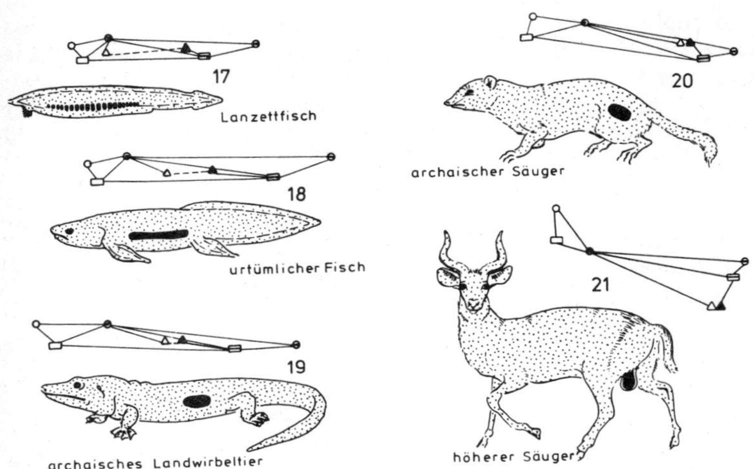

Fig. II17–21: *Lageunterschiede eines homologen Merkmales* am Beispiel der Entwicklung der Keimdrüse (schwarz in den Umrissen, Dreiecke in den Schemata) vom *Amphioxus* (17) bis zu den Huftieren (21) (aus Portmann 1948); ergänzt durch Schemata der Lagebeziehungen).

3. *Übergangskriterium*: »Selbst unähnliche und verschiedengelagerte Strukturen können als homolog erklärt werden, wenn zwischen ihnen Zwischenformen nachweisbar sind, so daß bei Betrachtung zweier benachbarter Formen die unter 1. und 2. angegebenen Bedingungen erfüllt sind. Die Zwischenformen können der Ontogenie der Struktur entnommen sein oder echte systematische Zwischenformen sein.« (Fig. II22–26)
4. *Allgemeines Koinzidenz-Kriterium*: »Selbst einfache Strukturen können als homolog erklärt werden, wenn sie bei einer großen Zahl nächstähnlicher Arten auftreten.«
5. *Spezielles Koinzidenz-Kriterium*: »Die Wahrscheinlichkeit der Homologie einfacher Strukturen wächst mit dem Vorhandensein weiterer Ähnlichkeiten von gleicher Verbreitung bei nächstähnlichen Arten.«
6. *Negatives Koinzidenz-Kriterium*: »Die Wahrscheinlichkeit der Homologie von Merkmalen sinkt mit der Häufigkeit des Auftretens dieses Merkmales bei sicher nicht verwandten Arten.«

(3) *Homoiolog* nennt man die Ähnlichkeit jener Strukturen, welche analoge und homologe Substrukturen beinhalten; man kann sie auch Analogien auf homologer Basis nennen.

Das ist insofern irreführend, als es ja keine Mischungen aus konvergenten und divergenten Entwicklungen im Einzelmerkmale geben kann. Die Trennung zwischen Analogie und Homologie bleibt intakt. Es ist aber insofern treffend, als viele Analogien auf homologen Grundlagen aufbauen. So sind natürlich die Summen der Wirbeltiermerkmale der Ichtyosaurier und Wale homolog, obwohl der sie abwandelnde Fischumriß analog ist. So ist der Grundbauplan ihrer Tetrapoden-Extremitäten homolog, auf dem die analogen Flossenabwandlungen beruhen. (Vgl. Fig. II1)

(4) *Homodynam* werden Ursachen genannt, die homologe Wirkungen zur Folge haben. Man könnte auch sagen, Befehle, die in identischer Weise befolgt werden.

Der Begriff wurde von *Baltzer* (1950, 1952) formuliert und auch seither für Vorgänge in der Entwicklungsphysiologie verwendet; z.B. für die Wirkung der von der Augenblase ausgehenden Induktionsbefehle an die darüberliegende Körperhaut, eine Linse zu bilden. Nicht einfach homolog zu sagen, ist deshalb berechtigt, weil die Identität derzeit nur (sekundär) aus der Wirkung erkannt werden kann. (Das Thema illustrieren die Fig. VII5 und 6, p. 307).

(5) *Isologie* ist dagegen ein Ähnlichkeitsbegriff chemischer Verwandtschaft, aber in der Molekularbiologie und uns zur Bestimmung einer

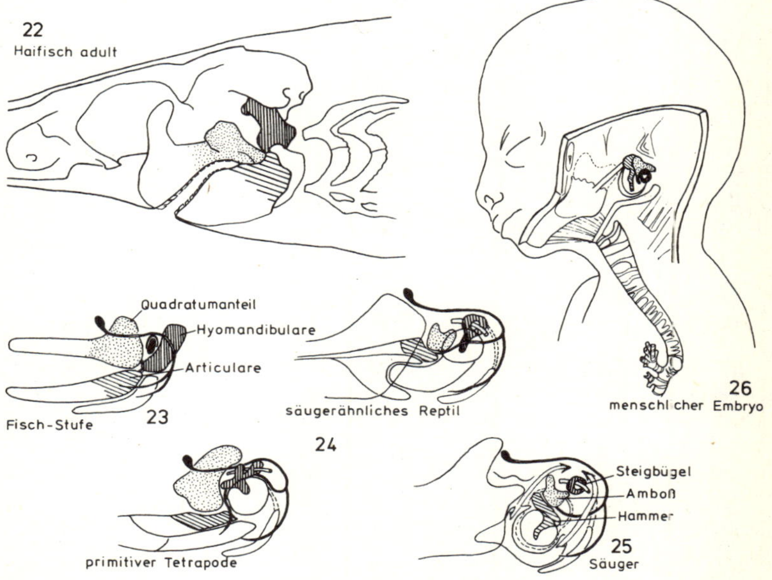

Fig. II22–26: *Bedeutung der Zwischenformen für die Homologisierung* am Beispiel der Entwicklung der Gehörknöchelchen (Hammer, Amboß und Steigbügel) der Säugetiere (25, 26) aus dem primären Kieferapparat der Fische (22, 23). Die Identität wäre ohne Kenntnis von Zwischenformen (24) kaum zu erkennen. (Zusammengestellt aus *Braus* 1929 und *Portmann* 1948).

Begriffsgrenze der Homologie von Bedeutung. »Biochemische Verbindungen, Moleküle, die chemische Verwandtschaft zeigen, nennen wir isolog«, sagt *Florkin*. »Cytochrom (Fig. II28), Peroxydase, Catalase, Haemoglobin und Chlorocrorin zeigen alle diese Isologie; sie sind Haemo-Derivate.« Sie können homolog sein, aber sie können auch analog sein (während wohl allen Homologa isologe Verbindungen zugrundeliegen). Die Entscheidung werden wir wiederum im Bereiche der Wahrscheinlichkeit zu finden haben.

Anorganische Moleküle identischer Struktur analog oder homolog zu nennen, hat keinen Sinn. Denn Konvergenz und Divergenz hat mit Abstammung, mit Vererbung zu tun. Wo aber liegt die Grenze der drei Begriffe bei den organischen Molekülen der Organismen? Hier tut wie-

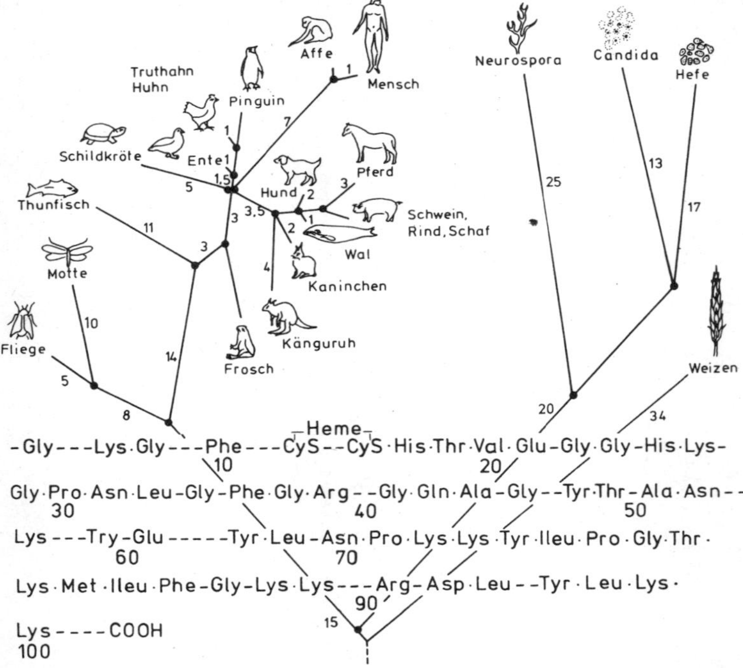

Fig. II27–28: *Homologie isologer Riesenmoleküle* am Beispiel der Ähnlichkeitsgrade von Cytochrom-c. 27: Stammbaum der Cytochrom-c-Moleküle nach der Ähnlichkeit; die Zahlen der für die Veränderungen vorauszusetzenden Mutationen sind zwischen den hypothetischen Verzweigungspunkten angeschrieben. 28: Position der noch zwischen Hefe und Wirbeltieren identischen 58 Aminosäure-Glieder in der Cytochrom-c-Sequenz; die veränderten sind durch Striche eingetragen (aus *Smith* und *Margoliash* 1964, *Florkin* 1966, *Dayhoff* 1969).

der *Florkin*[13], als erfahrener Biochemiker, jenen wichtigen Schritt, der für unsere anatomische Betrachtung die metrische Lösung des Homologietheoremes bringen wird. Angesichts der fast unglaublichen Übereinstimmung der Aminosäuren-Sequenz des Cytochrom-c von Säugern und Hefezellen (vgl. Fig. II27-28), stellt er fest:
»Solch ein Grad an Isologie ist mit der Wirkung des Zufalles nicht mehr zu vereinbaren.« Isologie höchster Zufallsunwahrscheinlichkeit werden wir als Homologie wiederfinden.

(6) *Homonom* nennt man jene Strukturähnlichkeiten im Sinne von Identität, welche sich als Bauteile ein und desselben Individuums finden. Die Differenzen werden als Divergenzen aus identischen Grundformen gedacht, die allerdings zu mehren im selben Organismus auftreten. Man denke an die Identität von Wirbeln, Blättern, Haaren usf. Man hat Homonomie auch seriale Homologie genannt.

Hier folgte ich wieder *Remane*.[14] Seine Auffassung aber, daß es sich um prinzipiell von der Homologie Verschiedenes handelte, das mit der Phylogenie nichts

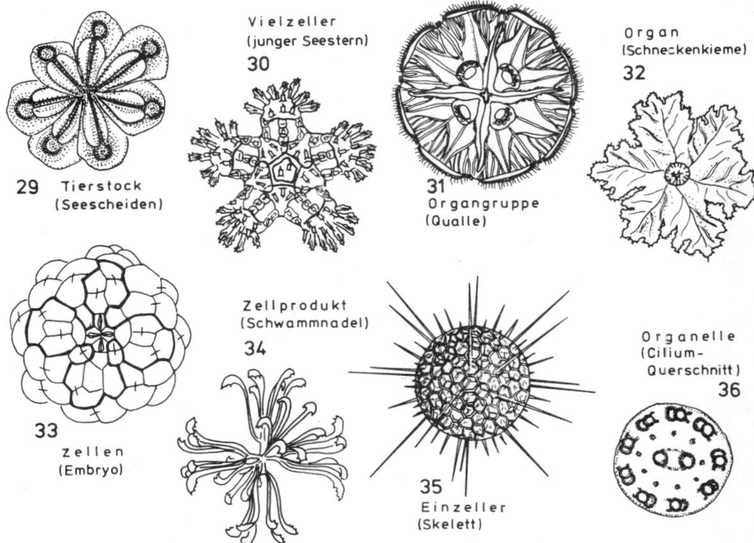

Fig. II29-36: *Beispiele radiärer Symmetrie-Normen* aus sieben Ebenen abnehmender Komplexität. Auch die Durchmesser dieser radiären Strukturen reichen von Dezimetern (31) über cm (32), mm (29, 30) in die 100 µm (33), 10 µm (34) und 0,1 µm Größenordnung (36).

13 *Florkin* 1966, pp. 6 und 7 (vergleiche ev. *Winter* und Mitarbeiter 1968).
14 *Remane* 1971, p. 76f.

zu tun hat, muß ich verlassen. Wir werden ganz im Gegenteil finden, daß es sich letzten Endes um denselben Mechanismus handelt, der für die Bildung der Ordnung des Lebendigen von gleicher, fundamentaler Bedeutung ist, gleichgültig, ob sich solche identische Individualitäten zu Individuen trennen oder sich im selben Individuum replizieren.

(7) *Symmetrien*, wie sie als Radiär- oder Bilateralsymmetrie die Achsen und Ebenen nicht nur der Individuen, sondern auch ihrer Teile beschreiben, hat man bislang nicht im Zusammenhang mit dem Identitätsproblem gesehen. Man sieht aber leicht ein, daß zur Identität der Strukturen von Homonomen, da sie sich nicht körperlich trennen, auch eine Identität der Position kommen kann. Identische Position identischer Teile ist aber Symmetrie, Serialität, Verband, kurz alles, was von der Position einer Struktur-Einheit ausgehend alle übrigen determiniert erscheinen und mit Gewißheit voraussehen läßt.

Man denke an die Radiärformen, die von Individuen (in Ascidienstöcken) über Organe (der Nesseltiere oder Blüten) und Zellen (Einzeller) zu Organellen (z.B. Geißel) und Organellenbauteilen (der Cilien) leiten (Fig. II29-36). Man denke an dieselben Komplexitätsstufen der Serialität (Fig. II37-44), die sogar von Individuengruppen (Cormidien der Staatsquallen) und Individuen (Salpenketten), Individuenteilen

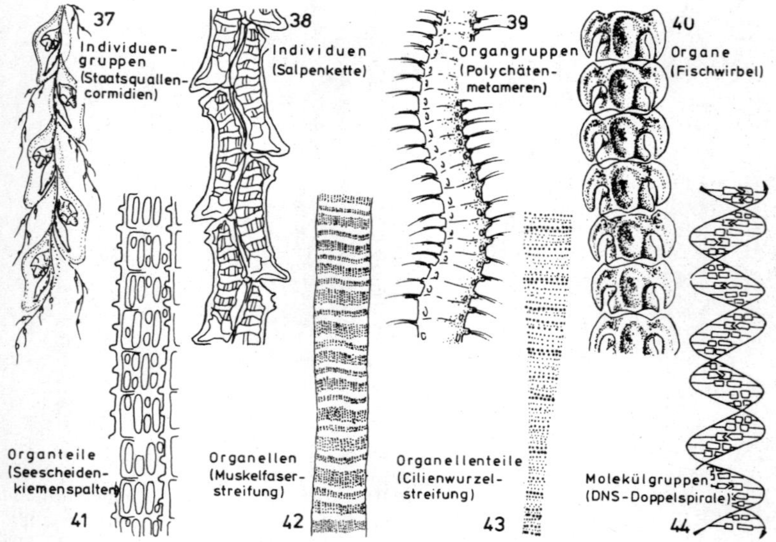

Fig. II37–44: *Beispiele serialer Lage-Normen* aus neun Ebenen abnehmender Komplexität. Auch die Durchmesser dieser Serien reichen von der cm-Dimension (38-40) über mm (37), 100 µm (41), µm (42) und 0,1 µm bis zur 10 Å Größenordnung (44).

(Segmenten des Regenwurmes), Organen (Polychaeten-Beinen), Organteilen (Wirbel) und Zellen (der Chorda) zu Zellteilen (der Muskelfaser), Organellenteilen (Cilie) bis zu den Molekülen des genetischen Codes reichen.

b. Homologie und Identität

Nach dieser ersten Sichtung der Formen der Ähnlichkeit können wir den ersten synthetischen Schritt vornehmen. Wir stellen fest, daß alles, was als Ähnlichkeit erkannt werden kann, mit Homologie in Verbindung steht.

Analogie ist der Kehrwert der Homologie. Homoiolog ist eine Struktur, die Homologie mit analogen Substrukturen enthält. Homodynamie ist Homologie der Wirkung. Isologie ist eine Ähnlichkeit, über deren homologen oder aber analogen Charakter noch zu entscheiden bleibt. Homonomie ist Homologie von Bauteilen innerhalb eines Individuums, Symmetrie, Serialität und Verband entscheidet über deren Lage zueinander. Alle Ähnlichkeit ist Identität von Individualitäten. Nur die das Prinzipielle verschleiernden Analogien nehmen eine Sonderstellung ein. Analog sind Ähnlichkeiten aufgrund äußerer Zufallsentscheidungen. Alle übrigen Formen sind Ähnlichkeiten ›innerer Gesetzmäßigkeiten‹, Formen von Überdetermination, wie ich zu zeigen haben werde. Homologie ist ihre zentrale Form.

Zunächst ist es nur erforderlich, dieser letzten Behauptung zu vertrauen. Es erleichtert die lineare Abwicklung des Gedankens, wenn mir der Leser zunächst mit der Annahme folgt, schon durch die weitere Untersuchung des Homologie-Phänomens das Wesentliche über Identität von Strukturgesetzen zu erfahren. Wir werden die gewonnenen Prinzipien dann sogleich wieder an der ganzen Breite der Phänomene überprüfen.

Bevor wir uns an die objektive Lösung des Identitätsphänomens an Hand des zentralen Homologieproblemes wagen dürfen, sind noch zwei wichtige Eigenschaften der Homologa darzulegen: die Anordnung der Homologa und die Grenzen ihres Auftretens.

(1) *Die Anordnung der Homologa*, wie wir nun die homologen Merkmale eines Organismus nennen wollen, ist in jedem System eine hierarchische. Das bedeutet, daß die meisten Homologa aus einigen untergeordneten homologen Merkmalen bestehen und umgekehrt zu mehreren ein übergeordnetes Homologon zusammensetzen. Ein Beispiel dürfte zureichen, um davon zu überzeugen:

An der Homologie der Wirbelsäule etwa der Säugetiere ist nicht zu zweifeln. Sie besteht aus Hals-, Brust-, Lenden-, Becken- und Schwanzregion, und wieder sind, greift man die erste heraus, die Halsregionen aller Säugerwirbelsäulen identisch. Jede umfaßt i.d. Regel sieben Wirbel, und wieder ist jeder der sieben homolog. Den zweiten beispielsweise nennt man stets *Epistropheus* (oder *Axis*) und erkennt ihn an jedem Säugetier (an dem Zahn, durch welchen er sich unter anderem von allen anderen Wirbeln unterscheidet). Der *Epistropheus* besteht wieder aus Bogen, Fortsätzen und Körper und der Körper aus Zentralteil und dem *Dens epistrophei*. Und niemand zweifelt an der Identität, der Homologie dieses *Dens* unter allen Mammaliern. Aber auch der *Dens epistrophei* ist wieder durch seine fünf Teile gekennzeichnet; jeder von diesen ist ein Homologon unter den Säugetieren; wie z.B. die ventrale Gelenksfläche des Zahnes, die *Facies articularis ventralis dentis epistrophei*. Und die ganze Wirbelsäule ist nur eines der homologen Skelettmerkmale der Gruppe.

Dasselbe gilt für das Gefäß- und Nervensystem, die Muskulatur, kurz alle Homologa der Säuger und aller anderen Organismen. Das Universelle der Hierarchie erkennt man daran, daß jeder Homologiebegriff ausschließlich unter den Vorzeichen seines Oberbegriffes und mit dem Besitz seiner Unterbegriffe ›Sinn‹ und ›Inhalt‹ hat, seine volle Identität erreicht.

Wir werden auf das Phänomen der Hierarchie als eines der vier fundamentalen Ordnungsmuster noch (in Kap. V) ausführlich zurückkommen.

(2) *Rahmen- und Minimum-Homologa*. Diese grundsätzlich hierarchische Anordnung der Homologa läßt sie nach ihrer Position unterscheiden:

Rahmen-Homologa nenne ich alle jene, die jeweils den Rahmen für weitere, untergeordnete Homologa bilden. Nach obigem Beispiel alle vom Begriff der Wirbelsäule bis zum Begriff des *Dens epistrophei*. Sie besitzen sämtlich ihre eigene Individualität, weil sie, obwohl sie hierarchisch verschieden liegen, sämtlich mit Gewißheit vorausgesehen werden können. (Fig. II45)

Für eine Wirbelsäule mittleren Differenzierungsgrades sind das 1 Oberbegriff mal 5 Regionen mal (stets im Durchschnitt) 7 Wirbel mal 4 Hauptteile mal 5 Unterabschnitte der Wirbel. Das sind also 1 + 5 + 35 + 140 + 700 = 881 Rahmenhomologa.

Minimum-Homologa hingegen nenne ich jene, die sich am Grunde der Sektionsreihe finden (das Minimum-Homologon unseres Beispiels war die *Facies articularis ventralis dentis epistrophei*). Sie sind dadurch gekennzeichnet, daß sie sich nicht mehr weiter in Subhomologa zerlegen lassen; bzw. daß bei ihrer Sektion nun keine Homologa mehr auftreten, sondern Identitäten einer anderen Form. Dafür werde ich (in Abs. 4) sogleich die Belege erbringen. Diese Grenze ist von Wichtigkeit, weil damit die Anzahl der Einzelhomologa jedes Systems begrenzt ist und bei zureichender Kenntnis zählbar wird.

Für die Wirbelsäule unseres Beispiels zählen wir im Durchschnitt etwa 5 Minimum-Homologa je letztes Rahmen-Homologon. Es sind damit etwa 5 · 700 =

3 500 Minimum-Homologa und 3 500 + 881 = 4 381 Homologa insgesamt im System unseres Beispieles voraussehbar.

Nun sind die Grenzen der zählbaren Homologa zu definieren, von welchen drei zu unterscheiden sein werden.

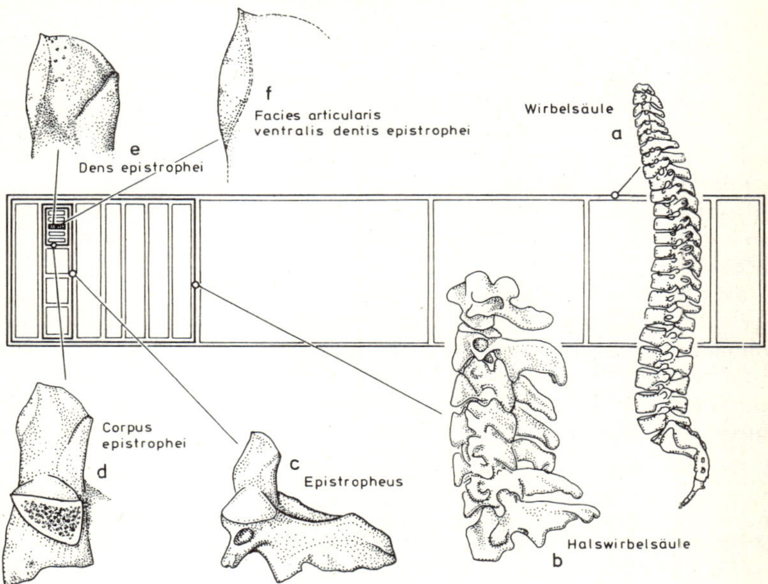

Fig. II45: *Hierarchische Anordnung der Homologa*, illustriert an einer hierarchischen Reihe von fünf Rahmen-Homologa (Wirbelsäule bis *Dens epistrophei*; im Schema als eine Reihe dicker ausgezogener Rahmen) und einem Minimum-Homologon (*Facies articularis ventralis dentis epistrophei*; im Schema als Punkt) aus dem Skelettsystem des Menschen (Orig.).

(3) *Die Individuum-Grenze* ist am leichtesten zu beschreiben. Setzt man im hierarchischen System der Homologien diese schrittweise zu immer übergeordneten Homologa zusammen, so wird, an welcher Stelle im Organismus man auch beginnt, bald der Begriff des Individuums erreicht. In unserem Beispiel durch die Serie der Rahmen-Homologa: Wirbelsäule – Stützapparat – Bewegungsapparat – Individuum. Zwei Säugetiere homolog zu nennen, hieße nur, den Begriff der Homologie zu überdehnen. Aber jede Summierung von Homologien läßt letztlich den Begriffsbereich des Individuums erreichen, in welchem Identität und Individualität schon selbstverständlich scheinen, eben weil beide Begriffe aus seiner Anschauung entstanden sind. Unsere Annahme, Homologien wären identische Individualitäten, wird durch Summierung immer bestätigt.

(4) *Die Homonomie-Grenze* erreicht man hingegen bei fortschreitender Zerlegung von Homologa; jedoch wieder mit derselben Regelmäßigkeit. Zerlegen wir ein Minimum-Homologon, z.B. die *Facies articularis ventralis dentis epistrophei*, in ihre Teile, dann erhalten wir Knochenzellen oder Knochenbälkchen; wiederum identische Individualitäten, die aber nun in großen bis außerordentlich großen Zahlen im Individuum repräsentiert sind. Und ihre Identität ist nun so groß, daß es innerhalb eines Typs unmöglich ist, sie zu unterscheiden. An dieser Grenze tritt man von den Individualitäten des ›*anatomischen Singulares*‹ in jene des ›*anatomischen Plurales*‹ hinüber; von der Individualität der Homologa in die der Homonoma, bei welchen wir wieder an der Identität der Repräsentanten gleichen Typs nicht zweifeln. Man denke an die Gleichheit beispielsweise der 10^{14} roten Blutkörperchen in einem Menschen.

Der anatomische Horizont allerdings, die Ebene der Komplexität, in welcher die Grenze zwischen den maximalen Homonoma und den minimalen Homologa zu finden ist, hängt von der Differenzierung (und Integrierung) ab, die die Organismengruppe erreicht hat. Immer aber sind es identische Homonome, auf die man bei der Zerlegung auch der niederst organisierten Homologa trifft.

Bei niedrigsten Organismen liegt die Grenze etwa zwischen homologen Ultrastrukturen und homonomen Molekülgruppen, bei Einzellern zwischen Organellen und Ultrastrukturen, bei niederen zellkonstanten Vielzellern zwischen Zellen und Organzellen, bei den übrigen Tieren zwischen Geweben oder Organen und Zellen, und von dieser Grenze aufsteigend über Organgruppen und Metamere bis zu jenen Individuen und selbst Individuengruppen der Tierstöcke, die durch Integration in den Tierstock ihre Freiheit als Individuum aufgegeben haben. All das wird noch zu dokumentieren sein; auch daß man wie hier ›Homonomie‹ im weitesten Sinne für alle identischen Massenindividualitäten im Organismus zu verwenden hat.

(5) *Die Unsicherheitsgrenze* ist die dritte. Nicht alle singulären Strukturen der Organismen zwischen dem Individuum und seinen homonomen Bestandteilen lassen sich einwandfrei homologisieren oder als Analogien ausscheiden. Es gibt eine Zone der Unsicherheit, wie das ja schon die Homologiekriterien erwarten lassen. Einmal kann es sich um Mängel der Einsicht handeln (in Struktur, Lagezusammenhang, Übergänge oder Koinzidenz), ein andermal darum, daß eine Struktur nicht jene Differenzierung und Stetigkeit besitzt, um sich aus der Anonymität der homonomen Masse als singuläre, einzigartige Individualität herauszuheben. Dennoch, und das ist uns hier wichtig, ist auch diese Grenze wohldefiniert.

Je zwei Beispiele mögen das illustrieren. Bei vier Gruppen Niederer Würmer kennt man Haftröhrchen, zu deren Vergleich das erste und dritte Homologiekriterium versagen, bei welchen aber bislang auch das zweite nicht half, weil diese

Organe für die Auflösung des Lichtmikroskopes zu klein sind.[15] Sie harren der elektronenmikroskopischen Analyse. Oder: *Xenoturbella* ist ein systematisches Rätseltier geblieben, weil es zu wenige spezielle Strukturen und nachbarliche Ähnlichkeiten (3.–6. Kriterium) zeigt.[16] Erst unentdeckte Zwischenformen oder das Studium der Entwicklung werden die Homologien lösen.

Über die Homologie der großen Blutgefäße des Menschen besteht kein Zweifel. Die am extremen Ende des Systemes gelegenen mikroskopischen Kapillargefäße bilden aber eine riesige anonyme Masse namenloser Homonome. Zwischen ihnen verbleibt ein schmaler Bereich kleinster Endgefäße an der Grenze der Stetigkeit und Identifizierbarkeit. Oder: Die Wirbel sind bei Säugern alle zu Einzelindividualitäten profiliert, bei den Fischen aber in der Mehrzahl eine anonyme, gleichförmige Menge. Die primitiven Tetrapoden beinhalten die Übergangsformen.

(6) *Die Stetigkeit der Zahl der Homologa* eines Systems oder eines Organismus hängt von der Stetigkeit der drei Grenzen ab. Wohl sind sie alle in Bewegung, verschieben sich sehr langsam mit dem Fortschreiten der Differenzierung wie mit dem unserer Erfahrung. Aber das ist langsam genug, um in jedem Zustande der Erkenntnis und Entwicklung die Summe ziehen zu können.

Auch die Abweichungen, die in der Zählung der Homologa in den einzelnen Systemen und Subsystemen in der Diskussion der Auffassungen auftreten, sind, gemessen an den absoluten Zahlen, gering. Mag auch der Skeptiker sogar die Hälfte jener, die ein anderer Forscher definiert, weglassen, die tatsächlichen Unterschiede von System zu System liegen mehrere Größenordnungen jenseits dieser Differenzen.

Homologa erscheinen als zählbare und identifizierbare, hierarchisch angeordnete Einzelindividualitäten, begrenzt durch jene Gesamtindividualitäten, welche wir identische Individuen nennen nach oben, und durch die identischen Massenindividualitäten ihrer Bausteine nach unten.

c. *Individualität und Gesetzesgehalt*

Lassen Sie mich, bevor wir fortfahren, die Lage überblicken, in der sich unsere Untersuchung befindet. Wir haben bei der Prüfung der Ordnungserscheinungen des Lebendigen zunächst quantitativ enorme Dimensionen an Zufallsunwahrscheinlichkeit bzw. an Voraussagbarkeit von Determinationsentscheidungen festgestellt; und qualitativ sehen wir Muster voraus, deren Bausteine sich als jeweils identische Individualitäten erweisen, worunter wir Strukturen verstehen, die derselben Gesetzmäßigkeit zu folgen scheinen.

Dieser Konditional ist begründet, solange noch nicht feststeht, in welchem Grade diese Annahme – zu welcher uns zwar bislang alle

[15] Die Diskussion dieser Fragen findet man in: *Ax* 1961: *Steinböck* 1963.

[16] Diskussion z.B. in *Reisinger* 1960.

Überlegung leitete – zutreffen dürfte. Und eben die Bestimmung des Wahrscheinlichkeitsgrades dieser Annahme haben wir uns nun vorzunehmen.

Diese Prüfung wollen wir wieder den Homologa anlegen, den kritischsten Punkten struktureller Identität; denn daß die Gestaltung zweier identischer Individuen oder zweier identischer Zellen, ob sie sich nun trennen oder wie bei den Vielzellern als homonome Bausteine beisammen bleiben, auf identischen Gesetzen beruht, scheint uns viel evidenter.

(1) *Ereignis, Merkmal und Wahrscheinlichkeit.* Volle Objektivität erreichen wir, wenn wir unser Urteil über das Herrschen von Zufall oder Gesetzmäßigkeit wiederum einem Vergleich der Wahrscheinlichkeit überlassen; der Wahrscheinlichkeit nämlich, eine Kette von Ereignissen nach einer dieser beiden in unserer Welt möglichen ›Ursachen‹ voraussehen zu können.

Diese Wahrscheinlichkeit des Herrschens von Gesetzmäßigkeit (P_g) unter Berücksichtigung der Zahl der Replika (P_{ga}) definierten wir (vgl. Formel 5) als den Quotienten aus Determinations- und Determinations- plus Zufallswahrscheinlichkeit, potenziert mit der Länge der Serie $P_{ga} = P_D^a/(P_D^a + P_I^a)$. Und die Zufallswahrscheinlichkeit eines Ereignisses hängt von der Anzahl der Entscheidungen ab, die das System dem Zufalle einräumt.

Solch ein Ereignis, wie z.B. ›Kopf‹ beim Münzwurf oder ›32‹ bei der Roulette-Entscheidung, entspricht wieder ganz eindeutig dem, was wir bei den Ordnungsmustern eine identische Individualität genannt haben; denn wir müssen ja nicht nur annehmen, daß das Merkmal ›Kopf‹ eine unwandelbare Individualität darstellt, sondern daß es identisch ist, wie oft und wann es auch immer auftritt. Das identische Einzelereignis kann damit dem Einzel-Homologon gleichgestellt werden.

Eine andere Frage ist es, das sahen wir schon, wie viele Alternativen das jeweilige Einzel-Homologon haben könnte. Es muß wenigstens eine Alternative, es könnte aber deren mehrere geben. Da wir das zunächst nicht bestimmen können, wollen wir großzügig sein und mit der Minimalannahme fortfahren, indem wir nur zwei Alternativen, gleich der Münzentscheidung, gleich ein *bit*, sei es Zufalls- oder Determinationsentscheidung, annehmen.

(2) *Der Entscheidungsgehalt eines Systems* ist nun in der Summe der Homologa aus dem Struktur- *und* Lagerkriterium zu finden; aus der *Lagestruktur.* Das will ich gleich beweisen.

Wir machen nun im Vertrauen darauf, daß es je System nur eine Wahrscheinlichkeit geben kann, den zweiten synthetischen Schritt. Im ersten konstatierten wir: es gibt nur eine Homologie. Nun werden wir feststellen: es gibt nur ein Identitätskriterium. Lage und Struktur (*Remanes* 1. und 2. Hauptkriterium) sind in bezug auf die Bestimmung der

Wahrscheinlichkeit des Vorliegens identischer Determinations-Gesetze gleichbedeutend.

Unser Beispiel einer hierarchischen Serie von Homologa aus der Wirbelsäule (vgl. Fig. II45 p. 81) kann das bereits belegen. Im Struktursatz ›Halswirbelsäule‹ ist der *Epistropheus* das Strukturmerkmal ›zwischen Wirbel 1 und 3‹. Im Lagesatz ›*Epistropheus*‹ sind aber dieselben Beziehungen zu 1 und 3 seine Lagemerkmale in der Halswirbelsäule. Im Struktursatz ›*Epistropheus*‹ ist der *Dens epistrophei* das Strukturmerkmal ›cranial des *Corpus vertebrae*, medial der *Facies articulares craniales*‹ (dieses sind die vorderen Gelenkflächen des zweiten Halswirbels). Im Lagesatz ›*Dens epistrophei*‹ sind aber dieselben Beziehungen zu *Corpus* und *Facies craniales* seine Lagemerkmale im *Epistropheus* usw.: Lage und Struktur lesen dieselben Identitätscharaktere in den beiden Richtungen der Hauptachse, entlang der sich die Homologa hierarchisch ordnen.

Das dritte Homologiekriterium, das Übergangskriterium (vgl. Seite 74), löst sich in der vorliegenden Betrachtung dagegen auf. Tritt nämlich zwischen den Vergleichspartnern A und C ein intermittierender Partner B auf, so gelten alle Homologiekriterien sogleich für die Vergleiche A–B und B–C, und das Übergangskriterium ist wieder in das einheitliche Identitätskriterium aufgenommen. (Freilich schmälert das nicht die Bedeutung intermittierender Formen.)

(3) *Merkmal mal Anwendung.* In einem dritten synthetischen Schritt stellen wir fest, daß sich strukturelle Übereinstimmung zur *Koinzidenz* so verhält wie das Gesetz zu seinen Fällen oder, eindeutiger, wie der Gesetzesgehalt zu seiner Anwendung.

Koinzidenz ist hier im Sinne der Homologiekriterien Nr. 4 bis 6 (Seite 74) verstanden, also im Sinne des Auftretens identischer Strukturen bei nächstverwandten Arten; wir können auch sagen, im Sinne einer Koinzidenz mit anderen Merkmalen gleicher Verbreitung. Wir erinnern uns dabei der Voraussetzung der Gesetzeskenntnis, der Bedeutung wiederholten, unabhängigen Auftretens identischer Nachrichten; und wir müssen feststellen, daß das einmalige Auftreten auch der profiliertesten Merkmale keinerlei Homologisierung zuließe.

Homologisierung womit, wenn kein Vergleich gegeben wäre? Gesetzeserkenntnis wodurch, wenn keine Wiederholung sie bestätigte? Wir sehen, daß Homologie mehr als dem Gesetzesgehalt entspricht. Sie repräsentiert einen Ordnungs- oder Determinationsgehalt. Und wie sich dieser als Gesetzesgehalt mal Anwendung, $D_{(syst.)} = G \cdot a$ erweist (vgl. Formel 18), erweist sich eine Homologie aus Homologon mal Metamorphose, aus dem Gesetzesgehalt seiner Lagestruktur mal den Koinzidenzen seiner Anwendung zusammengesetzt.

$$D_{(syst.)} = \mathit{Lagestruktur} \cdot \mathit{Koinzidenz} \qquad \text{(vgl. Formel 18).}$$

Das sechste Homologiekriterium ist lediglich der Kehrwert von Kriterium fünf. Auch die Kriterien eins, zwei und vier sind als solche Kehrwerte formulierbar. Sie definierten alle Nicht-Homologie, das ist Analogie, das Unerwartete, wenn man allein auf Herrschen innerer Gesetze, also Determinationsgesetze, setzte.

Da wir nun fanden, daß sich die Homologa eines Systemes zählen lassen, daß der Gesetzesgehalt aus Struktur und Lagekriterium und die Anwendung aus dem allgemeinen und speziellen Koinzidenz-Kriterium zu ermitteln sind, können zwei wichtige Werte abgeschätzt werden. Erstens der Wahrscheinlichkeitsgrad des Vorliegens von Determinationsgeschehen und zweitens der Ordnungsgehalt (in Determinationsentscheidungen), gegliedert in Gesetzesgehalt und seine Anwendung.

d. Homologie und Ordnung

Keine Generallösung sei hier erwartet. Im Gegenteil, wir dürfen das Folgende nur als die Vorbereitung einer Metrik des Homologie-Theorems betrachten; und wir wollen uns daran erinnern, daß zur Lösung des Problems der lebendigen Ordnung nicht die Metrik der Homologie, sondern nur der Beleg deren Realität als Determinationszustand zu beweisen ist. Nur dies ist wichtig.

Wenn ich dennoch die über die Bestimmung der Wahrscheinlichkeit von Gesetzeserwartung hinausgehenden Übereinstimmungen mit der Metrik des Ordnungsphänomens vorlege, so tue ich das, um die Grundthese ›Homologie ist Determination‹ bis an ihre Grenzen darzustellen.

Die Morphologie hat, von wenigen Versuchen abgesehen, vor einer solchen Metrik resigniert. »Es wäre also prinzipiell möglich«, sagt schon *Remane*[17) ... »eine exaktere Berechnung durchzuführen. Aber der Grundsatz der Wertzahlen für die einzelnen Kriterien, die Feststellung, wie sich etwa der Wert des dritten Kriteriums mit zunehmender Zahl der Zwischenstadien steigert, wie er bei ontogenetischen und wie er bei morphologischen Zwischenstadien anzusetzen ist, wie sich die verschiedenen Kriterien in ihrer Wirkung gegenseitig steigern, ist doch noch so unsicher«, daß nicht mehr als eine grobe Schätzung möglich wäre.

Diese Voraussicht verdient wieder höchste Bewunderung; wir können sie voll bestätigen; und fügen lediglich hinzu, daß sich das dritte Kriterium in einer Kette von Vergleichen auflöst, daß sich die Kriterien eins und zwei sowie vier und fünf jeweils als identisch erweisen, und daß eins-zwei und vier-fünf wie *G* und *a* einander ergänzen. Da es nur eine Determinations-Wahrscheinlichkeit gibt und, von ihr aus gesehen, nur eine Homologie, muß es auch ein einheitliches Maß für ihre Wägung geben.

(1) *Maßzahl und Wägung* läßt sich entweder direkt auf die uns geläufigen bit_D, die erforderlichen Determinationsentscheidungen beziehen, wenn wir ihrer völlig sicher sind, oder auf den Quotienten bit_D/bit_I, wenn wir es nicht sind. Verfolgen wir zunächst den ersteren, einfacheren Fall.

[17] Zitiert aus *Remane* 1971, p. 59; man vergleiche dazu die quantitativen Studien von *Zarapkin* 1943 bis *Olson* und *Müller* 1958.

Räumt man – wie gesagt – dem Auftreten jedes Homologon eine Chance des Zufallsauftretens von 1/2 ein (nur eine Alternative), dann steigt die Unwahrscheinlichkeit einer Erklärung durch den Zufall mit der Zahl der identisch auftretenden Homologa als Potenz von 2. Der Determinationsgehalt (*in* bit_D) steigt mit dieser Zahl linear; und zwar sind beide Zahlen davon unabhängig, ob der Gesetzes- oder aber der Redundanzgehalt wächst, ob sich die Differenzierung oder die Zahl der Fälle vergrößert. Denn $D = G + R$ (vgl. Formel 9).

Wie erinnerlich, verdeutlicht die binäre Zufallsentscheidung der Münzwurf. Ein kleines System mit fünf Homologa veranschaulichten somit fünf Münzen, seine spezielle Ausbildung die definierte Position derselben (sagen wir: alle fünf Adler oben). Die Zufallswahrscheinlichkeit, daß dieser spezielle Zustand bei einem Wurfe eintritt, ist 2^{-5} oder 1/32. Ein System mit zehn Homologa erreichte die Zufallswahrscheinlichkeit von $2^{-10} = 1/1024$.

Denselben Wert erreicht aber auch ein anderer Versuch, in dem fünf Münzen zweimal geworfen werden ($a = 2$). Die Zufallswahrscheinlichkeit, daß in beiden Würfen alle Adler oben liegen, ist $2^{-5 \cdot a} = 2^{-5 \cdot 2} = 2^{-10}$, also wieder 1/1024. Dieser zweite Wurf oder diese zweite Sendung der identischen Nachricht entspricht der Mitteilung der Natur, daß die identische Lage- und Struktursituation unabhängig ein zweitesmal auftritt. (Unabhängig heißt biologisch z.B. in einem unabhängigen Genom, in einer anderen Art.)

(2) *Die Wahrscheinlichkeit der Gesetzeserwartung* kennen wir (Formel 5) als den Zusammenhang $P_g = P_D/(P_D + P_I)$. Ist das Ereignis unter Annahme des Herrschens von Determination sicher vorhersehbar ($P_D = 1$), dann ist $P_g = 1/(1 + P_I^a)$. Die Wahrscheinlichkeit, daß eine stete Struktur auf Determinationsgesetzen beruht, daß also ein echtes Homologon vorliegt, entspricht dem Quotienten aus 1 und 1 plus der Zufallswahrscheinlichkeit. Nähert sich die letztere Null, so ist der Quotient annähernd 1, und unsere Gewißheit ist sehr groß. Diese Wahrscheinlichkeit wächst potentiell mit jedem identischen Merkmal und jeder identischen Wiederholung. Figur II46 veranschaulicht diesen Zusammenhang.

Lagestruktur (in bit_G) und die Anzahl der identischen Systeme (in *r* oder *a*) wirken gleichartig auf den Grad der gewinnbaren Gewißheit, wenn diese Wiederholungen als unabhängige Realisationen zu verstehen sind; d.h. auf einer eigenen Abfolge von Entscheidungen beruhen.

Für den völlig unbefangenen Betrachter (den es unter Menschen nicht geben kann) müßte schon der nächstverwandte Artgenosse eine unabhängige Wiederholung bedeuten. Auch sind die Entscheidungen in zwei Genomen räumlich immer getrennt. Aber wir haben verlernt, zu staunen, daß die Struktur unserer Hände mit der derer unseres Vaters identisch ist. Auch lernten wir, daß sich die Genome einer Art in steter Mischung befinden. Dahingegen staunen wir noch, daß sich Homologa bei ganz getrennten Arten halten (wie z.B. die ›Finger‹ der Delphinflosse und des Fledermausflügels). Seien wir also bei unserer Berechnung nochmals großzügig und nennen nur eine Art, eine Wiederholung.

Die große Bedeutung der Wiederholung fanden wir unabhängig von-

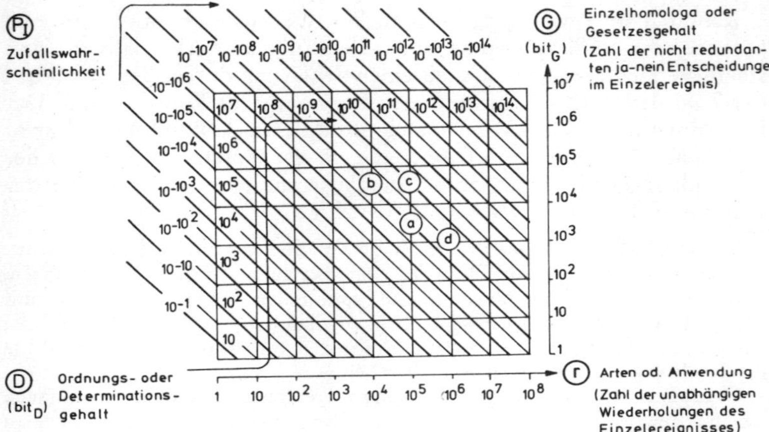

Fig. II46: *Wahrscheinlichkeitsgrade von Homologien* nach den Formeln $D = G \cdot a$ sowie $P_g = 1/(1 + P_I)$ im Falle konstanter Merkmale. Die Zufallswahrscheinlichkeit oder Unsicherheit in der Homologisierung nimmt mit der Anzahl der Einzelhomologa und repräsentierenden Arten ab. Bei großen Systemen (a = Wirbelsäule der Wirbeltiere, b = Nervensystem der Säugetiere, c = der Wirbeltiere und d = Nervensystem der Insekten) entspricht sie einer Zahl, die erst einer Milliarde Nullen nach dem Dezimalpunkt folgt (Orig.).

einander sowohl in der Voraussetzung der Gesetzeserkenntnis wie in der Summe der Koinzidenz-Kriterien. Und wir bestätigen *Remane* nochmals, weil wir feststellen, daß es tatsächlich die geringen oder weniger abgehobenen Gesetzesgehalte sind, die der konsequenten Wiederholung besonders bedürfen, um von ihrer Existenz überzeugt zu werden. Daß hingegen nach der Bestätigung durch *tausend* Arten unsere Gewißheit von der Gesetzlichkeit eines Systems mit *hundert* identisch erhaltenen Homologa durch die Entdeckung der tausendersten wieder bestätigten Art nicht mehr fühlbar zunimmt, ist ebenso verständlich. Unsere Gewißheit war bereits so gut wie absolut. Die Wahrscheinlichkeit, die Zahl von Ereignissen durch den Zufall zu erklären, war nur mehr $10^{-30\,000}$; eine Zahl hinter dreißigtausend Nullen. Es ist gleichgültig, ob diese Zahl durch einen weiteren Fall noch etwas kleiner wird.

Nur die einfachsten Systeme mit weniger als fünf mutmaßlichen Homologa und ebensowenig Wiederholungen besitzen eine noch einigermaßen vorstellbare Zufallswahrscheinlichkeit. Aber sie hat noch kaum ein Anatom homolog genannt. Bei allen komplizierten und stetigeren Systemen identischer Lagestruktur ist die Sicherheit außerordentlich groß bis absolut. Das Herrschen von Determination muß für sie gefolgert werden.

(3) *Gesetzes- und Ordnungsgehalt* sind, sobald ihre Determination feststeht, leicht zu bestimmen. Wie nochmals aus Fig. II46 hervorgeht, entspricht der Gesetzesgehalt eines Systems (G) der Summe seiner Struktur- und Lagehomologa, der Ordnungs- oder Determinationsgehalt (D) dem Volumen an Homologie; d.h. der Summe der Homologa mal der Zahl der Arten (r oder a), welche diese in identischer Lagestruktur anwenden ($D = G \cdot a$; vgl. Formel 18). Dabei erreicht G – wie wir schon feststellten – Dimensionen von 10^4 bis über 10^5 bit_G (Osteologie der Wirbelsäule $4{,}4 \cdot 10^3$, Bewegungsapparat 10^4, Nervensystem $7 \cdot 10^4$) und a, die Zahl der repräsentierenden Arten, 10^4 bis $10^6 a$ (Säugetiere 10^4, Wirbeltiere 10^5, Insekten 10^6). Damit können einzelne Homologien $G \cdot a$ Größenordnungen von 10^8 bis 10^{10} bit_D erreichen: und ihre Zufallswahrscheinlichkeit (Fig. II46) entspräche einer Zahl nach einer Milliarde Nullen hinter dem Dezimalpunkt.

Hinsichtlich der Zählung der Homologa ist noch auf die drei Vereinfachungen aufmerksam zu machen, die wir zur Vorsicht, um Überschätzungen auf alle Fälle zu vermeiden, bereits eingehalten haben.

Erstens zählen wir pro System die Rahmen- und Minimum-Homologa nach dem Strukturkriterium: Zur Lagebestimmung wären noch die mit seinem größten Rahmen hierarchie-gleichen Homologa innerhalb des nächst übergeordneten Homologon mitzuzählen.

Zweitens haben wir vorausgesetzt, daß die identischen Minimum-Homologa auch aus identischen homonomen Bausteinen bestehen: Man erkennt aber an der Unmöglichkeit, daß das anders sein könnte, den Gesetzesgehalt der Homonoma. Die Anzahl der beteiligten Typen an Homonomen wäre ebenso aufzunehmen, da sie alle homolog sind und ihre Determinationsgesetzlichkeit dank ihres noch wesentlich vergrößerten Redundanzgehaltes besonders gewiß ist.

Drittens haben wir bislang nur Identität versus Nicht-Identität mutmaßlicher Homologa in Betracht gezogen. Diese Betrachtung des Einzel-Homologon als kleinste und nur mit einer Alternative ausgestattete informierende Einheit rechtfertigte, sie als ›Eins‹ zu zählen. Es ist aber evident, daß unter Einbeziehung des Grades der Proportionsähnlichkeit (auch bei gleichbleibender Zahl identischer Homologa) ein weiteres Volumen an Informationen für den Vergleich gewonnen wird.

Tatsächlich liegen die gewinnbaren Gewißheiten und Ordnungsgehalte noch höher.

e. Problem der Ähnlichkeitsgrade

Bevor wir die Erörterung der Formen der Ähnlichkeit abschließen, ist ein zweiter, einschlägiger Fragenkreis wenigstens anzuschneiden. Besprachen wir bisher die qualitativen Formen der Ähnlichkeit, so gibt es natürlich auch quantitative; die Ähnlichkeitsgrade innerhalb einer Art von Ähnlichkeit.

Das Problem ist dabei eine Quantifizierung von Qualitäten; und die

Schwierigkeit beruht darauf, daß der Schwierigkeitsgrad der Lösung mit der Komplexität des Objektes wächst.

Das sieht man sogleich am Vergleich zweier Strecken. Hier ist das Maß eindeutig (solange dasselbe verwandt wird). Schon beim Vergleich zweier Dreiecke sind drei Strecken, drei Winkel und ein Flächenmaß vergleichbar, und es ist erst festzulegen, welche einander entsprechen und welche Maße welches Gewicht haben. Schon bei unregelmäßigen Flächen werden die Vergleichsmöglichkeiten zahlreich. Bei den organischen Strukturen steigen sie beträchtlich weiter.

Entsprechend bleibt man auf Näherungs-Lösungen angewiesen; die umso reproduzierbarer sein werden, je genauer die Vergleichsprinzipien definiert werden können; die umso genauer sein werden, je mehr Einzelheiten erfaßt werden können. Man sieht, daß es bei Analogien (z.B. dem Vergleich des Hornes von Nashornvogel und Nashornkäfer) keinen Sinn hat, in viele Einzelheiten zu gehen; daß das aber bei Homologien anders ist.

Wir benötigen eine solche Quantifizierung von Ähnlichkeiten nur im Homologiebereich und werden sie im Rahmen des Hierarchiephänomens (Abs. VB1f), wo wir sie am wichtigsten benötigen, untersuchen (vgl. Fig. V19-24).

f. Freiheit und Notwendigkeit

Wir haben bisher nur den Umfang der mit Gewißheit wiederkehrenden Homologa in Betracht gezogen; das genügte zu einer ersten Beurteilung von Gesetzesumfang und Gesetzeswahrscheinlichkeit. In einer Welt aus Zufall und Notwendigkeit sind wir jedoch verhalten, stets das Wirken beider Möglichkeiten zu erwarten. Das gilt auch für Homologa; denn auch diese identischen Individualitäten zeigen Veränderungen. Das ist schon eine Folge der Tatsache, daß sie existieren, wo sie einmal nicht existiert haben; daß sie geworden sind; daß sie große Verbreitung erreichen können, obwohl sie einmal eine geringe haben mußten; daß manche ihrer Subsysteme sich wandeln, wo das Ganze höchste Stetigkeit zeigt; daß sie Metamorphosen unterworfen sind.

Es wird darum auch in den stetigen Systemen ein bestimmtes Maß an Freiheit, an Indetermination im Determinationsrahmen gegeben sein. Muster von Freiheits- und Determinationsgraden sind das Wesen der Evolution und der natürlichen Ordnung überhaupt und werden uns noch sehr beschäftigen. Doch sind sie in den vier Grundmustern so verschieden wie die vier Mechanismen, die für ihre Entstehung verantwortlich sind. Darum wird die Dynamik von Freiheit und Fixierung auch in diesen vier Kapiteln zu behandeln sein. Hier sei nur das Gemeinsame hervorgehoben.

Das Verhältnis von Freiheit und Fixierung entspricht in den Ausdrücken der Wahrscheinlichkeit dem zwischen Zufall und Determination. Und diese beiden Werte bestimmen wieder jene drei für die Erforschung gemischter, d.h. aus Zufall und Notwendigkeit zusammengesetzter Systeme entscheidenden Einsichten: erstens den Wahrscheinlichkeitsgrad, mit dem wir das Herrschen von Gesetzmäßigkeit erwarten dürfen, $P_g = P_D/(P_D + P_I)$, zweitens den Determinationsgehalt, $D = ld\ P_D/P_I$; und drittens das Volumen der gemachten Erfahrung $I_D + D = konstant$ (vgl. Formel 4, 8 und 17).

Ein einfaches Beispiel soll die Anwendung rekapitulieren. Wir entdecken drei neue Arten und vergleichen in ihnen ein System mutmaßlicher Homologie mit nur vier, wie wir vermuten identischen, Lagestruktur-Homologa. Zwei von diesen erweisen sich als stetig, zwei zeigen Lücken in der erwarteten Koinzidenz. Symbolisiert durch drei Würfe der Münzen 1–4 ergibt sich folgendes Bild, wenn wir die positive Ausprägung mit Kopf (K), die negative Ausprägung, das Fehlen oder die Alternative, mit Adler (A) bezeichnen.

K1 K2 K3 K4 K1 K2 A3 K4 K1 A2 K3 K4

Für das ganze System folgt also:

1. $P_g = P_D/(P_D + P_I)$: Die Wahrscheinlichkeit der Determinationserklärung (P_D) wird in zwei Einzelereignissen enttäuscht, d.h. $P_D = 1/4$ (vgl. Abs. IB1e). Die entgegengesetzte Zufallserklärung (P_I) wird hingegen in vier der sechs Doppelereignisse (der Kopf- und Adler-Erwartung) enttäuscht, d.h. $P_I = 1/16$. Daraus folgt: 0,25/(0,25 + 0,00625) = 0,8. Es ist also möglich, aber keineswegs gewiß, daß es sich um identische Gesetzmäßigkeit, also um Homologa handelte.

2. $D = ld\ P_D/P_I$ = ld [(1/4)/(1/4096)] = ld (4096/4) = ld 1024 = 10 bit_D. Im System stecken, falls es auf identischer Gesetzmäßigkeit beruht, 10 Determinationsentscheidungen.

3. *Die Gesamterfahrung* beim gegebenen Stand der Erforschung beinhaltet 12 *bit*, die im Ausmaße der nicht sehr großen Wahrscheinlichkeit (aus 1.) aus 2 bit_I + 10 bit_D zusammengesetzt sind.

Bei dieser Lage erkennt man auch sogleich den Erkenntniswert, welchen erstens die Entdeckung weiterer verwandter Arten böte, zweitens die Entdeckung einer Lagekoinzidenz zu weiteren Rahmen-Homologa oder drittens die Entdekkung, daß eines der Merkmale noch mehrere Minimum-Homologa enthält. Und man erkennt auch die Ungewißheit, welche die Beurteilung der Merkmale 2 und 3 erschwert: $P_g = 0,8$, $D = 2$ *bit*, Gesamtgehalt = 1 bit_I + 2 bit_D.

Wir mögen nun schon voraussehen, daß die Möglichkeiten eines Organismus in der Evolution aus dem Verhältnis von Freiheit und Determination seiner Bausteine bestehen. Das Verhältnis von Zufall und Notwendigkeit, das wir in den einzelnen identischen Individualitäten entdecken, bestimmt im Zusammenspiel seiner hierarchisch geordneten Gesamtheit die Chancen, welche der Zufall wie das Gesetz seinen Trägern bieten kann.

Und ich werde noch zu zeigen haben, welcher überwältigende Anteil an Strukturbedingungen und Evolutionsaussichten dem Zufall längst entzogen ist. Wir können diesen Anteil nun sogleich anschaulich machen. Er besteht aus den vier Grundmustern der organischen Ordnung.

3. Die Muster der offenen Fragen: Identität von Gesetzmäßigkeiten

Wo befinden wir uns also? Das Qualitative der Ordnung fanden wir zunächst in den Qualitäten von Gesetzmäßigkeit, in den Qualitäten dessen, was als Struktur Bauteil, in der Strukturforschung Homologon genannt wird. Aber wir fanden diese identischen Individualitäten von wiederholt angewandter Gesetzmäßigkeit nicht nur nebeneinander, sondern ineinander verschachtelt, in Wechselabhängigkeit, und wir rechnen mit ihrer jeweils individuellen Geschichte. Wir sehen voraus – schon die Voraussagen, die wir über die Anordnung treffen können, ließen das erkennen –, daß es sich in der biologischen Ordnung nicht nur um eine Gesetzmäßigkeit der Bauteile, sondern auch um deren Anordnung handeln muß.

Tatsächlich böte ja das eine ohne das andere auch keinen ›Sinn‹; wenngleich es die linearen Denkwege, in die uns unsere Natur verhält, auch notwendig erscheinen lassen, die Identität der Bauteile für eine Voraussetzung der Identität ihrer Anordnung zu halten. Sie ist nur eine Voraussetzung für unsere Ableitung durch das Denken. Wie auch immer, wenn Zufallsunwahrscheinlichkeiten von einer Dimension, daß sie von den Möglichkeiten dieses Universums nicht überbrückt werden können, uns von der Identität der homologen Bauteile überzeugt haben, können wir uns nun der Identität ihrer gesetzmäßigen Anordnung zuwenden.

Welche Arten von Gesetzmäßigkeit brauchen wir, um die Muster, die die Bauteile bilden, zu beschreiben? Sind diese Muster trennbar, zählbar? Und gibt es hier bereits ein Problem, das der Lösung harrt? Bin ich nicht dabei, ein Problem zu konstruieren, um es lösen zu können?

Ich muß darum sogleich die offenen Fragen darlegen. Einige werden erst zu verdeutlichen sein. Die meisten sind aber längst bekannt und so alt wie das Evolutionstheorem, ja wie unser Denken über die Gesetze der lebendigen Struktur; und so fundamental, daß sie das Problem der transspezifischen Evolution schlechthin beschreiben, jenen uns eben faßlichen Rest an Ratlosigkeit gegenüber den Gesetzen einer Stammesentwicklung, deren Produkt wir selber sind.

Und ich kann ihre Schilderung mit einer Vorschau auf jene Muster verbinden, auf *Norm, Hierarchie, Interdenpendenz und Tradierung*; denn *die noch immer offenen Fragen erweisen sich sämtlich als die Konsequenzen dieser vier Ordnungsmuster, als die Fälle jener vier Gesetze*, deren *causa* wir suchen und finden werden.

Der apodiktischen Kürze wegen bitte ich um Nachsicht. Aber wir wollen ob einer solchen Übersicht der Fragestellung den Faden nicht verlieren. Die molekularen Ursachen werden wir in den Kapiteln III, die morphologischen in IV bis VII und ihre Konsequenzen in VIII säuberlich getrennt erörtern. Auch die einschlägige Literatur soll vorwiegend erst dort zitiert werden.

Daß die offenen Einzelfragen der Stammesentwicklung selbst schon die vier Grundmuster der organischen Ordnung zusammensetzen, war in diesen meinen Studien das stärkste Erlebnis; ich wollte, ich könnte es vermitteln.

a. Norm

Das erste Grundmuster organischer Ordnung besteht in der universellen Verwendung genormter, standardisierter Bauteile, und zwar in begrenzten Mengen an Typen, jedoch in beliebigen Mengen identischer Replika (Definition in Abs. IVA). Ihre Eigentümlichkeit besteht darin, daß sie in ihrer Dimension oder Komplexität über ein bis zwei Dutzend Größenordnungen vom Biomolekül bis zum Einzelindividuum und zur Kolonie reichen. Sie ähneln daher weniger den Symbolen eines Alphabets als jenen der Algebra, die gewissermaßen vor Klammern beliebig großen Inhalts stehen können. Ineinander sind sie hierarchisch geordnet, womit sich der Abschnitt IIB3b befassen wird.

Hier handelt es sich um das einzige der vier Grundmuster, das bisher auch nicht in Teilaspekten als altes Problem der biologischen Literatur bekannt zu sein scheint; wohingegen alle anderen die Wogen der Diskussion hochgehen ließen und gewissermaßen die Streitfragen der Biologie, der alten wie der zeitgenössischen, schlechthin zusammensetzen.

Es könnte aber möglich sein, daß dieser merkwürdige Umstand die Ursache ist, daß das Gesamtproblem nicht schon längst aufgerollt wurde. Das Norm-Muster ist der Einstieg in diesen Zusammenhang. Ich habe also doppelt Grund, es an dieser Stelle an Genauigkeit nicht fehlen zu lassen.

(1) *Komplexitäten*. Daß wir den universellen Begriff der Norm in der Biologie erst entwickeln müssen, ist darauf zurückzuführen, daß die identischen Individualitäten nicht nur sehr verschieden umfänglich sind, sondern auch mit unterschiedlichsten Zahlen (und, was das Verwirrende ist) räumlich ganz verschieden getrennt sein können. Zwei identische Molekülsequenzen, Ribosomen, Cilien, Zellen, Organe, Metamere oder Brüder scheinen zunächst so verschieden zu sein, daß man mir nicht sogleich folgen wird.

Ich muß deshalb als erstes daran erinnern, daß es in dieser Reihe von Komplexitäten drei Ebenen gibt, in welchen uns die Identität der ähnlichen Individualitäten eine Selbstverständlichkeit ist: die unterste, eine mittlere und die oberste:

Die Identität zweier gestaltsgleicher Gene, weil sie wie ein Matrizenabzug auseinander hervorgehen; die Identität gestaltsgleicher Körperzellen, weil im identischen Matrizenabzug von ihren Möglichkeiten in identischer Weise alles unterdrückt wird, ausgenommen, sagen wir, der Merkmale ›quergestreifte Muskelfaser‹; und die Identität der Geschwister ist mit den eineiigen Zwillingen ein besonders überzeugendes Beispiel. Unsere Überzeugung wird dabei gestützt von der Kenntnis der Replikationsmechanismen.

Es besteht aber kein Grund, an der Identität jener entsprechenden Genkomplexe zu zweifeln, deren Dechiffrierung alle formgleichen Bauteile von den Großmolekülen bis zu den Organellen liefern. Und es besteht ebensowenig Grund, an der Identität jener entsprechenden Zellkomplexe zu zweifeln, deren genetische Möglichkeiten in so entsprechender Weise gesteuert werden, daß sie alle formgleiche Bauteile von den Geweben bis zu den Metameren liefern. Wir werden auch für diese intermittierenden Bauteil-Dimensionen jene Matrizen-Mechanik kennenlernen, die uns von der Identität der auslösenden Determinationsentscheidungen überzeugen wird.

(2) *Individuum und Individualitätsproblem.* Die drei Stufen der Trennung, die in der Reihe der Individualitäten auftreten, erschweren es ebenfalls, das Phänomen als Einheit zu sehen. Zellteilung (oder Furchung), Vermehrung und Artbildung (oder Speziation) werden diese Schritte genannt und scheinen wieder sehr verschieden.

Bei dem vorliegenden Problem handelt es sich aber um das Kontinuum sich schrittweise trennender Gesamtsätze von Determinationsbefehlen. Bei der Zellteilung trennen sich die identisch vermehrten Lochstreifen, ihre Träger bleiben aber beisammen und beide haben ein gemeinsames Schicksal. Bei der Vermehrung trennen sich wieder identisch vermehrte Lochstreifen und zudem auch ihre Träger (Fig. II47–50), nicht aber der Befehlsaustausch zwischen ihren Lochstreifen; die Träger können somit ihren getrennten Schicksalen entgegensehen, das ihrer Befehlsgrundlage bleibt verbunden. Bei der Artbildung trennen sich wiederum zunächst fast völlig identisch vermehrte Lochstreifen und Träger, aber zudem die Austauschkonnexe zwischen den identischen Befehlen; das Gesamtschicksal trennt sich.

Tatsächlich ist das Stufensystem noch länger: Vor der Zellteilung gibt es Zustände der Lochstreifenvermehrung, in welchen nicht einmal deren räumliche Trennung durchgeführt wird. Die sogenannten Polytän- oder Riesenchromosomen sind dafür ein Beispiel, Bündel mit 10^3 bis $3 \cdot 10^3$ wahrscheinlich völlig identischer Lochstreifen. Nach der Speziation wiederum verschwindet sehr langsam auch die Identität der Befehle und damit die Bildungsmöglichkeit von Homoiologien, der analogen Reaktion identischen Erbgutes auf analoge Bedingungen.

Mit diesen drei Trennungsstufen heben sich damit jene drei Grenzindividualitäten ab, Zelle, Individuum und Art, welche die Kontinuität des Zusammenhanges verschleiern. Es sind jedoch keine Überindividualitäten. Überindividualität ist, wenn man so will, jede Individualität in der langen hierarchischen Komplexitätsreihe, bezogen auf die ihr untergeordneten Individualitäten; siehe Hierarchie. Das Individuum ist ein Sonderfall in der Kette (vgl. auch Fig. II51); denn erstens sind alle drei Grenzen schleifend, Zellteilungs-, Vermehrungs- und Speziations-

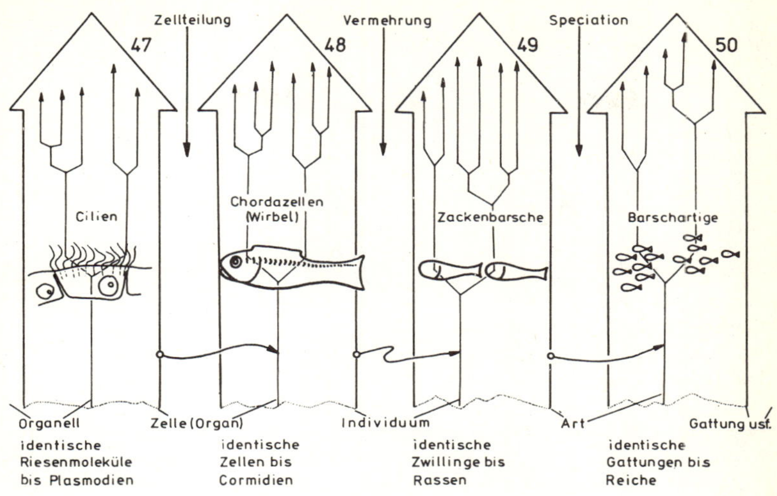

Fig. II47–50: *Die Stufen der Trennung identischer Individualitäten.* Die schmalen Bahnen kennzeichnen das Verzweigen des Flusses identischer Determinationsgehalte, die breiten Bahnen den übergeordneten Individualitätsrahmen, der im nächst übergeordneten Rahmen wieder als ein sich verzweigender Fluß von Determination wiederkehrt. 47: identische Individualitäten in der Zelle, 48: zwischen Zellen und Individuen, 49: von Individuen und 50: der Verwandtschaftsgruppen (Orig.).

grenze (Fig. II47–50), und zweitens streut der Begriff des Individuums über viele Stufen der Komplexität (Fig. II51).

Erstens: Unterschritten wird die Speziationsgrenze durch Vereinigung von Arten zu Bastarden; die Vermehrungsgrenze durch Fusion von Individuen zu Stöcken oder das Festwachsen von Zwergmännchen; die Zellteilungsgrenze durch Verschmelzen von Zellen zu Plasmodien. – Überschritten wird die Grenze der artlichen Einheit durch Polymorphismus und Kastenbildung der Individuen; die Vermehrungsgrenze durch die Abtrennung von Zellen, Zellgruppen, Organen oder Segmenten (z.B. Proglottiden) zu Individuen bei den vielfältigen Formen der ungeschlechtlichen Vermehrung; die Zellteilungsgrenze allerdings nur dann (denn nur kernlose Zellabschnitte wollen wir als Beispiele akzeptieren), wenn Zellteile oder unkomplette, des Lochstreifens entbehrende Zellen noch einige Lebensdauer besitzen, wie etwa die Erythrozyten der Säugetiere (Fig. II51).

Zweitens: Individualitäten unterhalb des Zellbegriffes sind z.B. die Viren, eventuell die Mitochondrien; zwischen Zell- und Individuumbegriff jene Gewebe (z.B. Knospen), Organe (Sporangien), Organgruppen (Eudoxien) und Segmente (Proglottiden), die durch Spezialisation im Stock oder abgekürzte Querteilung aufhören, komplette Individuen zu sein; – über der Art jene untrennbaren Artenverbände wie z.B. die Flechten (Fig. II51).

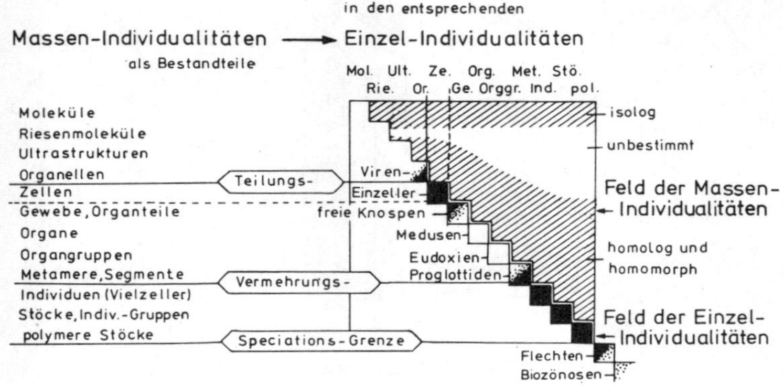

Fig. II51: *Das Feld der Individualitäten*, geordnet nach den hierarchischen Komplexitätsstufen der Massen-Individualitäten (links) und ihrem Vorkommen in den Einzel-Individualitäten (oben: Mol. bis pol.); gegliedert in die isologen, die unbestimmten und die homolog plus homomorphen Typen (schraffiert). Jene Abschnitte des Feldes, auf die der herkömmliche Begriff ›Individuum‹ zutrifft, sind schwarz, ihre Randgebiete (mit Beispielen versehen) punktiert eingetragen (Orig.).

(3) *Homomorpha und Homologa.* Das dritte scheinbare Hindernis, das einem einheitlichen Individualitätsbegriff im Wege stehen mochte, war die Anzahl der identischen Individualitäten pro Individuum. Homologie faßt man ja als Identität von Art zu Art innerhalb Verwandtschaftskreisen, Homonomie dagegen als Identität von Organ zu Organ innerhalb von Individuen auf. Da sich aber kein Homonom finden läßt, daß nicht auch gleichzeitig (also von Art zu Art verglichen) homolog wäre, bleibt tatsächlich nur mehr die Differenz der Zahl pro Individuum. Und es wäre absurd, daraus einen prinzipiellen Unterschied zu konstruieren.

Was sollte sich an der Identität der Brüste des menschlichen Weibchens mit den Zitzen des Säugers ändern, wo sie nun nur mehr (und auch das nur in der Regel) in einem Paare auftreten? Was am Genitalapparat des Riesenbandwurmes, wenn er nicht in einem Exemplar, sondern in mehreren, ja tausenden (das Tier erreicht 60 m Länge) entwickelt wird?

Nur das Phänomen und die phylogenetische Konsequenz (was wir schon bei *Remane* fanden[18]) ist verschieden; und soweit sind auch die Begriffe Homologie und Homonomie begründet zu trennen. Besonders aber den Homonomiebegriff hat man auf größere Strukturen beschränkt. Unsere stochastische Bestimmung von Identität läßt uns aber

[18] *Remane* 1971, p. 76.

über winzigste Organe und Zellen bis zu Ultrastrukturen, ja Riesenmolekülen weitergehen. Will man den klassischen Begriff der Homonomie nicht dehnen, so kann man diese Gesamtheit der in Mehr- und Vielzahl pro Individuum repräsentierten Homologa auch *homomorph* nennen (ein zureichend unbelastetes Wort, das ›gleichgestaltig‹ bedeutet).

Die Voraussicht in der Begrenzung von Homonoma lag wohl in den Grenzen des Lichtmikroskopes. Denn man sieht leicht ein, daß die Zahl der Lage-Umriß-Merkmale z.B. eines homonomen Knöchelchens um Größenordnungen von jenen übertroffen wird, welche die Ultrastrukturforschung heute einer quergestreiften Muskelfaser, einer Cilie, oder welche die Biochemie selbst einem Riesenmolekül zu entnehmen vermag. Noch drastischer gilt das für die Koinzidenz-Zahlen, die wir bei den Zellen und Riesenmolekülen bereits auf 10^{14} bis über 10^{20} pro Individuum ansteigen sahen.

(4) *Anatomische Singulare und Plurale*. Identität, d.h. ein Beruhen auf identischen Determinationsentscheidungen von Individualitäten finden wir damit an einem alle Lebensstrukturen umfassenden Bereich, definierbar bis an die Unsicherheitsgrenze unserer stochastischen Bestimmung. Es ist ein einheitlicher Bereich von Dechiffrierungsergebnissen, der von den kleinsten identischen Code-Abschnitten bis zu Gesamtcodices reicht, unbeschadet ihres Auftretens als ›anatomische Singulare‹ und ›anatomischer Plurale‹; auch unbeschadet dessen, daß die anatomischen Singulare, die Homologa, in der Morphologie, Anatomie und Systematik, die anatomischen Plurale dagegen, die Homomorpha, in den Lehrbüchern der Zytologie, Histologie, Ultrastrukturforschung und Biochemie abgehandelt werden.

Der Umfang der solchermaßen in genormten Individualitäten bereits erkannten, also verifizierbar prognostizierbaren Bausteine ist außerordentlich groß. In Absatz A dieses Kapitels sind wir ja von diesen qualitativen Ordnungsgrößen ausgegangen; und wir stellen nun fest, daß beispielsweise in unserem Organismus 10^5 bis $5 \cdot 10^5$ Einzelhomologa, dem Gesetzesgehalt entsprechende Alternativen, und bis 10^{20} oder 10^{21} identischer Homomorpha vorausgesehen werden können, die den Redundanzgehalt beschreiben; also eine Gesamtordnung von 10^{25} bis $5 \cdot 10^{26}$ normierter Merkmale (man bedenke: eine Zahl mit 26 Nullen!).

Und wir haben weiter festgestellt, daß diese Zahl von Norm-Bauteilen dicht an den nach der Molekülposition errechneten und zu fordernden Determinationsgehalt in einem Individuum des Genus *Homo* herankommt. Bedenkt man nun, daß wir hier sehr großzügig pro Normteil jeweils nur eine einzige Alternative angenommen haben, um ihren Determinationsgehalt, mit 1 bit_D verglichen, auf alle Fälle nicht zu überschätzen, so kommt man zu einer wichtigen Feststellung. Man sieht, daß $5 \cdot 10^{26}$ Normteile etwas mehr als $5 \cdot 10^{26}$ bit_D sein können, daß wir durch die fortschreitende Forschung an die Aufklärung der Gesamtstruktur von $2 \cdot 10^{25}$ bis $2 \cdot 10^{28}$ bit_D herankommen dürften; und das bedeutet für unsere Fragestellung nicht weniger, als daß die Organismen so gut wie ausschließlich aus Normteilen aufgebaut sein müssen.

(5) *Die Normierung der Struktur*, so wie sie nun als ein fundamentales Muster der organischen Ordnung erscheint, muß auf einem ebenso fundamentalen Mechanismus beruhen, ja von ihm geradezu – entgegen den unterschiedlichsten Adaptierungs-Bedürfnissen – erzwungen werden. Es ist ja nicht von Haus aus einzusehen, warum die Natur ausschließlich mit Normen baut, wo Normierung keineswegs das Ziel, aber das Ereignis der Evolution ist. An dieser Stelle wird der Fachmann den Mechanismus schon sehen können. Aber auch für den Fernerstehenden werde ich ihn nun in wenigen Schritten darlegen können.

(6) *Die Normierung der Lage*, namentlich für die genormten Massenbauteile, wird man nun auch mit Recht erwarten.

Die klassischen Morphologen sind auch immer wieder von den prinzipiellen Lagen, Achsen und Symmetrien in den Organismen ausgegangen, die ihnen, wie wir sehen werden, ganz zurecht als grundlegend und einend erschienen sind.

Die Lagebestimmung der Moleküle von den Einzelmolekülen des genetischen Codes bis zu den Riesenmolekülen versteht man aus den chemischen Bindungsgesetzen. Über die der Ultrastrukturen und Organellen weiß man noch zu wenig. Die Lagebestimmung aber jener Komplexitätsstufen, von den Zellen bis zu den großen Symmetrien und Achsen der Vielzeller und ihrer Stöcke, wird dagegen mit Gradienten beschrieben, die jeweils über die Bausteine der Stufe hinwegwirken. Auch für diese werden wir ein einheitliches Prinzip darzulegen haben.

Man wird nun bereits den engen, ja notwendigen Zusammenhang mit dem nächstfolgenden Ordnungsmuster, dem der Hierarchie, erkennen. Praktisch handelt es sich um dasselbe; ein Verhältnis wie Buchstabe zu Grammatik, Symbol zu Algebra oder Wort zu Syntax.

b. Hierarchie

Das zweite Grundmuster biologischer Ordnung ist das der Hierarchie. Es besteht darin, daß sämtliche Normbauteile der Lebensstrukturen in einem System von Rahmen ineinander geschachtelt angeordnet sind, die sich gegenseitig fordern und bestimmen; in auffallender Ähnlichkeit mit dem hierarchischen System unserere Begriffe. Darin liegt auch das Problem (Definition in Abs. VA).

Eine Übersicht jener Einzelprobleme, die sich vom Grundmuster der Hierarchie ableiten, ist einfach. Gegenüber jenen der Normen sind sie in ihrer Mehrzahl von den Biologen längst gesehen, umstritten und somit ja vielfach allgemein bekannt geworden. Und mein Zutun kann sich zunächst darauf beschränken zu zeigen, daß die fünf sehr unterschiedlich aussehenden Probleme allesamt Abkömmlinge des Hierarchiephänomenes sind.

(1) *Das Realitätsproblem* läßt uns mit dem Grundsätzlichsten beginnen. Wie, so lautet seine Frage, soll man an die Realität einer Ordnung glauben, wo sie doch völlig der Ordnungsweise unseres Denkens entspricht. Müssen wir darum nicht annehmen, daß sie nur von uns in die Natur hineinprojeziert ist? Man sieht schon, wenn man Figur II51 vergleicht, daß kein Begriff aus den zehn Stufen vom Biomolekül bis zum Individuum ohne den Inhalt aller untergeordneten und ebensowenig außerhalb aller übergeordneten existieren könnte. Und wir werden sehen, daß sich über dem Individuum noch eine weitere Stufenfolge der systematischen Begriffe aufbaut. Ist nun an der Identität dieser Individualitäten nicht zu zweifeln, dann noch weniger an ihrer hierarchischen Ordnung. Wir werden das Problem, sobald wir die Notwendigkeit der Hierarchie bewiesen haben, sogar umkehren müssen und fragen: Wie kommt es, daß unser Denken das Hierarchieprinzip wiederholt?

(2) *Das Homomorphieproblem* ist, wie es das Homomorphie-Phänomen selber war, das einzige, das neu zu formulieren ist. Und zwar in der Frage: Wie soll man die Begrenztheit der Anzahl der homomorphen Normbausteine und ihre ungeheure Beständigkeit verstehen? Es verbirgt sich darin eine ganze Reihe von Problemen, die zwar in recht ungleicher Deutlichkeit aufgeworfen, aber allesamt unbeantwortet geblieben sind.

Hierher gehört die Frage nach der Diskrepanz zwischen den theoretisch unermeßlich vielen Kombinationsmöglichkeiten der organismischen Bauteile und der ungleich begrenzteren Anzahl der realisierten Arten. Ein Problem der Biophysik. In der Evolutionstheorie wiederum wird gefragt, ob nicht ein inneres Prinzip oder, von anderer Seite gesehen, ein Grundplan der Phylogenie angenommen werden müßte, um solch Unbegreifliches zu erklären usf. Der Konnex mit der Hierarchie ist noch ganz versteckt.

Wir werden diese Fragen jedoch im Stetigkeitsphänomen wiederfinden, einem Zustand von ›Überdetermination‹, der eine notwendige Konsequenz hierarchischer Ordnung ist.

(3) *Das Homologie-Problem* mit der seit zwei Jahrzehnten immer profilierteren Debatte: A: Vergleichende Strukturforschung ohne Ermittlung der Homologien ist unmöglich, versus B: Homologie ist eine Denkkonstruktion, die nicht der Natur entnommen, sondern in sie hineingedacht wird, und daher wertlos. Begründung: Es sind ja keine Mechanismen denkbar, welche die Organisation zur Einhaltung von Homologa veranlassen. Alle Gene haben so gut wie dieselben wahllosen Chancen der Veränderung.

Das ist, wie man sieht, ein ganz entscheidender Ansatz. Er sieht so aus, als wäre er in der Lage, die ganze klassische Strukturforschung zum Einsturz zu bringen. Aber ebenso klar und grundlegend wird auch die Lösung sein; Homologa werden einfach in dem Maße fixiert, wie sie mit hierarchischer Bürde belastet werden.

Diese Bürde ist, wie bald zu zeigen sein wird, nach der Zahl der Merkmale (oder ihrer Determinationsentscheidungen) zählbar, die im Fortschreiten der Evolution von einem Homologon abhängig werden. Nur so viel sei vorgegriffen.

(4) *Typus-, Bauplan- und Wäge-Problem* bilden das Konvolut der ersten Konsequenzen. Ist das Homologietheorem angreifbar, dann wird der Typus, das Allgemeingültige einer Verwandtschaftsgruppe, zur Idee, die Morphologie verläßt das Gebiet der Naturwissenschaften, die Baupläne der Organismenstämme werden Fiktionen und die Wägung der Merkmale, mit deren Hilfe der Erfahrene Verwandtschaft beurteilt, wird zum Vorurteil.

Dagegen wird zu zeigen sein, daß die Bürdeposition der Homologa ihre Fixierungsgrade bestimmt, und diese wiederum bestimmten Typus und Bauplan und ebenso das Gewicht der Wägung.

(5) *System- und Systematikproblem* bilden die Konsequenzen zweiter Instanz. Sind Typus, Bauplan, Wägung unwissenschaftlich, dann ist es auch die Systematik und der Begriff ›natürliches System‹; ein Widerspruch in sich selbst. Man beachte diese Lawine falscher Konsequenzen.

Da aber nicht nur alle Prämissen stimmen, sondern kausal zu fordern sein werden, brauchen wir die Verwandtschaftsforschung nicht verloren geben (und mit ihr eine der vornehmsten Synthesen des menschlichen Denkens), sondern ihr vielmehr die Einsicht in ihre *causa* hinzufügen. Ja, wir werden das Problem wiederum umkehren müssen und fragen: Wie sollen wir verstehen, daß die Morphologie, ohne ihre kausalen Grundlagen gekannt zu haben, die völlig richtige Synthese des natürlichen Systems möglich machte.

(6) *Die Hierarchie der Merkmale*, wenn sie nun ein so universelles Grundmuster der Ordnung ist, wie ich behaupte, muß dann auch von einem ebenso universellen Mechanismus, und wiederum gegen die unterschiedlichsten Anpassungsanforderungen, die das Milieu an die Organismen stellt, durchgesetzt werden. Letzten Endes ist ohne ihn nicht einmal der Antagonismus von Analogie und Homologie zu verstehen. Auch diesen Mechanismus werde ich in Kapitel V darlegen. Er hat mit jenem der Normierung dieselbe Ursache, beruht auf derselben Notwendigkeit.

c. *Interdependenz*

Das dritte Ordnungsmuster kann man das der Interdependenz nennen. Es besteht in wechselseitigen Abhängigkeiten von Merkmalen und den diese aufbauenden Determinationsentscheidungen; Wechselabhängigkeiten, die nun über jene in den Normverbänden wie in den Hierarchieketten hinausgreifen. Diese Wechselabhängigkeit ist so universell, daß ein interdependentes Merkmal ohne seinen Partner keinen Sinn hat oder keinen Sinn ergäbe, ähnlich den Inhalten unserer Begriffe (Definition in Abs. VIA).

Als Subprobleme des Interdependenz-Phänomens erweisen sich folgende viel diskutierte Fragen, die zunächst wiederum sehr unterschiedlich aussehen. Ich stelle sie zu drei Gruppen zusammen:

(1) *Probleme der Einzelverknüpfung* beinhalten das *Synorganisations-* oder *Koadaptationsproblem* mit der Frage: Wie ist zu verstehen, daß Merkmale unterschiedlichen Ursprunges eine fein aufeinander abgestimmte Entwicklung zeigen? Der Interdependenz-Zusammenhang ist klar.

(2) *Probleme der Ausrichtung* sind das *Trend-*, *Orthogenese-* und *Typostasieproblem* sowie das der *Cartesischen Transformation*. All diesen vier Formen des Problemes liegt etwa die Kontroverse zugrunde: A: Die Ausrichtung der Bahnen der Evolution ist so ausgesprochen, daß sie der Mechanismus Mutation – Selektion nicht erklären kann, ein inneres Regulativ der Evolution muß gefunden werden, versus B: Ausrichtung gibt es nicht, höchstens Tendenzen, und diese sind nichts besonderes, auch ist ein inneres Prinzip nicht zu erwarten, denn keines der bisher vorgeschlagenen hat der Prüfung standgehalten.

Der Konnex mit Interdependenz ist wohl noch nicht sichtbar. Er wird aber sogleich deutlich, wenn wir uns erinnern, daß die Freiheitsgrade der Merkmale sehr verschieden sind (ihre Veränderungen sehr ungleich toleriert werden). Schon das zwängt in Richtungen: noch mehr aber die Entstehung von Wechselabhängigkeiten, die wir als notwendige Folge der Abstimmung von Determinationsentscheidungen kennenlernen werden.

(3) *Probleme der Abstimmung* schließen an. Gemeinsam haben sie das Wunder der funktionellen Ausrichtung auf das Ziel ›vollkommener Organismus‹ im Auge: das Problem der *Regeneration* (auch der ungeschlechtlichen Vermehrung), der *Regulation*, *Homöosis*, des *Nexus organicus*[19]. Die Grundfrage, die sich wiederholt, ist: Wie soll man ohne Annahme unbekannter innerer Regulative das außerordentliche Maß an Balancierung und Zielgerichtetheit verstehen, das die Strukturen der Organismen an den Tag legen?

Die Intedependenz erweist sich somit wieder als eine Ordnungsform, die den ganzen Organismus durchdringt. Sie reicht von der Steuerung der Anpassungsmöglichkeiten der Einzelmerkmale bis zu jenen der Organismenstämme und von der Regulierung der Einzelabhängigkeiten bis zum Bild der Harmonie des ganzen Individuums.

[19] Im Sinne von *N. Hartmann*, 1950.

Ebenso universell ist der Mechanismus, der Interdependenz zur Folge hat.

Das von ihm gebildete Ordnungsmuster ist, wiewohl fundamental, nicht in derselben Weise sichtbar zu machen wie das von Norm und Hierarchie. Es ist, wie zu zeigen sein wird, eine Zeitgestalt, etwas, was wir ein Zeitmuster nennen können. Es wird uns aber in allen anwendbaren Zeitachsen sichtbar werden, von der minutenlangen Achse der Regulative bis zur Jahrmilliarden langen Achse der Evolution. Und die Zeitgestalten sind um nichts weniger real wie jene, die statisch erscheinen; sie sind nur längerlebig als ihre Beobachter. So wie die Bahn der Erde an Realität um nichts jenem Planeten Erde nachsteht, der sie beschreibt.

Ganz entsprechend ist auch das vierte und letzte der Grundmuster organischer Ordnung eine Zeitgestalt, wenn auch mit einer ungleich einheitlicheren und uns leichter verfolgbaren Zeitachse. Ja es ist mit dem Interdependenzmuster so verwandt, daß man ersteres als Simultan-Interdependenz diesem als Sukzedan-Interdependenz gegenüberstellen könnte. Um einen einigermaßen anschaulichen Begriff zu verwenden, nenne ich es

d. Tradierung

Das Ordnungsmuster der Tradierung besteht wieder in einem universellen Zusammenhang, was sich darin äußert, daß es keinen organischen Strukturzustand gibt, der ohne seine Vorgänger denkbar ist (Definition in Abs. VIIA). Das Tradierungsmuster beruht also darauf, daß alle Bauzustände Aufeinanderfolgen von Abstimmungen darstellen; und zwar wiederum so zwingend, daß kein zu durchlaufender Zustand ohne jenen, den er erzeugt, ›Sinn‹ hätte und kein Endzustand ohne all seine Vorläufer möglich wäre. Ähnlich wie die Buchstabenfolgen ›padre‹, ›vater‹, ›father‹ oder ›pêre‹ nur aus einer Kette kaum merklicher Veränderungen der Buchstabenfolge ›pater‹ in ihrer Diskrepanz von Ungleichheit und Gleichsinn zu verstehen sind. Man sieht schon, daß hier ein ganzes Paket einschlägiger Unteraspekte, besonders aus den offenen Problemen der Entwicklungsgeschichte und Entwicklungsphysiologie, zu erwähnen sein wird.

Hier darf ich nicht versäumen hervorzuheben, daß dieses eine Grundmuster offensichtlich auch schon zusammenhängend erkannt worden ist. *Schrödingers*[20)] ›Order on order‹-Prinzip meint sichtlich dasselbe, wenn auch vorwiegend den physikalischen Aspekt. Man hat *Schrödingers* schon eine Generation zurückliegende Synthese in Ehren gehalten, aber in diesem Punkt, soweit ich sehe, nicht fortgesetzt.

[20] *Schrödinger* (vgl. 1944 und 1951).

Die Einzelprobleme sind aber wieder sehr verschieden. Ja, man wird beim ersten Zusehen Zweifel haben, daß sie, wie ich nachweisen werde, sämtlich als Derivate des Tradierungsmusters zu verstehen sind. Dieses runde Dutzend an offenen Fragen will ich übersichtlich machen, indem ich es nach fünf Hauptbeziehungen zum Tradierungsphänomen gliedere.

(1) *Das Problem der alten Muster* beinhaltet jene Phänomene, die dem Fachmann als *Atavismus, Rudimentation* und *Neotenie* lange bekannt sind. Gemeinsam ist ihnen die Frage: Wie ist es zu verstehen, daß in den Organismen weit zurückliegende Gestaltungszustände so hartnäckig erhalten, ja rückläufig wieder etabliert werden können? Beim Atavismus sind es die zurückliegenden Zustände aus der Stammesentwicklung (z.B. Schwänzchen, vier Brustwarzen beim Menschen), bei der Neotenie jene aus der Embryonalentwicklung (Larvenmerkmale beim erwachsenen Organismus), die sich wieder etablieren. Bei der Rudimentation ist es das hartnäckige Weiterschleppen längst funktionslos erscheinender Merkmale, dessen Erklärbarkeit keine Einhelligkeit findet.

(2) *Das Rekapitulations-Problem* vereinigt die Fragen: Warum werden während der Embryonalentwicklung die stammesgeschichtlich durchlaufenden Zustände wiederholt (das ist *Haeckels biogenetisches Gesetz*[21)]), und warum zeigen bei verwandten Organismen deren ›Aufbau-Anweisungen‹ dieselben Grade von Verwandtschaft? Mit ›Aufbau-Anweisungen‹ meine ich jene Muster biochemischer Befehle, welche zur zeit-, gestalts- und positionsgerechten Differenzierung sämtlicher Strukturen in der Embryonalentwicklung der Organismen erforderlich sind. Die Ähnlichkeit der Orte, von welchen diese Befehle ausgehen, ist die der sogenannten *Indukationsmuster*, die Ähnlichkeit der Wirkungen derselben ist der Inhalt des Problemes der *Homodynamie*[22)].

Wir werden diese Probleme noch eingehend zu erörtern haben; zumal sie sich alle als notwendige Folge der selbst wieder notwendigen Tradierung erklären. Hier waren ja die Tradierungsprobleme nur aufzuzählen.

Nur auf eines muß ich vorgreifen: Die scheinbare Selbstverständlichkeit lang erhärteter Fakten. Z.B. ist *Haeckels* Gesetz (der keimesgeschichtlichen Rekapitulation stammesgeschichtlicher Stadien) schon seit über einem Jahrhundert mit solch ungeteiltem Erfolg in der Verwandtschaftsforschung bewährt, daß es uns selbstverständlich ist. Jedoch gibt auch die höchste Stimmigkeit eines Gesetzes keinen Aufschluß über seine Ursache; und diese ist naturwissenschaftlich tatsächlich noch nicht erklärt. Wir haben nur gelernt, mit dieser Unbekannten zu leben, oder akzeptieren Scheinerklärungen wie: ›Die Natur macht keine Sprünge‹ oder ›Jedes Ding zeigt seine Herkunft‹.

[21] Vorbereitet durch mehrere Embryologen des 19. Jahrhunderts, zuerst formuliert von *Haeckel* 1866.

[22] Im Sinne von *Baltzer* 1952.

Gewiß steckt viel Wahres im Fundus der Volksweisheit. Auch hier wird es bestätigt werden. Nicht minder gewiß aber muß eine Naturwissenschaft anstelle von Sprichworten Notwendigkeiten zur Erklärung ihrer Gesetze fordern.

(3) *Das Problem der Nichtumkehrbarkeit* der Stammesentwicklung gehört ebenso hierher mit der Frage: Warum werden Homologa, sind sie einmal verlorengegangen, niemals wieder gebildet?[23] Die Delphinflosse wird keine Fischflosse mehr, so sehr sie sich ihr auch äußerlich nähert. Die ›Abberufung‹ alter Muster, solange sie noch im Archiv der Tradierung vorhanden sind, mußten wir ebenso erwarten, wie wir zu fordern haben, daß nicht mehr archivierte Muster durch das Wirken des Zufalles auf keinen Fall mehr wiederherzustellen sind. Das wäre schon mit unserer stochastischen Definition der Homologie unvereinbar.

(4) *Die Probleme der Einschaltung ganzer Muster* bilden das Kernstück dessen, was unser Tradierungsmechanismus zu erklären haben wird. Ich muß aber gleich hinzufügen, daß ich hier freilich schon mit der Kenntnis der Lösung zusammenfasse. Bekannt sind in der Fachliteratur lediglich die einzelnen Spezialprobleme, die zunächst so verschieden aussehen, daß ihre auch für den Fortgang unserer Überlegungen wichtige Zusammenfassung einen kleinen Vorgriff nötig macht. Alle hier aufzuzählenden Probleme haben eine Frage gemeinsam: Wie soll man verstehen, daß ganze Komplexe sinnvoll zusammenhängender Determinationsentscheidungen mit einem einzigen Fehler in der Befehlsgabe eingeschaltet werden können?

Und was die Sache noch interessanter macht, dieser Fehler in der Befehlsgabe kann auf einer Mutation beruhen, also auf einer fehlerhaften Lochung des kopierten Codes. Er kann aber auch eine sogenannte Phänokopie sein (gewissermaßen die Kopie einer mutativen Änderung), dadurch, daß durch Experimente in der Weitergabe der Befehle während des Entwicklungsablaufes ein Fehler in den Ablauf hineingebracht wird. Ja selbst ohne unser Zutun können solche Weitergabefehler, z.B. bei der Regeneration, in das System gebracht werden. Beginnen wir gleich mit diesen.

Heteromorphosen stellen uns die Frage: Wie ist es möglich, daß bei der fehlerhaften Regeneration eines Organes nicht ein einfaches Wirrwarr von Merkmalen, sondern vielmehr eine komplexe, in sich sinnvolle Struktur jedoch falscher Art entsteht, beispielsweise der Ersatz einer verlorenen Krabben-Antenne durch ein Spaltbein? Praktisch dieselbe Frage erhebt sich, wenn der Fehler im Entwicklungsablauf durch eine experimentelle Störung verursacht wird. Man spricht dann von einer

23 Der Fachmann wird hier das *Dollo*sche Gesetz erkennen; darum mache ich darauf aufmerksam, daß ich es mit der nötigen Einschränkung – wie zu sehen – in der Revision von *Remane* (1971), pp. 259-274, bes. p. 272) anwende.

Phänokopie, wie z.B. bei der Verdoppelung des Brustabschnittes[24] der Obstfliege *Drosophila* mit fast allen seinen äußeren Homologa.

Es sei daran erinnert, daß auch die Mechanismen, die bei Verdoppelungen zur Ausformung komplizierter Systeme führen (Anomalien und Aberrationen), z.B. des Kopfes bei einem Kalb, der Beine bei einem Käfer, nicht minder erstaunlich sind.

Homöotische Mutationen stellen uns das Problem ganz ähnlich. Hier handelt es sich wieder um Einzelfehler im Lochstreifen mit komplexen, in sich regulativen, ›sinnvoll‹ balancierten Konsequenzen. Die Frage lautet: Wie kann ein Einzelfehler, am falschen Ort oder in der falschen Anzahl, in sich erhaltene Zweckmäßigkeit erzeugen? Beispiele sind der Ersatz einer Antenne durch ein winziges Beinchen[25] oder der Ersatz eines Schwingkolbens durch einen Flügel[26] wieder bei der Obstfliege. Man nennt derlei regulative Mutationen auch *Systemmutationen*: ein guter Hinweis darauf, was – wie wir sehen werden – tatsächlich dahintersteckt.

Spontaner Atavismus ist gewissermaßen ein Sonderfall homöotischer Mutanten; und zwar dann, wenn ein in der Stammesgeschichte des mutierten Organismus einmal durchlaufenes Stadium lagerichtig wieder zum Vorschein kommt. Die Spezialfrage lautet also: Wie kann ein einziger Fehler im Lochstreifen ein ganzes früheres Strukturmuster zum Erscheinen bringen? Ein Beispiel dafür ist die dreizehige Mutante unseres Hauspferdes.

(5) *Das Typus-Problem* in der Genetik bildet nun zuletzt, ich möchte sagen, die Summe der erwähnten entwicklungsphysiologischen Einzelprobleme. Schon im Begriff des *Epigenotypus*, als der Summe der Gen-Wechselwirkungen, steckt die Vorstellung des Herrschens vergleichbarer, also verwandter, wir können ergänzen, tradierter Prinzipien. Und noch mehr kommt das *Architypus-Problem*, wie es *Waddington*[27] formuliert, einer Synthese des Tradierungs-Phänomens nahe. Es enthält die Hypothese, daß es nur eine begrenzte Anzahl den großen Verwandtschaftsgruppen entsprechende Typen epigenetischer Systeme geben könnte.

Mit Bewunderung kann man hier den Weg zu einer neuen Formulierung des Typusproblemes sehen; eines Phänomens, das wir bereits in den morphologischen Problemkreisen als Kernstück der Zusammenhänge zu finden hatten, dessen Realität aber gleichzeitig in Zweifel gezogen wird.

Die Tradierung, das vierte Ordnungsmuster, wirkt ebenso universell wie die übrigen drei und spannt sich über alle Stufen der Komplexität von der Folgeabhängigkeit einzelner Genwirkungen bis zur ›Orche-

24 ›bithorax‹ Phänokopie.

25 ›aristopedia‹-,

26 ›tetraptera‹-Mutante von *Drosophila*.

27 *Waddington* 1957, p. 79.

strierung‹ ganzer epigenetischer Systeme, vom Einzelmerkmal bis zum ›Entwicklungstypus‹ jeder der großen Systemgruppen. Und wir werden ganz entsprechend für die Etablierung dieses grundsätzlichen Musters der Tradierung wiederum einen ebenso universell wirkenden Mechanismus aufzufinden haben, der es entgegen allen übrigen theoretisch möglichen Systemen in allen Zweigen der organischen Welt durchzusetzen in der Lage ist.

4. Der Zusammenhang der Muster

An diesem Punkte der Darstellung wird man sich vielleicht fragen, warum, wenn es sich um universelle Muster handelt, es derer vier sein sollen. Dabei ist es von geringerem Interesse zu erfahren, ob es noch ein fünftes oder deren noch mehr geben könnte. Denn gewiß muß in einem solchen ersten Syntheseversuch auf dem Gebiete der generellen Ordnungsmuster noch manches unaufgedeckt zurückgeblieben sein. Es geht mehr um die Frage, warum die Strukturen des Lebens auf diesem Planeten von so verschiedenen Gesetzgebern regiert sein sollen, wie es Norm, Hierarchie, Interdependenz und Tradierung wohl zu sein scheinen. Wo ist dann jener Übergesetzgeber, aus dem diese Differenzierung selbst zu verstehen wäre.

Lassen Sie mich darum sogleich sagen, daß diese vier Grundmuster eine Einheit bilden. Sie bilden tatsächlich nicht weniger eine Einheit, als die Probleme, die ich eben aufzählte, jeweils als Submuster der vier zu verstehen sind. So wie jene die Fälle des Gesetzes darstellen, sind auch die Grundmuster Konsequenzen eines einzigen Prinzipes. Dieses Prinzip kann man das der mathematischen oder *geometrischen Symmetrien* nennen; und von diesen sind alle, die möglich erscheinen, realisiert.

Den Nachweis für meine Behauptung wird methodisch das III. und das VIII. Kapitel zu erbringen haben; ersteres gemeinsam mit der Darstellung des die vier Grundmuster notwendig folgernden Mechanismus; letzteres (Abs. VIIIB7f) im Zusammenhang mit der Materie schlechthin. In diesem Abschnitt fehlt aber noch die Klarstellung des Strukturzusammenhanges der geschilderten Vier (Fig. II52).

Meine Umständlichkeit entspringt hier der Sorge, wieder dem Randgebiete geläufiger Begriffe nahezukommen: nun die Bildung von Vorstellungen zu fordern, die es gemeinhin ja nicht gibt. Die Sache selbst ist dagegen nicht weiter schwierig; was man mir nach der Schilderung der Mechanismen (Kapitel III) bestätigen wird. Offenbar ist jedes universelle Gesetz einfach. Seine Fälle sind kompliziert.

Man wird sich erinnern, daß Norm und Hierarchie einen Zusammenhang wie Buchstabe – Grammatik, Symbol – Algebra oder Wort – Syntax darstellen. Der ›Sinn‹, wenn ich schon hier so sagen darf, des einen bestimmt jeweils den des anderen. Freilich kann die Grammatik verschiedener Sprachen bei gleichen Latein-Buchstaben ebenso verschieden sein wie Cyrilika, Griechisch und Latein, verwendet für dieselbe Sprache. Aber das Wort ergibt sich nur aus dem Übersystem Buchstabe-Grammatik. Norm-Hierarchie könnte man etwa mit Rang, Qualität, Inhalt oder Struktur vergleichen.

Die Beziehung von Interdependenz und Tradierung hingegen haben wir mit Simultan-Sukzedan-Interdependenz verglichen. Man könnte auch sagen: Zustand-Geschichte. Und wiederum ist es ein Übersystem, das erst mit beiden Inhalten das ergibt, was wir eben einen ›Sinn‹ genannt haben. Interdependenz-Tradierung könnte man mit Konnex, Position, Zusammenhang oder Funktion vergleichen (ohne damit freilich mehr getan zu haben).

Die Gesamtbeziehung (Norm-Hierarchie Interdependenz-Tradierung) ist die interessanteste und eben auch so einfach. Norm-Hierarchie allein, wie Fig. II52 zeigt, definiert keinen Konnex. Er wäre innerhalb der ›Ränge‹ beliebig permutierbar. Und Konnexe zwischen nicht definierten Inhalten wären leer. Die Gesamtbeziehung bildet ein Ganzes, die vier Grundmuster sind seine Teile; wie Inhalt-Zusammenhang,

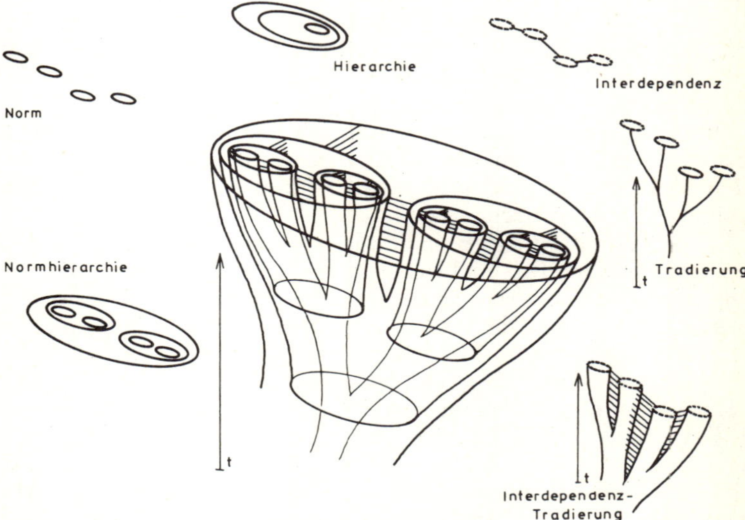

Fig. II52: *Der Zusammenhang der vier Ordnungsmuster* Norm, Hierarchie, Interdependenz und Tradierung in symbolischer Darstellung. Als Zusammensetz-Stufen zum Gesamtmuster sind auch ›Normhierarchie‹ und ›Interdependenz-Tradierung‹ abgebildet. Man beachte das Entstehen der drei zeitgleichen Musterteile entlang der Zeitachse (t) bei Tradierung (Orig.).

wie Struktur-Funktion (ohne mit diesen Worten mehr gesagt zu haben, als wir bisher schon erkannten).

Aber es kam ja in diesem Rückblick nur darauf an zu zeigen, daß die vier Grundmuster auch in Struktur und Funktion eine Einheit bilden; ein Ganzes, dessen Notwendigkeit noch dazulegen ist.

Vor diesem Schritt ist aber noch das Problem von seiner zweiten Seite zu untersuchen. Bisher war zu zeigen, welche Aufklärung von welchem Muster zu erwarten sein wird. Nun wird das Gesamtproblem dazulegen sein, um dessen Lösung es hier nicht minder geht.

C. Die biologische Ordnung als Problem

Das Problem der biologischen Ordnung schlechthin ist die erkenntnistheoretische Lage der reinen Strukturforschung. Ihr Kausalkonzept ist aufgrund der nachgerade unfaßlichen Komplexität hinter dem der biologischen Experimentalfächer zurückgeblieben; so weit, daß man begonnen hat, die Kontroverse über die Wissenschaftlichkeit – das heißt Kausal-Wissenschaftlichkeit – der reinen Strukturforschung (Morphologie, vergleichende Anatomie, Systematik) abzubrechen, deren Forschung und Lehre zu drosseln, bereit, jene Riesengebiete der Erkenntnis verlorenzugeben, obwohl gerade in diesen die weitreichendste Erkenntnis des Menschen wurzelt: Die Erkenntnis von Verwandtschaft und Deszendenz, die wie keine andere die Position des Menschen in der Natur klarlegt und die Chancen seines Überlebens.

Die reine Strukturforschung besitzt kein Kausalkonzept. Mit Recht aber wird sein Besitz von jeder Naturwissenschaft gefordert. Das ist der Kern des Problems, um dessen generelle Lösung es mir geht. Der Rest sind seine Konsequenzen.

Das war nun recht allgemein gesagt; und ich mag ein zweitesmal in den Verdacht kommen, ein Problem erfunden zu haben, um seine Lösung vorlegen zu können. Lassen Sie mich auch gleich konkret werden: Im Konkreten besteht das Problem gerade aus jenen drei Dutzend Fragen, die im vergangenen Abschnitt zur Illustration der Ordnungsmuster aufgezählt wurden. Es ist also ohne Frage umfänglich und bekannt.

Dabei zeigt es sich, daß im Hintergrunde all dieser Einzelprobleme die Frage nach deren Kausalität steht. Und zwar nicht die Frage, wie dieser Kausalnexus beschaffen wäre (wie üblich in den Naturwissenschaften), sondern vielmehr die Frage, ob eine Kausalität überhaupt zu erwarten wäre. Ich will die Probleme nun zur Übersicht nach der Art gliedern, in der das Walten von Kausalität in Frage gezogen wird.

Kausalität ist dabei ein spezieller Aspekt der Ordnung, denn: Erstens erwies sich Ordnung als das Produkt von Gesetz mal Anwendung (Formel 18). Zweitens wollen wir als Gesetz nur Kausalgesetze anerkennen. Und drittens sind die strittigen Einzelphänomene Konsequenzen vierer

Ordnungsmuster, die sich selbst wieder (in Abs. VIIIA) als die Konsequenzen, d.h. die kausalen Folgen des übergeordneten Systemisierungs-Prinzips erweisen werden.

Wir betrachten somit das Problem der Ordnung von seiner prinzipiellen Seite; durch die Kontroverse seiner Erkenntnis.

1. Kontroverse der Komplexität

Wir sind überzeugt, daß die Reaktionen der Moleküle wie der Lebensprozesse, die sie zusammensetzen, ganz den Kausalgesetzen folgen. Bei der Beurteilung unserer Willensentscheidung z.B., obwohl aus den Lebensprozessen zusammengesetzt, finden wir diese Überzeugung sehr abgeschwächt. Je nach der persönlichen Einstellung wird vermutet, daß mit der Komplexität Notwendigkeit schrittweise durch den Zufall oder die Freiheit ersetzt wird, oder daß zum mindesten die Kausalzusammenhänge nicht mehr verfolgt werden können, daß sich das naturwissenschaftliche Problem in einem transkausalen Gebiet der Einsicht entzieht. Auch die Beobachtung, daß es im Komplexbereich leichter ist, bloße Regeln zu etablieren, mit der abnehmbaren Komplexität aber Gesetzmäßigkeit, hat dazu beigetragen, jene beschränkende Zurückhaltung an den Tag zu legen, die man den Reduktionismus nennt.

In unserem Falle ist er durch die Meinung vertreten, daß, wenn sich Gesetzmäßigkeiten finden lassen sollten, das nur im Molekularbereich möglich sein kann und daß deren Verfolgung schon im Ultrastrukturbereich, wo sich nicht mehr alle Moleküle sortieren lassen, enden müßte. In welchem Wirrwarr befänden wir uns, wenn das richtig wäre.

Von einer Analyse darf ich hier absehen, weil wir es ja mehr mit einer Lebenshaltung als mit Erkenntnisfragen zu tun haben. Die Gegenrichtung aber, der Holismus, warnt zurecht, daß sie zur Atomistik der Naturbetrachtung führt, zur Diskriminierung des synthetischen Denkens und zum Verzicht auf die gewünschten Fragestellungen der Biologie.[28)]

2. Kontroverse: ›Innere Ursachen‹

Mag die Kontroverse mit den Reduktionisten eine Zeiterscheinung sein, die Kontroverse über die Effizienz der darwinistischen Evolutionsmechanismen ist so alt wie der Darwinismus; ein Jahrhundert. Es geht dabei um folgendes:

Der Mechanismus des Darwinismus (seit dem Einbau der Genetik des Neodarwinismus und seit der Zufügung der Populations- und Art-

28 Eine Darstellung des in der Biologie erforderlichen Systemdenkens in *Weiss* 1970a und in den von *Koestler* und *Smythies* 1970 gesammelten Aufsätzen, sowie von *Weiss* 1971 (auch die Kritik, die *Whyte* gefunden hat – in *Whyte* 1965 – ist interessant).

bildungsforschung der ›Synthetischen Theorie‹[29] sieht bekanntlich ausschließlich die Wechselwirkung von Mutation und Selektion zur Erklärung aller Evolutionsphänomene vor. Mutationen sind dabei wahllose und ziellose Zufallsänderungen des Erbgutes; und Selektion, wie auch immer differenziert, besteht aus Augenblicksentscheidungen, die das wechselnde Milieu über die Fortpflanzungschancen und das Überleben der Einzelindividuen trifft. Somit kann über das Wechselhafte langer Zeiten auch von der ›äußeren‹ Selektion keine ordnende, richtende Komponente zu erwarten sein. Woher, wenn das richtig ist, stammen dann die Ordnung und der Richtungssinn in der Evolution?

(1) *Existieren eines inneren Prinzips*? Das ist die Frage, die von verschiedensten Seiten immer wieder gestellt wird. Eine Liste nur der wichtigsten, z.T. großen Werke, die diese Kritik vorbringen und sich ernsthaft um eine Lösung bemühen, mag das illustrieren; z.B.

Baer 1876
Bergson 1907
Berg 1926
Wedekind 1927
Beurlen 1932 bis 1937
Plate 1925
Rosa 1931
Osborn 1934
Dacqué 1935
Schindewolf 1936 bis 1950
Meyer-Abich 1943 bis 1950
Schmalhausen 1949
Spurway 1949
Jaennel 1950
Cuénot 1951
Bertalanffy 1952
Waddington 1957
Cannon 1958
Haldane 1958
Stammer 1959
Whyte 1960 bis 1965
Lima-de-Faria 1962
Russel 1962
Eden 1967
Schützenberger 1967
Salisbury 1969

Die wissenschaftliche Bedeutung dieser Werke ist nicht gleich: Aber es scheint mir unmöglich, die gemeinsame Ursache all dieser Bemühungen übergeben zu können; zumal die Sorge, ein so profundes Problem wie dieses zu übersehen, bereits von vier Generationen und von den verschiedensten Gesichtspunkten aus vorgebracht wird.

Von zahlreichen Gelehrten ist diese Grundfrage der Evolutionstheorie genannt worden; z.B. von *Remane* (1939 bis 1971), von *Ludwig* (1940), *Hennig* (1944) und *N. Hartmann* (1950). Dieselbe Erwartung eines ›inneren‹ Prinzips wird aber auch von Entwicklungsphysiologen ausgedrückt, und zwar sobald in der Fragestellung die volle Komplexität umfaßt wird; z.B. von *Baltzer* (1952 bis 1957), *Kühn* (1965) und *Waddington* (1957).

[29] Umfassend in *Mayr* 1967.

Die Vertreter der ›Synthetischen Theorie‹ halten dagegen, daß sich bislang kein dritter Kausalmechanismus als stichhaltig erwies; was richtig ist. Sie befürchten, daß solches Suchen Unbewiesenem wie Finalität und Entelechie die Tore öffnet; was ja nicht so sein muß. Und sie neigen dazu, das Problem zu verkleinern; was nicht förderlich ist. Man findet sogar die Behauptung, daß ein drittes Prinzip keinen Platz haben kann; und das ist nun freilich nicht zu beweisen. Aber, und das ist besonders wichtig, gerade die Autoritäten dieses gegensätzlichen Standpunktes wie *Dobzhansky* (1956), *Kosswig* (1959) und *Mayr* (1967 und 1970) räumen dem epigenetischen System eine fundamentale, wenn auch im einzelnen nicht aufschließbare, ordnende Wirkung zu; und müssen sich fragen, ob dieses System der Gen-Wechselwirkungen dank seiner unübersehbaren Komplexität jemals aufzuschließen sein wird.[30)]

Wir werden in dieser Richtung einen weiteren Schritt zu tun haben (Kapitel III) und, wie hier vorausgesehen, eben in dieser Position der Gen-Wechselwirkungen die molekulare *causa* des ordnenden Prinzips finden können.

(2) *Mutation oder Selektion.* Sobald im Inneren des Organismus nach dem dritten Prinzip gesucht wurde, frug man sich, ob es mit Mutation oder Selektion zu tun haben kann. Das hängt davon ab, wo man sich die Grenze zwischen den Bedingungen vor der Mutation und »deren Verträglichkeit mit dem geordneten System im Chromosomenfelde«[31)] gelegen denkt.

›Automutationen‹ hat, meines Wissens, nur ein Forscher[32)] zur Erklärung angenommen, ausgelöst von inneren Bedingungen. Ohne aber den Mechanismus darzulegen. Die Alternative dagegen:

›Autoselektion‹ (wenn man so will), also eine Selektion, die mehr von den Systembedingungen im Organismus als vom äußeren Milieu bestimmt wird, ist dagegen häufig angenommen worden. Man sieht auch, daß Systembedingungen in einem sehr weiten Bereich, von der Replikation der Code-Sequenzen bis zur Reifung des Organismus wirksam sein könnten. Diese Vorstellung ›innerer Faktoren‹ wird auch durch vielerlei Untersuchungen gestützt; z.B. von *Stern* und *Schaeffer* (1943), *Spurway* (1949 und 1960), von *Lima-de Faria* (1952 bis 1962), *Langridge* (1958) und *Sondhi* (1961). Und wir erinnern uns auch, daß in der Entwicklungsphysiologie[33)] das Wirken eines inneren Prinzips gefordert wurde, welches nach der Zeit der Wirkung keinem Mutationsmechanismus, sondern nur einem Mechanismus im epigenetischen System entsprechen konnte; ja, daß die Autoritäten des Synthetischen

30 Die Frage äußert *Kosswig* 1959 in derselben erwähnten Studie.

31 Darauf hat schon *Lima-de-Faria* 19162 aufmerksam gemacht.

32 *Stammer* 1959, p. 205.

33 Arbeiten von *Baltzer* 1955, *Kühn* 1965, *N. Hartmann* 1950.

Neodarwinismus[34)] im gleichen Epigenesesystem eine noch unaufgedeckte, ordnende Komponente vermuteten.

Noch näher kamen der Sache jene Forscher, die bereits Grenzbedingungen definieren: die ›Keimes-Selektion‹ von *Stern* und *Schaeffer* (1943), die ›Archetypus-Selektion‹ *Waddingtons* (1957), die ›Genotypus-Selektion‹ *Haldanes* (1958) und die ›Entwicklungs-Selektion‹ *Whytes*[35)].

Es ist erstaunlich, wie wenig wir nur mehr hinzufügen müssen. Richtung, Prinzip und Ansatz zeichnen sich ab. Nur mehr der konkrete Mechanismus bleibt einzufügen.

Dennoch, der Mechanismus blieb eben noch unsichtbar, der Kausalnexus verborgen, das Vertrauen ungeweckt. Die Mehrzahl der Forscher bleibt zweifelnd. Keine innere Ursache ist zur Hand.

Man erkennt, daß es in dieser Lage noch eine alternative, wenn auch nicht methodisch naturwissenschaftliche Auffassung gibt, sofern man vom Herrschen innerer Prinzipien überzeugt ist. Nimmt man aber an, daß ein kausales Gesetz sich deshalb nicht finden läßt, weil es nicht kausal ist, dann wird man der Auffassung von

(3) *Vitalismus und Entelechie* zuneigen. So ist der Vitalismus[36)] ja auch entstanden; wieder eine Art Weltanschauung, hier aber der mechanischen Naturbetrachtung entgegentretend. Darin wird der Begriff der Entelechie aus der Metaphysik des *Aristoteles* als ein Faktor angenommen, der die Eigengesetzlichkeiten (Ordnung, Harmonie, Plan oder Ziel) der Organismen steuert. Die Entelechie wiederum entspränge einer ›prästabilierten Harmonie‹ des Lebendigen. Hier verläßt es die Naturwissenschaften, und wir können das Thema als unlösbar verlassen.

Dennoch bestätigt der Vitalismus zwei unserer Erfahrungen, indem er im epigenetischen System, wie wir heute sagen, das Rätsel sucht, und indem er Plan und Richtungssinn in der Evolution erkennt. Ja, wir werden sogar das Postulat einer ›stabilisierten Harmonie‹ zu belegen haben. Nur wird sich die prästabilisierte als ›poststabilisierte‹ Harmonie erweisen.

3. Kontroverse: ›Wesentliche Strukturen‹

Wir wechseln nicht das Thema, nur die Szene, wie gründlich verwandelt sie auch scheint. Ging es beim ›inneren Prinzip‹ um Ursachen und Funktionen, so behandelt das Für und Wider der ›wesentlichen Strukturen‹ deren Wirkungen und Gestalten: Homologie, Typus, System und Wägung. Das Thema bleibt: Ordnungsgesetze oder nicht.

Dabei ist es lohnend, sich die Wechselwirkung zu vergegenwärtigen: Die Notwendigkeit eines inneren Mechanismus ist ja so lange fraglich, als Homologie

34 Arbeiten von *Dobzhansky* 1956, *Kosswig* 1959 und *Mayr* 1967 und 1970.

35 *Whyte* 1960a, 1960b und 1964.

36 *Driesch* 1927.

und Bauplan nicht als Realitäten erkannt sind. Diese anzunehmen scheint aber wiederum solange nicht notwendig, als kein Mechanismus bekannt ist, der sie als Folge fordert.

Die ›wesentlichen Strukturen‹, wie ich zur Klarlegung herausfordernd sage, von den unwesentlichen zu sortieren, bildet sowohl den Schlüssel der Verwandtschaftsforschung seit der Entstehung wissenschaftlicher Morphologie, Anatomie und Systematik als auch den Kernpunkt der Kontroverse von heute.

Drei Problemstellungen mögen die Widersprüche illustrieren; die sich daraus ergeben, daß die bislang bewährte, aber ohne Kausalbezug operierende Methode der kausalen Prüfung nicht standzuhalten scheint.

(1) *Wägung und Merkmal.* Der Vorwurf lautet: Da keine Methode definiert war, um den systematischen Wert eines Merkmales zu bestimmen, an keinem Merkmal eine konstante Bedeutung zu konstatieren ist, ja nicht einmal irgendeine Ursache für eine solche Konstanz anzugeben ist, wird die Gewichtung offenbar vom Systematiker hineingetragen. Wird nun Verwandtschaft nach solchermaßen ›a priori‹ gewichteten Merkmalen bestimmt, dann dreht sich die Methode im Kreise. Der Ausweg wäre, nach dem Rezept der ›Numerischen Taxonomie‹[37)], ein völliger Verzicht auf Wägung. Jedes Merkmal wäre gleich zu werten.

Man kann sich das Chaos in der Verwandtschaftsforschung vorstellen, würde man das System der Wirbeltiere z.B. überwiegend nach den einzelnen Hautanhängen, den Details der Färbungsmuster und den Abmessungen aller Einzelheiten errichten, die ja fraglos in der Überzahl sind. Was gegen diese Riesenzahlen bedeutete schon der Verlust eines Aortenbogens, die Teilung einer Herzkammer oder die Entscheidung ›Haar oder Feder‹, die uns bisher Reptil, Vogel, Säuger unterscheiden halfen? Man bedenke, welche enorme Computer-Leistung der Abwägung unser Gehirn zum Begriff eines einzigen Homologen erbringt; und dann noch der Abwägung der Beziehung von Tausenden dieser Homologa. Denn diese bilden ja den allein möglichen Grund-Bezugspunkt jeglichen Vergleiches, sollen nicht auch noch Kraut und Rüben durcheinandergebracht werden.

Zurecht könnte man mit der ›Numerischen Taxonomie‹ (heute schon eine neue Literaturgattung) feststellen, daß wir weder wissen, was die Freiheits- und Fixierungsgrade der Homologa bestimmt, noch wie sie unser Gehirn vergleichend verarbeitet. Aber anstelle beides zu erforschen, soll alles vorkausale Verständnis vergessen werden: ein Verständnis, das Millionen von Verwandtschaftsbeziehungen in einem Ausmaße richtig beurteilen ließ, daß *Darwin* daraus das Gesetz der Deszendenz erkannte.

[37] *Sokal* und *Sneath* 1963; einiges zur Kontroverse in: *Farris* 1966 und 1969, *Kluge* und *Farris* 1969, *Blackwelder* 1967, *Goodall* 1970, *Simpson* 1964a, *Inglis* 1970, *Kiriakoff* 1965, *Mayr* 1965, *Margulis* und *Margulis* 1969, *Steyskal* 1968, *Camin* und *Sokal* 1965 (weiter wird man aufschlußreich finden: *Bigelow* 1959, *Simpson* 1964b, *Ghiselin* 1966 und 1969, sowie *Farris* 1967, *Cracraft* 1967, *Colless* 1967); die meisten Anwendungen in der Zeitschrift ›Systematic Zoology‹.

(2) *Typologie und Typus.* Der Vorwurf gegen das Konzept des Typus, der die wesentlichen Merkmale jeder Organismengruppe angeben soll, wird von einer viel größeren Gruppe erhoben. Er lautet: Der Typus ist eine Vorstellung oder Idee der (daher ›idealistischen‹) Morphologie, welcher sich weder abbilden noch methodisch und schon gar nicht kausal begründen läßt, und hat daher in einer Naturwissenschaft nichts zu suchen.

Nun ist es gewiß kein Verlust, auf ein Wort zu verzichten; aber es ist eine Einbuße, die an den Typus geknüpfte Vorstellung aufzugeben, daß das Wesentliche der Merkmale jeder natürlichen Organismengruppe seine spezielle Ursache haben müsse; und zwar ganz unabhängig davon, welcherart eine solche Ursache immer sein mag. Der Typus ist schon in *Goethes* morphologischen Schriften[38)] definiert als »eine Konsequenz, eine Regel, nach der die Natur, wie wir erwarten, verfahren werde, und eine Metamorphose, die die Teile immerfort verändert.« Mit der Lösung des Problems werden wir auch das voll bestätigen.

Wir werden auch erst dort (vgl. Kapitel VIII) den Typus und seine Formen näher besprechen. Hier ist nur festzuhalten, daß er für viele irrtümlich auf idealistische oder metaphysische Vorstellungen beschränkt erscheint; weil die Morphologen vor *Darwin* weise auf eine Erklärung verzichteten und jene nach ihm keine fanden.

Zwar mehrt sich die Vorstellung, daß Merkmale aufgrund ihrer tiefen Verflechtung im Epigenotypus fixiert werden[39)]. Aber das Wie und das Warum bleiben ungelöst; wiewohl sich der Ansatz als völlig richtig erweisen wird.

Wird aber selbst auf eine Hypothese der Typus-Gesetzmäßigkeit verzichtet, dann wird auch die Realität der vom Typus definierten Gruppen natürlicher Verwandtschaft fadenscheinig; eine Überlegung, deren katastrophale Konsequenz sogleich sichtbar werden wird.

Die verschiedenen Seitenzweige dieser Kontroverse will ich hier nicht schildern.

(3) *System und Systematik.* Ist keine Gewißheit über das ›Wesentliche‹ der Einzelstrukturen und schon gar nicht über den Typus zu erlangen, den jene zusammensetzen sollen, dann sind auch die Gruppen des Systems, wie die Nominalisten sagen[40)], keine von Naturgesetzen festgelegte Realitäten, sondern Denkhilfen. Der Begriff des ›Natürlichen Systems‹ wird zum Widerspruch in sich selbst, und die Systematik, ja die reine Strukturforschung überhaupt, wird bedeutungslos. Tatsächlich ist das Gebiet auch schon auf das bedrohlichste zurückgestoßen worden.

38 Zitiert nach *Hassenstein* 1951.
39 *Mayr* 1967, Kapitel E.
40 Z.B. *Gilmour* 1940.

Wir stellten das bereits fest und erinnern uns daran, daß, wenn das richtig wäre, die Biologie sich ihrer eigensten Grundlage beraubte. Es ist nicht richtig.

4. Kontroverse der Denkmuster

Wenn nun die Zweifel am Bestehen ordnender Prinzipien sowie vorgeordneter Strukturen in der Natur, die uns umgibt, berechtigt sind, woher, so muß man dann fragen, stammt die Ordnung, die wir immerhin in unzähligen Bänden beschreiben? Muß es dann nicht die Ordnung unseres Denkens sein, die wir in sie hineinprojezieren? Und noch eine Frage kann sogleich folgen: Wie, wenn das nicht der Fall wäre, könnte man die so offenbare Übereinstimmung der Muster unserer Logik mit den vermeintlichen Ordnungsmustern in unserer Umgebung verstehen?

Wir werden noch zu finden haben, in welchem ganz erstaunlichen Maße die vier Grundmuster der organischen Ordnung gleichzeitig die Voraussetzungen unseres Denkens sind. Zufällige Koinzidenz wird ganz unwahrscheinlich. Wie aber, wenn sich diese Koinzidenz nur als Projektion erwiese? Was, außer der eigenen Logik, erführen wir dann noch aus der Ordnung des Lebendigen?

»Alle informationsverarbeitenden Systeme«, so stellt man heute in der Informationstheorie fest, »welchen Bereich sie auch immer überdecken mögen, erfüllen für sich und untereinander die Gesetze der Informationstheorie und der Thermodynamik. Das gilt auch für das alle Einzelsysteme umschließende Gesamtsystem, die physikalische Welt, in der die Entropie unaufhörlich zunimmt. In die Vergangenheit zurückverfolgt, kann man daher an den Anfang alles Geschehens einen Zustand kleinster Entropie, also höchster Gesetzmäßigkeit und höchster Information, setzen. Ohne blasphemische Absicht könnte man die Anfangsworte der *Vulgata ›In principium erat verbum‹* daher auch übersetzen mit: ›Im Anfang war die Information!‹«[41]

Wie aber weiter? »*Geschrieben steht: ›Im Anfang war das Wort!‹ Hier stock' ich schon! Wer hilft mir weiter fort? Ich kann das Wort so hoch unmöglich schätzen, ich muß es anders übersetzen.*«[42] Wir werden den Kreis unserer Untersuchung auch in anderer Übersetzung schließen (Abs. VIIIB7f, g), haben aber, um uns fortzuhelfen, wie vermöchte man es anders, noch einen umständlichen Weg zu gehen.

---

[41] Schlußsätze aus *Peters* 1967, p. 225 (der Bezug ist das ›Johannes Evangelium‹).

[42] *Goethe, Faust* I. Teil.

Bislang ist ja noch nicht viel gewonnen. Einige Definitionen und die Gewißheit, daß die Probleme der biologischen Ordnung zahlreich sind und von prinzipieller Natur. Mehr zählt vielleicht die Voraussicht, die Lösung in Überlegungen der Wahrscheinlichkeit finden zu können. Lassen Sie mich darum zu diesen zurückkehren.

KAPITEL III

Die molekulare Ursache der Ordnungsmuster

Hier kommen wir zum Kern der Sache. Es wird jener Mechanismus abzuleiten sein, aus dem die notwendige Entstehung der vier Grundmuster zu verstehen ist. Man sieht voraus, daß ein solcher Mechanismus in einer grundlegenden Position des Evolutionsgeschehens wirken muß. Er hat eine molekulare und eine morphologische Wurzel und ist nur aus beiden zu erklären. Beginnen wir mit der ersten.

Unsere Frage lautet: Wie soll man verstehen, daß lebendige Ordnung stets zu vier speziellen Ordnungsmustern führt, jenen, die wir Norm, Hierarchie, Interdependenz und Tradierung genannt haben? Es ist das die spezifisch biologische Frage, die ich in diesem Band stelle und lösen will.

A. Über die Ursache überhaupt

Man erkennt aber sogleich eine dahinterstehende Frage: Warum entsteht überhaupt Ordnung, wo vordem keine gewesen ist? Das ist eine Frage auf dem Gebiet der Thermodynamik (oder statistischen Mechanik), auf welche Physik, theoretische Chemie und Biophysik seit geraumer Zeit die Antwort vorbereiten. Für unsere Untersuchungen ist es

a. Die Ursache der Ursache

mit der Fragestellung: Wie soll man verstehen, daß die lebendigen Systeme Ordnung aufbauen, wo sie doch Teil eines Universums sind, das nach dem Entropiesatz von Ordnung zu Unordnung übergeht? Gälte für sie der zweite Hauptsatz der Thermodynamik etwa nicht?

Diese Frage wird seit rund einem Jahrhundert systematisch untersucht und hat besonders in den letzten Jahrzehnten zu einem ausgedehnten Theoriebau geführt, der unter Begriffen wie ›Steady-State-Thermodynamik‹, ›Non-Equilibrium-Thermodynamik‹ oder ›Thermodynamik irreversibler Prozesse‹ bekannt ist.[1)]

Die Antwort[2)] ist etwa folgende: Das Entropiegesetz wird von den lebendigen Systemen nicht übertreten, sondern umgangen. Genauer: Der Entropiesatz ist nur auf isolierte, geschlossene Systeme anwend-

[1] Monographische Darstellungen von *Prigogine* 1955, *De Groot* und Mitarbeitern 1962, von *Katchalsky* und *Curran* 1965, *Glansdorff* und *Prigogine* 1971 u. a.

[2] Sehr vereinfachend folge ich den von *Morowitz* 1968 gegebenen Übersichten.

bar. Diese wandeln sich zwar alle zu ungeordneten, wahrscheinlicheren Zuständen; sie streben sämtlich dem Equilibrium zu. Organismen aber sind durchwegs offene Systeme, die nicht isoliert sein können, ja deren Existenz davon abhängt, von einem steten Strom an Materie und/oder Energie durchflossen zu werden. Wie ein Drainage-System müssen sie alle in einem energetischen Gefälle liegen, sowohl an eine Energiequelle als auch an einen Abfluß angeschlossen sein. Wie differenziert diese im Individuum auch sein mögen, letztlich ist die Quelle die Energie der Sonne und der Energie-Ausguß der Biosphäre die Kälte des Weltraumes, an die, nach Tod und Auflösung, wieder alles (während der nächtlichen Abstrahlung) verlorengeht. Während der Lebensprozesse zeigt sich aber ein Stau an Energie, der die thermische Energie des äquivalenten Äquilibrium-Zustandes (des Kadavers) weit übertrifft; und dieser hat Erscheinungsformen, die wir als Leistung, Zufalls-Unwahrscheinlichkeit, Entfernung vom Äquilibrium, als funktionelle oder als strukturelle Ordnung beschreiben. Ordnung ist thermodynamisch gewissermaßen die Spannung zwischen Speicherung und wahlloser Verteilung einer Energie, zwischen unwahrscheinlicher Balancierung und maximaler Mischung von Bauteilen.

Die Theorie sagt weiter, daß ein optimaler Durchfluß (Fig. III2) notwendigerweise den Aufbau von Systemen nach sich zöge, die wir geordnet nennen. Oder genauer[3)]: Es lassen sich Modelle solcher Systeme entwickeln, welche die Entstehung von Information – wir würden sagen: von ›Determination‹ – nach sich ziehen. Steter Durchfluß und die stete Selektion der stabileren Zustände müßte einen steten Aufbau von Ordnung zur Folge haben:

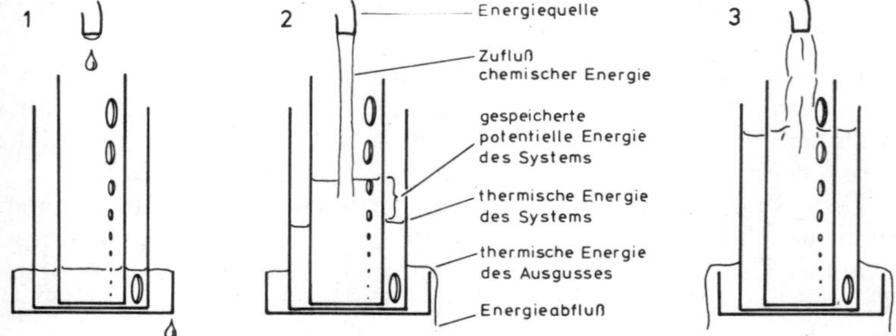

Fig. III1–3: *Hydrodynamisches Modell der Speicherung potentieller Energie* oder (gleichzeitig) des Aufbaues von Ordnung. 1: Energiefluß zu gering, der Energiepegel des Ausgusses wird kaum überstiegen. 2: Zufluß optimal, die potentielle Energie übersteigt die thermische. 3: Zufluß zu groß, die potentielle Energie wird durch das Nachsteigen der thermischen aufgehoben. (In Anlehnung an *Morowitz* 1968, erweitert).

[3]*Eigen* 1971 und *Schuster* 1972.

Das einfachste Modell solcher Vorgänge ist das hydrodynamische Analogon von *Morowitz*[4], wie ich es in Fig. III1–3 verwende: Denken wir uns zwei Zylinder ineinander gestellt. Der innere trägt eine Serie nach unten enger werdender Seitenöffnungen, der äußere nur eine Seitenöffnung unten. Beide stehen in einer Schale, über deren Rand beliebig viel überfließen kann. Läßt man einen Strom von Wasser (chemische Energie) in den Innenzylinger fließen, so wird die maximale Wasserstands-Differenz (die gespeicherte, potentielle Energie) von einer optimalen Durchflußmenge abhängen. Ist der Strom zu gering (Fig. III1), werden beide Zylinderspiegel auf den Schalenspiegel (die thermische Energie des Ausgusses) sinken; ist er zu groß (Fig. III3), wird der Spiegel im Außenzylinder (die kinetische Temperatur, die thermale Energie des Systems) die erreichbare Differenz zum Spiegel im Innenrohr wieder ausgleichen.

Zweifellos eines der fesselndsten Gebiete der Naturwissenschaft. Und doch muß ich es sogleich wieder verlassen, um beim Thema zu bleiben. Der Interessierte wird nach den zitierten Werken greifen.

Die Ursache dessen, was die Formen der organischen Ordnung selbst zur Ursache haben, ist also ein reges Gebiet der Forschung. Ordnung an sich entstehen zu lassen, scheint eine notwendige Folge der Materie, wenn die nötigen Bedingungen selbst auch zufällig und selten (ja unwahrscheinlich) sind und wenn auch ihr Aufbau nur auf Kosten der Ordnung im Universum erfolgen kann.

b. Die Folgen dieser Ursache

bilden also das Objekt unserer Untersuchung. Und wir können nun präzise fragen: Wenn nun schon Ordnung notwendig entsteht, warum nimmt sie eine geringe Zahl ganz spezieller Formen an?

Diese Untersuchung beginne ich wieder mit Wahrscheinlichkeitsfragen, indem geprüft werden soll, in welcher Weise, wie wir erwarten können, mit den zur Definition der Ordnung erforderlichen Determinationsentscheidungen verfahren wird. Wir verbinden damit Nachrichtentechnik und molekulare Genetik.

Dieser Schritt ist nun wohl insofern prinzipiell, als wir im Bereiche relativ niederer Komplexität den Mechanismus vor seiner Aufgliederung in die komplexeren Sonderfunktionen beschreiben können. Auch mag die molekulare Lösung vielleicht manchen mehr überzeugen als die morphologische, die wir in den Kapiteln IV bis VII anschließen werden. Aber es hieße jedoch, wieder einmal das Ei vor die Henne zu setzen, wollte man auf einem Primat der molekularen Mechanismen bestehen. Keine molekulare Determinationsentscheidung hätte ohne Zusammenhang mit ihrer Wirkung einen Sinn, gleichgültig, in welchem Komplexitätsgrad sich diese befindet.

[4] Beispiel aus *Morowitz* 1968, p. 141.

B. Determinations-Entscheidungen im Organismus

Zunächst ist zu prüfen, wie weit wir unser Lochstreifenmodell auf die Anordnung der im Erbgut deponierten Entscheidungen anwenden dürfen. Hier hilft sogleich ein Griff in die etablierten Grundbegriffe der Genetik[5)] und der Datenübertragung.

Wie bekannt, ist die genetische Information in den Chromosomen festgelegt. Sie ist durch eine eindimensionale Kette von vier Molekülen kodifiziert und besitzt einen etwa einem Morsestreifen ähnlichen Schriftcharakter.

Die DNS (Desoxyribonucleinsäure) ist ein sehr langes Aggregat zahlreicher Nucleotide, die sich durch viererlei Basen-Anhänge – G, A, C und T (Guanin, Adenin, Cytosin und Thymin) – unterscheiden. So entsprechen die Basen den Marken, der übrige Anteil der DNS der Matrix eines Lochstreifens. Die Ablesung erfolgt in Dreiergruppen (Triplets) von Nucleotiden, beginnend von fixen Ausgangspunkten. Daraus ergeben sich definierte Dodonen, Nucleotidentriplets mit (4 · 4 · 4=) 64 möglichen Kombinationen, von welchen der Decodierungsmechanismus die meisten als ›Sinn‹-Triplets erkennt und in die 20 verschiedenen Aminosäuren übersetzt; nicht unähnlich der Übersetzung der drei Morsezeichen (· - /) in die Buchstaben. Und um die Analogie voll zu machen: eine Aminosäure kann als Starter, die Nicht-Sinn-Codonen müssen als Terminator funktionieren wie das Spatium und die Interpunktion einer Schrift.

Die Kolinearität der Nucleotidsequenzen und der Aminosäuresequenzen des codierten Polypeptides ist der identischen Reihung der Determinationsentscheidungen, die ein Morsesender trifft, und der Buchstabenreihen langer, daraus übersetzter Worte durchaus vergleichbar; und die Universalität des Codes läßt sogar auf einen einheitlichen Sprachstamm schließen. Erst die Verflechtung dieser Entscheidungen – die wir Systemisierung nennen werden – geht weit über die nicht lineare Komponente von Schriften hinaus, in dem Maße, in dem sich etwa Nachricht und Dichtkunst unterscheiden. Das soll uns bald beschäftigen.

1. Die Bedeutung der Einzelentscheidung

beruht darauf, daß von ihr zweierlei abhängt: Statisch gesehen die identische Replikation eines Teiles des Gesamtsystems ›Indiviuum‹, wie er sich in der Kette der Vorfahren bislang als erforderlich erwies, dynamisch gesehen die Adaptierbarkeit desselben Teiles, sollte dessen zweckmäßige Änderung für das Gesamtsystem einen fühlbaren Vorteil bringen. Treue der Wiedergabe versus Mutabilität der einzelnen Determinationsentscheidungen bilden mit ihrem Gegenspieler ›Selektion‹

5 Ich folge in diesem Kapitel den von *Bresch* und *Hausmann* 1970 sowie von *Watson* 1970 gegebenen Übersichten der Molekulargenetik.

den Mechanismus der Adaptierbarkeit; es ist das der bisher bekannte Mechanismus der Evolution.

a. Adaptierbarkeit (Der Konstrukteur würfelt)

Trotz aller Suche wurde hingegen kein Mechanismus gefunden, der die Entscheidungen im Genom über Art und Ort einer selbst dringlichsten Anpassungserfordernis unterrichten könnte. Dieser sinnwidrige, ja unglaubliche und katastrophale Umstand (katastrophal für jene Milliarden, die von der Selektion hinweggerafft wurden) hat die Kontroverse Neolamarckismus – Neodarwinismus jahrzehntelang in Gang gehalten. Aber heute sieht es so aus, als ob diese Rückwirkung nicht einmal möglich wäre. Die Entscheidungen sind sinnvoll nicht beeinflußbar, die Wirkung hat nur eine Richtung. Dieses ›Dogma‹, wie es im Fachjargon heißt, wäre hinzunehmen. Wir wissen aber, daß solch ›exekutive Kausalbetrachtung‹ den Gesamtzusammenhang nicht erfassen kann.

Auch wir werden keine Rückwirkung im Sinne eines *Lamarck*schen Mechanismus finden. Was noch kein Grund ist, sich mit einem derartigen Vorgehen der Schöpfung anzufreunden. Die Vorstellung, daß wir aus reinem Zufall bestünden, daß Gott würfelt, kann einem im Evolutionsgeschehen ebenso zuwider sein, wie *Einstein*[6)] ein würfelnder Gott im Molekulargeschehen zuwider war. – Aber wie wir noch sehen werden, Ordnung hat weniger mit Sinn zu tun als mit ›Eigensinn‹.

Wenn nun die Mutationen schon zufällig sind, muß man wissen, wieviel eine Mutation im Genom ändert, wie oft das passiert, wie groß die Erfolgschancen sind, und was das Ergebnis einer solchen Mutation ist. Darüber weiß man auch recht gut Bescheid.

(1) *Der genetische Umfang einer Mutation* ist meist klein, und, was noch wichtiger ist, die Erfolgschancen wachsen mit der Kleinheit. Es sind – um bei unserer Analogie zu bleiben – zumeist ein paar Buchstaben, die im Text eines Monumentalwerkes verändert werden.

Neben den Deletionen (Verlusten verschieden langer Code-Stücke), die fast alle letal sind (den Tod des Trägers zur Folge haben), sind die Punktmutationen wichtig. Sie ändern nur ein Gen oder genauer ein Cistron, das ist jener Abschnitt der Nucleinsäurenkette, der nur eine kontinuierliche Polypeptidkette determiniert; ein Wort in unserem Vergleich. Und auch da wird die Buchstaben- oder Tripletkette erst ab jenem Codon (Buchstaben) verändert, der von der Mutation getroffen wird. Kommt in einem Codon ein Nucleotid hinzu oder geht eines verloren, so kommt die Triplet-Abzählung aus der Phase, der Abzählraster verschiebt sich und alle weiteren Ablesungen werden falsch. Wird aber ein Nucleotid nur verändert, bleibt der Rest in Phase und nur der Buchstabe des getroffenen Triplets wird falsch.

(2) *Die Häufigkeit* der Veränderung eines Gens, die Mutabilität, ist unter natürlichen Bedingungen (sog. Spontanrate) nicht hoch. Eine

[6] Aus *Einstein* und *Born* 1969, zitiert nach *Wickert* 1972.

Mutation pro Gen in 10^4 Fällen gilt als hohe Rate. »Man kann schätzen, daß bei den höheren Wirbeltieren die durchschnittliche Mutationsrate pro Individuum pro Generation etwa zwischen 1 in 50 000 und 1 in 200 000 pro Locus liegt.« Freilich ist noch mit viel selteneren Mutationen zu rechnen. »Viele wurden überhaupt nur einmal beobachtet, so daß keine Angabe über ihre Wahrscheinlichkeit möglich ist.«[7] Über die maximale Häufigkeit jedoch weiß man gut Bescheid; nur diese ist zunächst für uns wichtig. Die Adaptierung eines Merkmales, auch die dringlichste, hat auf den nächsten Zufall zu warten, und dieser bleibt mindestens über 10^4 Versuche ganz unwahrscheinlich.

(3) *Die Erfolgsaussichten* der Mutanten sind auch nicht hoch. »Eine Verbesserung durch eine Mutation ist ebenso unwahrscheinlich wie die Verschönerung eines guten Gedichtes durch einen Druckfehler.«[8] Das illustriert auch, was wir schon feststellten, daß die kleinen Änderungen größere Erfolgschancen haben. Nur wenige Prozente der Mutanten haben Aussicht, die Selektion zu passieren, denn »das Sortiment der Erbfaktoren ist so durchexperimentiert, daß zufällige Änderungen nur selten tragbar sind«. Darauf kommen wir noch ausführlicher zurück. Die Adaptierung eines Merkmales muß also nicht nur auf ihre seltene Chance, sondern auf die noch seltenere günstige Chance warten.

(4) *Das Ergebnis* einer Mutation betrifft fast nie ein funktionelles Ganzes. Die Vorstellung, daß ein Gen jeweils ein Merkmal bestimmte, mußte längst aufgegeben werden. Die Genwirkungen erweisen sich in doppelter Weise verflochten.

Zum einen zeigt es sich, daß die meisten mutierten Gene Veränderungen an einer ganzen Reihe von Merkmalen zur Folge haben: Man nennt das *Polyphänie* oder *Pleiotropie*. Zum anderen gibt es kein Funktionssystem im Organismus, welches von einem einzigen Gen abhinge. Immer sind einige, zumeist viele Gene beteiligt: Phänomen der *Polygenie*. Das schien seinerzeit befremdlich. Wenn man sich aber vor Augen hält, daß die rezenten Gene ebenso schrittweise, ja über dieselben Umwege zusammengefügt sein müssen wie die Merkmale, dann wird diese Verflechtung nicht nur verständlich, sondern sogar notwendig zu erwarten sein.

Die Adaptierung einer Funktionseinheit wird darum nicht nur auf die günstige Chance, sondern sogar auf die Häufung günstiger Chancen zu warten haben. Mit der Anzahl erforderlicher Änderungen von Determinationsentscheidungen wird die Adaptierbarkeit, das wichtigste Element der Fortkommenschancen, rasch schwieriger.

7 Die beiden Zitate aus *Mayr* 1967, p. 143, *Bresch* und *Hausmann* 1970, p. 63.
8 *Hadorn* 1961, p. 47.

b. Die Löcher im Streifen (Programmierung durch Zufall)

Ein fundamentaler Punkt bleibt in unserem Vergleich noch ganz unberücksichtigt. Vergleicht man die Nucleotidbasen der DNS-Kette mit den Löchern eines Morse-Lochstreifens, dann ist in diese Analogie noch die merkwürdige Vorstellung aufzunehmen, daß die Herstellung und Position der Löcher ganz dem Zufall überlassen bleibt.

Stellen wir uns vor, die Dechiffrierung der vorliegenden Lochung ergäbe einen am Markte (im Milieu) bislang gut gekauften Gedichtband (Individuum), dessen Erlös (Selektionsvorteil) ausreichte, um die Auflage (Vermehrung) der Ausgabe (der Art) hoch zu halten. Nun änderte sich der Geschmack am Markte (die Milieubedingungen), Nachfrage, Erlös und Auflage werden rückläufig; jene Lizenzausgabe (Population) würde hingegen prosperieren, die eine bestimmte Wendung des Textes (ein bestimmtes Merkmal) dem Zeitgeschmack (neuen Milieubedingungen) anpaßte (adaptierte). Aber nur ein Lochungsfehler (Mutation) kommt als Änderung in Betracht.

Damit ist es mit jeder Großzügigkeit des Setzens von Löchern oder Determinationsentscheidungen vorbei. Ist es schwer genug, ein einziges zusätzlich erforderliches Loch durch den reinen Zufall in die richtige Position zu bringen, so wird man jedes nicht unbedingt erforderliche vermeiden. Damit erscheint ein zwar ganz spezieller, aber wesentlicher Unterschied zwischen den technischen und biologischen Lochstreifen erklärbar.

Im technischen Lochstreifen hat es sich im Binärcode der Ja-Nein-Entscheidungen bewährt, nur das ›Ja‹ einzutragen, den Dechiffrierungsmechanismus aber auf die Positionen der fehlenden Löcher, das sind die Nein-Entscheidungen, durch eine kontinuierliche Lochreihe aufmerksam zu machen. Auch die zum Fehlerfinden angebrachten Marken, etwa eine dritte Spur mit einem Kontroll-Loch z.B. bei jeder zehnten Entscheidung, ist bewährt. Beide Verfahren beinhalten vermeidbare Lochungen. Beide sind im biologischen Lochstreifen unbekannt.

2. Vorteile des Abbaues redundanter Entscheidungen

Wie erinnerlich, ist in Determinations-Systemen stets mit dem Vorkommen redundanter Entscheidungen zu rechnen. Wir haben das in Absatz IB2 untersucht und sogar festgestellt (IB2e), daß sie nur unter dem Regime eines finalistischen Prinzips ganz vermeidbar wären. Sie stören nicht, solange nicht ein

a. Ökonomieprinzip im System

angenommen werden muß. Das ist aber bei allen Organismen die absolute Voraussetzung ihrer Existenz. Nachdem alle Entscheidungen in

Form von Molekülen und Molekülpositionen materiell etabliert sind, entstehen mit jeder Entscheidung Kosten, Fehlerquellen und Schwierigkeiten der Anpassung. Der Abbau jeder redundanten Entscheidung muß darum Vorteile (*V*) mit sich bringen: einen *Evolutions-* oder *Adaptierungsvorteil.* Schon in recht einfachen Systemen wird das offensichtlich:

Nehmen wir das uns schon vertraute Beispiel eines Systems von Determinationsentscheidungen, welches aus einem Zeichenreservoire von 1 024 die Ereignisse I-VIII zehntausendmal festlegt. Schon hier kann ein Gesetzesgehalt von nur 23 bit_G einem Redundanzgehalt (R_{max}) von bereits 799 977 bit_R gegenüberstehen (vgl. Abs. IB2d, p. 43).

(1) *Die Kosten* betreffen zunächst die Struktur- und Positionserhaltung der die Entscheidungen tragenden Nucleotide. Diese Energie-Kosten der ›maintenance‹ werden wohl linear mit der Zahl der Entscheidungen steigen. Dazu kommen die Aufwände für die Aufbewahrung oder das ›storage‹, die, wenn auch nicht linear, so doch fühlbar steigen werden (anstelle von z.B. 10 m Lochstreifen, die den reinen Gesetzesgehalt trügen, müßten bei vollem Redundanzgehalt 400 km Streifen gespeichert werden). Zu den Aufwänden für maintenance und storage sind noch die Kosten der Replikation hinzuzufügen. Diese lassen sich bereits eindeutig berechnen.[9] Jeder Vermehrungsschritt müßte ja anstelle von etwa 3 cm DNS 1,2 km DNS (anstelle von 10 m 400 km Lochstreifen) abschreiben und neudrucken. Auch diese Aufwände müssen linear mit der relativen Redundanz wachsen.

(2) *Die Fehler-Anfälligkeit* wird ebenso mit der relativen Redundanz wachsen, weil wir erwarten müssen, daß die zweifache Anzahl molekular deponierter Determinationsentscheidungen auch von doppelt so vielen Replikationsfehlern betroffen werden müßte. Nähmen wir, zur Veranschaulichung des Unterschiedes, an, daß jede Entscheidung jedes zehntausendste Mal falsch reproduziert würde, dann enthielten die Neudrucke, im Falle sie mit den rund 20 bit_G Gesetzesgehalt allein gefertigt werden könnten, nur jedes fünfhundertste Mal einen einzigen Fehler, im Falle voller Redundanz enthielte aber jeder Neudruck (mit 800 000 Entscheidungen) jedesmal 80 Fehler.

Das erhöht aber keineswegs die Adaptierbarkeit, sondern nur die Labilität des Systems, weil sich bloß die Zahl der ausschließbaren Alternativen erhöht. Dürfte man im balancierten System nur eine Alternative als adaptiv gesucht ansehen, dann würde der Ausschuß sogar mit der Potenz der relativen Redundanz steigen. So, wie wenn eine Zelle in der Augenmitte nicht nur alternativ zwischen Linsen- und Glaskörperzelle determiniert werden müßte, sondern auch noch die Wahl zwischen Knochen-, Darm-, Blut- oder Zahnschmelz-Zelle hätte.

[9] Die Berechnung beruht auf dem Energietransfer durch ATP (Adenosintriphosphat) und ergibt rund – 7 000 cal. für jedes Mol zu replizierenden Nucleotid des Codestreifens (sehr übersichtlich in *Lehninger* 1965, zuletzt in *Klotz* 1967).

(3) *Die Adaptierbarkeit* eines Systems sinkt gewiß mit der Potenz der für es erforderlichen Entscheidungen; somit auch mit der relativen Redundanz. Denn wenn auch der metrische Ansatz zur Berechnung der von uns bisher mit Redundanz verknüpften Nachteile noch in Einzelheiten der Aufklärung bedarf, das Maß der Adaptierungs-Beschränkung läßt sich angeben. Und allein diese eine der bereits faßbaren Größen wird genügen, die Notwendigkeit der Zusammenhänge zu erkennen.

b. Adaptierbarkeit und Redundanz

Hier sind wir nun an jenem wichtigen Punkte angelangt, der uns eine metrische Vorstellung von der Bedeutung der Systemisierung des Genoms durch Abbau von Redundanz geben kann. Wie also entsteht Redundanz der Entscheidung und was bedeutet ihr Abbau?

(1) *Von der Ursache der Redundanz-Entstehung*, die wir im generellen, also auch im anorganischen Determinationsbereich als eine offene Frage verlassen haben (Abs. IB2e), können wir im organischen Bereich eine gute Vorstellung gewinnen:

Was von den Entscheidungen, die eine Nachricht determinieren, weggelassen werden kann (ohne ihren Gehalt zu schmälern), hängt ja auch davon ab, was wir von dieser Nachricht erwarten. Unsere Ableitungen der Redundanzgehalte in Kapitel I stützten sich auf die vereinfachte Annahme, es käme darauf an, daß die Sendungen unverändert erhalten bleiben sollten. Tatsächlich läßt nur diese Voraussetzung den für ein System möglichen *maximalen Redundanzgehalt* (R_{max}) entstehen.

Von den lebendigen Nachrichten (den Organismen) verlangt aber die Evolution adaptive Änderung. Würde nun von allen Einzelereignissen erwartet, daß sie sich unabhängig voneinander ändern können, würde gar keine Redundanz entstehen, weil die Änderung jeder Einzelentscheidung erforderlich werden könnte. Das ändert sich in dem Augenblick, in dem auch nur zwei Einzelergebnisse in einem Ausmaße funktionell voneinander abhängig werden, daß sie nicht mehr getrennt, sondern nur mehr gemeinsam verändert werden sollen (diese werden die Kapitel IV bis VII zu schildern haben) z.B.

Entscheidung Nr.	1	2	3	4
Vorentscheidung	a	*a*	b	b
Endentscheidung	a	b	a	b
Ereignis Nr.	*I*	*II*	**III**	**IV**

Erst wenn die Ereignisse I und II dependent werden, kann die Vorentscheidung Nr. 2 (kursiv gesetzt) redundant werden; also weggelassen werden, für den Fall, daß sich das Dechiffrierungssystem die Vorentscheidung Nr. 1 ›merkt‹, bis sie von der Vorentscheidung Nr. 3 verändert wird. Aber das besprachen wir bereits.

Da wir nun wissen, daß der maximale Redundanzgehalt schon in einfachen Systemen sehr große Werte erreicht (vgl. Abs. IB2d), müssen wir erwarten, daß der unter Adaptationsbedingungen *optimale Redundanzgehalt* in den viel komplizierteren biologischen Systemen von keiner geringen Bedeutung sein wird.

(2) *Die Bedeutung des Redundanz-Abbaues* ist nun leicht darzustellen. Erinnern wir uns an zwei genetische Größen: Mutationsrate und Polygenie. Die Mutationsrate ist eine Wahrscheinlichkeit (P) kleiner Dimension, die bei 10^{-4} und darunter liegt. Wir wollen diese *Mutationswahrscheinlichkeit* P_m nennen. Polygenie hingegen besagt, daß die Gestaltung der einzelnen Funktionssysteme der Organismen von mehr als einem Gen determiniert wird. Die Chance, ein Funktionssystem mittels Zufallsänderungen anpassen zu können, muß darum wiederum eine Wahrscheinlichkeitsgröße sein, die mit der Zahl der erforderlichen Mutationen sinkt.[10)] Ist die Wahrscheinlichkeit zweier erforderlicher Mutationen jeweils $P_m = 10^{-4}$, dann beträgt die Chance ihres Zusammentreffens $P_{m1} \cdot P_{m2} = 10^{-4} \cdot 10^{-4} = 10^{-8}$.

Wie groß, so lautet nun die wichtige Frage, wäre nun der *Realisationsvorteil* (V_v) im Vorgang der Anpassung, wenn sich eine der beiden erforderlichen Mutationen, weil es sich um die Mutation einer redundanten Determinationsentscheidung handelt, vermieden werden könnte. In unserem Falle stiege die Realisationschance von 10^{-8} auf 10^{-4}. Das bedeutet, 99 990 000 Versuche könnten eingespart bzw. ihre Zahl auf 1/10 000 verringert werden. Das heißt: $V_v = 1/P_m$ oder

$$V_v = P_m^{-1} \qquad \text{(Formel 19).}$$

Der Selektionsvorteil durch Einsparung einer zur Adaptierung eines Systems erforderlichen Mutation entspricht dem Kehrwert ihrer Wahrscheinlichkeit.

Der Vorteil ist sehr groß; und man möchte erwarten, daß die Evolution jeden Weg versucht haben muß, um ihn auszunützen. Selbst dann, wenn die Schwierigkeit, die Zufallsunwahrscheinlichkeit, diesen Weg zu finden, die der Einzelmutation nicht ganz um das Zehntausendfache überträfe, wäre es wahrscheinlich, daß er längst gefunden wurde. Er wurde gefunden. Wir werden das Verfahren ›*Systemisierung*‹ nennen und nun in seinen Einzelheiten prüfen.

10 Das klassische Beispiel wurde von *Simpson* gegeben (1955, p. 96) und zeigt, daß das Zusammentreffen von fünf Mutationen absolut unwahrscheinlich ist. Wir kommen darauf ausführlich zurück.

c. Der Zwang zur Systemisierung

kann wieder aus Selektionsvorteilen abgeleitet werden, weil diese nachgerade unvorstellbare Größen erreichen können. Wir sehen das sofort, wenn wir uns daran erinnern, daß sich die Unwahrscheinlichkeiten mit der Zahl der Mutationen potenzieren. Für das Einzelsystem ist somit der Selektionsvorteil (V_v) mit der Anzahl der zugehörigen bit_R, das heißt mit dem Redundanzgehalt *R.* zu potenzieren. D.h.:

$$V_{vmax} = P_m^{-R} \qquad \text{(Formel 20).}$$

Der durch Systemisierung erreichbare, *maximale Realisationsvorteil* V_{vmax} entspricht also dem Kehrwert der mittleren Mutationsrate potenziert mit der Zahl der im System abgebauten redundanten Entscheidungen.

Schon das einfachste System, z.B. die einmalige Sendung der Ereignisse I–VIII aus einem Zeichenvolumen von ebenfalls nur 8, erwies sich aus $14 bit_G$ + $10\ bit_R$ determiniert (Kapitel IB2d). Der maximale Selektionsvorteil bei voller Systemisierung, d.h. vollem Abbau der zehn redundanten Entscheidungen würde $V_{vmax} = P_m^{-1 \cdot R} = 10^{4 \cdot 10} = 10^{40}$ betragen.

Im Falle eines noch immer einfachen Systems (unser Beispiel p. 46 einer 10 000maligen Sendung von I–VIII aus 1 024 Möglichkeiten) wäre V_{vmax} = $10^{4 \cdot 799\,977} \approx 10^{3\,200\,000}$ und entspräche einer Zahl mit drei Millionen Nullen. Freilich sind das Maximalwerte, wir werden aber bald sehen, daß auch die realen Selektionsvorteile außerordentlich groß sind.

Daraus folgt, daß die Vorteile schon bei ganz wenigen einsparbaren Mutationen sehr steil wachsen. So steil, daß es ganz unwahrscheinlich wäre, daß der für die Systemisierung genetischer Determinationsentscheidungen erforderliche Mechanismus noch nicht entwickelt worden wäre. Er wird, wie wir sehen werden, nachgerade erzwungen.

C. Systemisierung der Entscheidungen

Unter Systemisierung verstehen wir also nun jenen Vorgang, der die Wirkung der Determinationsentscheidungen aus der Uniformität heraus differenziert. Die einfachste Differenzierung ist dabei die der Rangung oder Ordnung einer Entscheidung über andere. Aber schon dieses einfachste Modell erzeugt nicht nur eine einseitige Wirkung von der über- zur untergeordneten Entscheidung, sondern zieht im Evolutionsprozeß, wie zu zeigen sein wird, auch eine Rückwirkung auf die übergeordneten nach sich: ein ›feed-back‹, womit die Grundvoraussetzung von Systemwirkung und ›funktioneller‹ Kausalität gegeben ist.

Ich darf dabei daran erinnern, daß das ganz geläufige, ja selbstverständliche Vorstellungen sind. In der Sprache der Genetik sind das die elementarsten Merkmale der Gen-Wechselwirkungen, die als Ganzes längst das *epigenetische ›System‹* genannt werden. Im Apparatebau entspricht ihm die Selbstverständlichkeit der, die Einzelschalter rangend ordnenden, sogenannten *Verdrahtung*. Und diese Übereinstimmung von Genom und Modell ist schon gegeben, seitdem die ›Ein-Gen-Ein-Merkmal-Hypothese‹ fallengelassen werden mußte.

Die einzelnen Arten der genetischen Schaltungen wurden zwar vorwiegend an sehr niederen Organismen analysiert, doch wird ihr Vorhandensein bei allen übrigen angenommen[11)] und auch schrittweise nachgewiesen.

1. Modell und molekulare Realisation I

Prüfen wir zunächst – stets im Vergleich von Modell und molekularer Genetik – die Bedingungen, die gegeben sein müssen, um eine Entscheidung anderen überzuordnen. Im Apparat ist ein Schalter, im Kabelweg von der Energiequelle bis zum Effektor, einzubauen; ein Vor- oder Generalschalter vorzuordnen. Wir kennen das heute in jedem Haushalt. Im Genom ist es die Produktion von Molekülgruppen und deren Ausbreitung, die im Modell der Verdrahtung ein Analogon haben müßte; und die Überordnung wäre erreicht, wenn die durch eine Befehlseinheit, ein Cistron, synthetisierte Verbindung andere Einheiten schalten könnte. Hier weiß der Fachmann bereits, daß das im Genom der Fall ist.

Aber prüfen wir sogleich genauer, prinzipieller, wenn wir etwa die Frage stellen, welches die einfachsten oder elementarsten Funktionen wären, die geschaltet werden, dann sind es ›Einschalter‹ und ›Wechselschalter‹. Beide sind auch Elementarfunktionen der Systemisierung, im genetischen System wohlbekannt und – die Ursache der beiden primären Ordnungsmuster: Norm und Hierarchie. Vergleichen wir also jeweils Modell und genetisches System.

a. Der Repetierschalter: ›Wiederhole auf Abruf‹

Den Einschalter, oder einfacher ›Taster‹, kennt man von jedem Repetiergerät. Seine Ja-Nein-Alternative heißt ›go‹ und ›stop‹. Sein Effekt hängt von der Kette der Unterbefehle ab, die er wiederholt auslöst oder sogleich wiederholen läßt (wie Minutenlicht, Elektronenblitz, Radiowecker, im Plattenwechsler und in der Tonbandschleife). Er läßt einen ganzen Satz bereits bewährter Determinationsentscheidungen noch einmal ablaufen.

Letztlich hängt alles von der Verdrahtung der Subentscheidungen ab, die (wie wir wissen gespeichert) in Sequenz verkettet nacheinander handeln und nach Ablauf auf den Ausgangspunkt zurückschalten müssen. Dies löst den Abbau jener vermeidbaren Wiederentscheidungen, welche als sichtbare Redundanz in Erscheinung treten.

[11] Vgl. *Britten* und *Davidson* 1969.

Der Selektionsvorteil ist so außerordentlich, daß wir uns gar keine Maschine ohne diesen Mechanismus vorstellen können. Ja, es ist nicht einmal leicht, ohne diese Selbstverständlichkeit auch nur zu denken, aber: Speicherung und Verkettung von Entscheidungen machen ja noch keine Maschine. Erst die Wiederholbarkeit von deren Auslösung. Ohne Wiederablauf wäre uns ihre Gesetzmäßigkeit weder erkennbar und schon gar nicht prüfend konstruierbar. Das fanden wir schon als eine Grundlage (Kapitel IB) empirischer Erkenntnis.

Speicherung und Verkettung setzen allerdings zweierlei voraus, und das ist, die Art und Reihung bewährter Entscheidungen zu deponieren. Wiederholung aber bringt den Vorteil, und zwar Art und Reihung nicht wieder durch den Zufall finden zu müssen. Und diese Größe kennen wir bereits als R'_{max} (aus Kapitel IB2d). Gemessen an den Einzelereignissen (E) sind schon bei einmaliger Wiederholung der Serie $E\ ld\ E$ an bit_R erspart (vgl. Formel 11). D.h. bei nur 16 Einzelereignissen $= 16 \cdot \mathrm{ld}\ 16 = 16 \cdot 4 = 64\ bit_R$. Wie groß ist nun der Selektionsvorteil (V'_v) bei der Einsparung von einem *bit* sichtbarer Redundanz? Mindestens so groß wie der Kehrwert der Mutations-Wahrscheinlichkeit $P_m^{-1\,(bit)}$.

Das ist folgend zu begründen: Schon die Änderung einer Einzelbase ist mehr als 1 *bit*, weil sie ja vier Alternativen hat. Zudem steht in einem Cistron eine ganze Kette solcher Entscheidungen, vielleicht Hunderte, wir wissen das nicht genau. Wir wissen nur, wie oft dem ganzen Cistron (in irgendeiner seiner Entscheidungen) ein Fehler passiert; nämlich P_m mal, also höchstens jedes 10^{-4}mal. P_m der Einzelentscheidung ist darum vielleicht noch hundertmal geringer: 10^{-6}mal. Wir sind damit großzügig, wenn wir sagen, ein Cistron gleich wenigstens ein *bit*.

Freilich aber sind wir auch aus Vorsicht großzügig, denn der Grad der Unsicherheit muß unbedingt kompensiert werden. Und freilich können wir uns zwei, drei Größenordnungen Großzügigkeit auch leisten, denn schon P_m reicht von 10^{-4} bis 10^{-7} und vielleicht noch weiter und – was noch wichtiger ist – V'_v reicht über Dutzende, ja Hunderte von Größenordnungen.

Jede einzelne ersparte Entscheidungsfindung durch den Zufall potenziert den Selektionsvorteil, die Realisationschance V'_v der Anpassung:

$$V'_v = P_m^{-[E\ ld\ E\ (a-1) - x]} \qquad \text{(Formel 21).}$$

Wir wissen zwar nicht, welchen Schwierigkeitsgrad jene Entscheidungsfindung (x) hat, die den anderen übergeordnet wird, das ›go‹, aber wenn wir zunächst einmal annehmen, daß sie eine ähnliche Größenordnung hat wie andere Entscheidungen, nämlich $= P_m$, dann können wir auch schon rechnen:

Die einmalige Replikation von vier Ereignissen aus nur vier möglichen läßt bei Systemisierung einen Replikationsvorteil $V'_{v\,max} = 10^{4 \cdot 7} = 10^{28}$, also schon von ungeheurer Größe erwarten.

Bereits eine nur zehnfache Replikation eines Systemes mit lediglich 16 Einzelergebnissen aus einem Zeichenvorrat von ebenfalls nur 16 ergibt bei Systemisierung einen Realisationsvorteil $Vv'_{max} = 10^4$, potenziert mit E ld E · $(a-1)-1 =$ *$16 \cdot 4\ (10) - 1 = 639$, also $10^{4 \cdot 639} = 10^{2556}$, eine Zahl mit 2 550 Nullen. Sie ist nicht mehr vorstellbar.*

Wir sehen aber, daß die Findung des ›go‹, selbst wenn sie millionenfach schwieriger wäre, bereits für die erste Replikation eines allereinfachsten Systems $Vv'_{max} = 10^{28-6} = 10^{22}$ einen Selektionsvorteil von mehr als 20 Nullen erwarten läßt. Selbstverständlich ist das ›go‹ gefunden worden. Gewiß schon in der frühesten Phase der Evolution belebter Materie.

Der Abbau redundanter Entscheidungsfindung, die Entziehung der sichtbaren Redundanz vom Bereich des Zufalls, zählt zu den Fundamenten des Lebendigen überhaupt. So, wie seine Strukturierung als offenes System, sein Betrieb durch Energie und seine Speicherung determinativer Entscheidungen (Bildung von Information).

Die Institutionalisierung des ›go‹ aber führt – wie leicht vorauszusehen – zwangsläufig zum Ordnungsmuster der Norm. Den molekularen Nachweis schließe ich sogleich an, den morphologischen lasse ich in Kapitel IV folgen.

b. Die Nuclein-Säure-Systeme

Es hieße, überall offene Türen einzurennen, wollte ich für die Findung des ›go‹ und seine Realisation im molekularbiologischen Prozeß nun den Nachweis antreten. Sie ist eine Selbstverständlichkeit, im DNS- sowie sogar mehrfach in den Ribonucleinsäure-, den RNS-Systemen verankert. Sie ist in der Genetik ebenso grundlegend wie im Apparatebau und in der Erkenntnismöglichkeit von Gesetzmäßigkeit überhaupt.

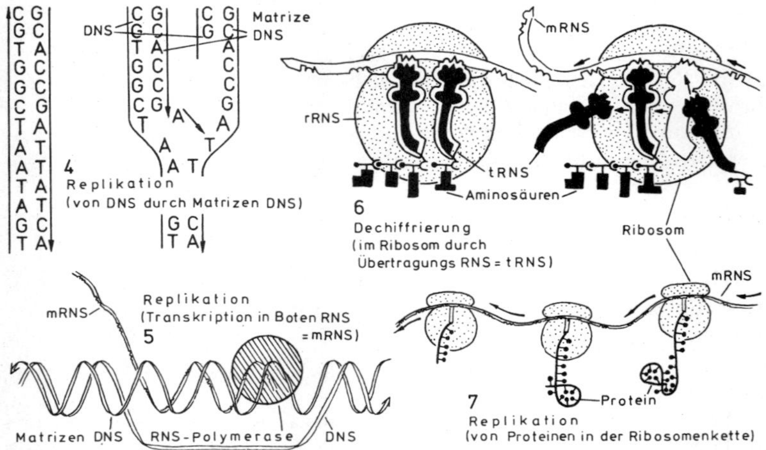

Fig. III4–7: *Die drei Replikations-Mechanismen der Nuclein-Säure-Systeme* schematisch und in ihrer Reihenfolge in 4, 5 und 7. Figur 6 veranschaulicht den Vorgang im Ribosom (4, 6, 7 nach *Bresch* und *Hausmann* 1970, 5 nach *Watson* 1970).

Es ist der Vorgang der *semikonservativen Replikation* und der *Transkription* zusammen mit den Phänomenen der *Genverstärkung*, Teilung und Vermehrung.

(1) Das Fadenmolekül der DNS, welches die Originalsequenzen der Determinationsentscheidungen trägt, hat eine Doppelstruktur. Jeder Purin- ist eine komplementäre Pyrimidin-Base angelagert. Es trägt also in ganzer Länge seine eigene Matrize. Bei der Trennung bildet die Matrizen- oder Template-DNS wieder ein Original und das Original wieder eine Matrize (Fig. III4). Mehr als 10^{15} Exemplare werden z.B. für die Zellen unseres Körpers produziert.

(2) Hinzu kommt, daß in Zellen mit besonders hohem Bedarf an Proteinen (Ei- und Drüsenzellen) Riesenchromosomen auftreten. Sie bestehen, wie ein Kabel, aus verhundertfachten DNS-Litzen, die reproduziert werden, aber für die Massenproduktion in der Zelle beisammen bleiben.

(3) Vom Kern in das Plasma werden die Ketten der Entscheidungen durch die Fadenmoleküle der mRNS (Boten- oder Messenger-RNS) (Fig. III5) gesendet. Das sind wieder Abschriften (Transkriptionen), welche die Nachricht einzelner DNS- Stücke in großer Zahl vervielfältigen.

(Merkwürdigerweise erfolgen diese Abschriften, gemessen in Entscheidungsfindung, Determination/sec, mit einer Geschwindigkeit von ca. 30 Nucleotiden/sec, was chemisch extrem langsam ist, und die »unserer Sprache oder dem Tempo einer flotten Sekretärin an der Schreibmaschine« entspricht.[12])

(4) Nun werden auch die Bauanleitungen der Dechiffrier-Einrichtungen dem Original entnommen und als weitere Abschriften, die Ribosomen- oder rRNS (siehe unten), eingefügt. »Es ist interessant auszurechnen, wieviele identische rRNS-Moleküle gleichzeitig auf dem genetischen Fließband der Eizelle synthetisiert werden«[13], nämlich $5 \cdot 10^7$ rRNS-Moleküle.

(5) Diese Dechiffrierungsgeräte sind also wieder ein Massenprodukt. Durch sie werden die mRNS-Bänder schrittweise durchgezogen (Fig. III6) und mit Hilfe einer dritten RNS, der Transfer- oder tRNS, wird »das Protein Aminosäure für Aminosäure zusammengehäkelt«.[14] »Das alles läßt unwiderstehlich an ein Fließband in einer Maschinenfabrik denken.«[15] Diese Molekulardruckereien, in welche die Botschaften, die Abschriften vom Original- Morsestreifen einlaufen, die aus den Triplets durch Transfer die Buchstaben aus dem Setzkasten der 20 Aminosäuren zusammensuchen und den übersetzten Text (die Proteine) auslaufen lassen (genetisch ›translation‹), sind aber nicht nur in Massen

[12] *Bresch* und *Hausmann* 1970, p. 221.
[13] Dieselben, p. 307.
[14] Dieselben, p. 224.
[15] *Monod* 1971, p. 137.

produziert; es lesen und ›publizieren‹ oft viele von ihnen gleichzeitig von derselben mRNA-Botschaft (Fig. III7). Das sind die Polyribosomen- oder *Polysomen*-Verbände.

Es wurden zudem Gene identifiziert, welche die Einschaltung des Replikationsvorganges steuern. Man nimmt an[16)], daß dabei ein ›*Initiator*‹, das Produkt eines Regel-Gens mit einem ›*Replikator*‹, reagiert.

Obwohl noch immer viele Einzelheiten des Mechanismus unbekannt sind, z.B. wie der übergeordnete Schalter (von der einschaltenden Polymerase) erkannt wird, der die Abschriften-Anfertigung in Gang setzt, außer Frage steht die Systemisierung; wichtig ist die Voraussicht über die weitergehende Vermeidung von Redundanz der (wie wir sehen werden) Strukturgene im Original[17)] und die Produktion ungeheurer Zahlen molekularer Normteile auf 3 bis 5, sich in der Wirkung noch dazu multiplizierender Ebenen.

Wir erkennen aber sogleich, daß die Normteile, die auf die geschilderte Weise hergestellt werden, vom Molekül (Basen, Nucleotide) bis zum kompletten Individuum reichen, daß wir sie in den Groß- bis Riesenmolekülen wiederfinden (Aminosäuren, Polypeptiden, Proteinen, Gesamtcodices). Morphologisch werden wir die Normteile (Kapitel IV) noch in allen übrigen Komplexitätsebenen als notwendig belegen. Der Mechanismus ihrer Herstellung ist prinzipiell gegeben.

c. *Der Vorschalter: ›Gelte bis auf Abruf‹*

Solche Wechsel-, Vorschalter oder einfach ›Wähler‹ sind Bauteile bereits jedes Elektrogerätes. Ihre Alternative heißt anstelle von ›go‹/›stop‹, entweder ›a‹ oder ›b‹. Die Effekte hängen wieder vom Umfang der Unterbefehle ab, die einer Kette verbunden sind (Lokal- oder Fernanruf). Damit sieht man auch sogleich, wie sie übereinander angeordnet sein können (z.B. Waschmaschine/nicht Herd, 2. Trommel/nicht Schleuder, 3. Fluten/nicht Heizen usf.) Solche Wahlschalter setzen die Vorzeichen, unter welchen sich ganze Reihen subordinierter Entscheidungen bewährt haben.

Wiederum hängt letzten Endes alles von der Verdrahtung ab, die es vermeidet, eine Vorentscheidung, die für eine ganze Anzahl von

16 *Jacob* und *Brenner* 1963.

17 Tatsächlich beginnt das Vorliegen der Strukturgene in Einzel-Exemplaren erst jüngst dokumentiert zu werden, vgl. *Sullivan* u. Mitarbeiter 1973 (sowie die vier einschlägigen, dort zitierten Arbeiten; alle 1972). Ein für uns jedenfalls beleuchtender Umstand: Andere Gene (sagen wir: ›Schaltgene‹) sind in über 200 identischen Exemplaren bekannt. (Jeweils im Zusammenhang mit Ribosomen-, Histon- und Transfer-RNS vergleiche man z.B. die Beiträge von *Birnstiel* u. Mitarb. 1970, *Kedes* u. *Birnstiel* 1971, sowie *Morell* u. Mitarb. 1967).

Nachentscheidungen gelten kann, wieder und wieder treffen zu müssen. Dies löst die Umständlichkeit der Befehlsgabe und damit den Abbau der verdeckten Redundanz.

Ja, die Lösung ist wieder so selbstverständlich, daß es niemandem einfallen würde, die Befehlsgabe anders zu ordnen. Zudem ist gar kein neuer Schalter einzubauen, sondern nur darauf zu achten, daß die Schalterstellung von einigen Subschaltern wahrgenommen, daß sie bis auf Abruf bemerkt wird. Wie groß ist nun der Selektionsvorteil (V_v) bei der Einsparung von einem *bit* verdeckter Redundanz.

Die Vorsicht, mit unserer Großzügigkeit, ein Cistron nicht größer als mindestens ein *bit* zu setzen, begründete ich schon. Sie ist hier genauso angebracht.

Zur Klärung greife ich auf die letztgemachte Erfahrung zurück: Der Selektionsvorteil der Repetierschaltung, V'_v, bestand darin, die Erweiterung von Bewährtem dem Zufall zu entziehen. Dasselbe gilt auch in diesem Falle. Unter Erweiterung verstanden wir oben Quantitatives, die Wiedereinsetzung einer Sequenz von Befehlen. Hier müssen wir Erweiterung qualitativ verstehen. Der Vorteil besteht darin, die gleichsinnige Änderung von Bewährtem dem Zufalle zu entziehen.

(1) *Der Einzelfall.* Nehmen wir zunächst den einfacheren Fall, die Vorteile V''_v der einzelnen Vorschaltungen, den Abbau dessen, was wir ›verdeckte Einzel-Redundanz‹ genannt haben (vgl. Abs. IB2d). Zur Sendung beispielsweise der Ereignisse (Realisation der Merkmale) I II III IV sind zunächst E ld E = 4 · 2 = 8 bit_D (a oder b) erforderlich; **aa** = I, *a***b** = II, **ba** = III, *b***b** = IV. Die beiden kursiv gesetzten Vorentscheidungen erkennen wir (für den Fall unveränderter Wiedergabe) als redundant. Soll eine gleichsinnige Änderung erfolgen (vgl. das Redundantwerden, p. 125), wie z.B. I II III IV in I II I II, dann müßte die 5. und die 7. Entscheidung von b zu a mutieren. Sind die Vorentscheidungen aber systemisiert, also bis auf Abruf übergeordnet, dann wird diese Änderung bereits durch eine einzige Mutation, nämlich der Entscheidung Nr. 5 erreicht. Den Vorteil dieser Einsparung kennen wir bereits als $V''_v = P_m^{-1}$; und die maximale Systemisierung ist uns aus Formel Nr. 12 bekannt. Diese von der Zahl der Ereignisse *E* abhängigen bit_R gehen wieder als negative Potenz in den erreichbaren Vorteil ein:

$$V''_v = P_m^{-(E\,ld\,E - \sum_{i=1}^{ld\,E} 2^i)} \qquad \text{(Formel 22).}$$

Schon bei der Systemisierung einer Sendung von nur 8 Ereignissen aus 8 möglichen (unser altes Beispiel aus Absatz IB2d) werden 10bit_R einsparbar und $V''_v = P_m^{-R\,(bitR)} = 10^{-4 \cdot (-10)} = 10^{40}$. Und die Systemisierung einer einzigen ersten Vorentscheidung, z.B. der ersten ›a‹-Entscheidung (vgl. p. 45), da sie bereits drei *bit* einspart, bringt den Selektionsvorteil $V''_v = 10^{4 \cdot 3} = 10^{12}$. Das ist gegebenenfalls ein Vorteil in der Größenordnung einer Zahl mit 12 Nullen.

Schon bei sehr kleinen Merkmalsgruppen gewinnt also die Systemisierung von Vorentscheidungen derartig hohe Vorteile, daß man wieder erwarten muß, der Mechanismus des molekularen Code habe das Verfahren längst entwickelt.

(2) *Der Serienfall*: Die Vorteile einer Serien-Wählerentscheidung V_v''' gehen darüber aber um noch ein Bedeutendes hinaus. Sie sind immer dann gegeben, wenn eine ganze Anzahl von Alternativen des möglichen Programmes (von Sätzen an Merkmalen) ausgeschlossen (A) und nur eine Auswahl an Ereignissen (E) selektiert wird. Wie wir der Formel Nr. 13 entnehmen können, kommt dann als Vorteil zu V_v'' noch

$$V_v''' = P_m^{-(E-1) \cdot [ld\,(E+A) - ld\,E]} \qquad \text{(Formel 23)}$$

hinzu, denn, wie man sieht, erspart nun die Systemisierung einer jeden der Vorentscheidungen E – 1 bit_R.

Selbst im Falle eines ganz einfachen Systems mit nur 8 E aus 1 024 möglichen (A = 1 016) können, wie das Beispiel in Absatz IB2d, p. 46, zeigt, weitere 49 bit_R eingespart werden. Das sind dann für dasselbe Beispiel $V_v'' + V_v''' = P_m^{-4 \cdot [-(10+49)]} = 10^{-4 \cdot (-59)} = 10^{236}$.

Nehmen wir zur Illustration wieder den denkbar einfachsten Fall, nämlich die Abschaltung eines Programmes ›1–8‹ an (oder seine Umschaltung auf das Programm 9–16, auf 513–520 oder was auch immer), dann vermeidet die Systemisierung fast jeder Vorentscheidung $7 bit_R$. Um das hoffnungslose Chaos zu erkennen, welches das Walten des Zufalles bei Fehlen der Systemisierung zur Folge hätte, nehmen wir ein Elektrogerät zum Vergleich. Nähmen wir, wieder sehr vereinfacht, an, hinter dem Wahlschalter des Wellenbereiches z.B. unseres Fernsehempfängers wären sieben Subentscheidungen mitverdrahtet und in jeder Position gäbe es nur zwei Alternativen, dann ist die Wahrscheinlichkeit beim systemisierten Gerät, daß wir durch blindes Drehen am Wahlschalter das richtige Programm empfangen, $P = 2^{-1}$, also 1/2. Müßten wir aber an einem nicht systemisierten Gerät an acht Knöpfen blind schalten, dann hätte ($P = 2^{-8}$) erst jeder 256. Versuch möglicherweise Erfolg. Solch ein Gerät blind (ohne Kenntnis der Schalter) zu benützen, wäre eine Unmöglichkeit.

Wie unmöglich aber eine solche Transmutation erst im Genom wäre, können wir ermessen, wenn wir uns erinnern, daß die Erfolgsaussichten noch dadurch gemindert werden, daß überhaupt erst nach zehntausend Einschaltversuchen an einem der Schalter sich irgend etwas ändert; und daß bei der Um- oder Abschaltung einer Sendung nicht acht, sondern wahrscheinlich ein Vielfaches an Einzelereignissen bedacht werden muß. Wäre die Methode des Abbaues verdeckter Redundanz (der Umständlichkeit der Gesetzesformulierung) im Genom nicht bekannt, ihre Existenz müßte geradezu gefordert werden. Der Kenner sieht aber bereits: auch diese Methode ist längst in Verwendung.

Was vielleicht noch nicht zu sehen ist, das ist die Zwangsläufigkeit, mit welcher diese Wechselschaltung die Etablierung des Hierarchiemusters nach sich zieht. Ich werde diesen Nachweis im nächsten Abschnitt (IIID) führen. Wir wollen zunächst den molekulargenetischen Mechanismus erörtern (und den morphologischen in Kapitel V anschließen).

d. Das Operon-System

Das einzige, was wir von jedem Mechanismus, welcher Umständlichkeit in der Gesetzgebung abbauen soll, voraussetzen müssen, ist eine Abstufung der Determinationsentscheidungen. Genauer: Wir müssen erwarten, daß es vorgerangte Schalter gibt, die einer größeren Anzahl nachgerangter die Weichen stellen. Die Vorentscheidung muß den Nachentscheidungen gemeinsam in Kenntnis bleiben, bis sie von der jeweiligen Alternative abgelöst wird. Eben das ist im molekularen Bereich der Genetik als Operon-System entdeckt worden.

Diese Forschung ist freilich noch in vollem Gange, und erst die einfachsten Glieder sind nahe ihrer vollen Aufklärung: Dies sind die Operon-Strukturen. Ganz außer Frage steht aber zweierlei. Erstens, daß die alte Vorstellung des Genoms als eine Perlkette gleichwertiger Determinanten, wie Augenfarbe, Flügelform, Borstenzahl wirr durcheinander, ganz überholt ist. Zweitens, daß die Operonen wohl das ganze Genom einnehmen und gemeinsam ein komplexes System von Gruppenschaltungen und Transdeterminations-Schaltungen in wahrscheinlich allen Ebenen der Komplexität darstellen: Daß, wie wir schon voraussahen, die Nucleotidketten der genetischen Nachricht nicht dem Morsecode einer verbalen Schrift, als vielmehr mit einer algebraischen zu vergleichen sind.

(1) *Das Operon* ist im einfachsten Falle eine kleine Sequenz von Genen, in welcher ein *Operatorgen* (oder ein Promotor und ein Operator) einer Reihe anschließender *Strukturgene* vorgeschaltet ist. Erstere entsprechen den ›Vorentscheidungen‹ unseres Determinationsfluß-Modelles, und die Strukturgene dem, was wir ›Endentscheidungen‹ genannt haben. Die Übereinstimmung mit der Forderung ist vollständig (Fig. III8).

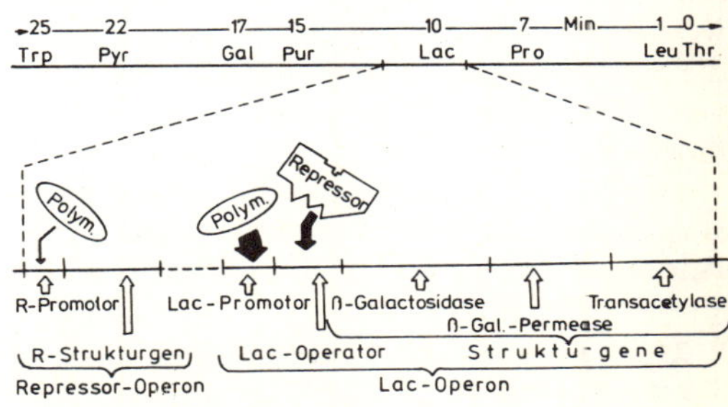

Fig. III8: *Das Operon-System* schematisch am Beispiel des ›Lac-Operons‹ und seines Regulator-Gens; oben ein größerer Ausschnitt aus der Chromosomenkarte von *Bacterium coli* (aus *Bresch* und *Hausmann* 1970).

Dabei ist das Operatorgen, wie alle übrigen, auch nur eine der üblichen Codon-Ketten von etwa 20 (10–100) Nucleotiden Länge (auch der Promotor ist von dieser Dimension), und die angeschlossene Reihe von Strukturgenen ist kurz. Dabei ist der Operator entweder sowohl die Ansatzstelle seines Repressors (seines Ausschalters; davon später mehr) und der RNS-Polymerase, die mitwirkt, um von den folgenden Strukturgenen die Matrize (die mRNS) zu ziehen; oder ein eigener Promotor bildet den Ansatz für die RNS-Polymerase.

(Die Genetik hat sich naturgemäß besonders für die Regulationsproblematik interessiert. Auf diese dürfen wir erst im Abschnitt IIIC3 eingehen. Hier genügt der Nachweis der gestuften Schaltung.)

Mutationen der einzelnen Strukturgene beeinflussen die Vorentscheidungen nicht; deren Mutation aber, die sogenannten *konstitutiven Mutanten*, führen zu einem Ausfall der Steuerbarkeit aller folgenden Strukturgene des Operons. Und man kann weiterschließen, »daß jeder Operator nur auf diejenigen Gene einwirkt, mit denen er auch strukturell verbunden ist«.[18] Diese entscheidenden Erkenntnisse liegen schon 20 Jahre zurück[19] und sind bereits Stoff der Lehrbücher. Die nächsten Erkenntnisse deuten sich an, und wieder, so wie sie nun von uns zu fordern wären:

(2) *Das Prinzip des Gruppenschlüssels* der Molekulargenetik[20] entspricht unserer weiteren Forderung, daß Vorentscheidungen, sobald sie entwickelt sind, selbst ein gestuftes System bilden müssen. »Periodische Musterbildungen bei entsprechendem Schaltschema« nennt man das, »denn es ist zweifellos möglich, mit den gleichen Elementen viele komplizierte Schaltschemata zu konstruieren, die noch ganz andere Regeleffekte zeigen würden.« So »sollte die Möglichkeit von Gruppenschaltungen beachtet werden, bei denen einzelne spezifische Repressoren auf eine *Gruppe von mehreren Operonen* wirken oder einzelne Effektoren eine Reihe verschiedener Repressoren verändern.«[21]

(3) *Das Prinzip der Transdetermination* entspricht der letzten unserer Forderungen, daß auch *große Komplexe* von Merkmalen mit einer einzigen Mutation einer weit vorrangigen Entscheidung ›sinnvoll‹, das heißt im Sinne der Organisation (wie wir sehen werden der Geschichte) des Systems des betreffenden Code-Abschnittes verändert werden können. Etwa in dem Sinne, wie wir im letzten Beispiel (p. 134) die Sendung 1–8 mit einer einzigen Mutation in die Sendung 513–520 verwandeln können (oder ›513 – 1 024› in ›1 – 512‹ umzuschalten vermochten).

Bei der Replikation von Zellen werden nämlich neben den Strukturen ja auch die Steuerzustände mit kopiert. Tritt nun in einem solchen eine Änderung auf, so kann z.B. aus dem Klon (den auseinander hervorge-

[18] Zum Studium der Einzelheiten greife man wieder zu *Bresch* und *Hausmann* 1970, das Zitat von p. 272.

[19] *Monod* und *Cohn* 1952.

[20] *Monod* und *Jacob* 1961.

[21] Diese Zitate sind aus *Bresch* und *Hausmann* 1970, p. 295 (Kursivsatz von mir).

henden Zellen) einer auf Antennenanlage determinierten Knospe fälschlich ein Bein hervorgehen oder aus einer Haltere ein Flügel usf.[22]

Der Fehler kann weitergezüchtet werden, ja sogar eine *Rück-Transdetermination* erleben. Ich darf hier nicht in Einzelheiten gehen. Wir werden aber dem Problem unter den Stichworten Heteromorphose, spontaner Atavismus und homöotische Mutation noch ausführlicher begegnen. Hier interessiert die Konsequenz, welche die Genetik zieht.

Die komplexen Einzelheiten sind freilich noch unerforscht, aber (wie *Bresch* und *Hausmann* resumieren) »immerhin deuten die Resultate an, daß der ganze Determinationszustand nur auf wenigen (einem?) molekularen Schaltereignissen beruht, sonst könnten entweder gar keine Transdeterminationen auftreten oder die Determination eines ganzen Klons sollte in vielen Zellen gleichzeitig ins Wanken geraten und nach erfolgter Umschaltung instabil bleiben. Dieser Punkt läßt ein baldiges Verständnis auf molekularem Niveau erhoffen.«[23]

Von der Notwendigkeit gestufter Schaltung und dem Nachweis ihrer molekularen Realisation zur Ableitung des hierarchischen Ordnungsmusters als deren zwingende Folge wird nur mehr ein kleiner Schritt sein.

2. Erste Konsequenzen der Systemisierung

Schon beim ›Fundus der Volksweisheit‹ entnimmt man die Erfahrung, daß nichts gewonnen werden kann, ohne einmal dafür zu bezahlen. Und was dort als allgemeine Lebensregel angehen mag, werden wir hier in einer streng kontrollierten Buchhaltung der Evolutionschancen metrisch zu belegen haben. Was nämlich durch Systemisierung redundanter Determinationsentscheidungen an Freiheit für den Augenblick gewonnen wird, muß späterhin durch Freiheitsverlust an dieselbe Evolution zurückgezahlt werden. Das ist die erste Konsequenz.

Man mag sich bei solchen Aussichten die Frage stellen: Wozu das ganze Hin und Her der Vorteile, wenn es per saldo keinen reinen Gewinn bringt? Aber diese Frage ist finalistisch, denn keine Evolutionsbahn verfügt über irgendeine Voraussicht auf die Zukunft ihrer phylogenetischen Konten. Welcher Tiergruppe wären ihre Aussterbenschancen schon in der Wiege bekannt gewesen? Ja, selbst die Frage, ob denn bei nachträglicher Einbuße von Vorteilen überhaupt jener Schluß-Saldo an Selektionsvorteilen verbleibt, der den Mechanismus betreiben kann, hätte biologisch keinen Sinn. Selektionsvorteile gelten immer nur für den Augenblick.

Das Paradoxon ist ein scheinbares. Die Evolution lebt von der Hand in den Mund.

22 *Hadorn* faßte diese Phänomene 1966a und 1968 zusammen.

23 *Bresch* und *Hausmann* 1970, p. 300.

a. Bürde und Kanalisierung

Wir sind dem Begriff der Bürde schon begegnet. Ich meine damit die Verantwortung, die ein Merkmal oder eine Entscheidung trägt; und ich werde nun zu zeigen haben, daß mit der Systemisierung die Bürde von Entscheidungen wächst und mit dieser notwendigerweise eine neue Unfreiheit, die Kanalisation. Diese Bürde der Entscheidungen ist noch ein Phänomen des Gen- oder Molekularbereiches; ihr Gegenstück, die korrespondierende Bürde der Merkmale ist ein überwiegend morphologisches Phänomen und soll erst in den Kapiteln IV bis VII behandelt werden.

Der Wechsel der Erfolgschancen mit zunehmender Systemisierung enthält den Schlüssel zum Problem von Bürde und Kanalisierung. Beginnen wir mit den

(1) *Vorteilen der Systemisierung*. Welche Art redundanter Entscheidungen auch immer abgebaut werden kann, wir fanden (im obigen Abschnitt IIIB und C1), daß die Realisationschancen oder Selektionsvorteile (V_v) um ein Ausmaß wachsen, welches dem Kehrwert der Mutationsrate (P_m^{-1}) ähnlich sein muß. Dabei wurde – wie der Fachmann bemerkt haben wird – eine Größe außer acht gelassen, nämlich die Erfolgschance, welche eine Mutante hat; und zwar unabhängig davon, mit welcher Häufigkeit (P_m) sie auftritt.

(2) *Die Erfolgschance einer Mutante* ist quantitativ wieder ein Wahrscheinlichkeitsgrad; wir können ihn mit P_e bezeichnen. Freilich läßt er sich im Einzelfalle empirisch bestimmen und reicht von Null, also einer an Sicherheit grenzenden Wahrscheinlichkeit tödlichen Ausganges, von den sogenannten Letalfaktoren, bis zu passablen Größen, die auf fast eine Größenordnung an wahrscheinlichen Erfolg (10^{-1}) herankommen; zumal, wenn wir Vitalität, volle Lebensfähigkeit, zunächst schon als Erfolg gelten lassen wollen.

Aus den umfänglichen Kenntnissen, die man heute am Gebiete des Mutationserfolges besitzt[24)] müssen uns hier nur zwei Fakten interessieren. Erstens: Mit steigendem Umfang der mutativen Veränderung, mit der Zunahme der durch die Mutation veränderten Merkmale (Einzelereignisse) sinkt die Aussicht auf Erfolg. Zweitens: Die maximalen sichtbaren Erfolgschancen liegen bei einigen wenigen Prozenten. Wir gehen damit sicher, wenn wir annehmen, daß die mittlere Erfolgschance der Mutation einer Entscheidung, die nur ein einziges Ereignis ändert, bei 5–10% liegt (jedenfalls in einem Bereich zwischen 1% und 50%). Die erfolgreichen Änderungschancen (V_{ve}) werden darum geringer als P_m und geringer als P_e, nämlich $V_{ve} = P_m \cdot P_e$ sein.

Wie groß ist nun die Aussicht, daß zwei voneinander unabhängige mutativ veränderte Ereignisse von der Selektion akzeptiert werden?

[24] Vgl. z.B. *Hadorn* 1961, *Mayr* 1970 und *Dobzhansky* 1951.

Wir müssen erwarten: P_{e1} für das eine, P_{e2} für das zweite Merkmal. Die Mutante, also der Träger dieser Veränderungen, hat aber eine geringere Chance, akzeptiert zu werden. Diese entspricht dem Produkt dieser beiden Einzelchancen (etwa P_{e1} 1/10 · P_{e2} 1/10 = 1/100). Die *Erfolgschance* (P'_e) einer Mutante wird dem Produkt der Einzelchancen der veränderten Ereignisse (oder Merkmale E) entsprechen: $P_e = P_{e1} \cdot P_{e2} \cdot \ldots P_{en}$, also

$$P_{ex} = P_e^{Ex} \qquad \text{(Formel 24).}$$

Stimmt aber das vom Außenmilieu geforderte Adaptierungsmuster mit dem vom Genom erreichten Systemisierungsmuster überein, werden also z.B. zwei Ereignisse (Merkmale) durch die Mutation einer einzigen Vorentscheidung leichtsinnig verändert, dann wird ihre Erfolgschance ebenfalls gleichsinnig getestet und nicht steigen. Sie wird $P^1{}_e$ und nicht $P^2{}_e$ betragen. Auch hier tritt also durch Systemisierung eine Veränderung nunmehr des *Erfolgsvorteiles* der Erfolgschancen (V_e) ein, die dem Kehrwerte der Einzelchance ($1/P_e$ oder $P^{-1}{}_e$) entsprechen kann, potenziert mit der Anzahl der weiteren (E') dependenten Einzelereignisse:

$$V_e = P_e^{-E'} \qquad \text{(Formel 25).}$$

Der Gesamterfolg der Systemisierung, hier die positive Änderung der erfolgreichen Realisationschancen, der *Realisations- und Erfolgsvorteil* (V_{ve}), einer Mutante wird folglich maximal dem Produkte aus den veränderten Realisationschancen, $V_{v/max.)} = P_m{}^{-R}$ (vgl. Formel 20, p. 127) und den veränderten Erfolgschancen $V_e = P_e{}^{-E'}$ (Formel 25) entsprechen:

$$V_{ve} = P_m{}^{-R} \cdot P_e{}^{-E'} \qquad \text{(Formel 26).}$$

(3) *Der Zusammenbruch der Vorteile* der Systemierung ist nun ein besonders charakteristischer Punkt. Er muß dort eintreten, wo die vom Außenmilieu geforderten adaptiven Änderungsmuster beginnen, mit den Systemierungsmustern des Genoms nicht mehr übereinzustimmen. Hier muß ich leider etwas vorgreifen. Wir werden den Umstand, daß die Systemierungsmuster die funktionellen Merkmalmuster – und damit die der Milieuanforderungen – kopieren, in Absatz IIID2, die Veränderung der Milieuanforderungen in den Kapiteln IV bis VII zu belegen haben. Ich will den Zusammenhang darum hier schematisch darlegen.

Die Vorteile der Systemisierung bleiben gegeben, wenn das Anforderungsmuster dem Systemierungsmuster stetig entspricht:

Nehmen wir an, ein systemisiertes Genom mit folgenden Eigenschaften (- bedeutet 1 bit_R)

Nr. der Entscheidung	1	2	3	4	5	6	7	8
1. Vorentscheidung	a	–	–	–	b	–	–	–
2. Vorentscheidung	a	–	b	–	a	–	b	–
Endentscheidung	a	b	a	b	a	b	a	b
Ereignis (Merkmal)	I	II	III	IV	V	VI	VII	VIII

soll eine adaptive Nische erreichen, welche die Merkmale I II III IV *I II III IV* fordert. Man sieht, daß sich vier Ereignisse (*E*) ändern müssen, wozu das systemisierte Genom nur die 1. Vorentscheidung Nr. 5, dasselbe nichtsystemisierte Genom aber die 1. Vorentscheidungen Nr. 5, 6, 7 und 8 zu mutieren hätte. Damit ist $R = 3$ und $E' = 3$. Der Exponent in $V_{ve} = P_m^{-R} \cdot P_e^{-E}$ wird damit positiv sein. Bei $P_m = 10^{-4}$ und $P_e = 10^{-1}$ *ergibt sich die positive Änderung der erfolgreichen Realisationschance (gegenüber dem nicht systemisierten Genom) von* $V_{ve} = 10^{-4 \cdot (-3)} \cdot 10^{-1 \cdot (-3)} = 10^{12} \cdot 10^{3} = 10^{15}$; ein enormer Adaptierungsvorteil, entsprechend einer Zahl mit 16 Stellen vor dem Komma.

Die Nachteile der Systemisierung treten auf, wenn das Anforderungsmuster (das Außenmuster, die Milieubedingungen) dem Systemisierungsmuster, dem Binnen- oder Epigenese-System nicht mehr entspricht:

Verwenden wir dasselbe Beispiel eines systemisierten Genoms, nehmen wir aber an, es soll eine adaptive Nische erreichen, welche nun die Merkmale I II III IV *I* VI VII VIII fordert. Man sieht in diesem konträrer Fall, daß im identischen, doch nicht systemisierten Genom lediglich in der 1. Vorentscheidung Nr. 5 zu mutieren wäre, wohingegen im systemisierten zudem die Nr. 6, 7 und 8 mutativ wieder als independente Einzelentscheidungen eingesetzt werden müßten. Die Änderung der erfolgreichen Realisationschance (wieder gegenüber dem nicht systemisierten Genom) wird negativ werden. Es müssen drei, bislang als redundant eingesparte Entscheidungen wieder mit Hilfe des Zufalles ($P_m = 10^{-4}$) eingefügt ($R = -3$), die Einsparung aufgelöst werden. Zudem kann es sein, daß die Erfolgschancen ($P_e = 10^{-1}$) dreier bisher korrelierter Merkmale neuerdings getrennt ($E = -3$) von der Selektion getestet werden.

Damit kehren sich bei dieser Änderung (der erwartbaren Realisationschance) die Vorzeichen um: $V_{ve} = P_m^R \cdot P_e^{E'} = 10^{-4 \cdot 3} \cdot 10^{-1 \cdot 3} = 10^{-12} \cdot 10^{-3} = 10^{-15}$; und das entspricht einem enormen Adaptierungsnachteil, entsprechend einer Realisationschance, die erst nach 14 Nullen nach dem Komma zu erwarten ist.

(4) *Die Bürde einer Determinationsentscheidung* im systemisierten Genom hängt von der Anzahl der Entscheidungen ab, die sie vertritt, und von der Anzahl der Ereignisse (Merkmale), die sie zudem zur Folge hat. Stimmen die geforderten Adaptierungsmuster mit dem Systemisierungsmuster überein, dann wird diese ›latente‹ Bürde nicht empfunden. Im Gegenteil, die Systemisierung fördert die Chancen adaptiven Erfolges. Sobald aber die Muster voneinander abweichen, führt die Bürde zu einer drastischen Minderung der Erfolgschancen, zum *Realisations- und Erfolgsnachteil* ($V_{ve\,(neg.)}$), zum Kehrwert der bisherigen Vorteile:

$$V_{ve\,(neg,)} = P_m^R \cdot P_e^{E'} \qquad \text{(Formel 27).}$$

Wir können auch getrost das weniger gewichtige P_e weglassen, wenn Unsicherheiten in seiner Bestimmung auftreten. Allein die Differenz von $V_v = P_m^{-R}$ und $V_{v\,(neg.)} = P_m^R$ wird genügen, um neben den außerordentlichen Vorteilen, welche die Systemisierung des Genoms bieten kann, auch die ebensolchen Nachteile zu sehen, welche die Folge der Bürde von Determinationsentscheidungen sein können.

(5) *Kanalisierung der Evolutionschancen.* Die Folge ist eine Einengung der evolutiven Möglichkeiten, die aber nicht gleichmäßig den Prozeß der adaptiven Veränderungen drosselt, sondern (der ›Metamorphose‹ in *Goethes* Sinn), und das ist das Charakteristische, dabei ganz den Mustern der Bürde folgen muß. Und diese Bürdemuster entsprechen den Systemisierungsmustern der Determinationsentscheidungen im Genom.

b. Freiheit, Determination und Überdetermination

Weiterhin gilt es als ausgemacht, daß Freiheit selbst in der Evolution eine relative Sache ist. Wie haben wir also Freiheit im Rahmen des Determinations-Geschehens zu beurteilen.

Die Freiheit im Rahmen von Gesetzen besteht im Alltag in jenen Übertretungen, die toleriert oder nicht bemerkt werden, oder allein in einem ganz gewissen Maß an Konfusion in Legislative, Exekutive und in jenen, von welchen erwartet wird, daß sie solche Gesetze auch befolgen. Im Bereiche der Gesetzgebung der genetischen Determinationsentscheidungen beschrieben wir diesen Grad an Freiheit zunächst als ›Mutationsrate‹. Womit festgestellt wird, daß in einem bestimmten Ausmaße, nämlich in maximal jedem zehntausendsten Falle, jeder Stelle des Gesetzestextes die ›Freiheit‹ einer Veränderung eingeräumt ist; daß über Art, Ort und Zeitpunkt derselben der Zufall entscheidet und daß dies in den molekularen Bedingungen dieser Gesetzesform notwendig begründet sei. Jene Freiheit ist das Fehlermaß dieses speziellen Determinationsgeschehens. Hinzu kommt noch ein Überwachungsmechanismus, Grenzen der Erfolgschancen genannt, der angibt, daß auch von den kleinsten Textänderungen höchstens jede zehnte bis hundertste geduldet wird.

Im Prinzip hätte jede Textstelle und somit der gesamte Text nur nach jeder millionsten (10^{-6}) Replikation die Chance, völlig verändert zu werden. Das ist gewiß, verglichen mit unseren Maschinen oder den übrigen Lebensgesetzen, eine ganz erstaunliche, ja unglaubliche Präzision. Es ist aber auch, vergleicht man die Anzahl der Reproduktionen und Änderungschancen über wenigstens eine Jahrmilliarde (10^9) mit dem Ergebnis, eine unglaubliche Ungenauigkeit. Nehmen wir im Durchschnitt nur einen Reproduktionsschritt pro Jahr (was wieder sehr vorsichtig ist), so wäre zu erwarten, daß sich jedes Merkmal jeder Ahnenreihe jedes rezenten Organismus bereits tausendmal ($10^{-6} \cdot 10^9 = 10^3$) völlig, ja bis zur Unvergleichbarkeit verwandelt hätte. Das ist aber keineswegs der Fall.

Gewiß haben sich unzählige Merkmale tausendfach gewandelt (man male sich beispielsweise den Wandel der Zeichnung der Hautbedeckung unserer Vorfahren seit den Vorläufern der fischartigen Organismen aus), aber ebenso hat sich eine Vielzahl so gut wie unverändert erhalten (vom Zentralkanal des Rückenmarkes bis zu den Spermienschwänzen, Ribosomen und Nucleotidbasen).

Hier handelt es sich um eine Determination, die mindestens tausendfach, wahrscheinlich hunderttausend- bis millionenfach über die Präzision des Grundmechanismus hinausgeht, um eine *Überdetermination*; eine Superpräzision, die weder der Mechanismus der einzelnen Determinationsentscheidungen, noch der ihrer Überwachung allein zu erreichen vermöchte, sondern die auf jenen Systembedingungen beruht, deren Glieder wir als Systemisierung, Bürde und Kanalisation beschrieben. Nicht nur die Muster, auch die Stabilitätsgrade der organischen Ordnung verlangen diese Erklärung.

c. *Zubau und Abbau von Entscheidungen*

Endlich ist noch eine Frage nachzutragen: Wenn, wie wir behaupten, die Determinationsentscheidungen des Genoms verschiedene Ränge einnehmen, in welchem Range müssen wir erwarten, daß der Zubau weiterer Entscheidungen erfolgen werde. Denn daß sich der Gesetzestext mit der Evolution seiner Träger erweitert, ist zu fordern und erwiesen.[25)] Auch darüber läßt uns die Konsequenz von Rang und Bürde schlüssig werden.

Neue Entscheidungen müssen, da über Art, Ort und Zeitpunkt ebenso der Zufall verfügt wie bei den Änderungen, hinsichtlich ihrer Erfolgschancen auch wie diese beurteilt werden; und wie wir sahen (Formel 24), diese Chance (P_e) nimmt mit der Zahl der von der Entscheidung betroffenen Einzelereignisse (E) exponentiell ab. Sie werden daher in den niedersten Rängen und mit großer Häufung im niedersten als neue Nucleotidgruppen in den Strukturgenen zu erwarten sein; und erst schrittweise in höhere aufgenommen werden können.

Ähnliches muß für den Abbau gelten. Der Verlust hochrangiger Vorentscheidungen hat eine verschwindende Chance, toleriert zu werden. Zu- und Abbau muß daher eine Drift zu den niederen Rängen ergeben; der Wechsel zu den höheren ist ein Teil der generell fortschreitenden Systemisierung, welche die Theorie von jedem Genom erwarten läßt.

[25] Man vgl. z.B. *Britten* und *Davidson* 1969 und die dort zusammengestellten Fakten.

3. Modell und molekulare Realisation II

In einem molekularen Code von Determinationsentscheidungen, deren Überlebenschancen davon abhängen, daß die Dechiffrierungsergebnisse ihrer zufälligen Fehler eine zweckmäßige Adaptierung des Ganzen ergeben, ist noch das Entstehen von zwei weiteren Abhängigkeiten zu erwarten. Wir haben diese schon als die Simultan- und Sukzedan-Abhängigkeiten bezeichnet (Abs. IIB4).

Ihre Systemisierung behandle ich hier nach den ›ersten Konsequenzen‹ (Abs. IIIC2), weil diese bereits einen gewissen Einfluß ausüben. Im Prinzip sind es jedoch weitere zwei elementare Schaltungen, die ›Gleich- und Folgeschaltung‹, für welche das Modell und die molekulare Realisation darzulegen sind.

a. Die Gleichschaltung: ›Wenn N, dann M‹

Gleichschaltungen sind in Elektrogeräten überall dort eine Selbstverständlichkeit, wo zwei zunächst getrennte Ereignisse nur gemeinsam funktionieren sollen. Soll z.B. in einem Dia-Projektor die Lampe nicht ohne laufendes Gebläse brennen, dann kann man wohl das Gebläse getrennt, die Lampe aber nur mit diesem einschalten; mit dem Ziele, ein Überhitzen der Lampe durch ein Schaltversehen zu vermeiden.

Analog dazu müssen wir erwarten, daß funktionell interdependente Merkmale (z.B. Organe) in Organismen eine Gleichschaltung der Entscheidungen, auf welchen sie beruhen, nach sich ziehen werden. Gelingt es beispielsweise, mit dem Einschalten der Determinationsentscheidungen zur Herstellung der einen Gelenkfläche auch die zur Herstellung der anderen einzuschalten, dann ist wieder ein großer Selektionsvorteil erreicht. Er muß mindestens so groß wie P_m^{-1} sein, wird aber wohl stets noch wesentlich darüber hinausgehen. Das ist darauf zurückzuführen, daß unsere bislang verwendete bescheidene Hypothese ›ein Merkmal eine Alternative‹ bei der Änderung komplexer Einheiten keineswegs mehr zutreffen kann. Die Zahl der Alternativen muß mit den beteiligten Einzelereignissen wachsen sowie mit dem Umfange der geforderten Genauigkeit.

Räumen wir z.B. jeder Gelenkfläche auch nur 10 Einzelmerkmale (E' und E'') ein, dann sind im Falle ihrer unabhängigen Schaltung 100 ($=E' \cdot E''$) verschiedenartige Änderungen zu erwarten. Kann aus diesen von der Selektion nur eine akzeptiert werden, dann müßte sich die Erfolgschance auf $1/(E' \cdot E'') = 1/100$ reduzieren. Schließt nun die Gleichschaltung nicht nur den Zeitpunkt, sondern auch die Art der Änderung ein, dann steigt die Trefferchance von 1/100 auf 1/10, also auf das E-fache. Der Selektionsvorteil muß dann $V_v = E \cdot P_m^{-1}$ sein. Ist auch quantitative Abstimmung einbeschlossen, dann steigt er noch x-mal weiter.

In unserer Formulierung würde hier der *Realisationsvorteil unter Interdependenz-Bedingungen* (V_{vx}) lauten:

$$V_{vx} = X \cdot E \cdot P_m^{-R'} \qquad \text{(Formel 28).}$$

wobei X dem Genauigkeitsgrad der geforderten Dependenz und R' der neu entstandenen Redundanz entspräche.

Auch bei dieser Gleichschaltung wird ja Redundanz abgebaut. Es sind das jene, zunächst getrennt erforderlichen bit_D (Determinationsentscheidungen), die dadurch redundant werden, daß die von ihnen determinierten Ereignisse beim Eintreten in funktionelle Abhängigkeit durch das Abhängigwerden, d.h. Übereinstimmen der Entscheidungen, adaptive Vorteile gewinnen.

Das Ausmaß des Vorteils einer einzigen solchen Schaltung liegt bei nur je zehn Genauigkeitsstufen ($X = 10$) und beteiligten Einzelereignissen ($E = 10$) bei einer Million ($V_{vx} = 10 \cdot 10 \cdot 10^4 = 10^6$).

Bei einem solchen nicht linearen Code ist es von Bedeutung, daß einzelne Entscheidungsgruppen über beliebig viele Einzelentscheidungen hinweg gleichgeschaltet werden können. Der Fachmann weiß, daß auch diese Forderung an die ›chemischen Nachrichten‹ vom genetischen System in wunderbarer Weise gelöst worden ist.

b. Das Regulator-Repressor-System

Wie wir bei der Forderung des ›Wechselschalters‹ fanden, daß, an einem Operator beginnend, die festgelegte Nachrichtensequenz unmittelbar anschließender Strukturgene abgerufen werden kann (Operator-System, Abs. IIIC1d), müssen wir nun erwarten, daß von einem Gleichschalter die Aktivität auch distanter Operonen zu steuern ist.

Diese Gleichschalter hat man als *Regulator*-Gene, ihre Nachrichten als die *Repressoren* kennengelernt. Halten wir zunächst Schaltung und Gleichschaltung auseinander.

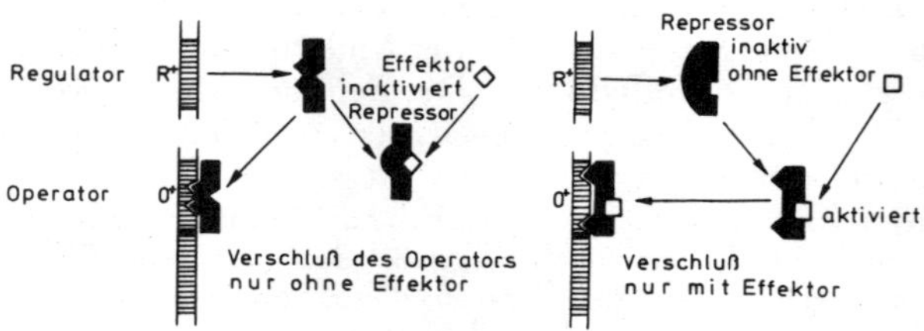

Fig. III9–10: *Das Regulator-Repressor-System.* Beispiel einer ›negativen Kontrolle‹ der Operon-Aktivität unter Mitwirkung eines Effektors. 9: Schema der Induktion katabolischer Operonen (Effektor inaktiviert) 10: Schema der Repression anabolischer Operonen (Effektor aktiviert). Vgl. Figur III8. (Aus *Bresch* und *Hausmann* 1970).

(1) *Die Schaltung*: Die Wirkung des Operatorgens war strukturgebunden (nur *cis*-Konfiguration) auf das *Cis*tron (Operon) beschränkt. Man fand aber Gene mit *Fernwirkung* (cis oder *trans*). Dieser fundamentale Unterschied beruht darauf, daß die Nachricht dieser Regulator-Gene in Mengen ins Plasma abgesendet wird; in den Korb des unsortierten Posteinlaufes. Diese Telegramme, das Produkt des Regulator-Gens (des Repressors), enthalten zwar alle nur den Befehl ›ja‹ oder ›nein‹, aber die genaue Adresse eines Operators. Sobald auch nur ein Stück dieser Massensendung den Adressaten, auf den es paßt, erreicht, heißt es beispielsweise ›nein‹. Man stellt sich vor, daß das Regulator-Molekül im Schlüssel-Schloß-System das Operator-Molekül sucht, bei gefundener Passung sich anlagert und wie ein Deckel die Operon-Funktion verschließt (Fig. III9–10).

Weiter müssen (und dürfen) wir hier nicht vordringen. Der Molekulargenetik geht es dann auch besonders um die Steuerung bei der Bildung der Enzyme (komplizierte Proteinmoleküle) und um die Allosterie, d.h. die doppelte Spezifität des Repressors, die Ja-nein-Wandlung der Nachricht. So kann ein *Effektor* (bei der Induktion katabolischer Operonen; Fig. III9) das Nein in ein Ja verwandeln oder (bei der Repression anabolischer Operonen; Fig. III10) das Gegenteil.[26)]

Neben all dieser ›negativen Kontrolle‹ beginnen sich aber nun auch Systeme *positiver Kontrolle* abzuzeichnen, wobei ein, durch einen Effektor allosterisch regelbarer *Aktivator* die nun im Ruhezustand selbst ruhende Genablesung aktiviert.[27)]

(2) *Die Gleichschaltung* von Operonen ist mit diesem Mechanismus nun in jeder Weise vorbereitet. Es kommt nur mehr darauf an, daß das weniger Erstaunliche eintritt, die Spezifität eines Repressors nicht nur an einer einzigen (unter den unzähligen) Adressen paßt. Und das ist nicht nur nach den Molekularbedingungen wahrscheinlich, sondern auch nach dem außerordentlich hohen, damit erreichbaren Selektionsvorteil mit einer an Gewißheit grenzenden Wahrscheinlichkeit zu erwarten.

Tatsächlich ist dieser Vorgang auch bereits ein fester Bestandteil des Theorems der Molekulargenetik. Wir haben das mit den Prinzipien und Phänomenen von *Gruppenschlüssel* und *Transdetermination* (in Abs. IIIC1d, p. 135) auch schon erörtert.

Soweit die molekularbiologische Seite. Ein ungleich größeres Material, welches nur mit dem Vorliegen dieser Gleichschaltungen zu verstehen ist, werde ich im Kapitel VI morphologisch-entwicklungsphysiologisch vorlegen.

[26] Die Einzelheiten dieser, teils wieder auf *Jacob* und *Monod* zurückgehenden Entdekkungen zweier Jahrzehnte, sind wieder in *Bresch* und *Hausmann* 1970, übersichtlich dargestellt.

[27] *Sheppard* und *Engelsberg* 1967, sowie *Gross* 1969.

c. Die Folgeschaltung: ›N nur nach A‹

Diese letzte zu erörternde Verdrahtungsvorschrift sieht sogleich wie eine Selbstverständlichkeit aus, so unmöglich scheinen alle drei bisher beschriebenen Schaltungsweisen, könnten sie sich nicht auf jene stützen. Es ist dieselbe Selbstverständlichkeit, die etwa beim Plattenspieler erst auf das Abheben des Tonarmes das Einschwenken und das Aufsetzen folgen läßt, bei der Waschmaschine erst auf das Füllen das Erhitzen und das Drehen der Trommel; und hundert andere Abfolgen, die uns täglich so evident sind, daß sie gar keiner Explikation bedürfen.

Im genetischen System ist die Sache aber noch durch einen Umstand kompliziert, der zwar ebenso notwendig, uns aber weniger vertraut ist, weil er in unserem Alltag nicht ohne weiteres sichtbar wird: Die Bauvorschriften selbst werden in der Betriebsanleitung von Gerät zu Gerät mitkopiert. Und weil jedes seine Geschichte hat, ist in jeder Bauanleitung (des Plattenspielers, der Waschmaschine) auch die Dokumentation ihrer eigenen Entwicklungsschritte zu erwarten. Um die absolute Notwendigkeit zu beweisen, daß auch die historischen, ›veralteten‹ Entscheidungen vorrätig sein müssen, habe ich ein zureichend vereinfachtes Beispiel metrisch darzulegen.

(1) *Die Unmöglichkeit, metrisch*: Nehmen wir zur Veranschaulichung an, wie das Fig. III11–16 zeigt, daß ein Buchstabe (analog für ein

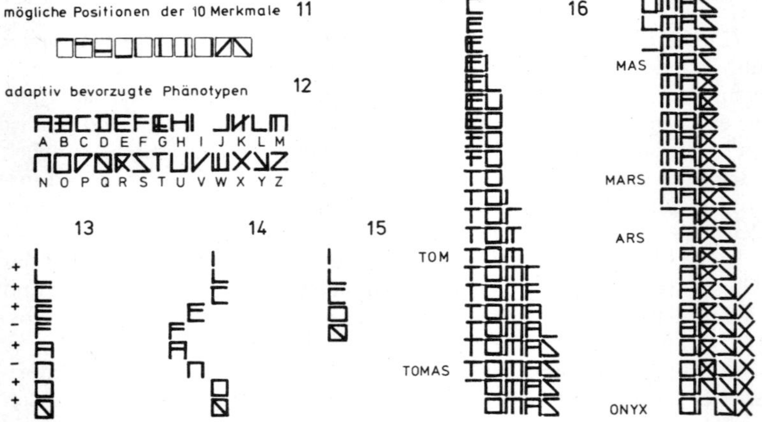

Fig. III11–16: *Das ›Order-on-Order‹-System* zum Schema einer adaptiven Veränderung von Buchstaben. Die zehn Merkmale (11), die die Buchstaben (12) zusammensetzen, ändern sich (von oben nach unten, durch Zufügung (+) oder Weglassung (–) (13) und bilden Umwege (14 gegenüber 15), die ein finales Prinzip vermeiden könnte. 16: Die ›ontogenetischen‹ Stadien ›TOM‹ bis ›ARS‹ der End- oder Adult-Form ›ONYX‹ zur Illustration eines Falles noch immer geringer Komplexität (Orig.).

extrem einfaches technisches oder biologisches System) schrittweise adaptiv aufgebaut und modifiziert wird, so finden wir, daß nach Durchlaufen der Serie ILCEFANO (Fig. III13) der rezente Phänotypus ›O‹ ungleich leichter über diesen Umweg das ›Q‹ bilden kann, als die viel kürzere Reihe ILCOQ (Fig. III15) durch den reinen Zufall.

Zur Metrik folgende Spielregel: Gegeben sei ein Raster mit Positionen für zehn Balken (Merkmale). Jedes Merkmal kann mit gleicher Wahrscheinlichkeit ($P_m = 10^{-4}$) pro Reproduktionsschritt verschwinden oder in unbesetzten Positionen auftreten, d.h. in 9 von 10 möglichen Positionen falsch postiert sein ($P_e = 10^{-1}$). Die Chance jedes Schrittes ist entsprechend $P_m \cdot P_e = 10^{-5}$, so auch von ›O‹ zu ›Q‹. Die Chance jedoch, E Merkmale positions- und abfolgegerecht durch den Zufall aufzubauen ist $(P_m \cdot P_e)^E$.

Der Selektionsvorteil V_{vet}, einen Phänotypus über große, aber durch Determinationsentscheidungen festgelegte Umwege und nur eine letzte Zufallsentscheidung zu erreichen, als dessen Bildung auf kürzestem Wege ganz durch den Zufall, ist $(\frac{1}{Pm \cdot Pe})^{(E-1)}$ *oder:*

$$V_{vet} = (P_m \cdot P_e)^{(1-E)} \qquad \text{(Formel 29).}$$

Es handelt sich um die *Realisations- und Erfolgsvorteile unter Tradierungs-Bedingungen*. In unserem Beispiel, ILCEFANO (det.) in ILCEFANOQ zu transformieren, anstelle ILCOQ direkt durch den Zufall aufzubauen, entspricht der Vorteil $V_{vet} = (1/P_m \cdot 1/P_e)^{(E-1)}$, *bei* $E = 5$, $V_{vet} = (10^4 \cdot 10)^4 = 10^{5 \cdot 4} = 10^{20}$, einer Zahl, die mit zwanzig Nullen anzuschreiben wäre.

Dasselbe Beispiel enthält allerdings noch die Möglichkeit, den Umweg durch eine Mutation im ›Embryonalstadium‹ ›C‹ abzukürzen (Fig. III14), indem die Determinationsentscheidung von ›C‹ → ›E‹ mutativ aufgelöst und jene von ›C‹ → ›O‹ neu gebildet wird. Aber auch dann muß noch auf die Koinzidenz mit einer zweiten Mutante, nämlich ›O‹ → ›Q‹ gewartet werden. Die Chance der Abkürzung ist damit wohl noch gegeben, aber hunderttausendmal geringer ($V_{vet} = 10^{-5}$); und mit zunehmender Komplexität würde sie aber ebenso völlig verschwinden (Fig. III16).

Was in der Welt der Konstruktion von Mechanismus und Organismus der Forderung entspricht, jede Neuentwicklung nur über das Durchlaufen aller bisherigen Entwicklungsschritte vornehmen zu können, ist mit so stark vereinfachten Modellen nicht darstellbar: Etwa das Pneumatikrad nur aus dem Vollgummirad, dem Speichenrad, dem Vollscheibenrad, dem Walzenrad, der Walzenunterlage denken zu können. Wir werden das in der somatischen Eröterung (Kap. VII) ausführlich nachholen. An dieser Stelle müssen wir aber noch die Systemisierungsmerkmale der Folgeschaltung untersuchen.

(2) *Zeit und Redundanz*. Die Folgeschaltung bringt erstmalig die Wirkung der Zeitachse in die Diskussion, ja sie ist die Zeitkomponente für alle drei anderen Verdrahtungsmuster. Und das hat zur Folge, daß

die uns innerhalb des Zeitquerschnittes vertrauten Begriffe wie Redundanz und Umständlichkeit weitere Eigenschaften zeigen.

Wir erinnern uns, als das Wesen der Systemisierung die Vermeidung von Wiederholungen und Weitschweifigkeit im Setzen von Determinationsentscheidungen erkannt zu haben, *weil eine in ihrer Entwicklung auf Zufallsentscheidungen begründete Ordnung umso leichter adaptiv nachzuordnen ist, je mehr sie sich der Wirkung des unerwünschten Zufalles entziehen kann.* Dieser Kern der Sache, gewissermaßen das Paradoxe dieses Evolutionsmechanismus, kommt hier klar zutage. Wiederholung, Umständlichkeit, ja Widerrufung und Umwegigkeit in der Ordnungsbildung spielen sogleich keine Rolle mehr, sobald die dahinterstehenden Entscheidungen von der Unverläßlichkeit adaptierenden Zufalles abrücken, sobald sie notwendige Geschichte werden.

Diejenigen Entscheidungen, um beim Beispiel (Fig. III13) zu bleiben, welche den Aufbau der Ereignisse ILCEFANOQ neu etablieren sollten, sind in dem Sinne redundant, als jene, die bis zum Gliede ›O‹ führen, dem Zufall gar nicht mehr ausgesetzt werden müßten. Unabhängig davon, wie ›umständlich‹ der Geschichte gewordene Weg erscheint.

Umständlichkeit im vorliegenden Sinne ist der Einbruch des Zufalles in Determinationsgesetze. Das Hin und Her der Milieubedingungen, welches die Adaptierungswege des sich Ordnenden in krumme Bahnen zieht, bleibt für die uns gegebenen Möglichkeiten der Einsicht ein Spiel des Zufalles. Das Anorganische der Geschichte hat keinen Sinn, es ist nur existent.

d. Das ›Order-on-Order‹-System

Die Etablierung der Folgeschaltung im molekularen Bereich des genetischen Systems ist ebenso selbstverständlich, aber zudem so durchsichtig, daß ich keine langen Worte machen muß. Worin sollte denn auch irgendeine neue Determinationsentscheidung zur Wirkung kommen wenn nicht in einem System, das dem Zufall bereits fast ganz entzogen ist. Ja es bedurfte der Kreativität eines Mannes wie *Erwin Schrödinger*[28)], um über die Selbstverständlichkeit des Faktenmaterials hinauszusehen.

In seinem ›Order-on-Order‹-Prinzip wird der Nachweis geführt, daß, was sich seither vollends bewährte, Ordnung auf Ordnung beruhen muß; und daß, wie wir hinzufügen können, dem Zufall, der sie ergänzen und der in sie übergeführt werden muß, nur ein verschwindender Anteil im System eingeräumt werden kann.

Im somatischen oder morphologischen Bereich der Biologie ist jedoch das Ergebnis, die Konsequenz dieser Folgeschaltung, ein höchst komplexes und viel

[28] Erstmals im Band »What is Life« 1944.

weniger transparentes Gebiet, mit dessen Untersuchung (im Kap. VII) wir noch zahlreiche Bausteine und Beweise werden einfügen können.

Blicken wir einen Augenblick zurück, so stellen wir fest, daß mit einer an Sicherheit grenzenden Wahrscheinlichkeit zu erwarten ist, daß die Systemisierung genetischer Determinationsentscheidungen in vier Mustern geordnet sein wird. Wir haben das mit den ganz außerordentlichen Selektionsvorteilen begründet, die darauf beruhen, daß vier grundlegende Verdrahtungsmuster die Abhängigkeit der Adaptionsauflagen vom Zufall stark reduzieren. Dabei erinnern wir uns auch des Umstandes, daß diese vier Schaltmuster sich vielfach gegenseitig bedingen, ja einander voraussetzen und auch in dieser Weise eine Einheit, in der Funktion ein Ganzes bilden. Sie repräsentieren – wie wir finden werden – alle Symmetrien möglicher Dependenz! Nachdem auch die Realisation dieser Schaltmuster im molekulargenetischen Geschehen nachgewiesen wurde, kann der nächste Schritt getan werden.

Wir müssen die Frage stellen, ob und in welcher Weise zu erwarten ist, daß diese molekularen Schaltungsmuster makroskopische Ordnungsmuster zur Folge haben.

D. Systemisierungs- und Merkmalsmuster

(1) *Den Schlüssel zur Lösung* dieses Zusammenhanges besitzen wir bereits. Er setzt sich aus den Begriffen Bürde, Überdetermination und Kanalisierung zusammen (vgl. Abs. IIIC2). Und was er aufschließt, ist das Prinzip ›Unfreiheit von morgen für Freiheit von heute‹. Der Mechanismus endlich besteht im Zusammenhang zwischen jeweils einer Vorentscheidung und der Anzahl von ihr abhängiger Ereignisse (Eigenschaften, Merkmale) *E*, welche die Erfolgschancen der Adaptierung potenziert (Formel 24 und 25). Bereits er müßte sich im Strukturbereich sichtbar machen.

(2) Werden aber nicht die Nachteile von heute, welche für die Vorteile von gestern zu bezahlen haben, auch die ursprünglichen Erfolgsmuster wieder einschleifen? Das Gegenteil ist der Fall. *Die Vorteile gehen wohl kompensatorisch wieder verloren, die Bürdemuster des Molekularbereiches aber werden im Somabereich verstärkt.* Die molekularen Ursachen haben in den somatischen echte Partner; im Sinne eines wechselseitigen, funktional-kausalen Zusammenhangs. Letztere sollen in den Kapiteln IV bis VII dargelegt werden. Beschränken wir uns hier auf einen Abriß des Prinzipes.

1. Merkmalsmuster sind Systemisierungsmuster

In dem Antagonismus von Genotyp und Phänotyp wollen wir zunächst die anschaulichere der beiden Perspektiven verwenden, mit der

Frage; welche Konsequenzen müssen die vier Systemisierungsmuster im Phänbereiche haben?

a. Repetierschaltung, Nucleinsäure und Norm

(1) Die wiederholte Replikation identischer DNS-Passagen und deren Auswertung muß zu jenem Ordnungsmuster des Phänbereiches Anlaß geben, das wir (in Abs. IIB3a) Norm genannt haben. Und da wir Normteile sowohl in allen Komplexitätsstufen, von den Proteinen bis zu den kompletten Individuen antrafen, als auch die Replikations-Strecken an der DNS prinzipiell nicht begrenzt fanden, muß auf eine vollständige Übereinstimmung der Muster geschlossen werden: der Verdrahtungsmuster der Replizierschaltung im Gen- und der Normativmuster im Phänbereiche.

(2) Die Kanalisierung der Normteile im Phänotypus beruht nun auf ihrer Bewahrung; auf den beträchtlichen Schwierigkeiten, welche die Selektion jeder Abweichung von der Norm entgegensetzt. Wir werden das im Kapitel IV ›Norm‹ genau untersuchen. Hier sei nur vorweggenommen, daß der Grad der Fixierung einer Norm mit der Anzahl der Positionen zusammenhängt, die seine Mitglieder im Organismus einnehmen, sowie mit der Bürde, welche sie zu tragen haben.

Zur Illustration denke man z.B. an die Gewindenorm von Glühbirnen, deren Änderung solange von der Marktselektion zurückgewiesen würde, als eine ganz andere Industriegruppe zureichend viele Arten von Fassungen (durch den Zufall) völlig entsprechend geändert hat (vgl. Fig. IV 36, p. 186).

b. Vorschaltung, Operon, Hierarchie

Das Hierarchiemuster ist weniger transparent als jenes der Normen. Jedenfalls bin ich vielfach in die Irre gegangen, bevor ich den Zusammenhang sah. Und da auch die Darstellung entsprechend schwieriger ist, will ich möglichst genau verfahren.

(1) Gehen wir vom Operon aus. Wir fanden es zusammengesetzt aus ein bis zwei Vorentscheidungen (Promotor- und Operatorgen), die einer Reihe von End-Entscheidungen (den Srukturgenen) die Weichen stellen. Im Falle einer Hemmung der Vorentscheidung bleiben alle Nachentscheidungen aus. Damit ist jene Elementarstruktur der hierarchischen Ordnung von Entscheidungen etabliert, die wir bereits beim Studium des Abbaues verdeckter Redundanz (vgl. Abs. IB2d) kennengelernt haben. Es handelt sich funktionell um denselben Zusammenhang, wie wir ihn zwischen ›letzter Vorentscheidung‹ und ›End-Entscheidung‹ vorfanden. Seine Etablierung wird durch jene außerordentlichen Selektionsvorteile forciert, die der Abbau verdeckter Redundanz bietet.

Nun besteht nach dem Mechanismus dieser Gruppenordnung von Determinationsenscheidungen in der molekularbiologischen Forschung – wie wir sahen – aller Grund zur Annahme, daß es zu periodischer Musterbildung kommt, zur Etablierung von Entscheidungen (Promotor-Operatorsystemen), die mehreren Operonen übergeordnet sind (Gruppenschlüssel‹ in Abs. IIIC1d); ja, daß sich dieselben bis zu außerordentlich komplexen Systemen, zu Vorentscheidungen von hohen Rängen (›Transdeterminations-Phänomen‹) aufbauen. Dies entspricht den Serien übereinandergeordneter Vorentscheidungen, wie sie zum Abbau verdeckter Redundanz immer effektiver und von der Selektion immer massiver gefördert werden müssen.

Damit sind alle Bedingungen des Hierarchiemusters erfüllt: die Dreiecks-Einheiten von Vor- und Endentscheidungen, wie der Überbau der weiteren Vorentscheidungen. Eine Koinzidenz genetischer und somatischer Hierarchiemuster ist also unverkennbar.

Ich muß aber daran erinnern, daß die Intransparenz des Problemes ja auch noch darin besteht, die morphologischen Derivate des Hierarchiephänomens (wie in Abs. IIB3 geschildert) als solche zu erkennen. Der Klärung dieser Frage wird das ganze Kapitel V eingeräumt werden.

Die Durchsetzung des hierarchischen Entscheidungsmusters wird durch seine enormen Selektionsvorteile erzwungen: Seine Haltbarkeit zunächst durch die mit dem Rang der Vorentscheidung exponentiell wachsende Bürde, welche die Chancen erfolgreicher Änderung ebenso exponentiell herabsetzt.

(2) Wieder stehen wir vor derselben entscheidenden Frage: Müssen wir nicht damit rechnen, daß die Nachteile der Kanalisierung (Herabsetzung der Adaptierbarkeit der Merkmale) durch die Selektion im somatischen Bereich wieder eine Einebnung der Muster erzwingen wird. Wieder ist das Gegenteil der Fall. *Die adaptive Modifizierbarkeit schwindet zwar in Abhängigkeit von der Bürde; das Hierarchiemuster wird aber selektiv nur verstärkt, weil die funktionellen Bürdegrade der Merkmale jenen ihrer Determinationsentscheidungen ganz entsprechen.* Gen und Merkmal bilden ja auch für die Selektion ein Ganzes. Gen- und Merkmalshierarchie ist eine semantische Unterscheidung. Die Koinzidenz ist in Wahrheit Identität des Mechanismus.

Wie ich bei der Untersuchung der morphologischen Hierarchiemuster (in Kap. V) ausführlich zeigen werde, hängen Entscheidungs- und Merkmalhierarchie auch im Aufbau voneinander ab. Der Genbereich setzt die möglichen Schalt-Vereinfachungen, der Phänbereich Inhalte und Grenzen der hierarchischen Struktur. Und diese besteht also darin, daß Entscheidungen wie Ereignisse nur durch ihre Untermerkmale einen Inhalt und nur innerhalb ihrer Übermerkmale einen Sinn haben.

Zur Illustration erinnere man sich, daß den Inhalt der letzten Vorentscheidung die Endentscheidungen, ihren Sinn aber die vorgerangten Vorentscheidungen ausmachen; der Inhalt der Wirbelsäule sind die Wirbel, ihren Sinn enthält der Bauplan der Vertebraten; der Inhalt des Begriffes Auto sind seine Typen, der nur im Begriffe der Fahrzeuge einen Sinn hat.

c. Gleichschaltung, Regulator, Interdependenz

Die Übereinstimmung der Strukturmuster von Gleichschaltung im Molekularbereich und von Interdependenz im somatischen ist leicht zu erkennen. In der abstrakten Form unserer Schreibung: ›Wenn N, dann auch M‹, sieht man auch sogleich, daß der Unterschied strukturell nicht größer ist als jener zwischen Entscheidung und Ereignis.

(1) Die eigentliche Frage der Übereinstimmung ist ja auch nicht die prinzipielle Ähnlichkeit der beiden Muster. Es ist die Frage nach der Identität der beiden. Aber gerade darin läßt sich leicht Gewißheit erlangen: Denn was genetisch gleichgeschaltet ist, wird auch im Phänbereiche zusammenhängende, dependente Änderungen erkennen lassen. Und solche zusammenhängende Änderungen mehrerer Merkmale durch Änderung einer einzigen Entscheidung sind als *Pleiotropie*-Phänomene wohlbekannt. Eine Gleichstellung muß in allen jenen Fällen vorliegen, in welchen Merkmale betroffen werden, die phylogenetisch getrennt entstanden, folglich erst später gleichgeschaltet worden sind.

Man sieht leicht ein, daß z.B. die gekoppelte Finger- und Linsenform des Auges (bei der Mutante Spindelfingrigkeit des Menschen), Fellfarbe und Knochenbau (›gl-Mutante‹ der Maus) independent entstandene Merkmale darstellen. Wir kommen auf Pleiotropie (oder Polyphänie) noch ausführlich zurück.

Von der Selektion ist nun zunächst zu erwarten, daß sie die Gleichschaltung jener Entscheidungen fördert, deren Phäne in funktionelle Abhängigkeit kommen. Und daß sie jene ausscheidet, die Phäne verbänden, die sich unabhängig voneinander adaptiv modifizieren müssen. In diesem Sinne ist eine echte Identität der Interdependenzmuster von Gen-Schaltung und Phän-Funktionen zu erwarten.

(2) Aber auch Interdependenz, so sehr sie von der Selektion gefördert werden muß, solange sie Funktionsabhängiges sinngemäß schaltet, wird zur Kanalisierung. Und zwar immer dann, wenn die ursprüngliche Funktionsabhängigkeit zweier Phäne (durch Funktionswechsel des einen Partners) abgeändert, aufgegeben und zuletzt sogar vermieden werden sollte. Kann die genetische Gleichschaltung aufgrund mit der Zeit übernommener Bürde nicht mehr zurückmutieren, dann wird wieder einmal der Vorteil von gestern zum Nachteil, zur Kanalisierung von heute.

Die adaptiven Vorteile werden mit dem Funktionswechsel der Interdependenten zur Kanalisierung, die aber durch Bürde und Selektion in Kraft bleiben kann (vgl. Kapitel VI).

Das Pleiotropiephänomen enthält ganz überwiegend solche Beispiele (siehe oben). Aber nicht deshalb, weil diese wirklich das Feld beherrschen, sondern weil sie unter allen interdependenten Einzelmutationen die auffälligsten sind. Die sinngemäßen Änderungen ursprünglich getrennter Merkmale sind ja auch nicht weniger erstaunlich, sie entsprechen nur mehr unserer Erwartung, z.B. die gleichmäßige Änderung von Beckenknochen und Beckenwirbeln, von Gehörknochen und Trommelfell, der letzten Molaren in Ober- und Unterkiefer. Erst im Synorganisationsphänomen wird die Gleichschaltung überraschend und damit (wie in Abs. IIB3c) zum bekannten Problem.

d. Folgeschaltung, ›Order-on-Order‹, Tradierung

Ganz ähnlich ist das Problem, Muster der Folgeschaltung und der Tradierung zu beurteilen. ›N nur nach A‹ muß am Gebiete der Entscheidungen prinzipiell dasselbe Muster ergeben wie auf dem der Ereignisse, die jenen folgen.

(1) Die erste Frage ist also wieder die nach der Identität. Nachdem die Änderungen aber nur in kleinsten Schritten Erfolg haben werden und zudem von der Selektion nur jene Folgen schrittweise zugefügter Entscheidungen akzeptiert werden können, deren wachsende Abfolgen von Ereignissen funktionell aufeinander abgestimmt sind, ist die Identität von beiden Mustern wiederum von einer an Sicherheit grenzenden Wahrscheinlichkeit. Was an Phän-Abfolgen etabliert werden konnte, wird darum in Folgen von Gen-Wirkungen geschaltet sein, und was in dieser Weise geschaltet ist, muß zunächst in identischen Abfolgen von Phänen sein Äquivalent haben.

Tradierung wird ja auch erst dann zum Problem, wenn die Umwege einer Bildungsfolge von Phänen, beispielsweise in der Embryonalentwicklung (wie das Fig. III16 symbolisiert), so groß geworden sind, daß man deren Notwendigkeit nicht mehr sieht. Man kann auch sagen: Wenn die funktionelle Notwendigkeit eines Vorganges oder einer Struktur nicht mehr unmittelbar gegeben ist, wie in der Verhaltensforschung[29)] und in der Kulturethologie[30)].

Ein solches Problem wird zum Rätsel, wenn die Vorteile der Wiederholung (von gestern) zu Nachteilen der Kanalisierung (von heute) geworden sind; wenn das zähe Festhalten an ›überholten‹ Bahnen eine ganze Art in den Tod treibt.

(2) Warum wird das Tradierungsmuster nicht überall abgebaut, wo es der Anlaß zu einer drastischen Beschränkung der Adaptierungs-Möglichkeiten geworden ist? Wir kennen den Grund bereits (aus dem Absatz IIIC3c und Abb. III11–16): *Kanalisation durch Tradierung wird unvermeidlich, sobald durch hohe Bürde von Entscheidungen des Fol-*

[29] Übersichten von *Eibl-Eibesfeldt* 1967 und
[30] von *Koenig* 1970 und *Lorenz* 1972.

gemusters die Erfolgschancen ihrer adaptiven Änderungen völlig schwinden.

Natürlich bleiben tradierte Muster nicht unberührt von der Selektion, die an manchen schon eine Jahrmilliarde und darüber sich modifizierend bemüht. Wir werden das in Kapitel VII untersuchen. Sie führt vielfach zu Vereinfachung, Generalisierung, ja zu einer Symbolik von Strukturen. Völlig aufgelöst werden ihre komplexeren Systeme nie.

2. Systemisierungsmuster sind Merkmalsmuster

Lassen Sie mich zunächst kurz überprüfen, wo wir angelangt sind. Wir haben festgestellt, daß die vier Grundmuster der strukturellen Ordnung koinzidieren und höchst wahrscheinlich kausal identisch sind mit den vier Grundmustern systemisierter Schaltung im Genom.

(1) Die Beurteilung dieser Feststellung wird von den Konsequenzen abhängen, die wir ziehen. Sagen wir ›die Wandlungsmuster von Ereignissen entsprechen den Wandlungsmöglichkeiten der sie determinierenden Entscheidungen‹, so werden wir das als eine Selbstverständlichkeit betrachten. Sagen wir aber ›die Ordnungsmuster des Phänotypus sind eine Konsequenz der Systemisierungsmuster des Genotypus‹, so wird das wahrscheinlich interessieren; denn was damit als eine Notwendigkeit abgeleitet ist, besagt nicht weniger, als daß die Ursachen der Ordnungsphänomene in den selbstentworfenen Systembedingungen der Organismen begründet sind. Sie sind ihnen keinesfalls von Milieubedingungen aufgeprägt. Es gibt keine Spezialsektionen, die Ordnungsmuster förderten. Es gibt nur eine Selektion. Und es sind die Möglichkeiten bzw. Unmöglichkeiten des Speicher- und Decodierungsmechanismus der Determinations-Entscheidungen, welche unter dem Drucke eben ein- und derselben Selektion die Bildung solch spezieller Systemisierungsmuster vorschreiben.

Man wird sich hier der Forderung eines ›inneren Prinzipes‹ erinnern, wie es so oft und energisch zur Erklärung des Ergebnisses der Evolution gefordert wurde (vgl. Abs. IA1a und IIC2). Wir haben zweifellos dieselbe Sprache vor uns, in wieviel verschiedenen Theorien sie auch vertreten wurde. Trotzdem zögere ich, das ein ›inneres‹ Prinzip zu nennen; es sei denn, man will mit ›innen‹ und ›außen‹ nicht mehr unterscheiden als mit Organismus und Leben, Struktur und Funktion oder Gegenstand und Beständigkeit.

Entscheidend sind nur die Systembedingungen, die wir deuteten. Mutation und Selektion erfüllen nichts als die uns schon bekannten Aufgaben.

(2) Wir können aber nicht nur feststellen, daß die Ordnungsmuster des Phänotypus eine Konsequenz der Systemisierungsmuster des Genotypus darstellen. Die Ordnungsmuster des Genotypus müssen vice versa eine Konsequenz der Systemisierungsmuster des Phänotypus sein. Wir sahen diese Wechselwirkung ja schon wiederholt.

Zu meinen, daß ein so komplexes Ganzes wie die Evolution der Organismen eine singuläre Ursache haben könnte, z.B. nur eine molekulare, und daß die Säuger, der Mensch und der Moses *Michelangelos* deren einsinnige Wirkung wäre, wäre ebenso naiv, wie darauf zu bestehen, daß nur die Funktion die Ursache der Struktur oder nur das Ei die Ursache der Henne sein könne.

Wenn wir nun sagen, ›die Wandlungsmöglichkeiten von Entscheidungen entsprechen den Wandlungsmustern ihrer Ereignisse‹, ist das ja wieder selbstverständlich. Sagen wir aber, ›die Ordnungsmuster des Genotypus sind eine Konsequenz der Systemisierungsmuster des Phänotypus‹, so wird es wiederum interessant. Wir behaupten damit, daß die Struktur des Genotypus und des epigenetischen Systems sowohl den Funktionsmustern des Phänotypus verwandt sein muß als auch deren Geschichte zu enthalten hat.

Das epigenetische System muß dieselben Typusmerkmale enthalten wie sein Organismus, und es muß die verkürzte Geschichte seines eigenen Aufbaues beinhalten wie dieser.

a. Nachahmung der Funktionsmuster

ist deshalb zu erwarten, weil zum Zeitpunkt der Etablierung einer Gleichschaltung – wie wir bereits sahen (Abs. IIIC3a und IIID1c) – stets dieselben Selektionsbedingungen herrschen werden. Nehmen wir sie nochmals unter die Lupe. Diese Bedingungen müssen darin bestehen, daß die neue, die Verbindung herstellende Entscheidung noch kaum Bürde besitzt. Sie könnte noch rückmutieren. Auf sie kann noch ohne Schaden verzichtet werden. Und folglich weiter darin, daß es nur die funktionelle Beziehung der gleichgeschalteten Gruppen von Merkmalen (Ereignissen oder Phänen) sein kann, nach der die Selektion ihre Entscheidungen zu treffen vermag. Besteht dieses Verhältnis in einem echten Funktionszusammenhang, der eine gleichzeitige adaptive Änderung verlangt, so wird die Mutante einen entscheidenden Selektionsvorteil besitzen. Besteht dieses Verhältnis aber darin, eine voneinander möglichst große adaptive Unabhängigkeit zu bewahren, dann würden durch eine Gleichschaltung im gleichen Umfange selektive Nachteile entstehen.

Man denke z.B. an die Läufe der Huftiere. Bei der Evolution der Paarzeher würde eine Gleichschaltung der dritten und vierten Zehe denselben Selektionsvorteil beinhalten, wie diese bei der Evolution der Unpaarhufer einen Selektionsnachteil mit sich gebracht hätte. Die als *Allometrien* bekannten, harmonischen Proportionsänderungen bieten für unseren Fall zahllose metrisch definierbare Beispiele.

Werden aber unter allen zufällig eingerichteten Gleichschaltungen die funktionsgemäßen durch die Selektion systematisch und massiv gefördert, die ungemäßen ebenso unterdrückt, dann muß man erwarten, daß die Muster der Gleichschaltung die jeweiligen Funktionsmuster mehr und mehr kopieren werden. Aber auch in der Repetierschaltung muß es zu ganz entsprechenden Abhängigkeiten kommen. *Das epigenetische System kopiert das System der Funktionen.*

Eine ganze andere Sache ist es, daß solche Interdependenz nach Übernahme von Bürde kaum mehr veränderbar und mit kanalisierender Wirkung in den tieferen Schichten des Epigenesesystems verankert bleibt.

b. Konservierung des Entstehungsmusters

ist es zu erwarten, weil Entscheidungsmuster von einiger Bürde keine realen Chancen besitzen, völlig abgebaut, sondern – wie wir auch schon (in Abs. IIIC3c und IIID1d) feststellten – nur überbaut zu werden. Norm-, Hierarchie- und Interdependenzmuster werden davon gleicherweise betroffen. Die Konsequenz daraus ist: *Das epigenetische System wird, wenn auch in zunehmend symbolischer Form, in seinem entwicklungsphysiologischen Ablauf eine Rekapitulation seiner eigenen Entwicklung beinhalten.*

Wir werden im morphologischen Teil (Kapitel VII) dafür die Beweise liefern und die hier einschlägigen offenen Fragen, wie wir sie schon als die Subprobleme des Tradierungsphänomenes benannten, lösen können.

Es sind somit sowohl imitatorische wie rekapitulative Fähigkeiten und Vorgänge zu erwarten. Ist das richtig, so folgt daraus noch eine weitere Konsequenz. Sie ist besonders deshalb wichtig, weil sie die methodische Prüfung unseres Theorems in seiner Gesamtheit ermöglicht. Man muß erwarten, daß die ontogenetischen Funktionszustände des epigenetischen Systems eine vereinfachte Rekapitulation seiner phylogenetisch durchlaufenen Funktionszustände darstellen. Damit erwarten wir nicht weniger, als daß die Muster der Entscheidungen in der Abfolge der entwicklungsphysiologischen Zustände einer Abfolge sinnvoller Ereignisse, also der vergangenen Phänmuster, entsprechen. Ja wir müssen sogar erwarten, daß die morphologischen Positionen, an welchen diese Befehle gegeben werden, und die Richtung, in welcher diese erfolgen, jenen Orten und Richtungen entsprechen, in welchen sie vor Jahrmillionen funktionsgemäß etabliert wurden.

Lassen Sie uns nun den Nachweis dafür antreten, daß alle diese Voraussichten zutreffen.

Bevor wir uns nun ganz in den – weil bekannter, auch umfänglicheren – Bereich der morphologischen Komplexität verfügen, ist ein kurzes Halt empfohlen. Was nämlich mit dem Bisherigen erkenntnismäßig (Kapitel I und II) und molekularbiologisch (III) gewonnen sein mag, ist – für sich allein – noch nicht überzeugend genug.

Wir haben zwar das Entstehen vierer Systemisierungsmuster aus Selektionsgründen sehr wahrscheinlich gemacht. Wir haben zudem eine Koinzidenz mit vier molekulargenetischen Mechanismen dargelegt, die mit großer Wahrscheinlichkeit jenen entsprechen. Und wir haben eine Koinzidenz zwischen diesen vier Entscheidungsmustern (Gen-Wechselwirkungen) und vier Ereignismustern (oder Merkmalen) nachgewiesen.

Man könnte sogar behaupten, daß diese Koinzidenz mit so großer Wahrscheinlichkeit einen Kausalzusammenhang repräsentiert, daß, wären die Ordnungsmuster der Ereignisse nicht sichtbar, ihre Existenz gefordert werden müßte. Und dennoch hätte ich nicht den Mut, den Leser nur damit um seine Zustimmung zu bemühen; wüßte ich nicht, daß das Heer der Dokumente und Beweise nun erst auf uns zukommt.

Schließlich wissen alle Holisten (und einige Reduktionisten ahnen das), daß in einem Evolutionsmechanismus aus Zufallsentscheidungen und Ereignisnotwendigkeit nicht nur das jeweils eine die ausschließliche Ursache des anderen sein kann. Die Evolution des Lebendigen ist nur als System zu verstehen. Dies ist seit *von Bertalanffys* mutigen Schritten heute zum Theorem der Biologie schlechthin geworden.[31] Ei und Henne können nur als ihre wechselseitigen Ursachen wie ihre wechselseitigen Wirkungen verstanden werden. Dies entspricht der notwendig funktionellen Kausalbetrachtung, wie sie in der Physik schon seit *Galilei* und *Newton* eine Selbstverständlichkeit ist.[32] In der Biologie müssen wir sie aber noch durchsetzen, so schwierig das, angesichts der Komplexität des Lebendigen, auch zunächst noch erscheinen mag. Kurzum, wir müssen von der molekularen zur morphologischen Seite desselben Gegenstandes hinüberwechseln.

31 Man beachte vor allem von *Bertalanffy* 1948 und seine späten Arbeiten von 1952, 1968 und 1970, sowie *Koestler* 1968, *Weiss* 1969 und 1970a, *Lorenz* 1971 und die von *Koestler* und *Smythies* 1970 und von *Weiss* 1971 herausgegebenen Sammelbände. Besonders kurz und klar in der Haltung ist das von *Thorpe* 1970 verfaßte Nachwort zu dem von *Koestler* und *Smythies* edierten Bande.

32 Für den physikalischen Bereich findet man das sehr übersichtlich (z.B. p. 25) von *Eder* 1963 dargestellt.

KAPITEL IV

Die Ordnung der Norm

A. Einführung und Definition

Als erstes der vier Ordnungsmuster ist das der Norm zu behandeln, weil es eine Voraussetzung der Erkenntnismöglichkeit schlechthin darstellt. Seine Darstellung wird uns neben der Anatomie mit Histologie und Cytologie befassen. Dokumentation und Begründung werden einfach sein. *Die Ordnung der Norm erhellt aus der Beobachtung (dem Auftreten) von Ereignissen (z.B. Strukturen), die nach Zusammensetzen und Erscheinungsbedingungen in einem Ausmaße übereinstimmen, daß am Vorliegen identischer Determinations-Gesetzlichkeit nicht zu zweifeln* ist. Es handelt sich um das, was man ›Dasselbe‹, Klassen und Standards, in den Naturwissenschaften Bausteine, ›Units‹ oder Identitäten nennt, um eine Wiederholung, deren Inhalt wir informationstheoretisch Redundanz nannten. Die normative Ordnung ist außerordentlich universell und regiert alle Ebenen des Denkens wie der gesetzmäßigen Außenwelt.

Man denke an die Verwendung des Normbegriffes in der Algebra und Drucktechnik, in Sport und Strafrecht, im kommunistischen Arbeitsrecht, in Petrographie, Sozialwissenschaft und Medizin, besonders aber in Wirtschaft, Wissenschaft und Technik.[1)]

a. Phantasiewelt ohne Normen

Eine Welt ohne die Ordnung der Normen ist undenkbar. Ja es ist sogar undenkbar, ohne Normen auch nur zu phantasieren, was so erstaunlich ist, daß ich den geneigten Leser bitten muß, mit sich selbst damit ins Experiment zu gehen. Dabei gebe ich zu bedenken, daß jeglicher Begriff, den man aus diesen Zeilen nachvollziehen kann, jedes in diesen gedruckte Wort, jeder mit Druckerschwärze an diese Papieroberfläche gesetzte Buchstabe, jeder der drei Abstriche jedes ›m‹ uns nur durch seine Wiederholung oder Replizierbarkeit erkennbar wird. Die Redundanz der Erscheinungen ist eine Voraussetzung jeder Erkenntnis. Wir kennen das schon aus Kapitel I.

In den Figuren IV1–4 ist der Versuch gemacht, das Auflösen von Norm zu verfolgen; naturgemäß unzulänglich. Die einfachste normative Ordnung, die denkbar scheint (Fig. IV1), mag Ähnlichkeit mit einem Kristall haben. Lösen wir die

1 Umfängliche Literatur schon 1872 von *Binding*; man vergleiche auch *Kaufmann* 1954 und *Lautmann* 1969.

Norm der Lage auf (IV2), so würde eine Beschreibung schon wesentlich umständlicher sein. Lösen wir noch die Norm der Struktur auf (IV3), dann müßte schon jedes Zeichen beschrieben werden. Lösen wir auch die Größenidentität auf, so wird es noch wirrer (IV4); aber es sind noch immer ›Zeichen‹ als normative Einheit. Löst man auch diese Klasse auf, so fehlt schon der Begriff für dieses Kollektiv, aber es läßt sich noch denken. Ein, zwei Schritte weiter (sie sind nicht mehr abbildbar), und auch die Vorstellbarkeit endet. Sie endet an der Grenze der weitest denkbaren Normen.

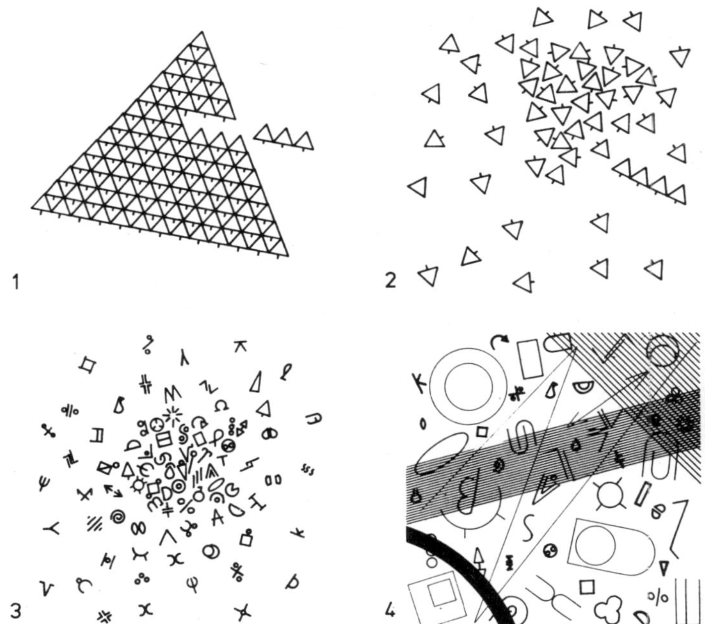

Fig. IV1–4: *Graphischer Versuch einer Auflösung von normativer Ordnung*. 1: Strukturnorm einschließlich fast vollständiger Lagenorm. 2: Strukturnorm, Lagenorm fast ganz aufgelöst. 3: Strukturnorm in Auflösung, nur mehr die Normeigenschaften ›Zeichen‹, ›Größe‹ und ›Strichstärke‹ erhalten. 4: Auch Größe und Strichstärke aufgelöst (Orig.).

Wenn nun nicht einmal Erkennen und Vorstellung ohne die Ordnung der Norm denkbar sind, wie soll man der Objektivität ihres Bestehens trauen? Ist es nicht möglich (wir schnitten das schon an), daß die in der Natur vermeinten Normen Denknormen sind, die wir projezieren, um sie überhaupt denken zu können? Die einfache Lösung dieser vertrackten Frage wird (aus Abs. IB2) erinnerlich sein: Was sich nicht identisch wiederholt, verstehen wir nicht. Wo immer wir aber irgendwelche Voraussicht gewinnen, Regel, Gesetz oder Sinn erkennen, muß Determinationsgeschehen redundant auftreten; muß normative Ordnung herrschen.

b. Über Massen und Klassen

Noch Weniges zum Allgemeinen, bevor wir uns auf die Normen des Lebendigen konzentrieren: Denn diese sind nur eine spezielle Form der universellen normativen Ordnung.

(1) *Ihre Verbreitung* kennen wir von den Elementarteilchen über Atome, Moleküle, Kristalle bis zu den Himmelskörpern und von den universellen Begriffen über die Worte zurück bis zu den elementaren Symbolen. Es sind die stabilen oder wahrscheinlichen Zustände: Identische Einheiten von Gesetzmäßigkeit, die unter definierten Bedingungen einen für die Beobachtung zureichend langen Bestand besitzen.[2)] Sie reichen von Zellen und Organen über Menschen, Familien- und Gesellschaftsnormen in jeglichen Teil unseren Alltags, vom Auto bis zum Maßband, vom TV-Empfänger bis zur Stecknadel.

(2) *Ihre generellen Merkmale* sind zur Hand, wenn wir unser stochastisches Homologie-Theorem erweitern (es verhält sich wie der Fall zum Gesetz): Wir erkennen Identitäten, wenn unter denselben Bedingungen (Lage-) immer und ausschließlich (Koinzidenz-) dasselbe (Struktur-Kriterium) zu beobachten ist.

Das Lagekriterium deutet schon die simple Feststellung an:

'Dieser Satz ist schwer zu lesen'

Alles hat seine Position und seinen Platz (Koinzidenz). Tritt beispielsweise die Hantelform, wenn auch in noch so ähnlicher Weise, in einem Molekül, einer Spore, in einer Turnhalle und in einer Galaxie auf, so schließen wir mit Recht auf bloße Analogie und nicht auf Identität. Man denke etwa an das ähnliche Kreisen von Elementarteilchen und Planeten.

Die Struktur überzeugt mit dem Umfange ihrer Merkmale. Der Identität zweier ziehender Lichtpunkte am Nachthimmel trauen wir nicht, jedoch der zweier komplexer Strukturen (die wir z.B. ›Boing-747‹ nennen). Auch die Metamorphosen finden wir wieder, etwa in B, B, 𝔅, 𝔅, b, b als den Wandel von Identitäten; sowie das Übergangskriterium (vgl. p. 74), wobei z.B. die Identität des phönikischen 𐤓 mit unserem **R** durch das P P R der archaischen Alphabete klar wird.[3)]

2 Das Minimum hängt von der Beobachtungsgenauigkeit ab. Es liegt bei ca. 10^{-20} sec, der Lebensdauer der Eta-Mesonen; bei den sogenannten Resonanzen noch zwei (bis drei) Größenordnungen darunter.

3 *Doblhofer* 1957 (mit gemeinverständlichen Beispielen); Erkenntnisfragen bei *D. Campbell* 1966b (aber auch in *Popper* 1962 und *Lorenz* 1973).

(3) *Die Geschicke* zeigen ebenfalls generelle Züge. Man kann sie mit den Begriffen Produktion, Kollektivierung (Vermassung, Des-Individualisation), Systemisierung, Re- und Individualisation benennen. Hat eine Einheit von Gesetzmäßigkeit in einem Rahmen von Bedingungen Bestand, dann werden unter allen möglichen Einheiten die identischen die größte Chance besitzen, ebenfalls Bestand haben.

Man denke z.B. an das jeweils begrenzte Bestehen der ungezählten brechenden Wogen der Strandbrandung, in der so lange gleiche Parameter an gleicher Stelle identische Individualitäten entstehen lassen, solange die Bedingungen (von Seegang und Küste) die gleichen sind. Und man denke an die Des-Individualisierung ungleicher Wogen zur identisch genormten Welle, zur Klasse eines Seeganges. Es mögen dieselben normativen Bildungsbedingungen vom Wellenpaket bis zum Individuum reichen, um stets, wie wir uns ausdrücken, ›bedingt‹, ›selektiert‹ oder ›angestrebt‹ auf Grund vergrößerter Beständigkeitschancen zur Masse der Identitäten zu führen.

Doch die Masse schafft neue Bedingungen, und es sind nicht nur die Wechselabhängigkeiten, die Verflechtungen der Normteile zu Systemen, es sind dann auch Re-Individualisierungen, Heraushebungen von Normteilen unter den Verflechtungsbedingungen, die selektiert werden.

Ich muß mir hier die generellen Beispiele versagen und sie ihrer doppelten Signifikanz wegen im morphologischen Teile (Abs. IVC3) anschließen.

Die normative Ordnung der biologischen Strukturen scheint nur ein Spezialfall zu sein; verlassen wir aber die Generalität mit ihren philosophischen, ja politischen Implikationen; um desto eingehender die Gesetzmäßigkeiten unseres Spezialfalles zu untersuchen.

B. Morphologie der Normen

Lassen Sie mich hier, wie in den folgenden Kapiteln (V bis VII), Fakten und Theorien sorglich trennen, wie sehr uns schon mit der bisherigen Erfahrung die theoretische Lösung der merkwürdigen Fakten auf der Zunge liegen wird. Wir müssen methodisch bleiben; zuerst die Erscheinungen der Norm, dann ihre Ursache darlegen.

1. Komplexität, Masse, Metamorphose

Zunächst ist die Einzelindividualität der Normteile der normativen Muster zu beschreiben, und wir dürfen sogleich in *medias res* gehen, zumal wir hinsichtlich der

a. Identitätsgrenzen

der biologischen Normteile (in Abs. IIB2 und 3a) schon einiges erarbeitet haben. Wesentlich war dabei, daß wir über die Wahrscheinlichkeit des Vorliegens identischer Normteile durch das Homologie-Theorem informiert werden; also durch den Grad der Unwahrscheinlichkeit, mit dem in hohem Maße lagestruktur- und koinzidenztreue Systeme zufällig auf ungleicher Determinations-Gesetzmäßigkeit beruhen, also ungleicher Herkunft sein könnten.

(1) *Die Komplexitätsgrade* der Zelltypen der Vielzeller und der Individuen der Arten sind jene, in welchen wir an Identität am wenigsten zweifeln; denn wir wissen, daß letztere auf identischen Befehlen beruhen und daß in ersteren aus den Gesamtsätzen solcher Befehle alle bis auf einen speziellen identischen Abschnitt unterdrückt werden.

Diese Auswahl identischer Befehle in vielen Zellen desselben Organismus (die ja notwendigerweise denselben Gesamtsatz besitzen müssen), beschreibt der Vorgang der *Induktion*. In ihm steht fest; daß, wie z.B. bei der Bildung der Linse unseres Auges, von einem Nachbargewebe ein Stoff ausgeht, der im Bereich der künftigen Linsenzellen ausschließlich eine einzige hochspezialisierte Zell-Struktur und Lage zuläßt. Da das Genom dieser Zellen identisch ist und der Induktionsstoff derselbe ist, müssen es auch identische Befehle sein, die in den Einzelzellen zur Wirkung kommen.

Es ist aber ebenso notwendig, die Identität der winzigsten Organellen oder Ultrastrukturen wie beispielsweise der Ribosomen zu postulieren; denn wie anders wäre es erklärbar, daß sie einen mRNS-Streifen in identische Proteinketten übersetzen (vgl. Fig. III4–7, p. 130).

Erfüllen aber die Normteile in den kleinsten Einheiten der Organellen, Organe und Tierstöcke die höchsten Anforderungen, die wir stellen können, ist die Identität der Determinations-Entscheidungen, auf welchen sie beruhen, gewiß, dann besteht auch keine Ursache, an der normativen Identität dessen zu zweifeln, was sie in so sichtbar übereinstimmender Weise zusammensetzen: z.B. der Cilien einer Epithelzelle, der Haare eines Kopfhaut-Abschnittes, der Cormidien einer Staatsqualle (vgl. Fig. II37–44, p. 78).[4)]

(2) *Eine Grenze* der Bestimmung von Normteilen liegt nur im untersten, im submikroskopischen Bereich. Er liegt dort, wo die Teilchen zu klein werden, als daß das Ultramikroskop noch jene Menge an Strukturdetails erbrächte, die zur Etablierung einer zureichend hohen Zufalls-Unwahrscheinlichkeit erforderlich sind. Reduziert man die Komplexität noch weiter, und zwar so weit, bis sich die molekulare Struktur ermitteln läßt, dann kann die Identität (wie wir in Absatz IIB2 andeuteten) wieder sichtbar werden. Das ist dann der Fall, wenn in Makromolekülen der Isologie-Grad (der Grad der chemischen Ähnlichkeit) so groß ist, daß kein Zufall ihn mehr erklären kann. Wie im Beispiel des Cytochrom-c von Säuger und Hefezelle (Fig. II27–28, p. 76), muß das Walten identischer Gesetzmäßigkeit angenommen wer-

4 Eine bemerkenswerte Untersuchung dieses Themas hat *Erwin Schrödinger* 1961 »Über die Nicht-Vielheit« vorgenommen.

den; das Bestreben identischer Normteile auf Grund identischer Befehle identischer Gene.

Es liegt also nur eine Zone der Unsicherheit vor, in welcher vorläufig aus methodischen Gründen die morphologische Struktur für die Auflösung noch zu klein, die molekulare aber noch komplex ist. Die Normen der Ereignisse reichen damit von den Tierstöcken bis zu Polypeptidketten. Die biologischen Normen der Entscheidungen (wenn man diesen Unterschied machen will) von den 20 Aminosäuren bis zu den vier Basentypen der DNS.

b. Komplexität und Menge

Die Mengen, in welchen die Normteile in Organismen auftreten, reichen von nur zwei identisch gebauen Exemplaren, z.B. den Lungen, Nieren, Augen der Wirbeltiere, bis 10^{14} identischen Zellen und 10^{18} und mehr identischen Riesenmolekülen. *Grosso modo* besteht ein Zusammenhang zwischen der Anzahl und der Komplexität der Bauteile in einem Organismus. Die Zahl der Normteile wächst in der Regel mit abnehmender Komplexität, weil ja jeder Normteil bestimmter Komplexität aus zahlreichen Normteilen der nächst niedrigeren Komplexitätsstufe aufgebaut ist. Wir haben diese Stufen schon in Fig. II47–51 erörtert und einige Zahlen in Abs. IIA3 (p. 67) angegeben.

Freilich ist bei dieser Korrelation das Faktum zu bedenken, daß sich der Komplexitätsgrad der Organismen selbst vom Bakterium zum Menschen um mindestens 12 Größenordnungen (10^{13} bis 10^{25}; wie wir in Abs. IIA2 feststellten) unterscheiden kann. Und in dieser Größenordnung differiert dann auch maximal die Anzahl identischer Normteile. Mit wachsendem Komplexitätsgrad der Normteile verringern sich jedoch die Komplexitätsunterschiede der in Betracht kommenden Organismengruppen (Vielzeller, Bilateral-Tiere, Chordata) und damit die Zahlenunterschiede gleicher Normteile auf 10^3 und 10^2; wie die Zahlenunterschiede von Organen und Metameren.

c. Werden und Schicksal

der Normteile zeigt zweierlei, sich zum Teil kreuzende Bahnen: zweierlei Entstehungsweisen und zweierlei Endphasen (vgl. Fig. IV5).

(1) *Zwei Entstehungsarten* von Normteilen sind zwar denkbar: sukzedane und simultane Bildung. Soweit uns aber die Kenntnis der Verwandtschaftsverhältnisse die Entstehungsweise der Normteile rekonstruieren läßt, ergibt sich folgender bevorzugter Weg.

Die ersten Anlagen erfolgen in sehr vielen Fällen simultan. Das ist z.B. von der Enstehung der Wirbel, der Zähne, der Schuppen, den Individuen der Tierstöcke gewiß, von den Cormidien, Kiemen (der

Chordaten), Metameren, Parapodien und Coelomen (der *Articulata)* anzunehmen. Vielleicht ist die erste morphologische Bildungsphase stets simultan gewesen.

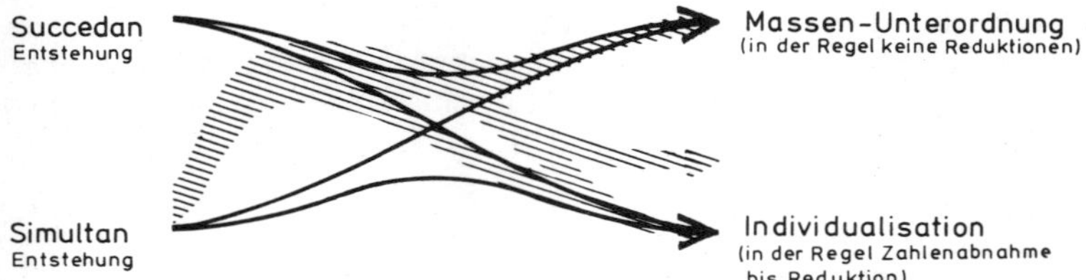

Fig. IV5: *Werden und Schicksal von Normteilen.* Die besonders häufig beschrittenen Entwicklungswege von der Entstehung bis zum jeweiligen phylogenetischen Endzustand sind schraffiert ausgewiesen (Orig.).

Wir wissen das begreiflicherweise z.B. von den Zellnormen der Vielzeller und von den Organellen (etwa der Cilie) nicht. Wenn wir uns aber daran erinnern, daß dasselbe Identitätsprinzip, das wir Norm nennen, wenn es homonom innerhalb eines Individuums auftritt, stets als ›Entsprechung‹ in den Individuen einer Art und als Homologon in den Individuen einer Verwandtschaftsgruppe auftreten muß, so sehen wir, daß Normen im weiteren Sinne wohl stets simultan in Erscheinung treten. – Die winzige molekulare Ersterfindung einer Mutante wird sich im Erfolgsfalle längst verbreitet haben, bis ihr Ausbau morphologisch sichtbar werden kann.

Nach der Anlage scheint jeder Normtyp in eine Phase sukzedaner Zahlenzunahme einschwenken zu können. Man denke an die Verlängerung der Cormidien-Reihen am wachsenden Stamm von Staatsquallen, der Proglottiden-Kette des Bandwurmes, der Metameren, Parapodien und Kiemen bei den extrem langen Borstenwürmern (vgl. Fig. II39, p. 78), die Vermehrung der Wirbel (auf 435 bei der Riesenschlange *Python molurus*), der Flossenstrahlen, der Hirnzellen, der Cilien, Ribosomen. All das sind ja Selbstverständlichkeiten, die ich nur hervorhebe, weil sie für die Selektionsformen der Norm (Abs. IVC) von Bedeutung sein werden.

(2) *Das Schicksal* der Normteile eines Typs liegt zwischen zwei Extremen. Die meisten erreichen ungeheure Zahlen und werden übergeordneten Systemen als Massenbausteine untergeordnet. Eine Differenzierung in Subnormen ist (vergleicht man mit den Zahlen der Bauteile, den der sie repräsentierenden Arten und mit deren Alter) verschwindend gering. Man denke an die Formen der Cilien, der Sehzellen, der quergestreiften Muskelfasern, der Lungenbläschen, der Glomeruli unserer Niere, der Geißelkammern eines Schwammes usf.

Eine Anzahl von Normtypen zeigt hingegen Reduktionen, Zahlenabnahmen und, was besonderes Interesse verdient, einen Differenzierungsvorgang, den man Individualisation nennen könnte (vgl. Fig. IV5). Klassische Beispiele sind die Zähne der Säugetiere und die Extremitäten der meisten Krebstiere (Fig. IV6–15). Bei den ersteren treten sie

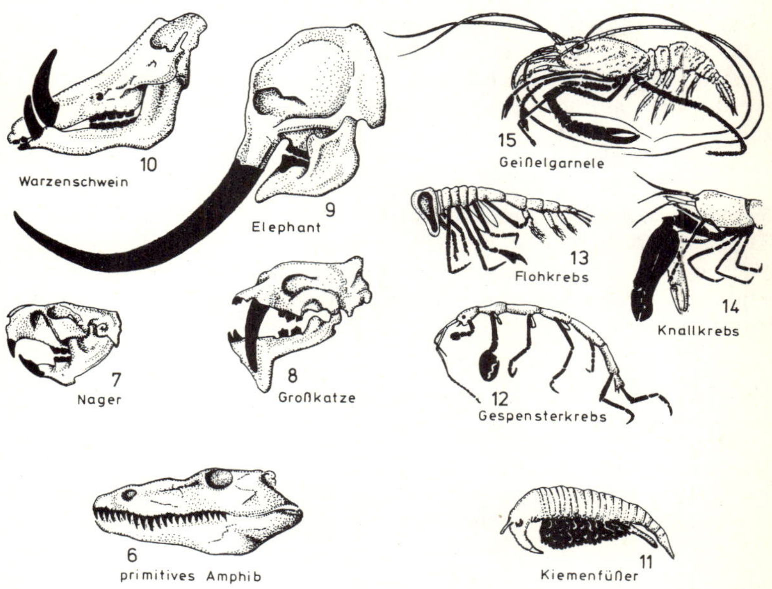

Fig. IV6–15: *Individualisation von Normteilen* anhand zweier Beispiele. Von der Homodontie (6) zur Heterodontie (7–10) der Tetrapoden und von der Homopedie (11) zur Heteropedie (12–15) der Krebse. 6. *Eryops* Perm-Karbon, 7: *Castor*, 8: *Eusmilus*, 9: *Elephas*, 10: *Phacochoerus*, 11: *Branchipus*, 12: *Phtisica*, 13: *Phronima*, 14: *Alpheus*, 15: *Stenopus*. (6–10 nach *Gregory* 1951, 7–15 nach *Riedl* 1970).

aus der Anonymität und Identität (wie bei den primitiven Tetrapoden; Fig. IV6) heraus, reduzieren die Zahl und beginnen die hohen Spezialdifferenzierungen der Einzelzähne der Säuger-Ordnungen auszubilden (man denke an Raubtiere, Huftiere, Elefanten usf.; Fig. IV7–10). Bei den letzteren werden die noch fast identischen Beine der *Anostraca* (Fig. IV11) funktionell so individualisiert, daß bei den höheren Gruppen jede Extremität unterscheidbar wird (Fig. IV12–15). Aber auch die Metameren der Gliedertiere, die Wirbel der Säuger, die Schmuckfedern der Vögel und viele andere Normteile zeigen den Weg aus der Anonymität zur Individualität.

Umgekehrt kann die Individualisation z.B. der Zähne (die Heterodontie) wieder aufgelöst werden, wenn das, wie bei manchen Walen, eine neuerliche Änderung der Funktion vorschreibt.

Diese Individualisation, die ›Verwässerung‹ von Normen, führt zwar nicht zu deren Auflösung, sie kann aber auch nicht die Ausnahme von der Regel genannt werden. Dazu tritt sie zu oft auf. Aber eben diese Regelmäßigkeit wird für uns wichtig werden. Es zeigt sich nämlich, daß diese Einzelindividualisierung bei jenen Normtypen auftritt, die einige Komplexität besitzen, in verhältnismäßig geringen Zahlen auftreten und sich vor allem an den Enden von Funktionsketten befinden. Wir werden uns das noch genau anzusehen haben.

2. Einbau der Normteile

Wir müssen uns aber als nächstes fragen, in welchen Positionen wir die Typen der Normteile in den Organismen eingebaut finden; genauer, welche Lage sie anatomisch und in den Funktionsketten einnehmen; und welche Korrelation zwischen ihrer Lage und ihrem Schicksal festzustellen ist.

a. Positions- und Symmetrienormen

Die Veränderung der Symmetrieverhältnisse mit fortschreitender Differenzierung ist ein Gebiet, das Morphologen schon früh interessiert hat. Übersetzt in unsere Terminologie sind das die Differenzierungen der Lagenormen der für den Organismus maximalen Bauteile. Dabei findet man, daß mit fortschreitender Evolution die Achsen (die Differenzierungs-Polaritäten) an Zahl zunehmen und die möglichen Symmetrieebenen (zwischen identischen Normkomplexen) entsprechend abnehmen. Wir könnten das als eine Individualisation von Lagenormen deuten.

Freilich ist derlei Korrelation nicht zu überschätzen. Dennoch findet sich sphärische Symmetrie (ohne definierbare Achse) vorwiegend bei pelagischen Einzellern und Schwämmchen, Radiärsymmetrie (eine Achse) bei Coelenteraten und Bilateralsymmetrie (zwei Achsen, eine Ebene) bei allen höheren Tieren.

Ebenso werden oft auch untergeordnete Lagenormen, wie die Bilateralsymmetrie der primitiven Tetrapodenhand, abgebaut. Aber auch neue Symmetrien entstehen, wie bei Stachelhäutern, bei Koloniebildung. Und manche Symmetrien niederer Bauteile, wie die der Cilien (vgl. Fig. II36, p. 77), bleiben im ganzen Organismenbereich erhalten.

b. Substrat der Einzelhomologa

Leicht gewinnen wir Übersicht über die Position der Strukturnormen in Organismen, wenn wir uns der Lage der Homonomie-Grenze erinnern (Abs. IIB2b, p. 82), die wir bei fortschreitender Zerlegung der Homologa, jenseits der Minimumhomologa, gelegen fanden. Hier gehen die einzelnen individualisierbaren Identitäten eines Organismus stets in die Massenidentitäten, die Merkmale des anatomischen Singulares in jene des anatomischen Plurales über. Tatsächlich ist kein Einzelhomologon denkbar, das nicht aus Normteilen, und fast immer aus mehreren Komplexitätsschichten von Normteilen bestünde.

Es ist ein universelles Merkmal der Pflanzenwelt, daß diese Grenze im Bauplan sehr hoch liegt. Selbst bei den evolviertesten Formen (etwa den Angiospermen) ist schon nach ein bis zwei Sektionsschritten, mit Ast, Zweig, Blüte, Blatt, die Grenze der Normteile erreicht. Ein universelles Merkmal, das nur wenig abgeschwächt, auch für alle jene niederen, seßhaften Seetiere zutrifft, die man früher so schön die ›Blumenthiere‹ zu nennen pflegte.

Aber auch bei den differenziertesten Organismen (in unserem eigenen Bauplan) wird die Grenze nach längstens fünf bis sechs Schritten erreicht; etwa in der *Facies articularis ventralis dentis epistrophei* (um

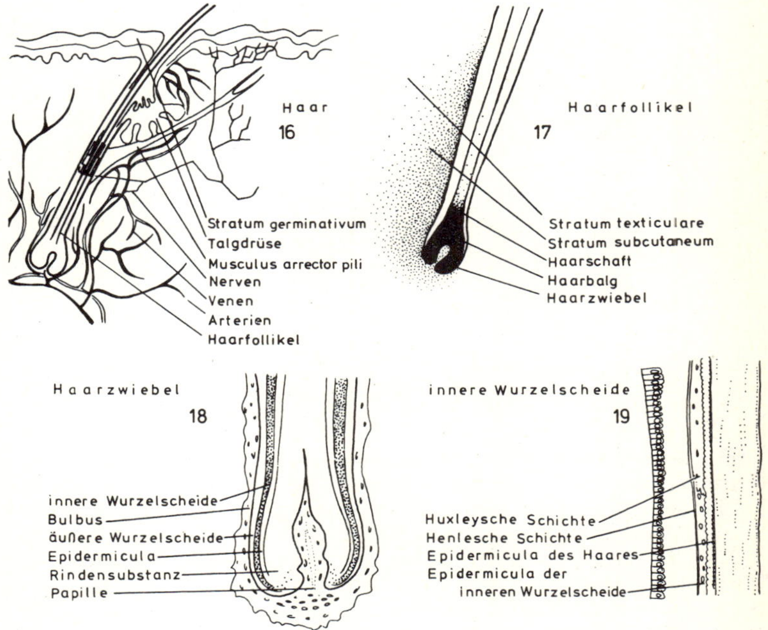

Fig. IV16–19: *Komplexität eines Normteiles in der Ebene eines kleinen Organs* am Beispiel des menschlichen Haares. Aus den vier histologischen Komplexitätsschichten ist jeweils ein Merkmal von Fig. 16 in 17 aufgegliedert, eines von 17 in 18 usf. (In Anlehnung an *Patzelt* 1945, vereinfacht).

mit unserem in Abs. IIB2b verwendeten Beispiel fortzusetzen; vgl. auch Fig. II45, p. 81). Doch selbst unterhalb dieser bereits relativ tiefliegenden Grenze folgt ein noch wesentlich ausgedehnterer, hierarchisch geschichteter Unterbau von Normteilen. Eine der Normteilketten, die dieses Minimum-Einzelhomologon zusammensetzen, lautete z.B.: Knochenbälkchen mit Osteoblastenschichten mit Osteoblasten-(Knochenbildungs-)Zellen mit Mitochondrien mit M.-Cristae mit C.-Membranen mit Enzymen, bestehend aus Riesenmolekülen (Proteinen) aus Peptiden aus Aminosäuren.

Gegenüber den fünf bis sechs Hierarchieschichten oberhalb der minimalen Einzelhomologa (Abs. IIB2b) sind es also noch mindestens neun bis zehn hierarchische Normen-Schichten. Das deutet schon der Umstand an, daß die individualisierten Schichten zwei, höchstens drei Größenordnungen überbrücken (*Homo* > 1 m, *Facies ventralis* < 1 cm), die normativen Schichten aber mehr als sechs Größenordnungen (Knochenbälkchen > 1 mm, Aminosäuren < 10 Å), das ist eine zehntausendfach größere Differenz. Im Pflanzenbereich spannen sich diese hierarchisch geordneten Norm-Schichten überhaupt über den gesamten Bauplan, von der 10 m- bis zur 10 Å-Dimension; über zehn Größenordnungen, eine Zehnmilliarden-Spanne.

Der riesige Normen-Unterbau fehlt auch bei den winzigsten Organen nicht, selbst wenn sie, wie unser Haar (Fig. IV16–19) fast gar keinen Überbau besitzen. Eine der Normen-Ketten, die den Normteil ›Haar‹ zusammensetzen, lautete z.B.: Haarfollikel mit H.-Zwiebel mit innerer Wurzelscheide mit *Huxleyscher* Schichte, aus Zellen der *H.*-Schicht mit Mitochondrien usf. (wie oben). Damit werden sogar 11 bis 13 hierarchische Normschichten erreicht.

Kontrollieren wir eines der kleinsten Einzelhomologa, das sich beobachten läßt, z.B. die Geißel eines eingeißeligen Flagellaten. Hier lautete eine solche Kette z.B.: Basalteil mit Tubuli aus Subtubuli mit Armen und Verbindungsfasern (Fig. IV20–23), aus Riesenmolekülen aus Peptiden aus Aminosäuren. Sie enthält immer noch acht hierarchische Normschichten.

Das alles erinnert verblüffend an die Anordnung der individuellen und normierten Bestandteile unserer eigenen Bauten; wenn auch diese Analogie – selbst im Falle der Planung einer ganzen Stadt – kaum die Hälfte jener Komplexitäts-Größenordnungen (eines Säugers) erreicht.

Die individualisierten Bauteile (Einzelhomologa) z.B. einer Wohnhausanlage (Wirbelsäule) sind die Blöcke wie Verwaltung, Kaufhaus, Kino, Sporthalle. Aber schon bei den Wohnblöcken, Stiegenhäusern, Toren, Kaminen beginnen Normierungen (Homonomiegrenze), Dachziegel, Verrohrungen und Lampenfassungen sind sicher normiert, von den Dachziegeln, den Rohr- und Lampengewinden und deren Materialien ganz zu schweigen.

Selbst im einfenstrigen Gartenschuppen (Flagellat) finden wir im letzten Einzelhomologon (Fenster) noch vier Normschichten, z.B. die Kette: Fensterflügel aus Einzelflügeln mit Scharnieren, mit Scharnierschrauben.

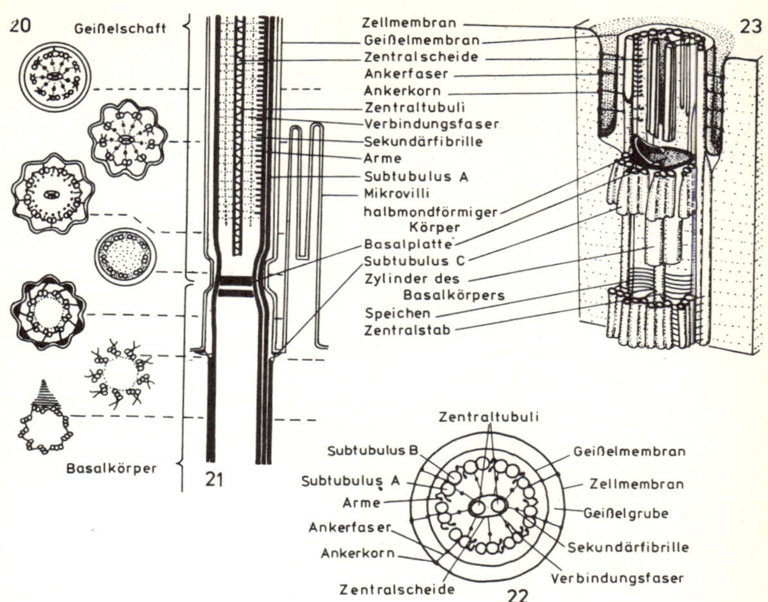

Fig. IV20–23: *Komplexität eines Normteiles in der Ebene eines großen Organells* am Beispiel der Geißel einer Muschel (20, 21) und eines Flagellaten (22, 23). 20: Querschnitte durch das Schema der Fig. 21. 22: Querschnitt durch den obersten Teil der Rekonstruktion Fig. 23. (20, 21 aus *Sleigh* 1962; 22–23 nach mehreren Autoren und stärker – ca. 10 000mal – vergrößert).

Stets bilden mehrere Hierarchieschichten normativer Ordnung das Material aller Einzelindividualitäten, das Substrat, die fundamentalen Bestandteile aller lebendigen Ordnung; Schicht um Schicht millionen- und milliardenfacher Normteile, wie ein Blick ins tierische Gewebe, ja schon ins Blätterdach eines Baumriesen lehrt.

c. Diversifikation von Einbau und Funktion

Neben Lage und Schichtung ist noch einer dritten generellen Eigenschaft der Normteile zu gedenken, das ist ihr Auftreten in ganz verschiedenen und funktionell völlig differenten Systemen. Wieder ist das eine anatomische Selbstverständlichkeit; und ein Beispiel mag zur Illustration genügen. Aber auch diese Eigenschaft ist für die Selektionsbedingungen in der normativen Ordnung von bemerkenswerter Bedeutung.

Nehmen wir als Beispiel den Normteil ›Cilium‹ aus einer mittleren Hierarchieschicht, aus dem Organellen-Horizont. Dieses Organell, es muß auf der Haut der urtümlichsten Seetiere präkambrischer Meere als Fortbewegungsorgan entwickelt worden sein, hat seine Position gründlich verändert und vervielfältigt. In unserem Organismus bewegt es die Spermien, treibt die Flüssigkeit in der Tube, Sekrete in den Nebenhöhlen, reinigt mit ähnlichen epithelischen Überzügen die *Tuba auditiva*, rührt die Rückenmarksflüssigkeit, ist beim Schallempfang beteiligt, bedeckt die Riechschleimhaut und vermittelt die Gleichgewichtsempfindung. – Ebenso vielfältig ist die quergestreifte Muskelfaser am Singen, Laufen, Atmen und am Hören (*Musculus stapedius* und *Tensor tympani*) beteiligt usf.

Und wieder ist die Analogie mit den Normteilen, mit welchen die Technik die Zivilisation überflutet, unverkennbar. Man denke an ›die Schraube‹ und ihre Funktion, vom Halten einer Eisenbahnbrücke bis zum Einstellen der Unruhe einer Damenuhr. Tatsächlich werden wir finden, daß mehr als bloße Analogie in diesen Vergleichen steckt; denn dieselben Prinzipien normativer Ordnung finden sich im Denken wie in der Zivilisation.

3. Bürde, Wandel und Stetigkeit

Wir können nun zur Feststellung einer wichtigen Korrelation vorankommen: Zu dem Zusammenhang, der zwischen der Position eines Normteiles und seiner Stetigkeit besteht; einer Korrelation, die deshalb so wichtig ist, weil sie uns (in Abs. IVC) nun bald den Selektionsmechanismus vorführt, der dann auch im morphologischen Bereich die normative Ordnung erzwingt.

a. Die Formen der Bürde

Den Begriff der Bürde kennen wir schon und erinnern uns, daß wir dieselbe sowohl für Entscheidungen als auch für Ereignisse angeben. Der Bürdegrad wird dabei nach der Zahl der Folgeentscheidungen bestimmt, die von einer Vorentscheidung abhängen, bzw. nach der Zahl der Einzelereignisse (oder Merkmale), die von einer Vorentscheidung oder einem fundamentalen Ereignis (oder Merkmal) funktionell abhängig sind.

Dabei spielt die funktionelle oder hierarchische Position des Merkmales eine große Rolle, bei den Massennormen aber zudem die Anzahl (der identischen Individualitäten) und die Diversifikation des Funktionsbezuges.

(1) *Die hierarchische Position* ist als Bürde-Indikator besonders leicht erkennbar. Verwenden wir, der Kürze halber, unser altes Beispiel, die Normschichten, welche die ventrale Gleitfläche des Zahnes des zweiten Halswirbels (die *Facies articularis dentis epistrophei*; vgl. p. 78) aufbau-

en, so sieht man, daß die Bürde im Beispiel dieser Normteile proportional mit der Länge zunimmt (Knochenbälkchen – Osteoblastenschichten – O.-Zelle – Mitochondrien – M.-Cristae – C.-Membranen – Enzyme – Proteine – Peptide – Aminosäuren). Nehmen wir zur Veranschaulichung der Bürde einen groben Defekt in irgendeiner der Schichten an, dann versteht es sich, daß alle vorausgehenden (darüberliegenden) Schichten defekt sein werden, die darunterliegenden aber ungestört bleiben.

So wie z.B. eine zu kleine Dachkonstruktion nicht auf die Dachziegel und die Dachziegelnägel wirkte, die geliefert wurden; wie aber die Lieferung einer unbrauchbaren Nageldimension auch schon die Dachziegel nicht montieren ließe.

(2) *Die Zahl der Normteile* vergrößert die Bürde zusätzlich. Zwar nicht die Bürde des einzelnen Normteiles, sondern wieder die Kollektivbürde des Prinzipes, nämlich in Abhängigkeit von der Anzahl der übergeordneten Einzelsysteme, in welchen es zu funktionieren hat. Wären quergestreifte Muskelfasern nur im inneren Ohr repräsentiert, so wäre eine Defektmutante dieses Normteiles lediglich taub (subvital), da sie aber auch die Brustmuskulatur liefert, ist die Mutante letal (sie kann nicht atmen).

(3) *Die Zahl der Funktionsgruppen*, an welchen eine Normgruppe beteiligt ist, erhöht die Bürde nochmals um ein wesentliches. Wenn nämlich die mutative Modifikation des Kollektives in einem Funktionszusammenhang zufällig doch einen Vorteil böte, wird sie den anderen Funktionszusammenhängen von Nachteil sein; und zwar umso verläßlicher, je zahlreicher und verschiedener die Funktionsbeziehungen sind (man denke an deren Vielfalt im Beispiel der Cilie in unserem Organismus). Wir kommen auf diese Selektionsbedingungen eingehend zurück.

Es liegt auf der Hand, daß die Bürde, die von normativer Ordnung getragen wird, sehr steil zu steigen vermag; ebenso steil wie die Selektionsvorteile der Normierung vor ihr gestiegen sind. Gewinn wird in der Evolution mit Verlust bezahlt (vgl. Abs. IIIC2a); wir sagten das bereits.

b. Die Formen von Freiheit und Änderung

Wir sehen nun schon die außerordentliche Stetigkeit gebürdeter Normteile voraus. Diese ungeheuren Dimensionen an Überdetermination werden sogleich zu besprechen sein. Dennoch können wir Änderungen beobachten; diese sind aber wiederum so kennzeichnend kanalisiert, daß es sich lohnt, einige Beispiele zu geben.

Bei so tief in der Hierarchie stehenden Normteilen wie dem Cilium (Organellen-Horizont) gibt es tatsächlich keine Änderung des Prinzipes in allen vier Reichen zelliger Organismen; ob Einzeller, Pflanze, Pilz oder Tier. Nur die Geißel der Bakterien ist unterschiedlich gebaut.

Das Cilium kann weitgehend verdrängt werden. Aber es scheint nicht eine Klasse tierischer Vielzeller zu geben, in der es ganz verschwunden wäre.

Selbst bei den Fadenwürmern (*Nematoda*), deren Individuen völlig in einen Cuticulaschlausch gehüllt sind und deren Spermien sogar der Geißel (des Schwanzes) entbehren, fand man jüngst tief eingesunkene Cilien in einem inneren Sinnesorgan.[5)]

Höher in der Hierarchie der Normen: das Haar. An der Wurzel der Säugetiere ›erfunden‹, fehlt es wohl keiner Art. Selbst die Wale besitzen noch einige wenige Borsten an der Oberlippe; vielleicht ein Rest des ›Schnurrbartes‹ der Raubtiere, vielleicht der Strömungsempfindung dienend. Aber seine Metamorphosen sind unverkennbar. Man denke an die Stacheln, die es beim Igel bildet, an das mächtige ›Horn‹ des Rhinozeros, das aus einer Unzahl verklebter Haare bestehend aufwächst.

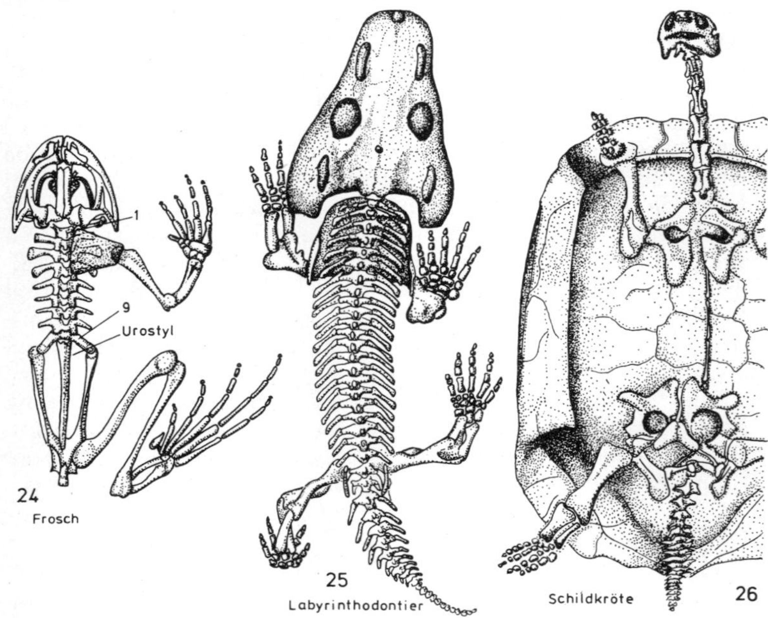

Fig. IV24–26: *Metamorphosen homogener Organe im Stamm* am Beispiel der Wirbelknochen. 24: *Rana temporaria*, Reduktion der Wirbelzahl auf zehn (Bekken- und Schwanzwirbel im Urosyl verschmolzen). 25: *Trematops* urtümliche Tetrapodenform aus dem Perm. 26: *Testudo pardalis*, geöffnet von ventral, beachte die schlanken Brustwirbel. (25, 26 nach *Gregory* 1951).

5 *Roggen* und Mitarbeiter teilen 1966 die Entdeckung mit; *Bird* 1971 gibt die letzte Zusammenfassung.

Hoch in der Hierarchie steht der Wirbel. Entsprechend sind seine Metamorphosen bereits ganz beträchtlich.[6] Allein die Zahl der (freien) Wirbelknochen variiert wie 1 : 44; 10 beim Frosch (Fig. IV24), 435 bei der Riesenschlange *Python*. Dennoch bleibt die Identität ›Wirbel‹ immer unverkennbar. Und selbst bei den Schildkröten, bei welchen fast alle mechanischen Funktionen der ja zunächst ausschließlich mechanisch bedeutsamen Wirbelsäule vom Panzer übernommen wurden, sind alle Wirbelknochen erhalten und lediglich in der Form vereinfacht (Fig. IV26).

Die Freiheit der Normteile ist gering. Sie sinkt mit Position, Zahl und Funktionsvielfalt. Vollständiger Ersatz ist auch bei geringer Bürde selten; Änderungen sind außerordentlich gleitend und betreffen fast immer nur Äußerliches und fast nie das Prinzip des jeweils genormten Kollektivs.

c. *Die Grade von Stetigkeit und Fixierung*

wie sie von Normteilen sehr regelmäßig erreicht werden, sind unvorstellbar hoch. Tausende von Normteilen, das sind natürlich überwiegend jene der niederen und tiefsten Hierarchieschichten, sind zweifellos, seitdem sie sich in präkambrischen Meeren geschaffen haben, überhaupt unverändert erhalten.

Man muß sich das nochmals vor Augen führen. Das sind ja fast alle Merkmale des Lebendigen, die in den tausenden Seiten der Lehr- und Handbücher der Allgemeinen Biologie, der Zytologie und der Genetik aufgezeichnet sind; denn sie gelten für alle Organismen. Und selbst wenn wir die Bakterien mit mancher Sonderheit ausschließen, müssen die gemeinsamen Ahnen der übrigen vier Reiche, auf welche ihre identischen Strukturen zurückgehen müssen, über eine Milliarde (10^9) Jahre zurückliegen.

(1) *Den Stetigkeitsgrad* bestimmen wir als einen quantitativen Zusammenhang von Änderung und Zeit und zählen die Jahre, während derer die Änderung einer Identität den Rahmen der dieselben definierenden Merkmale nicht übertreten hat (Wir bestimmen das in Kapitel V noch eingehender).

Damit sind so gut wie alle Normteile bis zur Stufe des Riesenmoleküls 10^9 Jahre alt; von den Desoxyribonucleinsäure-Basen bis zu den Proteinen, zudem viele Organellen und Ultrastrukturen bis zu den Mitochondrien und Cilien. Aber auch eine Vielzahl von Normteilen, die erst in den einzelnen Klassen entstanden, hat sich vollkommen erhalten: Die Nesselzelle, die quergestreifte Muskelfaser usf. Die Septen der Korallen, die Metamere und Extremitäten der Gliederfüßer, die Metamere und Spinalganglien der Vertebrata und viele andere sind 4 bis $5 \cdot 10^8$

6 *Remane* hat 1936 die Zustände der Wirbelsäule besonders übersichtlich dargestellt.

Jahre alt. Selbst so marginale Normtypen wie die Haare sind so alt wie die Säugetiere, $1{,}8 \cdot 10^8$ Jahre.

(2) *Der Fixierungsgrad* soll hingegen zur Bemessung der Überdetermination verwendet werden. Wir stellen mit ihm fest, in welchem Ausmaße die Stetigkeit eines Merkmales über jene Determination hinausgeht, die nach Kenntnis des Mutationsmechanismus als durchschnittlich zu erwarten ist. Diesen mittleren Präzisionsgrad der organischen Determinationsmechanismen fanden wir (in Absatz IIIC2b) als das Produkt aus Mutationsrate und Erfolgschance ($P_m \cdot P_e$) bei etwa 10^{-6} gelegen ($10^{-4} \cdot 10^{-2}$).

D.h.: Jedes Merkmal wird bei jedem zehntausendsten Reproduktionsschritt im Durchschnitt von einer Veränderung getroffen, und von diesen mag jede hunderste Erfolg haben.

Das Säugetierhaar z.B. besitzt jede rezente Art seit $1{,}8 \cdot 10^8$ Jahren. Nehmen wir auch nur einen einzigen Reproduktionsschritt pro Individuum und nach 4 Jahren sowie nur 10^6 Individuen pro Art, dann standen einer jeden Art ($1{,}8 \cdot 10^8/4 =$) $4{,}5 \cdot 10^7$ Generationen mal 10^6 Individuen, also ($4{,}5 \cdot 10^7 \cdot 10^6 =$) $4{,}5 \cdot 10^{13}$ Reproduktionsschritte zur Verfügung. Das Merkmal ›Haar‹ hätte jedes millionste Mal, also bereits $4{,}5 \cdot 10^{13} \cdot 10^{-6} = 4{,}5 \cdot 10^7$) fünfundvierzig Millionen mal erfolgreich geändert werden können; und das ist in seinem Grundprinzip nicht geschehen. – Ja, alle rezenten Säuger zusammengenommen ($3{,}7 \cdot 10^3$ Arten) brachten das nicht zuwege. Für sie beträgt die Überdetermination ($4{,}5 \cdot 10^7 \cdot 3{,}7 \cdot 10^3$) über hundert Milliarden (10^{11}).

Das Cilium, eines der archaischten Merkmale, existiert gewiß 10^9 Jahre, das sind für jegliche rezente Art mindestens $5 \cdot 10^9$ Generationen mit mindestens 10^8 Individuen. Daraus folgt ein Grad von Superpräzision von ($5 \cdot 10^9 \cdot 10^8 \cdot 10^{-6}$) $= 5 \cdot 10^{11}$. Für alle rezenten Arten (sicher über $2 \cdot 10^6$) besitzt das Cilium eine Überdetermination von ($5 \cdot 10^{11} \cdot 2 \cdot 10^6 =$) 10^{18}; eine Übergesetzmäßigkeit von bereits astronomischer Dimension.

Dies gehört zweifellos zu den erstaunlichsten Phänomenen des Lebendigen; denn obwohl sein Ordnungsgehalt einen Balanceakt der Materie von unvorstellbarer Unwahrscheinlichkeit darstellt, erreichen manche seiner Systeme eine Präzision, die selbst die Gesetzeswahrscheinlichkeit der Materie zu übertreffen vermag.

Man denke vergleichsweise an die Halbwertszeiten radioaktiver Atome (Uran $4{,}5 \cdot 10^9$, Radium 1 580, Mesothorium 6,7 Jahre) oder an die ›Lebensdauer‹ der Elementarteilchen.

Es ist zu erwarten, daß es ganz elementare Gesetze sind, welche die Bildung der Normen durchsetzen und in solchem Maße fixieren. Im Molekularbereich waren es die Notwendigkeiten von Systemisierung und Bürde jener Entscheidungen, die das Lebendige determinieren. Das makroskopische Äquivalent derselben kann ich nun anschließen.

C. Normative Selektion

Wieviel uns von den Mechanismen der Evolution auch noch verborgen sein mag, wir wissen genug, um die Richtung vorauszusehen, in der wir die Ursachen für die Etablierung und Fixierung normativer Ordnung werden zu suchen haben. Es muß sich um eine Form von Selektion handeln, weil weder ein Schutz vor Mutation noch ein dritter Mechanismus gefunden weden konnte.

Ich muß jedoch schon hier darauf aufmerksam machen, daß die Lösung in einer zweiseitigen Analyse dessen gelegen sein wird, was wir landläufig Selektion nennen. Spezielle Selektionsbedingungen werden ja nur am Maßstabe spezieller Selektionsobjekte deutbar. Selektion als Vorgang ist aus der Konfrontation der äußeren Bedingungen des Milieus mit den inneren Bedingungen des Organismus zu verstehen. Eigentlich ist das selbstverständlich. Und darum sollte es nicht Wunder nehmen, wenn wir im Produkt der Selektion die normativen Systembedingungen der Organismen wiederfinden.

1. Die Vorteile der Standardisierung

sind uns längst aus dem Alltagsleben vertraut. Wer Nägel besorgen läßt, braucht kaum mehr als Länge und Anzahl anzugeben; wenn aber die Metallschrauben ausgingen, dann ist zudem Durchmesser, Steigung und Schnitt des Gewindes zu definieren, ober besser gleich eine der übergebliebenen Muttern (die definitiven Selektionsbedingungen) mitzugeben. Ja, wir bestimmen unsere Selektionsbedingungen quantitativ in Prozent Abweichung vom Original, was wir Toleranz nennen. Und wehe der Firma, die sich nicht an die erwartete Norm hält. Sie verliert am Markte jede Chance.

a. Die Chancen des blinden Zufalls

sind, wie wir vom Münzwurf wissen, maximal 1/2. Das wäre für einen Spieler, der, wie die Evolution, in der Lage wäre, außerordentlich oft zu verlieren und unfaßlich viel Zeit aufzuwenden, vorteilhaft genug. Aber mit dem Wachsen der Komplexität (der Merkmale oder der Spielregeln) sinken diese Chancen exponentiell. Sie sinken – wir sahen das schon in Kapitel I – derart ins Uferlose, daß selbst die größten Populationen (alle Materie der Biosphäre in winzige Spieler verwandelt) zusätzlich einer fast unbegrenzten Verlierbereitschaft (über Zeiträume kosmischer Dimension) keinen Ausgleich zu schaffen vermöchten.

Nur einige hundert Moleküle in eine ganz bestimmte Position zu würfeln (vgl. Abs. IB1c, p. 33) schaffte diese Erde nicht. Aber auch diese Bedingung ist noch Größenordnungen jenseits des einfachsten Organells.

Was soll also der Zufall in der Evolution? Er hat nur dort einen Sinn – und wir wissen, daß das Schicksal jeder Art auf ihn angewiesen ist –, wo die Chancen seiner Ereignisse groß sind, wo ihm selbst möglichst wenig Raum gegeben ist: In der schmalsten Gasse zwischen fest etablierter Gesetzmäßigkeit. Phylogenie ist Verschließen möglichst vieler Löcher im Roulette.

b. Die Chancen des Etablierten

bestehen hingegen darin, das Etablierte wieder und wieder zu etablieren (das ist das Konservative, das Reaktionäre in der Evolution. Wenn sich ein so unwahrscheinlicher Zustand wie ein Organismus unwahrscheinlicherweise in der Lage befindet, unter den speziellen Bedingungen seines Milieus von einem gewissen Bestand zu sein, dann hat unter allen weiteren denkbaren Lebensstrukturen jene die größte Chance, die dem Original am meisten ähnelt.

(1) *Die Anpassung.* Zurecht ist darum errechnet, daß Evolution in kleinsten Schritten die größen Erfolgschancen haben muß. Das ist aber nur eine der Seiten. Eine ganz andere ist es – und das ist hier das Entscheidende – denselben unwahrscheinlichen Zustand mit einem riesigen Schritt nochmals hinzustellen. Die Chance besteht also nicht nur darin, dem Zufall wenig, sondern gleichzeitig dem Gesetz viel Raum zu geben; es immer wieder anzuwenden. Wir sahen ja: (Abs. IB4) ›Ordnung ist Gesetz mal Anwendung‹.

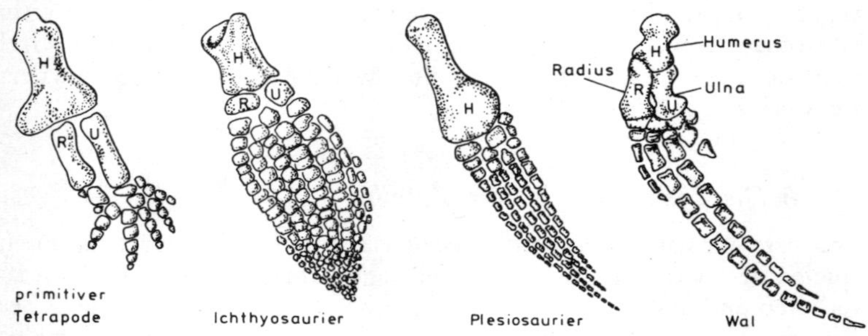

Fig. IV27: *Zahlenänderung homogener Knochen* in der Tetrapoden-Hand. Polyphalangie (Vermehrung der Fingerglieder); mit Zunahme der Fingeranzahl (Polydactylie) bei Ichthyosaurier, mit Abnahme beim Wal. (Aus *Romer* 1966).

Und nun haben wir schon wieder alles zur Hand. Das Individuum fanden wir ja nur als eine der vielen Stufen der identischen Individualitäten, der identischen, hierarchisch geschichteten Normteile, aus welchen die Organismenwelt besteht. Die Lösung ist die identische Replikation in allen Stufen der normativen Ordnung. Unsere Formulierung ihres Selektionsvorteiles (Formel 21, p. 129), in der die Zahl der Merkmale (*E*) und der Replikationen (*a – 1*) sogar als Produkt im Exponenten erscheint, muß für Normteile aller Größen Geltung haben.

Die Fähigkeit z.B. eines Protisten, seine einzige Antriebsgeißel bei Verlust neu bilden zu können, ist für den Fortbestand seines Genoms zunächst von nicht geringerem Vorteil als seine Fähigkeit, sich einmal teilen (identisch replizieren) zu können. Ja, es ist für den Moment der Katastrophe sogar die erfolgversprechendere, in jedem Falle die naheliegende Lösung. Stets ist die Replikation die beste Kompensation für Verluste; und der Selektionsvorteil wird nur von der Bedeutung des Verlustes bestimmt.

(2) *Die Einpassung*. Der entscheidende Vorteil der identischen Replikation von Normteilen muß zudem darin bestehen, Strukturen zu schaffen, bei welchen wiederum die größte Wahrscheinlichkeit besteht, daß sie sich in den unwahrscheinlichen Zustand von Materie, den ein Organismus darstellt, harmonisch einfügen.

Und man bedenke, welch ungeheures Repertoire an Vorschriften und Voraussetzungen ein Organismus enthält. Ich brauche kaum zu sagen, welch vollkommener Apparat z.B. eine Krabbenschere ist, aber als Anhang eines Schwammes erfunden, wäre es ein funktionsloses, uneinfügbares Absurdum.

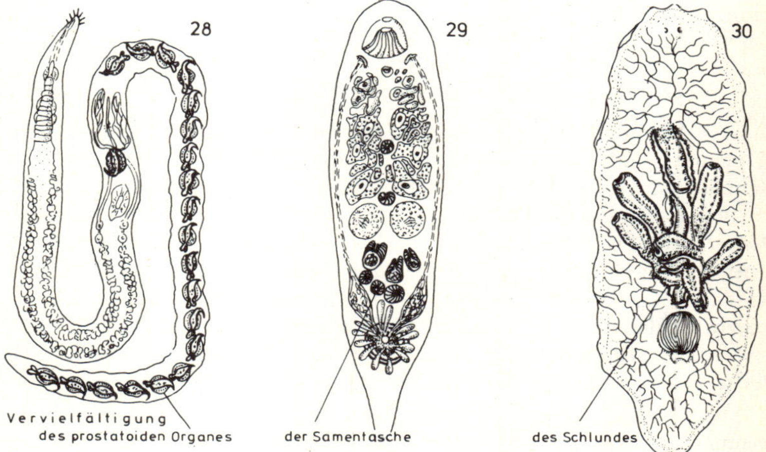

Fig. IV28–30: *Identische Replikation von Organen* am Beispiel der Turbellarien. 28: *Polystyliphora filum* (ca. 15mal vergrößert); 29: *Oligochoerus limnophilus* (40mal); 30: *Crenobia alpina montenigrina* (10mal). (29 nach *Ax* und *Dörjes* 1966; 28, 30 aus *Beauchamp* 1961).

Wäre identische Replikation von Bauteilen nicht in allen Schichten der Organismen bekannt, sie müßte gefordert werden. Wir fanden dies schon bei unseren Überlegungen im Molekularbereich der genetischen Entscheidungen. Wir finden es im Bereich der Ereignisse wieder. Und da erwartet werden muß, daß die Replikations-Schaltung in jeglichem Komplexitätsbereiche wirkt, kann es auch nicht mehr Wunder nehmen, identische Strukturen in jeglicher Ebene repliziert zu finden.

Ich darf mich hier gar nicht ernsthaft mit Beispielen versuchen. Die Organismen bestehen ja zur Gänze aus solchen. Dies ist uns selbstverständlich, von den Proteinmolekülen bis zu den Muskelfasern, aber auch bei Organen und Metameren überall gegeben.

Man denke nur an die ›terminale Addition‹ (die Anfügungen am Ende einer Serie) z.B. von Wirbeln (bei Schlangen und Fischen), von ›Fingern‹ an der Hand der Ichtyosaurier (Polydactylie), der Fingerglieder bei Walen (Polyphalangie, Fig. IV27), die Vermehrung der Proglottiden bei den Bandwürmern, der Metameren bei den Gliederwürmern oder an die bereits absurd anmutenden Vermehrungen des Schlund- oder Genitalapparates (Fig. IV28–30) bei Strudelwürmern.

Zweierlei ist für die Erfolgschance eines zusätzlichen Bauteiles entscheidend; und zwar gleichgültig welcher Komplexitätsstufe. Maximales An- und Eingepaßtsein in die äußeren und inneren Bedingungen des Milieus. Kein anderer Mechanismus könnte das so vollkommen erreichen als ein universelles Prinzip identischer (normativer) Replikation.

c. *Ordnungszuwachs und Ökonomie*

Lassen Sie mich dieses Prinzip noch von einer anderen Seite zeigen. Ordnung, auf deren Wachstum es zum Überleben anzukommen scheint, ist ein Produkt aus Gesetz und Anwendung. Ist ein Replikationsmechanismus zur Hand, der verläßlicher arbeitet als jener, der den Gesetzesumfang erhöht, dann wird die Selektion eine Forcierung der Anwendung durchsetzen. Sie wird die Quantität vermehren: Die Individuen (Populations-Expansion), die Metamere (z.B. bei Ringelwürmern, Schlangen), die Organe oder Zellen (Riesenwuchs). Und es ist zweifellos oft schwieriger, den Gesetzesgehalt harmonisch zu vergrößern, sein Durchkommen mit Qualität zu sichern.

Man denke an ein spezialisiertes Ziegelwerk. Es ernährt Mitarbeiter und Eigentümer mit nur zwei Informationen: Material und Dimension mal Stückzahl. Was, wenn jeder Besteller nun nur mehr einen Ziegel wünscht, jeweils mit unvorhersehbaren, komplizierten Angaben über die bizarre Gestaltung seines Auftrages. Kann der Stückpreis steigen, dann wird das Ziegelwerk zum Kunstgewerbebetrieb: Kann er es nicht, geht es sogleich zugrunde. Aber der Markt braucht eher billige Massen als wertvolles Gewebe. Daher bleiben niedere Formen in der

Evolution ebenso erfolgreich wie in der industriellen Zivilisation.. Qualität ist stets der reifere Zustand.

Wir erinnern uns damit wieder daran (Abs. IIA1), daß der Determinationsgehalt unseres eigenen Organismus auf 10^{25} bis 10^{28} bit_D berechnet wurde, jener unserer Keimzelle und unseres Genkataloges aber auf nur 10^{11} und 10^{6} (10^{5} bit_D. Diesen viele Milliarden umfassenden Unterschied hatten wir mit ebenso großer Wiederholung der Anwendung zu erklären (Redundanz der Ereignisse). Und es ist einleuchtend, daß die volle Ausformulierung unseres Determinationsgehaltes in einer Spermazelle gar keinen Platz hätte (ebensowenig wie alle Daten jedes Einzelstückes in den Archiven einer Massenindustrie).

d. Die raschen Durchbrüche

zu neuen Organisationsformen bilden einen weiteren Selektionsvorteil der genormt replizierbaren Bauteile. Das kann man der geringeren Zahl von Übergangsformen entnehmen, die uns den Wechsel vom wenigen zum massenhaften Einsatz genormter Bauteile vorführen. Solche Ausdifferenzierung wird offenbar sehr rasch und mit großer Erfolgschance durchlaufen. Man denke wieder an die Massenindustrie.

Man denke an die Zellen der Vielzeller, die, mit Ausnahme der ungewöhnlichen *Mesozoa*, sogleich in großen Zahlen auftreten; an die bewimperten Epithelzellen der bilateralen Vielzeller, die, mit Ausnahme der ebenso eigentümlichen *Gnathostomulida* sogleich sehr viele Cilien aufweisen; an die Cilienzahl bei den Ciliaten, wo – wie bei vielen anderen – geringere Anzahl auf reduzierte Zustände hinweist. Man denke an das Auftreten spezieller Zelltypen, von den Nesselzellen bis zu den Gliazellen; an das Auftreten der Metamere und der Parapodien bei den ursprünglichen *Articulata*.

Es steht nun wahrscheinlich außer Frage, daß die Bildung und umfängliche Verwendung von normierten Bauteilen von der Selektion massiv gefördert wird. Dabei setzen wir jedoch voraus, daß die Phän- und Ereignis-Normen auch genetisch, also hinsichtlich der hinter ihnen stehenden Entscheidungen Einheiten darstellen, die gewissermaßen mit einem einzigen Befehl ausgehoben (abberufen) werden können. Daß das möglich, ja höchst wahrscheinlich ist, besprachen wir im molekularbiologischen Teil (Abs. IIIC1ab), daß das tatsächlich der Fall ist, werden uns die Fehler im Regenerations-Geschehen, in der Befehlsübermittlung und das Mutationsgeschehen beweisen (vgl. Kapitel VI).

2. Kanalisierung und Fixierung

Wie wir bereits voraussehen können, wird für die außerordentlichen Vorteile des Einsatzes von Normteilen bezahlt werden. Was durch sie an evolutiver Freiheit gestern gewonnen war, wird heute durch Kanalisation wieder großteils verloren. Das sagten wir schon; was zu zeigen bleibt, ist jener Selektionsmechanismus, der das durchsetzt.

a. Die Erfolgschancen der Veränderung

von Normteilen hängen mit der funktionellen Bürde zusammen, die sie tragen. Im molekularbiologischen Teil haben wir die Bürde für Einzelentscheidungen bestimmt und sie durch die Anzahl der von ihnen abhängigen Einzelereignisse (E') beschrieben (vgl. Formel 25, p. 139); und wir fanden, daß die Erfolgschancen (P_e) exponentiell mit den davon abhängigen Ereignissen ($P_e^{E'}$) sinken werden (Formel 27, p. 140).

Für das Einzelereignis (das Phänmerkmal, den morphologischen Baustein) ausgedrückt, bedeutet das die Anzahl der voneinander unabhängigen Ereignisse, die aber allesamt von einem Entscheidungsmuster abhängig sind. Diese Abhängigkeit der Normen ist uns von den Zivilisationsnormen wohl vertraut. Sie zeigt, wie grundsätzlich auch in den biologischen Normen, drei quantitative Abhängigkeiten:

(1) Änderte z.B. eine Mutation im Elektrizitätswerk unserer Stadt die Frequenz des Wechselstromes, sagen wir von 50 auf 500 Hz, so würden nur die elektrischen Uhren, die Leuchtstoffröhren, einige Hörfunkempfänger und Motoren den Dienst versagen. Die Stadt wäre subvital (sie würde, zwar geschwächt, überleben). Änderte die Mutation den Wechsel- zu Gleichstrom, so würden zudem alle Dreh- und Wechselstrommotoren, alle Wechselstromgeräte, die meisten Heizgeräte und die Umspannwerke ausfallen. Die Stadt wäre subletal (könnte kaum überleben). Änderte sich die Netzspannung um eine Größenordnung dann wäre die Stadt letal, sie bräche sogleich zusammen. Das heißt: je grundsätzlicher oder hierarchisch basaler das Merkmal, umso größer seine Bürde (umso katastrophaler die Wirkung oder umso geringer die Erfolgschance seiner Änderung). Wir nennen das *Positionseffekt*.

Die Analogie stimmt natürlich nicht in allen Einzelheiten; aber immerhin ist z.B. auch die Gleich-Wechselstrom-Mutante eine Hierarchiestufe basaler als die 50-500-Hz-Mutante. Das genormte Einzelereignis entspräche jedem der Millionen genormten Endauslässe des Stadtnetzes. Das Stadtnetz entspräche der Befehlsübertragung vom Locus der Mutation auf alle identischen Normteile der Klasse.

(2) Nähmen wir an, die Produktion des E-Werkes wäre nicht mit allen stationären Energieabnehmern der Stadt vernetzt; es schlösse z.B. die Industrie aus, umfaßte nur die Wohnhäuser oder die Haushalte, oder nur den Nachtstrom der Haushalte. Dann würde der Effekt der Störung (gleicher Position) mit der Einschränkung abnehmen. Das heißt: Die Kollektivbürde einer Normkategorie steigt mit der Zahl der

abhängigen, aber funktionell verschiedenen Systeme des Organismus (der Stadt). *Vernetzungseffekt.*

(3) Nähmen wir an, der Stromproduzent beliefert anstelle nur einer Stadt ein ganzes Land, so würde die Adaptierungs- oder Überlebenschance (bei gleicher Position und Vernetzung) sinken. Belieferte er hingegen nur ein Dorf, einen Gutshof oder lediglich meine Bastlerstube, so würden die Adaptierungschancen für die abhängigen Funktionen immer erschwinglicher. Das heißt: Die Kollektivbürde einer Normkategorie ist abhängig von der Zahl der identischen Normteile (der identischen Endauslässe) im System. *Kollektiveffekt.*

Die Schwierigkeiten oder Katastrophenumfänge hängen also von den Größen, Positionen, Vernetzung und Kollektiv ab; und der Vergleich ›Stadt und Organismus‹ beruht auf der Parallelität von Erfolgschance und Störungsumfang in beiden Fällen. Wie der Störungsumfang, so wächst die Unerbittlichkeit der Selektion, und wie die Unwahrscheinlichkeit, mit einer solchen Mutation den Betrieb einer Stadt zu verbessern, so wächst auch die Unwahrscheinlichkeit, für den Organismus einen Selektionsvorteil zu erzielen.

b. Bürde und Selektion

Von den Selektionsbedingungen, die es nun noch zu beschreiben gilt, müssen wir erwarten, daß sie jenes außerordentliche Maß an Überdetermination erklären, welches für die Zustände normativer Ordnung kennzeichnend ist. Wir müssen eine Art ›Überselektion‹ erwarten, die in dem Maße die herkömmlichen Selektionsbedingungen übertrifft, in welchem die durchschnittlichen Stetigkeits-Aussichten von Merkmalen von der ›Überstetigkeit‹ der Normteile übertroffen werden. Suchen wir die Selektions-Äquivalente der drei Bedingungen in den Organismen auf, so ergibt sich (in umgekehrter Reihenfolge fortgesetzt) folgendes Bild:

(1) *Der Kollektiveffekt*: ist am wenigsten transparent. Erblich und von evolutiver Bedeutung sind jene Mutationen, die die Keimzelle treffen. Wird in ihnen der Determinationsgehalt einer replizierbaren Einheit geändert, dann werden auch alle identischen Kopien normativ dieselbe Änderung beinhalten. Ist deren Anzahl gering, so wird die Chance, daß die kollektive Änderung von der Selektion akzeptiert wird, verhältnismäßig groß sein (nämlich fast so hoch wie die Chance eines veränderten Einzelmerkmales), weil die Anzahl der funktionell zu fordernden Passungen nicht groß ist. Wächst aber die Zahl der geänderten Normteile beträchtlich, dann sinkt in gleicher Weise die Chance, daß sämtliche der ebenso vermehrten Paßflächen harmonieren.

Färbt uns z.B. der Zufall (eine Mutante) ein Randstück unseres Puzzles um, dann besteht eine kleine Erfolgschance (von sagen wir $P_e = 10^{-2}$), daß sich das Gesamtbild verbessert; färbt er alle (E) Randstücke um, dann sinkt die Chance gewaltig ($P_{e'} = 10^{-2E}$).

Erwirbt der Bastler zufällig eine mutierte Schraube, dann mag er mit Glück (sagen wir mit $P_e = 10^{-2}$) in seiner Kramschachtel eine passende Mutter finden; erwirbt eine Industrie eine Million von dieser Mutante, dann ist deren kollektive Verwendungschance gleich Null. (Mutierten aber die Muttern mit den Schrauben, dann gehörten beide zur selben Norm. Ihre Paßflächen wären dann die Bohrungen usf.)

Unter den lebendigen Normteilen denke man an den raschen Wandel kleiner Kollektive (die Finger der Tetrapoden, die Glieder der Arthropoden-Beine), an die Verlangsamung bei mittleren (Segmente der *Articulata*, Beine der Arthropoden), an die Stetigkeit der größeren (Federn der Vögel, Ambulakralfüße der Stachelhäuter).

In der Position der Zellnormen liegen Normtypen geringerer Auflage beispielsweise in den selteneren Formen der Tastkörperchen vor. Die Scheibenzellen in den *Grandry*schen Nervenkörperchen etwa (Fig. IV31); ihre geringe Stetigkeit geht aus der Beschränkung auf (die Zunge und Schnabel-Wachshaut von) Wasservögel hervor und daraus, daß sie am Gaumen der Vögel bereits anders differenziert sind. Oder die inneren Kapselzellen im *Herbst*schen Körperchen (Fig. IV32), die bei den verwandten *Vater-Pacini*schen Lamellenkörperchen der Säuger (z.B. des Menschen, Fig. IV33) schon wieder fehlen. – Und man vergleiche dazu die Korrelation von Massenauftreten und Stetigkeit etwa der quergestreiften Muskelfaser, die älter als die gesamte Fossilgeschichte der Tiere sein muß, weil sie in Wirbeltieren, Mollusken und Arthropoden prinzipiell identisch repräsentiert ist und es bleiben wird.

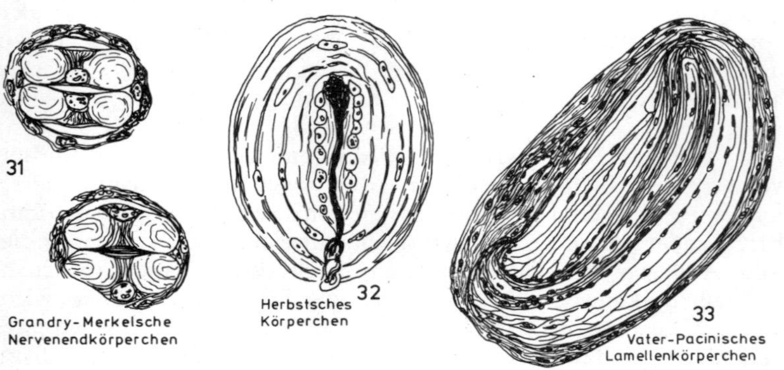

Fig. IV31–33: *Normteile geringerer Auflage* am Beispiel spezieller Tastkörper in der Haut der Vögel und Säuger. Vergrößerungen: etwa 500mal (31), 250mal (32) und 150mal (33). (Alle Figuren aus *Patzelt* 1945).

(2) *Der Vernetzungseffekt* ist transparent. Haben die Individualitäten einer Normkategorie in den verschiedenen Organen, mit welchen sie

vernetzt sind, etwas unterschiedliche Funktionen (Paßflächen), dann sinkt die Erfolgschance des geänderten Kollektivs exponentiell mit dem Umfang der funktionellen Diversifikation.

Nähmen wir z.B. die Schrauben, die eine Autoindustrie verwendet, als Kollektiv, dann könnte eine mutative Verdoppelung aller Schraubenkopfdurchmesser in einem seltenen Falle das Gesamtprodukt verbessern, falls sich die Mode am Markt zufällig auf größere Zierschrauben kaprizierte und es nur auf die Zierschrauben ankäme. Es kommt aber auf alle an. Und es läßt sich mit Sicherheit voraussagen, daß eine ihrer vielen anderen Funktionen versagen wird (Tank oder Zylinderkopf werden nicht dicht, Vergaser oder Bremsen nicht einstellbar sein). Die Firma ist letal.

Ein organisches Beispiel bildet das Cilium. Eine Kollektivänderung mag das Hören verbessern, aber die Spermien funktionsunfähig machen, eine andere die Riechfunktion verbessern, aber den Gleichgewichtssinn zerstören (vgl. das Cilienvorkommen in Abs. IVB2c und den Cilienbau auf p. 169). Die Veränderungen, wie die Ultrastrukturforschung lehrt, haben das Prinzip nicht anzutasten. – Und an einen Ersatz des Ciliums ist nicht zu denken, weil (was ganz unwahrscheinlich ist) alle seine verschiedenen Funktionen gleichzeitig und erfolgreich substituiert werden müßten.

(3) *Der Positionseffekt* ist eine Selbstverständlichkeit. Was immer an Merkmalen auf die vorgeordnete Funktion einer Normkategorie abgestimmt ist, wird funktionslos, wenn sich diese ändert.

Beispielsweise würde eine Autoindustrie eine Stahl-wird-Plastik-Mutante überleben, wenn diese nur den Blinkschalter beträfe. Sie würde subvital, wenn es die Baudenzüge, letal, wenn diese die Karosserie umfaßte, eine Absurdität, wenn aller Stahl in Plastik erschiene: Denn es dürfte nicht weiter adaptiert werden, bevor der Markt seine Entscheidung getroffen hat.

Zahl und Ansprüche der Abhängigkeiten werden nun gleichzeitig von der Selektion gewogen. Periphere Normteile wie Cormidien, Metamere, Parapodien ändern sich kennzeichnenderweise stetig (bei Staatsquallen, Asticulaten und Borstenwürmern von Art zu Art). Bei den Wirbeln geht das schon wesentlich zäher und gedämpfter; denn Rippen, Rückenmark, Gefäße, die ganze Dorsalis-Muskulatur und alle spinalen Nervenaustritte mit ihren Innervationsgebieten hängen von ihnen ab. Die Stetigkeit einzelner Zellnormen übertrifft bereits das Alter ganzer Tierstämme; jene von Ultrastrukturen wie des endoplasmatischen Reticulum, des Mitochondrium das ganzer Reiche. Gewisse Riesenmoleküle (wie Cytochrom-c, unser Beispiel in Fig. II27–28) werden im gesamten Organismenbereich fixiert. Und man versteht sofort, daß die Mutation jeder Pyrimidinbase im Code zu einem fremden Molekültyp immer erfolglos sein muß.

c. Normative Überselektion

Jede Selektion hat mit dem Milieu zu tun. Aber nur für den ganzen Organismus entspricht Milieu dem, was wir Biotop, Umwelt, Konkurrenz, Markt und Werbetrend nennen. Es wäre absurd zu glauben, der Selektionswert etwa der Pyrimidinbasen hätte nur mit Wind und Wetter, den Räubern oder neuen trophischen Nischen im Biotop zu tun. Sie haben damit *auch* zu tun; und ich finde, daß diese Riesenspannweite an Kausalzusammenhängen bereits das erstaunlichste an der Sache ist. Sie ist so erstaunlich, daß sogar die Selbstgewißheit des Reduktionisten wenigstens psychologisch ihre Rechtfertigung findet. Aber sie haben selbstverständlich noch ganz andere Dimensionen an ›Milieu‹ zur Voraussetzung.

(1) *Überselektion* können wir die Wirkung jener Vorschriften nennen, welche über die der Außenwelt hinausgehend von den Systembedingungen des Organismus selbst verfügt werden. Und je höher diese Gebirge an Vorschriften und Konsequenzen im Milieu des Organismus selbst aufwachsen, umso mehr müssen die praktikablen Verbesserungschancen schrumpfen; bis endlich alles überwacht wird und in einem überdimensionalen System von Kontrollen erstarrt. Im Falle der Normen ist das

(2) *Self-Design der Überselektion* von den Dimensionen des Kollektivs, der Vernetzung und der Position bestimmt. Es entsteht mit der Evolution der Verwandtschaftskreise und wirkt auf diese zurück. Was für die einen Freiheit bleiben mag, wird für die anderen Erstarrung. Aber stets wird für die zusätzlichen Freiheiten von gestern aus dem Masseneinsatz replikativer Merkmale – wie wir sagten – mit der Unfreiheit erhärtender Standards von heute gezahlt. Das Ergebnis ist stets eine

(3) *Kanalisierung durch Überselektion*. Sie besteht aus einem Schichtenbau von Normteilen wachsender Zahl, wachsender Universalität und wachsender Erstarrung. Das Ergebnis ist jenes geordnete System von abgestuft beständigen und identischen Individualitäten und Realitäten, das wir als normative Ordnung definierten . Es ist eine der vier Voraussetzungen, die lebendige Struktur verstehen, das heißt beschreiben und voraussehen zu können. Und eine weitere Konsequenz ist sogar eine

(4) *Kanalisation des Denkens*. Denn wenn normative Ordnung eine Realität außerhalb der Denkprozesse ist, dann kann die so weitgehende Koinzidenz zwischen Natur- und Denkmuster nur dadurch erklärt werden, daß normatives Denken als eine Notwendigkeit, als eine Denkkategorie im Mechanismus unseres Gehirns aufgenommen worden ist, da von einer wohl auch hier unerbittlichen Selektion jene Denkmuster ausgewählt werden mußten, die, den Strukturmustern am näch-

sten kommend, diese am verläßlichsten zu erkennen und vorauszusehen vermögen.[7]

3. Normen in der Zivilisation

Ein abschließender Blick in das Fruchten und Schaden der Normen, die wir mit unserer Zivilisation rund um uns entwickeln, ja zur Voraussetzung haben, soll das Prinzip dieses Wechselspiels von Freiheit und Sklaverei nochmals anschaulich machen: *In analogiam* für jenen Leser, der nicht hoffen will, wir könnten ernstlich in die ›Naturgeschichte unseres Geistes‹[8] eindringen, als eine Konsequenz für jenen, der es will.

Denn wiewohl ich weiß, wie vorsichtig mit der Verschiffung von ›Weisheit‹ zu Kontinenten völlig anderer Komplexität zu verfahren ist, die alte Frage ist ja wieder mit uns: Wie sollen wir uns nun die Koinzidenz der organischen und zivilisatorischen Normen erklären? Ein Zufall? Wir wissen ja bereits, daß vom Zufall als Ordnungsbaumeister dann das meiste zu halten ist, wenn er die geringste Freiheit hat. Und wenn das Normative des Denkens als eine Konsequenz des normativen Evolutions-Ergebnisses zu erklären ist, sollen wir dann nicht erwarten, daß das Normative der Zivilisation auch eine Konsequenz unseres normativen Denkens ist; jenes Denkens, das sie ja geschaffen hat?

Im zivilisatorischen Wechselspiel finden wir dieselben beiden Mechanismen wieder, die zur Entfaltung und Erhärtung normativer Ordnung Anlaß geben. Der Unterschied besteht nur darin, daß sie uns hier alle selbstverständlich scheinen. Ihre Einsicht allein wäre kaum einen Aufsatz wert.

a. Erfolg und Massen

In der Von-Heute-Auf-Morgen-Zielsetzung des Menschen, die recht universell darin zu bestehen scheint »mehr zu besitzen als der Nachbar und morgen mehr als heute«[9], finden wir ein so archaisches Evolu-

7 Dies wurde eben von *Konrad Lorenz* (1973) glänzend bestätigt. Das Normative unseres ›Verrechnungsapparates‹ muß vor dem Bewußtwerden von Logik und Begriffen entstanden sein; in einem ratiomorphen Zustand (*Brunswik* 1934, 1957), als Vorläufer der Ratio, durchgesetzt von einer Selektion, die dem Organismus ›hypothetischen Realismus‹ aufzwingt.

8 *Konrad Lorenz* hat mir diesen Gedanken in einem Vortrag (an der Universität Wien im Dezember 1971) mitgegeben; nun, 1973, ist sein Werk mit dem Untertitel »Versuch einer Naturgeschichte menschlichen Erkennens« erschienen und bestätigt, wie ich es meinem eigenen Text unterlegte, daß wir hier mit echten Zusammenhängen rechnen müssen.

9 Ich bin im Zusammenhang mit dem Problem des Energieflusses durch unsere Biosphäre (*Riedl* 1973a und b) zu diesem Schluß gekommen, man vergleiche auch die quantitative Analyse von *Odum* (1971) mit der qualitativen von *Hass* (1970).

tionsprinzip wieder, daß der Vergleich mit der vorbegrifflichen Evolution völlig zulässig erscheint.

Zu den (tragischen) Merkmalen dieser zweiten Evolution, die der Langsamkeit des genetischen Mechanismus entkommen ist, gehört die Erfahrung des ›Erfolges der Masse‹. Sie hat von der normativen Herstellung der Pyramidensteine der ersten Hochkulturen zu jener der Automobile der industriellen Erfolgsgesellschaft geführt. Der Erfolg besteht, wie in der ersten Evolution, darin, mit einem Minimum an Kenntnis (Unterrichtung, Einsicht, Gesetzesgehalt, bit_G) ein Maximum an Produktion (Wirkung, Einfluß, Festlegung, bit_D) zu erreichen. Das Ergebnis sind wieder Klassen von Identitäten mit geminderter oder gar keiner Individualität: Normierte Produkte wie Produzenten. Und wieder sind beide die Bausteine der höheren Strukturen und Funktionen: die Ziegel der Dome, die Autos der Wirtschaft, die Klassen der Parteien und alle der Staaten.

In einer selektiven Welt, in der mit der größten Kurzsichtigkeit jene Systeme mit etwas mehr Beständigkeit ›honoriert‹ werden, die mit ihrem Produkt das meiste überschwemmen, war diese Entwicklung offenbar eine der zwingenden Folgen. Die Analogie ist vollständig. Das Thema ist voll Relevanz. Aber auch hier wird man es dem Anatomen zugute halten, wenn er zunächst bei seinem Thema bleibt.

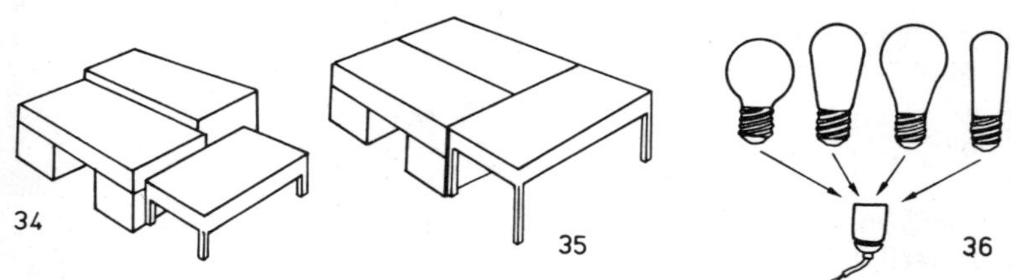

Fig. IV34–36: *Norm und Normierung in der Zivilisation.* Normierung (35) vordem ungenormter (34) Möbel; 36: genormte Glühbirnenfassungen. (Aus *Brockhaus*-Enzyklopädie).

Man erinnere sich aber der großen Gebiete der Normung in der Zivilisation (Fig. IV34–35), der Probleme der Normenkollision und der Normenkontrolle der DIN, ASA und ISO (der 1946 gegründeten ›International Organization for Standardization‹). Man erinnere sich an Normen-Ökonomie und Rationalisierung mit Typenbeschränkung, Sortenverminderung und Reihenanfertigung, aber auch an die Kontroverse zwischen Normwissenschaften und Positivismus.[10)]

[10] Man vergleiche z.B. *Husserl* 1928, *Lalande* 1948 (im Zusammenhang mit Normwissenschaften) und *Klein* 1970 (im Zusammenhang mit Industrienormen).

b. Kollektiv und Toleranz

Die Konsequenz etablierter Normen sind Fluten von Vorschriften von den Staatsanwaltschaften bis zu den Eichämtern, von den Tabus bis zur Mode, vom Parteien-Gehorsam bis zu den Normenabteilungen der Industrien. All diese Instanzen etablieren Einengungen dessen, was toleriert wird.

Dabei ist es lehrreich zu sehen, daß diese geschichteten Instanzen, genau wie in der ersten Evolution, im Etablieren ihrer Vorschriften Eigengesetzlichkeit gewinnen. Es ist ja längst nicht mehr der Markt (die Umwelt), dem man es überläßt, etwa die funktionell nötigen Toleranzen der Schrauben zu kontrollieren, die die Automobilindustrie verwendet. In jeglicher Instanz wird gesiebt, und zwar nicht deshalb, weil damit die Welt besser würde, sondern weil schon die nächste Instanz das vorschreibt. – Es ist verblüffend zu sehen, in welchem Ausmaße die Toleranz, die gegeben wird, wiederum von der Masse des Kollektivs, seiner Verflechtung und Position abhängt: Toleranz sowohl für die Kollektive der Produkte als auch (unglaublich genug) für die Kollektive ihrer Produzenten.

Die Konsequenz ist eine außerordentliche Einengung des Realisierten gegenüber dem Möglichen. Ja, es ist unmöglich, ein verläßliches Bild des Ausmaßes an Intoleranz zu malen, das unsere Zivilisation normativ bestimmt. Schon die Begriffe, mit welchen mir ein verärgerter Leser hier entgegnete, die Sprache, die Syntax, die Grammatik, mit der er, schriebe er mir, schriebe, sind genormt; die Buchstaben, die er verwendete, das Papier, die Marke, das Postamt und mein Kopf, der ihn zu verstehen suchen würde.

Und eben das wollte ich zeigen. Wir sind am Ausgangspunkt zurück. Normative Ordnung ist ein universelles Prinzip.

Und sollte man es aus subjektiven Gründen als Ärgernis empfinden, daß mit dem bloßen Rüstzeug der Biologie das Kollektiv zur Notwendigkeit von Naturgesetzen erklärt wird, so wird man *sein* Naturgesetz im nächsten Kapitel vorfinden. Bei einem anderen mag es umgekehrt sein. Lassen Sie mich darum sogleich in die Verläßlichkeit der anatomischen Methode zurück- und zur Diskussion des nächsten, des hierarchischen Ordnungsmusters, vorankommen.

KAPITEL V

Die Ordnung der Hierarchie

A. Einführung und Definition

Das zweite grundlegende Ordnungsmuster des Organischen kann man kurz das ›hierarchische‹ nennen. Seine Untersuchung wird uns in die Gebiete der vergleichenden Anatomie, Paläontologie und Systematik führen; und da es gar nicht leicht ist, sich seine Form und Konsequenzen klarzumachen, glaube ich, etwas ausführlicher sein zu müssen (man vergleiche bitte die Gliederung der Kapitel IV bis VII).

Die zusätzliche Schwierigkeit der Darstellung hat mit dreierlei zu tun. Erstens sind die fachwissenschaftlichen Grundlagen, das sind die systematischen Konsequenzen der Morphologie, die entscheidend sein werden, selbst unter den Biologen von heute viel weniger allgemeines Wissensgut als die Grundlagen, die wir zur Einsicht in die drei anderen Ordnungsmuster benötigen. Zweitens ist die Verzahnung mit der Ursache des Interdependenzmusters (Kap. VI) so groß, daß um Vorgriffe nicht herumzukommen ist. Und drittens stammen unsere Hierarchiebegriffe sämtlich aus bislang transkausalistischen Methodengebieten, so daß alle Korrelationen und Kausalbeziehungen ohne Pfad und Führer erst von uns gefunden werden müssen.

Die Ordnung der Hierarchie ist durch Merkmale (oder Begriffe) gekennzeichnet, deren Geltungsbereiche, ohne daß sich ihre Grenzen schnitten, ineinander verschachtelt sind; wobei meist mehrere gleichrangige Unterbegriffe innerhalb eines Oberbegriffes vorkommen. Dabei bestimmt der Oberbegriff die Bedeutung seiner Unterbegriffe und diese gegengleich dessen Inhalt. Dieses Muster, hat man es sich einmal klargemacht (eventuell mit Hilfe der Figuren V11–13, p. 197), ist also nicht weiter schwierig. Seine Konsequenzen, seien sie funktioneller oder begrifflicher Art, können aber so komplex werden, daß sie uns durchaus an die Grenzen unseres Vorstellungsvermögens heranführen.[1] Leiten wir aber zunächst die Grundbedingungen ab, die zur Hierarchie führen, sowie den Rahmen, innerhalb dessen sie Geltung haben.

Vom Regime der Hierarchie (griech.-byz.: ›heilige Herrschaft‹) gewinnt man eine erste Vorstellung, wenn man sich bewußt wird, daß alle organischen Strukturen hierarchisch organisiert sind, alle Gemeinwesen des Menschen sich hierarchisch ordneten, ja daß wir keinen Begriff zu bilden vermögen, der nicht durch seinen Oberbegriff Sinn und durch

1 Solche Problematik ist beispielsweise von *Simon* 1965, *Koestler* 1968 (besonders ergiebig der ›Appendix I‹ dieses Werkes), von *Weiss* 1969, 1970a und 1971, sowie in *Pattee* 1973 dargelegt worden.

seine Unterbegriffe erst seinen Inhalt bekäme. Und man sieht auch sogleich, daß die Koinzidenz dieser drei Phänomene in einem Maße weit gespannt erscheint, daß man nicht auf den Gedanken kommen konnte, sie wären ursächlich verknüpft.

Ich werde nun fast ausschließlich mit biologischer Strukturforschung umzugehen haben, weil ich mir in diesem Fache noch am ehesten traue und weil ich in ihm die Hierarchiebildung als Notwendigkeit glaube ableiten zu können. Sobald wir uns aber dessen gewiß sind, werden wir doch zu fragen haben, wie nun diese Koinzidenz mit den Denkmustern (vgl. Abs. VC3d) und den Zivilisationsmustern (Abs. VC4) zu verstehen wäre.

Erstens: Strukturbegriffe in Anatomie und Systematik, die nur durch ihre hierarchische Stellung Sinn und Inhalt haben, gibt es bereits über zehn Millionen.

Es ist bekannt, daß etwa ein ›Tagpfauenauge‹ nur als Schmetterling, als Insekt, als Arthropode, als Vertreter der *Articulata*, der *Protostomia*, der *Bilateria*, der *Metazoa* und des Tierreiches etwas bedeutet; daß ein Gen erst im Chromosom, einer Zelle, meist eines Gewebes, eines Organes, eines Individuums, einer Population Existenz hat; und daß ›Nashorn‹ erst einen Inhalt gewinnt, wenn man erfährt, ob von einem Vogel, einem Käfer oder einem Dickhäuter die Rede ist. Das Volumen der einschlägigen Literatur macht die Hälfte der biologischen Bibliotheken aus. Die Ursachenfrage aber ist unbeantwortet geblieben.

Zweitens: Die Hierarchie als Strukturform der Zivilisation dagegen ist ein Gebiet, in welchem besonders die Geschichte und die Wirkung der Muster untersucht werden: Nutzen und Frommen versus Etablierung und Erhaltung. In diesem wieder sehr aktuellen Forschungsfeld[2] geht es um Befehlsinstanzen, Herrschaft und Gehorsam, um Stände und Klassen der Sozialgebilde, von der Industriestruktur über die Sozialstruktur bis zur Organisation der Kirche (in der unser Begriff ja seinen Ausgang nahm).

Drittens: Unser Denkapparat benützt das hierarchische Muster darüber hinaus zum Ordnen der anorganischen Erscheinungen, ja selbst der physischen wie gedachten Produkte des Menschen, wodurch endlich Zweifel aufkeimt, ob denn dieses Muster ein vorgegebenes oder hineingetragenes wäre. Schon in der Definition mußten ›Merkmalsgruppe‹ und ›Begriff‹ synonym verwendet werden. Sogar die Sprachen sind sämtlich von hierarchischer Struktur.[3] Auf diese Frage kommen wir nicht nur zurück (Abs. VC3d), auch die Zweifel werden wir lö-

[2] Zur Übersicht vergleiche man beispielsweise die Bände von *Weippert* 1930, *Dahrendorf* 1957 und *Scharp* 1958.

[3] *Polanyi* 1968, beispielsweise hat das überzeugend dargelegt. Man vergleiche auch *Chomsky* 1970, *Porzig* 1971, *Höpp* 1972, *Lorenz* 1973.

sen können. An dieser Stelle genügt es aber zu erkennen, daß das Hierarchiemuster so tief in unserem Vorstellungsvermögen verankert ist, daß es schwerfällt, eine hierarchielose Welt auch nur zu denken. Tatsächlich sänke ein Großteil des bereits Verstandenen ins Unverstehbare. Ich will das sogleich vorführen.

Jene Hierarchiemuster der anatomischen und systematischen Begriffe, die wir als die Einzel-Homologa kennenlernten (vgl. Abs. IIB2b), bieten sich der Analyse besonders an, zumal sie mit den Koordinaten ›Zeit‹ und ›morphologische Distanz‹ ziemlich objektiv zu beschreiben sind (Zeit in geologischen Dimensionen der Phylogenie, Distanz in Graden struktureller Ähnlichkeit). Die jeweiligen Oberbegriffe sind dabei durch größere Reichweite in beiden Dimensionen gekennzeichnet; biologisch also durch größeres Beharren in der Zeit wie durch größere Zahl an Untermerkmalen, die sie aufnehmen. Kurz, sie sind von ausgedehnter Gültigkeit.

Dabei erübrigt es sich auch vorerst, auf die Spielarten der systematischen Methode einzugehen, weil in der vorliegenden Frage alle Schulen, von *Remane* (1952) bis *Sokal* und *Sneath* (1963), prinzipiell zum gleichen Ergebnis gelangen.

a. Phantasiewelt ohne Hierarchie

Von den Ordnungskonsequenzen ungleicher Stetigkeit, aber auch von den Eigenschaften einer hierarchielosen Welt kann man eine Vorstellung gewinnen, wenn man den Merkmalen eines Kombinates nicht die üblich ungleichen, sondern gleiche Änderungschancen einräumt. Gehen wir dabei vom Experiment eines gedachten Organismus aus, der sich (Fig. V1) aus den Merkmalen I1 bis I6 zusammensetzt, und sehen vor, daß die Organe 1 bis 6 auch die Ausbildungsformen II bis VI annehmen können, wenn sie die adaptiven Kanäle II bis VI erreichen, die sie begünstigen. Nun entscheidet der Würfel. Zwei Würfe symbolisierten dabei jene gleiche Anzahl von Generationen, in welchen sich eine Mutante vollständig durchsetzen könnte; der erste bestimmt den Kanal, der zweite das adaptierbare Organ, der Zufall die Sequenz der adaptiven Radiation.

1. Spielregel: Beginne mit den sechs Organen in Ausprägung I (vgl. Fig. V2, adaptiver Kanal I, unten). Würfle für jede Generationsgruppe in jedem besetzten Kanal zweimal. Der erste Wurf entscheidet in Kanal I darüber, ob und welcher der übrigen noch unbesetzten Kanäle besetzt werden kann, in den übrigen Kanälen darüber, ob in ihm eine Änderung auftritt (ihn eine Mutation getroffen hat). Der zweite Wurf entscheidet in jedem Falle über das Organ, das sich (falls noch nicht geschehen) im Sinne des jeweiligen Kanals adaptiv ändern soll. Im Falle, daß einer der beiden Würfe diesen Zufällen nicht entspricht, wird weitergerückt, bis in allen adaptiven Kanälen (II bis VI) alle Organe adaptiert sind.

Das Ergebnis zeigt (Fig. V2–4), daß alle Ähnlichkeiten gleichförmig wechseln, und nach bereits 34 Generationsgruppen völlig verschwun-

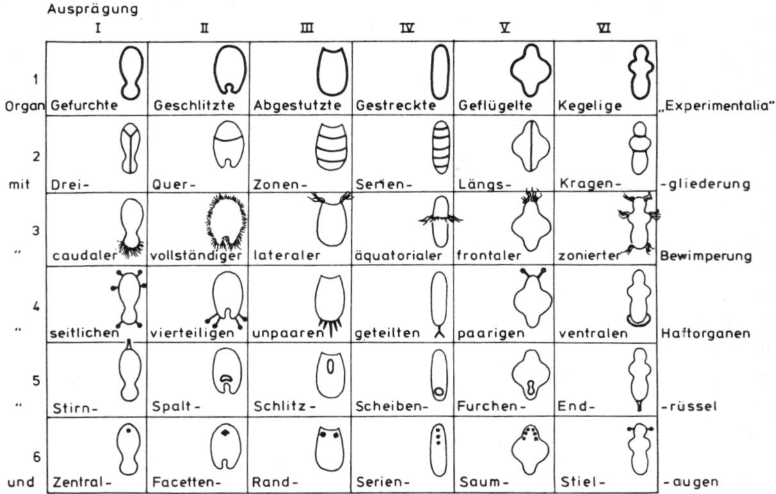

Ausprägung
I
II
III
IV
V
VI
1
Organ
Gefurchte
Geschlitzte
Abgestutzte
Gestreckte
Geflügelte
Kegelige
„Experimentalia"
2
mit
Drei-
Quer-
Zonen-
Serien-
Längs-
Kragen-
-gliederung
3
"
caudaler
vollständiger
lateraler
äquatorialer
frontaler
zonierter
Bewimperung
4
"
seitlichen
vierteiligen
unpaaren
geteilten
paarigen
ventralen
Haftorganen
5
"
Stirn-
Spalt-
Schlitz-
Scheiben-
Furchen-
End-
-rüssel
6
und
Zentral-
Facetten-
Rand-
Serien-
Saum-
Stiel-
-augen

Fig. V1: *Die 36 Merkmale einer gedachten Tiergruppe*; die sechs ›Organe‹ sind arabisch, ihre sechs Ausprägungsformen römisch beziffert. Die Diagnose einer Organismengruppe mit z.B. ausschließlich der Ausprägung I lautete: ›Gefurchte *Experimentalia* mit Dreigliederung, caudaler Bewimperung, seitlichen Haftorganen, Stirnrüssel und Zentralauge.‹ (Orig.).

den sind; daß es in der Regel nur mehr drei »Arten« einer Kette sind, die vier Merkmale gemeinsam haben. Keinerlei hierarchisches Muster entsteht.

Schreibt man, im gleichen Experiment (Fig. V5–6), eine Reihenfolge der adaptiven Veränderungen vor, dann entsteht zwar zunächst ein breiteres Feld von Ähnlichkeiten, das aber ebenso bis gegen die Generationsgruppe 34 vollständig abgebaut wird.

Spielregel 2: wie Regel 1, mit einer Änderung. der zweite Wurf entscheidet zwar wieder über das zu adaptierende Organ, sobald er aber ein noch änderbares Organ trifft, wird in jedem der Kanäle II bis VI zuerst stets Nr. 6 verändert und so absteigend alle weiteren von 5 bis 1 (folglich kann der Fig. V5 das Würfelergebnis von Fig. V2 zugrunde gelegt werden).

Eine Phylogenie dieser Art würde nie ein hierarchisches System aufbauen, vielmehr eine Organismenwelt hervorbringen mit völlig gleichwertigen, das heißt jeweils nur in einer einzigen rezenten Spezies realisierten Merkmalen. Eine solche Organismenwelt ist unbekannt, ja fast unvorstellbar. Auf Einzelarten beschränkte Merkmale sind freilich bekannt, aber nicht zahlreich. Der Systematiker kennt sie als sogenannte ›akzessorische Merkmale‹: spezielle Farbflecken, Kleinstrukturen oder Muster. Sie sind unbrauchbar zum Erkennen von Verwandtschaft, geeignet nur zur Bestätigung der Bestimmung im engsten Rahmen, und alle namenlos geblieben, weil ohne vergleichbare Beziehung.

Eine Organismenwelt ohne hierarchische Ordnung ließe keine Verwandtschaft, ja nicht einmal definierbare Gruppen erkennen. Die ein-

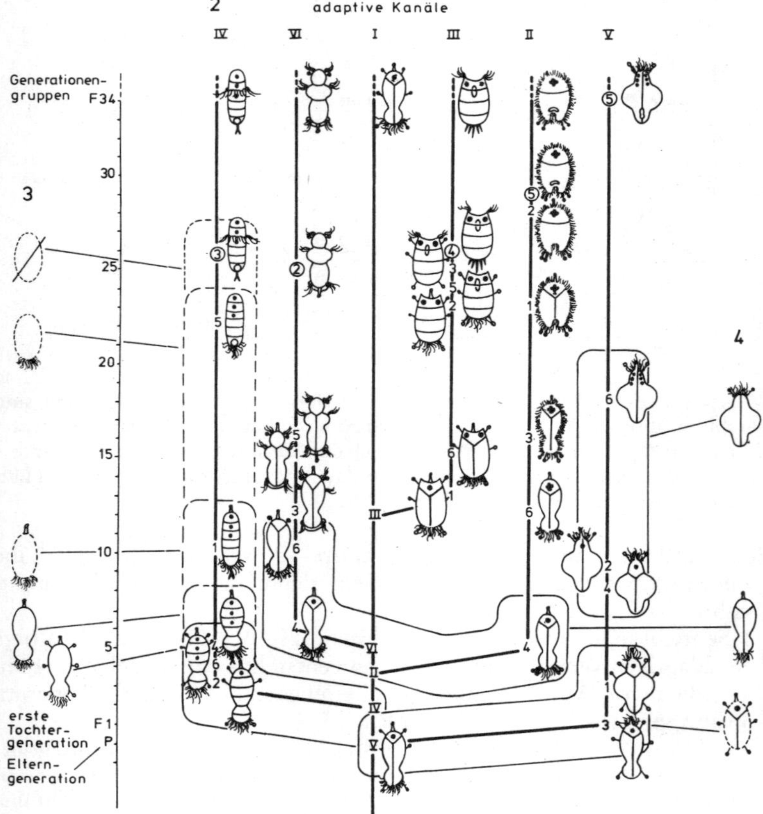

Fig. V2–4: *Auflösung der verwandtschaftlichen Ähnlichkeit bei Chancengleichheit mutativer Adaptation aller Merkmale.* 2: Dem Würfel überlassenes Besetzen und Anpassen an die adaptiven Kanäle II bis VI (durch den Zufall in 34 Generationsgruppen erreicht; Spielregel 1 siehe p. 190; die verändernden Entscheidungen sind je ›Generation‹ und Kanal eingetragen). Konsequenzen sind 3: Mit jedem Schritt geht ein Sechstel der Ähnlichkeit mit der Ausgangsform verloren. 4: Vier übereinstimmende Merkmale finden sich nur in Ketten von drei (maximal vier) der nächstverwandten Mutanten. Nach 34 Schritten ist keine Verwandtschaft mehr erkennbar (Orig.).

zigen Begriffe, die man bilden könnte, wären die der Analogie (Schuppe, Dorn, Füßchen usf.); also gerade jene Form der Vergleichbarkeit betreffend, die wir aus Verwandtschaftsfragen säuberlich auszuschließen bemüht sein müssen (vgl. Abs. IIB2a, p. 70).

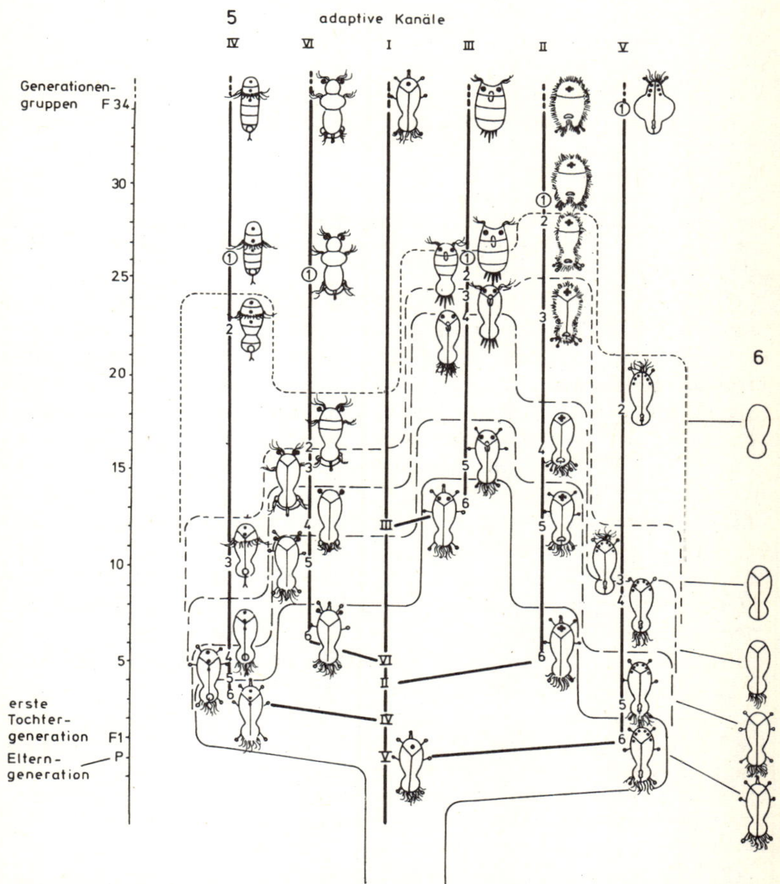

Fig. V5–6: *Gestufte Auflösung von Ähnlichkeit bei chancengleichen, jedoch vorsätzlich gereihten Mutationen.* 5: Dem Würfel überlassenes Besetzen und Anpassen an die Kanäle II bis VI (zugrundegelegt das Zufallsergebnis von Fig. 2; Spielregel 2 siehe oben. 6: Beachte die gestufte Abnahme und das wiederum völlige Verschwinden aller Ähnlichkeit (Orig.).

b. Voraussetzungen und Formen der Hierarchie

Von dieser Phantasiewelt aus kann man den nächsten Schritt tun. Wir fragen, welcher zusätzlichen Forderung unser Denkexperiment entsprechen muß, um Hierarchiemuster entstehen zu lassen.

Diese Forderung verlangt eine schrittweise Zufügung und Fixierung von Merkmalen nach den Gabelungen des angenommenen Flusses von Determinations-Entscheidungen; biologisch nach den sich trennenden Bahnen genetischen Zusammenhanges. Dreierlei Positionen sind dann im Experiment wie in der Natur gegeben (Übersicht in Fig. V11–13).

Voraussetzung ist zudem die Diagnostizierbarkeit des ganzen Ensembles; der hierarchische Gesamtrahmen unserer ›Tiergruppe‹. Tatsächlich besitzen die Merkmalskombinate (die ›Arten‹) der Figuren V2 und V5 kein gemeinsames Kennzeichen. Sie könnten darum nicht mittels einer Diagnose definiert, sondern nur durch die Aufzählung aller 36 Ausprägungen der sechs Organe beschrieben werden. Darum ist eine Fixierung (z.B. Ausprägung I der Körperform) auch schon am Beginn vorauszusetzen.

(1) Liegen die Verzweigungspunkte der additiven Merkmale in einem einzigen Ast, der so zum Hauptast wird, so entsteht ein Hierarchiemuster, in welchem die Zahl der Rahmenbegriffe die der Alternativbegriffe erreicht. Eine solche Schachtel- oder *›Sequenz-Hierarchie‹* (Fig. V9 und 13) findet sich oft in den großen Dimensionen des natürlichen Systems (in den weiten Maßstäben von Zeit und Ähnlichkeit). Man denke etwa an die Gliederung der Chordaten, in welchen die Zahl der gestaffelten Rahmenbegriffe – *Craniota, Gnathostomata, Tetraponda, Amniota, Mammalia* und *Prototheria* – die der alternativen und fast ranggleichen Alternativbegriffe – *Acrania, Cyclostomata, Pisces, Amphibia, Sauropsida* und *Theria* – erreicht. Ähnlich ist solche Häufung von Rahmen in den Organisationsspitzen und den altgewordenen Gliedern der menschlichen Gesellschaft. Biologisch sind es historische Reste, entbehrlich teils für die Praxis der Systematik, unentbehrlich für die Logik der Morphologie (vgl. die Beispiele in Fig. V7–9).

3. Spielregel: Ausgang ist ein Grundmerkmal beliebiger Ausprägung (z.B. Fig. V7 unten). Alle weiteren Merkmale sind additiv und nach der Trennung der adaptiven Kanäle definitiv. Es entscheiden drei Würfe pro Generationengruppe und Kanal. Der erste entscheidet, ob im Kanal eine Mutation auftritt (oder ob weiterzugehen ist). Der zweite wird wiederholt, bis der nächst unbesetzte Kanal, der dritte, bis das nächste unbesetzte Organ festgelegt ist (vgl. Fig. V7).

(2) Lassen sich die Punkte der Verzweigungen und Fixierungen gruppenweise nicht näher bestimmen, so entsteht eine Massen- oder *›Sammel-Hierarchie‹* (Fig. V11), in welcher die Zahl der gleichrangigen Untergruppen ein Vielfaches der Obergruppe erreichen kann. Sie ist, mit tausend Beispielen, kennzeichnend für die Gliederung der kleinsten und jüngsten Einheiten des natürlichen Systems. Die Entsprechung in

der Gesellschaft bilden die niedersten Hierarchiestufen in den Massenorganisationen, Kirchen, Heeren und Parteien. Biologisch sind es entweder Frühstadien oder aber Vereinfachungen, die der vorläufigen Unkenntnis des Gewichtes der Einzelmerkmale Rechnung tragen.

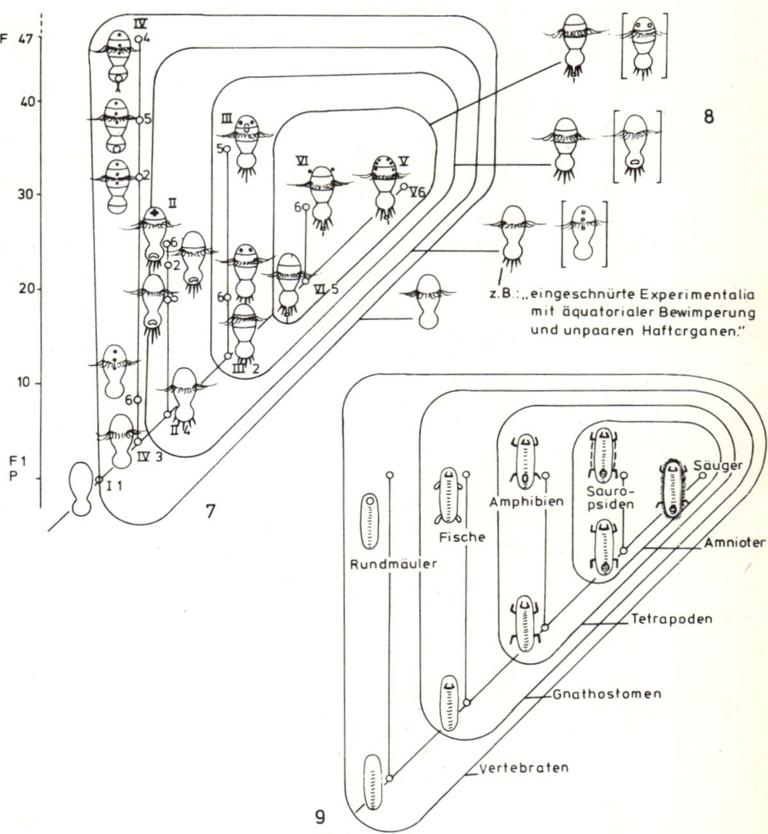

Fig. V7–9: *Das Entstehen einer Sequenz-Hierarchie* durch Fixierung additiver Merkmale (Spielregel 3, siehe p. 194). 7: Zufallsergebnis aus den Merkmalen der *Experimentalia* (Fig. V1), beginnend mit I1 (die Schräglage der Achse I Richtung V deutet das Wachstum morphologischer Distanz an). 8: Die Inhalte der Oberbegriffe. Beachte die Unsymmetrie der Alternativbegriffe in [ ]. 9: Sequenzhierarchie von den Wirbeltieren zu den Säugern. Beachte die Symmetrie der Alternativbegriffe (Orig.).

(3) Die Mitte bildet die Dichotom- oder ›*Alternativ-Hierarchie*‹, die durch eine gleichmäßige Streuung der Fixierungspunkte über die Zweige der Determinationszusammenhänge gekennzeichnet ist (Fig. V12), die in der Regel zwei Untergruppen in jeder Obergruppe einschließt, welche sich zudem durch alternative Ausbildung desselben Organes zu unterscheiden pflegen. Sie ist im natürlichen System weit verbreitet und bildet wahrscheinlich das Grundmuster, welches in den Extremen, in der Sammelhierarchie noch nicht, in der Sequenz-Hierarchie nicht mehr zu erkennen ist. Geben wir ein abschließendes Beispiel (Fig. 10):

4. Spielregel: Ausgang ist wieder ein Grundmerkmal beliebiger Ausprägung (z.B. Fig. V10 unten). Wurf 1 entscheidet (pro Kanal und Generation), ob sich ein weiterer adaptiver Kanal auftut (der Wurf zeige die Nr. des Ausgangskanales). Wurf 2 nennt den nächsten unbesetzten Kanal (oder wird wiederholt, bis dieser genannt ist). Die Bahn verzweigt sich. Wurf 3 entscheidet (W = Kanalnummer)

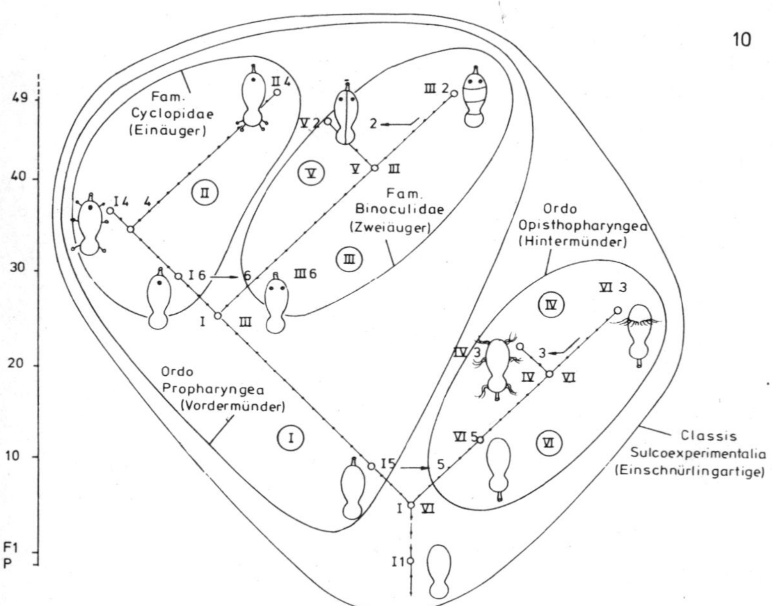

Fig. V10: *Entstehen einer Alternativ-Hierarchie* durch Fixierung jeweils alternativer Ausprägungen desselben Organes nach den dichotomen Gabelungen des Determinations-Flusses (vgl. Spielregel 4, oben). Die Punkte bezeichnen die erfolglosen, Kreise die erfolgreichen Würfelentscheidungen; die Pfeile deuten die Übertragung der Würfelentscheidung vom ersten auf den alternativen Kanal an. Die entstandenen künstlichen Tiergruppen tragen entsprechend künstliche Namen (Orig.).

im ersten der Verzweigungsschenkel, wann eine geeignete Mutation auftritt. Wurf 4 wählt (eventuell wiederholt) das nächste, in seiner Stammbaumreihe noch nicht festgelegte, adaptierbare Organ (seine Ausprägung bestimmt die Kanalnummer). Und nun wird angenommen, daß dieselbe Entscheidung auch für den zweiten Schenkel (Pfeile in Fig. V10) Geltung hat. Wurf 5 entscheidet, wann in diesem die Festlegung eintritt.

Die Alternativ-Hierarchie entspricht auch am vollständigsten der Logik des Klassifizierens (z.B. *Remane* 1971, Abb. 42; sowie Fig. V11–13). Gerade das ist aber zur Ursache geworden, an der Natürlichkeit des Systemes zu zweifeln; die Unbegründetheit und die fundamentalen Folgen dieses Zweifels werden uns, wie gesagt, noch ausführlich befassen. Tatsächlich folgt unser begriffliches Denken der Alternativ-Hierarchie so sehr, daß es auch hier als Grundmuster angesehen werden kann. Wo immer es undeutlich ist, im System der Ordnung der Organismen wie in dem des Denkens, ist es durch Ungleichwertigkeiten der

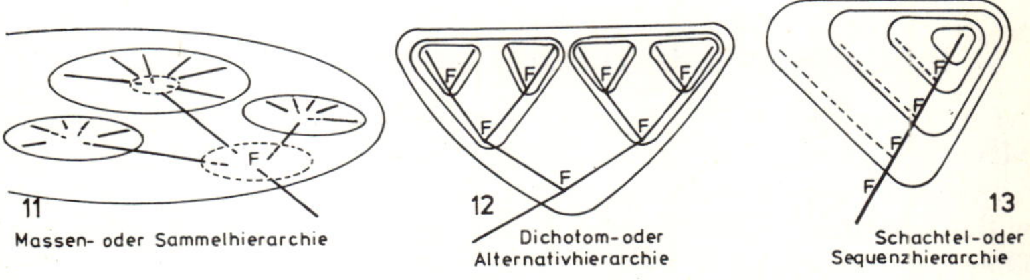

Fig. V11–13: *Die drei Hierarchieformen*, wie sie im Text unterschieden werden. 11: Die Lage der Abzweigungen und Fixierungspunkte ist (aus Unkenntnis oder unausgereifter Differenzierung) unbestimmt. 12: Die Verzweigung ist eindeutig, die Fixierungen für jedes Verzweigungspaar alternativ. 13: Die Achsen sind nicht gleich lang (oder die Alternativen sind verschwommen oder unkenntlich) (Orig.).

zur Fixierung gekommenen Merkmale bzw. Unbestimmtheit der Alternativen verschleiert. Biologisch ist es eine Notwendigkeit, weil, wo immer unsere Kenntnisse reichen, die Gabelung des Flusses von Determinationsgeschehen, die Trennung eines Gene-Pooles, eine dichotome ist; und weil vor jeglicher, selbst bald darauffolgenden Wiederspaltung Fixierungen eintreten können.

Entscheidend für jegliche Hierarchie ist also die schrittweise Fixierung von Merkmalen; und zwar *die endgültige Fixierung von additiven Merkmalen.* Viele Merkmale können wieder in Bewegung kommen, selbst ganz verschwinden. Die diagnostischen können es schon der Definition nach nicht: weder im System des Denkens noch in jenem der Organismen. Eine Fixierung kann auch ebensowenig schon dagewesen sein, verschwinden und wieder entstehen, noch in unabhängigen Bahnen zweimal auftreten. Merkmal und Fixierungsart sind, wie zu zeigen sein wird, einmalige Ereignisse in einmaligen Determinationszusammenhängen.

Die Hierarchiemuster, die aus den Spielregeln unseres Denkexperiments entstanden, sind von den Mustern der natürlichen Ordnung der Organismen noch weit entfernt. Die Ursache ist dabei weniger im Mangel zureichender Komplexität oder in der Naivität der Beispiele zu suchen, als vielmehr in echten Strukturmängeln. Erstens ist die Fixierung eines Merkmales keine Würfelentscheidung, sondern ein allmählicher, gesetzlicher Vorgang. Zweitens waren die übrigen drei ebenso fundamentalen Ordnungsmuster des Organischen noch außer acht gelassen: Interdependenz, Tradierung und Norm.

Da nun die Voraussetzung des Hierarchiemusters dargelegt ist, kann man fragen, wie dieses entsteht. Das muß wieder in zwei Schritten geschehen. Zuerst (Abs. VB) muß erwiesen werden, daß der Vorgang der Fixierung gesetzmäßig, das heißt stets unter genau bestimmbaren Prämissen abläuft; danach ist die Theorie zu bilden, die diesen Vorgang aus bekannten Zusammenhängen erklärt.

B. Morphologie des Hierarchiemusters

Wenn Hierarchie, wie festgestellt, auf endgültiger Fixierung additiver Merkmale beruht, dann muß zunächst gezeigt werden, daß dies in der Organismenwelt eine häufige und gesetzmäßige Erscheinung ist. Ich will das am Beispiel der Einzel-Homologa (vgl. Abs. IIB2b) vorführen. Diese bieten auch den Vorteil, in großer Zahl vorzuliegen und – etwa 10^7 dürften beschrieben sein – breites Vergleichsmaterial zu liefern.

Zunächst werden jene allgemeinen Eigenschaften solcher Merkmale darzustellen sein, die zum Vergleich ihrer Fixierungsgrade nötig sind, dann sind die Korrelationen dieser Eigenschaften zu beschreiben, um die Gesetzmäßigkeit abzuleiten, die hinter dem Phänomen der Fixierung steckt.

1. Bestimmung der generellen Eigenschaften

Die schwierige Frage einer Begrenzung des Merkmalbegriffes finden wir bei Beschränkung auf homologe Merkmale entschärft. Begrenzt durch die Position der ›Minimum-Homologa‹ (Abs. IIB2b) können wir mit Einheiten rechnen, deren Komplexität und Ähnlichkeit groß genug ist, um in jedem Einzelfalle, und über die Grenzen der Spezies hinweg, am Vorliegen im Grunde identischer genetischer Gesetzmäßigkeit keinen Zweifel zu lassen. Freilich sind diese Homologa Abstraktionen, korrespondierende Einheiten oder Systeme, die wir vergleichend aus den Organismen lösen: ein Nervensystem, eine Kiemenspalte. Aber derlei denkende Sektion ist ebenso legitim wie erforderlich, das wurde immer wieder bestätigt, solange der Vorgang seinen Regeln folgt.

Darum sollen nochmals Regeln (a) und Ergebnis (b) gestreift werden, bevor die Eigenschaften selbst (c–h) zu beschreiben sein werden.

a. Die Regel der Gliederung

ist ein Denken in funktionellen Systemen.[4] Nicht etwa geometrische Ebenen oder Schnitte lösen Systeme aus dem Ganzen, sondern das Skalpell folgt den Grenzen, zwischen welchen die ›Organisation‹ die weiteren Subeinheiten zu Gefügen übergeordneter Leistung geordnet hat. Im molekularen wie im ökologischen Bereich, und wo immer wir noch um das Verständnis der Funktionseinheiten ringen, ist stete Prüfung der Methode gefordert. In der organismischen Stufe des Anatomen sind wir schon wohl geübt. Von hier ist der Systembegriff ausgegangen und, wie etwa der eines ›Nerven-Systems‹, zu den Fundamenten der Biologie geworden. Hier erwarten uns die Fehler nicht.

b. Die Anordnung der Systeme

ist kompliziert. Es liegt eben kein Mosaik vor, sondern wieder Organisation. Dem Laien mag es inkonsequent erscheinen, daß die Ketten homologer Systeme ineinander verschachtelt liegen, daß sich die Grenzen benachbarter Systeme schneiden, ja decken können. Doch auch dies ist kein Fallstrick, sondern nur die Konsequenz funktioneller Mehrschichtigkeit. Ineinander sind die Systeme hierarchisch geschachtelt, wenn man die Teilfunktionen betrachtet (Stützsystem, Wirbelsäule, Halswirbelsäule, *Epistropheus, Dens, Facies articularis ventralis*; Fig. II45, p. 81), überschneidend sind sie geordnet, wenn sich die Funktionen schneiden (Nervensystem, Muskulatur, Extremität, Haut, Gefäßsystem). Freilich sind die Grenzen von derselben ungleichen Schärfe, wie die Funktionen und Strukturen von ungleicher Differenz sind. Aber solange Lage-Struktur mal Koinzidenz ($G \cdot a$) zureicht, um an der Identität der verglichenen Systeme nicht zu zweifeln (Abs. IIB2d), sind auch in der Grenzziehung grobe Fehler nicht zu erwarten. Betrachten wir nun die Eigenschaften.

Den beiden Eigenschaften, auf deren Korrelation es ankommen wird, Position (e) und Stetigkeit (h), sind wir (in Abs. IVB2) schon begegnet. Jede setzt sich aus einigen Subeigenschaften zusammen, die wichtig sind, weil sie quantitative Komponenten beinhalten; und da wir in einen Bereich treten, wo Fehler unbestimmter Größe unbedingt zu vermeiden sind, müssen auch diese Subeigenschaften (c, d und f, g) genau durchleuchtet werden:

[4] Das ist überzeugend und wiederholt dargelegt worden, zuletzt besonders von *Weiss* 1971. Man vergleiche auch *Bertalanffy* und die Anmerkung auf Seite 188.

c. *Der Komplexitätsgrad*

der Systeme oder Subsysteme kann quantitativ mit zureichender Genauigkeit geschätzt werden. Als quantitative Einheit bietet sich das Homologon an. Dabei erinnern wir uns der beiden Grundregeln (vgl. Abs. IIB2), daß die Anordnung der Homologa hierarchisch ist und bei fortschreitender Analyse die Zählung bei den Minimum-Homologa endet. Von diesen kleinsten Einheiten müssen wir einen vergleichbaren Komplexitätsgrad erwarten, weil sie uns das Vorliegen identischen Gesetzesgehaltes (in seiner einmaligen Ausprägung) eben noch erkennen lassen. Nehmen wir für sie eine *Komplexitäts-Konstante* 1 (c = 1) an, denn sie sind nicht mehr in Sub-Homologa zerlegbar. Dasselbe muß für jedes Rahmen-Homologon gelten, weil sich diese bei Zerlegung in die Subhomologa auffächern.

Der Komplexitätsgrad eines Systems entspricht dann der Summe seiner Einzel-Homologa (bestehend aus allen Minimum-Homologa zuzüglich aller hierarchisch zwischengeordneten Rahmen-Homologa, einschließlich des Homologons, das ihm den Namen gibt) (vgl. Fig. II45, p. 81).

Beispiel: Der *Dens epistrophei* des menschlichen Skelettes enthält etwa 4 Minimum-Homologa (*Apex-*, *Facies articularis dorsalis-*, *F.a. ventralis-* und die *Incisura collaris dentis*) und mit 1 Rahmen-Homologon (*Dens epistrophei*) die Komplexität c = 5 (Fig. II45); das *Corpus epistrophei* mit *Dens* (c = 5) und *Corpus principalis* (c = 4) umfaßt 10 c; der *Epistropheus* mit *Corpus* (10 c) und *Arcus* (29 c) enthält 40 c; usf.

Naturgemäß kann es im Einzelfalle noch eine Frage der vergleichenden Forschung sein, ob ein Minimum-Homologon noch zu zählen, die Zwischen-Hierarchie eines Rahmen-Homologons aufzunehmen oder zu vernachlässigen wäre. Bei zureichender Kenntnis erweisen sich aber die Ergebnisse solcher Zählungen als völlig reproduzierbar. Differenzen wie 1 : 2 können als ungewöhnlich hoch gelten. Dieser Umstand ist wichtig. Er zeigt, daß der Fehler der quantitativen Schätzung von c tolerierbar ist; denn die tatsächlichen Unterschiede des Wertes c der Organsysteme reichen über mehr als vier Dezimalen.

Vom Komplexitätsgrad der größeren Systeme kann man sich rasch eine Vorstellung machen, wenn man z.B. die Sach-Indices in den Atlanten der ›normalen Anatomie‹ des Menschen auswertet.[5)] Die Register beschreiben z.B. den Bewegungsapparat mit 3 bis $6 \cdot 10^3$ homologen Merkmalen, das sind dexter und sinister $6 \cdot 10^3$ bis $1{,}2 \cdot 10^4$. Auch diese Zahlen sind, da reduziert auf Lehrbuchstoff, noch zu niedrig. 10^4 bis $5 \cdot 10^4$ wird zutreffen. Noch höher gehen die Zahlen beim Nervensystem. 2,1 bis $3{,}6 \cdot 10^3$ werden registriert. Dexter und sinister also 4 bis $7 \cdot 10^3$.

[5] Man vergleiche etwa die Werke von: *Adachi* 1928–1933; *Clara* 1942, *Pernkopf* 1952, *Hochstetter* 1940–46.

Berücksichtigt man, daß etwa ein Drittel dieser Merkmale sich im Spinalnervensystem rund 30mal spezifisch wiederholt, dann ergeben sich 2,2 bis $7,5 \cdot 10^4$; und die definitiven Zahlen werden bei $5 \cdot 10^4$ bis 10^5 liegen. Die großen Funktionssysteme übertreffen also die kleinsten (jedoch zur Feststellung der Homologie noch zureichend komplizierten Systeme) an Komplexität um das Zehntausend- bis Hunderttausendfache.

d. Der Integrationsgrad

ist ein zweites, allgemeines Kennzeichen von Merkmalen. Ich fasse darunter zusammen, was man Abstimmung und Abhängigkeit nennen kann.

(1) *Der Abstimmungsgrad* kann als die Genauigkeit beschrieben werden, mit welcher ein Merkmal in seine funktionelle Nachbarschaft gefügt sein muß; als der Toleranzgrad, der im gegebenen Funktionszusammenhang nicht übertreten werden darf. So, wie sich z.B. die zulässige Abmessungstoleranz der Fußmatte in unserem Wagen von der des Zündschlüssels unterscheidet, variieren die Toleranzen der biologischen Systeme. In unserem optischen System z.B. wird dem Randmerkmal ›Augenbraue‹ eine Toleranz von cm, der Linsenpassung eine von Millimeterbruchteilen, den Sehzellen eine von µm gegeben.

(2) *Der Abhängigkeitsgrad* kann durch die Richtung und die Lebenswichtigkeit der verknüpften Funktionszusammenhänge beschrieben werden. In unserem Wagen z.B. kann das die Funktionskette: Differential – Halbachse – Felge – Zierkappe illustrieren. Richtung und Wichtigkeit zu bestimmen, ist nicht schwierig. (Wir fuhren schon alle ohne Zierkappe, im Schrittempo mit verbogener Felge, aber kaum mit geknickter Halbachse). Schwieriger sind vielmehr die Grenzen in den funktionellen Vernetzungen zu sehen. Die Wirbelknochen sind ohne Bänder funktionslos, der Wirbel-Bänder-Apparat ist ohne Muskeln sinnlos und alle drei funktionieren weder ohne Gefäßversorgung noch ohne Innervation. Wir müssen die Grenzen abstrahieren (das Skelett als Chassis, die Bänder als Verschraubung, die Nerven als Kabel), aus dem kompletten Mechanismus herausdenken, wenn es uns auf eine Verständigung über Teile ankommt.

Eine Quantifizierung der Abstimmungs- und Abhängigkeitsgrade wäre vorteilhaft. Wir müssen sie aber nicht einführen, weil sie, außer in Grenzfällen, vernachlässigt werden kann; denn wir werden sogleich in Dimensionen operieren, die mehrere Größenordnungen jenseits einer solchen Feindifferenzierung liegen. Es ist lediglich zu achten, daß Abstimmung und Abhängigkeit von solcher Eindeutigkeit sind, daß am Vorliegen einer Integration zweier Merkmale nicht zu zweifeln ist.

e. Position (und Bürde)

eines Merkmales ist dagegen von entscheidender Bedeutung, seine quantitative Fassung (**i**) daher erforderlich. Unter Position verstehen wir wieder die funktionelle Lage, die ein Merkmal im Netzwerk eines Systems einnimmt. Zur Bestimmung muß der Rahmen der Komplexität des Systems quantitativ und das Integrationsnetz qualitativ bekannt sein.

Beim Aufsuchen der Position muß man sich der Minimum-Homologa als untere, der Rahmen-Homologa als zwischengeschaltete Einheiten und des hierarchischen Ordnungsmusters erinnern. Die Position ergibt sich dann (erstens) aus der Anzahl jener Homologa, die sich im Integrationsnetz der Funktionen eines Systems als vom gewählten Merkmal abhängig erweisen. Dabei kommt der quantitativen Fassung die anschauliche Vergleichbarkeit der Homologa innerhalb eines Funktionssystems entgegen. Auch kann die Position für Rahmen- und Minimum-Homologa gleichermaßen bestimmt werden, solange man (zweitens) die Unterschiede auch derer Komplexitätsgrade im Auge behält.

Die Frage lautet also: Wieviele Einheiten würden desintegriert (funktionslos oder zusammenhanglos), wenn man wieviele Einheiten entfernte? Im Gesamtsystem kann das Merkmal sodann als von unterschiedlichem Umfange und von zugleich zentraler oder marginaler Lage bestimmt werden (Fig. V14–18). Entfernte man beispielsweise die *Arteria princeps pollicis dextra* (Fig. V18), so ginge nur der rechte Daumen zugrunde mit fünf Einheiten (vier minimum-homologen Sub-Arterien). Wird das distale Ende der *A. brachialis dextra* (Fig. V16) zerstört, dann desintegriert das System des rechten Unterarmes mit 80 Einheiten; im Falle der *A. subclavia dextra* die ganze Vorderextremität und große Teile des Thorax der rechten Körperseite mit etwa 150 Einheiten; im Falle der *Aorta ascendens* (Fig. V14) das gesamte Arteriensystem (mit Ausnahme der Lungen- und Herzgefäße) mit über 1 500 Einheiten, rund das halbe Gefäßsystem des Menschen.

Solche Ketten können in ihrer Position auch in den Rahmen des Bewegungsapparates, der Gürtel usf. bestimmt werden. Es sei auch angemerkt, daß die Hierarchie der Stütz- oder Nervensysteme ebenso selbständig wie die der Gefäße, die der Drüsen oder Muskeln, aber eher in Verbindung mit ihren Rahmensystemen, zum Ausdruck kommt. Sie verhalten sich entsprechend auch phylogenetisch verschieden.

*Die Bürde (**B**)*

illustriert (antropomorph) gewissermaßen die Verantwortung, die einem Merkmal ›aufgebürdet‹ ist, entspricht aber objektiv einer Position innerhalb der Komplexität des untersuchten Systems. Die Unterschiede der Bürdegrade erstrecken sich somit über drei bis vier Größen-

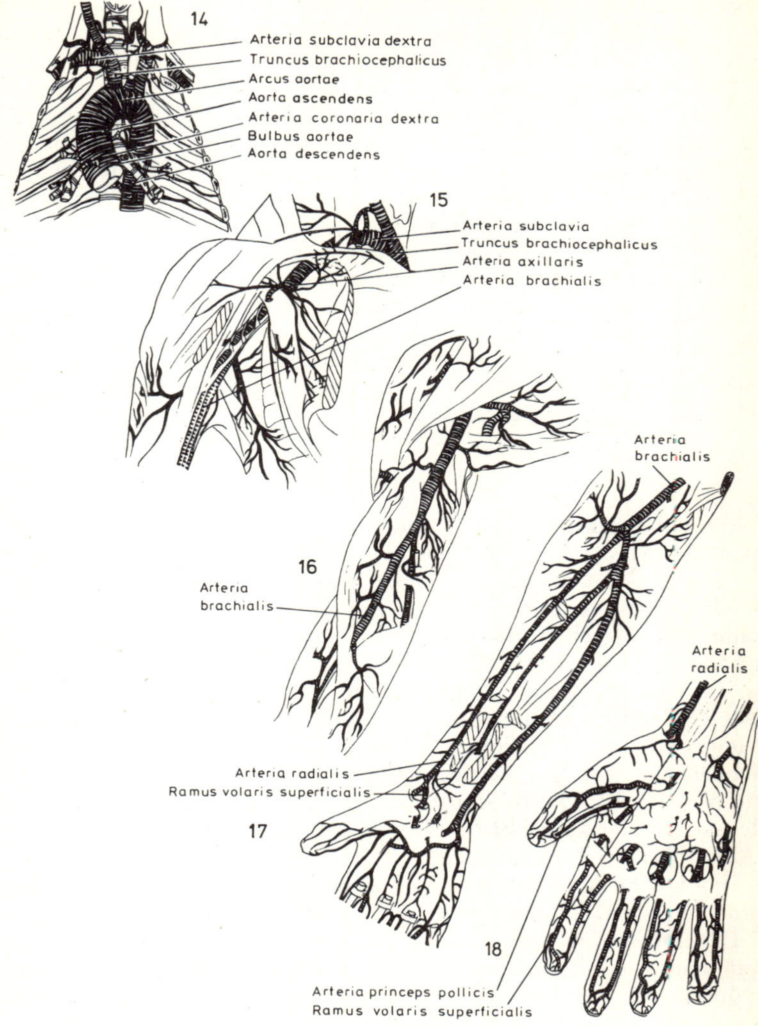

Fig. V14–18: *Der Einfluß der Position auf die Bürde eines Merkmales* am Beispiel einer Funktionskette des Arterien-Gefäß-Systems des Menschen von der *Aorta ascendens* (14) über die *Arteria subclavia* und die *Arteria axillaris* (15), *Arteria brachialis* (16), *Arteria radialis* (17) zur ersten Daumenarterie oder *Arteria princeps pollicis* (18). Zur Vereinfachung ist nur eine, meist die oberflächliche Sektionsschicht und nur die Arm-Innenseite dargestellt. (Nach *Hochstetter* 1940–46).

ordnungen. Manche Bürde ist also tausend bis zehntausendmal größer als eine andere. Dieser allgemeine Charakter der Merkmale ist für die weitere Untersuchung sehr wichtig.

Dabei ist festzustellen, daß der Bürdegrad nicht notwendig mit dem Komplexitätsgrad des Merkmales selbst zusammenhängt. Zwar trägt ein komplexeres Merkmal ähnlicher Position etwas mehr an Bürde (Nähme man etwa in obigem Beispiel zur *Aorta ascendens* den *Bulbus aortae* hinzu, dann fügte sich noch die Bürde der *Coronaria* an; vgl. Fig. V14). Aber der Zuwachs ist keineswegs proportional. Man kann die Grenzen der Merkmale in einer Kette ja meist so wählen, daß ihr Komplexitätsgrad gleich ist, und man wird dennoch finden, daß ihre Bürde mit zunehmend zentraler Position stetig wächst; dies zu erkennen, ist zur Absicherung der Schlüsse nützlich.

Nach diesem Begriff der Position oder Bürde ist ein zweiter Zusammenhang von Begriffen darzustellen, der Stetigkeit oder Fixierung aus Ähnlichkeit und Alter ableiten läßt.

f. Ähnlichkeit

meßbar zu machen, ist (wie schon in Abs. IIB2e angedeutet) noch immer keine gelöste Aufgabe der Strukturforschung. Dieser merkwürdige Umstand erklärt sich gleichermaßen aus der Komplexität biologischer Strukturen als auch aus jener des vergleichenden Denkens. Letzteres kann man ja schon der Vielgliedrigkeit und der erkenntnismäßig schwierigen Lage der Gestaltstheorie entnehmen. Auf sie kann erst später eingegangen werden. Hier ist hingegen in aller Kürze ein praktikables Näherungsverfahren zu entwickeln, welches quantitative Schätzung von Ähnlichkeitsgraden zuläßt. Das ist empfohlen, um die Ähnlichkeitsbeurteilung abzustützen. Tatsächlich ist eine Schätzung auch zureichend, weil die Bedeutung des Ähnlichkeitsgrades hinter jenem des Alters weit zurückbleibt. Dieser unerwartete Umstand wird bald (Abs. VB1h2) aufzuklären sein.

Biologische Ähnlichkeit ist von der geometrischen durch das Vorliegen von Qualitäten und deren ungleiches Gewicht verschieden.

Der nötigen Quantifizierung kommt erstens die vertraute Beschränkung auf Homologien, das heißt auf identische Teile, entgegen. Rein proportionale Ähnlichkeit, also Analogie, ist belanglos. Erst innerhalb identischer Teile gewinnt sie Bedeutung. Zweitens ist die Tatsache entscheidend, daß die ›spezielle Qualität‹ der Minimum-Homologa schon definitionsgemäß nicht mehr in identische Einzelqualitäten zerlegt werden kann, sondern nur in Proportionen, also in Quantitäten, sobald man den Bereich der singulären Identitäten (der Einzelhomologa) verläßt. Da alle Rahmen-Homologa in Minimum-Homologa zerlegbar sind und diese in Abmessungen, kann jedes System sowie sein

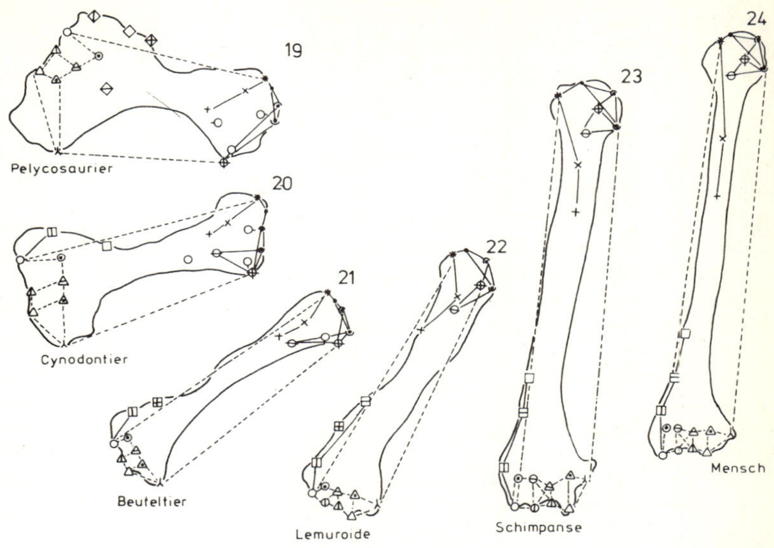

Fig. V 19–24: *Zur Quantifizierung von Ähnlichkeiten:* durch Vergleich der Lage-Unterschiede der Minimum-Homologa, am Beispiel des Oberarmknochens von Sauriern zum Menschen: 19: *Ophiacodon* (Perm), 20: Cynodontier (Trias), 21: *Didelphis* (für ein Beuteltier der Kreide), 22: *Notharctus* (Eocän), 23: *Pan* und 24: *Homo* (rezent). Identische Minimum-Homologa sind durch gleiche Signaturen, einige der entsprechenden Lagebeziehungen durch verbindende Gerade eingetragen. (Nach *Gregory* 1951; etwas ergänzt).

Übereinstimmungsgrad mit entsprechend verwandten Systemen quantitativ beschrieben werden. Die Meßgrößen ergeben sich aus den Distanzen der funktionell verknüpften Punkte (und aus den von diesen eingeschlossenen Winkeln), die Gewichte der Homologa aus der Zahl (dem Determinationsumfang) ihrer Daten, die Ähnlichkeit aus der der vergleichbaren Einzelwerte (z.B. der kleineren in % der größeren). Fig. V 19–24 möge das illustrieren.

Der Rahmen, innerhalb dessen die Repräsentanten auf ihre Ähnlichkeit zu prüfen sind, ist gut bestimmbar. Er entspricht jener systematischen Gruppe, an deren Wurzel das untersuchte System oder Merkmal in Erscheinung tritt oder aus Gründen der Verwandtschaftsverhältnisse getreten sein mußte. Wir kommen darauf zurück.

Die maximale morphologische Distanz ist leicht nach dem größten Abstand zwischen zwei Repräsentanten eines Rahmens zu definieren. In der Regel wird es aber wünschenswert sein, die einzelnen Ähnlichkeitsklassen zu berücksichtigen; denn die Variationsbreite wiegt mehr, wenn sie von der Masse der Arten und nicht nur von einer Minderzahl an Extremformen getragen wird. Im folgenden Absatz ›Stetigkeit‹ kommen wir darauf zurück.

g. Das Alter

eines Merkmales (**a**), das nächste der generellen Kennzeichen, bedarf wieder genauer Bestimmung. Tatsächlich ist das in vielen Gruppen nicht schwer. Ist es fossil dokumentiert, dann kann man es mittels geologisch-paläontologischer Methode direkt, andernfalls aus der Korrelation mit fossil dokumentierten Merkmalen indirekt feststellen. Dabei ist das Lebensalter eines Merkmales als jene Zeitspanne zu definieren, die zwischen dem Auftreten und dem Verschwinden (bzw. der Gegenwart) verstrichen ist. Wir werden es mit Zeitspannen von 10^5 bis 10^8 (maximal 10^4 bis 10^9) Jahren zu tun haben.

h. Stetigkeit (und Fixierung)

ist das letzte und wieder sehr ausschlaggebende Kennzeichen (**s**), welches Merkmale und Systeme generell vergleichen läßt: Man sieht sogleich, daß es sich aus der Stetigkeit in Gestalt und Zeit, also aus Ähnlichkeit und Lebensalter eines Systems, zusammensetzt. Mit den Koordinaten von $5 \cdot 10^8$ Jahren Fossilgeschichte (Ordinate) und 100 bis 0 % Ähnlichkeit (Abszisse) lassen sich die Realisationsbereiche vieler morphologischer Begriffe vergleichend beschreiben. So fände man den Begriff ›Arterienstamm‹ (vgl. Fig. V14) als ein vertikales, den des ›Gehörns‹ hingegen (vgl. Fig. V45–51) als ein horizontales Band umgrenzt; also Stetigkeit und ›Freiheit‹ wohl sortiert.

(1) Ein kombinierter und biologisch aufschlußreicher Maßstab ist zu gewinnen, wenn die Erhaltungschancen von Merkmalen betrachtet werden. Als Einheit des Maßstabes kann man das durchschnittliche Lebensalter der Artmerkmale nehmen, also jener, die im Mechanismus des Gestaltenwandels ganz an der Front der Adaptierung stehen. Sieht man von den wenigen ›Lebenden Fossilien‹ ab, dann kann es mit rund 10^6 Jahren ($2 \cdot 10^5$ bis $5 \cdot 10^6$) ganz grob geschätzt werden.[6)] Ist nun nach der uns beobachtbaren Mechanik von Mutation und Speziation in einer Million Jahre die Lebenschance eines Artmerkmales gleich der Umwandlungschance (Kopf oder Adler, $P =$ je 0,5), wie groß wäre sie in den darauffolgenden Jahrmillionen?

Unter der Voraussetzung gleichbleibender Gesetze müßte die Erhaltungschance ($\mathbf{P}_s$; die *Stetigkeits-Wahrscheinlichkeit*) in jeder folgenden Jahrmillion (J) um die Hälfte sinken: das bedeutete

$$\mathbf{P}_s \approx 2^{-J} \qquad \text{(Formel 30).}$$

[6] *Müller* 1963, I p. 188, *Mayr* 1967, p. 453.

Die Erhaltungschance eines Mittel-Pliocän-Merkmales ($2 \cdot 10^7$ Jahre; J = 20) wäre nur mehr $9{,}5 \cdot 10^{-7}$, die eines Alttertiär-Charakters (10^8 Jahre) mit $7{,}9 \cdot 10^{-31}$ bereits im Bereich des Unmöglichen und die eines kambrischen Merkmales ($5 \cdot 10^8$ Jahre) sogar $3 \cdot 10^{-151}$. Dennoch kennen wir zahlreiche Homologa dieses Alters in der rezenten Organisationswelt. Darauf ist bald (Abs. VB2b) zurückzukommen.

Dimensionsunterschiede solchen Ausmaßes legen noch zwei generelle Überlegungen nahe, bevor wir die ›allgemeinen Merkmale‹ der Biosysteme abschließen:

(2) Die untergeordnete Bedeutung der Ähnlichkeitsgrade. Denkt man die abnehmende Ähnlichkeit sich wandelnder Systeme als auf der schrittweisen Auslöschung und Ersetzung ihrer Subsysteme beruhend – wie das der Evolution komplexer Merkmale entspricht –, dann steigt die Wahrscheinlichkeit, daß sich nur 1/10 der Ähnlichkeit in der Zeiteinheit erhielte, um eine Dezimale. Ein Promill erhaltener Übereinstimmung ist um den Wert 10^3 wahrscheinlicher, doch kaum mehr wahrnehmbar. Nun zeigt sich, daß ein solcher Gewinn an Wahrscheinlichkeit aber schon bei einem alttertiären Merkmal keine Rolle mehr spielt, weil 10^{-31} oder 10^{-28} gleichermaßen unwahrscheinlich ist. Es genügt also jenes Mindestmaß an Ähnlichkeit (vgl. z.B. Fig. II22–26, p. 75), das uns zwingt, das Vorliegen von Homologie anzunehmen, um das Walten eines Fixierungsmechanismus annehmen zu müssen.

(3) Besteht Ursache, genauer zu sein, wie das gegeben ist, wenn Reihen von Stetigkeit verglichen werden wollen (vgl. Tabellen C und D, p. 230 und 231), so ist die Veränderung der Ähnlichkeitsgrade mit zu erfassen. Hier wird es genügen, jene Methode als Beispiel anzuführen, die wir verwenden werden. In ihr betrachten wir den Stetigkeitsgrad (**s**) näherungsweise als das Produkt aus dem Repräsentationsgrad (**r**), den Identitätsgraden der Einzel-Homologa (**h**) und deren Proportions-Ähnlichkeit (**p**).

Der *Repräsentationsgrad* (**r**) beschreibt den Prozentsatz der Arten der untersuchten Gruppe, die das Rahmenhomologon des Merkmales aufweisen: Der *Homologiegrad* (**h**) beschreibt den Prozentsatz an Subhomologa, die im Rahmen von **r** stetig vertreten sind: Der *Proportionsgrad* (**p**) beschreibt die mittlere prozentuelle Übereinstimmung der Längen und Winkeln innerhalb von **h**.

Fixierung (**F**)

sei hier aus Vorsicht wieder als antropomorphe Illustration sehr hoher Stetigkeitsgrade verwendet; ähnlich wie wir Position mit Bürde anschaulich machten (VB1e). Erst weiter unten (in Abs. VC) werde ich zeigen können, daß der Kausalzusammenhang von Position und Stetigkeit tatsächlich als ein solcher von Bürde und Fixierung zu verstehen ist. Wir können also sogleich mit der anschaulicheren dynamischen Terminologie fortsetzen.

(4) Die Art des Mechanismus. Wenn sich ähnliche Phänomene, wie hier jene der Stetigkeit, so wesentlich in der Dimension unterscheiden, dann ist es wahrscheinlich, daß ihre Ursachen verschieden sind. Ein zusätzliches Phänomen, etwa das der »Fixierung«, ist darum sogar sehr wahrscheinlich, denn es gehen die Größenunterschiede der Stetigkeits-Dimensionen in unvorstellbarer Weise selbst über die der uns bekannten Welt hinaus.

Gegenüber dem Exponenten 151 umfaßt das Maximum unseres Raumbegriffes nur 37 Größenordnungen (Wellenlänge der γ-Strahlen 10^{-10} cm, Grenze der sichtbaren Welt $2 \cdot 10^{27}$ cm), das Maximum unseres Zeitbegriffes 40 Größenordnungen (Lebensdauer noch beschreibbarer Elementarteilchen 10^{-16} sec, lange Zeitskala des Alters des Universums $3 \cdot 10^{24}$ sec).

2. Extreme Grade von Freiheit und Fixierung

»Freiheit« ist ein so unbestimmter und von Emotionen beschwerter Begriff, daß man gut täte, ihm in einer naturwissenschaftlichen Schrift auszuweichen; ›Fixierung‹ im speziellen Sinne von Determination ist besser. Da er aber assoziativ die naheliegendste Alternative bildet und in der phylogenetischen Literatur zur Argumentation oft herangezogen wird, muß ich ihn verwenden; und zwar im Sinne von Undeterminiertheit oder Richtungslosigkeit, oder besser, geringer Bindung oder Voraussagbarkeit, also im Sinne eines weiten Spielraumes des Zufalls, eines geringen der Notwendigkeit.

In diesem Sinne ist der Begriff in Biologie, Systemtheorie und Naturphilosophie heute auch verstanden.[7] Für den Bereich anatomischer Merkmale wollen wir ihn nun noch genau prüfen. Eine Untersuchung der extremen Systemtypen, ihrer allgemeinen Kennzeichen und Vorkommensweisen kann die Übersicht liefern.

a. Systeme maximaler Freiheit

sind wiederholt in der Literatur zusammengestellt worden.[8] Besonders *Rensch* nennt sie ›Beispiele richtungsloser transspezifischer Evolution‹.[9] Zu den Schulbeispielen zählen die Gehörne der Antilopen, der Ziegen- und Schafartigen und die Schmuckfedern der Paradiesvögel; welchen ich die Lippen der Orchideenblüten, die Rückenformen der Membranaciden oder Buckelzikaden anfüge und manche andere hinzufügen könnte.

[7] *Lorenz* 1971, *Weiss* 1970a, *Strombach* 1968.
[8] Besonders übersichtlich von *Osche* 1966 und 1972.
[9] *Rensch* 1954, p. 67.

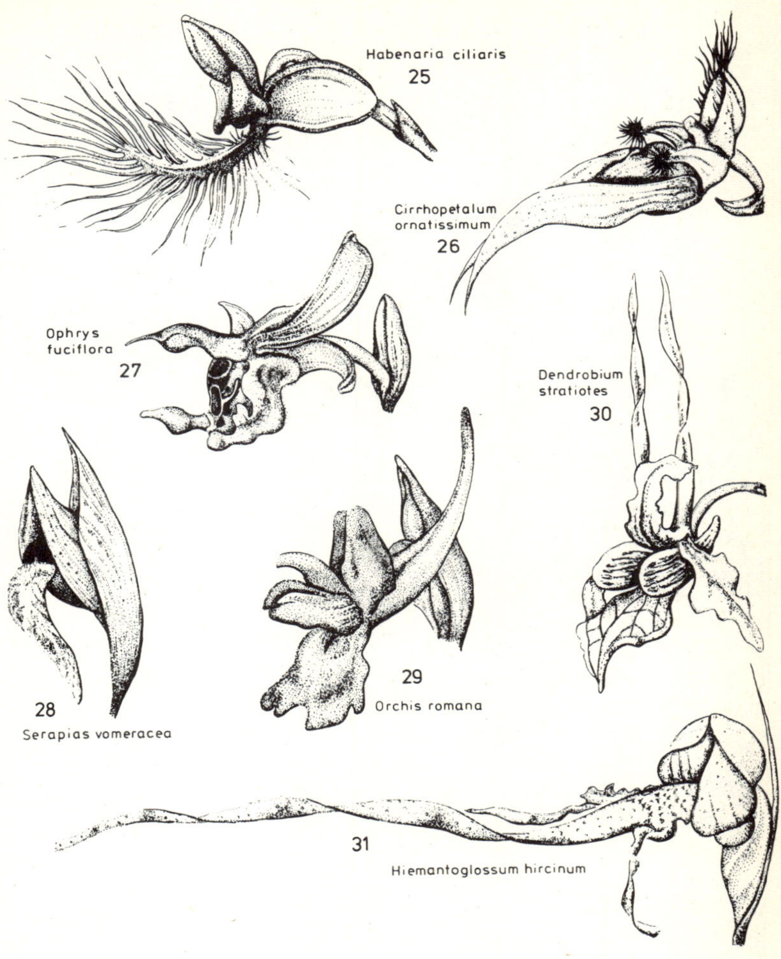

Fig. V25–31: *Merkmale maximaler Freiheit* am Beispiel der Orchideen-Blüten; man beachte die außerordentliche und nahezu richtungslose Abwandlung der Blütenblätter und namentlich der Lippe (teils Originale, teils aus *Danesch* und *Danesch* 1969).

Eine bescheidene Vorstellung von dieser außerordentlichen ›Phantasie der Natur‹ wollen die Figuren V25–51 geben. Wie zu sehen, handelt es sich um auffallende äußere Merkmale, welche zudem in ihren ›allge-

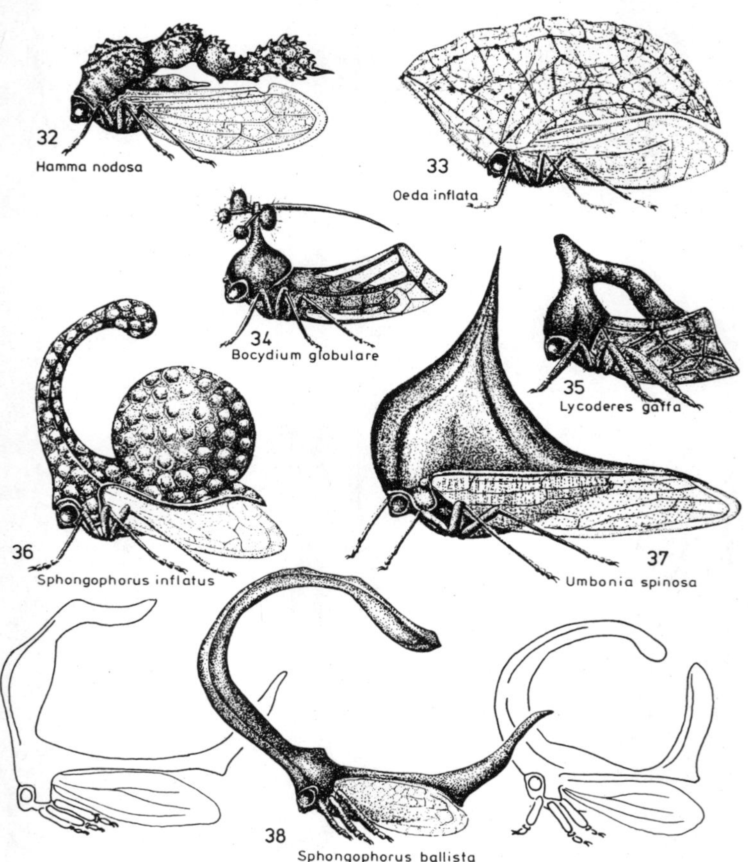

Fig. V32–38: *Merkmale maximaler Freiheit* am Beispiel der Buckelzikaden; Mambranaciden oder Buckelzirpen (einige mm- bis cm-große, vorwiegend tropische Formen) mit höchst bizarren, selbst innerhalb einer Art (38) variierenden Thorax-Anhängen. (Nach Originalen sowie aus *Haupt* 1953 und *Heikertinger* 1954).

meinen Kennzeichen‹ völlig übereinstimmen. Nehmen wir die quantifizierbaren voraus:

(1) *Strukturkomponente:* Erstens gehören sie sämtlich in den niedersten Komplexitätsbereich. Man möge sich darin nicht täuschen. Trotz der Komplikation und Verschiedenheit der Proportionen kann kein Homologon gezählt werden, das sich prinzipiell änderte. Das variie-

rende Substrat ist bei Membranaciden und Orchideen ein sehr niederes Rahmen-Homologon, bei den Hornformen fast ein Minimum-Homologon und bei den Paradiesvögeln muß nicht einmal das Merkmal homolog sein. Man findet das in Übereinstimmung mit der Tatsache, daß nicht zwei Substrukturen dieser variierenden Merkmale verläßlich homologisiert werden könnten, weder die Cuticula-Blasen der Zikaden noch die Krümmungen der Gehörne oder die Spitzen der Lippenkonturen.

Zweitens gehören alle diese Merkmale in den marginalsten Positionsbereich. Wenn sie überhaupt in einer Funktionskette stehen, so an deren für das Individuum äußerstem Ende. Kein anderes Homologon derselben ist von ihnen in direkter Abhängigkeit. Tatsächlich deutet immer mehr darauf hin, daß sie allesamt Signale darstellen (die letzte Außenposition einer Radio-Korporation; den Sendemast). Zuletzt wurde das von den Antilopen bekannt[10)], und selbst die skurrilen Membranacidenrücken können als Mimeseformen verstanden werden. Damit tragen all diese Beispiele äußerst geringe Bürde. Sie sind im vorliegenden Sinne ebenso Schulbeispiele für nahezu bürdelose Merkmale.

(2) *Zeitkomponente:* Das Alter dieser Merkmale ist auffallend gering. Soweit es durch fossile Dokumentation absolut meßbar ist, liegen die Verzweigungen wie der heutigen *Capra*-(Ziegen-)Arten nicht tiefer als im späten Pleistozän.[11)] Keine Art ist älter als 3 oder $4 \cdot 10^5$ Jahre. Selbst die ganzen *Bovidae*, die Horntiere, sind in ihren Stämmen ›ausschließlich im Jungtertiär entstanden‹.[12)] Das sind auch nur 10^7 Jahre (man vergleiche dazu Fig. V54, p. 222). Die Mehrzahl der Arten wird nicht älter als $5 \cdot 10^5$ Jahre sein. Das sind auch für die allgemein sich schnell wandelnden Säuger[13)] auffallend kurze Zeiten. Bei den fossil nicht repräsentierten Formen läßt das Vorkommen und der Umstand, daß es sich um reine Artmerkmale handelt, auf ebenso kurze, teils wohl noch kürzere Differenzierungszeiten schließen.

Die Stetigkeit ist zudem außerordentlich gering. Kaum eines der Merkmale greift über den Rahmen der Art hinaus. Selbst bei den Arten von *Sphongophorus* (Buckelzikaden) ist das gattungseigene Merkmal recht unbestimmt (Fig. V36 und 38). Zudem ist oft Geschlechtsdimorphismus deutlich, und zu allem Überfluß ist selbst in Einzelarten (vgl. Fig. V38, *Sphongophorus ballista*) die Variabilität so groß, ›daß kaum zwei Tiere einander völlig gleichen‹.[14)] Ganz Analoges ist von Paradies-

10 Für Antilopen geht das aus einer Studie von *Geist* 1966, für die Buckelzikaden aus jener von *Haupt* 1953 hervor.

11 *Thenius* und *Hofer* 1960.

12 Einzelheiten in *Bohlken* 1958, *Pilgrim* 1947, *Sokolov* 1954.

13 Man vergleiche *Kurtén* 1958, *Simpson* 1955, *Zeuner* 1946.

14 *Haupt* 1953, p. 36.

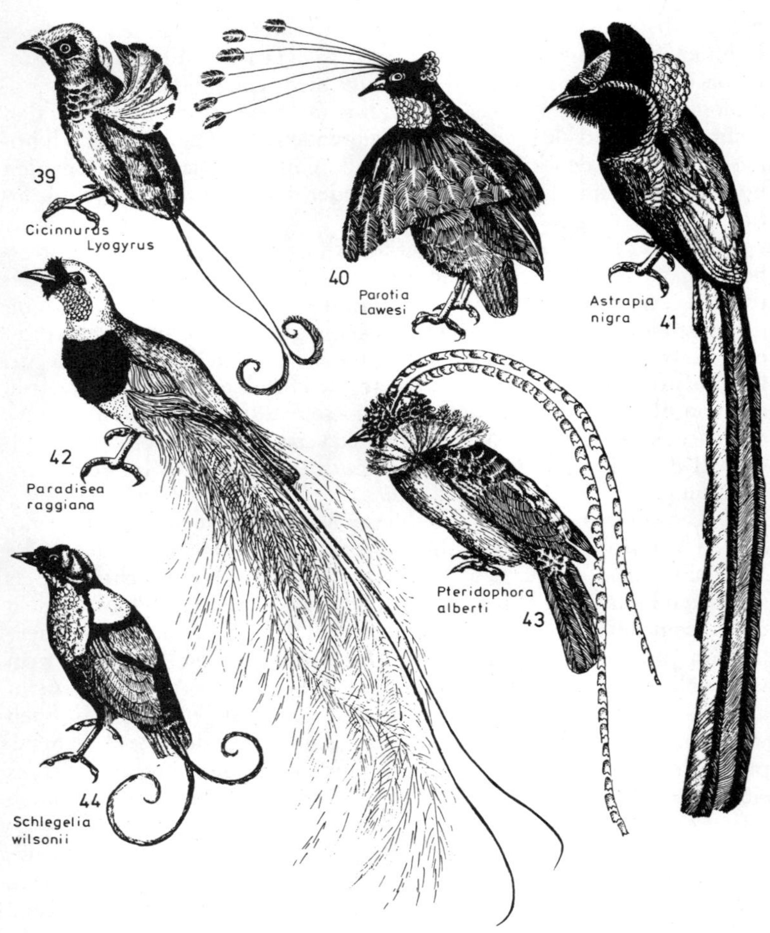

Fig. V39–44: *Merkmale maximaler Freiheit* am Beispiel der Paradiesvögel; man beachte die große, fast richtungslose Vielfalt der Schmuckfedern, die sowohl vom Kopf, den Seiten wie vom Schwanze ausgehen. (Aus *Grzimek* und *Schultze-Westrum* 1970).

vögeln, sogar von den Gehörnformen (vgl. Fig. V46,47), bekannt. Im gedachten Stetigkeitsdiagramm (Abs. VB1h) nähmen alle hier genannten Merkmale die ganze Skalenbreite der Unähnlichkeit, aber nur ein Tausendstel der Skalenhöhe ($5 \cdot 10^5$ von $5 \cdot 10^8$ Jahren) ein. Damit bestätigt auch die quantifizierende Betrachtung die bestehende

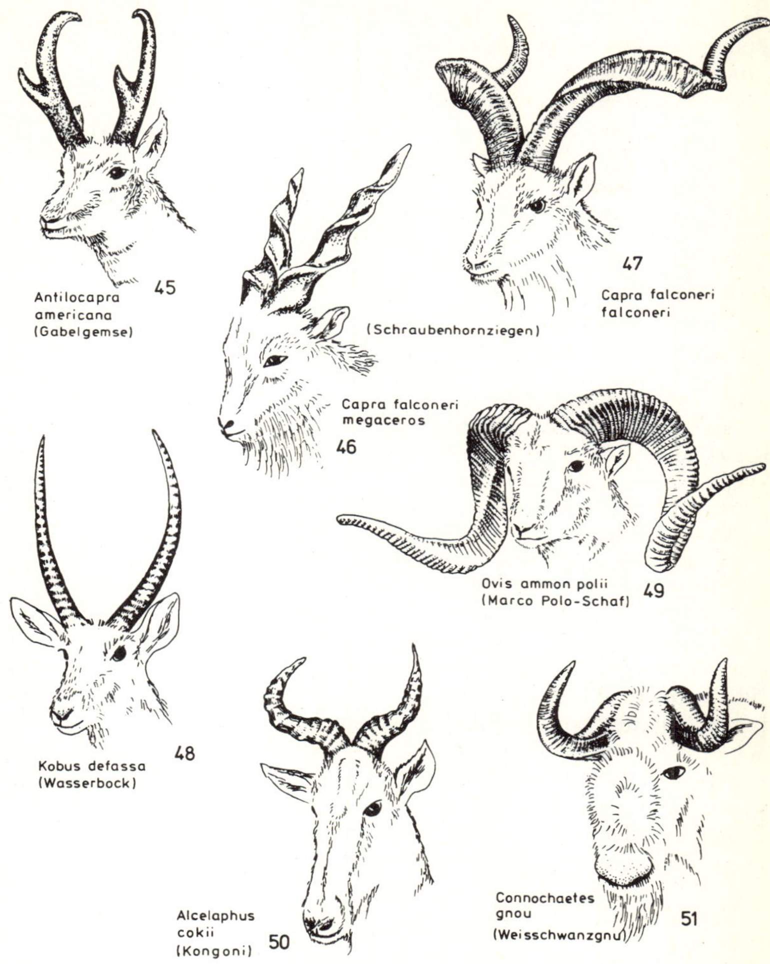

Fig. V45–51: *Merkmale maximaler Freiheit* am Beispiel der Horntiere oder Boviden. Auffallend die sehr unterschiedlichen Spiralisierungen und Einrollungen der Gehörne, selbst innerhalb nächster Verwandter, wie sie die Beispiele 46–47 zeigen. (Nach Photos und Zeichnungen mehrerer Autoren).

Auffassung, daß es sich sämtlich um Merkmale extremer ›Freiheit‹ handelt.

(3) *Die Verbreitung* solcher Merkmale, die geringste Bürde und Fixierung vereinen, ist nun außerordentlich groß. Was hier erwähnt wur-

de, sind lediglich die bekanntesten, weil ›abenteuerlicheren‹ Ausprägungen einer über das ganze Organismenreich verbreiteten Erscheinung dessen, was in der Systematik schlicht ›akzessorisches Merkmal‹ heißt.[15] Es ist entscheidend, sich dessen bewußt zu sein; die unbekannteren und die schlichteren mitzuzählen, um den universellen Geltungsbereich der Korrelation der niedersten Formen von Bürde und Fixierung erkennen zu können.

Akzessorische Merkmale sind jene, die grundsätzlich über den Rahmen der Art hinaus nicht gelten, die schon in der nächstverwandten Art keine Parallele und noch weniger ein im Genus wiederkehrendes Grundmuster bilden. Oft sind es Färbungen, kleine Anhänge, Dornen oder Oberflächenstrukturen, kennzeichnend für die Species, belanglos für die Verwandtschaftsforschung. Da wir in jeder merkmalsreicheren Species bereits einige akzessorische Merkmale kennen und die Zahl der rezenten Arten bei $2 \cdot 10^6$ liegt, dürften mindestens $5 \cdot 10^6$ Merkmale niederster Bürde und Stetigkeit rezent vorliegen.

Beleuchtend für diesen Zusammenhang ist die hohe Kennerschaft, die es verlangt, beispielsweise in der generell ganz wahllos erscheinenden Farbmusterung einer niederen systematischen Kategorie dennoch einige versteckte, aber einigende Züge herauszufinden.[16]

(4) *Allgemeine quantitative Kennzeichen* treten nun zusätzlich hervor, sobald die quantifizierbaren in ihrer Korrelation erkannt sind. Alle Merkmale mit dem quantitiven Kennzeichenpaar ›niedere Bürde – niedere Stetigkeit‹ zeigen erstens eine Funktion in randlicher Lage, zweitens eine hohe Bereitschaft zur Substitution, drittens eine höhere Variabilität innerhalb der Art (namentlich an den ›freien Enden‹ des Merkmales), viertens eine Repräsentation nur in den kleinen systematischen Kategorien und fünftens vielfach die Nähe oder sogar Entsprechung mit dem Phänomen der ›Homoiologie‹, die wir ›Analogien auf homologer Grundlage‹ genannt haben (vgl. Abs. IIB2a). Diese qualitativen Kennzeichen der Biosysteme sind aufschlußreich, weil sie Gradationen in genau demselben Sinn wie die quantitativen zeigen werden.

b. Systeme maximaler Fixierung

sind von völlig anderer Art und auffallenderweise nie als das viel erstaunlichere der beiden Extreme zusammengestellt worden. ›Lebende Fossile‹ sind ein Begriff geworden, ›fixierte Systeme‹ aber, obwohl sie noch viel stetiger sind und zudem ungleich weiter zurückreichen, müssen wir erst zum Begriff machen.

[15] Es hat in der Systematik auch seine ganz spezifische Bedeutung. Vgl. z.B. *Riedl* 1970, p. 18;

[16] Beispielsweise in *Wickler* 1965.

Es sind Merkmale überwiegend der inneren Anatomie, vielfach von einiger Unauffälligkeit, die oft erst nach tieferer morphologischer Analyse sichtbar werden. Einige Beispiele mögen das illustrieren oder besser: erläutern, denn – und das ist eine ihrer allgemeinen Eigenschaften – sie lassen sich nicht leicht abbilden; was aber nichts mit einer Unbestimmtheit ihrer Ausprägung zu tun hat, sondern, ganz im Gegenteil, mit dem gewaltigen und in einem einzigen Bilde gänzlich unabbildbaren vielfältigen Wandel, der sich seit ihrem Bestehen um sie herum abgespielt hat.

Aus der Organisation der *Vertebrata* seien genannt: der Arterienbogen IV (vgl. Fig. VII26–28, p. 320), der *Canalis centralis*, das *Chiasma opticum*, der *Wolff*sche Gang, das inverse Linsenauge, die Hypophyse. Dabei sind es keine aus Bedeutungslosigkeit an den Rand gedrängte Merkmale, sondern wichtige Funktionsteile, die trotz umwegiger Anlage oder unvollkommener Anpassung, selbst trotz völligen Wechsels der Funktion, erhalten sind. Erlauben wir uns die Aufnahme von Homologa mit beträchtlicheren Proportionsänderungen in die Liste, dann hat der Umfang des Wandels um sie herum sogar die Formulierung einheitlicher Begriffe hintangehalten. Man denke an das Homologon, das man einmal *Chorda dorsalis*, ein andermal *Nucleus pulposus* nennt, an das Homologon, das jeweils *Hypmandibulare* und *Stapes* heißt (vgl. Fig. II22–26, p. 75) und viele andere.

Ebensolche Merkmale lassen sich für die Coelenteraten, Bryozoen, Brachiopoden, Echinodermen, Mollusken, Arthropoden, kurz für alle großen und alten, wie fossil wohl dokumentierten Gruppen angeben. Sie aufzuzählen ist ebenso unmöglich wie unnötig. Sie sind nämlich nicht nur zahlreich, sondern auch bereits – in den Diagnosen der Stämme – wohlsortiert und geprüft zusammengestellt (vgl. Abs. VB2b3), und beides ist für die weiteren Schritte wiederum von grundlegender Bedeutung.

(1) *Strukturkomponente:* Alle hierher zählenden Merkmale sind erstens Teile der komplexesten Systeme. So können aus den Nervensystemen der Phyla (Stämme), die ja in jedem höheren Bauplan zur Erreichung der höchsten Komplexitätsstufe neigen, sämtliche Grundmerkmale hierher gezählt werden. Da wir ferner nur die mächtigen Funktionskomplexe der differenzierten Stütz-, Nephridial- und Gefäßsysteme betrachten, liegen die Bürdegrade (**B**) meist über 10^3, teils bei 10^4, ja 10^5 Homologa.

Zweitens: Der Komplexitätsgrad der hierher zu rechnenden Merkmale muß nicht groß sein, und es ist wichtig zu erkennen, daß er beliebig klein, in vielen Fällen von einem einzigen Minimum-Homologon repräsentiert sein kann. Man kann ja in jeglichem dieser Merkmale einen Unterabschnitt aufsuchen, welcher in Alter und Stetigkeit dem Ganzen nicht nachsteht. Zum Beispiel brauchte nur ein Teil der Neurohypophyse, ein Ausschnitt des *Ventriculus quartus* des Cerebralkanals oder vom Augensystem nur der Ansatz des *Musculus rectus posterior (sinister)* betrachtet zu werden (Fig. V52 und 53). Es handelt sich also um geradezu beliebig kleine Homologa großer Systeme.

Drittens: Die Position dieser Merkmale in den großen Funktionssystemen ist stets weitgehend bis ganz zentral, und damit stellt sich für alle das allgemeine Kennzeichen einer hohen bis außerordentlich hohen

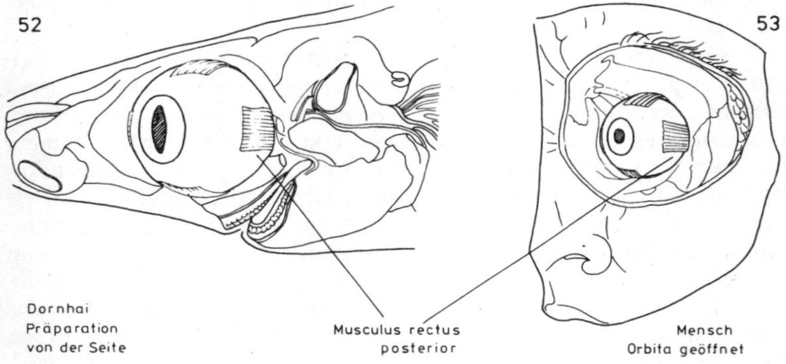

Fig. V52–53: *Beispiel eines Minimum-Homologon von sehr hoher Stetigkeit*: der Ansatz des seitlichen geraden Augenmuskels beim Hai (52; auch als *Musculus rectus externus* –) und beim Menschen (53; auch als *Musculus rectus temporalis* oder – *lateralis* bekannt) hat sich unabhängig voneinander vierhundertmillionen ($4 \cdot 10^8$) Jahre unverändert erhalten. (52 nach *Marinelli* und *Strenger* 1959; 53 nach *Pernkopf* 1960).

Bürde ein. Die Bürde, welche etwa vom verbleibenden linken, vierten Arterienbogen eines Säugers getragen wird, haben wir schon geschildert (Abs. VB1e). Selbst wenn man nur den proximalen Teil der *Aorta descendens (A. dorsalis)* als echtes Homologon beim Menschen betrachtet (nicht die *A. ascendens*, vgl. Fig. V14, p. 203), ist der Bürdegrad allein für das Arteriensystem noch immer mit rund 10^3 zu klassifizieren. Die Bürdegrade der Hypophyse oder des Teiles um den *Ventriculus quartus* liegen noch darüber.

Neben dieser Bürde, die für den Adultus getragen wird, darf eine zweite nicht übersehen werden, die man ›ontogenetische Bürde‹ nennen kann. Sie besteht aus der Summe der Homologa jener Organe, die von der Anlage eines speziellen Merkmales abhängen; deren Ontogenese von ihm gesteuert wird. Mehr darf ich hier nicht vorgreifen, sondern auf das Kapitel VII verweisen, das ganz diesem Zusammenhang gewidmet sein wird. Man erkennt aber sogleich, wieviele Homologa des Adultus von der Anlage des *Wolff*schen Ganges oder der *Chorda dorsalis* abhängen, wenn man sich erinnert, daß von ihnen fast das ganze Nephridialsystem und die dorsale Körpergliederung abhängt.

(2) *Zeitkomponente:* Das Alter aller hier genannten Merkmale beträgt mindestens 4 bis 5 · 10^8 Jahre; und zwar weil sie sich übereinstimmend in allen rezenten Nachkommen jener Gruppen finden, von welchen wir annehmen müssen, daß sich ihre Bahnen schon im Silur oder vor diesem trennten. Sie haben damit alle eine halbe Jahrmilliarde überdauert, und, legten wir die Überlebenschance eines üblichen Artmerkmales von 50 % pro 10^6 Jahren zugrunde (wie in Abschnitt VB1h), ihre Erhaltungschance wäre sämtlich so unvorstellbar klein wie 10^{-151} (entsprechend einer Zahl nach 150 Nullen hinter dem Komma).

Ihr Ähnlichkeitsgrad ist freilich wechselnd. Er reicht von weit über 50% etwa des *Musculus rectus posterior* bis knapp 1% im Falle des *Hyomandibulare* (vgl. Fig. V52,53 mit Fig. II22,26, p. 75). Da aber die Ähnlichkeit in jedem Falle groß genug ist, um an der Homologie dieses Merkmales keinen Zweifel zu lassen, reduzierte sich auch die Unwahrscheinlichkeit ihrer Erhaltung, wie wir sahen, um höchstens 1 bis 2 Dezimalen.

Wir bestätigen nun auch, daß es sich um Merkmale höchster Fixierung handelt, also stetigster Ordnung und Gesetzmäßigkeit, die bevorzugt zur definitorischen Beschreibung derselben durch die Systematik geeignet sein müssen.

(3) *Die Verbreitung* dieser Merkmale, die höchste Bürde und Fixierung fest korreliert vereinigen, kann nun genau angegeben werden. Die Bestimmung ihres Verteilungsmusters steht nämlich durch die Arbeit von Generationen vergleichender Anatomen und Systematiker fest. Auf diese Beobachtung verweise ich mit Erleichterung; einmal, weil es über alle Kräfte ginge, eine Dokumentation dieses riesigen Gebietes zu versuchen, ein andermal, weil wir damit den kausalen Ursachen und der bezweifelten Realität des ›Natürlichen Systemes‹, dieses monumentalen Werkes der biologischen Strukturforschung, bereits nahekommen. Diese Merkmale sind sämtlich als die differential-diagnostischen Einzel-Homologa in den Diagnosen der großen Systemkategorien aller höheren Organismen enthalten.

Ihr Verteilungsmuster ist dabei von einem solchen Regelmaß, daß sich weder ein Merkmal hoher Bürde finden läßt, welches in der Diagnose einer niedrigeren Systemkategorie stünde, noch ein Homologon niederer Bürde, welches sich diagnostisch zur Kennzeichnung der großen Systemgruppen verwenden ließe.

Die Feststellung einer Korrelation von so allgemeinem Geltungsanspruch bedarf noch genauerer Präzisierung: Zumal auch die Prinzipien der Systematik nicht allgemein bekannt sind.

Erstens sei daran erinnert, daß hier nur von den Einzel-Homologa die Rede ist. Die homonomen, also im Individuum mehrfach (bis massenhaft) auftretenden Systeme wie das Säugerhaar oder das Cilium sind hier nicht untersucht. Die Korrelation der Normteile ist nicht minder eindeutig, aber – wie wir sahen – mit anderen Bürdemustern auch anders fixiert.

Zweitens kommen nur die differential-diagnostischen Homologa in Betracht, das sind jene Einzel-Homologien, die in sämtlichen Vertretern eines Verwandtschaftskreises repräsentiert sind, jedoch in keinem Organismus aller übrigen Organismengruppen vorkommen. Die selektiven Merkmale, also jene, die in der Gruppe nicht ausnahmslos vertreten sind, kommen nur unter speziellen Voraussetzungen (der Repräsentation) in Betracht. Akzessorische Merkmale kommen nicht vor.

Drittens: Vom vollen Umfang der jeweils vorliegenden differential-diagnostischen Kennzeichen gibt nur die *Maximal-Diagnose* Aufschluß. Die Praxis der Systematik verlangt aber oft eine Beschränkung der Darstellung auf die *Minimal-Diagnose*, das sind aber nur jene differential-diagnostischen Homologa, die zur sicheren Unterscheidung der Gruppe gerade ausreichen.

Viertens: Zwecks kurzer Beschreibung werden in den Diagnosen gewöhnlich die jeweils weitesten Rahmenbegriffe der homologen Systeme angeschrieben (wie ›ventrales Herz‹ bei den Vertebraten, ›dorsales Herz‹ bei den Arthropoden). Die Fülle der zugehörigen, untergeordneten Homologa wird als bekannt vorausgesetzt.

Die Anzahl der differential-diagnostischen Einzelhomologa, die wir in den Maximaldiagnosen der großen Systemkategorien zählen können, ist noch vom Stande der Forschung beeinflußt. Man wird aber die Größenordnung nicht überschätzen, wenn man bei den mindestens 20 Stämmen, 100 Klassen und 380 Ordnungen mit im Mittel wenigstens 20 differential-diagnostischen Einzelhomologa deren 10^4 annimmt. Hier ist keine Genauigkeit nötig, aber die Feststellung, daß es sich auch bei den Systemen maximaler Fixierung um ein massenhaft realisiertes Phänomen der Evolution handelt.

(4) *Allgemeine qualitative Kennzeichen* sind nun auch für die Merkmale höchster Bürde und Stetigkeit erkennbar. Sie haben alle die umgekehrten Vorzeichen jener, die wir bei den Merkmalen niederster Bürde und Stetigkeit beschrieben. Sie alle zeigen erstens eine zentrale Position im Funktionsnetz der Systeme, zweitens fast gar keine Möglichkeit, substituiert zu werden, drittens eine Variabilität, die nur über weite Verwandtschaftskreise zum Ausdruck kommt, aber auch da das Prinzip nicht verändert, viertens Repräsentation in den größten Systemkategorien und fünftens niemals eine Beziehung zur Homoiologie (wie das bei bürdearmen Merkmalen der Fall ist).

3. Korrelation von Bürde und Fixierung

Wo befinden wir uns nun: Bisher war festzustellen, daß geringste Stetigkeit von Merkmalen in der Phylogenie mit fehlender Bürde, höchste Stetigkeit aber mit größter Bürde einhergeht. Nun wird im Mittelfeld zwischen den Extremen zu zeigen sein, daß der Stetigkeitsgrad von Einzelhomologa ganz generell als eine Funktion des Bürdegrades beschrieben werden kann.

Dabei würde es wohl weniger überzeugen, den Beweis nur durch eine große Zahl von Beispielen erbringen zu wollen, als das Prinzip selbst vorzuführen, welches sich hinter dieser Korrelation verbirgt. Erst durch dieses können Abweichungen wie vermeintliche Ausnahmen und damit die Zuverlässigkeit des Postulates überprüft werden.

Breit gestreute Beispiele erlauben zunächst, wie das Tabelle A zeigt, den allgemeinen Zusammenhang zwischen quantitativen und qualitativen Merkmalen und den zwischen diesen und dem Vorkommensmuster zu erkennen (vgl. p. 220, 221).

a. Die quantitativen Merkmale

Fixierungs-Grad (**F**) und *Bürde-Grad* (**B**) zeigen eine im Mittel so ausgesprochene Korrelation, daß diese als eine Funktion ($\mathbf{F} = f(\mathbf{B})$) beschrieben werden kann. Wie Tabelle A und Fig. V54 kenntlich machen, liegt die Fixierungszeit bei einem minimalen Bürdegrad von **B** = 1 bei **F** = 10^6. Dies ist ein uns schon vertrauter Wert: Er ist uns zuletzt als P_s begegnet (vgl. Formel 30, p. 206), aber ebenso als $P_m \cdot P_e$ (bereits seit Formel 26, p. 139) bekannt.[17] Darüber hinaus stellen wir fest (siehe nochmals Tabelle A und Fig. V54), daß die Funktion in doppelt logarithmischer Auftragung eine Gerade bildet, wobei eine Veränderung des Bürdegrades von drei Größenordnungen von einer Veränderung des Fixierungsgrades von zwei Größenordnungen gefolgt wird. Daraus folgt:

$$\mathbf{F} \approx \mathbf{B}^{2/3} \cdot 10^6 \qquad \text{(Formel 31).}$$

Wie im Vergleich mit Fig. V54 hervorgeht, ist die vorliegende Funktion die für das Fixierungsausmaß zurückhaltendste Deutung. Vielleicht sind die Potenz über **B** sowie die Konstante noch etwas größer. Da aber Kurzlebigkeit weniger ins Auge fällt als das Gegenteil und uns auch Zurückhaltung geziemt, soll uns zunächst diese vorsichtige Näherung genügen.

Es wäre gewiß ungerechtfertigt, und es ist auf jeden Fall unnötig, auf Genauigkeit zu bestehen (einmal, weil wir ja zur Vereinfachung bei quantitativen Schätzungen blieben, ein andermal, weil ein so unmittelbarer Zusammenhang biologisch auch gar nicht wahrscheinlich ist). Es genügt vorerst völlig, wenn wir feststellen, daß ein Zusammenhang zweifellos besteht, und daß im Mittel mit jedem in einem Funktions-

[17] P_s entsprach 10^6 als Wahrscheinlichkeit der Stetigkeit in Jahren; P_m entsprach 10^{-4} als Mutationswahrscheinlichkeit, P_e deren Erfolgswahrscheinlichkeit, die im Mittel bei 10^{-2} liegen dürfte. Nur in jenen Fällen, wo wir besonders sicher sein mußten, den Wert nicht zu überschätzen (zu klein zu wählen), haben wir vorsichtshalber 10^{-1} angenommen.

Tabelle A

Die generellen Eigenschaften der Funktionssysteme und ihre Ausprägung, geordnet nach vier Stufen der Komplexitätsgrade.

Stufen		I	II	III	IV
Bürdemerkmale	B				
Korrelations-merkmale	Komplexität (in korrelierten Homologa) c	(Mittel) 10 Bereich ($1 - 10^2$)	10^2 ($20 - 5 \cdot 10^2$)	10^3 ($3 \cdot 10^2 - 3 \cdot 10^3$)	10^4 ($3 \cdot 10^3 - > 10^4$)
	Integrationsweise i	lose	deutlich	eng	sehr eng
funktionelle Merkmale	funktionelle Position	marginal	mehrfach verknüpft	Bedingung für viele andere	zentral
	Substitutionschance	groß	in beschr. Richtung	allseits reduziert	fast keine
systematische Merkmale	variative Freiheit	an Funktionsenden fast unbeschränkt	einseitig	ganz kanalisiert	im Prinzip keine
	taxonomische Repräsentation	(Mittel) *Gattungen* Bereich (Art-Fam.)	*Familien* (Gattung-Ordnung)	*Ordnungen* (Familie-Klasse)	*Klassen* (Ordnung-Phylum)
	Konstanz in der Gruppe	sehr gering (zufällig)	mäßig (häufig)	groß (die Regel)	fast absolut (ohne Ausnahme)
Fixierungsmerkmale	F				
	Alter (in Jahren der Erhaltung) a	(Mittel) $5 \cdot 10^6$ Bereich ($10^5 - 10^8$)	$2 \cdot 10^7$ ($4 \cdot 10^6 - 3 \cdot 10^8$)	10^8 ($2 \cdot 10^7 - 5 \cdot 10^8$)	$4 \cdot 10^8$ ($1{,}5 \cdot 10^8 - > 5 \cdot 10^8$)
	Änderungsweise s	explosiv	nicht mehr in allen Richtungen	in Trends weniger Richtungen	keine oder geringe Transformation

Beispiele Größenordnung der bekannten Fälle	10^6	10^5	10^3	10^2
20 Einzelbeispiele (für etwas über 100 Fälle) und deren systematische Geltungsbereiche	Schmuckfedern: * Gattungen der Paradiesvögel	Scherenformen: * Familien der Höheren Krebse	Gürtelformen: Ordnungen der Tetrapoden	Kreislaufsystem der Tetrapoden
	Hornformen: * Gattungen der Huftiere	Klauenformen: Familien der Huftiere	Abdomenglied.: Ordnungen der Krebse	Ambulakralsystem der Seesterne
	Rückenanhänge: * Gattungen der Buckelzikaden	Genitalapparat: * Familien der Strudelwürmer	Rückenpanzer: Unterord. der Höheren Krebse	Cerebro-Viszeral-System der Schnecken
	Rostrumzähne: * Gattungen der Garnelen	Haftorgane: Familien der Bandwürmer	Panzer der Schildkröten	Gehirn der Säugetiere
	Blütenlippen: * Gattungen der Orchideen	Uropodenformen: Familien der Höheren Krebse	Mundteilformen: Ordnungen der Insekten	Peripheres Nervensystem der Knochenfische

Die Tabelle zeigt die Korrelation der Bürde- **B** und Fixierungsmerkmale **F** und gibt eine Anzahl breit gestreuter Beispiele (* bezeichnet Systeme, in welchen Homoiologien bekannt sind). Die Zahlen der 'bekannten Fälle' sind das Produkt aus den für die Stufe bekannten Systemkategorien und deren differential-diagnostischen Rahmenhomologa. Zahlen des Alters nach *Moore* 1965 und *Müller* 1968.

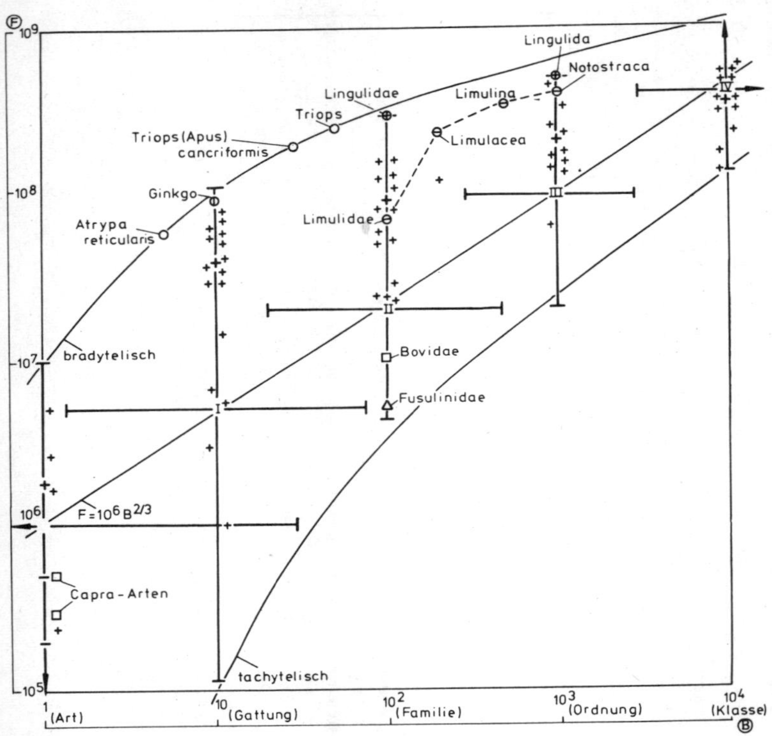

Fig. V54: *Übersicht einer allgemeinen Korrelation von Bürde- und Stetigkeitsgrad.* Eingetragen sind: die Funktion (nach Formel 31), Mittelwerte und maximale Streuung der Stufen I bis IV, Werte (+) und Mittelwerte (**+**) fossil dokumentierter Merkmale (nach *Müller* 1963, Vol. I, p. 191), die ältesten lebenden Fossilien mit Kreis-Symbolen und Beispiele extremer Kurzlebigkeit bzw. rascher Entwicklung mit Dreieck- und Vierecksymbolen (vgl. auch Abs. VB2a, p. 208). (Nach mehreren Autoren, siehe Text; Orig.).

system als zusätzliche Bürde hinzukommenden Homologon fast eine Jahrmillion an Fixierung zu addieren ist.

Die Variabilität (Fig. V54) in der Beziehung Bürde-Fixierung erscheint beträchtlich. In den Stufen entlang der Abszisse (Bürdegrade) reicht sie von ± 1/2 bis ± 1 Dezimale, um die Sicherheit zu erhöhen. Sie ließe sich hier ganz abbauen, weil jeder Bürdegrad definiert werden kann. Entlang der Ordinate (Fixierungszeit) ist die Variationsbreite niederer Bürde ebenfalls ± 1, bei hohen Bürdewerten ± 1/2 Größenordnung. Diese Streuung ist nur die Folge ›breit gestreuter Beispiele‹. Es ist ja wiederum keineswegs zu erwarten, daß die Korrelation bei Paradiesvögeln und Orchideen oder beim Gefäßsystem der Wirbeltiere wie beim Nervensystem der Schnecken metrisch gleich sein muß. Wir werden diese Unbestimmtheit bei der Untersuchung der Einzelgruppen (Abs. VB3e) ganz beseitigen können.

Dennoch kann die Korrelation im Prinzip schon als Realität bestätigt werden. Denn weder überschneiden sich die Bürde-Bereiche von Systemen hoher und niederer Stetigkeit, noch die Stetigkeitsbereiche von Systemen hoher und niederer Bürde.

b. Die qualitativen Merkmale

zeigen alle eine Gradation, die jenen der beiden quantitativen Merkmale ganz entspricht (vgl. Tabelle A).

(1) *Die funktionelle Position* ist bei den Systemen niederer Bürde immer ganz marginal. Ihr Vergleich ist geradezu ein Lehrstück, in wie vielfältiger Weise Randpositionen, die auch fast immer an der vordersten adaptiven Front, ja als Schrittmacher der Anpassungs- und Diversifikationsvorgänge eingebaut sind, realisiert sein können. In der mittleren Bürdekategorie werden die Abhängigkeiten deutlich, in der höheren Kategorie wachsen die Abhängigkeiten weiter, die Position wird voraussetzungsvoll, eine Bedingung für eine steigende Anzahl anderer Merkmale. In der höchsten Kategorie geben sie das Bild grundlegender Bedingungen in basaler oder fundamentaler Position.

(2) *Die Substitutionschance* ist in niederster Kategorie fast immer uneingeschränkt gegeben. Schon in der Nachbar-Art, ja der nächstfolgenden Rasse würde der völlige Ersatz des Merkmales nicht überraschen. In **B** = 100 ist sie noch gegeben, aber interessanterweise nur mehr in bestimmten Richtungen, gewissermaßen unter Voraussetzungen. In **B** = 1 000 ist sie deutlich reduziert. Man erkennt, daß eine ganze Reihe weiterer Strukturen und Funktionen substituiert werden müßte, bevor an einen Ersatz des Merkmales gedacht werden könnte. Und in **B** = 10 000 ist an eine Substitutionsmöglichkeit kaum mehr zu denken.

(3) *Die Variabilitätsweise* zeigt neben quantitativen ebenso qualitative Abfolgen, indem sie nicht nur den Umfang, sondern auch die Art der Wandlungsweise gründlich verändert. In I liegt eine volle ›Freiheit der Enden‹ vor (die *Freiheit der ›Schnur an der Peitsche‹*). Die nächste Position des äußeren Endes ist ganz unvorhersehbar (wiewohl die Feder, das Horn oder das Blatt, das an den Enden diese Freiheit hat, im Grunde stets das bleibt, was es ist). Über II und III nehmen die Einschränkungen und Kanalisierungen zu, bis in IV eine völlig andere Freiheit oder Variabilität übrigbleibt; die *Freiheit der ›harmonischen Proportionen‹*. Ich meine damit jene höchst gesetzmäßigen Metamorphosen

eines im Ganzen Unveränderbaren, wie sie in den Beispielen Cartesischer Transformationen (vgl. Fig. VI2–9, p. 277) ihren harmonisch-geometrischen Ausdruck finden.

(4) *Die Repräsentation* zeigt dasselbe. Nicht nur wächst mit den Stufen der Umfang an Repräsentanten (wie in Abs. VB3c zu zeigen sein wird), auch die Art der Repräsentation, *die Konstanz* (5) ändert sich. Mit den wachsenden Stufen verändert sich das Auftreten der Merkmale innerhalb des Repräsentationsbereiches von zufällig über häufig und ausnahmsweise mit Lücken zu lückenlos.

(6) *Die Homoiologienähe* des Merkmales (die * in Tabelle A) fügt sich ebenso ein. Die Gradation ist aber diesem Randmerkmale der Homologie entsprechend (Analogie auf homologer Grundlage) sehr steil. In Stufe I sind alle ›Homologa‹ der Beispiele homoiologieverdächtig. In II finden sich solche noch gelegentlich, in III vielleicht höchstens ausnahmsweise (ich kenne kein Beispiel) und in IV niemals.

Unsere Skala der Merkmale stützt sich also nicht nur auf einige quantifizierbare Werte, sondern noch auf die harmonische Abfolge der ganzen Reihe der weiteren allgemeinen Charaktere, die lediglich metrisch noch nicht erfaßt sind.

c. Das Verteilungsmuster

der Kategorien ist rein hierarchisch und deckt sich ganz mit den Rahmenbegriffen der Systematik. Beide Zusammenhänge sind von Wichtigkeit. Der erste läßt die Konsequenz der Bürde-Stetigkeits-Stufen und ihren Zusammenhang mit den Ordnungsmustern der Merkmale erkennen, der zweite verknüpft das Ergebnis unserer quantitativen Untersuchung mit dem auf qualitativer Grundlage bereits längst errichteten Gebäude der Systematik (es bestätigt dieses und wird von ihm bestätigt).

Die quantitativen mittleren Geltungsbereiche der Merkmale zeigen ein Wachstum; die Gruppen I bis IV enthalten gewöhnlich die differential-diagnostischen Kennzeichen jeweils von Gattungen, Familien, Ordnungen und Klassen. Mit Bürde und Stetigkeit wachsen also die Geltungsbereiche, und diese sind nach dem Gesetz der Hierarchiemuster ineinander verschachtelt. Dabei muß man sich der Tatsache erinnern, daß die Hierarchie-Vorschriften, so präzise sie sind, nichts über die Anzahl der Unterkategorien festlegen, die eine Kategorie beinhalten kann. Ganz entsprechend läßt sich der Geltungsbereich der Merkmalsklassen nicht etwa nach der Artenzahl definieren, die er umfaßt. Die Artenumfänge der Stämme beispielsweise reichen von acht (*Priapulida*) bis 838 000 (*Arthropoda*), die der Klassen sogar von 1 (*Somasteroidea*) bis 750 000 (*Insecta*).[18)] Erst im relativen Lageverhältnis zueinan-

[18] Übersicht über diese Zahlen lebender Arten zuletzt in *Mayr* 1969, p. 12.

der, also nach der Anzahl der sub- und supraordinierten Hierarchiestufen wird die Position eines Geltungsbereiches scharf definierbar.

Die Variabilität von ± einer Hierarchiestufe pro Gruppe ist auch ein Produkt unserer Vorsicht (bei wahllos zusammengetragenen Merkmalen), und zwar desselben Ursprunges wie jene, die die Streuungsbreite der Stetigkeit verursachte (Abs. VB3b). Sie beruht auf den ›breit gestreuten Beispielen‹. Es ist ja wieder nicht zu erwarten, daß etwa die Gattungskriterien der *Priapulida* und der *Insecta* metrisch ganz übereinstimmen müssen. Die Position von Systemkategorien ist in absoluten Maßen in Grenzen flexibel, in Beziehungsgrenzen scharf. Das entspricht den Gesetzen der Hierarchie und ist von Nichtsystematikern ganz zu Unrecht kritisiert worden. Es ist auffallend genug, daß in den vorliegenden absoluten Abmessungen die Hierarchie-Korrelation, wenn auch mit einiger Streuung (von 40 % der Skalenbreite) überhaupt zutage tritt. In den einzelnen Hierarchiesequenzen der Gruppen wird auch diese Streuung verschwinden (Abs. VB3e).

Bevor das nachzuweisen ist, sind aber noch die Grenzfälle der Bürde-Stetigkeits-Korrelation genau zu überprüfen.

d. Lebende Fossilien

nennt man Arten mit Merkmalen extrem hoher Stetigkeit, und zwar solche, die rezent erhalten sind. Sie haben zurecht die Biologen sehr beschäftigt.[19] Wie liegen nun die maximalen Stetigkeitsgrade, namentlich in den Bereichen niederer Bürden:

Als eines der extremsten Beispiele gilt das Krebschen *Triops (Apus) cancriformis*. Selbst die Artmerkmale scheinen schon in der Trias (vor $1{,}8 \cdot 10^8$ Jahren) vorgelegen zu haben.[20] Entsprechend dem kleinen Umfang der rezenten *Notostraca* und ihrer beschränkten fossilen Dokumentation sind die Artmerkmale verhältnismäßig groß gewählt und umfassen wohl 30 Homologa (tatsächlich ist ja auch von einer Subspecies *T. c. minor* die Rede). Daraus folgt eine Position genau am Oberrand des Streuungsbandes der Bürde-Stetigkeits-Beziehung (vgl. Fig. V54). Dasselbe gilt für die »Genusmerkmale« mit ca. 100 (!) Homologa (welche wir bei rezenten Vertretern und Kenntnis der Weichteile gewiß zu einem Familienmerkmal machen würden) und einer Stetigkeit von $2{,}2 \cdot 10^8$ Jahren.

Die anderen als extrem bekannten Formen fügen sich sogar genau nach den Gruppengrößen in den obersten Streuungsbereich. So die *Limulus*- wie die *Lingula*-Verwandtschaft. Die übrigen bleiben noch viel weiter zurück.

[19] Jüngste Übersicht von *Thenius* 1965;

[20] *Müller* 1963, *Tasch* 1969, Original: *Trusheim* 1931 und 1938;

Vergleiche in Fig. V54: Ordnung *Notostraca* ca. $4 \cdot 10^8$, Unterordnung *Limulina* höchstens $3 \cdot 10^8$, Überfamilie *Limulacea* $2{,}4 \cdot 10^8$, Familie *Limulidae* $7 \cdot 10^7$.[21] Ferner Ordnung *Lingulida* $5 \cdot 10^8$, Familie *Lingulidae* ca. $3 \cdot 10^8$, bei den niedrigeren Kategorien ist Vorsicht am Platze: »Das tiefere stratigraphische Vorkommen der Familie ist nicht genau bekannt. Viele Arten aus dem Ordovicium wurden mit *Lingula* oberflächlich in Zusammenhang gebracht, aber ... sogar die Familienzugehörigkeit ist unsicher.«[22] und »keine der rezenten *Lingula*-Arten reicht im Gegensatz zur üblichen Meinung weit zurück«.[23]

An der Spitze der langlebigsten fossilen Arten wird auch der Brachiopode *Atrypa reticularis* genannt.[24] Die Artmerkmale verändern sich über $6 \cdot 10^7$ Jahre nur wenig. Aber auch damit (Fig. V54) liegt der Koordinatenpunkt mit wenigstens 5 Homologa noch im erwarteten Streubereich.

Die lebenden wie die langlebigsten Fossilien, so erstaunlich sie bleiben, indem sie das Durchschnitts- und Minimalalter der Gruppenmerkmale um eine bis zwei Größenordnungen übertragen, bilden also keine Ausnahme im Rahmen der hier definierten Korrelationen.

e. Korrelation nach der Hierarchie der Repräsentanz

Die Streuung des Zusammenhanges zwischen Bürde und Stetigkeit, wie sie sich aus dem Vergleich ›breit gestreuter Beispiele‹ ergab, (vgl. VB3a, Tabella A und Fig. V54), verschwindet, sobald sich die Untersuchung auf einzelne Bahnen der Evolution und auf einzelne Systeme konzentriert (z.B. die Limuliden-Reihe in Fig. V54). Bei der Konzentration auf Einzelbahnen fällt jene Streuungskomponente weg, die aus dem wahllosen Zusammenwürfeln des Mosaiks rascher und langsamer Evolutionsbahnen folgt. Man pflegt sie als typogenetische und typostatische Phasen zu unterscheiden, oder man spricht von Mosaik-Evolution, wenn beide Formen in einer Art nebeneinander vorkommen. Bei der Konzentration auf Einzelsysteme fällt der Unterschied zwischen den sich rasch und langsam wandelnden Merkmalsgruppen weg.

Zwar zeigt die Korrelation selbst mit Einschluß der ganzen Streuung (wie in Fig. V54), daß das stetigste der verläßlichen Artmerkmale die Stetigkeit des kurzlebigsten Klassenmerkmales nur gerade erreicht; aber das Prinzip, welches Bürde- und Stetigkeitsgrade zwingend korreliert, ist noch nicht zu sehen. Man erkennt es aber sofort, wenn man den funktionellen Zusammenhang der Merkmale hinzunimmt.

Ich will diesen Zusammenhang von zwei Seiten darstellen. Zunächst soll gezeigt werden, wie die Stetigkeits-Bürde-Korrelation nach dem Muster der Repräsentanz (Abs. VB3f) zusammenhängt.

21 Literatur in *Størmer* 1955;
22 Zitate aus *Rowell* 1965, p. 262;
23 Beide Zitate aus *Hyman* 1959, p. 577;
24 z.B. von *Müller* 1963.

Den *Funktionszusammenhang* differential-diagnostischer Einzelhomologa nach Art der Repräsentanz kann man sehen, wenn man in einer hierarchischen Serie von Systemgruppen die für jede Einzelgruppe kennzeichnenden Merkmale eines einzigen Systems miteinander vergleicht. In Tabelle B sind solche differential-diagnostischen Merkmale aus vier Systemen und nach sechs Systemgruppen (der ›Sequenz-Hierarchie‹ über den Säugern) zusammengestellt.

Man erkennt schon in diesen kurzen Reihen (Tabelle B), die vom Stamm zur Klasse führen (einer Repräsentanz von 43 000 bis 3 700 Arten und einer Stetigkeit von $5 \cdot 10^8$ bis $2 \cdot 10^8$ Jahren), den Funktionszusammenhang in den einzelnen Systemen. Aus Raumgründen sei nur das erste Beispiel näher erläutert:

Die differential-diagnostischen Merkmale aus dem postcranialen Stützsystem des Unterstammes (*Vertebrata*) ›Wirbelsäule‹ und ›Kiemenskelette‹ bauen auf den entsprechenden Merkmalen des Stammes (*Chordata*) auf, die man kurz ›Chorda‹ und ›Kiemenapparat‹ nennt. Die Kiefer- und Kiemenbogen der *Gnathostomata* und die Wirbelcentra setzen die Wirbelsäule und die Kiemenskelette der *Vertebrata* voraus; die Gürtel wie die Skelettstücke der paarigen Extremitäten, daß paarige Extremitäten wenigstens vorbereitet wurden.[25)] Der Achsenanschluß des zweiten Gürtels, die Achsengliederung und die Gelenkausfertigung zwischen Stylo- und Zeugopodium der *Tetrapoda* sind Spezialdifferenzierungen über der schon vorhandenen Wirbelsäule und dem Gürtel der *Gnathostomata*; dasselbe gilt für das Verschwinden persistierender Chordareste bei *Amniota*, die Atlas-Epistropheus-Differenzierung und das Einbeziehen eines zweiten Sacralwirbels, welche Merkmale wieder nur als Überbauten auf den breiteren Kennzeichen der Tetrapoden zu verstehen sind. Auch die Fixierung der Zahl der Halswirbel, die (mit wenigen Ausnahmen; nämlich Seekühen und Faultieren) die *Mammalia* charakterisiert, bildet einen Sonderfall (weiteren ›Fall zum Gesetz‹), der im wesentlich breiteren Rahmen der Amnioten bereits vorbereitet sein muß und nun durch weitere Vorgänge[26)] realisiert wird.

Man sieht auch sogleich, wie sich diese Zusammenhänge über die Klasse der *Mammalia* hinaus fortsetzen; daß der für die Unterklasse (*Theria*) diagnostisch kennzeichnende *Processus coracoideus* eine Spezialisation ist, die das Vorhandensein des Coracoides im Prinzip schon voraussetzt; daß die für die Ordnung *Primates* typische Pro- und Supination der Hand nur aus der schon vorbereiteten Lage der beiden Knochen des Zeugopodiums der Vorderextremität (*Ulna* und *Radius*) entwickelt worden sein kann usf.

[25] Man denke bei den *Agnatha* etwa an *Orthobranchiata*, aber auch an andere *Osteostraci* wie *Hemicyclaspis* (vgl. Fig. V56–63);

[26] Hier auch die Verflechtung des *Plexus brachialis*.

Tabelle B

Die dependenten Serien der differential-diagnostischen Merkmale. Die Funktions-Abhängigkeit differential-diagnostischer Merkmale am Beispiel vierer Funktionssysteme in sechs sequenz-hierarchischen Stufen über den Säugetieren.

	Stütz-System	Gefäß-System	Herz	Exkretions-System	
Chordata (Stamm) sind Bilateria mit . . .	dorsaler, ventral des Nervensystems gelegener Chorda	ventrorostralem Hauptgefäß und paarigen Kiemen	medioventralem, kontraktilem Abschnitt des Hauptgefäßes	(sofern vorhanden) branchiomerer, subchordaler Niere	43 000 Arten seit 5 · 10^8 Jahren (Kambrium)
Vertebrata (Unterstamm) sind Chordaten mit . . .	gegliederter Wirbelsäule und Kiemenskeletten	sechs paarigen, ventrolateralen, primären Aortenbogen	einem in Atrium und Ventrikel gegliederten Herzen	paarigem *Wolff*schen Gang, ventrocaudaler Mündung und prox. Tubulus-Abschnitten	41 700 Arten seit 4 · 10^8 Jahren (Ordovicium)
'Gnathostomata' (Überklasse) sind Vertebraten mit . . .	Kiefer (Visceralbogen) und zwei paarigen Extremitätenanlagen			nur mehr larval funktionierendem Pronephros	41 650 Arten seit 3,5 · 10^8 Jahren (Silur)
Tetrapoda (Divisio) sind Gnathostomen mit . . .	primär 5 Regionen, 2 Gürteln, mit Stylo- und Zeugopodium	Differenzierung von Pulmonalis (6), Carotis- (3) und Aortenbogen (4)	Lungenherz und der Bildung eines Septum atriorum	regelmäßig ausgebildeten Glomeruli	21 100 Arten seit 2,8 · 10^8 Jahren (Devon)
Amniota (Klassengruppe) sind Tetrapoden mit . . .	Atlaskörper meist mit Epistropheus verbunden und schwindenden Chordaresten	Abbau der Ductus Botalli und Verschwinden des 5. Aortenbogens	Bildung des Septum ventriculorum und verschwindendem Truncus arteriosus	völlig verschwindenden Nephrostomata	18 600 Arten seit 2,4 · 10^8 Jahren (Unterkarbon) (Mississip.)
Mammalia (Klasse) sind Amnioten mit . . .	primär einer Fixierung von sieben Halswirbeln	Erhaltung nur des linken Aortenbogens und Verlust der Nierenpfortader	vollständiger Trennung der Herzkammern (entsprechend den Vögeln)	Nierenbecken-Bildung, Vollentwicklung der *Henle*schen Schleifen, Rinde und Mark	3 700 Arten seit 2 · 10^8 Jahren (Trias)

Man beachte, daß in jedem Funktionssystem die jeweils systematisch niedereren Merkmale die darüberstehenden zur Voraussetzung haben; in der rechten Kolonne vergleiche man die Abnahme der Artenzahl und des Alters (Gruppen nach *Romer* 1959, Zahlen der Repräsentanz nach *Mayr* 1969, das Alter der Gruppen nach *Müller* 1963).

Dieser Vorgang, der wortreich mit ›bauend auf‹, ›voraussetzend‹ als ›Spezialdifferenzierung‹, ›Überbau‹ und ›Sonderfall‹ der vorausgehenden Schichte zu beschreiben war, kennzeichnet das im konkreten Detail scheinbar verwirrend komplizierte, im logischen Grunde ganz simple Prinzip der Hierarchie; in welchem in jeglichem Rahmen die Vorzeichen des nächstweiteren gelten; in welchem kein Merkmal ohne die Summe der Merkmale aller übergeordneten hierarchischen Gruppen möglich ist, Sinn hat oder verstanden werden beziehungsweise funktionieren kann.

Dabei wird gleichzeitig klar, daß die Merkmale jedes nächstgrößeren Rahmens die nächstgrößere Bürde tragen; weil erstens meist mehrere Rahmen von Unterbegriffen auf jedem Oberbegriff ruhen, und zweitens ein ganzer Stapel weiterer, noch engerer Rahmen darauf aufbaut.

Dies wird man entsprechend in den weiteren Beispielen der Tabelle B bestätigt finden.

Darüber hinaus deutet sich bereits an, wie Bürde und Stetigkeit desselben singulären Homologon mit dem phylogenetischen Aufbau wachsen. Von den 41 700 Arten *Vertebrata* kennen wir keine ohne Herz mit Atrium und Ventrikel, von den 43 000 Arten *Chordata* aber über tausend, die ohne diese Differenzierung, manche, die sogar überhaupt ohne Herz auskommen (wie *Kowalevskaia* unter den Appendicularien). Tatsächlich ist die Bürde des ›Herzens‹ bei *Appendicularia* auch nur nach ganz wenigen Homologa zu zählen; wo wir dasselbe bei einem Säuger mit einer Bürde von Tausenden Homologa belastet finden. Man denke auch an die Chorda, deren Verlust für alle Arten der *Vertebrata* letal endet, während tausend Arten der *Chordata*, die *Ascidiacea* und *Thaliacea* die Chorda nach ihrer Larvenperiode aufgeben. Dieser ›Weg in die Fixierung‹ wird noch eingehend zu erörtern sein (Abs. VB4).

Es ist als zwingend zu folgern, daß die Bürde von Merkmalen innerhalb von Systemen mit der hierarchischen Position wachsen muß, und zwar in dem Umfange, als Merkmale untergeordneter Position auf ihnen aufbauten.

f. Korrelation nach der Hierarchie der Position

Den Funktionszusammenhang von Merkmalen innerhalb eines Systems erkennt man natürlich sogleich. Man braucht dazu nur jene Merkmale auszuwählen, die eine der vielen und offensichtlichen Funktionsketten bilden. Ein einziges Beispiel kann das zeigen, und die Korrelation von Bürdegrad und Stetigkeit mit der Position wird prinzipiell klar. Aber auch der Zusammenhang der beiden mit der Repräsentation der Merkmale innerhalb der übergeordneten Systemgruppen erhellt zur gleichen Zeit.

Tabelle C

Der Zusammenhang von Bürde und Fixierung in einer Subsystem-Kette ungleichen Alters; am Beispiel des Gefäßsystemes des Menschen im Vergleich zu den übrigen Arten der Wirbeltiere.

Einzelbeispiele vierer Subsysteme aus einer Funktionskette:

	Arteria princeps pollicis-Subsystem	Aorta sinistra-Arteria subclavia-Subsystem	Subsystem des freien Aortenbogens	Aorta-Ventriculus-Atrium-Subsystem
B *Bürdegrad* funktionelle Position	terminal	mittel	zentrumsnahe	zentral
Komplexität (in Homologa) **c**	5	10	12	20
Integration (in dependenten Homologa) **i**	5	80	400	1 000
F *Fixierungsgrad* Repräsentation	Ordnung: 200 Arten	Klasse: 3 700 Arten	Divisio: 21 000 Arten	Unterstamm: 41 700 Arten
Maximum der relativen Repräsentation **r**	0,47 %	8,5 %	48 %	100 %
Minimum steter Homologa **h**	25 %	30 %	60 %	70 %
Minimum gleicher Proportionen **p**	10 %	20 %	30 %	80 %
Stetigkeit (in ‰) ($r \cdot h \cdot p/10^3$) **s**	0,118 ‰	5,1 ‰	86 ‰	560 ‰
Alter (in Jahren der Erhaltung) **a**	$2{,}5 \cdot 10^7$	$6{,}5 \cdot 10^7$	$1{,}9 \cdot 10^8$	$3 \cdot 10^8$

Man beachte die Korrelation von Integration **i** und Stetigkeit **s**; **r** definiert in Wirbeltierarten, die das Subsystem aufweisen, **h** quantitative Schätzung der Anzahl der stetig repräsentierten Homologa innerhalb **r** und **p** Umfang der erhaltenen Proportionen innerhalb **h** (Quellen wie in den Tabellen A und B, Seiten 220 und 228).

Tabelle D

Der Zusammenhang von Bürde und Fixierung in einer Subsystem-Kette gleichen Alters; am Beispiel der Hinterextremität des Menschen im Vergleich zu den übrigen Arten der Vierfüßer.

Die vier Subsysteme der Funktionskette:

	Phalanges-Subsystem (Zehen)	Metatarsalia-Tarsalia-Subsystem (Mittelfuß)	Stylo-Zeugopodium-Subsystem (Schenkel)	Pelvis-Subsystem (oder Becken)
B *Bürdegrad* funktionelle Position	terminal	subterminal	intermediär	zentral
Komplexität (in Homologa) **c**	39	75	60	32
Integration (in dependenten Homologa) **i**	39	114	174	206
F *Fixierungsgrad* Repräsentation **r**	93 %	93 %	94,5 %	95 %
Minimum der steten Homologa **h**	5 %	15 %	40 %	50 %
Minimum gleicher Proportionen **p**	2 %	5 %	15 %	20 %
Stetigkeit (in ‰) **(r · h · p/10³)** **s**	0,93 ‰	7 ‰	56,7 ‰	95 ‰

Man beachte (auch hier, wie in Tab. C, Seite 230) die Korrelation von Integration **i** und Stetigkeit **s**. Das Alter dieser Subsysteme ist annähernd gleich und entspricht mit $3 \cdot 10^8$ Jahren dem der Tetrapoden. Die Repräsentation beruht auf dem Vergleich mit den 21 100 rezenten Vierfüßern (weitere Grundlagen wie in Tab. C, Quellen wie in Tab. A und B, Seiten 220 und 228).

(1) Als Beispiel wähle ich unser Arteriensystem im Rahmen der *Vertebrata* und im besonderen jene Gefäßkette, die vom Daumen (einer der vielen Peripherien) zum Zentrum führt; zusammengestellt in Fig. V14–18, p. 203 und in Tabelle C.

In den vier gewählten Merkmalen der Kette steigt die Bürde gegen das Zentrum um mehr als zwei Dezimalen (von 5 auf rund 1 000) und die Stetigkeit um mehrere Größenordnungen. Das Alter wächst um mehr als das Zehnfache ($2{,}5 \cdot 10^7$ und $3 \cdot 10^8$ Jahre), die Repräsentation um mehr als zwei Dezimalen (von 200 auf 43 000 Arten); und die Erhaltung der Ähnlichkeit im Rahmen der *Vertebrata* – bildet man einen Indexwert aus relativer Repräsentation, Homologa-Erhaltung und Proportion – um mehr als drei Dezimalen (0,12 auf 560 ‰). Dabei erklärt der Funktionszusammenhang, daß keine der vier Größen in den Sequenzen von der Repräsentation bis zur Proportion etwa eine umgekehrte Korrelation zeigen könnte; und nur diese würde unserer These widersprechen.

Man kann sich von der Notwendigkeit dieses Zusammenhanges leicht überzeugen, indem man extreme Randpositionen aufsucht. Geht man von der *Arteria princeps pollicis* weiter peripherienwärts, so überschreitet man in ein bis zwei Sektionsschritten in den Homologien unseres Arteriensystems die Grenze der Minimum-Homologa; und man erreicht jene Gefäße, die als entsprechende Individualitäten nicht mehr vergleichbar sind, die nicht einmal mehr zwischen dem rechten und linken Daumen desselben Menschen korrespondieren.

Es ist dann – wie schon festgestellt – unbedeutend, daß die quantitativen Angaben über die Ähnlichkeitsgrade zunächst noch Schätzungen sind, weil der nachgerade unfaßliche Grad an Komplikation und Abwandlung[27)] immer noch tieferer vergleichender Untersuchung bedarf.

(2) Um zu dokumentieren, daß dasselbe Prinzip – wie zu fordern – auch für Ketten gleichaltriger Merkmale gilt, seien noch die Knochen der Beckenextremität und des Beckens des Menschen im Rahmen der *Tetrapoda* verglichen; sie liegen ja bereits bei den *Labyrinthodontia* gemeinsam vor ($2{,}8 \cdot 10^8$) und, wenn auch nicht mehr eindeutig homologisierbar, bei *Crossopterygii* ($3{,}2 \cdot 10^8$ Jahre). Zusammenstellung in Tabelle D (vgl. ev. Fig. V72–80, p. 238, 239).

Dieses Beispiel zeigt, wie bei gleichem Alter und selbst bei recht weitgehender Übereinstimmung der Repräsentation in der Kette der Merkmale die Kette der Bürde um knapp eine Größenordnung, der Index der erhaltenen Ähnlichkeit aber um zwei Dezimalen zunimmt.

Und wieder belegt die Untersuchung der extremen Randpositionen das Zwingende des Zusammenhanges. Man denke an Stetigkeit und Bürde der Schwanzwirbel der *Mammalia*, deren Zahl in weiten Grenzen variiert und bekanntlich wiederholt reduziert wurde (vgl. Fig. IV24 sowie VII46, p. 172 und 330). Die Re-

27 Man vergleiche z.B. die Arterien des Säugerfußes in Fig. 1150–1159 von *Zietschmann* und Mitarbeitern 1943.

präsentanz eines ›letzten Schwanzwirbels‹ ist in jeglichem Fall minimal, wo die des ersten 100% beträgt, weil die Gesamtzahl selbst bei Geschwistern nicht übereinstimmen muß (wie der Wechsel zwischen Verknöcherung, Individualität und Verschmelzung des letzten Schwanzwirbels der *Vertebra caudalis V* beim Menschen zeigt). So unübersichtlich der Zusammenhang zwischen Bürde und Stetigkeit im Gespinst der Funktionen auch zunächst erscheinen mag, das Prinzip ist einfach, ja zwingend; daß in Funktionsketten jedes innere Glied alle äußeren trägt, ist sogar eine Trivialität.

Diese umfängliche Darstellung des Bürde-Stetigkeits-Zusammenhanges der Einzelhomologa war nötig, um über das herrschende Prinzip völlige Gewißheit zu erlangen, bevor wir uns von dieser statischen zur dynamischen Betrachtung des Phänomens wenden.

4. Der Weg in Bürde und Fixierung

Kein Hinweis ist zu sehen, der Anlaß zu der Annahme gäbe, bebürdet fixierte und unbebürdet freie Merkmale träten in der Phylogenie von Haus aus als solche in Erscheinung. Wir sind vielmehr nach aller Erfahrung namentlich in den Gebieten der Fossilgeschichte, der Artbildungsvorgänge und der Genetik verhalten, das Gegenteil anzunehmen. Wir müssen erwarten, daß der Aufbau von Bürde und Stetigkeit wie die Erhaltung von bürdeloser Freiheit eine Konsequenz der Phylogenie ist.

Wenn das richtig ist, müssen wir fordern, daß die Charaktere der Ausgangszustände und zweitens die Wege deren Spezialisierung zunächst mit den beobachteten Mustern übereinstimmen, und daß drittens ein Prinzip zu erkennen ist, das den Vorgang erklärt.

a. Der Zeitpunkt Null eines Merkmales

kann ganz allgemein als jener definiert werden, in welchem es in der Phylogenie eines Verwandtschaftskreises erstmals für die Dauer hervortritt. Wir sehen voraus, daß es sich um ein Artmerkmal und noch wahrscheinlicher um ein solches handelt, welches nur eine Population kennzeichnet. Wir haben Artmerkmale bereits als jene mit der geringsten Bürde und Stetigkeit in unserer Skala kennengelernt (Abs. VB2a). Wenn wir uns zudem erinnern, wie klein die erfolgversprechenden Änderungen im Artgefüge sind (*Mayr* 1967), daß sie vielfach zunächst physiologischer Natur sind, daß aber auch zur Feststellung des geringsten Homologon eine Struktur mit einem Fixierungsgrad erforderlich ist, der es wenigstens in einigen Nachfolgearten kenntlich macht – dann sieht man, daß der Zeitpunkt Null noch um Größenordnungen unterhalb jenes Komplexitätsgrades liegen muß, in welchem wir ein Merkmal als Minimum-Homologon zu erkennen beginnen. Wir können darum sicher sein, daß der Großteil der Merkmale im Zeitpunkt Null über die denkbar geringste Bürde und Stetigkeit verfügt.

Nur kurz sei hier *Goldschmidts* Hypothese erwähnt (1940 und 1952), nach welcher Großmutationen (ähnlich der Bithoraxmutante von *Drosophila*; vgl. Fig. VI14, p. 282) stammesgeschichtlich eine Rolle spielen könnten; diese enthielten ja von Haus aus höher bebürdete neue Merkmale. Solche sind aber fast alle Letalmutanten (*Hadorn* 1961), und die Wahrscheinlichkeit ist nahezu Null, daß sie jemals Erfolg haben könnten (*Mayr* 1970). Wir werden uns dieser Tatsache noch genau zu vergewissern haben (Abs. VC und Kapitel VI).

Wenn nun jene neuen Merkmale im Zeitpunkt Null von höchst geringer Stetigkeit und Bürde sind, so muß jegliche Bürde und Stetigkeit, die wir feststellten, das Ergebnis nachfolgender Vorgänge sein. Daß dies zutrifft, sei sogleich vorgeführt.

b. Beispiel eines Fixierungsweges

Die Demonstration einer jeglichen der vielen tausend Fixierungsbahnen, welche uns Systematik, Fossildokumentation und funktionelle Anatomie abzuleiten gestatteten, muß unter dem Wortreichtum leiden, der zur Verständigung nötig ist. So muß ich es aus Raumgründen bei wenigen Beispielen aus einer einzigen Fixierungskette bewenden lassen.

Die Vorgänge bei der Fixierung der paarigen Vorderextremität der *Vertebrata* von der Entstehung bis zu den Säugern seien am Beispiel von fünf Stadien dargestellt. Eine Übersicht der zu erwähnenden Systemgruppen und Formationen ist in Fig. V55, der logische Zusammenhang in Tabelle E (p. 240) dargestellt.[28)]

(1) *Agnatha* (Fig. V56–63). Bei den ältesten bisher entdeckten Vertebraten, den im mittleren Ordovicium auftretenden *Heterostraci* (früheste Formen: *Astraspidae*) sind paarige Flossen unbekannt; höchstens kann man die paarigen Cornualplatten (wie bei *Drepanaspida: Pteraspis*, Fig. V63 oder *Drepanaspis*) in einer Lage denken, in der später eine Brustflosse entsteht; sie stammen aber erst aus dem oberen Gotlandium und dem Unterdevon. Bei untergotlandisch-devonischen *Anaspida* treten ventrolaterale Schuppensäume auf, die zuletzt (nach 60 Millionen Jahren: *Rhyncholepis* bis *Endeiolepis*, Fig. V62) an Flossenleisten erinnern. Richtige ›Flossenlappen‹ treten endlich bei den *Osteostraci* auf, den *Orthobranchiata* (wie *Hirella*) und wenigen *Oligobranchiata* (wie *Aceraspis*, Fig. V61), aus dem oberen Gotlandium und Unterdevon; plattenbedeckte Anhänge des Kopfpanzers ohne inneres Skelett, die wie Stabilisationsflächen wirken und deren aktive Beweglichkeit frag-

28 Zur Übersicht und zum Aufsuchen der Quellen beginne man bei *Müller* 1966, 1968 und 1970 und der dort zitierten Literatur.

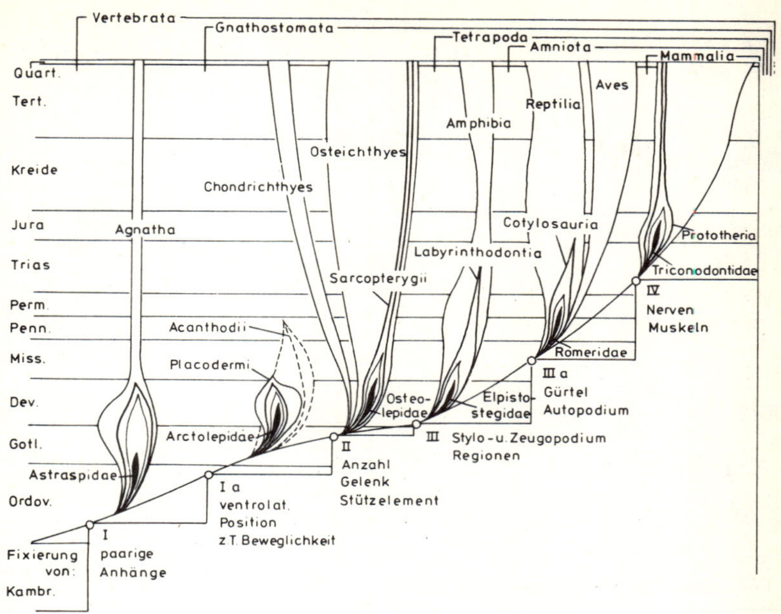

Fig. V55: *Systematische Übersicht der Vorfahren der Säuger-Extremität nach Zeit und (geschätzter) morphologischer Distanz.* Entlang der gedachten Vorfahrensketten sind die derselben nächst-stehenden Kettenkategorien, die Familien (schwarz) und drei ihrer hierarchischen Obergruppen bis zur Klasse eingetragen; über dem Diagramm die Systemkategorien der Sequenzhierarchie, unter demselben die Orte und Phasen der Fixierungsstufen I–IV. (Man vergleiche dazu Tabelle E und Fig. 56–80). (Nach mehreren Autoren; Orig.).

lich ist. Die Repräsentanz ist aber gering, und eine große Zahl dieser *Agnatha* tragen Hörner (anstelle der Flossen), Dornen oder zeigen nicht die Spur paariger Fortsätze.

Die Bürde ist also gering, die Substitutionschance bleibt hoch, die funktionelle Position bleibt ganz marginal, und in 10^8 Jahren der Experimentierzeit fossiler Agnathen wird nicht einmal eine Fixierung des Grundmusters, nämlich des bloßen Vorkommens beliebiger, paariger Anhänge erreicht. – Es schließen an:

(2) *Aphetohyoidea* (Fig. V64–71): Bei den im oberen Gotlandium hervortretenden ältesten Gnathostomen, den *Acanthodii, Placodermi, Rhenanida*, besitzt die paarige Vorderextremität bereits eine durchgehende Repräsentanz. Bei den wenigen Placodermen (den *Arthrodiri*:

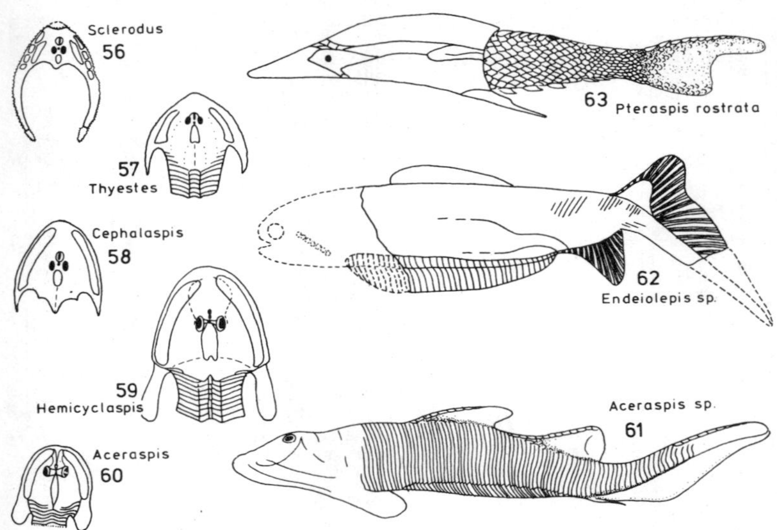

Fig. V56–63: *Repräsentation urtümlicher Agnatha.* 56–61: Überordnung *Osteostraci*, Ordnung *Oligobranchiata* (ob. Gotlandium bis unt. Devon). 62: Überordnung *Anaspida* (unt. Gotlandium bis ob. Devon). 63: Überordnung *Heterostraci*, Ordnung *Pteraspida* (ob. Gotlandium bis mittl. Devon). Beachte die Unterschiedlichkeit der paarigen Anhänge an oder hinter der Kopfgrenze. (Nach *Gregory* 1951 und *Müller* 1966).

wie *Arctolepis* oder *Lunaspis*; Fig. V66–68), die Hohlstacheln tragen, vermutet man eine echte Übereinstimmung mit der Flosse, die in der ganzen Gruppe auf aktive Bewegung hindeutet. Das hängt mit einer weiteren Errungenschaft, nämlich dem Auftreten von Innenskelett und Gelenken, zusammen; einem *Arthropterygium.* Die Formen der Skelette zeigen aber noch alle Freiheiten des adaptiven Versuchsstadiums. Bei *Acanthodii* (Fig. V69–71) bildet die ›Flosse‹ einen Stachel (mit wahrscheinlich dahinter ausgespannter Flossenhaut), der auf zwei Skelettstücken ruht, die dem, was wir nach späterer Fixierung *Scapula* und *Coracoid* nennen werden, analog, vielleicht homoiolog sind (z.B. *Mesacanthus, Acanthodes*). Ganz anders bei der Extremität der Placodermen, bei welchen ein zweigliedriges Hauptpanzerskelett überwiegt (etwa *Pterichthys, Bothriolepis*; Fig. V64, 65) oder, bei weitgehender Reduktion der Kopfpanzerung, ein gürtelähnlicher Ring für die Insertion einer weichen, von drei Skelettstücken gestützten Brustflosse verbleibt. Und wieder anders bei Rhenaniden, wo große rochenartige Flossen von wenigen bis sehr vielen zu einem Fächermosaik geordneter Elemente gestützt werden.[29] Gleichzeitig ist die Repräsentanz einer paarigen Beckenextremität unsicher, ja bei Acanthodiern variiert die Anzahl der flossenhaften Stachelpaare (Fig. V69) von drei bis sieben. Die Paarigkeit tritt also in die Fixierung und trägt bereits die Bürde steter Stütz- und Gürtelelemente, die sich nun ihrerseits in der Phase adaptiver Freiheiten befinden. – Zunächst ist weiter dem zu den Tetrapoden führenden Hauptstamm zu folgen (nachdem die Haie und das Gros der Knochenfische abzweigten; man orientiere sich durch Fig. V55):

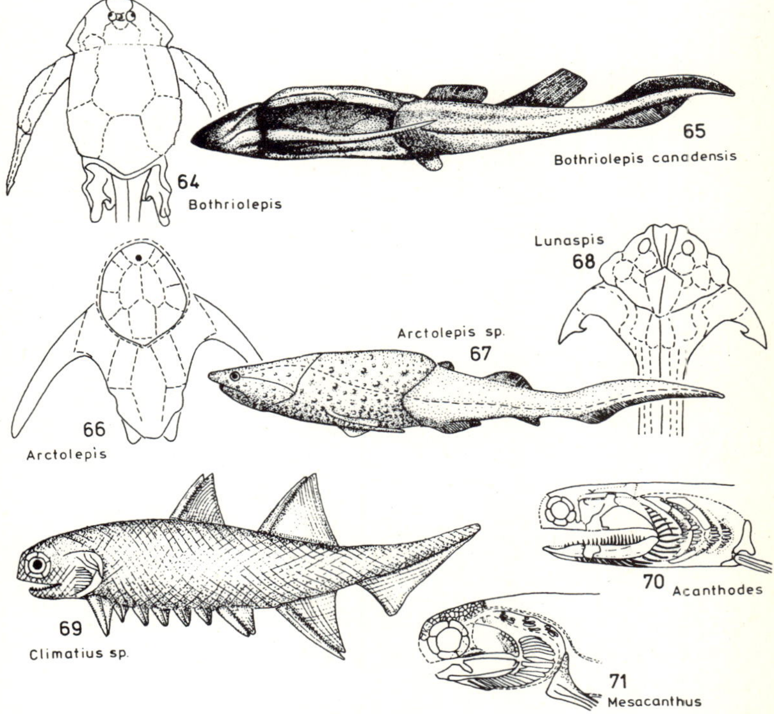

Fig. V64–71: *Repräsentanten der (Aphetohyoidea) Placodermi und Acanthodii.* 64–68: Placodermen, 64–65: Überordnung *Antiarchi* (mittl. bis ob. Devon), 66–68: Überordnung *Arthrodiri*, Ordnung *Coccosteiformes* (ob. Gotlandium bis ob. Devon). Beachte die teilweise Gelenkung der Stacheln am Kopfpanzer und das Auftreten von Bauchflossen. 69–71: Acanthodier (ob. Gotlandium bis unt. Perm). Beachte die ventrolaterale Leiste (umlegbarer) Stachelflossen. (Nach *Gregory* 1951, *Müller* 1966 und *Romer* 1966).

29 Vergleiche *Stensiöella* und *Gemuendina* z.B. in *Müller* 1966, III(1), p. 91.

(3) *Sarcopterygii* (Fig. V72–75): An der Wende Gotlandium – Devon tritt die Fixierung auch der Beckenextremität ein, und die Repräsentanz der vier Flossen wird (bei immerhin rund 21 000 Arten der Knorpel- und Knochenfische) nachgerade vollständig. Auch das Prinzip von inneren Gürtel- und Stützelementen ist durchgesetzt. Hingegen variiert die Anordnung der Stützelemente in der vielfältigsten Weise und über $3 \cdot 10^8$ Jahre bis zur Gegenwart, so daß die Homologisierungen der Stücke weitgehend ungewiß bleiben. – Die Entscheidung fällt erst mit den Sarcopterygiern Mitte Devon (*Crossopterygii*) und der Festlegung einer Knochenachse (*Laugia, Eusthenopteron*). Die eingelenkige Flosse wird zur mehrgelenkigen Gliedmaße (Fig. V72 und 74), und sechs Ele-

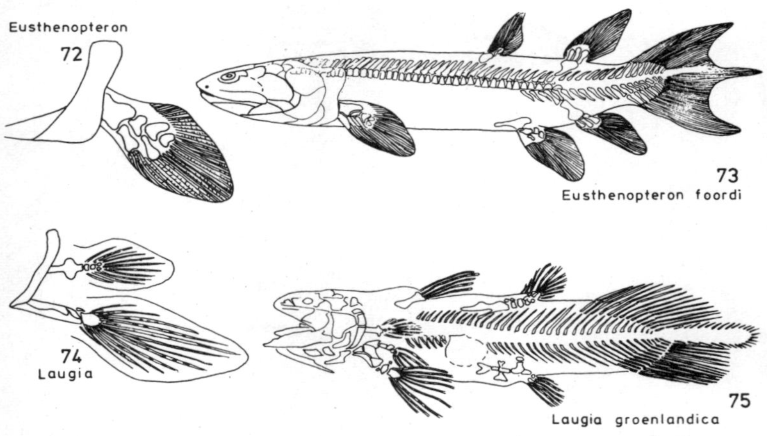

Fig. V72–75: *Urtümliche Crossopterygii (Sarcopterygii, Quastenflosser).* 72–73: Ordnung *Osteolepiformes* (mittl. Devon bis unt. Perm), 74–75: Ordnung *Coelacanthiformes* (mittl. Devon bis rezent). Beachte die gelenkten, doch mit ungleichen Knochenachsen versehenen zwei paarigen Flossen (bei *Laugia* ist das zweite Paar ganz vorgeschoben). (Literatur wie in Fig. V64–71).

mente dieses Knochenstabes sowie drei seines Gürtels werden allmählich wiedererkennbare Individualitäten (homologisierbar; vgl. Fig. V78–80). Die motorische Komplikation – von der Stabilisationsfläche zur ›Schreitflosse‹ – steigt beträchtlich und, obwohl ohne Fossildokument der Muskulatur, Innervierung und steuernden Verknüpfung im Gehirn, läßt uns die vergleichende Anatomie und Embryologie dort den Komplikationszuwachs voraussehen.

Es sei nur an die Zerlegung der dorsalen und ventralen Muskulatur der Flosse (oder der Knospe der Tetrapodenextremität), an die Komplikation der Extensoren und Flexoren erinnert; an die Verflechtung der bei Knorpelfischen regelmäßig verlaufenden Spinalnerven zur Komplikation des *Plexus brachialis*; an die Sortierung der sensiblen und motorischen Komponenten in den Spinalwurzeln; an die Differenzierung der Kerngebiete im Rautenhirn.

Abgezählte Gürtel- und Stützelemente treten in die Fixierung und tragen die Bürde individualisierter Systeme der Motorik sowie ein vom Körper zunehmend abgerücktes *Autopodium*. Dabei ist in der Extremität das *Stylopodium* (z.B. *Humerus* des Oberarmes) am fixiertesten, das *Zeugopodium* (z.B. *Radius, Ulna* des Unterarmes) bereits unbestimmter, und im *Autopodium* (Hand oder Fuß) die Gruppe der *Carpalia* sehr variabel, die Gruppe der *Phalanges* (Finger) noch nicht einmal auszunehmen. – In großer Nähe zur Wurzel der Tetrapoden schließen an:

(4) *Labyrinthodontia* (Fig. V76–80): Bereits bei der ältesten, oberdevonischen Ordnung *Ichthyostegalia* (Fig. V76) ist das *Zeugopodium* auch einschließlich seiner carpalen Gelenksflächen wohldefiniert und bleibt als solches bei 88% aller (21 000) Tetrapodenarten erhalten. Es trägt zudem ein mit fünf Fingern differenziertes *Autopodium*, eine Hand; und wir müssen nach der Organisation der rezenten nächstverwandten *Anuromorpha* annehmen, daß es mit den Ansätzen der nun differenzierten Vorderarm- und Handmuskeln bebürdet war.

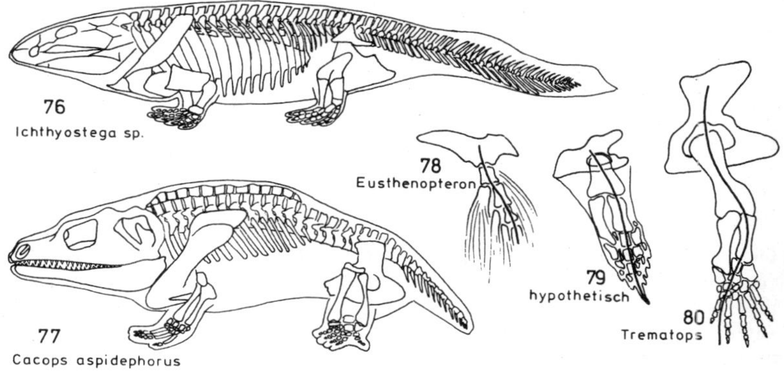

Fig. V76–80: *Urtümliche Amphibien, Labyrinthodontier und Theorie der Extremitäten-Entwicklung.* 76: Vertreter der *Ichthyostegalia* (aus dem Oberdevon), 77: der *Temnospondyli* (unt. Karbon bis ob. Trias); 78–80: Phylogenie von der Beckenflosse zur Hinterextremität, 78: Flosse einer Osteolepiformen (siehe Fig. V73), 80: Beckenextremität eines Temnospondylen (die wahrscheinlich homologen Knochen der Achsen sind durch eine Linie verbunden). (Nach *Gregory* 1951 und *Müller* 1966).

Der Bereich adaptiver Freiheit ist nun in das *Autopodium* hinausverlegt. Man kann sie abschätzen, wenn man extreme Autopodien wie die der Ichthyosaurier oder Plesiosaurier vergleicht (Fig. IV27, p. 176), die

Tabelle E

Der Weg von Merkmalen in die Fixierung; **am Beispiel der Geschichte der Säuger-Extremität.**

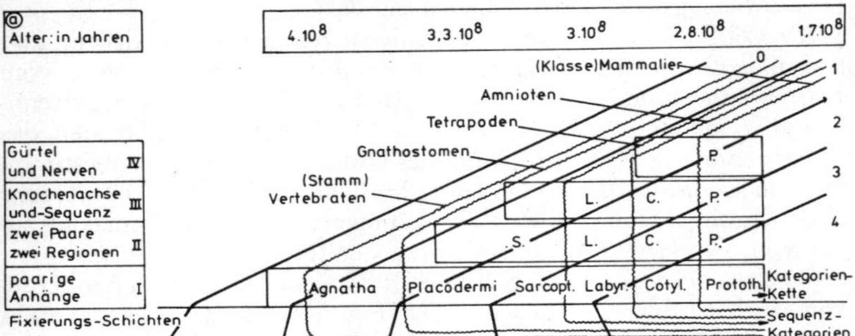

ⓐ Alter: in Jahren	4.10^8	$3{,}3.10^8$	3.10^8	$2{,}8.10^8$	$1{,}7.10^8$

(Klasse) Mammalier
Amnioten
Tetrapoden
Gnathostomen
(Stamm) Vertebraten
0
1
2
3
4

Fixierungs-Schichten						
Gürtel und Nerven IV						P.
Knochenachse und -Sequenz III				L.	C.	P.
zwei Paare zwei Regionen II			S.	L.	C.	P.
paarige Anhänge I	Agnatha	Placodermi	Sarcopt.	Labyr.	Cotyl.	Prototh.

Kategorien-Kette
Sequenz-Kategorien

Fixierungs-Stadien →	frei 0	Stadien wachsender Fixierung 1	2	3	fixiert 4	
ⓒ Komplexität	0-5	5-10	10-50	50-100	100-500	
ⓘ Integration	keine	lose	deutlich	eng	sehr eng	
funktionelle Position	reines Experimentierstadium	marginal	mehrfach verknüpft	Bedingung für viele andere	fest verankert	
Substitutionschance	sehr groß	groß	in beschränkten Richtungen	allseits reduziert	sehr gering	
taxonomische Repräsentanz	(Mittel) Art Bereich (Unt. Art-Gatt.)	Gattung (Art-Fam.)	Familie (Gatt.-Ordn.)	Ordnung (Fam.-Klasse)	Klasse (Ordn.-Oberkl.)	Ränge der Kategorien
Konstanz in der Gruppe	keine	gering	mäßig	groß	fast absolut	
ⓢ Änderungsweise	unvorhersehbar	radiativ	eingeengt	gerichtet	kanalisiert	

allgemeine Merkmale

Die Tabelle illustriert den stockwerkweisen Aufbau der Fixierungs-Schichten von I bis IV beim Durchlaufen der Fixierungsstadien von 0 bis 4 einiger Extremitäten-Merkmale bei Systemgruppen, die den Vorfahren der heutigen Säugetiere am nächsten standen. In der Kette dieser Kategorien stehen die bekannteren Namen (der Klassen und Unterklassen) Agnathen (für die Familien) *Astraspidae*, Placodermen für *Arctolepidae*, Sarcopterygier für *Osteolopidae*, Labyrinthodontier für *Elpistostegidae*, Cotylosaurier für *Romeridae* und Prototherier für *Triconodontidae* (vergleiche auch Tab. A sowie Fig. V55 und V81 auf Seite 220, 225 und 246; Orig.).

auf die Amphibien gefolgt sind. – Nach dem Abzweigen dieser Reptilien (5) folgen an der Basis der Säuger (vgl. Fig. V55) die

(6) *Triconodonta:* Mit dem Ende der Trias treten die ersten, primitiven Säuger auf und mit ihnen (wenn wir von Reduktion absehen) eine Fixierung der Fingerzahl, weitgehend eine Fixierung der *Carpalia*. Auch bei den wasserbewohnenden Säugern vergrößert sich die Zahl der Finger nicht mehr (Fig. IV27, Wal). Selbst die Anzahl der am *Plexus*

brachialis beteiligten Spinalnerven wird begrenzt (was wieder mit der höheren Fixierung der Wirbelanzahl zusammenhängt). – Freier bleibt nur mehr das distale Ende des *Autopodiums*, was sich eben noch in einer Vermehrbarkeit der Phalangenglieder ausdrückt.

Zusammenfassend ist festzustellen, daß die Stetigkeit der Merkmale schrittweise zunimmt, daß sie nach dem Umfange der zu tragenden Bürde von den zentralen zu den peripheren Positionen fortschreitet, daß die tieferen Merkmale ebenso aus der Phase der freien Adaptierbarkeit zurückfallen, wie neue in freizügigsten Versuchen über ihnen aufbauende, lebhaft adaptive Merkmale sie bebürden.

c. Das Prinzip der Fixierung

wird einsichtig, wenn man den Vorgang des Wachsens von Bürde und Stetigkeit bei verschiedenen Systemen vergleicht. Dabei kann selbst auf Fossildokumente verzichtet werden, weil bereits Einsicht in Systematik (in Verwandtschaft und Repräsentation), funktionelle Anatomie und Entwicklungsphysiologie der rezenten Merkmale für eine Unzahl von Fixierungswegen die Dokumente liefert. Man denke an das Wachstum der Bürde des Herzens am Weg von den Tunikaten zu den Vertebraten, oder an jenes, welches der Chorda, früher entbehrlich, später im Ontogenesevorgang auferlegt wurde.[30)] Man denke an den Aufbau von Versorgung, Motorik, Innervation und Automatik der Lunge und so weiter.

Das Prinzip hängt mit dem Wachstum der ›Verantwortung‹ oder ›Voraussetzungshaftigkeit‹ zusammen, welche einer funktionellen Schichte auferlegt wird, sobald eine weitere sich auf ihr einrichtet. Die Analogie mit Etageplänen eines adaptiv und stetig aufstockenden Industriegebäudes kann das vielleicht illustrieren (vgl. auch Tabelle E). Die Grundmauern werden umso unveränderlicher, je mehr ihnen aufgebürdet wird; die Substituierung des Ansatzes des Stiegenhauses wird umso schwieriger, je weiter die Zahl der Stockwerke wächst, in die es funktionell eingebunden wird; an der Position der Lifte in den Tiefgeschossen ist nicht mehr zu rütteln, wenn sie zu den Obergeschossen ohne Unterbrechung zu laufen haben.

Substitution oder prinzipielle Änderung eines Merkmales setzt voraus, daß sich auch alle, die von ihm abhängen, zum Nutzen des Ganzen ebenso substituieren oder prinzipiell ändern lassen; und wir sehen bereits voraus, daß diese Chancen mit dem Umfange der Vorbedingungen, Verknüpfungen und Abhängigkeiten sinken werden.

Diese Chancen-Fragen werden wir sehr genau zu prüfen haben (Abs. VC). Wir müssen aber vorher noch ein abschließendes Phänomen ana-

30 Schon 1936 hat *Spemann* auf diesen Umstand hingewiesen.

lysieren, welches (wie das der ›lebenden Fossilien‹) zunächst einer generellen Korrelation von Bürde- und Stetigkeitsgraden zu widersprechen scheint.

5. Der Rhythmus freier und fixierter Phasen

Wenn es zutrifft, wie ich zu zeigen trachtete, daß die Differenzierungsvorgänge in der Evolution für die meisten Merkmale eine Zunahme der Bürde nach sich ziehen und steigende Bürde wachsende Stetigkeit zur Folge hat, dann müßten die phylogenetischen Bahnen aller Organismen in Fixierung und Erstarrung münden.

a. Ein hyperbolischer Verlauf der Cladogenese,

also der Einzelbahnen in den Koordinaten ›Zeit‹ und ›strukturelle Änderung‹, ist nach der Korrelation von Bürde und Stetigkeit zu erwarten und tatsächlich generell zu beobachten. So gilt es als Regel, daß die einzelnen Äste der Stammbäume mit einer typogenetischen Phase beginnen, das heißt, in kurzer Zeit viel an morphologischer Distanz zurücklegen, um von einer typostatischen Phase gefolgt zu werden, die nach kontinuierlichem Wachsen der Stetigkeit und für beträchtliche Zeiten in Fixierung mündet.[31)] So sehen wir wieder und wieder die Einzelbahnen entlang der morphologischen Koordinate entstehen und in die Richtung der Zeitkoordinate einschwingen. Aber – und das ist der springende Punkt – wie soll ein neuerlicher Wechsel vom typostatischen zum typogenetischen Verlauf verstanden werden? Wie könnte sich neuerliche Freiheit nach bereits erfolgter Fixierung durchsetzen?

Die Tatsache, daß auf Typostasephasen typogenetische folgen können, ist ja auch nicht zu bezweifeln. Sie ist sogar die Ursache für die zweite Grundkomponente der phylogenetischen Ordnungsmuster; das wird noch zu belegen sein. Denn wo immer neue Typogenese nicht eintritt oder wo sie mißrät, erscheinen jene Sonderbarkeiten, die wir ›lebende Fossile‹ nennen oder im anderen Falle ›Typolyse‹, Extremierung und Auflösungserscheinungen,[32)] die oft dem Aussterben einer Gruppe vorangehen.

Wenn aber, wie es auf den ersten Blick erscheint, trotz wachsender Differenzierungen in Fixierung gemündete Bahnen neue Freiheiten gewinnen können, würde die aufgestellte Korrelation: ›Stetigkeit gleich

31 *Mayr* hat diesen Zusammenhang schon 1942 die ›hohlen Kurven‹ der Taxonomen genannt, *Westoll* 1949 hat darüber anhand der Lungenfische eine metrische Untersuchung vorgenommen.

32 *Kaiser* hat 1970 »Das Abnorme in der Evolution« in einer umfänglichen Dokumentation zusammengestellt.

Bürde‹ nicht mehr generell zutreffen. Aber gerade das ist zu fordern. – Ich will nun sogleich zeigen, daß ein solcher Widerspruch lediglich auf einer Verwechslung beruhte; auf einer Verwechslung des Kollektivgeschehens in der Evolution mit dem Schicksal der Einzelmerkmale. Und ich kann zeigen, daß die neuen Freiheiten noch einmal die Korrelation von Bürde und Stetigkeit dokumentieren, daß auf ihnen die besondere Dynamik der Evolution beruht; daß es die einzige ihrer Komponenten ist, in der – soweit ich sehe – der reine Zufall waltet.

b. Neue Freiheit durch neue Merkmale

Die Einsicht, daß neue typogenetische Phasen auf der Adaptabilität neuer, noch wenig belasteter Merkmale beruhen, bildet den Schlüssel zu diesem Problem.

Dem Systematiker ist die Tatsache wohl vertraut, daß im geschlossenen Verwandtschaftskreise die differential-diagnostischen Merkmale bei gleichrangigen Systemgruppen auch zu vergleichbaren Merkmalgruppen gehören, daß sie aber bei verschiedenrangigen Systemgruppen in verschiedenen Merkmalsebenen liegen. Auch der Nicht-Systematiker erkennt diesen Umstand daran, daß beispielsweise in systematisch angelegten Bestimmungsschlüsseln wie in den Diagnosen die Unterscheidung gleichrangiger Systemgruppen nach verschiedenen Eigenschaften *derselben Merkmale* getroffen werden kann, während beim Fortschreiten zu den zunächst untergeordneten Systemgruppen nicht nur andere Eigenschaften, sondern in weitem Maße auch *andere Merkmale* herangezogen werden müssen.[33] Tabelle F gibt von den zahllosen Sequenzen aus den Gruppen des natürlichen Systems zwei Beispiele. Folgendes stellt man fest:

(1) *Schichtung:* Die Merkmale, deren Eigenschaften die Differentialdiagnosen gleichrangiger, nächstverwandter Systemgruppen zu definieren gestatten, bilden geschlossene Einheiten oder Qualitäten in dem Sinne, als sie sich nirgends in der Natur wiederholen; die Merkmalsbegriffe können zwar in den nächstrangigen (über- oder untergeordneten) Systemkategorien der Sequenz wiederkehren, ihre Eigenschaften liegen aber dann auf anderer Ebene. Diese Ebenen ist man in der Systematik gewohnt, die generelle, respektive die spezielle Ausprägung zu nennen (siehe 2). Zumeist sind es aber völlig neu hinzutretende Merkmale, die die nächst niedrigeren Systemgruppen kennzeichnen.

Die Klassen der Vertebrata, der Wirbeltiere, z.B. unterscheiden sich am grundsätzlichsten durch den Bau der Atmungsorgane und die Differenzierungen von Herz, Hauptgefäßen, Körperbedeckung und Embryonalhülle (Amnion);

33 Unter den vielen Proben auf's Exempel ist vielleicht die von mir (*Riedl* 1970) herausgegebene Systematik der »Fauna und Flora der Adria« darin am anschaulichsten.

Tabelle F

Wechsel der adaptiven Merkmale in der Evolution; am Beispiel der, die gleichrangigen Untergruppen diagnostizierenden Charaktere in zwei Sequenzen von Systemgruppen.

Beispiel 1: Sequenz-hierarchische Stufen zu *Maja squinado* ('große Seespinne')

Anzahl und Rang der jeweils gleichrangigen Untergruppen	und die wichtigsten der dieselben unterscheidenden differential-diagnostischen Merkmale
13 Stämme der *Protostomia*	Prinzipien der Körperhöhlen, der Segmentierung und Bau der Körperdecke
9 Klassen der *Arthropoda*	Art der Rumpfgliederung, Grundformen des Kopfbaues und seiner Anhänge
10 Unterklassen der *Crustacea*	Formen der Regionenbildung und Erstreckung der Extremitäten
13 Ordnungen der *Malacostraca*	Umfänge der Regionen und Grundformen der zugehörigen Extremitäten
7 Abteilungen (Tribus) der *Decapoda*	Scherenbildung an den Schreitbeinen, Mund und Mundgliedmaßen
31 Familien der *Brachyura*	Ausbildung von Rostrum, Panzer, Abdomen und Extremitätentypen
140 Gattungen der *Majidae*	Augenhöhlen, Rückenhöcker, Formen der Randstacheln und der zweiten Antenne
15 Arten der Gattung *Maja*	Spezialformen der Bestachelung, Färbung, Größe und Proportionen

Beispiel 2: Sequenz-hierarchische Stufen zu *Homo sapiens*

Anzahl und Rang der jeweils gleichrangigen Untergruppen	und die wichtigsten der dieselben unterscheidenden differential-diagnostischen Merkmale
6 Stämme der *Deuterostomia*	Grundformen der Körperhöhlen, der Symmetrien, der Stützorgane
8 Klassen der *Vertebrata*	Atmungsorgane, Extremitäten, Körperbedeckung, Herz, Niere, Wirbelsäule
7 Unter- und Zwischenklassen der *Mammalia*	Kieferbewaffnung, Zahnwechsel, Ernährung von Embryo und Jungtier
17 Ordnungen der *Eutheria*	Gebiß, Lendenwirbel, Schultergürtel, Autopodium und seine Bewehrung
8 Unter- und Zwischenklassen der *Primates*	Formen der Augenhöhle, des Brustbeines, der Schneide- und Backenzähne
8 Familien der *Catarrhina*	Proportionen von Unterkiefer, Gesichts- zu Hirnschädel und Extremitäten
2 Gattungen der *Hominidae*	Neigung der Alveolen, des Hinterhauptsloches, Kinnbildung, Haltung
2 Arten der Gattung *Homo*	Proportionen von Gesichtswinkel, Überaugenbrauenbogen, Eckzähnen

Man beachte in absteigender Reihenfolge (sie entspricht der Zeitachse der Evolution) das Auftreten und Verschwinden der adaptierenden und daher systematisch (differential-diagnostisch) verwertbaren Merkmale (Quellen: *Claus, Grobben* und *Kühn* 1932, *Balss* mit Mitarbeitern 1940–61, *Fiedler* 1956, *Thenius* 1969a, *Riedl* 1970 und *Romer* 1959).

die Unterklassen z.B. der (Klasse) *Mammalia* durch den Bau der Gürtel (Rabenbein und Beutelknochen), die Versorgung des Embryo (Beutel, Zitzen, Nabelschnur), Bezahnung und Zahnwechsel; die Ordnungen der (Unterklasse) *Placentalia* durch die Spezialisation von Zähnen und Extremitäten; die Unterordnungen z.B. der (Ordnung) *Primates* durch den Schluß von Schneidezahnfuge und Augenhöhlen; usf. bis in die Familien, Gattungen und Arten.

(2) *Generalisierung:* Selbst die ›spezielleren‹ Merkmale sind dabei insofern jüngere Merkmale, als sie in der Phylogenie später in Erscheinung treten und mit zunehmender Jugend geringere Repräsentanz, aber größere Spezialisation im adaptiven Funktionszusammenhang zeigen. Die ›generelleren‹ Merkmale haben entsprechend die gegensätzlichen Kennzeichen. Sie sind aber nicht erst als allgemeinere Merkmale adaptiv entstanden, sondern natürlich als höchst spezielle Eigenschaften. ›Generell‹ sind sie geworden. Ihr Weg in die Fixierung, den wir schon erörterten (Abs. VB4), ist auch für die Generalisierung ihrer Eigenschaften verantwortlich, und wir werden noch auf ihr Zurückfallen aus der adaptiven Phase zurückzukommen haben (Kapitel VII).

Was wir beispielsweise nach den modernen Formen in den *Deuterostomia*-Diagnosen (vgl. Tabelle F) ›Grundformen der Stützorgane‹ nennen, muß, wie uns rezente *Chordata* noch immer zeigen, im unteren Kambrium auf höchst moderne Merkmale in unmittelbarer Adaptierungs- und Selektionsphase zurückgehen. Die ›Grundformen der Kiefer‹ waren an der Wurzel der *Gnathostomata* im Silur in derselben Lage; die Grundformen der ›Kieferbewaffnung‹ waren es dann weiter bis zu den *Eutheria* Anfang des Eozän usf.

(3) *Die Sequenz* der Merkmale weist sich zudem als eine chronologische aus, da die einzelnen Merkmale einander funktionell voraussetzen. Das gilt für die Merkmale wie für ihre Eigenschaften und ist von Wichtigkeit, weil es uns auch bei mangelnder Fossildokumentation über die Reihe der Vorgänge nicht im Zweifel läßt (vgl. Tab. B, p. 228 mit Tab. F).

Die Gliederung z.B. der Unterklassen der (Klasse) *Crustacea* (Krebse) erfolgt am grundsätzlichsten nach Art und Umfang der Regionenbildung ihrer Metameren; das ist die Voraussetzung für die Gliederung z.B. der Ordnungen der (Unterklasse) *Malacostraca* (Höhere Krebse) nach Art des Zusammenschlusses (Rükkenschild, Verschmelzungen) der Brustregion; das ist die Voraussetzung für die Gliederung z.B. der Überfamilien der (Unterordnung) *Brachyura* (Krabben) nach Art des Rückenschild-Vorderrandes (*Rostrum* usf.); das ist die Voraussetzung für die Gliederung z.B. der Familien der (Überfamilie) *Oxyrhyncha* (Dreieckskrabben) nach der Form des Stirnschnabels oder *Rostrums*; das ist die Voraussetzung für die Gliederung z.B. der Gattungen der (Unterfamilie) *Inachinae* (Gespensterkrabben) nach der Länge des *Rostrums* usf.

(4) *Neue Diversifikation:* Das Gewinnen neuerlicher morphologischer Distanz, das Entstehen neuer Mannigfaltigkeit, die neuerliche Diversifikation beruht auf adaptiven Abwandlungen der jüngsten additiven und am wenigsten mit Bürde beschwerten Merkmale. Das neue Ausschwingen der hyperbelähnlichen Einzelbahnen, wie es sehr zu-

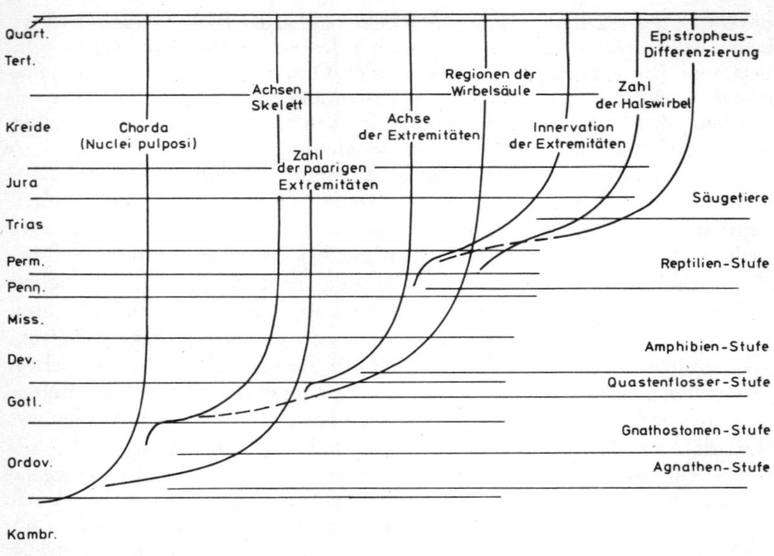

Fig. V81: *Der Aufbau typogenetischer auf typostatischen Merkmalen* am Beispiel einiger Kennzeichen des Achsen- und Extremitätensystems der Säugetiere und deren Vorfahren. Die Abbildung ist nach Zeit und morphologischer Distanz maßstabsgleich mit Fig. V55 gehalten, um den Vergleich mit der Abfolge der Säugetiervorfahren (und dem Kollektiv der Distanzen) zu erleichtern. Links sind linear die Zeitabstände, rechts ist die durchlaufene Sequenz an Systemgruppen aufgetragen; vgl. p. 235 (Orig.).

treffend in den Stammbaumdiagrammen zum Ausdruck kommt, gibt ja die Summe aller Veränderungen wieder. Es wäre ganz irrtümlich, anzunehmen, daß alte Merkmale wieder neue Freiheiten gewännen. Sortiert man auch nur wenige der Merkmale, die zusammen die morphologische Gesamtdistanz ausmachen (vgl. Fig. V81 mit V55), dann stellt man sogleich fest, daß sich jene umso stetiger verhalten, die älter und bebürdeter sind, und daß die neuen Distanzen durch die jüngsten und folglich freisten Merkmale gewonnen werden.

So ist beispielsweise (vgl. Tab. F und Fig. V81) die Bahn der Chorda zur Zeit der Umwälzung im Achsenskelett bereits steil in die Zeitachse eingeschwenkt, und an ihrer Zerlegung in die *Nuclei pulposi* ändert sich nichts mehr. Gleich so (nehmen wir wieder andere Beispiele) ist die Bahn des Lungensystems festgelegt, als in der Jura die *Mammalia* entstehen, im Prinzip ändert sich nichts mehr an den *Pulmonalis*-Gefäßen, gleichwohl Lauf-, Kletter-, Flug- und wiederum Meerestiere unter den Säugern entstehen. Ebenso ruht die Grundform des Gebisses, die auf beide Kiefer beschränkten und in Alveolen steckenden Zähne, gleichwohl das Mammut, der Narwal, die Beutelratten oder Gürteltiere außerordentlich verschiedene Spezialbehandlung entwickelten (z.B. Fig. IV6–15, p. 165); das Grundmuster selbst des *Autopodiums* erstarrt, obwohl damit in den erstaunlichsten Umformungen geflogen, geschwommen, gelaufen wird; usf.

(5) *Virenz und Nischen:* Daß dann die neuen Virenzperioden, die neuen Diversifikationen mit der Eroberung neuer ökologischer Nischen (neuer Möglichkeiten, die die Umwelt bietet) eben durch diese neuen Merkmale koinzidieren, ist lange belegt. Daß beispielweise die Vielfalt der Flossenexperimente von den *Agnatha* bis zu den *Crossopterygii* mit der Adaptierung der Lokomotion im Wasser, daß das Experimentieren mit der Zerlegung in *Stylo-Zeugo-Autopodium* von den letzteren bis zu den Reptilien mit der Landtierwerdung zusammenhängt und daß die Differenzierung des Autopodiums, die seit den primitiven Amphibien anhält, mit der Einmischung in die so unterschiedlichen neuen Lokomotionsmöglichkeiten, die das Festland bietet, koinzidiert, ist eine Notwendigkeit. Zufällig erscheint nur die Konstellation des Zusammentreffens.

c. Die Hierarchie der Fixierungsmuster

ist die notwendige Gesamtkonsequenz all der bislang erörterten Erscheinungen. Dazu ist festzustellen, daß jede neuerliche Diversifikation auch wieder von jenen nächst untergeordneten Systemkategorien repräsentiert wird, mit welchen die Systematik die Relationen der Verwandtschaftsverhältnisse beschreibt.

Dieser Zusammenhang geht dabei so weit, daß sogar der Umfang an Neuerwerbungen pro evolutiver Stufe in den Graden ›systematischer Würde‹ zum Ausdruck kommt; in dem Sinne, als man die begrenzten Änderungen mit Zwischengruppen (bei den Vertebraten z.B.: *Gnathostomata, Amniota, Theria, Eutheria*), die durch Koinzidenz der Änderungen mehrerer Merkmale ausgreifenderen Wandlungen aber mit den Hauptgruppen (*Vertebrata, Mammalia, Cetacea*) zu bezeichnen pflegt.

Man muß unsere Systematiker, namentlich jene des 19. Jahrhunderts, bewundern, wenn man feststellt, angesichts welcher Lücken der fossilen Überlieferung, welcher Formenfülle und welcher Unbestimmtheit im erkenntnistheoretischen Konzept sie ein System geschaffen haben, das im Prinzip jeder modernen Durchleuchtung standgehalten hat; das schon in der Mitte des 19. Jahrhunderts in einem Maße zutreffend war, daß die Entdeckung *Darwins* auf seiner Grundlage gemacht werden konnte.

Man muß aber nicht minder staunen über das Ausmaß, in dem die Struktur unseres vergleichenden Denkens solch komplexeste Naturerscheinungen wiederzugeben vermag. Lediglich auf der Grundlage von

Koinzidenzen, Ähnlichkeiten und Repräsentanz sind jene Zusammenhänge vorausgesehen worden, deren kausale Ursache wir erst mit *Darwin* zu durchdringen begannen und auch heute noch nicht ganz durchdrungen haben.[34] Man kann darum selbst jene Kritiker verstehen, die im System eine Projektion des Systematikers, in den Systemkategorien Kunstprodukte und in der Morphologie – auf der die Systematik beruht – eine Kunstform, aber keine Wissenschaft zu sehen vermeinen. Auf diese Erkenntnisfragen kommen wir (Kapitel VIII) zusammenfassend zurück.

6. Übersicht und Ausblick

Rückblickend ist festzustellen, daß sich die beiden Eigenschaften Position und Stetigkeit bei den homologen Funktionssystemen als eindeutig korreliert erweisen. Was ist damit gewonnen? Bevor wir fortsetzen, ist diese Frage zu beantworten; denn (und der Leser wird mir die einleitende Behauptung bestätigen) das Hierarchiemuster zu verstehen, stellt an unsere Kenntnisse die meisten Anforderungen. Dabei sollen nur jene Konsequenzen hervorgehoben werden, die für den nächsten Schritt vonnöten sind (ihre vollständige Übersicht wird in Kapitel VIII gegeben).

a. Realität der Zustände

Wie erinnerlich (Abs. IIC3 und 4), ist die Realität der hierarchischen Ordnung bezweifelt worden. Man wollte sie, wenn überhaupt für etwas, für Projektionen des Denkens halten. Nun war aber nachzuweisen, daß die generellen Eigenschaften der Homologa objektiv, sogar metrisch angegeben werden können. Da ihre Stetigkeit zudem hundert Jahrmillionen erreichen und übersteigen kann, ist an ihrer Realität unmöglich zu zweifeln. Eher erscheinen die Arten als die höchst vergänglichen Träger jener prinzipielleren Realitäten.

Sind aber Homologa Realitäten, dann sind es auch Typus und Bauplan, weil sie sich aus jenen zusammensetzen; und dann ist es auch die Systemgruppe und die Hierarchie des Systems, weil diese nur ein anderer Ausdruck für dasselbe Phänomen sind.

[34] Es sind, wie wir schon mit *Lorenz* (1973) feststellten, die ratiomorphen Leistungen unseres vorbewußten ›Verrechnungsapparates‹ (vgl. die Anmerkungen[7] und [8], Seite 185), die, nunmehr auch auf dem Gebiet der Hierarchie-Verrechnung, das Wunder einer so frühen ›Einsicht‹ in die Realität des Natürlichen Systems ermöglichten.

b. Herkunft und Hierarchie

Hierarchische Muster entstehen, wie wir sahen, durch Fixierung additiver Merkmale nach Trennung der genetischen Bahnen. Dabei zeigt es sich, daß der Weg in die Fixierung mit dem Aufbau der Bürde zusammenhängt, und das Wachsen der Bürde mit den lokalen Differenzierungsvorgängen. Wann also (nach dem verwendeten Modell: Abs. VAb) der Würfel fällt und welches Merkmal er wählt, das hängt vom Zusammentreffen der funktionellen Strukturen mit den ökologischen Nischen allein ab. Dies ist unserer Voraussicht unzugänglich und kann weiterhin ›Zufall‹ genannt werden.

Sobald jedoch eine Fixierung durch Addition neuer Merkmale eingeleitet ist und durchgeführt wird, bestimmt sie nicht nur deren Möglichkeiten, sondern auch ihr eigenes Schicksal wird (rückwirkend von jenen) determiniert. Was als Zufall begann, endet als Notwendigkeit. Damit ist auch die Voraussetzung der Geltungsbereiche nach der Definition erfüllt. Die Hierarchie des natürlichen Systems ist eine notwendige Konsequenz.

Was vorliegt, ist ein Vorgang des ›Self-design‹, einer Selbst-Konzeption; wobei die Form des Ordnungsmusters eine Notwendigkeit ist, der Ursprung seiner Inhalte Zufall sein mag; Notwendigkeit im Sinne von determinierbarer Gesetzmäßigkeit, einer Überdetermination, einer zweiten und wiederum tiefgreifenden Beschränkung der Freiheit in der Evolution.

c. Die Ursache

von Fixierung, Homologie und Hierarchie haben wir im molekularen Bereich (Abs. IIIC1c–d) gefunden, im morphologischen aber noch darzulegen; denn wiederum fordern Systembedingungen und funktionale Betrachtung eine wechselseitige *causa*. Zweierlei ist aber schon wahrscheinlich.

(1) Man muß annehmen, daß Fixierung eine Folge wachsender Bürde ist; nicht umgekehrt. Wie könnte sich auch die Position eines Merkmales durch Fixierung ändern. Wir sehen aber auch, daß die Zunahme der Bürde eine weitere Ursache haben muß. Warum sollte sich der Bürdegrad so konsequent von selbst ändern.

(2) Man kann nicht zweifeln, daß das Wachstum der Bürde mit Differenzierung zusammenhängt. Der hierarchische Bürdegrad hängt vom Komplexitätsgrad ab und dieser mit dem Vorgang der Differenzierung zusammen.

Ist die Fixierung eine Folge der Bürde und diese die Folge der Differenzierung, von der wir wissen, daß sie das Produkt der Evolution ist, dann müßte der Fixierungsvorgang eine Konsequenz der Evolutionsmechanismen sein. Eine Konsequenz der Mutabilität oder der Selektivität? Was kann Überdetermination so außerordentlicher Dimensionen erzeugen? Freilich können Determinationsentscheidungen im molekularen Code – wie wir sahen – mutativ mit Bürde belastet werden; es muß aber zuletzt immer wieder die Selektion sein, die endgültig entscheidet.

Die *causa* im morphologischen Bereich muß, wie bei der normativen Ordnung (Abs. IVC) eine ›Überselektion‹ sein; wiederum ein universelles Prinzip, das wir nun aufzudecken haben.

C. Die Selektion der Ränge

Schon an dieser Stelle wird der Leser, sollte er mir geduldig soweit gefolgt sein, den Mechanismus voraussehen können, der im morphologischen Bereich das Ordnungsmuster der Hierarchie durchsetzt. Es muß sich wieder um Selektionsgesetze, um eine Form von Überdetermination durch Überselektion handeln; um einen Mechanismus, der gleich universell und rigoros sein muß wie jener, den wir als normative Selektion (Abs. IVC) kennenlernten. Er wird ebenso von den Systembedingungen im ›Milieu des Organismus‹ abhängen; aber es werden die Systembedingungen des Hierarchiemusters sein, die nun einen Mechanismus hierarchischer Überselektion in Gang setzen. Man wird ahnen, daß das Prinzip ›Vorteile von heute für Nachteile von morgen‹ nun im hierarchischen Muster auftreten muß; denn daß die ungeheure hierarchische Bürde, wie sie manche Merkmale tragen (Abs. VB3), eine ganz überdurchschnittliche Stetigkeit nach sich ziehen muß, liegt ja fast schon auf der Hand.

Es muß sich bei den nun zu untersuchenden Vor- und Nachteilen der Selektion (der Realisations- und Erfolgsaussichten) wieder um das Verhältnis der Determinations-Erfordernisse der Ereignisse zur Zufallswahrscheinlichkeit der sie tragenden Entscheidungen handeln.

Gingen wir – wie das bei der normativen Selektion (IVC) noch angehen mochte – von der Annahme independenter Entscheidungen aus, so könnten wir die Berechnung dieses Verhältnisses auch sogleich anschließen.

Tatsächlich werden sich aber die Entscheidungen im Genom keineswegs als unabhängig, sondern vielmehr als in hohem Maße dependent erweisen, als jenes Geflecht von Abhängigkeiten, welches man das epigenetische System zu nennen pflegt.

Lassen Sie mich also die Gelegenheit nehmen, um hier vorerst für alle unsere weiteren Selektions-Überlegungen einen Schritt weiterzugehen, indem wir über das Zahlen-Verhältnis von Ereignissen und Entscheidungen hinaus nun auch das Größenverhältnis derer Dependenzgrade in die Betrachtung einbeziehen.

1. Organisation von Ereignissen und Entscheidungen

Das Verhältnis des Organisationsgrades von Ereignissen und Entscheidungen ist durch einen Vergleich zu bestimmen. Wir vergleichen dabei den Organisationsgrad, die Anzahl der zweckmäßig aufeinander abgestimmten Homologa eines Phän-Systems mit jener, die ein zugehöriger *Determinationskomplex* ebenso zweckmäßig zu ändern vermag. Es ist ein Vergleich von Komplexitätsgraden. Den der Phän-Systeme (vgl. Abs. VB1c) kennen wir bereits; jenen der Komplexe von Determinations-Entscheidungen werden wir in Kapitel VI näher untersuchen und uns hier auf eine Definition beschränken.

Diesen Determinationskomplex beschreiben wir nach der Anzahl der Homologa, welche durch die Änderung einer einzelnen Determinationseinheit im genetischen Code, der Einzelmutation eines Cistrons etwa, geändert werden können. Es handelt sich also um die Folgen, welche die Änderung einer übergeordneten Entscheidung in den Ereignissen nach sich zieht. Genetik und Entwicklungsphysiologie werden die Beispiele liefern.

a. Die Organisationsgrade

der Komplexe von Determinationsentscheidungen kann man also bestimmen, indem man die Grenzen ihrer Wirkung kennzeichnet und mit einheitlichem Maßstab den Umfang der Änderung mißt.

(1) *Die Grenzen* zweckmäßig organisierter Änderung erkennt man vorzüglich im Vergleich mit den Organisationszügen des jeweiligen Verwandtschaftskreises (auch der zweckmäßigste Schlangenstern-Arm wäre ja als Ersatz eines Käferbeines unzweckmäßig).

Bei den dreizehigen Mutanten eines Pferdes etwa (vgl. Fig. VII2–8, p. 307) – ein Fall von ›spontanem Atavismus‹ – kennt man die hinzugekommene Zehen von seinen Vorfahren (*Miohippus, Protohippus*) ebenso wie von rezenten Verwandten, von Nashörnern und vom Hinterlauf der Tapire (unpaarzehige Ungulaten). Das Homologie-Theorem läßt mit Sicherheit auf das Vorliegen der inneren Seitenzehen der Säuger schließen, und der Umfang der Veränderung kann im Vergleich zu den Merkmalen bei *Equus* gemessen werden.

In ähnlicher Weise erkennt man den Effekt der *Bithorax*-Mutante der *Drosophila* (vgl. Fig. VI13–15, p. 282) als eine Verdopplung sehr vieler Merkmale der Brustregion derselben Art. In anderen Fällen kennt man Wiederholung an unerwarteter Stelle. Etwa die *Tetraptera* mit Flügeln anstelle der Halteren, die *Tetraltera* mit Halteren am Ort der Flügel, die *Proboscipedia* und *Aristopedia*, wo sogar Fliegenbeine die Stelle der Mundlappen oder der Fühler einnehmen (vgl. Abb. VI16–29, p. 283).

(2) *Der Maßstab* zum Messen der Veränderung ist wieder der der Ho-

mologien; wie wir ihn bereits festgelegt (Abs. IIB2) und zur Bestimmung der allgemeinen Merkmale von Phänsystemen verwendet haben (Abs. VB1). Innerhalb der eben definierten Grenzen läßt sich die Komplexität (c) der organischen Änderung nach der Summe der Minimum- und Rahmen-Homologa bestimmen.

Wie erinnerlich (Abs. VB2a) sind für den Fortgang der Evolution entscheidende Änderungen des Phänotypus meist kleiner, als daß sie mit der Homologieskala gemessen werden könnten. Doch hier geht es um eine Metrik der größtmöglichen Änderungen, um den Organisationsgrad genetischer Determinationskomplexe zu bestimmen. In dieser Dimension können wir auch das Ähnlichkeitsproblem (wie in Abs. VB1f) unbeschadet übergehen.

(3) *Der Umfang* der in einem Determinationskomplex vereinigten Homologa liegt bei den meisten der gebrachten Beispiele zwischen 40 und 100 c (c = Komplexität in Homologa). Bei der *Bithorax*-Mutante der *Drosophila* oder der dreizehigen von *Equus* wahrscheinlich zwischen 100 und 500 c.

Das zeigt auch sogleich, daß hier der Zufall völlig auszuschließen ist, wenn rund 100 Einzelmerkmale sinngemäß koinzidieren. Diese Zahlen lassen aber noch einen weiteren Umstand voraussehen: Die Komplexitätsgrößen organisierter Determinations-Entscheidungen, wie erstaunlich sie auch sind, erreichen diejenigen, die solch große Phänsysteme zum klaglosen Funktionieren benötigen, keineswegs. Es bleibt eine Lücke. Das ist der springende Punkt.

b. Die Organisationslücke

der Determinationskomplexe läßt sich nun leicht abschätzen. Nachdem wir die Grenzen eines Determinationskomplexes kennen und den Komplexitätsgrad der organisierten *Änderung durch die Mutation eines Gens* (diese **c** nennen wir **cg**), können wir ihn mit jener Komplexität vergleichen, die zum Funktionieren des *jeweiligen Systems der Phäne* (**cp**) erforderlich ist.

Die Organisationsgrade von genetischen Änderungen wie die *Tetraptera, Aristopedia, Proboscipedia* fanden wir bei 50 bis 100 **cg**. Die Komplexität dieser Phänsysteme liegt aber bei 200 bis 500 **cp**. Es zeigt sich nämlich, daß bereits die Muskulatur der veränderten Systeme grobe Mängel aufweist, daß die Innervation fehlt oder verwirrt ist, ganz zu schweigen von jenen homologen Bahnen, die zur koordinierten Schaltung des Betriebes angenommen werden müssen. Wie liegen nun die **cp**-Werte bei noch höherem **cg**; bei Dreizehigkeit oder der *Bithorax*-Mutante? Auch hier liegt dieselbe Differenz vor. **cp** ist **cg** um das Doppelte, ja um eine Größenordnung voraus. Wieder sind es Lücken und Fehler in der inneren Organisation (darauf verweist schon *Waddington* 1957, vgl. auch Fig. VI5, p. 277).

Wo immer wir über Dokumente verfügen, zeigt es sich, daß **cp** > **cg** ist. Das wird besonders deutlich, wenn man sich erinnert (Abs. VB2b), daß die Organistion größerer Phänsysteme 10^4 **cp** bis 10^5 **cp** leicht erreicht; daß aber die der genetischen Informationskomplexe maximal 10^3 **cg** bis $5 \cdot 10^3$ **cg** ausmacht. Und auch dies nur bei jenen Großmutationen, die allesamt nicht erfolgreich sind.

c. *Die Erfolgsaussichten*

Die Erfahrung, daß gerade die umfänglichsten mutativen Änderungen die geringsten und die kleinsten die höchsten Erfolgschancen besitzen, zählt heute längst zu den Fundamenten der synthetischen Evolutionstheorie.[35)] »Die Bedeutung der Mutation ist, in allen Formen der Evolutionsvorgänge, von Ausnahmen und Abweichungen in Spezialfällen abgesehen, umgekehrt proportional zu ihrem Umfang.«

(1) *Die Komplexität.* Wie erinnerlich (Abs. VB1–3) hat auch die quantifizierende Untersuchung gezeigt, daß die Erbänderungen mit den größten Erfolgsaussichten sehr niedere Komplexität aufweisen; wie die Veränderung der Artmerkmale erweist (VB2a, VB4a), liegen sie sogar unterhalb des Meßbereiches (**cg** < 1) der Homologieskala.

Hier ist also festzuhalten, daß die genetischen Determinations-Entscheidungen zwar zweifellos hoch organisiert sind, daß der Organisationsgrad der einzelnen Komplexe aber immer kleiner ist als der der Phänsysteme (**cg** < **cp**), und daß jene organisierten Informationskomplexe, die Aussicht auf Erfolg der Änderung haben, noch wesentlich kleiner sein müssen als der Durchschnitt der zu adaptierenden Phänsysteme.

Wir befinden uns in voller Übereinstimmung zur heute erhärteten Evolutionstheorie und dicht vor der kausalen Erklärung des Hierarchiemusters.

(2) *Die Differenz* zwischen dem Organisationsgrad mutativer Änderungen, namentlich der erfolgreichen, und dem der Phänsysteme (**cp**–**cg**) ist den Biologen natürlich nicht entgangen. Im Gegenteil, die Frage, wie man angesichts dieser Diskrepanz die großen Veränderungen in der Phylogenie verstehen sollte, ist zur Streitfrage schlechthin geworden, die Schulen und Richtungen trennte.

Die synthetische Theorie des Neodarwinismus kam bekanntlich zur Ansicht, daß nur die kleinen Zufalls-Änderungen den Gang der Evolution bestimmen, ihre Kritiker meinen, daß mit purem Zufall weder die Baupläne noch die Trends der großen systematischen Gruppen zu verstehen wären (Literatur in Abs. IIC2,3). Ich werde sogleich zeigen, daß beide Ansichten gleichzeitig Bestätigung finden.

[35] Man vergleiche die von *Dobzhansky* 1951, *Ghiselin* 1969, *Huxley* 1942, *Mayr* 1970, *Rensch* 1954 und *Simpson* 1964a verfaßten Übersichten. Das folgende Zitat ist *Simpson* 1955, p. 93 entnommen.

(3) *Das Problem*, übersetzt in unsere Terminologie, lautet also: Kann die Organisationslücke von den bekannten Mechanismen der intraspezifischen oder Mikro-Evolution überbrückt werden, und wenn, auf welche Weise? Dabei geht es stets um die Modifizierbarkeit der umfänglicheren Phäne, um jene Systeme, deren allgemeine Merkmale wir als komplex, hoch integriert, von zentraler Position, hoher Bürde, Ähnlichkeit, Alter und Stetigkeit zu kennzeichnen hatten (Abs. VB1–2). Die adaptive Modifizierbarkeit der einfachen Funktionssysteme ist ja durch die synthetische Theorie unbestritten erklärt. Wie aber können große, funktionell unteilbare Merkmalskomplexe verändert werden, wo die erfolgversprechenden Schritte stets nur einen Teil von ihnen umfassen? So formuliert sind wir der Antwort nahe.

d. Drei hypothetische Lösungen

Prinzipiell scheinen drei Hypothesen denkbar zu sein, und alle drei sind auch entwickelt worden. Ich benenne sie, nach den Mechanismen, die sie in Betracht ziehen, Simultan-, Koinzidenz- und Speicherhypothese.

(1) *Die Simultan-Hypothese* geht von der ungleichen Größe der mutativen Änderungen aus. Wenn nun ihr Umfang von der Unmerkbarkeit bis zur Verdopplung einer ganzen komplexen Körperregion reichen kann, so argumentierte *Goldschmidt* (1940), warum sollte eine soche ›Großmutation‹ nicht auch einmal – namentlich angesichts der enormen verfügbaren Zeit – Erfolg haben. Könnte auf solche Weise, wie die *Bithorax*-Mutante, nicht geradezu ein neuer systematischer Typ auf einen Schlag (simultan) entstehen? Gewissermaßen ein ›hopeful monster‹?

Alle jüngere Erfahrung spricht gegen diese Möglichkeit, und *Goldschmidts* Theorie wird auf der ganzen Linie abgelehnt. Auch die vorliegenden Überlegungen zeigten, daß mit dem Umfang der Änderung auch der der Organisationslücke wächst. Die Mängel der Abstimmung steigen um Größenordnungen; und jeder einzelne Abstimmungsfehler kann einen Zusammenbruch der Lebenstüchtigkeit verursachen. Großmutationen werden notwendig ›hoffnungslose Monstrositäten‹ bleiben, wieviel Zeit auch immer verfügbar wäre. Die Organisation von Gen-Wechselwirkungen steht zwar außer Frage, aber die Erfolgschancen sind der Mutationsgröße gegenläufig.

(2) *Die Koinzidenz-Hypothese* faßt hingegen die Möglichkeit ins Auge, daß der Zufall das gleichzeitige Auftreten von zwei oder mehreren Mutationen zulassen müßte. Die langen Zeiträume könnten durch ein Zusammentreffen (Koinzidenz) gerade der sich ergänzenden Mutationen die Organisationslücke schließen.

Simpson (1955, p. 96) hat nun errechnet, daß selbst unter günstigsten Bedingungen solche Koinzidenz so außerordentlich selten sein muß, ja daß sie praktisch nicht in Betracht kommt. Bei einer Mutationsrate von 10^{-4} und der Verdoppelung der Chance einer weiteren Mutation in gleichen Kernen bei jeder Mutante, betrüge die Aussicht des Zusammentreffens von fünf Mutationen 10^{-22}. Bei einer Population von 10^{8} Individuen und einer Generationenlänge von nur einem Tag würde ein solches Ereignis nur alle 274 Milliarden Jahre eintreten; das ist etwa das Hundertfache der Zeitspanne, während der Leben auf unserem Planeten existiert. Koinzidenz kann also nur im kleinen Maßstabe wirksam sein.

(3) *Eine Speicher-Hypothese* könnte man die heute gängige Auffassung nennen. Sie geht von der Tatsache aus, daß mutative Änderungen, auch wenn sie noch keinen Vorteil bringen, im Genom gespeichert werden können, solange sie nicht von Nachteil sind. Sobald alle für die Verbesserung eines komplexeren Funktionssystemes nötigen Änderungen gespeichert sind, wirken sie zusammen und machen gemeinsam dessen Verbesserung aus. Das setzt freilich voraus, daß alle diese Änderungen so gering sind, daß sie in der Abstimmung des jeweiligen Systems nicht stören.

Die Schwierigkeit besteht einmal darin, daß ein verändertes Allel einen gewissen Vorteil besitzen muß, um jene Häufigkeit zu erlangen, die seine Chancen vergrößern, mit der nächsten der nötigen mutativen Veränderungen zusammenzutreffen. Je komplexer aber das Funktionssystem ist, in dem es wirkt, je kleiner sein Ausschnitt ist, den es daraus beeinflußt, umso geringer muß aber auch der Vorteil sein, den die Einzelveränderung erreichen kann.

Ein andermal müssen die Schwierigkeiten mit der Anzahl der *loci* (Genorte) wachsen, die zu einer erfolgreichen Änderung eines Systems erforderlich sind.

Die Bedeutung einer Speicherung adaptiv vorteilhafter Allele im Genom ist also keineswegs zu übersehen; nicht minder aber die Tatsache, daß sich die erfolgreichen Änderungen wieder nur auf die kleinsten, harmonischen Modifikationen (wenn auch umfänglicherer Systeme) beschränken und auf keinen Fall funktionelle Bürden überspringen können.[36)]

e. Die Konsequenz der Organisationslücke

wird nun sichtbar. Wenn die Organisationslücke mit der Anzahl der gleichzeitig zu verändernden *loci* zunimmt, dann müssen die Erfolgschancen der Änderung eines Merkmales mit der Anzahl der von ihm abhängigen Phäne sinken.

[36] Auch hier stimmen wir mit der Synthetischen Theorie des Neodarwinismus überein (einige Autoren in der letzten Anmerkung, Seite 253).

Es wird schon eine kleine Differenz zwischen **cp** und **cg** genügen, um die Veränderbarkeit eines Systemes außerordentlich zu erschweren; eine mittlere, um sie so gut wie unmöglich zu machen. Wie wir aus der Formel 24 (p. 139) erkannten, sinkt die Chance der erfolgreichen Veränderbarkeit *(P_e) potentiell mit der Anzahl der zu verändernden Einzelereignisse (E)*; wie P_e^E. Diese Anzahl finden wir in der Organisationslücke, in der Differenz von **cp–cg** wieder. Die Erfolgschancen sinken also wie $P_e^{(cp-cg)}$, d.h. exponentiell mit dem Ausmaß der Organisationslücke. *Da für das Einzelmerkmal die Organisationslücke mit dem Bürdegrad wächst, müssen Bürdegrad und Erfolgschancen seiner Veränderung umgekehrt proportional sein.* Die Wahrscheinlichkeit der *Erfolgsminderung* ($V_{e\,(neg.)}$ *beträgt:*

$$V_{e\,(neg.)} = P_e^{(cp-cg)} \qquad \text{(Formel 32).}$$

Dies ist das theoretische Glied in dem hier dargelegten Zusammenhang zwischen dem Ordnungsmuster der Hierarchie und der Organisationslücke genetischer Determination. Den Rest bilden Fakten und notwendige Folgen. Und selbst dieses theoretische Glied wird sich als experimentell verifizierbar erweisen, ja es wird dem Kenner schon hier als Selbstverständlichkeit erscheinen.

Tatsächlich ist der Zusammenhang von der synthetischen Theorie vorweggenommen: je mehr Merkmale beitragen, den Phänotypus eines Merkmales zu profilieren, umso unwahrscheinlicher wird seine Änderung der Selektion entsprechen (*Mayr* 1976): die Verflechtung eines Gens mit seinem Hintergrund führt zur Einengung der Entwicklungsmöglichkeiten (*Kosswig* 1959). Je mehr Gene zu einem Merkmal beigetragen haben, umso mehr schwindet seine Modifizierbarkeit durch natürliche Auswahl (*Mayr* 1970, p. 367).

Was dem heute anerkannten Konzept hinzugefügt wird, ist lediglich die Bestimmbarkeit des Zustandes (1), der zur Minderung der Änderungsmöglichkeiten führt, die Notwendigkeit, mit welcher die Evolution solche Zustände herbeiführt (2) sowie die Folgen der reduzierten Änderbarkeit (3) auf die Ordnung des Organischen.

(1) *Den Zustand* der abhängigen Phäne haben wir als den Bürdegrad bestimmen können (VB1–2). Diese Bürdegrade reichen von < 1 bis 1 000 Homologa, somit über mehr als drei Größenordnungen. Die Stetigkeit erwies sich als eine Funktion der Bürde; indem sie etwa mit dem Quadrat der Bürde wächst (vgl. Fig. V54). Bürden von 10^2 bis 10^3 Homologa ziehen Stetigkeitsgrade von wenigstens $2 \cdot 10^7$ bis 10^8 Jahren nach sich (vgl. Fig. V54, p. 222), die also selbst im geologischen Zeitmaßstab der phylogenetischen Vorgänge als Fixierungen erscheinen.

Bei Bürden solcher Dimensionen ist das Unbegreifliche in der Frage gelegen, wie denn dann überhaupt noch Änderungen möglich sind. Denn auch die Merkmale höchster Bürde, der *Truncus arteriosus*, der Hirnstamm, der *Atlas* modifizierten sich, wenn auch fast unmerklich und nur innerhalb ihrer fixierten Rahmen. Diesen Gegenspieler der Fixierung werden wir noch eingehend (Abs. VC2c, VIC1c, VIIC1c) analysieren.

(2) *Den Vorgang*, der zu hohen Bürdegraden führt, haben wir ebenso aufgefunden (Abs. VB4). Er hängt mit dem Wachsen von Differenzierung und Integration der Merkmale zusammen (VB6c). Da nun die ursächliche Verknüpfung von Organisationslücke und Erfolgschancen einer Änderung höchst wahrscheinlich ist, kann auch die Kausalkette der Zusammenhänge mit derselben hohen Wahrscheinlichkeit postuliert werden:

Evolution führt zu einem Wachsen von Differenzierung und Integration und somit zum lokalen Steigen von Bürdegraden. Deren Folge ist eine Erweiterung der Organisationslücke, welche die Chancen erfolgreicher Änderungsmöglichkeiten in einem Maße heruntersetzt, welches wir als das Phänomen der Überdetermination oder Stetigkeit, das Phänomen fixierter Merkmale beschrieben.

Der Kausalzusammenhang des Vorganges liegt damit vor und entspricht den Anforderungen, die wir an eine Theorie zu stellen haben: Sie entspricht aller Erfahrung, ist die einfachste der möglichen Erklärungen und operiert nur mit Zusammenhängen, von deren kausaler Verknüpfung wir überzeugt sind.

(3) *Die Folge* einander übergeordneter Fixierungen der in den Bahnen der Phylogenie fließenden und sich stetig wandelnden Determinations-Entscheidungen ist primär ein Ordnungsmuster der Hierarchie. Die fixierten Merkmalskomplexe setzen dieses aber sekundär in einer noch potenteren Weise durch. Dies soll uns nun eingehender befassen.

2. Vorteile gerangter Entscheidungen

Wie wir schon feststellten, ist bei dem Ausmaß an Komplexitäts- und Bürdegraden, welche von vielen Ereignissen (Merkmals-Systemen) erreicht wird, ihre Veränderbarkeit noch erstaunlicher als das Maß ihrer Fixierung. Wie sollte man verstehen, daß Merkmale, die mit Hunderten abhängigen (und den für diese erforderlichen Einzelentscheidungen) belastet sind, im Laufe der Phylogenie einer steten Metamorphose unterliegen, wo schon das Zusammentreffen von nur fünf einschlägigen Entscheidungs-Änderungen (VC1d) gar nicht mehr erwartet werden kann. In dieser Lage erinnern wir uns zunächst der Ursache wie der Möglichkeit der verdeckten Redundanz (IB2).

a. Die Entstehung von Redundanz

Wir können jetzt einen signifikanten Schritt weitergehen und (was bei der Schilderung der Norm noch nicht recht anschaulich wurde) nun am Beispiel des Hierarchiemusters die Entstehung von Redundanz der Entscheidung im Genom beschreiben.

Im denkbar einfachsten Falle, etwa dem der Sendung der Ereignisse ›I II III IV‹ fanden wir (vgl. p. 45 u. 59) im Rahmen der acht erforderlichen Determinationsentscheidungen die Vorentscheidungen Nr. 2 und 4 redundant. Wie aber, wenn wir, wie wir das gegenüber biologischen Ereignissen (also Merkmalen) tun mußten, von ihnen adaptive Änderungen durch den Zufall erwarten. Dabei stellt sich als erstes heraus, daß jede Redundanz verschwindet, wenn wir Grund zu der Annahme haben, daß jede Permutation der vier Ereignisse gleiche Adaptionschancen haben wird. Erwiese es sich jedoch, daß die beiden ersten Ereignisse ›I II‹ funktionell in einer Weise dependent sind, daß sie nur in einer einzigen Form, nämlich als ›III IV‹ neue adaptive Chancen gewinnen könnten, dann wird die Vorentscheidung Nr. 2 auch im dynamischen Sinne wiederum redundant. *Eine Entscheidung wird also redundant, wenn die durch ihre Veränderung mögliche Wandlung eines Ereignisses von der Selektion nicht toleriert wird.* Und daß sich solche Selektionsbedingungen mit dem Fortschreiten von Differenzierung und Bürde häufen, haben wir zur Genüge belegt.

b. Die Abbaumöglichkeit verdeckter Redundanz

fanden wir gegeben (IB2d), sobald der Entscheidungsinhalt der der redundanten Entscheidung vorausgehenden Vorentscheidung dem Dechiffrierungsmechanismus so lange ›im Gedächtnis bleibt‹, bis er von einer entsprechenden Gegenentscheidung abgelöst (oder aufgehoben) wird (vgl. IIIC1c). Ein solcher Mechanismus ›Gelte bis auf Abruf‹ ist als das sogenannte Operon-System in der Struktur des Genoms realisiert (IIIC1d); und er macht es nun möglich, durch Abbau redundanter Entscheidungen, die in einem hierarchischen Muster auftreten, außerordentliche Selektionsvorteile zu gewinnen.

Auch über das mögliche Maß solcher Selektionsvorteile (V) gewannen wir eine Vorstellung, indem wir feststellten, daß jede eingesparte Entscheidung (bit_R) als negative Potenz in die Realisations-Wahrscheinlichkeit (P_m) eingeht: $V_v = P_m^{-R}$. Diese Vorteile im speziellen Fall des hierarchischen Redundanzmusters haben wir (in Formel 22 und 23, p. 133 u. 134) als eine Exponentialfunktion der beteiligten Ereignisse (E) beschrieben. Das bedeutet, daß schon bei einem Phänsystem mit nur zwei hierarchisch dependenten Ereignissen (einem Redundanzgehalt $R = 1$) ein zehntausendfacher Selektionsvorteil erreicht werden kann, der mit jeder Erweiterung der Komplexität des Systems exponentiell weiter wächst.

Wir brauchen nun nur mehr den Nachweis führen, daß die Merkmale (Ereignisse) der funktionellen Phänsysteme beim Fortschreiten der Evolution in ein hierarchisches Dependenzmuster eintreten, und die Kette der Kausalzusammenhänge wird sich ein zweitesmal schließen. Wie erinnerlich, haben wir gerade diese Bildung hierarchischer Funktionsmuster (Abs. VB) als eine universelle Folge von Differenzierung gefunden.

c. Die Notwendigkeit der Rangung

von Determinationsentscheidungen im Genom kann damit sogleich gefordert werden. Wo immer wir den Differenzierungsprozeß verfolgen können, finden wir mehrere adaptive Einzelmerkmale auf der Voraussetzung eines vorgegebenen aufbauend, sehen wir die Funktionskettten sich nach außen verzweigen, finden wir jegliches Rahmenhomologon mit der Bürde mehrerer Subhomologa belastet.

Die adaptiven Schichten mag unser Beispiel der Evolution der Säuger-Extremität (Tabelle E, p. 240), die Hierarchie der sich aufzweigenden Funktionsketten (das Beispiel eines Arterien-Systems, Fig. V14–18, p. 203) und die Hierarchie der Homologa (unser Beispiel des Baues der menschlichen Wirbelsäule, Fig. II45, p. 81) nochmals illustrieren.

Nachdem nun also die funktionellen Abhängigkeiten der Ereignisse oder Phäne ganz jenem hierarchischen Muster entsprechen, das wir als das der verdeckten Redundanz sowie der Operon-Systeme der Entscheidungen oder Gene bezeichnet haben, müssen wir erwarten, daß die Evolution das epigenetische System in reichem Maße hierarchisch ordnete, um durch den damit möglichen Abbau redundanter Entscheidungen die Selektionsvorteile auszunützen.

Dabei handelt es sich ja nicht um irgendwelche bescheidenen Vorteile, sondern um solche, die schon bei Systemen der geringsten Komplexität außerordentlich groß, bei mäßiger Komplexität ganz unvorstellbar groß werden. Bei Einsparung nur einer einzigen Entscheidung ist der Vorteil ein zehntausendfacher, bei zweien ein hundertmillionenfacher. Es steht also außer Zweifel, daß ihn die Evolution genützt hat. Das epigenetische System muß hierarchisch differenziert sein, und das in hohem Maß. Hier postulieren wir dies aus stochastischen Überlegungen; den Beweis werden wir schon im nächsten Kapitel (VIB) antreten.

d. Imitatorische Hierarchie der Entscheidungen

Verhalten wir einen Augenblick, bevor wir fortfahren: Wo befinden wir uns? Wir sind ja diesem Absatz (VC2) mit der Absicht begegnet, eine

Ableitung der Selektionsvorteile und der Notwendigkeit der Etablierung des Hierarchieprinzipes im Bereich der Entscheidungen vorzulegen. Der Bereich der Entscheidungen ist aber der des Genoms; und wenn wir nachweisen, daß die Entscheidungen notwendigerweise Systembedingungen etablieren, dann machen wir zur gleichen Zeit Voraussagen über die Struktur des epigenetischen Systems. Das ist ein wichtiger Punkt.

Das epigenetische System, die Struktur der Gen-Wechselwirkungen also, ist ja jenes, das uns in der Biologie noch immer vor die größten Rätsel stellt. Es beheimatet ferner die Hälfte des Mechanismus, der die Ordnung des Lebendigen durchsetzt. Und es wird deshalb der Ausgangspunkt sein, an welchem meine (in diesem Band vorgelegte) Theorie der Systembedingungen die experimentellen Beweise gewinnen wird.

Wir sagen also voraus: *Das epigenetische System muß hierarchisch, und zwar in hohem Maße hierarchisch organisiert sein.* Wir können aber sofort noch einen wesentlichen Schritt weitergehen. Wenn wir nämlich fragen, warum gerade das Hierarchiemuster zu erwarten ist, dann findet man: erstens, weil das molekulargenetisch möglich ist, zweitens, weil dadurch den hierarchischen Funktionsmustern, welche die fortschreitende Differenzierung im Phänbereich aufbauen, am besten, das heißt, mit den größtmöglichen Selektionsvorteilen entsprochen wird.

Neben der Voraussetzung, Entscheidungen überhaupt rangen zu können, ist die eigentliche Ursache in jenem Vorteil gelegen, der darin besteht, Dependenzmuster der Phänfunktionen kopieren zu können. Je vollständiger die Entsprechung, umso vollständiger der mögliche selektive Vorteil. Dieser Zusammenhang ist noch wichtiger, weil er noch generellere Konsequenzen hat. Er muß zur Folge haben, daß nicht nur das Prinzip der Musterung, sondern auch dessen spezielle Zustände (oder Qualitäten) zu kopieren, von der Selektion (durch die ungleichen Adaptierungsvorteile) stetig gefördert werden muß. *Das epigenetische System muß darum einer Nachbildung der speziellen funktionellen Dependenzmuster der von ihm determinierten Phänsysteme zustreben.*

Man denke – um bei einem schon geläufigen Beispiel zu bleiben – an das System ›Wirbelsäule‹ (Fig. II45, p. 81). Wie hoch im Vorteil muß etwa der Befehl ›Längenzunahme‹ sein, wenn er allen Einzelbefehlen übergeordnet ist. Eine einzige Mutation (und wir werden solche kennenlernen) kann dann zu einer umfassenden Modifikation führen, ohne die Harmonie der Teile zu stören. Und wie unmöglich wäre es, daß alle jene Hunderte von Einzelmerkmalen zufällig gleichzeitig entsprechend identische und einzelne Zusatzbefehle erwarten könnten. Wie absurd wäre die Streckung selbst nur eines Halswirbels, würde die Streckung des Rückenmarkes, der Luft- und Speiseröhre, der Carotiden, der Muskulatur nicht gleichzeitig erfolgen.

Tatsächlich macht erst ein imitatorisches Epigenesesystem verständlich, wie es zu zweckmäßigen, d.h. erfolgreichen Metamorphosen der komplexesten Systeme wie der bebürdetsten Einzelmerkmale kommen kann. Aber auch Metamorphose ist nicht mehr wahllose, sondern zur Gesetzesbeachtung verhaltene Änderung.

3. Kanalisation und Fixierung

Die beschriebene Vergrößerung der Adaptations-Aussichten beruht also letztenendes auf einem Abbau der Möglichkeiten des Zufalles in der Richtung eines aktuellen Adaptierungszieles, also auf einer dirigierten Einengung des Repertoires wahlloser Kombinationen. Die Chance des Auftretens einer bestimmten Kombination wächst aber nur mit der Minderung der Chancen der anderen.

a. Die Wende in der erreichten Freiheit,

in den erreichten Vorteilen der Adaptierbarkeit in einer bestimmten Richtung tritt aber ein, sobald die erforderliche Adaptierungsrichtung von den im Genom imitatorisch erreichten Schaltmustern abzuweichen beginnt. Derlei ist durch den schichtenweisen Aufbau der additiven Merkmale, durch den Wechsel der Umweltsbedingungen und die mit beiden verbundene Änderung der Funktionen im Evolutionsgeschehen auch immer wieder zu erwarten.

Man erinnere sich der Wechsel vom Seitenstachel über die Flosse (Fig. V56–80, ab p. 236), bis zum Greiforgan unserer Hand, des Funktionsersatzes der Chorda durch Knorpel und endlich eine knöcherne Wirbelsäule, oder an die Herkunft unserer Gehörknöchelchen aus dem Kiefer der urtümlichsten Fische (Fig. II22–26, p. 75).

Es sind nun nicht mehr allein die funktionellen Bürdegrade, welche die Chance eines Merkmales, daß seine Änderung vom Tester der Selektion toleriert werde, herabsetzen. Dazu kommt, daß das unter solchen Bürdegraden imitatorisch systemisierte Genom, daß das Schaltmuster der Entscheidungen selbst auf Selektionsvorteile in bestimmten Richtungen hin selektiert wurde. Es kommt hinzu, daß für die gewonnenen Vorteile in bestimmten Richtungen, wenn es nun um andere Selektionsrichtungen geht, bezahlt werden muß.

Wir fanden ja längst, daß sich das Verhältnis aus Zufall und Notwendigkeit in einem System nicht beschwindeln läßt, daß die Summe aus Determination und Indetermination gleich bleibt (Formel 17, p. 55); und wir werden das in den weiteren Ordnungsmustern (VIC2 und VIIC2) bestätigt finden. Eine außerordentliche Strenge der Selektion tritt noch hinzu. Zu den funktionellen Bürdegraden, die, der Breite der Organisationslücke nach, die Systemisierung des Genoms, die Strenge der Selektion bestimmen, kommt noch die Einengung der Chancen durch das Kommitment oder die Festlegung auf ein bestimmtes Schaltmuster.

Untersuchen wir also noch den realen Umfang, den Wirkungsgrad (VC3b) und das hierarchische Ausmaß (VC3c) dieser Überselektion.

b. Der Wirkungsgrad

dieser Selektion kann leicht erkannt werden, wenn man jenen Evolutions-Ausschuß untersucht, der Individuen, noch bevor sie im ›Kampf um's Dasein‹ im Milieu von Umwelt und Konkurrenz getestet werden, auf der Strecke läßt. Dieser Ausschuß beruht auf Mängeln von Struktur und funktioneller Abstimmung und deckt sich mit dem, was *Hadorn* schon 1955 als *Letalfaktoren* zusammenstellte.

Das sind »mendelnde Einheiten, die den Tod eines Individuums vor der Erreichung des fortpflanzungsfähigen Stadiums bewirken«.[37] Die Wirkungsphasen sind zumeist larval, pupal und embryonal, ja selbst gametisch (schon in der haploiden Phase auftretend). Die Selektion testet damit die Lebenstüchtigkeit in einem ganz anderen Sinne; mehr im Sinne der Abstimmung der Aufbauvorschriften als im Sinne der Vorschriften der Umwelt.

Das umfangreiche Material macht es leicht, die außerordentliche Wirkung des hier herrschenden Selektionsmechanismus zu belegen. Der Wirkungsgrad dieser abstimmenden, die Organisationsmängel und Organisationsfehler eliminierenden Selektion ergibt sich aus drei absoluten Größen; sowie zudem relativ zur Größe jener Selektion, die überwiegend von den äußeren Milieubedingungen diktiert wird.

(1) *Der Anteil* der Letalmutanten an der *Gesamtmutabilität* beträgt 92 bis 97%; die Zahl der Mutationen mit tödlichem Ausgang der Gesamtzahl der sogenannten ›sichtbaren‹ gegenübergestellt.[38] Das sind jene, die uns erkennbar sind. Damit bleibt noch ein ansehnliches Kontingent an Subletalfaktoren zu berücksichtigen, die wohl durchgeformt, aber hoffnungslos geschädigt sind. Die vitalen und semivitalen Mutanten sind wohl noch seltener. »Schätzungsweise dürfte der Anteil dieser nicht destrukiv wirkenden Genänderungen nur wenige Prozent der Gesamtmutabilität erreichen.«[39] Ich glaube, daß er von einem Prozent nicht sehr abweicht (vergleichen wir unseren Wert P_e, p. 139).

Der Anteil jener erblichen Änderungen, mit welchem die Evolution den Mechanismus der differenzierenden Anpassung betreibt, ist also verschwindend gering gegenüber jenem, den sie zur Erhaltung der vorgeschriebenen Ordnungsmuster verschwenden muß.

Sollte die Entwicklung der Moral des Menschen jenes Niveau erreichen, wo das Prinzip des ›Überlebens des Tüchtigeren‹, also das äußere Milieu, nicht mehr über Leben und Tod entscheidet, so werden wir den *gesamten* Letal-Tribut (an die Evolution) der Erhaltung der Ordnungsmuster zu opfern haben.

[37] *Hadorn* 1955, p. 13.

[38] Diese Zahlen sind *Muller* 1928 sowie *Auerbach* und *Robson* 1947 entnommen;

[39] Zitiert nach *Hadorn* 1955, p. 47.

(2) *Die Häufigkeit* der Letalmutanten *in der Gesamtreproduktion*, an potentiellen Nachkommen ist ebenfalls hoch. Da er fast die ganze Mutationsrate ausfüllt, kann man ihn nach der letzteren abschätzen. Beim Menschen ergibt sich, selbst unter der Annahme von nur 15 000 Genen, »die hohe Gesamtrate von 30%«.[40] Sehr wahrscheinlich liegt der reale Wert noch beträchtlich darüber.[41] Bei Wildpopulationen hat man Ei- und Larvenmortalität (beispielsweise bei dem Käfer *Adalia*) von 70% festgestellt.[42] Von zehn reproduzierten Organismen müssen hier also drei bis sieben allein der Erhaltung der Ordnung geopfert werden.

Beim Menschen kommen bekanntlich noch zwei Probleme hinzu. Erstens: Die moderne Heilkunde erhält eine zunehmende Zahl mit Subvitalfaktoren belastete Säuglinge und Kinder; damit wächst die Zahl der Träger vitalitätsvermindernder Erbfaktoren und der Pflegebedürftigen weiter an. Zweitens: Die Zunahme der Radioaktivität erhöht die Mutationsrate.[43]

(3) *Die Effektivität* der Letalfaktoren ist hoch. Das heißt, die meisten lassen gar keine Chance, gewissermaßen durch Glück oder Zufall dem Tod zu entkommen. Die Zahl der ›Durchbrenner‹ ist gering. Für die meisten Mutanten ist gar kein äußeres Milieu denkbar, in welchem sie noch eine Nische zum Überleben finden könnten.

(4) *Eine Priorität* der Letalfaktoren ist ebenfalls gegeben, nachdem die meisten früh, ja sehr früh in der Embryonalentwicklung auftreten. Sie entscheiden also in einem Stadium, in welchem der Organismus das äußere Milieu, in welchem er sich bewähren soll, noch lange nicht erreicht hat.

Zusammenfassend ist festzustellen, daß der Wirkungsgrad dieser abstimmenden Selektion außerordentlich hoch sein muß, da sie stets mit Priorität und größerer Effektivität über 95% aller Mutanten ausscheidet, bevor die Eignung des Restes überhaupt im äußeren Milieu getestet werden kann. *Wenn der Phylogenie 5% der Mutanten genügten, um die Wunder der Adaptierung zu vollbringen, müssen 95% zureichen, um ihre Ordnung durchzusetzen.*

Auch die experimentelle Verifizierbarkeit des postulierten Zusammenhanges ist gegeben, denn es wird nicht *mehr* behauptet, als daß mit zunehmender Organisationslücke und Systemisierung die Chancen der Änderung eines Merkmales schwinden.

c. Gegen- und Überselektion

Hier handelt es sich also um eine Selektion, die weit über die Strenge, wie sie das Milieu allein vorschriebe, hinausgeht. Dabei ist es weder

40 *Muller* 1954, *Hadorn* 1955, p. 41;

41 Heute rechnet man ja schon mit einer Milliarde DNS-Nucleotidpaare im haploiden Satz des Genoms eines Säugers; vgl. *Britten* und *Davidson* 1969;

42 *Lus* 1947;

43 *Muller* 1950a, *Danfurth* 1923, *Sturtevant* 1954.

nötig, eine ›innere und eine äußere Selektion‹ zu unterscheiden, weil jedes Testergebnis aus der Konfrontation eines Testobjektes und einer Testvorschrift hervorgeht; noch ist es nötig, bei der einen die Wirkung des Außenmilieus zu leugnen (das selbst bei den Fortpflanzungschancen des vaginalosen Huhnes, besteht man darauf, konstruiert werden könnte). Wesentlich ist nur, daß das Selektionsergebnis nach Ausmaß und Ursache weit über das, was der Mechanismus der Mutabilität ($P_m \approx 10^{-4}$) und der Milieubedingungen erwarten ließe, hinausgeht.

Es wäre auch unrichtig zu behaupten, daß die synthetische Theorie die Unterschiede der Anlagen und ihrer potentiellen Möglichkeiten übersehen hätte. Was die Differenzen des Selektionsdruckes nicht erklären kann, sagt *Mayr*[44], »ist zurückzuführen auf die Entwicklungs- und Evolutionsgrenzen, die dem Organismus durch seinen Genotyp und sein epigenetisches System gesetzt sind«. Diese dem epigenetischen System mögliche Amplitude (*Mayr*) liegt aber »in der Verflechtung jedes ..Gens .. mit seinem Hintergrund, dem Restgenotypus« so stellt *Kosswig* fest;[45] also in genetisch zunächst »im einzelnen unanalysierbaren« Zusammenhängen. – Was sich aber im Genbereich noch der Beobachtung entzieht, war nun eben über den Bereich der Phäne aufschließbar.

(1) *Über das Ausmaß* dieser Überselektion haben wir schon im Kapitel Norm ein Bild gewonnen (IVB3c, p. 173), und wir haben auch im Bereich der Hierarchie-Muster vergleichbar gewaltige Fixierungszeiten kennengelernt und stellen fest, daß die erreichte Fixierung die zu erwartende um das Billiardenfache übertreffen kann. Auf die Ausmaße an Zufalls-Unwahrscheinlichkeit, die eine solche Fixierung bedeutet, kommen wir abschließend noch zurück (Abs. VIIC2b). Sie gilt für die Erhaltung aller vier Ordnungsmuster ebenso in gleicher Weise.

(2) *Die Ursachen* sind also einmal die Bürdegrade in der Organisationslücke, die wir schon beschrieben haben. Im Genom kommt noch der Effekt der Systemisierung hinzu.

Waren im Falle einer Entsprechung von Schaltmuster und geforderter Adaptierungsrichtung eine Anzahl bit_D zu bit_R verwandelt und eingespart worden, so konnte damit die Realisationschance (V_v) beträchtlich, das heißt bis zu P_m^{-R} ansteigen. Wird aber von einem späteren Milieu eine vom erreichten Systemisierungsmuster abweichende Adaptierungsrichtung gefordert, so geht nicht nur der ganze erreichte Vorteil (im Ausmaße von P_m^{-R}) verloren, sondern er verkehrt sich in sein Gegenteil, nämlich P_m^R. Es müßten ja auch die eingesparten Entscheidungen durch die unsichere Hilfe des Zufalles (der Mutationswahrscheinlichkeit $P_m \approx 10^{-4}$) wieder ersetzt werden; und man erkennt sogleich,

44 1967, p. 475.

45 Zitate aus *Kosswig* 1959, p. 214 und 215.

daß selbst wenige notwendig zu ersetzende Entscheidungen genügen würden, um dem Mechanismus der Evolution keine Hoffnung auf Re-Etablierung der früheren Konstellation mehr zu lassen.

d. Zufall und Notwendigkeit

Die Summe aus Zufall und Notwendigkeit in einem System fanden wir konstant, die Grenze zwischen den beiden aber in doppelter Bewegung: einer realen und einer scheinbaren. Die reale Bewegung beruht auf dem Gewinnen von Determination auf Kosten von Intermination, die scheinbare am Gewinnen von Einsicht auf Kosten von Ungewißheit.

(1) *Die Notwendigkeit* im Evolutionsgeschehen fanden wir auch im Muster der Hierarchie größer, als wir Biologen das bislang für wahrscheinlich hielten. Kausale Gesetzmäßigkeit durchdringt die transspezifische Evolution nicht minder, als wir das seit *Darwin* für die intraspezifische Evolution (den Wandel der Arten) wieder und wieder bestätigt fanden. Die Festlegung von Merkmalen in hierarchischer Ordnung und über die ungeheuren Zeiten der geologischen Skala ist eine Notwendigkeit.

Was im Großgeschehen der Evolution noch dem Zufalle überlassen scheint, ist nur die *Begegnung* der funktionellen Struktur (und ihrer notwendigen Fähigkeiten) mit den Nischen der Lebensräume (und ihrer notwendigen Bedingungen).

Unvorhersehbar war z.B. das Steppenmilieu der Pferde, dem die devonische Extremität der Quastenflosser dreihundert Jahrmillionen später begegnen sollte. So[46] wie der Sturz des Hammers des Dachdeckers im Lebensweg des Arztes, der von ihm getroffen wird, vorauszusehen nicht möglich war. Auch daß sich die Gattung *Homo* mit fünf Fingern vor dem Klavier finden werde, dessen Spiel (für mich) durch den Besitz von sieben erleichtert würde, war zur Zeit der Festlegung von fünf Phalangen in den ober-devonischen Ur-Tetrapoden nicht vorauszusehen. – Aber das Gesamtmuster, die hierarchisch gerangten Homologa in Pferdelauf und Menschenhand sind gesetzliche Notwendigkeit.

(2) *Die Reste des Zufalles* dokumentieren sich tatsächlich nur mehr in der Übereinstimmung der *Lebensform*-Merkmale[47] der Bauformen, die wir – wie sehr bestätigen sich wieder die Prinzipien der Morphologie – als die reinen Analogien sorglich und von Anbeginn (IIB2a) aus der Verwandtschaftsforschung auszuscheiden hatten.

Wir konnten es ja dem Würfel überlassen zu wählen, welches der Merkmale unserer *Experimentalia* welchem adaptiven Kanale begegnen sollte (VAb), selbst welche fixiert werden. Für die Entstehung hierar-

[46] Dies ist das von *Monod* 1971 zur Illustration des Zufalles gewählte Beispiel;

[47] Der Lebensformtypus; in die Ökologie eingeführt von *Remane* 1943 und *Kühnelt* 1953.

chischer Ordnung genügt tatsächlich unsere Minimalprämisse: je eine Fixierung nach jeder Gabelung des sich auffächernden Flusses von Determination (Fig. V10, p. 196). Das Verblüffendste ist nur mehr die alles Leben umfassende Konsequenz dieses simplen Prinzipes.

(3) *Realität und Denken.* Wenn man an der Realität der hierarchischen Ordnung fixierter Bauteile nicht mehr zweifeln kann, dann ergeben sich zwei Konsequenzen: In der biologischen leiten wir die Realität der Homologa, der Baupläne, Systemgruppen und des hierarchischen Systems der Verwandtschaft aller Organismen ab (darauf kommen wir in Absatz VIIIB2 zurück). In einer erkenntniskritischen Konsequenz aber müssen wir sogleich fragen, wie denn nun die Koinzidenz mit den nicht minder universellen und völlig unersetzlichen Hierarchiemustern unseres Denkens zu beurteilen wäre.

Wir sind an den Ausgangspunkt dieses Kapitels zurückgekehrt, wenn wir feststellen, daß unser Denken keinen Begriff zu fassen vermag, wenn er nicht durch seine hierarchischen Unterbegriffe seinen Inhalt und durch seine Oberbegriffe seinen Sinn erhielte. Ja die Grenzen unseres Denkvermögens fallen mit jenen der Begriffshierarchie zusammen, wo uns jenseits von ›Punkt‹, ›Null‹ und ›Bewegung‹ die Unterbegriffe, jenseits von ›Raum‹, ›Zeit‹ und ›Unendlichkeit‹ die Oberbegriffe zu fehlen beginnen.

Wir sind aber über den Ausgangspunkt hinausgelangt, als wir erfahren haben, was von Realität und Zufall zu halten ist. Die Realität der Hierarchiemuster in der Natur schließt aus, daß es sich um eine Projektion des Denkens handelt, und der Umfang dieser Koinzidenz, daß diese auf den Zufall zurückgeführt werden könnte. Wenn nun nur mehr ein ursächlicher Zusammenhang angenommen werden, das Denkmuster aber nicht Ursache des Naturmusters sein kann, so muß das Hierarchiemuster der organischen Strukturen die kausale Ursache des hierarchischen Denkmusters sein.

Das klingt in dieser Kürze, wie ich zugebe, phantastisch, weil der Mechanismus dieses weit erscheinenden Zusammenhanges nicht sogleich sichtbar ist. Er wird es aber, wenn wir überlegen, erstens an welchen Gegenständen und zweitens unter welchen Voraussetzungen das Denken entstanden sein muß. Erstens: Unter allen möglichen Formen von Gedächtnis und Vergleich muß die Evolution stets jene selektiv bevorzugen, die den objektiven Zusammenhängen in der Natur subjektiv am besten entsprechen.[48] Zweitens: Bei den Kosten, die der Einbau, die Speicherung und die Aufrufung eines jeden *bits* verursacht, mußte das ökonomischste System gleichermaßen bevorzugt werden. Beide lei-

[48] Man erinnere sich, daß die Evolution des Denkens einen sehr langen Prozeß darstellt, viel länger als die der Begriffe, wie aus der Anordnung von vorbegrifflichem Denken (z.B. *Köhler* 1952) im Tierreich hervorgeht.

ten nun zwingend zur Kanalisation in das Ordnungsmuster der Hierarchie.[49)]

4. Hierarchiemuster der Zivilisation

Wie also, wenn die Denkhierarchie eine Konsequenz der Hierarchiemuster in der organischen Natur ist, wäre nun zuletzt die Koinzidenz mit jener zu verstehen, die unsere Zivilisation gliedert? Wir kennen dieses Problem im Prinzip schon von der Norm (IVC3). Liegt nun hier etwa Analogie vor, ein Produkt des Zufalles, eine Projektion?

Dem Zufall werden wir wieder nicht trauen dürfen; aber die Muster des Denkens werden Priorität haben in den höchst wahrscheinlich ursächlichen Zusammenhängen. Wir werden die Hierarchien, mit welchen wir alle unsere Begriffe und Organisationen gliedern, auf eine Projektion oder, wahrscheinlich zutreffender, die Notwendigkeiten unseres Denkmechanismus zurückzuführen haben. Oder aber die Dinge sind noch enger verwandt, Fälle desselben Gesetzes, also letztlich dasselbe.

a. Der Erfolg der Ränge

ist beispielsweise aus der Ökonomie der Nachrichten-, der Befehls- und Kompetenz-Übertragung zu verstehen; aus der Vermeidung von Fehlern, zu großer Redundanz und der eindeutigen Definierbarkeit der Geltungsbereiche. Man sieht sogleich die Weite des Zusammenhanges von Determination und Ökonomie oder Realisationschance, von den Organisationen des Menschen über sein Denken, seine Verwandtschaft, seine Strukturen bis zu den Gesetzen in seinem molekularen Code. Viel Ordnung aus wenig Gesetz; viel Sicherheit mit einem Minimum an Denken.

Und das sei (wie in IVC3) wieder eine Analogie für jenen, der meint, an eine Erforschbarkeit der ›Naturgeschichte des menschlichen Geistes‹ nicht glauben zu können; es kann ein erforschbarer Mechanismus sein für den anderen.

Tatsächlich sind die vergrößerten Erfolgschancen hierarchischen Fließens von Determinations-Befehlen nie ernstlich bezweifelt worden, nicht in der Gruppe, im Betrieb (Fig. V82), in welcher Truppe, Kirche oder Staatsform immer. Sie werden überall demonstriert (in den Haufen der aufständischen Bauern wie in der Kaiserlichen Armee ge-

49 Und auch an dieser Stelle kann ich mit Befriedigung nachtragen, daß diese Konsequenz, die wir aus den Fakten der Anatomie unabhängig erarbeitet haben, nun von *Konrad Lorenz* (1973) aus den Fakten der Verhaltensforschung vollends bestätigt wird. Unser Denken ist jenes Selektionsprodukt, das dem realen Ordnungsmuster des Lebendigen am besten entspricht. Man vergleiche auch *Brunswik* (1934, 1957) und unsere Anmerkungen[34)] und [7)] bis [8)] auf den Seiten 248 und 185.

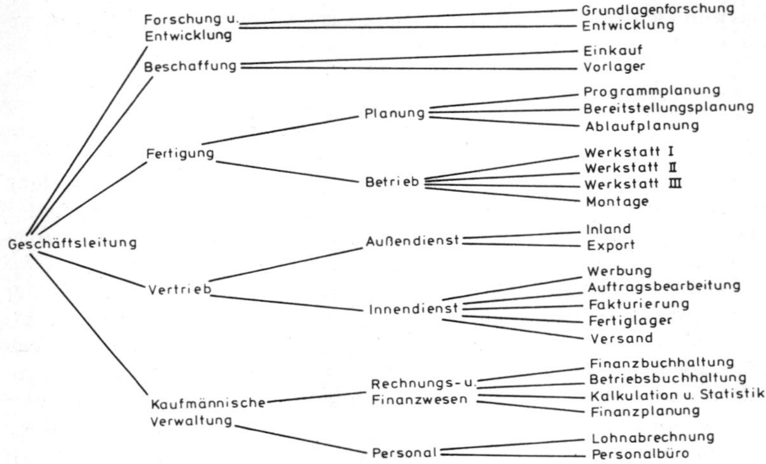

Fig. V82: *Hierarchie in der Zivilisation* am Beispiel einer typischen Betriebsorganisation; Hauptabteilungen, Abteilungen und Unterabteilungen, verbunden durch den Instanzenweg. (Nach *Brockhaus*-Enzyklopädie, etwas vereinfacht).

genüber). Und der Zusammenbruch der Ränge, wo sie fragwürdig werden, hat stets dieselbe Form von Chaos und Verwirrung zur Folge gehabt, mit dem einzigen Erfolg, daß sich die Ränge sofort re-etablierten, quer zu den ersten (also wider die Tradierungsgesetze), ja daß sie schon erforderlich waren, um jene effizient genug (mit Pech und Schwefel) verfolgen zu können.

Noch vertrauter sind uns die Hierarchieformen ihres Werdens. Wie im organischen Strukturbereich entstehen sie als Massen-Hierarchien undifferenzierter Menschen-Klassen (in den somit immer juvenil bleibenden Armeen, Sport- und Sparvereinen), um, sollten sie im Trubel des Fortschrittes lange überleben, in die Senilitätsphase der Schachtelhierarchie (der Kammerherren und Kirchenfürsten) einzumünden. Hierarchie ist eine Notwendigkeit; jeder Versuch, sie zu ersetzen, ersetzt (vor ihrer Wiedereinsetzung) Ordnung durch Chaos.

b. Klassen und Toleranz

Im Hierarchiebereich der Strukturen ist klar geworden, daß die Adaptierungsvorteile von gestern im Selektions-Antagonismus der Evolutionsmechanismen zu Adaptierungseinschränkungen von heute werden können. Die Kanalisation der Muster kann zur völligen Fixierung und folglich zum Aussterben erstarrter Systeme führen, wenn diese nicht mehr in der Lage sind, die vom Außenmilieu geforderte Adaptierung mitzumachen.

Für jedermann, der Geschichte gelesen hat, werden die zahlreichen Analogien auf der Hand liegen. Ja es wird für mich naheliegend, hier den Faden der Ableitungen abzubrechen. Nur eines muß ich noch hinzufügen.

Und zwar für jene, die sich mit mir des Verdachtes nicht erwehren können, daß die Mechanismen im Hintergrunde doch identisch sind; denn wer von der Zufälligkeit dieser Koinzidenzen überzeugt ist, kann hier nichts Nützliches erfahren.

Es zählt ja wiederum zu den (tragischen) Merkmalen unserer zweiten, der (von der Langsamkeit der Genom-Umwandlung befreiten) zivilisatorischen Evolution, daß die notwendig entstehenden Differenzen im Spannungsfeld zwischen Rang und Toleranz keineswegs mit den Waffen der Vernunft, sondern nur wieder mit Ausrottung verfolgt werden. Der Mechanismus der biologischen Evolution erklärte uns, warum die Selektionsbedingungen des inneren Milieus (der Systeme selbst) jede Abweichung vom etablierten Muster erschwert; aber ebenso, warum erstarrte Systeme nun von den Selektionsbedingungen des äußeren Milieus nicht mehr toleriert werden.

Unsere Hoffnung mag noch darin liegen, daß unsere zweite Evolution, die das könnte, da sie zu schnell geworden ist, um wirkungsvolle Regulative einzubauen, die naturgesetzliche Notwendigkeit dieses Antagonismus zu rationalisieren vermöchte – die Lebensnotwendigkeit seiner Flexibilität; das ist die zur Erhaltung von Ordnungsmustern, von Humanität unentbehrliche Toleranz.

Und sollte es subjektiv befremdlich erscheinen, daß es gerade die Hierarchie ist, die zum generellen Naturgesetz erklärt wird, so dürfte man sein *näherliegendes* Naturgesetz im vorigen Kapitel gefunden haben oder doch im nächsten finden. Wir wollen sogleich zu diesem vorankommen.

KAPITEL VI

Die Ordnung der Interdependenz

A. Einführung und Definition

Das dritte Grundmuster biologischer Ordnung kann man das der ›Interdependenz‹ nennen; der gegenseitigen Abhängigkeit. Es ist mit dem der Hierarchie verflochten, indem Interdependenz Hierarchie ermöglicht, Hierarchie aber Interdependenz voraussetzt. In diesem Sinne ist es elementarer und leichter darzustellen. Die Dokumentation wird vorwiegend Mutations- und Regenerations-Vorgängen zu entnehmen sein.

Die Ordnung der Interdependenz ist durch den Umstand gekennzeichnet, daß Merkmale oder Begriffe (Ereignisse) nur aufgrund ihrer steten Verknüpfung mit bestimmten weiteren und gleichrangigen Merkmalen oder Begriffen in ihrer Bedeutung und Geltung bestimmt werden. Unter Rang ist der hierarchische Rang zu verstehen; und damit ist auch der wesentliche Unterschied zum Ordnungsmuster der Hierarchie definiert. Beschreibt Hierarchie eine Ordnung, die durch Fixierung von Merkmalen übereinander (oder ineinander) bestimmt wird, so beschreibt Interdependenz hauptsächlich eine Ordnung durch Fixierung von Merkmalen nebeneinander.

Auch hier ist es schwierig, von Interdependenzen abzusehen, wie simpel ihre Definition auch erscheint; und zwar nochmals deshalb, weil unser begriffliches Denken wieder ganz von ihnen erfüllt, ja bestimmt wird. Begriffe wie Merkmale sind eben immer zusammengesetzt (oder zerlegbar), und die Mehrzahl dieser Subbegriffe (Submerkmale) dürfen nicht auseinanderweichen, soll sich das Ganze nicht ins Unbegriffene oder Nicht-zu-Merkende (schon hier fehlen die Begriffe) auflösen.

Unser Auge ›gilt‹ nie als würfelförmig, nie mit der Pupille am Rand und der Iris im Zentrum, nie unpaar oder hundertzählig wie Poren, nie wabenförmig oder mit Pelz bedeckt, nie an der Fingerspitze oder an einem Wurm, nie aus Zahnschmelz oder Sekret, nie pulsierend wie ein Herz oder vergänglich wie ein Ruf, und nie kommt es allein auf uns zu. Nur das Gespenstische solcher Wandlung kennen wir, nicht die Realität solcher Möglichkeit. Doch die Farbe der Iris wechselt sowie die Weite der Pupille, die Bewegung des Blickes.

Begriffe wie Merkmale sind durch die feste Verbindung einiger ihrer Eigenschaften gekennzeichnet, während andere in bestimmten Grenzen wechseln dürfen. Nach meist unzähligen Bestätigungen der vergleichenden Erfahrung treten die fest miteinander verbundenen Eigenschaften, die Interdependenten hervor. Und sie setzen das zusammen, was wir eine Definition nennen; die Definition des Begriffes eines Naturdinges jedes Abstraktions- und Komplexitätsgrades. Die Variablen hingegen bestimmen das Spektrum der Ausprägung. Wieder sind es in der Beschreibung des Lebendigen sämtliche Begriffe der Systematik und Strukturforschung, die nach diesem Muster geordnet sind; deren über zehn Millionen dürften schon erfaßt sein (vgl. Einführung Kapitel V). Aber ebenso sind es auch alle übrigen Begriffe unseres Denkens.

Wir müssen also wieder fragen, ob diese Übereinstimmung von Denken und Erscheinung auf Projektion der Denkordnung in die Natur oder auf Wiederholung der objektiven Ordnung in der Denkstruktur beruht.

Fig. VI1: *Beispiele der Auflösung von interdependenter Ordnung.* Kombination bekannter Strukturen zu unbekannten (absurden? unmöglichen?) Formen nach *Hieronymus Bosch.* (Umgezeichnet aus *Baldass* 1943).

a. Eine Phantasiewelt ohne Interdependenz

ist nicht denkbar; eine solche mit Interdependenz-Mängeln (oder -Fehlern) schon. Wir kennen solche Auflösung von Eigenschafts-Koppelungen als das Absurde aus Träumen, als das Groteske in der bildenden Kunst von *Hieronymus Bosch* (Fig. VI1) über den Surrealismus zum phantastischen Realismus sowie aus den Gestalten der Fabeln und der frühen paläontologischen Rekonstruktionen.

All diese abenteuerlichen Gestalten beruhen auf der Lösung realer und der Bildung irrealer Einzelkorrelation, sei es (je nach Geisteshaltung) durch Mangel an Kontrolle, Absicht und Phantasie oder einfach Unkenntnis der Sache. Je mehr interdependente Merkmale sich aus dem Muster der Realität lösen, umso absurder wird das Produkt. Schließlich wird es unkenntlich (unbeschreiblich!) weil selbst der analoge Vergleich nichts Vergleichbares mehr bietet.

Eine Welt ohne interdependente Ordnungsmuster kann, das ist wichtig zu erkennen, überhaupt nicht mehr beschrieben werden; nicht in Worten, nicht in Symbolen, weil selbst die einfachsten unter ihnen (wie die Gerade oder der Punkt) wenigstens eine geringe Anzahl von definierten Merkmalen beinhalten. Sie kann somit nicht einmal gedacht werden. Interdependenz ist ein universelles Prinzip.

b. Von den Voraussetzungen und Formen

der Interdependenz kann man sich eine Vorstellung bilden, wenn man vom Unbeschreibbaren ausgeht. Man kann die Zahl der steten Merkmale abzählen, die in den Eigenschaften eines Gegenstandes sowie in der Definition des korrespondierenden Begriffes nicht fehlen dürfen, soll er derselbe bleiben. Schon in den einfachsten Lebensstrukturen sind die Interdependenzen zahlreich, und gegen die höheren Organismen erreichen sie sehr hohe Zahlen.

Auf den Bahnen der phylogenetischen Veränderungen handelt es sich wieder um Fixierungen, deren Haltbarkeit an der Zeitspanne abgelesen werden kann, über welche, entlang der Zeitachse, die Definition des Merkmalskorrelates zutrifft. Nur sind es nicht, wie bei der Hierarchie, Fixierungen, die aufeinander folgen, sondern solche, die verhältnismäßig gleichzeitig, gewissermaßen nebeneinander auftreten.

Die differential-diagnostischen Merkmale, die in der Diagnose einer systematischen Gruppe oder einer Art nebeneinander stehen, sind stets solche Interdependenzen. Es sind meist zehn bis mehrere Tausend, in rund $2 \cdot 10^6$ beobachteten Beispielen.

Viele Interdependenzen lassen einen Funktionszusammenhang erkennen wie Kiemenbogen und Arterienbogen der Fische, Myomere und Spinalwurzeln der Vertebraten, in Grenzen die Ober- und Unterzähne der Säuger. Aber die Funktionsketten werden lang, vernetzt und abgewandelt, und es kann nicht Wunder nehmen, daß mancher Zusammenhang noch nicht, mancher nicht mehr zu erkennen ist.

Einen ursächlichen Hintergrund werden wir wohl stets annehmen dürfen; als bestehend oder bestanden habend. Für bestehende Funktionszusammenhänge, die wir noch nicht kennen, kann man freilich nur solche Beispiele angeben, in welchen der Funktionszusammenhang eben erst erkennbar wird, z.B. die Beziehung zwischen der Wuchsform des Stockes und der Position der Polypen bei Hornkorallen[1], zwischen der Anzahl der Schalenmuskeln und der Schalenrippung bei Muscheln[2], zwischen den Körperhöhlen und den Bewegungseigenschaften der Würmer[3] usf. Ja, solche Beispiele sind zahlreich genug, um eine Unzahl noch unerkannter Funktions-Interdependenzen voraussehen zu können.[4]

Funktionszusammenhänge, die vielleicht vergangen sind, sind natürlich ebenso zahlreich. Unter den differential-diagnostischen Merkmalen der Säugetiere findet man nebeneinander: Aortenbogen nach links, sieben Halswirbel, Milchdrüsen an der Ventralseite und Haare auf der Haut. Die Notwendigkeit dieser Kombination kennen wir nicht. Sie mag in noch unerforschten Funktionsketten liegen, in der Koppelung durch pleiotrope Gene. Sie mag dem Phänbereich verlorengegangen sein.

Analog den beiden Formen organismischer Interdependenz, erstens der funktionellen und zweitens einer ›transfunktionellen‹, sind vermutlich auch alle anderen Interdependenz-Formen des Zivilisationsbereiches und des abstrakten Denkens strukturiert (Funktionsformen in der Familie; Transfunktionsformen in der Beamtenordnung; Funktionsformen der Wirtschaft; Transfunktionsformen der Etikette). Und, wie wir sehen werden, stets geht die transfunktionelle Form aus Funktionen hervor und endet in Tradierung (vgl. Kapitel VII).

Für die vorliegende Untersuchung ist es zunächst belanglos, ob die Ursache der Kombination sichtbar ist oder nicht. Wichtig ist nur, daß eine Lösung der jeweiligen Interdependenz im höchsten Maße unwahrscheinlich ist. Die Wahrscheinlichkeit, daß z.B. in einem Wirbeltier die Merkmale ›Neuralkanal‹ und ›Chorda-Anlage‹ nicht gemeinsam auftreten werden, ist reziprok der Zahl der Individuen, in welchen diese bisher stets verbunden waren: mindestens $4 \cdot 10^4$ Arten mal $5 \cdot 10^6$ Individuen mal $5 \cdot 10^7$ Generationen. Das ist 10^{-19} (oder 0,000 000 000 000 000 000 1) für jedes auf dieser Erde künftig erwartete Wirbeltier. Das ist so unwahrscheinlich wie die Geburt des Vogel Greif, des Nasobem, der Rhinogradentier[5] oder der Welt des *Hieronymus Bosch*.

1 Der Fachmann findet dies bei *Riedl* und *Forstner* 1968,

2 *Wainwright* 1969,

3 Sehr ausführlich bei *Clark* 1964.

4 Zusammenfassend als ein bis in den Molekularbereich reichendes Prinzip bei *Wainwright* und Mitarbeitern 1974 dargelegt.

5 Entdeckungen, die nachzuschlagen besonders lohnen (beim Dichter *Morgenstern* sowie beim Forschungsreisenden *Stümpke* 1964).

Die Voraussetzung der Entstehung von Interdependenz-Mustern ist also eine Koppelung gleichrangiger Merkmale von nachgerade unwahrscheinlicher Stetigkeit. Die Frage, wie sie entsteht, soll wieder in den beiden, methodisch sauber zu trennenden Schritten beantwortet werden. Empirisch sind die Korrelationen der beiden Phänomene festzustellen und mittels einer Theorie kausal zu verbinden.

B. Morphologie der Interdependenz

Die Korrelation, auf die es bei der Erklärung des Ordnungsmusters der Interdependenz ankommen wird, ist jene zwischen den Interdependenzmustern der Phänsysteme und jenen der Gen-Wirkungen, die diese Phäne aufbauen. Der Biologe wird erkennen, daß wir nun vor jenen Grundproblemen stehen, die als Ko-Adaptation oder Syn-Organisation und als Homöosis bekannt sind. Die Erklärung wird später (Abs. VIC) zu geben sein. Hier sind zunächst nur die beiden Ordnungsmuster zu vergleichen.

1. Interdependenz im Phänsystem

Interdependenz ist im Phänbereich eine so geläufige Erscheinung, daß ich mich kürzer fassen darf. Außer der nötigen methodischen Genauigkeit, die einzuführen ist, werde ich mich auf das Sortieren von Bekanntem beschränken können.

a. Das Erkennen von Interdependenz

hängt von drei Erscheinungen ab. Erstens von der Gewißheit, Gleiches in einem anderen Individuum wiederzuerkennen; zweitens von der Bestimmung der Stetigkeit der Korrelation zweier jeweils gleicher Merkmale; drittens, ergänzend, von der Feststellung der Anzahl der in einem Vergleichsrahmen korrelierten Merkmale. Dabei hat, wie eben festgestellt, die Funktionsbeziehung korrelierter Merkmale keine Bedeutung; sie mag unerkannt oder vergangen sein. Die reine Feststellung der Korrelation bildet das objektive Maß.

(1) *Die Gewißheit*, Gleiches zu vergleichen, ist durch das quantitative Homologie-Theorem zu gewinnen (Abs. IIB2d). Es erlaubt die metrische Fassung von Wahrscheinlichkeit, die an Sicherheit grenzt. Wir vergleichen also Homologa; Einzel- wie Massenhomologa in gleicher Weise, unter Berücksichtigung der Grade der Ähnlichkeiten und der Repräsentanz (vgl. Abs. IIB2e); und wir erinnern uns, daß die Repräsentanz den Anteil der Vertreter einer Systemgruppe angibt, die das Merkmal besitzen.

(2) *Der Korrelationsgrad* ist metrisch faßbar, indem in gleicher Weise

die Repräsentanz zweier Merkmale festgestellt und verglichen wird. Das Ergebnis des Vergleiches soll (etwa in %) angeben, welcher Anteil der Arten, die die verglichenen Merkmale A oder B aufweisen, A und B gleichzeitig trägt.

(3) *Von der Anzahl* der Korrelationen, die innerhalb eines systematischen Rahmens herrschen, kann man sich eine Vorstellung machen, indem man (a) die Anzahl der Rahmen- und Minimum-Homologa abschätzt, (b) innerhalb derselben den Prozentsatz der korrelierten feststellt und (c) die in ihnen erreichten Korrelationsgrade überschlägt.

Als Beispiel sei die Korrelation ›ventrales Herz: dorsale Chordalage‹ des Rahmens der Vertebrata erwähnt. Bezogen auf die, wie eben festgestellt, 10^{19} Individuen, die in der Gruppe wohl bisher auftraten, sowie auf 100 % Repräsentanz und Korrelation, ist nun auch die Wahrscheinlichkeit, daß das nächstgeborene Wirbeltier diese Interdependenz zweier Merkmalsgruppen aufgelöst zeigte, ebenso 10^{-19}. Bezogen auf die bekannten Arten fast 10^{-5}, bezogen auf die bisher wahrscheinlich realisierten Arten etwa 10^{-7} bis 10^{-8}.

b. Der durchschnittliche Interdependenzgrad

der Merkmale einer Gruppe ist leicht abzuschätzen, weil bei guter Kenntnis bereits alle wichtigen Merkmale nach ihrer Repräsentanz, folglich auch nach ihrem Interdependenzgrad vorsortiert sind. Das ist wieder das wichtige Ergebnis der Forschung von mehreren Generationen auf dem Gebiete der vergleichenden Anatomie und Systematik. Diesem Umstand sind wir schon bei der Diskussion der Freiheitsgrade von Homologien (Abs. VB2) begegnet.

Es ist ja eine logische Folge, daß die diagnostischen Merkmale in den jeweils untergeordneten Systemgruppen in abgestufter Weise unvollkommen korreliert sind, die aller übergeordneten Systemgruppen vollkommen interdependente Eigenschaften darstellen.

Im Rahmen der Klasse der *Mammalia* beispielsweise sind die differential-diagnostischen Säuger-, Amnioten-, Tetrapoden-, Vertebraten-, Chordaten- und Deuterostomier-Merkmale (Haare, Amnion, zwei Gürtel, Wirbel, Chordaanlage, sekundärer Mund; je eines genannt) vollständig interdependent; die der Ordnungen, Familien, Genera und Arten von zunehmend unvollständiger Interdependenz.

c. Synorganisation oder Koadaptation

Wo immer wir Einsicht in den Funktionszusammenhang von Interdependenz gewinnen, sprechen wir von Organisation. Der Biologe erwartet sie ja in einer funktionierenden Maschinerie ganz zurecht. Wo immer diese Einsicht nicht vorliegt, denkt man an Zufall (an das Walten eines akausalen oder transkausalen Prinzipes, wie wir den Zufall in Abs. IIB2f und VC3d auffaßten). Wo immer der Funktionszusammenhang offensichtlich ist, nicht aber der ursächliche Mechanismus, der jenen aufbaut und weiterentwickelt, begegnet man dem bekannten Evolutionsproblem der Syn-Organisation oder Ko-Adaptation. Man kann es mit der Frage beschreiben: ›Wie soll man verstehen, daß zunächst unabhängige Merkmale feinste funktionelle Paßflächen herstellen und diese gemeinsam und zweckmäßig weiter-adaptieren?‹

Man denke an die Gefiedermuster, die über viele Federn verlaufen, an die Stridulationsorgane (für die Lauterzeugung) oder die Kopplung von Vorder- und Hinterflügel bei Insekten, die Paßform der Ober- und Unterzähne bei Säugern usf.[6)]

Offen ist stets die Frage der Erklärung. Kritiker der synthetischen Theorie finden in dieser kein erklärendes Modell (z.B. *Remane* 1971). Wie sollten auch die Milieubedingungen die eine der Paßflächen selektieren, wo die andere noch nicht selektiert sein kann? *Osche* vermutet jedoch (1966, p. 889), daß solche Komplexeigenschaften »im Moment der Kombination selektive Vorteile bieten.« Merkwürdig genug: Die Ursache der Synorganisation wird beide Auffassungen bestätigen.

Für uns ist es zunächst nur wichtig festzustellen, daß das Synorganisationsphänomen ein Ausschnitt des Interdependenzproblems ist; ein kleiner Ausschnitt, aber ein besonders illustrativer. Denn genau genommen ist dieses ebenso merkwürdig, wenn wir die Ursache zu kennen glauben; wie etwa die Korrelation des Dickenwachstums eines Knochens mit seinem Längenwachstum. Und es ist ebenso merkwürdig, wenn wir zudem auch den Funktionskomplex nicht sehen: wie etwa in der Korrelation von rechtem Aortenbogen und Federn auf der Haut.

d. *Die Universalität*

des Interdependenzphänomens kann man sich vielleicht am ehesten anschaulich machen, wenn man vom Synorganisationsphänomen ausgehend zwei neue (später freilich wieder unnötige) Begriffe einführt.

(1) *›Syn-Homologie‹* kann der Umstand illustrieren, daß ja jede vergleichbare Struktur, jedes Rahmenhomologon immer wieder aus einer Anzahl Sub-Homologa besteht, deren Gleichzeitigkeit die Voraussetzung seiner erkennbaren Existenz darstellt. Es grenzt doch nicht weniger ans Wunderbare, daß wir trotz völligen Funktions-, Ort- und Formwechsels beispielsweise drei Fisch-Kieferknorpel als Gehörknöchelchen im Innenohr der Säuger wiederfinden (vgl. Fig. II22–26). Überall ist mit interdependenten Querverbindungen zu rechnen, wo die Funktion allein die Stetigkeit, den Koinzidenzgrad zweier gleichrangiger Merkmale nicht erklärt. Und sie wird bei Entstehung von Funktionsbeziehungen stets Pate gestanden sein; beispielsweise bei

[6] Vorzügliche Beispiele geben übereinstimmend *Portmann* 1948, *Cuenot* 1951, *Remane* 1971, *Heberer* (*Schloß-Schlüssel-Kombinate*) 1959a, *Osche* 1966.

der Bildung von Gelenken vordem ja stets independenter Teile, beim ›Finden‹ der Gefäße und Nerven ihrer Versorgungs- und Erfolgsorgane usf. Wir nennen das Organisierung.

(2) ›*Syn-Formation*‹ kann die Interdependenz der Maße bezeichnen; jene Auswägung, die von den Proportionen der Einzelteile über die Abstimmung der Proportionen von Nachbarteilen bis zu den feinst balancierten Proportionsänderungen führt, welche die Entwicklungsbahnen ganzer Organismengruppen dominieren. Wir nennen das Harmonie (und harmonische Transformation).

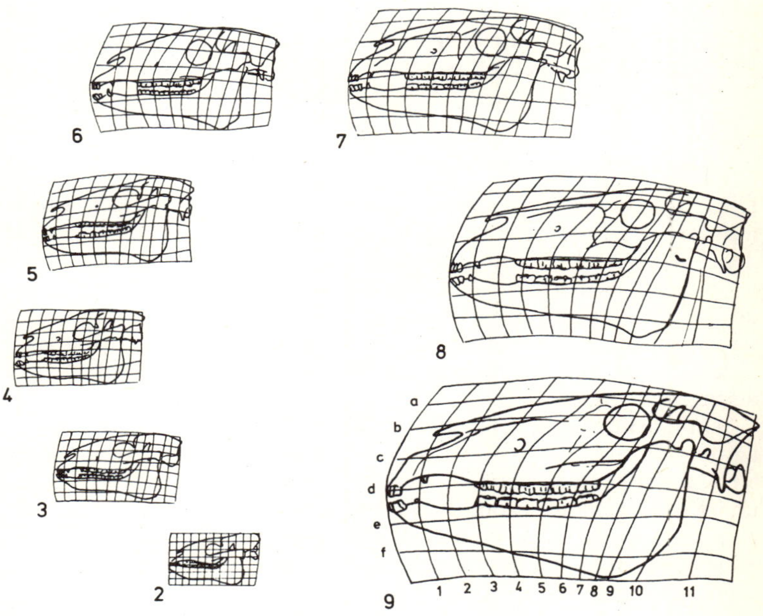

Fig. VI2–9: *Beispiel einer Cartesischen Transformation*: einer sehr harmonischen Proportions-Verschiebung am Falle der Schädel der fossilen (2–8) zu den rezenten (9) Pferden. 2: *Hyracotherium*, 3 und 4: Rekonstruktionen nahe *Mesohippus* (Oligocän), 5: nahe *Parahippus*, 6–7: nahe *Merychippus* (*Protohippus*, Miozän), 9: *Equus*. Netztransformation bei gleichem Maßstab. (Nach mehreren Autoren, aus *Thompson* 1942).

Man bezeichnet solche gerichteten Änderungen oft als Trends, wenn man meint, daß die Milieuselektion zu ihrer Erklärung ausreicht[7], man

[7] Gute Beispiele in *Simpson* 1951.

spricht von Orthogenese, wenn man meint, daß zudem unbekannte, innere Mechanismen steuernd wirken müssen[8], und von Cartesischer Transformation[9], wenn die harmonische Änderung mit einfachen metrischen Größen beschrieben werden kann.

Tatsächlich ist es ja schwer zu verstehen, aus welchem Grund sich z.B. der Schädel der Vorfahren unseres Pferdes über einen Zeitraum von $6 \cdot 10^7$ Jahren ganz gleichsinnig geändert hat (Fig. VI2–9). Wir sind diesem Problem der Ausrichtung oder Orthogenese schon eingangs (Abs. IIB3c und IIC2) begegnet und werden seine Ursache im Gesamtzusammenhange (Abs. VIIIB5b) darlegen.

Kurzum, Interdependenz ist keine Sondererscheinung, sondern ein universelles Phänomen der Organisation und Harmonie der Phäne. Das allein festzustellen wäre eine Trivialität. Es geht aber vielmehr um ihre Ursachen. So ist als nächstes zu fragen, ob Interdependenz auch im Bereich der Genwirkungen nachzuweisen ist.

2. Organisation von Determinations-Komplexen

Die Frage, die hier zu stellen ist, lautet: ›Zeigen die Wirkungen von Determinations-Entscheidungen Organisation, d.h. zweckmäßige Interdependenz?‹ Dabei kann die Zweckmäßigkeit genetischer Interdependenz danach beurteilt werden, wie weit sie mit den funktionellen Interdependenz-Mustern jener Phäne übereinstimmen, die sie determinieren. Denn damit kann eine einzige Änderung im Genom mit komplexen Folgen gleichzeitig eine organisierte (funktionell sinnvolle) Änderung bedeuten.

Schon beim Studium der ›hierarchischen Selektion‹ (Abs. VC1 und 2) hatten wir diese Frage zu bejahen. Wir fanden das Genom in diesem Sinne sogar hoch organisiert (als wir uns mit der Lücke zwischen Gen- und Phänorganisation befaßten). Die Dokumentation ist nun vorzunehmen und wir haben zu diesem Zwecke jene komplexen Wirkungen zu untersuchen, die veränderte (mutierte) Einzelentscheidungen nach sich ziehen können.

a. Pleiotropie und Polygenie

Die erste Voraussetzung für das Bestehen genetischer Determinationsentscheidungen, im definierten Sinne, ist zunächst die Beeinflussung mehrerer Phäne (Merkmale oder Ereignisse) durch eine einzelne Entscheidung. Dies ist nun tatsächlich eine häufige Erscheinung im Mutationsgeschehen und als Pleiotropie wohl bekannt. Dabei sind neben intrazellulären Wirkungen der veränderten Entscheidung durch die Pleiotropieforschung interzelluläre Wirkungen aufgeklärt worden; also

[8] In H.-J. *Stammer* 1959 und

[9] *Thompson* 1942.

Mechanismen, bei welchen durch Induktor- und Hormon-Wirkungen eines Zellsystems andere Zellsysteme beeinflußt werden. Man unterscheidet somit direkte (autochthone) und indirekte (allochthone) Wirkungen, direkt und über zweite oder dritte erreichte Ereignisse (Auto- und Allophäne), sowie Mosaik- und Relations-Pleiotropie.[10)]

(1) *Dieser Relations-Pleiotropismus* ist, in den pleiotropen Genwirkungen stets stärker oder schwächer ausgeprägt und dokumentiert, nun im Bereich der Entwicklungsabläufe die zweite Voraussetzung; daß sich nämlich die Einzelentscheidungen wechselseitig beeinflussen. Wir haben diese Vernetzung der Wirkungen verschiedener Entscheidungen aufgrund der Regulator-Repressor-Systeme des molekulargenetischen Bereiches (vgl. Abs. IIIC3b und IIID1c) ja bereits vorausgesehen. Aber die Relations-Pleiotropie lehrt uns noch eines mehr. »Aufgrund des zeitlichen und räumlichen Auftretens können Zusammenhänge zwischen Autophänen und Allophänen ersichtlich werden« – und so stellt schon *Hadorn*[11)] weiter fest: »Es wird dann möglich, die Merkmale einem ›Stammbaume‹ einzuordnen, der die

(2) *Hierarchie der Phäne* zum Ausdruck bringt.« Damit kann also auch die Art der Verkettung der Entscheidungen und ihrer Wirkungen aufgeschlossen werden. Wenn es uns im Rahmen des Interdependenz-Problems auch nur auf den Nachweis der Verknüpfung von Einzelentscheidungen ankommt, ist diese damit doch noch überzeugender dokumentiert. Ihre Reihenfolge und die parallele ›Hierarchie‹ ihrer Wirkungen wird uns im Rahmen des Tradierungsproblemes (Kap. VII) noch ausführlicher beschäftigen.

Die spektakuläreren Formen von Pleiotropie (vgl. Fig. VI10–12) lassen kaum ein anatomisches Merkmal der Mutante ganz unverändert; oder, sagen wir gleich, ›ungeschädigt‹, denn sie haben alle den Tod zur Folge. Messen wir die Wirkung mit der Zahl der betroffenen Homologa (vgl. Abs. VC1a), dann können wir uns leicht von deren beträchtlichem Umfang überzeugen. Betrachten wir hingegen den Organisationsgrad der Änderung, dann läßt sich ebensowenig Zweckmäßigkeit entdekken.

Wie erinnerlich bestimmen wir den Organisationsgrad (wie in Abs. VC1a) nach dem Umfang der, in den Grenzen des Bauplanes, zweckmäßig veränderten Homologa. In den Beispielen der Figuren VI10–47 werden wir unschwer das ›Zwecklose‹ und Desorganisierte der Änderung erkennen; obwohl das Maß an Ordnung noch immer groß ist, das die verkrüppelten Organe immerhin noch in vergleichbarer Lage und in weitgehend identischer spezieller Qualität erhält.

(3) *Polygenie* nennt man eine weitere häufige Erscheinung des Gen-Phän-Zusammenhanges; und zwar den Umstand, daß nun nicht eine Entscheidung (Gen) mehrere Ereignisse (Phäne) beeinflußt, sondern,

10 Man vergleiche *Hadorn* 1945a oder *Kühn* 1965 und die Übersicht in *Hadorn* 1955.
11 *Hadorn* 1955, p. 191;

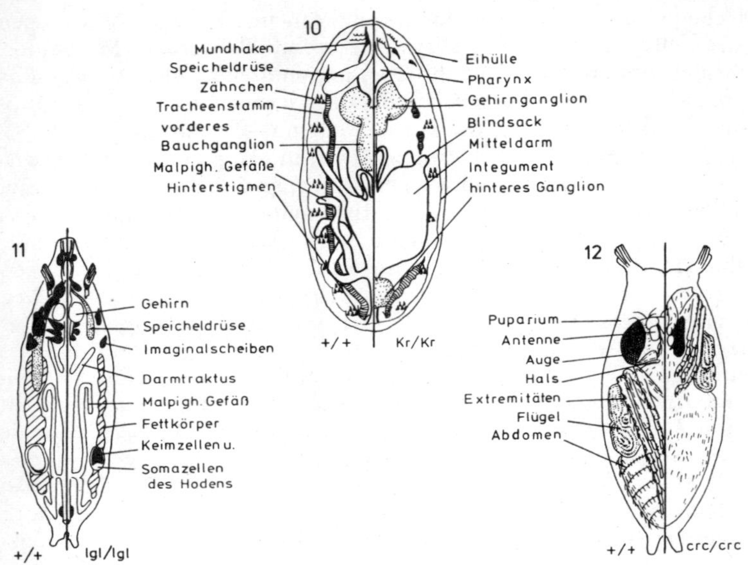

Fig. VI10–12: *Pleiotrope Genwirkungen am Beispiel dreier Mutanten*, des Embryos (10), der Larve (11) und der Puppe (12) der Obstfliege. Links des Trennungsstriches ist stets die Ausprägung der Normal- oder Wildform (+/+), rechts das jeweilige Schädigungsmuster eingetragen (Mutante in Kurzbezeichnung; die entsprechenden Organe sind in jedem Vergleich gleich ausgewiesen; aus *Hadorn* 1955).

verkehrt herum, ein Ereignis (Phän) von mehreren Entscheidungen (Genen) abhängt (z.B. sind mehr als 40 Gene am Auge der *Drosophila* beteiligt).[12] Insofern bilden Pleiotropie und Polygenie einen Gegensatz.

Wir erkennen aber sogleich den uns hier interessierenden Zusammenhang, wenn wir uns fragen, wie denn der Pleiotropie-Effekt überhaupt zu erkennen ist. Wie wissen wir, daß es sich bei den veränderten Merkmalen einer Mutante nicht um ein, sondern um mehrere Phäne handelt? Wir erkennen das daran, daß andere Mutanten nur einzelne dieser Merkmale verändert zeigen. Andere Gene wirken also auf dieselben Merkmale. Schon daran erkennt man, daß das Phänomen der Pleiotropie mit dem der Polygenie gekoppelt ist. Wir könnten also die Verschränkung der Genwirkungen zu interdependenten Komplexen (allerdings methodisch umständlicher) auch am Polygenie-Effekt ermessen.

[12] *Kühn* 1965, p. 543.

Den Nachweis der dritten Voraussetzung für das Vorliegen organisierter Interdependenz im genetischen Determinationsgeschehen muß ich noch erbringen. Es muß gezeigt werden, daß diese zusammengesetzten und wechselabhängigen Determinationskomplexe zweckmäßig organisiert sind, d.h. in einer Weise geschaltet sind, um sinnvoll organisierte Phänkomplexe zu erzeugen. Mutationen von komplexen, aber funktionell geschlossenen Phänsystemen liefern dafür die Dokumente. Man hat diese Groß- oder System-Mutationen genannt, faßt sie heute aber eher unter dem Begriff

b. Homöotische Mutationen

zusammen und benennt diese nach der anatomischen Vergleichbarkeit der entstandenen Änderung als Doppelbildungen, Ersatzbildungen oder als Formen von spontanem Atavismus. In jedem der Fälle handelt es sich um eine zusammenhängende Änderung zahlreicher Einzelphäne aufgrund der Mutation in einer *Einzel*entscheidung (eines einzelnen Gens oder Cistrons).

(1) *Doppelbildungen* sind gut bekannt, beispielsweise die Formen der berühmten *Bithorax*-Mutante der Obstfliege[13)], in der das Metathorax-Sigment der Brustregion wie ein zweites Mesothorax-Segment ausgebildet wird. Die Figuren VI13–15 geben eine annähernde Vorstellung von der Fülle der Merkmale, die spontan in verdoppelter Weise aufzutreten vermögen.

Nicht nur die Form des Mesothorax ist wiederholt, auch dessen Behaarung, die einzelnen Borsten, das *Scutellum* finden sich wieder, die Halteren sind mit in Flügel verwandelt, mit vielen Einzelheiten deren Venen und Borsten, und selbst das dritte Beinpaar nimmt Merkmale des zweiten an. Bei guter Ausbildung ist die Übereinstimmung des überzähligen Stückes mit dem Original so groß, daß es isoliert vom erfahrenen Systematiker gewiß als Teil der Species *Drosophila melanogaster* erkannt werden könnte. Dies ist die überzeugendste Bestätigung für den beträchtlichen Umfang aufeinander sinngemäß abgestimmter Lage- und Strukturmerkmale.

In der inneren Organisation aber häufen sich die Fehler, sei es im Fehlen von Teilen der Flugmuskulatur, der Innervation, der Abstimmung, auf jeden Fall der Funktionstüchtigkeit. Diese Erscheinung haben wir als die ›Organisations-Lücke‹ in den Determinations-Komplexen (vgl. Abs. VC1) schon erörtert. Daß aber in der Organisation eines Determinations-Komplexes von Mängeln, von einer Lücke gesprochen werden kann, ist wiederum ein Hinweis darauf, welches

[13] Einzelheiten und weitere Literatur bei *Shatoury* 1956, *Waddington* 1956 und 1957, *Lewis* 1964; neuere Literatur in *Kiger* 1973.

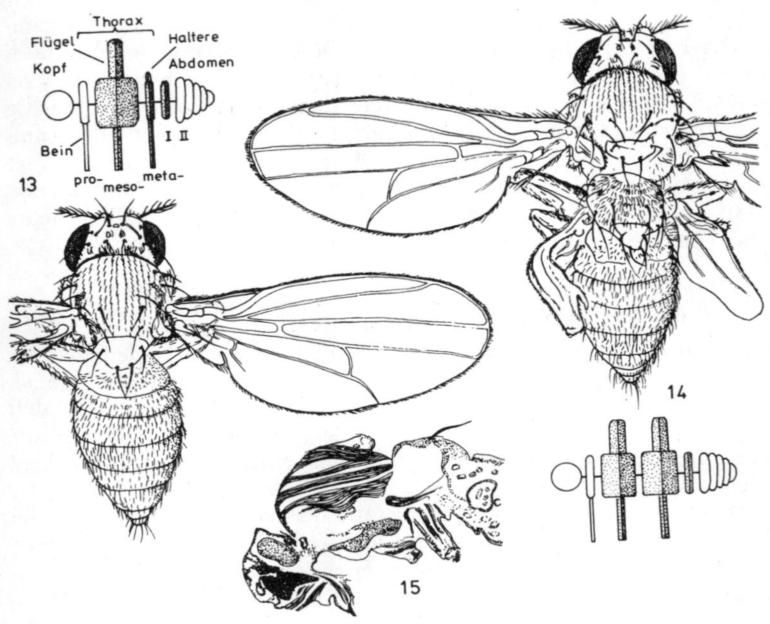

Fig. VI13–15: *Bithorax-Mutante der Obstfliege.* 13: Die Normal- oder Wildform. 14: Die Mutante (beide in Rückenansicht und mit den Schemata in Seitenansicht). Beachte die fast vollständige Verdoppelung der Thoraxmerkmale einschließlich der Flügel. 15: Die Mutante in einem Längsschnitt durch den Kopf und die verdoppelte Brustregion. Deutlich die Mängel, z.B. das Fehlen der Flugmuskulatur im zweiten Thorax. (14 und 15 aus *Waddington* 1957 und *Lewis* 1964).

hohe Maß an Abstimmung der Komplex des Zusammenwirkens einer Vielzahl von Genen erreichen kann, die allesamt (wie gebündelt) letztlich von einer einzigen Genentscheidung abhängen.

(2) *Ersatzbildungen* sind vielleicht noch eindrucksvoller, weil ein in sich wieder wohlabgestimmter Komplex an Merkmalen an einer ganz unpassenden Körperstelle auftreten kann, gewissermaßen ein anderes Organ ersetzt, welches man dort erwartet hätte.

Unter diesen Ersatzbildungen, als das Resultat von Einzelmutationen, sind es (wohl aus Gründen leichterer Beobachtbarkeit) überwiegend Körperanhänge, die durch einen nicht an die Stelle gehörigen Anhang ersetzt werden: Beispielsweise – und wieder bei der Obstfliege –

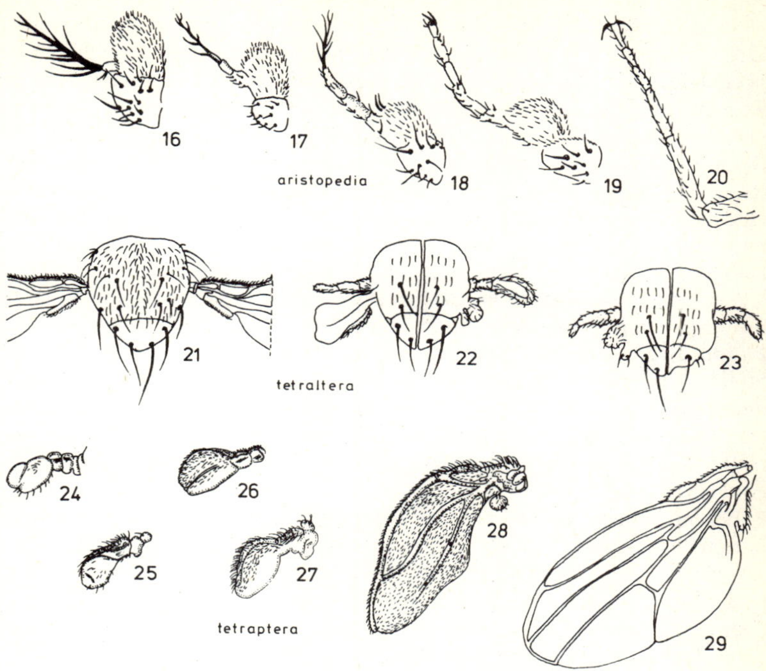

Fig. VI16–29: *Homöotische Mutationen und ihre Ausprägungen* bei der Obstfliege. 16: Normale Antenne, 17–19: *Aristopedia*-Mutanten mit zunehmender Ausprägung des Antennenfußes, also von Beingliedern anstelle des Endteiles (der Arista) der Antenne, 20: normaler Tarsus des linken Hinterbeins, 21–23: *Tetraltera*-Mutanten abgestufter Abwandlung. Die normalen Flügel (wie in Fig. 29) werden in Schwingkolben (Halteren) verwandelt (normale Ausbildung in Fig. 24). 25–28: *Tetraptera*-Formen; die Halteren (24) werden in abgestufter Weise dem Flügel (Normalflügel 29) ähnlich. (Fig. 16–20 und 24–28 aus *Kühn* 1955, 21–23 aus *Goldschmidt* 1961).

Flügel anstelle der Halteren, Bein- oder Antennenstrukturen an der Proboscis, Beinstrukturen am Auge oder anstelle der Antenne usf.[14]) Von der letzteren, der *Aristopedia*-Mutante geben die Fig. VI17–19 eine Vorstellung. Wieder ist eine große Anzahl an Bein-Merkmalen struktur- und lagegerecht zusammengetragen.[15])

14 Diese und noch viel mehr einschlägige Mutanten sind lange bekannt und in *Bridges* und *Brehme* schon 1944 zusammengestellt;

15 *Balkaschina* 1929, siehe auch *Roberts* 1964 oder *Gehring* 1966.

Selbstverständlich sind auch die Mängel wieder unverkennbar. Die Organisationslücke ist eindeutig. Man bedenke allein die Anzahl funktioneller Unmöglichkeiten, beziehungsweise die für die Funktion eines Beines in Fühler-Position erforderlichen Voraussetzungen in Innervation, Motorik und Gehirn. Aber es ist wiederum unverkennbar, daß die Befehle für eine Fülle von Beinmerkmalen sinnvoll organisiert sind; daß sie einen so geschlossenen (gebündelten) Komplex von Determinationsentscheidungen bilden, daß diese mit der Änderung eines einzigen Befehles auch an einer ganz unpassenden Stelle in einer Vielzahl ihren Einzelheiten abgestimmt befolgt (realisiert) werden können.

(3) *Spontaner Atavismus.* Haben wir es bei den Doppel- und Ersatzbildungen mit Strukturkomplexen zu tun gehabt, die im System der Phänmuster des jeweiligen Organismus, wenn auch an einer anderen Stelle, durchaus vorhanden sind, so gibt es darüber hinaus mutative Änderungen, bei welchen das nicht der Fall ist. Erkennt man, daß das Muster einer solchen spontan auftretenden Veränderung in Ahnen des betreffenden Organismus realisiert war, so spricht man von spontanem Atavismus.

Das auffallendste Beispiel, die Mutante des dreizehigen Pferdes (wir hatten es in Absatz VC1a schon zu erwähnen), zeigt solch ein altes Muster. Dabei erkennt man, daß die zusätzlich auftretenden Seitenzehen (vgl. Fig. VII2–8, p. 307) nicht nur die früher funktionsgemäße Knochenzahl, Gelenke, Insertionsstellen und Proportionen besitzen, sondern daß auch die zugehörigen Muskeln eine weitgehend funktionale Anordnung aufweisen können. Da das ›sinnvolle‹ Zusammentreten dieser Merkmale durch den Zufall nicht zu erklären ist, muß es sich um das Hervortreten eines alten, noch erhaltenen Musters handeln. In diesem Zusammenhang wird uns dieses Phänomen noch eingehender befassen (in Absatz VIIB1 kommen wir darauf zurück).

c. Alle erfolgreiche Änderung ist organisiert

Nichts von alledem ist dem Biologen neu. Im Gegenteil, die Universalität von Pleiotropie und Polygenie hat – wie schon festgestellt – längst die ›Ein-Gen-Ein-Merkmal‹-Hypothese abgelöst, und homöotische, zweckmäßig regulative Phänomene beginnt man im Bauvorgang aller Phänbereiche kennenzulernen. Wo immer viele Befehle zu einer komplexen Ausführung zusammenwirken, müssen wir annehmen, daß sie aufeinander abgestimmt sein, ja wechselseitig beeinflussen, regulieren oder dominieren müssen. Die auffallenden homöotischen Mutationen sind eben nur die augenfälligsten, gewissermaßen makroskopischsten Ereignisse einer universellen Homöosis der Genwirkungen.

Entsprechend dieser heute auf der ganzen Linie bestätigten Auffassung, ist das Homöosis-Phänomen auch bevorzugt zum Ansatz der generellen Genesetheorien geworden.[16] Das Ziel dieser Theorien ist es, von der Struktur des Zusammenwirkens der genetisch verankerten Befehle, namentlich im Ablauf der Embryonalentwicklung eine Vorstellung zu bekommen. Dies ist das entwicklungsphysiologisch-genetische Problem des *epigenetischen Systems*, das auch für uns das Ziel der Untersuchung ist.

Freilich muß bei wahllosen Änderungen, wie sie Mutationen eben stets bedeuten, ein gerütteltes Maß an Chaos produziert und wieder selektiv ausgeschieden werden. Die Häufung der Homöose-Phänomene läßt aber keinen Zweifel darüber bestehen, daß das epigenetische System in höchstem Maße organisiert ist: Und nur das war vorerst zu belegen.

3. Organisation des Determinations-Flusses

Erinnern wir uns, bevor wir weiter müssen, der eingangs gestellten Frage: Zeigen die Wirkungen der Determinations-Entscheidungen Organisation, also zweckmäßige, d.h. eine dem Muster der Funktionsabhängigkeit ihrer Phäne entsprechende Interdependenz? Erstens, so stellten wir sicher (in Abs. VIB2a1), die Häufung von Pleiotropie und Polygenie dokumentiert eine universelle Verflechtung der Genwirkungen. Zweitens (Abs. VIB2a2), die Wechselabhängigkeit ist ebenfalls als durchgehendes Prinzip anzunehmen. Und drittens (Abs. VIB2b), diese Interdependenz zeigt im Homöosis-Phänomen Muster, die den Phänmustern zweckmäßig entsprechen. Das einzelne, d.h. von einer einzigen ›Generalentscheidung‹ abhängige Bündel interdependenter Entscheidungen ist in sich selbst zweckmäßig organisiert. Der Beweis ist das Entstehen von Organisiertem an unzweckmäßiger Stelle, von Richtigem am falschen Ort.

Wir können Analogien in den Fehlern und Folgen des Zivilisationsbereiches überall finden, z.B. in der militärischen Übung, in welcher der Angriff nach organisierten Instruktionen ganz zweckmäßig abläuft (Vorhut und Nachhut halten Distanz, die Infanterie sichert die Panzer, Artillerie, Stab und Küche gehen in Stellung), nur der Feind fehlt, weil in der Schreibstube das Datum verdreht wurde. Oder: In der komplizierten Gleichung, die wir *lege artis* richtig, doch mit falschem Ergebnis lösen, weil im Ansatz ein Stellenwert vertauscht war.

Wir können unserer Sache bereits sicher sein, obwohl wir Organisation bislang nur am Beispiel von Fehlern im Ansatz (im Original-Code, also erblichen Fehlern) darstellten. Wir können sie aber noch weiter absichern, indem wir das Ergebnis von Fehlern in der Durchführung, im Fließen organisierten Determinations-Geschehens betrachten.

[16] Man vergleiche z.B. *Lerner* 1954, *Waddington* 1957, *Stern* 1968 und die dort reichhaltig zitierte einschlägige Literatur, sowie die von *Locke* redigierten Symposienbände, z.B. von 1966 und 1968.

Gewissermaßen das Ergebnis jener Irrtümer, die während der Übung vom Stab oder während der Rechnung von uns selbst gemacht werden.

Auch das Ergebnis von Fehlern im Determinationsfluß müßte Organisation zeigen. Tatsächlich steht hierfür eine noch umfänglichere Dokumentation zur Verfügung: das Material der *Transdetermination* im weitesten Sinne.

a. Phänokopie

Setzt man einen Entwicklungsvorgang – den Montageablauf der Gen-Wechselwirkungen (den Rechenvorgang *lege artis* unseres Beispieles) – einer Störung aus, einem Gift, einem klimatischen Streß, dann gelingt es immer wieder, den Phänzustand bestimmter Spontanmutanten zu kopieren. Man hat damit jene *sensible Phase* gefunden, in welcher eine falsche Entscheidung (ein falscher Ansatz) aus dem Originalcode zur Wirkung gekommen wäre, und hat deren Fehlleistung durch eine Störung ersetzt.

Solche Phänokopien sind in großer Zahl bekanntgeworden, meist gut reproduzierbar (gleiche Fehler an gleicher Stelle bei gleicher Rechnung und Ansatz führen zu gleichem Ergebnis), und bilden eine Hauptmethode, Zusammenhang und Reihenfolge des Epigenesevorganges (des Systems der Gen-Wechselwirkungen) zu erforschen.[17] Bis zu den komplexesten Änderungen wie dem erwähnten Bithorax-Phänotyp der Obstfliege lassen sich Spontanmutanten kopieren und darüber hinaus noch in ihre Wirkungsabschnitte und Submuster zerlegt analysieren. Das Ergebnis sind dieselben überzeugenden Organisationsmuster interdependenter Genwirkungen.

b. Heteromorphose

Noch umfänglicher und bekannter wird das Material unserer Dokumentation, wenn man zu jenen Fehlern, die das Experiment in den Entwicklungsablauf hineinbringen kann, jene hinzunimmt, welche die Natur fortgesetzt selber macht. Bei diesen Ergebnissen *atypischer Regeneration*[18] sind wir zwar in der Regel über den Zeitpunkt, nicht aber über die Ursache des Fehlers informiert, können jedoch hinsichtlich des Vorliegens eines Fehlers in der ›Informations‹-Weiterleitung gewiß sein; ja die Übereinstimmung mit den Formen der homöotischen Mutationen ist so groß, daß wir die dort (vgl. Abs. VIB2b) verwandte Einteilung übernehmen können.

17 Übersichten in *Hadorn* 1955, *Lerner* 1953, *Waddington* 1957, *Stern* 1968, *Hadorn* 1966b, *Waddington* 1966, und dort die weitere Literatur.

18 Schon 1927 konnte von *Korschelt* umfangreiches Material zusammengestellt werden.

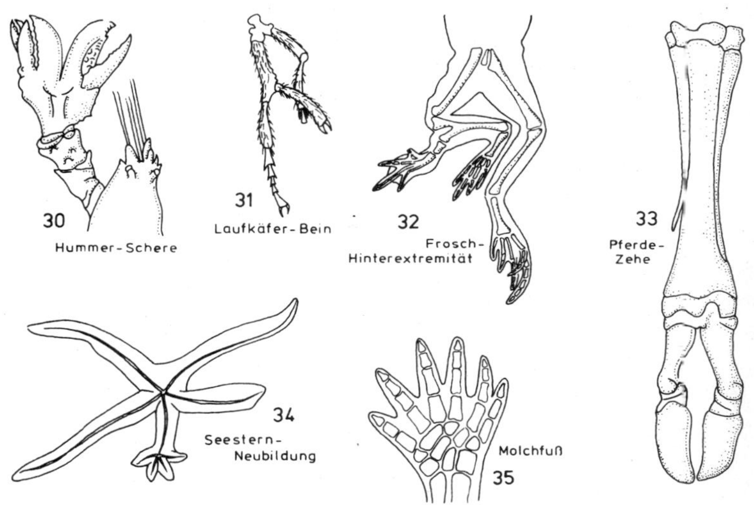

Fig. VI30–35: *Doppelbildungen komplexer Körperanhänge.* 30: Scheren-Verdoppelung bei *Homarus americanus*, 31: Dreifachbildung, Nebenschenkel und Nebenschiene bei *Carabus nemoralis*, 32: Super-Regeneration eines Fußes am Unterschenkel bei *Rana temporaria*, 33: Verdoppelung der Mittelzehe am Vorderfuß bei *Equus*, 34: Neubildung eines Individuums an der Armspitze bei *Linkkia multifora*, 35: überzählige Zehe (Polydactylie) am Molchfuß. (Nach mehreren Autoren aus *Korschelt* 1927).

(1) *Doppelbildungen* und überzählige Bildungen an Extremitäten und Körperanhängen von jeweils organisierter Form kennt man von den Coelenteraten bis zu den Säugern (Fig. VI30–35), unter welchen die Vervielfachung von Krebsscheren, Insektenbeinen und Wirbeltierfingern besonders häufig ist.

Aber auch Verdoppelungen und Vervielfachungen des Hauptstammes (z.B. von Köpfen und Schwänzen; Fig. VI36–41), sind nicht selten und von den Strudelwürmern (wo man sie durch Einschnitte leicht hervorrufen kann) bis zum Menschen bekannt. Und man mag sich vor Augen halten, welcher Komplexitätsgrad an Phänen beispielsweise bei der Verdoppelung oder Verdreifachung des Vorderkörpers eines menschlichen Fötus jeweils ›sinngemäß‹ aufeinander abgestimmt ist.

(2) *Ersatzbildungen* durch wiederum in sich geordnete Organe an falscher Stelle (vgl. die Beispiele in Fig. VI42–47), zeigen uns ein weiteres Mal den Vollständigkeitsgrad der Organisation von Determina-

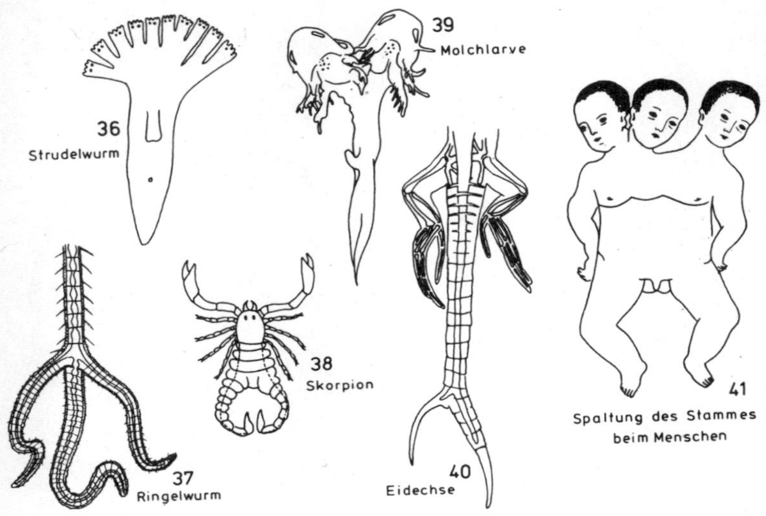

Fig. VI36–41: *Doppelbildungen in der Hauptachse.* 36: *Dendrocoelum lacteum*, zehnköpfig durch fortgesetzte Schnitte, 37: *Tubifex rivulorum* mit drei Körperenden, 38: *Euscorpius germanus* mit doppeltem Hinterleib, 39: *Triton taeniatus* nach Schnürung doppelter Vorderkörper, 40: *Lacerta muralis* mit Gabelschwanz (nach einem Röntgenbild), 41: Dreifachbildung bei einem Knaben, die teils bis in den Rumpf reichen dürfte. (Nach mehreren Autoren aus *Korschelt* 1927).

tionskomplexen; die Bündelung und Interdependenz einer Vielzahl von genetischen Entscheidungen, deren zahlreiche Phäne funktionelle Zusammenhänge bilden; wieder mag ein einziger Fehler in der Montagestrecke genügen, um uns vorzuführen, daß selbst an völlig verfehlter Stelle eine abgetrennte Einheit gebündelter Determinations-Entscheidungen sinnvoll organisiert bleibt, da sie in sich Abgestimmtes erzeugt.

Die Analogie solch, in der Isolation sinnlos, aber planvoll ablaufender Organisation, ist uns ja wieder aus dem Zivilisationsbereich bekannt, z.B. das planvolle Ablaufen einer Suchaktion, die nicht weiß, daß an ganz anderer Stelle zu suchen wäre, einer Auslandsmission, die nicht weiß, daß ihre Firma schon zugrunde gegangen, der Kriegsführung versprengter Soldaten, die nicht wissen, daß der Krieg längst beendet ist.

(3) *Atavismen* sind unter den Heteromorphosen ebenso bekannt und deuten neuerlich (vgl. Abs. VIB2b) auf das Wirken alter, noch immer konservierter Montage-Anleitungen. Und wiewohl man in vielen Fäl-

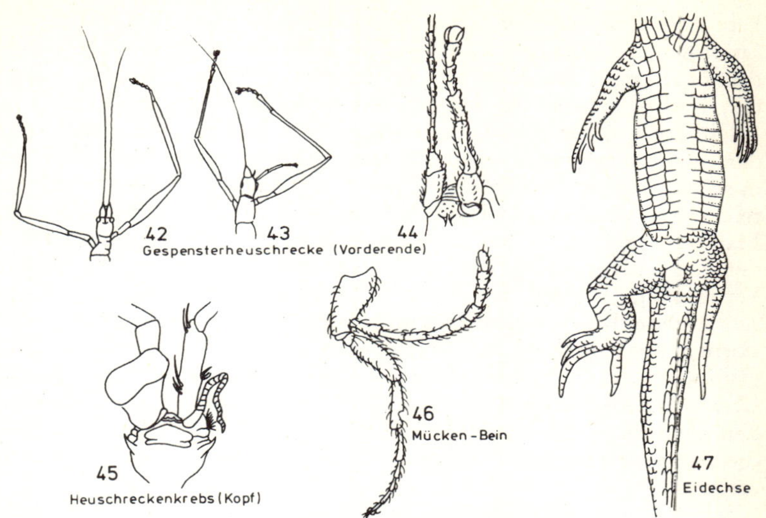

Fig. VI42–47: *Regenerative Ersatzbildungen* von Körperanhängen. 42–44: *Dixippus morosus* Imago, 42: normales Vorderende, 43: verlorener rechter Fühler als atypische Bein-Bildung regeneriert, 44: Detail derselben, 45: *Squilla pallida*, rechtes Auge als Antennula-ähnlicher Anhang regeneriert, 46: *Dilophus tibialis*, rechtes Vorderbein mit am Hüftglied entspringender Antenne, 47: *Lacerta muralis*, verstümmeltes linkes Hinterbein durch schwanzähnlichen Anhang ersetzt. (Nach mehreren Autoren aus *Korschelt* 1927).

len darüber diskutieren kann,[19] welche atypische Regeneration zufällig oder ursächlich einer verflossenen Bauform entspricht, gibt es doch viele, offenbar eindeutige Fälle: die fünffingrige Amphibienhand, den entwickelten Hinterlauf bei Walen, die urtümlichere Beschuppung des regenerierten Eidechsenschwanzes, die urtümlichen Fühler-Regenerate bei Anneliden, in weiterem Sinne das Auftreten bepelzter oder geschwänzter Menschen. Wir werden – wie schon gesagt – darauf in Kapitel VII noch näher einzugehen haben (vgl. dazu auch Fig. VII2–16, ab p. 307).

c. Regeneration und Vermehrung

Dem Ergebnis von Fehlern, sei es im Ansatz, sei es im Ablauf, der Genwirkungen hat unser Interesse gegolten, weil es merkwürdigerweise die

[19] Die schon von *Morgan* 1907 und von *Herbst* 1916 (siehe dort die früheren Arbeiten) ausgesprochenen Warnungen kann man ebenfalls bereits 1927 bei *Korschelt* nachschlagen.

Fehler im Funktionieren eines Mechanismus sind, die uns die Organisation seiner Funktion klarmachen. Es wäre aber absurd anzunehmen, daß diese Organisation nur bei den Fehlern zusammenträte. Im Gegenteil, das Erstaunliche ist, daß sie trotz der Fehler bestehen bleibt.

Die viel größere Häufigkeit erfolgreicher, fehlerloser Regeneration darf nicht vergessen werden, ja daß bei allen Organismen, die sich durch Knospung und Teilung ungeschlechtlich vermehren, die erfolgreiche Regeneration ein Fortpflanzungsprinzip schlechthin bedeutet. Man bedenke den Umfang und die Organisation der vorauszusetzenden Regulative im Falle von *Autotomie*; eine Form ungeschlechtlicher Vermehrung, die auf der erfolgreichen Regeneration sich selbst abschnürender Körperteile beruhend weit verbreitet ist. Man denke an die Formen der *Knospung*, bei welcher selbst kleine Gewebsteile, ja Zellgruppen in der Lage sind, wieder komplette Organismen aufzubauen. Und man denke an die *eineiigen Zwillinge*, die beweisen, daß selbst bei den höchstorganisierten Organismen die ersten Furchungszellen noch die Fähigkeit besitzen, den abgetrennten Rest regulativ vollkommen zu ersetzen.

Ich laufe mit dieser Darstellung Gefahr, offene Türen einzurennen, denn, daß Regulation und Homöosis ein universelles Prinzip des Lebendigen darstellt, darüber ist man sich natürlich längst einig. Nicht die Grenzen dieser Universalität bilden das Problem; vielmehr die Frage, welcher Mechanismus das Zustandekommen so außerordentlich zielführender, finaler, zweckmäßiger Regulative in den Gen-Wechselwirkungen fertigbringen konnte. Dies ist das Homöose-Problem, wie es in jeder einzelnen Interdependenz von Determinations-Entscheidungen auf uns zukommt und wie es als Gesamtphänomen eine Erkenntnisfrage schlechthin bedeutet: Ein Grundproblem, dessen scheinbare Unlösbarkeit den Vitalismus auf den Plan gerufen hat und das wir aber auch in seiner naturwissenschaftlichen Perspektive in den Überlegungen *Hartmanns ›Nexus organicus‹*[20] wiederfinden werden.

Drei Fragen stecken im Homöosis-Problem: Wie weit, in welcher Weise und wodurch ist das epigenetische System final organisiert? Die erste ist beantwortet: Das Epigenesesystem ist universell organisiert. Die zweite haben wir nun näher bestimmt: Die Art seiner Organisation entspricht, bis auf Organisationslücken, offenbar ganz den funktionellen Interdependenzmustern der jeweils entsprechenden Phäne. Denn diese sind ja das Maß, um seine Zweckmäßigkeit überhaupt beurteilen zu können. Die dritte können wir nun untersuchen.

(Und gibt es einen Mechanismus, der die Interdependenz-Muster der Gene den Funktionsmustern ihrer Phäne angleicht, dann bestätigt sich auch nochmals unsere Ableitung von deren Ähnlichkeit.)

[20] *Nicolai Hartmann* 1950; vgl. auch Abs. VIIIB4b.

C. Selektion der Interdependenz

Nach den Erfahrungen mit den Ordnungsmustern von Norm und Hierarchie ist bereits klar, wo nach dem Mechanismus, der die Interdependenz von Genwirkungen aufbaut und bewahrt, zu suchen ist. Es muß wieder eine Form der Selektion sein. Ja, wir hatten schon bei der Erörterung der hierarchischen Selektion festzustellen (Abs. VC1 und VC1a), daß die Vorteile auch dort in einer Selektion zweckmäßiger Verkettung von Genwirkungen gelegen sein müssen; in einer Organisation, wie wir nun sagen können, des epigenetischen Systems.

1. Die Vorteile imitatorischer Interdependenz

Wie wir schon voraussehen, liegen die selektiven Vorteile der Interdependenz von Entscheidungen besonders klar, und wir können unsere Überlegungen über die Mechanismen und Notwendigkeiten der Gleichschaltung von Determinations-Entscheidungen sogleich wieder dort aufnehmen, wo wir sie (in Abs. IIIC3a und b) verlassen haben.

So einfach auch die Dinge liegen, wir leiten damit aber doch nicht weniger als ein kausales Modell der Strukturierung des epigenetischen Systems ab, das selbst so grundlegende Konsequenzen für das Verständnis der Möglichkeiten des Lebendigen und seiner Genesis hat, daß größte Umsicht am Platze ist. Ich will darum auch gleich Quantitatives, Qualitatives und Dynamisches im Modell trennen.

a. Die Einengung des Zufalles

Diesen Aspekt, den quantitativen, kennen wir ja bereits (Abs. IIIC3a): Die Chance des Auftretens eines Ereignisses ist so groß wie das Produkt der Chancen seiner independenten Voraussetzungen. Ins Biologische übertragen: Die Chance einer adaptiven Änderung ist gleich dem Produkt der Chancen der für sie erforderlichen Mutationen. Die mittlere Wahrscheinlichkeit (P) des Auftretens einer Mutation (P_m) haben wir (großzügig) mit 10^{-4} angenommen. Kann durch Gleichschaltung von Determinationsentscheidungen auch nur eine der für das Ereignis erforderlichen eingespart werden, dann beträgt der Selektionsvorteil ($V_v = P_m^{-1} = 10^4$) bereits das Zehntausendfache.

Erinnert man sich daran, daß auch von den eingetretenen Einzelmutationen nur ein kleiner Prozentsatz Erfolg hat und daß es zudem auf die Abstimmung der Veränderung ankommen muß (Formel 26, p. 139), dann steigt der Selektionsvorteil einer einzigen Gleichschaltung noch um weitere Potenzen.

Nun haben wir die Polygenie eben als ein universelles Phänomen kennengelernt und wissen, daß die meisten Phänsysteme nicht nur von zwei, sondern von mehreren, ja vielen Genen (bis 40) determiniert werden. Umgekehrt kennen wir Pleiotropie (Abs. VIB2a) als ein ebenso weit verbreitetes Phänomen, das uns zeigt, bis zu welcher Breite die Verzahnung der Wirkungen reicht. Zusammengenommen führten uns weiter die homöotischen Mutationen vor (Abs. VIB2b), in welcher Vielzahl Einzelentscheidungen von einer einzigen regulativ dirigiert werden können.

Da nun auch der molekulare Mechanismus der Gleichschaltung im Regulator-Repressor-System im Prinzip aufgeklärt und universell verbreitet scheint, können wir die Ausnützung von Gen-Interdependenz aufgrund ihrer außerordentlichen Selektionsvorteile (von mindestens 4 bis 30 Größenordnungen) nicht nur fordern, sondern als völlig etabliert betrachten.

Damit ist allerdings noch nicht das Wesentliche konstatiert. Wir befinden uns beruhigenderweise zwar in voller Übereinstimmung mit der heute geltenden Epigenese-Theorie, haben aber zunächst nicht mehr beigetragen als eine gewisse Vorstellung vom Selektionsvorteil der einzelnen Interdependenz-Schaltung. Wie aber, so müssen wir nun fragen, wird gleichgeschaltet; und gibt es die Möglichkeit einer Voraussicht vom Muster dieser Schaltung?

Und auch dies als neuen Gedanken zu propagieren, ist mir unmöglich, ohne auf die Fülle des in dieser Richtung schon geleisteten Denkens hinzuweisen; in welchem Umfang etwa die Konzeption *Baltzers* (1952) und noch mehr *Waddingtons* ›Archigenotypus‹ (1957) die folgenden Überlegungen antipiziert haben. Wir werden das in den Konsequenzen (Abs. VIIIB4) zu würdigen haben.

b. Imitation der Phänmuster

Der Selektionsvorteil der Gleichschaltung von zwei im Genom verankerten Entscheidungen muß ja davon abhängen, ob es für den vom Milieu verlangten Vorgang der Adaptierung vorteilhaft ist, die beiden (wie wir zunächst annehmen müssen) nun von jenen abhängigen Einzelphäne gleichsinnig zu verändern oder nicht. Und das wird nun wieder vom Funktionszusammenhang dieser beiden Phäne unter den jeweiligen Umweltbedingungen bestimmt.

(1) *Drei Möglichkeiten* sind zu bedenken: dreierlei Funktionsbeziehungen genetisch independenter Phäne, wiewohl von ungleicher Häufigkeit (positive, indifferente und negative).

Indifferente Beziehungen möchte man auf den ersten Blick als häufig erachten. Denn es scheint viele Merkmale zu geben, die funktionell nichts miteinander zu tun haben: z.B. Augenfarbe und Flügeläderung, Zehenlänge und Kräuselung des Pelzes usf. Es mag auch im Augenblick tatsächlich gleichgültig sein, ob sie gekoppelt werden oder nicht. Steht kein Selektionsdruck hinter der Neuerung einer solchen Gleichschaltung, dann besteht auch kein Grund zur Annahme, daß sich die Mutante durchsetzte. Erst wenn sich irgendein Vorteil mit ihr verbindet, wenn auch nur ein geringer, wird sie die Population bald überschwemmen. Stellt sich aber ein Nachteil ein, indem es sich als unvorteilhaft erweist, etwa mit dem vorteilhaften Verdichten des Pelzes eine ganz außer Anpassung geratene Verlängerung der Zehen mitschleppen zu müssen, so wird die Neuerwerbung bald wieder verdrängt sein (solange sie mit geringer Bürde noch zu verdrängen ist).

Da die Funktionsansprüche in den wechselnden ökologischen Nischen stets in Bewegung sein, ja die Richtung der geforderten Anpassung wechseln werden, müssen wir erwarten, daß sich eine Indifferenz funktioneller Beziehungen nicht lange halten wird. Das Überwiegen der Vor- und Nachteile (der Positiva und Negativa) wird sich dank der Sensitivität der Selektierten bald herausstellen. Die indifferenten Beziehungen werden nicht dominieren.

(2) *Die Förderung der Imitation* funktioneller Phän-Abhängigkeiten wird erstens von der Bedeutung, zweitens von der erforderlichen Genauigkeit und drittens von der Dauer der Funktionsbeziehungen zweier Phäne abhängen.

Die Bedeutung der Passung von Atlas und Epistropheus beispielsweise ist wesentlich größer als die der beiden letzten Schwanzwirbel (wiewohl die erforderliche Genauigkeit im Prinzip vergleichbar bleibt). Wie noch zu zeigen sein wird (in Abs. VIIB und Fig. VII13–16, ist die epigenetische Interdependenz dieser beiden Halswirbel tatsächlich so groß, daß sie kompensatorisch ganze Teile austauschen können und dennoch funktionierende Gelenkflächen behalten.[21] Dem gegenüber stehen Verluste ganzer Schwanzwirbel, ohne daß irgendeine Kompensation zu beobachten wäre.

Ich will darum das Postulat aufstellen, daß der Imitationsgrad von Funktionszusammenhängen der Phäne durch das epigenetische System mit der Lebenswichtigkeit der Beziehung der jeweiligen Phäne wächst. Wir werden das bei Erörterung der sogenannten Induktionsmuster (Abs. VIIB) bestätigt finden.

Die Genauigkeit der Passung spielt ihre eigene Rolle. Beispielsweise ist die Linse wie die Tränendrüse, welche die Cornea feucht hält (und durchsichtig), für unser Sehen fast gleich wichtig. Aber die Toleranz bei der Passung der Linse ist wesentlich geringer. Es wird darum nicht Wunder nehmen, daß für die Einpassung beim Bau der Linse im Epigenesesystem höchst spezielle Regulative eingebaut sind (vgl. Abs. VIIB und Fig. VII20–21), während derlei von der Tränendrüse in dem Maße keineswegs zu erwarten ist.

Ein Postulat der vorwiegenden Imitation der Präzisisionspassungen

[21] Es handelt sich um die bekannte *Danfurth*-Kurzschwanz-Mutante der Maus (vgl. Fig. VII13–16. p. 309), wie sie vergleichend von *Grüneberg* 1952 und in ihrer Bedeutung besonders von *Waddington* 1957 herausgestellt wurde (siehe Kap. VII).

aufzustellen, erübrigt sich fast. Es ist selbstverständlich. Es ist längst bewiesen, daß sich z.B. die auswachsenden Nerven ihre Verbindungen sichern, ebenso (für sich) die Gefäße. Es ist ebenso bekannt und selbstverständlich, daß sich die zur Passung kommenden Knochen wechselseitig in der Epigenese bestimmen und die zugehörigen Gefäße freier sind, daß sich benachbarte Teile vergleichbarer ändern (vgl. Fig. VI2–9) als voneinander entfernte usf.

Die Dauer, die eine Funktionsbeziehung erhalten bleibt, wird dagegen in ihrer Bedeutung erst dann sichtbar, wenn man sich das Wechseln vieler Funktionen und die Langsamkeit des imitatorischen Prozesses im epigenetischen System vor Augen hält. Funktionsbeziehungen, die sich von Nische zu Nische, von Art zu Art ändern, hätten wohl keine Chance, vom Muster der Gen-Wechselbeziehungen nachgeahmt zu werden. – Was aber über beträchtliche geologische Zeiträume seine Funktion behielt, etwa die Chorda, das Neuralrohr, das Auge, die Kiemenbögen, die Kiefer der Wirbeltiere (vgl. Abs. VB2b), findet sich in den Wirkmustern des epigenetischen Systems in erstaunlichem Umfange rekapituliert.

Die Imitation, so ist zu postulieren, muß damit am deutlichsten die Typusmerkmale der alten (der großen) System-Kategorien umfassen, wie sie in deren Differential-Diagnosen definiert sind. Die Muster der Gen-Wechselwirkungen müssen den großen Bauplänen entsprechen, und sie müssen innerhalb der Baupläne (der großen systematischen Einheiten) identisch, homodynam, d.h. funktionell homolog sein.

Das ist hier – wie man empfinden wird – viel versprochen und wird entsprechend noch sorglich, im Zusammenhang mit dem Begriff Genotypus zu besprechen und den Begriffen Induktionsmuster und Homodynamie (vgl. Abs. VIIB2) zu begründen sein.

Es ist auch, wie ich einräume, gewiß nicht leicht, in einem Netz von biochemischen (und im einzelnen oft noch nicht aufgeklärten) Reaktionen das abstrakte Abbild von Bauplan und Typus zu sehen; zumal den meisten modernen Biologen allein Typus und Bauplan bereits als so weite (vage) Abstraktionen erscheinen, daß sie deren Realität mißtrauen.

c. Ein imitatorischer Epigenotyp

Wir werden den umstrittenen *Typus*, wie er sich aus dem Stetigkeitsgrad in der Korrelation der Strukturmerkmale für jegliche Verwandtschaftsgruppe von Organismen zusammensetzt, als eine Realität kennenlernen. Nicht als das Ergebnis projizierenden Ordnungsdenkens, sondern als ein objektivierbares Naturding, das uns zwar nur durch ein größeres Maß an Abstraktion des Denkens zugänglich wird, von dem aber gewiß ist, daß es auch ohne und vor unserem Denken existierte. *Der Typus ist das vom Merkmalskollektiv einer Verwandtschaftsgruppe gebildete Muster an Freiheits- und Fixierungsgraden.* Eine Notwendigkeit also, welche den Richtungssinn jeder Evolutionsbahn beschreibt; das Notwendige ihrer Geschichte wie die Grenzen ihrer zukünftigen Möglichkeiten (wenn man will ›Hoffnungen‹).

Weiter vorzugreifen muß ich mir versagen. Wir sollen das Typusproblem, das wir eingangs (Abs. IIC3) beschrieben und dem wir schon im Rahmen der Hierarchie (Abs. VB6) begegneten, erst mit unserer Gesamterfahrung am Ende des Bandes (in Abs. VIIIB2b) lösen.

Wenn nun die Selektion der Interdependenz konsequent die genetische Verkettung jener Merkmale (Phäne) fördert, die einen grundlegenden, unmittelbaren und dauerhaften Funktionszusammenhang besitzen, dann wird das System der Gen-Wechselwirkungen eben das Wesentliche (das Übergeordnete und Stetige), eben den Typus der Phänmuster nachahmen. Bei dem außerordentlichen Wirkungsgrad der Selektionsbedingungen, wie wir sie im inneren Milieu der Organismen kennengelernt haben (vgl. Abs. VC3b und c), müssen wir erwarten, daß jeder Epigenotypus einer Verwandtschaftsgruppe seinen Typus längst kopiert hat. Und zwar, das ist wichtig, natürlich nicht den Phänotypus, das Kollektiv der Merkmale, sondern den morphologischen Typus, das Muster ihrer Fixierungsgrade; sowohl ihrer normativen, hierarchischen, interdependenten und tradierenden Determinations- oder Ordnungsmuster.

Das sind Determinationsmuster wie sie im natürlichen System hierarchisch geordnet für jede Organismengruppe vorliegen und mit ihrem Phän-Aspekt in deren Differential-Diagnosen von der vergleichenden Anatomie bereits weitgehend erarbeitet und von der Systematik zu Tausenden eindeutig definiert wurden.

Ist es schon nicht leicht, den ziemlich abstrakten *Morphotypus* abzubilden (vgl. Fig. VIII3–4, p. 368), so ist es noch schwieriger, den *Epigenotypus* anschaulich zu machen. Der Umstand aber, daß sogar dessen unanschauliche Merkmale (also die Folge determinativer Gen-Wechselwirkungen) in einem Raum-Zeit-Muster geordnet auftreten, wird uns (vgl. Abs. VIIB2c) auch seine bildliche Darstellung (Fig. VII20, p. 314) möglich machen.

2. Kanalisierung der Interdependenz-Muster

Erkennt man auch die Notwendigkeit, mit welcher die beträchtlichen Selektionsvorteile dazu führen, die genetische Gleichschaltung den Funktionsbeziehungen ihrer Phäne anzupassen, so ist doch die Erhaltung dieser Schaltmuster noch nicht erklärt. Diese Fixierung ist aber die Voraussetzung für das Entstehen konstanter Epigenotypen. Das zu untersuchen ist umso nötiger, weil wir annehmen müssen, daß mit der

Änderung der Funktionsansprüche Selektionskräfte auch immer wieder nach der Auflösung etablierter Interdependenz trachten werden.

a. Lösung und Veränderung

Die Regulator-Repressor-Gene, auf deren Aktivität wir Gleichschaltung und Interdependenz zurückführen können, sind, wie die Strukturgene und alle anderen, in Triplets von DNS-Sequenzen im genetischen Code verankert (vgl. Abs. IIIC3b). Wir müssen darum erwarten, daß sie denselben Mutationsbedingungen unterliegen und, was uns hier interessiert, daß ihre Wirkungen mutativ ebenso verschwinden können, wie sie entstanden sind. So ist weiterhin zu erwarten, daß es die Milieubedingungen sein werden, nach deren Erfordernissen die Selektion darüber entscheiden wird, ob es vorteilhaft ist, die durch sie hergestellte Koppelung der Adaptierbarkeit zweier Phäne zu erhalten oder nicht.

Es ist bei Merkmalen in marginaler Position und von einiger adaptiver Freiheit (vgl. Abs. VB1e und 2a) auch nicht zu erwarten, daß sich ihre Koppelungen hielten, sobald im Wechsel der ökologischen Erfordernisse die Entwicklung über sie hinweggegangen ist. Und noch weniger würden sie gegen den negativen Selektionsdruck im Falle entstehender Hinderlichkeit bestehen können.

Weder erwarten noch finden wir z.B. die einmal gewiß wichtige Abstimmung von Länge und Breite der Schwanzflosse unserer devonischen Vorfahren in unserem heutigen Epigenesesystem. Die Überschwemmung des genetischen Systems mit unnötigen Abstimmungen wäre ja unbeschreiblich groß. Sie ist, wie wir sehen werden, trotz steter Adaptierung noch groß genug.

b. Bürde und Fixierung

Diese Freiheit, etablierte Interdependenz auflösen zu können, muß sich aber mit wachsender Bürde aufhören. Wir kennen das Bürdeproblem bereits von der normativen und hierarchischen Ordnung (Abs. IVB3a und VB1e), seine Wirkung von der normativen und hierarchischen Selektion (IVC2b und VC3), und werden das Prinzip im Interdependenz-Phänomen besonders klar bestätigt finden. Lassen Sie mich wieder vom einfachsten Falle ausgehen:

(1) *Parallele Bürde* kann man in jenem Fall erwarten, in welchem die Wirkung einer Anzahl von Genen gleichzeitig (parallel) von der eines weiteren Gens *kontrolliert* (reguliert) wird. Werden nur zwei Gene kontrolliert, dann kann, im Falle sich deren Gene nun independent weiter adaptieren sollen, die Interdependenz durch das regulative Gen mutativ ohne Gegendruck aufgelöst werden.

Das wird aber sogleich anders, sobald, sagen wir, die Wirkungen von 5–10 Strukturgenen abgestimmt kontrolliert werden. Erwiese es sich z.B. als adaptiv vorteilhaft, die Phäne des Gens Nr. 5 oder Nr. 10 independent weiter zu entwickeln, so würden bei Auflösung des Regulatives gleichzeitig die 4–9 übrigen Phängruppen außer Kontrolle geraten oder doch ihre Abstimmung verlieren. Der Vorteil auf der einen würde mit größeren Nachteilen auf der anderen Seite bezahlt werden; und man sieht voraus, daß die Selektion eine solche Änderung erst dann zulassen würde, bis die Regulation aller übrigen, bislang interdependenten Phäne durch mutativ hinzuexperimentierte neue Regulative substituiert wäre. Nun wissen wir aber bereits, daß die Wahrscheinlichkeit, das zu erreichen, mit der Zahl der Einzelvoraussetzungen exponentiell sinkt und bald ganz undenkbar wird. Jedenfalls wird an der Modifikation einer größeren Interdependenz-Gruppe lange experimentiert werden; länger als manche Funktionsbeziehung im ursprünglichen Sinne erforderlich bleiben wird.

Der Organismus wird damit einer breiteren potentiellen Adaptierungschance verlustig gehen, eine unnötige Strukturkorrelation mehr besitzen, andere Adaptierungsrichtungen versuchen müssen und einige potentielle Nischen verlieren (bis sich einmal keine mehr für ihn finden). Ist das richtig, dann müßte jeder Organismus bereits mit einer Fülle funktionell unabhängiger, heute unverständlicher Abstimmungen beladen sein.

Tatsächlich zeigt das Pleiotropie-Phänomen derlei in großer Zahl (vgl. Fig. VI10–12, p. 280). Kein Funktionszusammenhang ist z.B. bei der *Kr/Kr*-Mutante der Obstfliege zwischen Mitteldarm-Aufblähung und Tracheen-Schwund, zwischen dem Ausklappen der Mundhaken und dem Verbleib des hinteren Ganglion zu sehen usf. (Fig. VI10).

(2) *Direkte Bürde* ist in jenen Fällen anzunehmen, in welchen die Wirkung einer Anzahl von Genen überhaupt erst durch die eines weiteren *ausgelöst* (ermöglicht) wird. Schon bei der Gleichschaltung von nur zwei Genwirkungen werden bei der Auflösung der Vorentscheidung beide Nachentscheidungen (und beide Phängruppen) ausbleiben. Hier liegt der Fall also noch gravierender. Erforderten die Selektionsansprüche des äußeren Milieus das Freimachen der einen Genwirkung aus dieser Folgeschaltung, dann könnte das erst Erfolg haben, bis die Regulation *und* die Auslösung aller übrigen, bislang interdependenten Phäne durch mutativ hinzuexperimentierte neue Einschalter und Regulative substituiert wären.

Man wird sich erinnern, daß dieser Unterschied zwischen paralleler und direkter Bürde seine Parallele in der Mosaik- und Relations-Pleiotropie hat (vgl. Abs. VIB2a), in den autochthonen und allochthonen Genwirkungen; daß die Autophäne untereinander parallele Bürden haben, im Falle der Allophäne von ihnen abhängen, für diese direkt die ganze Bürde tragen. Dieses letztere Phänomen wird als der Mechanismus der Tradierung (in Abs. VIIC) noch eingehend zu beschreiben sein.

c. *Überselektion und Kanalisierung*

Zum drittenmal haben wir den Mechanismus einer Super- oder Überselektion vor uns. Von der normativen und hierarchischen Selektion (Abs. IVC2c und VC3) kennen wir das schon. Das Prinzip ist dasselbe. Es entscheiden letztlich äußere Milieubedingungen, jedoch nach den Möglichkeiten, die die inneren Milieubedingungen zulassen. Und auch das Resultat ist im Prinzip identisch. Für die Vorteile rascherer Adaptierbarkeit von gestern wird mit Einengung der Adaptierbarkeit von heute bezahlt. Die Konsequenz einer Einengung des Zufalles ist die Ausbreitung von Vorschriften und Notwendigkeiten, eine Kanalisierung der gangbaren Wege.

Nur die Muster der Vorschriften sind verschieden; in allen Fällen gewinnt die Evolution einen Richtungssinn; aber das Muster, in welchem sich dieser manifestiert, ist ein Spiegelbild der Vorteile, die im »self-design« der jeweiligen Spielregeln gewonnen wurden.

(1) *Kanalisierung durch Überdetermination.* Von einer Überselektion unter Interdependenz-Regeln müssen wir erwarten, daß sie eine Determination zur Folge hat, welche die Verkettung gleichrangiger Merkmale zu einer Stetigkeit führt, die weit über das Maß dessen hinausgeht, was die beiden übrigen Mechanismen (Mutationsrate und Selektionsschutz funktioneller Vorteile) erreichen. Es ist wieder eine Überdetermination, wie wir sie schon (in Abs. IVC2 und VC3) beschrieben.

Von den Ausmaßen dieser Überdetermination kann man sich wieder ein Bild machen, wenn man berechnet, um wieviele Größenordnungen die Stetigkeit von Interdependenzen über die Mutationswahrscheinlichkeit (mal Individuen, mal Arten, mal Generationen) hinausgeht. Wie unfaßlich ist z.B. die Stetigkeit der interdependenten Merkmale des Säugerhaares, obwohl die Fledermaus, Flughunde und Flughörnchen es wohl zur vollen Eroberung des Luftraumes gebracht hätten, würden sie es zur Feder adaptiert haben. Wie noch unfaßlicher ist die Stetigkeit des 9 + 2-Musters des Ciliums, wo die Spermien von Turbellarien zeigen, daß das 9 + 1-Muster ebenso funktionsfähig ist..[22)]

Zur Art, wie wir Organismen zu erkennen und beschreiben vermögen, gehört der Umstand, daß die Mehrzahl ihrer Merkmale weit über die Grenzen der funktionellen Erfordernisse hinaus überdeterminiert sind; daß sie Anpassungen nur relativ und nur innerhalb der strengen Limitationen fixierter Interdependenz erreichen. Kein anatomischer Begriff könnte ansonsten gebildet werden. Eine absolut angepaßte Organismenwelt wäre eine Welt der reinen Lebensform-Merkmale und unserem Denken nicht systematisch zugänglich (oder, wie das im System der Lebensformtypen ja der Fall ist, niemand könnte eine solche Anordnung mit Verwandtschaft verwechseln).

[22] Übersicht dieser Frage bei *Hendelberg* 1969.

(2) *Kanalisation des Denkens.* Die Koinzidenz mit der Struktur unserer anatomischen Begriffe ist also wohl kein Zufall. Wie aber sollen wir die Koinzidenz verstehen, wo doch auch unsere anorganische Begriffswelt, ja unsere Begriffe überhaupt von derselben Struktur sind; wo sie nach der Interdependenz jener wenigen ihrer Submerkmale definiert werden, welche die stetigste Korrelation besitzen (wo wir es mit einer Integration oder einer Statistik der Koinzidenz besser träfen. Man denke an Kokos-Läufer, Schach-Läufer, star-fish, jelly-fish, Stamm-Baum und Mai-Baum).

Wir sind zur Universalität des Interdependenzprinzips zurückgekehrt. Wie die Norm und die Hierarchie ist es ein Prinzip der organischen Ordnung, eine Realität der biologischen Strukturen. Und wenn es ganz unwahrscheinlich ist, daß es sich um die Projektion unseres in Interdependenzen funktionierenden Denkens handelt, dann wird auch dieses wieder ein Produkt der Evolution sein.

3. Interdependenz in der Zivilisation

Noch eine Koinzidenzfrage ist zu sichten. Unsere Zivilisation, ja das Zusammen- wie das Gegeneinanderleben der Menschen überhaupt, steckt in einem dichten Geflecht von Interdependenzen, deren Ursachen und Folgen in einer Weise mit jenen der somatischen Evolution übereinstimmen, daß der Vergleich vielleicht nützlich sein kann.[23)] Aber wie in den vorigen Kapiteln (Abs. IVC3 und VC4) will ich meinen Verdacht, daß hinter den Ordnungsformen der somatischen wie der zivilisatorischen Evolution identische Determinationsgesetze stehen, niemandem aufdrängen, einmal, weil ich als Naturwissenschaftler weiß, wieviel hier noch offenliegt, ein andermal, weil es ungewiß ist, ob wir uns schon bereitfinden, daraus für die Humanitas unserer Gemeinwesen zu profitieren.

Wie auch immer: Die Ordnungsformen der Interdependenz in den Sozialstrukturen der Menschen (Fig. VI48) sind die ältesten und wieder die Voraussetzung für das Entstehen der komplizierten Muster, wie die Hierarchie und (wie wir noch sehen werden) die Tradierung es sind.[24)] Diese Ordnungsformen müssen in den jagenden Horden unserer vormenschlichen Vorfahren bereits entstanden und noch viel früher vorbereitet worden sein.[25)] Sie sind außerdem die ersten, mit welchen sich die Wissenschaften systematisch befassen. Es sind das die soziologischen

23 Man vergleiche ›Interdependenz‹ in der Volkswirtschaft bei *Kuenne* 1969 und bei *Georgescu-Roegen* 1971, in der Politologie etwa bei *Lehmbruch* 1967.

24 Die Entstehung solcher Interdependenz und ihre Abhängigkeit von der Zivilisation kann man bei *Berger* und *Lockmann* (1966), ihre kanalisierende Wirkung wieder bei *Lorenz* (1973) nachschlagen.

25 Literatur in *Ardrey* 1969 bis *Darlington* 1969.

Disziplinen in Verhaltensforschung[26], Archäologie und Völkerkunde sowie Sozialpsychologie[27], Soziologie (Fig. VI48), Volkswirtschaftslehre und Politologie. Die Materialien sind also bereits umfänglich: Ein Grund mehr, mich kurz zu fassen.

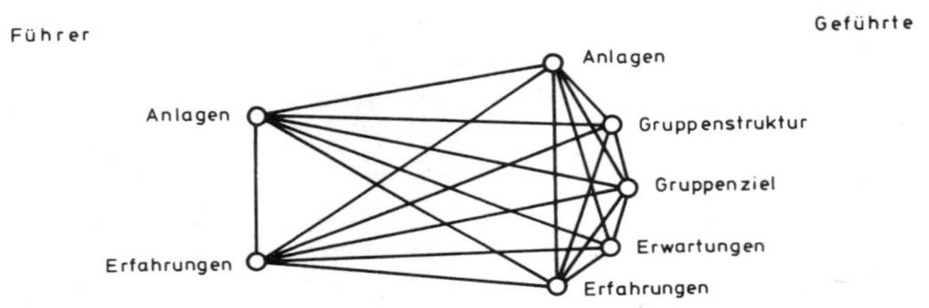

Fig. VI48: *Interdependenz in der Zivilisation* am Beispiel der Wechselabhängigkeiten der ›Führereigenschaften‹ (Aus *Hofstätter* 1959).

a. Erfolg und Absicherung

Der (folgenschwere) adaptive Vorteil der Interdependenz beruht, wie erinnerlich, auf einem relativen Erfolg von heute auf Kosten der Nachteile von morgen. Die Relativität spielt darauf an, daß ›Erfolg‹ ja nur im Hinblick auf konkurrierende Nachbarsysteme kommensurabel wird. Schon dies dürfte, seitdem die Interdependenzmuster der umfassenden Gemeinwesen (der Staaten und der politischen Blöcke) jüngst global geworden sind, unser Interesse verdienen; denn nun ist die Metrik des Erfolges der Mißerfolg des Nachbarn.

Dem Mechanismus nach handelt es sich – vertrauen wir dem Vergleich – in der Erfolgsphase darum, daß mit demselben Informationsgehalt mehr Adaptabilität oder mit weniger dieselbe erreicht werden kann (und wahrscheinlich zumeist um beides). Weniger Informationsgehalt heißt in den Termini der zweiten Evolution weniger Kenntnisse, Fähigkeiten, Weitblick oder Weisheit; adaptiver Erfolg hingegen ist Befriedigung von Begehrlichkeit, der Ansprüche auf Standard, Sicherheit und Einfluß (power!). Das Erfolgserlebnis aus den Zeiten legitimen Erfolges muß die Ursache gewesen sein, diesem Mechanismus, der objektiv unser Mißtrauen verdient hätte, mit den Begriffen ›Spezialisierung‹, ›Technisierung‹, ›Rationalisierung‹ und ›Industrialisierung‹ sogar positive Vorzeichen zu setzen. Obwohl nicht bezweifelt werden kann, daß

[26] *Lorenz* 1963 u. 1973, *Eibl-Eibesfeldt* 1967 u. 1970, *Wickler* 1969.
[27] *Hofstätter* 1959.

die Entwicklung von Interdependenz für den Schutz des Einzelnen wie der Gruppe schon in den frühesten Gemeinwesen eine naturgesetzliche Notwendigkeit war, ist die von der genetischen Bremse befreite Zivilisations-Evolution mit der Erweiterung von Organisation, Kommunikation und Fortschrittsglauben mit ihr davongaloppiert.

b. Abhängigkeit und Toleranz

Zu den Merkmalen des Mechanismus gehört die Abhängigkeit und geminderte Individualität nicht nur der Produkte, sondern auch ihrer Produzenten, gemeinsam mit der Erfahrung, daß geminderte Individualität mit Menschenwürde schlecht verträglich ist; aber auch das noch immer in dem Abschnitt, den wir biologisch noch zur Erfolgsphase zu rechnen hätten.

Die volle Rechnung wird ja von der Evolution erst später präsentiert; in dem Augenblick, in dem sich die evolvierten Interdependenzen in einer Weise verfilzt haben, daß die adaptiven Möglichkeiten sich schrittweise einzuengen beginnen, bis das Vereinbarliche für notwendig und die kanalisierte Zivilisation für ihr Ziel gehalten wird. Und unser Vergleich wird vollständig, wenn wir uns erinnern, was solche Gesetzmäßigkeiten (hier die sogenannten ›Selbstverständlichkeiten‹) dazu beitragen, die vollzählige Substitution aller Abhängigkeiten zu erschweren, wie sie von der Renaissance jedes biologischen Systems gefordert würde.

Und sollte einem die offenbare Notwendigkeit dieses Mechanismus aus subjektiven Gründen zuwiderlaufen, dann dürfte die des nächstfolgenden (der Tradierung) umso annehmbarer erscheinen.

KAPITEL VII

Die Ordnung der Tradierung

A. Einführung und Definition

Das vierte der universellen Ordnungsmuster des Organischen muß ich das der Tradierung nennen. Ich finde kein besseres Wort, und ich will kein neues einführen. Man könnte es auch das ›Order-on-Order‹-Prinzip nennen, im Sinne *Schrödingers*. Gemeint ist das Prinzip des *tradere*, des Über- und Weitergebens, also ein traditives Prinzip, das gewissermaßen die Zeitachse den drei schon besprochenen Ordnungsprinzipien hinzufügt. Entsprechend beinhalten die drei Entwicklungsdisziplinen (Entwicklungs-Physiologie, Stammes- und Keimesentwicklung) die Dokumente. *Die Ordnung der Tradierung beruht darauf, daß Ereignisse (Merkmale oder Begriffe) nur durch ihr Zurückgehen oder Beruhen auf identischen Vorgängern verständlich (erkennbar oder sinnvoll) sein können.* Mit diesem Prinzip hat sich schon eine Reihe von Wissenschaften befaßt, an deren einem Ende Ethnologie und Ethologie, am anderen Molekulargenetik und Thermodynamik das Problem am schärfsten gefaßt haben.

In den ersteren Wissenschaften[1)] nennt man Tradierung die nicht genetische Weitergabe sich entsprechender Merkmale (Verhaltensweisen, Gebräuche, Moden), die dabei auch funktionsentfremdet, gestaltsverändert, ja zu reiner Symbolik (ritualisiert) werden können. In der zweiten war es (1944) als erster *Erwin Schrödinger*[2)], der nachwies, daß Ordnung stets auf Ordnung beruhen muß und nur aus ihr hervorgehen kann. Eine quantitative Sicht, der nur mehr die qualitative hinzuzufügen ist.

Die Universalität der Tradierung in unserem weiten Sinne geht daraus hervor, daß sie wieder vom Denken bis zu den molekular-biologischen Ereignissen reicht und somit auch alle strukturbiologischen Erscheinungen, vom Bauplan bis zur Wechselwirkung zweier Gene einschließt, die uns hier besonders befassen. Wir prüfen das am schnellsten, indem wir eine Welt ohne Tradierung zu entwerfen suchen.

a. Phantasiewelt ohne Tradierung

Im Fundus der Volksweisheit findet man fürs erste wieder Rat: ›Natur macht keine Sprünge‹. Das bedeutet: Wenn wir einer geordneten Welt vertrauen sollen, müssen wir erwarten, daß jedes Ding am rechten Ort

1 Z.B. *Eibl-Eibesfeldt* 1967, *Wickler* 1970, *König* 1970, *Lorenz* 1961 und 1973.

2 Vergleiche die deutsche Ausgabe von 1951.

seinen rechten Vorläufer besitzt und daß wir, im Falle wir ein Ding nicht sogleich verstehen, es bei näherer Betrachtung doch als ›Das ist ja nichts anderes als...‹ erkennen.

Abweichungen von der erwarteten Tradierung (Fig. VII 1) kennen wir als den Zauber der Sagen und Märchen (da wird ein Frosch zum Prinzen, ein Mädchen zur Blume) und vergröbert von der Bühne des Zauberers (auf der sich zwei Meerschweinchen in ein Huhn verwandeln) und haben, ob jung oder alt, unsere Vorbehalte in dem Ausmaße, in dem wir unseren Erfahrungen vertrauen. Das ist auch schon die erkenntnismäßige Wurzel.

Fig. VII1: *Beispiel einer Auflösung tradierter Ordnung* in der Metamorphose der *Daphne*; durch einen Strukturwandel jenseits des Erfahrungs-Zusammenhanges. (Orig. nach der griechischen Fabel).

Kehren wir kurz zum Ausgang unserer Überlegungen zurück, dann erinnern wir uns (aus Abs. IB4), Ordnung als das Produkt aus Gesetz und Anwendung festgestellt und definiert zu haben, und daß wir zum Erkennen von Gesetzmäßigkeiten deren wiederholte Anwendung beobachten müssen. Unsere Überzeugung beruht ja nur auf bestätigter Voraussicht (daß z.B. bei Sendung der Ereignisse 2 4 8 16 – 2 4 8 16 – 2 4 8 ... ein weiteres Ereignis erwartet und als »16« vorhergesagt werden kann). Diese Voraussagbarkeit wandelt unsere bit_I (Ungewißheit) in den äquivalenten Gehalt bit_D (Gewißheit, Einsicht in das Determinationsgeschehen).

Wir brauchen nun nurmehr das Nacheinander der zu jeder Einsicht erforderlichen Wiederholungen als ein Nacheinander auch der dahinterstehenden Mechanismen zu denken und haben das generelle Kriterium für Tradierung gewonnen; die Weitergabe identischer, determinationsgebender Mechanismen. Wir akzeptieren dabei durchaus eine Metamorphose in der Reihe der Ereignisse, und zwar so lange wir keine wahrscheinlichere Erklärung als die des allmählichen Wandels der dahinterstehenden, aber stets identischen Gesetzmäßigkeit finden können.

Daraus folgt das merkwürdige Ergebnis, daß wir uns eine untradierte Welt zwar vorstellen, sie aber nicht verstehen können. Wir vermögen ihre Ereignisse zu denken, als die Reproduktion einer Verkettung beliebiger Wahrnehmungsinhalte, aber uns nicht in ihr zurechtzufinden.

b. Voraussetzungen und Formen

Die Weitergabe von identischen Determinationsentscheidungen ist also die Voraussetzung für Bestehen und Erkennen von Tradierung.

Für die Bestimmung des Grades von Gewißheit darüber, daß zwei ähnliche Ereignisse auf der Anwendung des identischen Gesetzes beruhen, können wir wieder unsere stochastische Lösung des Homologie-Theorems verwenden (vgl. Abs. IIB2d); indem wir also den Unwahrscheinlichkeitsgrad bestimmen, mit dem dieselbe Wiederholung als Produkt des Zufalles zu erwarten wäre.

In welcher Form die erwartete Gesetzmäßigkeit festgelegt und weitergegeben wird, ist zunächst nicht von Belang. Diese Frage nach den Ursachen soll erst eine zweite sein, um die Wege, die zur Einsicht führen, nicht zu verwirren. Wir werden aber bei der Ursachenfrage sogleich auf nicht geringe Unterschiede treffen, auch wenn wir uns, wie das hier geraten ist, auf jene Systeme beschränken, die einen Mechanismus der Selbstreplikation besitzen, also auf das Lebendige und seine Produkte.

(1) *Die Entscheidungen:* Der Gesetzesgehalt kann durch den genetischen Code, aber auch mit Hilfe der psychischen Funktionen festgelegt und wiedergegeben werden; durch Verhalten, Brauch und Unterricht, wobei dann nicht die Gesetze chemischer Bindungen (direkt), sondern die der Gruppe (des Partners, des Lehrers) die Identität der Replika überwachen. Aber auch hier ist wieder ein Mechanismus zur Definition und Festlegung der Entscheidungen entstanden; und diese zweite (vom genetischen Code gelöste) Evolution hat wieder ihren Code entwickelt, Sprache und Schrift. In ihm wird ebenso materialisiert, festgelegt und weitergegeben, als Gebot, Verbot und Gesetz, wie in der ersten. Tradierung ist ein universelles Prinzip.

Wir müssen uns daran erinnern, daß selbst das Ja und Nein unseres Denkens erst dadurch seinen Sinn bekommt, daß wir darauf vertrauen, daß auch davor und nochmals davor Ja nicht Nein bedeutet hat: Das ist so prinzipiell wie das Hin und Her der Unruhe unserer Uhr. – Erinnern wir uns daran, daß wir auch dann der Identität der Buchstaben vertrauen, obwohl sich ihre Ausformung, ja ihr Klang wandelt, daß wir heute ›Pater‹ und ›Vater‹ für zweierlei nehmen, obwohl es einmal dasselbe war, daß der Begriff ›Armbrust‹ noch unser Vertrauen in seine Bedeutung hat, obwohl wir die Herkunft von ›arcus ballister‹ vergessen haben mögen.

(2) *Die Ereignisse:* Daneben sind die Unterschiede im Grad der Änderungen wichtig. Ändert sich (in dem einen der Grenzfälle) nichts, weder in den Entscheidungen (in den Pyrimidinbasen oder in der Schreibung der Morsezeichen) noch in den Ereignissen (etwa von einer Mäusegeneration oder von einer *Brockhaus*-Ausgabe zur nächsten), so können wir statt Tradierung getrost *Wiederholung* sagen. Werden die Änderungen aber fühlbar, dann kommt das Wunderliche der *Tradierung* zum Vorschein, indem für neue Ereignisse nicht neue Entscheidungen eingeführt, sondern alte Entscheidungen manipuliert werden. Über große Spannen geht aber der Struktur- und Funktionswandel meist so weit, daß es zur Aufklärung bereits der wissenschaftlichen Methode bedarf (man denke an den Wurmfortsatz unseres Blinddarms, die Kiemenanlagen unseres Embryos, an das Salutieren, an das Zähnezeigen beim Lachen usf.); und die Spezialfälle findet man kategorisiert als Atavismus, Rudimentation und mit *Ernst Haeckel* als *Rekapitulation* vergangener Stadien. Man kann bei starker Funktionsänderung tradierter Handlungen von *Ritualisierung* und, wie wir das später gebrauchen werden, bei starker Vereinfachung tradierter Strukturen von *Symbolisation* sprechen.

Was also Tradierung als Rahmen- oder Oberbegriff rechtfertigt, ist die Beobachtung, daß bei der Weitergabe identischer Ereignisse – in welcher Spezialform auch immer – stets mit einer weitgehenden Änderung ihres Zweckes gerechnet werden muß, mit einer bis zur Unerforschlichkeit reichenden Verlängerung und Verwindung des kausalen Zusammenhanges.

Gehen wir aber nun von der trockenen Definition zum lebendigen Phänomen weiter; zunächst zu seiner Dokumentation und dann zum Mechanismus, seiner Notwendigkeit, seiner Erklärung.

B. Morphologie der tradierten Muster

So wie *Schliemann* seinen *Homer* wörtlich nahm (und das Troja des *Priamos* fand), sollten wir unseren *Haeckel* wörtlich nehmen. Den Anatomen des 19. Jahrhunderts[3)] verdanken wir bekanntlich die entscheiden-

[3] *Meckel* 1821, *v. Baer* 1828, *Müller* 1864, *Haeckel* 1866.

de biologische Einsicht des *Haeckel*schen Gesetzes: »Die Ontogenie ist eine kurze Wiederholung der Phylogenie.«[4] Wir brauchen nun nur mehr unser Staunen, um zu fragen, warum, in aller Welt, das so zu sein hat; wo denn die Notwendigkeit für die Keimesentwicklung gelegen sein kann, die Umwege der Stammesentwicklung so stetig zu wiederholen; und schon stehen wir vor unserem Problem.

Wie man voraussieht, streben wir hier einer Erklärung des *Haeckel*schen Gesetzes[5] zu. Und der kritische Leser mag sich fragen, ob es deren bedarf; denn enthält es nicht schon die Erklärung? Tatsächlich enthält es aber nur die (wiewohl geniale) Feststellung der Korrelation der beiden Genesen. Das Warum derselben blieb ungelöst. ›Weil die Natur keine Sprünge macht‹, hört man sagen. Doch auf den Fundus der Volksweisheit wollen wir uns nicht allein verlassen, wenn es um das Finden der kausalen Mechanismen geht.

Werden, so will ich die generelle Frage stellen, von der Ontogenese nicht nur die Muster der Ereignisse wiederholt, sondern wohl auch die der Entscheidungen? Wie aber, wo und entlang welcher Kanäle sind diese Komplexe von Determinationsentscheidungen organisiert (daß es solche sind, haben wir in Kapitel VI ja schon sichergestellt). Wir müssen beim Einfachsten beginnen.

1. Die Erhaltung der alten Muster

bildet das Generalthema der folgenden Untersuchungen. Zwar wird sich die gesamte Evolution als ein Schichtenbau solch erhaltener Muster erweisen: Ihre Grenzen und Inhalte demonstriert am besten ein spezielles, uns schon bekanntes Phänomen (vgl. Abs. VC1a und VIB2b) plötzlicher Veränderung von Phänsystemen.

a. Spontaner Atavismus

Die merkwürdige Tatsache, daß spontan auftretende Abweichungen eines Individuums von der in der Art üblichen Ausprägung Bildungen ähneln können, die in deren Stammesgeschichte einmal durchlaufen wurden, hat seit langem interessiert. Man spricht von Rückschlägen oder von spontan auftretendem Atavismus. Die Unterscheidung von bloßen Fehlern ist nicht immer einfach, doch gibt es eindeutige Fälle genug.

4 Biogenetisches oder *Haeckel*sches Gesetz; zitiert aus *Haeckel* »Generelle Morphologie« 1866.

5 Genauer, wenn auch unanschaulich, sollte es lauten: Es bestehen Dependenzen zwischen Phylo- und Ontogenie. Denn unter die Lupe genommen sagt es: Die Henne war vor dem Ei; was z.B. *Garstang* (schon 1922) zur Annahme führte, daß doch das Ei vor der Henne gewesen wäre.

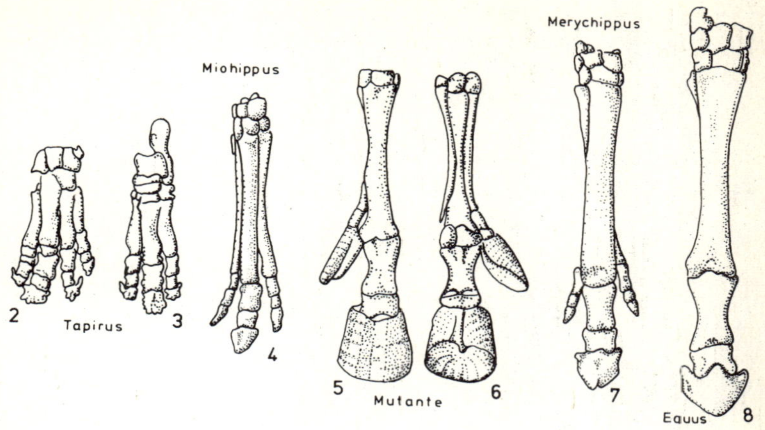

Fig. VII2–8: *Ein Fall spontanen Atavismus'* am Beispiel des Zehenskelettes der zweizehigen Mutante des Hauspferdes und der vergleichbaren Formen. 2–3: Vorder- und Hinterlauf des rezenten Tapirs, 4 und 7: Vorderlauf zweier fossiler, und 8: des rezenten Pferdes. (2–3 aus *Gregory* 1951, 5–6 aus *Schindewolf* 1950; sowie aus *Romer* 1966).

Einen solchen Fall bildet die schon erwähnte zwei- und dreizehige Entartung unseres Hauspferdes[6] (Fig. VII 2–8). Die längst zu Griffeln reduzierten Seitenzehen (Nr. 2 oder 4) können dabei in der vollständigsten Weise jenen Zuständen entsprechen, wie sie bei der Gattung *Merychippus* (im Miozän; Fig. VII7), ja sogar bei *Miophippus* (im Oligozän; Fig. VII4) ausgebildet waren. Diesen Modellfall wollen wir (im folgenden Abs. b) näher prüfen.

Daneben kennt man natürlich noch zahlreiche andere unzweifelhafte spontane Atavismen. Beispielsweise bei der Hinterextremität von Walen, den Flügeln der Insekten, den Extremitäten von Insekten und Krabben, der beiderseitigen Färbung von Schollen usf., selbst im Verhalten (z.B. beim Nestbau des Haussperlings)[7]. So sind auch beim Menschen (Fig. VII9–12) Atavismen beobachtet: beispielsweise das Erhaltenbleiben eines Schwänzchens oder des Pelzes, das Wiederauftreten von vier und mehr Brustwarzen, des geteilten Uterus oder der Kloake, und sogar eine Kiemenspalte kann als Halsfistel erhalten bleiben.[8]

[6] Übersicht in *Plate* 1925, *Korschelt* 1927, *Rensch* 1954, *Osche* 1966.
[7] *Wickler* 1961.
[8] *Leche* 1922, *Plate* 1925, *Remane* 1971.

Selbst durch Kreuzung (Hybridisation) können gemeinsame Ahnenmerkmale im sogenannten *Hybridatavismus* wieder durchschlagen.

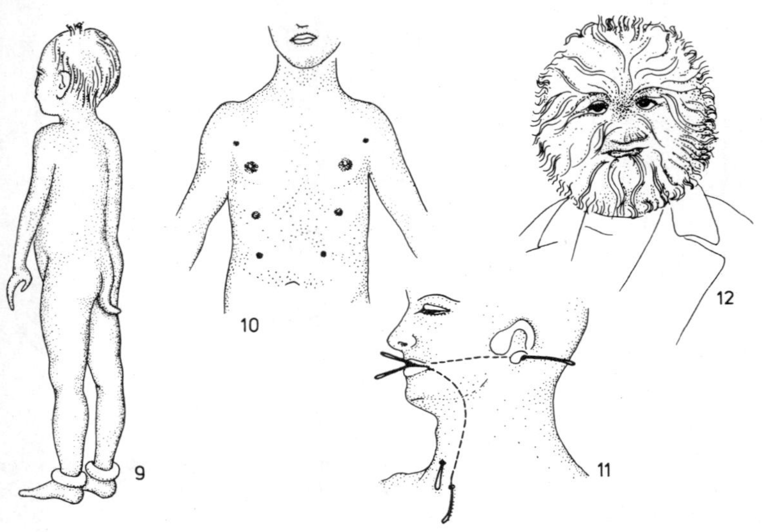

Fig. VII9–12: *Fälle von Atavismus beim Menschen.* 9: Geschwänztes Kind, 10: Jüngling mit überzähligen Brustwarzen (bzw. Brustwarzenhöfen), 11: erwachsener Mann mit Halsfisteln (die den Kiemengängen vergleichbaren Kanäle sind durch die eingeführten Sonden verdeutlicht), 12: sowie gepelztem Körper, sogenannter Hundemensch (11 nach *Corning* 1925, die übrigen aus *Wiedersheim* 1893).

b. Kryptotypus, Relikt-Homöostasis

Ziehen wir wiederum unsere stochastischen Überlegungen zu Rate. Wenn wir berechnen, mit welcher Zufallswahrscheinlichkeit zu erwarten wäre, daß solche, den alten Mustern ähnliche Bildungen durch den Zufall zusammengefügt werden könnten, wenn wir also die Mutationswahrscheinlichkeit mit der Anzahl der abgestimmt veränderten Einzelmerkmale potenzieren, dann sehen wir sofort, daß das Wirken des Zufalles ganz auszuschließen ist. Tatsächlich kann man nur auf das Umschalten auf ein konserviert erhaltenes altes Muster von Determinationsentscheidungen schließen. Ein äußerst merkwürdiger Umstand.

Ein Vergleich: Wie urteilten wir, wenn ein mit eingefütterten Plänen voll-automatisiertes Automobilwerk in seiner Serie moderner Wagen gelegentlich ein

Exemplar mit Karbidscheinwerfern, mit einem mittelalterlichen Wagenrad (mit handgeschmiedeten Nägeln) oder sogar mit einem ebenso einwandfreien Steinzeitrad an einer der Halbachsen auftreten ließe? Eine Fehlleistung im Werk. Ort und Zeit der Fehlentscheidung mag der Zufall erklären, vielleicht auch die Auswahl des Ersatzproduktes. Aber nicht dessen aus der Geschichte der Fahrzeuge wohlbekannte Gestaltung. Im Gedächtnis des Werkes muß es noch die alten Pläne geben, durch einen einzigen Fehler vertauschbar. Das Werk enthält die Geschichte seines Produktes.

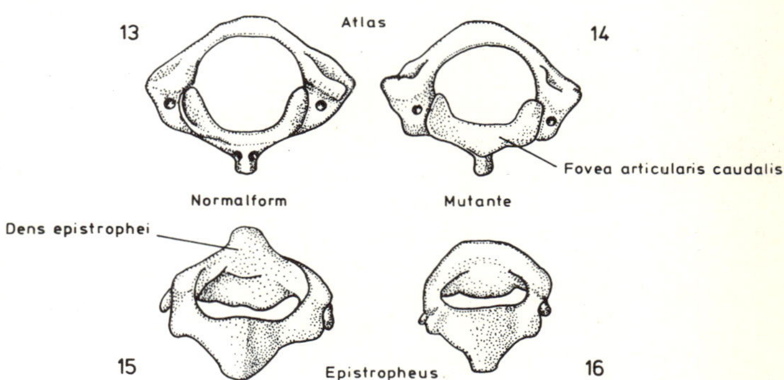

Fig. VII13–16: *Möglicher Atavismus innerer Merkmale* am Beispiel der beiden ersten Halswirbel von *Danfurths* Kurzschwanzmutante der Maus. Man beachte das Verschwinden des Zahnes am zweiten und die kompensatorische Vergrößerung der hinteren Gelenkfläche am ersten Wirbel (aus *Waddington* 1957).

(1) *Funktionen.* Wir müssen annehmen, daß ein *Kryptotypus* vorliegt[9)] oder eine *Relikt-Homöostasis*, also ein Fach im Genotypus,[10)] in dem sich die alten Anleitungen befinden, sowie ein Mechanismus, der sie wieder einsetzen kann. Wie kommen aber diese heute funktionslosen, überholten Bauanleitungen ins moderne Genom? Zwar sind wir nicht mehr überrascht, mit unserer Kenntnis der Interdependenz-Selektion (Abs. VIC) die Funktionsmuster von Phänsystemen im Genotyp kopiert zu sehen. Aber halten wir uns die Zeitspanne vor Augen, die sie sich konserviert haben müßten; warum konserviert?

20 bis 40 Jahrmillionen sind seit dem Miozän und dem Unteroligozän verflossen. Einige bis viele Millionen Pferdegenerationen (nach unserem Beispiel) wurden also seither durchlaufen. Und dennoch hat sich ein kompliziertes, in sich abgestimmtes und noch immer mit dem rezenten Genotypus integriertes, ja gelegentlich austauschbares (also un-

[9] In der Evolutionsforschung bei *Osche* 1966.

[10] In der Genetik bei *Lerner* 1954.

gewöhnlich unwahrscheinliches) Muster an Befehlen erhalten. Wir wissen von Erhaltungschancen genug, um vorauszusehen, daß die ohne stete Restauration, ohne massiven Schutz durch die Selektion ein Ding der Unmöglichkeit wäre. Schutz und Restauration werden ohne Notwendigkeit, ohne den Besitz von Funktionen aber nie gewährt.

Wir sind also gezwungen, Funktionen zu postulieren, reliktäre oder Interfunktionen, wenn man so will; jedenfalls echte Aufgaben im Epigenesesystem, letztlich selektiv kontrolliert an der Lebenstüchtigkeit des Endproduktes. Tatsächlich werden wir diese Funktion auch sogleich (Abs. VIIB2a) auffinden.

(2) *Verbreitung.* Dabei handelt es sich offenbar wieder um eine weit verbreitete Erscheinung; denn die Seltenheit von spontan auftretendem Atavismus täuscht natürlich. Wir müssen uns ja vor Augen halten, wieviele von diesen Mutanten, ohne zur Expression zu kommen, auf der Strecke bleiben, schon als junger Keim desintegriert werden. Es kann uns nicht entgehen, daß alle genannten Spontan-Atavismen Merkmale in den Endpositionen von Funktionsketten abwandeln (das Ende der Wirbelsäule, der Extremität usf.). Daß dagegen die Erhaltung des ungeteilten Herzens, der Urniere, der Kiemen sogleich zur Katastrophe führte, liegt ja auf der Hand.

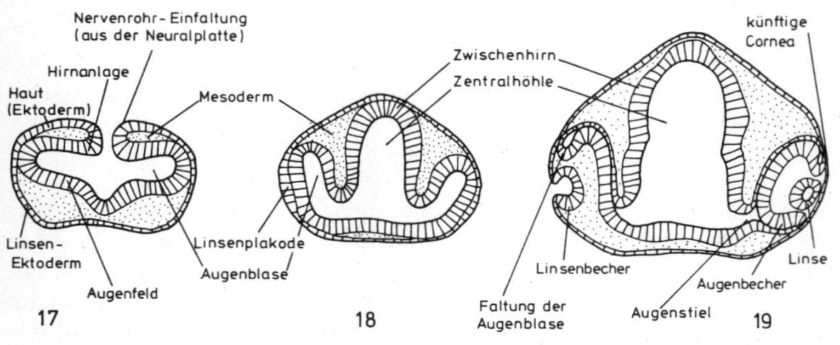

Fig. VII17–19: *Keimesentwicklung des Wirbeltierauges.* Dargestellt an halbschematischen Querschnitten durch den Kopf von Embryonen zunehmenden Alters. Die von der Haut stammenden Blasteme sind gestrichelt, die des mittleren Keimblattes punktiert ausgewiesen (aus *Korschelt* und *Heider* 1936).

Von Atavismen innerer Organisation weiß man naturgemäß sehr wenig; und wir sehen voraus, daß sie von größter Ausgewogenheit sein müssen, um überhaupt differenziert werden zu können. Aber auch dazu ein Beispiel: *Danfurths* Kurzschwanz-Mutante der Maus[11] gab Ge-

[11] Zusammenstellung in *Grüneberg* 1952, man vergleiche auch den Kommentar von *Waddington* 1957 p. 155.

legenheit, auch eine Veränderung der beiden ersten Halswirbel zu entdecken (Fig. VII13–16). Dabei erweist sich der *Epistropheus* als seines Zahnes verlustig (Fig. VII16), der *Atlas* hingegen (wie man vermutet: kompensatorisch) mit vergrößerter Gelenkfläche (Fig. VII14) in der Wirbelkörperregion ausgestattet. Erinnert man sich, daß dieser Zahn, der *Dens epistrophei* der Säugetiere geschichtlich dem mit dem *Epistropheus* verwachsenen und vom Atlas gelösten Wirbelkörper entspricht, so kann es sich hier um einen erstaunlich balancierten Rückschlag in ein Stadium von noch erstaunlicherem Alter handeln.

2. Die generellen Eigenschaften der alten Muster

Jene generellen Eigenschaften der Kryptotypen, die uns hier besonders wichtig werden, sind alle seit Jahrzehnten Gegenstand der Entwicklungsphysiologie und so wiederholt verifiziert, daß sie wieder unser ganzes Vertrauen verdienen. Es sind das die Kennzeichen des Ortes im Embryo, in welchem die Muster der Determinationsentscheidungen auftreten (zu behandeln in Abs. VIIB2a), die ihrer Funktion (b), ihrer zeitlichen Abfolge (c) sowie die Kennzeichen ihrer Verwandtschaftsbeziehungen nach Funktion und Anordnung (d).

Dabei darf nicht ungesagt bleiben, daß dieses fundamentale Gebiet der Biologie weit über unsere bescheidenen Fragen hinaus gediehen, ja die chemische Struktur der Befehlsweitergabe, deren Auslösung und spezifische Wirkung studiert ist.[12] Uns zwingt der Raum zu drastischer Kürze und die Fragestellung zur Konzentration auf einige wenige verläßliche Antworten.

Wir stehen – blicken wir uns noch einmal einen Augenblick um – wieder vor dem Epigeneseproblem (wie in Abs. VIB2–3), vor der Frage der Organisationsweise des Flusses determinativer Entscheidungen vom Genom zum fertigen Organismus. Ist es methodisch zulässig, diesen letztlich molekularbiologischen Vorgang mit stochastisch-morphologischen Methoden zu analysieren? Eine bekannte Kontroverse (Abs. IIC1)! Der Erfolg des synthetischen Zusammenfügens von Determinationsketten ist unbezweifelt; aber nicht minder der der Analyse ihrer komplexen Einheiten.

a. Topographie der Determinations-Komplexe

Wir haben uns schon davon überzeugt, daß die für die Determination im Differenzierungsvorgange erforderlichen Entscheidungen zu organisierten Komplexen vereinigt sind (Abs. VIB2). Wo finden wir diese in der Anatomie eines Keimes? Es könnte ja jeder im ganzen Embryo wir-

12 Man orientiere sich durch *Weiss* 1939, *Seidel* 1953, 1972, *Kühn* 1965, und die von *Locke* 1966 und 1968 herausgegebenen Symposienbände.

kend sein (wie etwa die Bibel mit ihren Gesetzen in allen Häusern einer Stadt). So wirken auch ganz generell die Hormone. Tatsächlich ist ihr Gebiet aber meist eindeutig begrenzt (wie die Planfestlegungen für den neuen Dom oder die Statuten eines Vereines in jener Stadt), räumlich wie zeitlich. Die Entwicklungsphysiologie nennt dieses embryonale Bildungsgewebe (oder Blastem; vgl. Fig. VII17–19), in der Zeit es einen solchen Komplex an Befehlen beheimatet, einen

(1) *Organisator oder Induktor*, einen Primärinduktor oder ein Organisationszentrum, falls es der erste Organisator einer ganzen Kette ist. Von solchen Organisatoren kennt man in den einzelnen Arten (z.B. der besonders eingehend untersuchten Amphibien) zwei Dutzend und mehr; und man nimmt an, daß es sich um ein allgemeines Prinzip handelt.

Allerdings ein von der Organentwicklung abgeleitetes Prinzip, das man bei Wirbeltieren und hemimetabolen Insekten erkannte. Bei der Primitiventwicklung, bei extremen Larven und den holometabolen Insekten treten Abwandlungen auf, auf die wir (in Abs. VIIB3c) noch zurückkommen.

Die Eigenschaft dieser Organisatoren ist es, ihre Wirkung (determinierend, differenzierend, gesetzgebend) induktiv auf ebenso definierbare, streng lokalisierte und meist topographisch benachbarte Blasteme auszuüben; womit sie entweder direkt oder selbst wieder differenziert über Ketten und Vernetzungen von Organisatoren und Induktionen zur eigentlichen Wirkung, den Organdifferenzierungen, gelangen.

(2) *Organisator und Interphäne.* Ebenso bedeutungsvoll wie die topographische Definierbarkeit der Organisatoren ist ihre vergleichend-anatomisch eindeutige Individualität. Entsprechend tragen sie alle die Namen embryonaler Gewebsteile und Organe, wie Medullarplatte, Chorda-Rumpfmesoderm, Ganglienleiste, Augenblase, Hörbläschen usf.

Die Organisatoren stecken also auch nicht in beliebigen Embryonalgeweben, sondern in jenen (wie wir noch sehen werden: palingenetischen) Strukturen, die bei den Vorfahren der Art eine bedeutende Rolle spielten und nun hartnäckig in der Keimesentwicklung wiederholt werden.

Die Medullarplatte z.B. muß dem noch kaum eingesenkten Nervensystem unserer vorkambrischen Ahnen (ähnlich dem der heutigen *Hemichordata*) entsprechen, die Chorda-Anlage der Rückensaite unserer Vorfahren im Vorstadium des *Amphioxus*, des Lanzettfischchens, die Augenblase dem Vorstadium unseres heutigen Linsenauges usf.

Sie entsprechen also Phänen, die bei unseren frühen Ahnen das Endziel deren Embryonalentwicklung waren; nennen wir sie End- oder *Metaphäne*. Erst später wurden diese von weiteren Differenzierungen überbaut und zu Vorstadien in deren Entwicklung, zu Vor- oder Zwischenphänen, die wir als die entsprechenden *Interphäne* bezeichnen können, weil an ihrer Identität mit den Metaphänen ihrer Vorfahren gar nicht zu zweifeln ist.

Die Organisatoren, die Träger der organischen Determinationskomplexe, sind also keineswegs beliebige Blasteme, sondern Interphäne, die in der Embryonalentwicklung rekapitulierten Funktionssysteme früher Ahnen: Eine wichtige, ja überraschende Korrelation. Was sind nun die

b. Funktionen der Interphäne

Eines der wunderbarsten Kapitel experimenteller Biologie begegnet uns hier[13)] sowie die neue Überraschung einer, wie auch zur Gewißheit verdichteten, doch immer noch staunenswerten Beziehung. Die Interphän-Organisatoren enthalten überwiegend die

(1) *Determinations-Befehle für einen bestimmten Nachbarn*, das sogenannte Reaktionsgewebe. Auch das Reaktionsgewebe, ist es nicht schon ein Metaphän, ist ein Interphän. Das klassische Beispiel ist die Augenblase der Wirbeltiere (Fig. VII17–19), die zu einer bestimmten Entwicklungszeit in der darüberliegenden Kopfhaut die Linsenbildung induziert. Am besten kennt man darin die Amphibien. Entfernt man die Blase, entsteht keine Linse. Setzt man für entfernte Kopfhaut Bauchhaut über die Augenblase, so wird selbst diese zur Linsenbildung verhalten.

Bei der Unke (*Bombinator*) entsteht zwar auch ohne Augenblase gelegentlich, beim Teichfrosch (*Rana esculenta*) fast immer noch eine Linse, aber auch bei diesen besitzt die Augenblase (wie Transplantationen von Haut anderer Arten zeigten) noch immer ihre Induktionswirkung. Der Nachbar ›erlernte‹ – wohl über den Weg der Abstimmung – die Selbstorganisation.

Eine Fülle solcher Induktionszusammenhänge und weiterer Einzelheiten, wie Gradienten, Polarisationen, Wechselabhängigkeiten, sind erforscht worden.[14)] Die uns wichtige Unterscheidbarkeit von Induktion und Selbstorganisierung der Blasteme bestätigt sich überall. Einige Blasteme gliedern sich durch Selbstdifferenzierung zu Organen. Warum tun das nicht alle? Hätte man nicht stets erwarten sollen, die Bauvorschriften im eben aufwachsenden Neubau zu finden?

(2) *Befehle für den Nachfolger.* Warum befinden sich die Bauanleitungen (wie in der neben dem Dom errichteten Bauhütte) in einem Nachbarbau? Wenn wir nun nach einer funktionellen Korrelation zwischen Organisator- und Reaktionsblastem fragen, so tritt sie uns auch sogleich entgegen: *Die Organisatorblasteme sind die funktionellen Voraussetzungen wie die stammesgeschichtlichen Vorgänger der Reaktionsblasteme.*

[13] Ein Kapitel, das in erster Linie durch *Spemann* 1936 aufgeschlagen wurde.

[14] Übersicht z.B. in *Seidel* 1953.

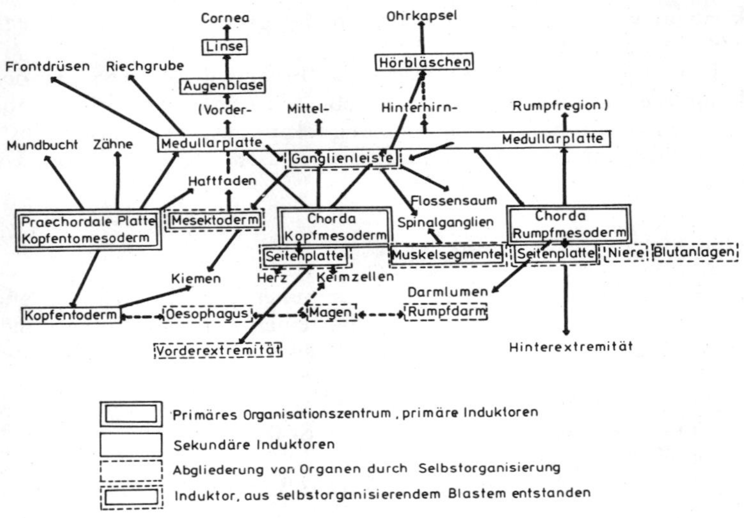

Fig. VII20: *Übersicht des Induktionsmusters eines Wirbeltier-Embryos* mit Angabe der Induktoren und der Richtung der Induktionswirkungen der Blasteme in ihren natürlichen Lagerverhältnissen (aus *Seidel* 1953).

Schon das Beispiel der Induktionskette der Augenentwicklung zeigt das deutlich (Fig. VII20). Die Entwicklung des Vorderhirns (1. Sekundärinduktor ›vordere Medullarplatte‹) ist die Voraussetzung der Bildung an die Seitenwand des Kopfes herantretender Augenfelder (2. Sekundärinduktor ›Augenblase‹, vgl. Fig. VII18). Erst die sich unter der Haut becherförmig zurückfaltende Augenblase läßt funktionell wie phylogenetisch die Linsenbildung erwarten (Fig. VII21); sie wäre vorher ein funktionelles Unding und eine phylogenetische Unmöglichkeit. Und erst die Linse (3. Sekundärinduktor) macht es zweckmäßig, eine völlig durchsichtige Cornea zu schaffen (vgl. auch Fig. VII19 u. 20).

Auch im Zivilisationsbereich wurde z.B. oft eine kleine Landpfarre zur Bauhütte für Pfarrhaus und Pfarrkirche, die über ihr entstanden, und in diesem Pfarrhaus lagen Generationen später wieder die Pläne für den Dom, der letztlich aus diesem Anwesen hervorging. Planung und Adaptierung wirkten auch hier stets vom Alten zum Neuen, während sich die Funktionen, ohne unterbrochen werden zu dürfen, entfalteten.

Keine Ausnahme scheint in dieser Korrelation gemacht zu werden, wo immer Induktion und Induktionsrichtung erkannt sind. Das Hinterhirn ist die Voraussetzung des Hörbläschens, wie dieses erst die Bildung der Ohrkapsel veranlaßt. Ganglienleiste und Muskelsegmentie-

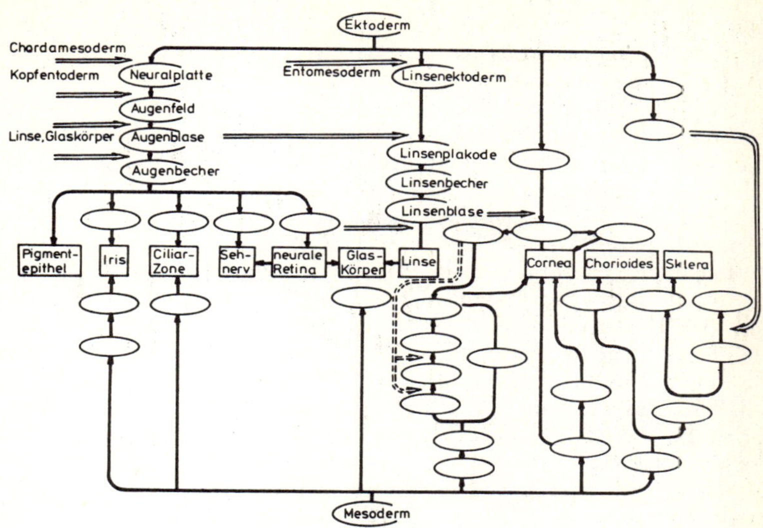

Fig. VII21: *Induktions- und Differenzierungsmuster des Wirbeltier-Auges.* Die embryonalen Blasteme (oder Interphäne) sind durch Ellipsen, die definitiven Gewebe (Metaphäne) durch Rechtecke symbolisiert; die Bahnen der Differenzierung sind durch schwarze, die der Induktionen durch weiße Pfeile eingetragen (nur die im Text erwähnten Blasteme sind angeschrieben; vereinfacht nach *Coulombre* 1965).

rung machen erst die Anordnung der Spinalganglien sinnvoll, die hintere Mundhöhle (Kopfentoderm) erst die Kiemen usf. In dieser Sicht erscheint der Zusammenhang bereits selbstverständlich, fast eine Trivialität. Und so ist wieder eine Beziehung so stetig und komplex, daß der Zufall als ihr Schöpfer nicht in Frage kommen kann.

c. *Rekapitulation der Determinationsmuster*

Die Induktionsbahnen bilden somit ein Muster, welches dem der funktionellen Differenzierungsschritte in der Stammesentwicklung ihrer Träger außerordentlich ähnelt. Kann diese Koinzidenz der Zufall nicht erklären, so ist das Vorliegen eines Kausalzusammenhanges zu erwarten. Und in diesem Falle muß das ältere Ereignis die Ursache des zeitlich jüngeren sein.

Wir sind also an dem Punkte angelangt, an dem wir, wie eingangs vorgeschlagen, unseren *Haeckel* wörtlich nehmen wollen, und postulieren die Geltung des biogenetischen Gesetzes nicht nur für die Muster der Ereignisse, sondern auch für die dahinterliegenden Entscheidungen: *Das epigenetische System repräsentiert eine abgekürzte Wiederholung seiner eigenen Entstehung.*

Zunächst müssen wir uns mit einem Postulat, einer Arbeitshypothese bescheiden, denn wir gewannen bislang ja nur eine Wahrscheinlichkeit (wenn auch sehr hohen Grades). Die kausale Notwendigkeit, welche den Zusammenhang als zwingend nachweist, haben wir – das sei nicht vergessen – ja noch nicht aufgedeckt (wiewohl sie der Erfahrene in den Bürde-Stetigkeits-Abhängigkeiten vielleicht schon voraussieht).

Behalten wir aber den Faden des Zusammenhanges, so können wir jedenfalls drei der schwebenden Fragen befriedigen. Erstens: Die Ursache der Wiederholung phylogenetischer Merkmale (des *Haeckel*schen Gesetzes im alten Sinne) ist zunächst die Notwendigkeit der Wiederholung der sie auslösenden Entscheidungen. Zweitens: Die Merkwürdigkeit, daß Blasteme nicht über die eigene Bauanleitung verfügen, sondern über die des Nachbarn, kann aus ihrem Werden, ihrer Geschichte erklärt werden. Und drittens: Das Wirkmuster des ›imitatorischen Epigenotypus‹, wie wir ihn aus den Interdependenz-Bedingungen bereits zu fordern hatten (vgl. Abs. VIC1c), läßt sich nun sogar abbilden. Es muß primär dem Induktionsmuster (Fig. VII20–21) im System der Interphäne entsprechen. Für die Untersuchung der Wiederholung der Entscheidungsmuster selbst werden wir in Abs. VIIC vorbereitet sein.

Zunächst bedarf unsere Hypothese aber noch aller uns zugänglichen Kontrollen.

d. *Verwandtschaft der Entscheidungen*

Ist unsere Hypothese richtig, dann ist sogleich zu fordern, daß erstens die Muster der Epigenesesysteme mit zunehmendem Verwandtschaftsgrade ähnlicher werden, und zweitens: Verwandte Arten müßten ihre jeweils entsprechenden, (wie wir behaupten) tradierten Induktionsbefehle lesen können, wobei wir erwarten, daß deren Lesbarkeit mit zunehmendem Abstand von ihrem gemeinsamen Ahnen wiederum abnimmt. Beides trifft in überzeugender Weise zu.

(1) *Homologe Muster.* Die Ähnlichkeit der Induktionsmuster, Organisatoren und Reaktionsgewebe ist so beträchtlich, daß diese für große Systemgruppen wie *Amphibia*, ja *Vertebrata* als nahezu identisch aufgezeichnet werden können.[15)] Was die Figuren VII20–21 wiedergeben, ist somit eine Raum-Zeit-Gestalt von der universellen Bedeutung des Typus; und unsere stochastischen Homologiekriterien (vgl. Abs.

[15] *Coulombre* 1965 hat sogar das Detail des Bildungsmusters des Auges für die ganze Gruppe der Wirbeltiere dargestellt (wie in Fig. VII21 vereinfacht wiedergegeben).

IIB2d) lassen keinen Zweifel darüber, daß es sich um homologe Strukturen handeln muß.

(2) *Homodyname Wirkungen.* Die Frage, ob die Determinationsbefehle der Muster über die Grenzen der Art hinweg gelesen, verstanden und befolgt werden, haben die xenoplastischen Transplantationsexperimente ebenso klar beantwortet.

Dabei wird beispielsweise ein bestimmtes Reaktionsgewebe bei einer Art entfernt und das entsprechende einer anderen Species an dessen Stelle gebracht. Die Morphogenese zeigt dann, wie der neue Befehlsempfänger auf die artfremden Befehle reagiert; und sie kann auch zeigen, wieviel an Eigeninitiative (Selbst-Organisation) und befolgten fremden Befehlen (Induktion) sich vertragen können.

Zunächst zeigte sich, daß aus Augenblasen die Haut eine Linse ›lesen‹ kann; und zwar von Art zu Art (innerhalb von Gattungen), aber auch noch von Gattung zu Gattung (innerhalb von Familien), und selbst von Familie zu Familie. So liest noch die Bauchhaut der Erdkröte (*Bufo vulgaris*, Familie *Bufonidae*) aus der Augenblase des Wasserfrosches (*Rana esculenta*, Familie *Ranidae*; beide aus der Unterordnung *Phaneroglossa* der schwanzlosen Lurche). Der Organisator induziert das Was (den Text), das Reaktionsgewebe bestimmt aber über das Wie (die Aussprache). »Solche Kombinationen«, so stellt schon *Kühn* fest, »lassen stammesgeschichtliche, entwicklungsphysiologische Beziehungen erkennen; sie zeigen, in welchem Grade in der Herkunft eines Organes allgemeine und spezialisierte Anteile vorhanden sind.«[16] Wir haben es mit homologen Entscheidungsmustern, also homodynamen Wirkungen zu tun.[17]

(3) *Die Grenzen der Homologie* kommen in den entwicklungsphysiologischen Entscheidungen ebenso wie in der Morphologie zum Ausdruck. Das zeigen die berühmten *Ordnungs-Chimären* (Fig. VII22–25), Reaktionen von Transplantaten, die sogar über die Grenzen der Amphibienordnungen (*Urodela* und *Anura*) hinweg erfolgreich durchgeführt werden. Auch hier werden Befehle z.B. im Augen- und Labyrinth-Bereich noch als identisch gelesen, obwohl ›Texte‹ wie ›Leser‹ bereits seit dem Palaeozoikum, also mindestens 200 000 000 Jahre, voneinander völlig getrennt repliziert worden sind.[18]

16 *Kühn* 1965, p. 541.

17 Der Begriff geht, wie erinnerlich (Abs. IIB2a), auf *Baltzer* zurück.

18 Originalliteratur vor allem in *Baltzer* 1952, *Chen* und *Baltzer* 1954. Man könnte sogar von ›Klassen-Chimären‹ sprechen, da etwa das Medullar-Reaktionsgewebe von Amphibien noch die Induktionsbefehle einer Vogel-, Fisch-, wie Cyclostomen-Chorda lesen kann (Beispiele in *Hatt* 1933, *Oppenheimer* 1936, *Bytinsky-Salz* 1937). Hier ist die Verständigung so alt wie der ganze Wirbeltierbauplan, wie mindestens 400 000 000 Jahre oder eine halbe Milliarde voneinander getrennter Generationen.

Erst wenn über den ursprünglichen Larvenmerkmalen z.B. der Molche, wie der Zähne und der Haftfäden bei *Triturus*, neue Froschmerkmale aufgebaut werden, wie die Hornkiefer und Haftscheiben bei *Bombinator*, ändert sich die Lesbarkeit. »Wie weit kann sich ein veränderter Teil eines Anlagesystems eines unveränderten Rests bedienen?«[19] Haftfaden-Epidermis von *Triturus* läßt auf *Bombinator* – Mesenchym-Unterlage – einen chimärischen Haftfaden entstehen; *Rana esculenta*-Bauchhaut auf der *Triturus*-Mundregion ein Froschmaul (siehe Fig. VII23). Bei *xenoplastischen Transplantationen* etwa eines *Triturus*-Wirtes mit *Bombinator*-Hälfte werden sogar auf der Kröten-Hälfte chimäre Molchzähne gebildet. »Bei einer Neuerwerbung«, so folgen wir *Kühn*, »konnte das wesentlich Neue in der Reaktionsnorm auf eine Potenzänderung der Epidermis beschränkt sein; das Induktionssystem und die Reaktionsfähigkeit konnten übernommen werden.«[20]

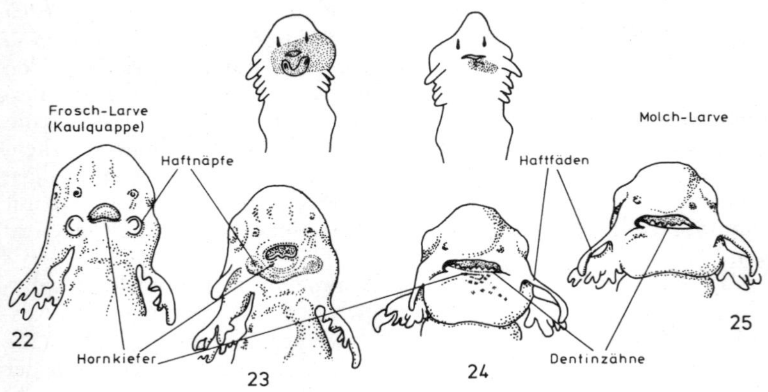

Fig. VII22–25: *Ordnungs-Chimären und ihre Normalformen* am Beispiel von Molchlarven mit Frosch-Implantaten. 23: Großes Implantat um das Mundgebiet, 24: kleines Implantat hinter dem Mundgebiet (die vom Frosch stammenden Teile sind in den Vignetten darüber punktiert ausgewiesen). 22 und 25: Normalformen (23 und 24 aus *Seidel* 1953).

Wenn also jeweils zweimal 0,2 Milliarden Generationen den determinierenden Texten nichts von ihrer Lesbarkeit nehmen konnten und erst bei Neubildungen neuer Gesetzestext hinzukommt, aber selbst von jenem aus noch die alten Stichworte einwandfrei verstanden und befolgt werden, so können wir auch die identische Weitergabe von Befehlsmustern zu den Fakten stellen.

19 *Kühn* 1965, p. 541.
20 *Kühn* 1965, p. 544.

Der Kenner wird sich gefragt haben, was nach dieser Replikationsthese nun wohl von den Eigentümlichkeiten der Primitiv-Entwicklung und jenen der holometabolen Insekten zu halten wäre. Bei diesen überwiegt ja Selbstorganisation; und die rekapitulativen Eigenschaften der Blastomeren der ersteren und der Imaginalscheiben der letzteren sind noch recht fraglich. Eben das ist der Grund, warum ich diese erst nach dem Caenogeneseproblem behandeln kann. Der Fachmann weiß ja, wieviel unnötige Kontroverse die ›Stammesgeschichte der Primitiventwicklung‹ auslöste, und wie unmöglich es gewesen wäre, das Biogenesegesetz den Holometabolen allein zu entnehmen. Ich muß das Kompliziertere, das Abgeleitetere (vgl. VIIB3c) an den Schluß setzen.

Steht es nun wohl außer Zweifel, daß Determinationsentscheidungen nicht nur zu Komplexen organisiert, sondern auch über ganz erstaunliche Zeiträume identisch erhalten werden können, so steht nun die letzte Frage aus, nämlich warum das so sein muß: Warum ist die Erhaltung alter Determinationsmuster eine Notwendigkeit?

Trennen wir aber weiterhin die Dokumentation der einschlägigen Korrelationen (Abs. VIIB3–4) von der theoretischen Notwendigkeit ihres kausalen Zusammenhanges (in Abs. VIIC1–2).

3. Freiheit und Fixierung der Interphäne

Wieder tritt ein geschlossenes Wissensgebiet hinzu, das die Dokumente enthält: Zur Entwicklungsphysiologie benötigen wir noch die vergleichende Embryologie mit ihren großsystematischen und phylogenetischen Applikationen. Es ist noch umfänglicher als das vorangegangene. Da es aber schon im vorigen Jahrhundert, als es darum ging, *Darwins* These zu erhärten, den Faktenumfang der vergleichenden Anatomie erreichte, ist es auch allgemeiner bekannt. Ich darf mich darum noch kürzer fassen. Schließen wir an das erste an:

a. Von Metaphän- zu Interphän-Funktionen

Soweit wir heute die lebendigen Strukturen verstehen, sind wir bei einer jeden zur Annahme verhalten, daß sie notwendig ist. Die Notwendigkeit kann in erster Phase die Laune einer zufällig mutierten (und von der Selektion tolerierten) Entscheidung sein, deren Phän schließlich irgendeine terminale Funktion findet (wie in unseren Beispielen der Fig. V25–51, ab p. 209). Erreicht das Phän aber in einer Verwandtschaftsgruppe Stetigkeit und die Würde einer Homologie, so ist sogleich eine tiefere Verankerung seiner funktionellen Notwendigkeit anzunehmen. Ist eine solche Funktion gegenwärtig, wie etwa bei der Behornung des Vogelschnabels, dann sind wir um deren Benennung nicht verlegen (obwohl deren Stetigkeit wunderlich genug ist). Ist sie aber durchaus nicht gegenwärtig, wie etwa die Zahl der Arterienbogen beim menschlichen Embryo (Fig. VII28), dann, so befriedigt zunächst der Vergleich mit

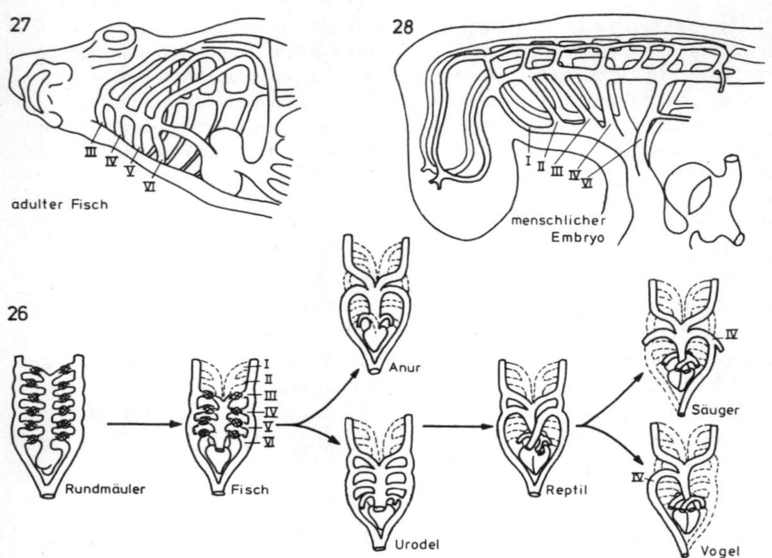

Fig. VII26–28: *Übersicht der Arterienbogen der Wirbeltiere.* 26: Schema der Differenzierung des Anlagemusters (strichliert) zu den Adultformen (ausgezogen). 27: Zustand bei einem Knochenfisch, 28: Zustand beim Embryo des Menschen. Die homologen Bogen sind gleich beziffert (26 aus *Claus, Grobben* und *Kühn* 1932, 27 aus *Korschelt* und *Heider* 1936, 28 aus *Corning* 1925).

den Vorfahren (Fig. VII26), sagen wir uns mit Recht, daß diese vier Paar Aortenbögen jedenfalls einmal eine Funktion gehabt haben müssen. Sie waren die Kiemengefäße unserer Ahnen, ähnlich denen der Fische (Fig. VII27).

(1) *Zu fordernde Funktionen:* Wir wissen nun längst, daß ein physikalisch so außerordentlich unwahrscheinlicher Zustand wie solch ein Organsystem, stünde es nicht unter Selektionsschutz, niemals überdauern könnte, und schon gar nicht (wie im Falle der Kiemengefäße ohne Kieme) eine runde Milliarde Generationen. Selektionsschutz muß also stets geherrscht haben. Dieser wird aber ausschließlich für nötige Funktionen gegeben, ergo müssen Aortenbögen nicht nur als Metaphäne, als Kiemengefäße bis zu den letzten kiementragenden Säugevorfahren eine Funktion besessen haben; sie dürfen sie auch als Interphäne nie verloren haben und bis auf den heutigen Tag besitzen. Sie mögen sich gewandelt haben, aber sie müssen vorhanden sein.

Eben diese Funktionen haben wir (in Abs. VIIB2) untersucht. Es werden wieder Funktionen im Induktionsgesetz der Organogenese sein, die im Epigenesesystem unersetzlich und darum fest verankert sind.

Man muß sich dabei nur vor Augen halten (um bei diesem Beispiel zu bleiben), in welch hohem Maße und über welch außerordentliche Zeiträume die Spalten und Gefäße der Kiemen aufeinander abgestimmt sein mußten; und daß diese Kiemenspalten ja heute noch bei Vögeln und Säugern angelegt werden und der Entwicklung von wichtigen endokrinen Drüsen (Schilddrüse, Nebenschilddrüse und Thymus) den Ansatz liefern.

(2) *Der Wechsel der Funktionen*, wie er im vorigen Beispiele noch nicht erforscht[21)], ergo zu postulieren war, ist aber von anderen gut bekannt: Und in drei Beispielen kann bereits gezeigt werden, daß die Funktion des ursprünglichen Metaphäns erhalten, verwandelt werden oder verschwinden kann, ohne daß seine Funktionen als Interphän verschwänden.

Die Augenblase muß (vor Linsenbildung und Rückfaltung zum Augenbecher) ein Metaphän präkambrischer Vorfahren der Wirbeltiere gewesen sein. Seit der Fülle der devonischen Fischartigen, die wohl schon Linse und Becher besaßen[22)], ist sie ein Interphän aller Wirbeltiere: mit unveränderter Seh- *und* Induktionsfunktion.

Die *Chorda dorsalis*, von wenigstens gleichem Alter wie das obige Organ, ist in durchgängiger Form bei *Appendicularia*, beim Lanzettfischchen und sogar bei einigen Fischartigen (Cyclostomen, Holocephalen, Stören und Lungenfischen) und wenigen Amphibien zeitlebens erhalten. Bei allen übrigen Wirbeltieren ist sie in Scheibchen aufgelöst, in ihrer Stützfunktion von den Wirbeln (bis auf einen sehr geringen Rest als *Nucleus pulposus* in den Bandscheiben) weitgehend ersetzt. Sie wurde zum besonders früh angelegten Interphän, das (gemeinsam mit dem anliegenden Mesoderm) das primäre Organisationszentrum für alle Vertebratenentwicklung geblieben ist.

Die Nierenserie: Die Vorniere ist bei allen Wirbeltieren zum Embryonalorgan (Interphän) geworden und verschwindet während der Entwicklung. Die folgende Urniere bleibt nur bei Fischen und Amphibien ein Metaphän, bei Reptilien, Vögeln, Säugern fällt auch sie zum Interphän zurück, und die Exkretionsfunktion wird wieder zur Gänze durch den Überbau der Nachniere ersetzt: Und dennoch bleibt die Serie der Interphäne mit dem Bauziel auch auf die Nachniere induktiv in komplizierter Weise[23)] verflochten.

(3) *Eine doppelte Funktion* wird für alle Phäne anzunehmen sein.

Erstens Funktionen gegenüber dem Außenmilieu. Es sind das meist

21 Literaturübersicht bis 1965 in *Shepard*.

22 Die Größe der *Orbita* und die Rekonstruktionen des Gehirns durch *Stensiö* (z.B. 1958) lassen darauf schließen.

23 Übersicht über Stand und Kontroverse der noch offenen Einzelheiten bei *Torrey* 1965.

jene ›introspektiv‹ leicht verständlichen Erfordernisse, die wir uns vorstellen, wenn wir an den ›Kampf um die täglichen Lebensvorteile‹ denken und an die Prüfung durch die Selektion. Sie mögen oft die ersten Funktionen sein, die ein Phän übernimmt; und sie mögen bei den Metaphänen vielleicht sogar überwiegen.

Zweitens wird aber sehr bald eine zweite Funktion gegenüber dem Innenmilieu hinzukommen: Eine Funktion im epigenetischen System, sobald weitere Merkmale auf ihnen aufzubauen beginnen. Diese Funktion wird (wie wir sehen werden) mit der Bürde in den embryologischen Aufbauvorgängen wachsen und keinesfalls erlöschen, auch wenn die Außenfunktionen solcher Phäne gänzlich verschwinden. Diese Systemfunktionen werden bei den Interphänen überwiegen und zu den letzten Funktionen gehören, die ein Phän besitzen kann.

Ganz ähnlich hat z.B. jedes Funktionssystem eines Hauses (neben Stützung, Heizung, Entwässerung usf.) noch die zweite Funktion der Orientierung beim Bau. Die Fundamente werden bekanntlich nach dem Lageplan (nach Abständen von der Grundgrenze) orientiert, die Mauern nach den Fundamenten (Bauplan), schon die Einbaukästen werden nach den Wänden (den sog. ›Naturmaßen‹, die Bauplanabweichungen ausgleichend) bemessen, und für die Lage der Beschläge sieht sich der Schlosser die Kästen an. Es wäre theoretisch einwandfrei, aber praktisch absurd, ihre Lage noch immer von den Grundgrenzen aus zu bestimmen. Fehler, Toleranzen und die Kosten von Information (in bit_D) bilden auch hier (vgl. Abs. VIIC3) dasselbe System.

(4) *Der Übergang der Funktionen* wird nahtlos und harmonisch sein. Nahtlos durch die breite Überlappung; und harmonisch muß er sein, weil die Grenzfunktionen in den beiden Funktionsbereichen so gut wie identisch sein werden.

Metaphäne werden ja durch Substitution ihrer Außenfunktion zu Interphänen. In den langen Überleitungsperioden (beispielsweise von der häutigen zur beginnend verknorpelnden Wirbelsäule) bilden die Funktionen von Chorda, Chordascheiben, Knorpelanlagen usf. eine fein abgestimmte Einheit mit identischer, also nur integriert sinnvoller Funktion. Folglich muß die optimale Abstimmung ihres Aufbaues, das sind die ebenso genetisch determinierten Funktionen, entsprechend sein, ja auf denselben Befehlsmustern beruhen. Wir kennen dies als das Phänomen der imitatorischen Muster (bereits aus Abs. VIC1).

b. Bürde und Fixierung

der Metaphäne, also der endgültigen Merkmale der Organismen, besprachen wir bereits in den drei letzten Kapiteln, jene der Interphäne ist nun vergleichsweise zu untersuchen. Diese Gliederung teilt die Phäne in solche mit und ohne sichtbare Außenfunktionen. Das hat (so ist klärend vorauszuschicken) eine gewisse Ähnlichkeit mit der in der Embryologie üblichen Unterscheidung in

(1) *palingenetische und caenogenetische Merkmale.* Erstere umfassen alle echten Rekapitulationen phylogenetischer Stadien (z.B. Kiemenanlagen und durchgängige Chorda beim Säuger), letztere alle Abänderungen. Das sind Phasenverschiebungen, Vereinfachungen und insbesondere die während der Entwicklungszeit aus der Konfrontation mit dem Entwicklungsmilieu zusätzlich geschaffenen Phäne; von den Schwebeeinrichtungen der Larven, den Schutzeinrichtungen der Parasitenstadien und den Verpuppungen bis zu Nabelschnur und *Placenta* der menschlichen Embryonen, die alle vor erreichtem Endstadium zurückgelassen werden. Auf den ganz andersartigen Rest, eine dritte Merkmalsgruppe, kommen wir (in Abs. VIIB3c) zurück.

Die Palingenese-Phäne entsprechen meist unseren Interphänen. Dennoch haben manche Rekapitulationsmerkmale echte Außenfunktionen. Beispielsweise der Ruderschwanz und die Kiemengefäße der Froschlarven. Sie unterliegen somit auch den Bürde-Bedingungen von Metaphänen.

Die Caenogenese-Phäne entsprechen meist den Metaphänen mit echten Außenbeziehungen zum Larval- oder Embryonalmilieu. Sie können diese aber verlieren, wenn sie durch starke Änderung des Entwicklungsmilieus selbst wieder tradiert werden.[24)]

Vergleichbar ist die Funktionsbeziehung von rudimentären Organen und Atavismen, deren Aufgaben gegenüber dem äußeren Milieu gewiß vorhanden waren, nun aber ebenso fraglich und vielfach ganz verschwunden sind (vgl. Abs. VIIB4a).

Es sind also die epigenetischen Funktionen, die wir hier ausschließlich hinsichtlich Bürde und Fixierung untersuchen wollen: und die sich nach der vorgenommenen Ausschälung sogleich sehr einfach darstellen.

(2) *Die Bürdegrade*, mit welchen Interphäne im inneren Milieu eines Organismus belastet sind, lassen sich leicht aus ihren Funktionen im Epigenesesystem abschätzen. In der bisher verwendeten Metrik brauchen wir nur die Anzahl jener Homologa festzustellen, deren Bildung ausbleibt oder desintegriert wird, wenn das betreffende Interphän seine datenleitende Funktion nicht erfüllt. Das kann beispielsweise durch seine Entfernung gezeigt werden, aber ebenso durch chemische Einflüsse, die seine induktiven Leistungen stören.[25)]

Wird z.B. lediglich die Abgliederung der Chordazellen gestört (die nach LiCl-Behandlung eines frühen Stadiums selbst völlig lebensfähig

[24] In dieser Weise deute ich z.B. die *Desor*sche Larve der Nemertinen (vgl. Fig. VII35), welche, obwohl im Prinzip mit direkter Entwicklung, jene Imaginal-Scheiben und Amnionbildung innerhalb eines Larvenektoderms zeigt, welche nur als Abkürzung der Metamorphose nach der verwandten *Pilidium*-Larve funktionell sinnvoll erscheinen. Übersicht in *Korschelt* und *Heider* 1936.

[25] Eine besonders überzeugende Übersicht dieser Dokumente in *Kühn* 1965.

im Chordamesoderm verbleiben), so ist die Katastrophe schon fast unübersehbar. Organisation von Rumpfmuskulatur und Achsengliederung (der Somiten) kollabiert, mit dieser desintegriert die Ordnung in der Längsdifferenzierung des Rückenmarkes mit den spinalen Ganglien (der Neuralleiste), was die Desorganisation eines Gebietes zur Folge hat, welches wir nach den Homologa der in ihm erwarteten Metaphäne mit vielen hunderten, ja einigen tausend zu bemessen hätten. Allein mit der Abgliederung des Chorda-Materials ist also eine Bürde der Entscheidungen verbunden, die in der Größenordnung von 10^3 Einzelhomologa liegen muß.

Das sind, wie wir längst wissen, Ordnungsdimensionen, in welchen an eine Substitution auch nur der allerwichtigsten Funktionen durch den Zufall, und durch wieviele Mutationen und Zeiträume auch immer, überhaupt nicht mehr gedacht werden kann.

Dabei zeigt das Netzwerk der Induktionen (vgl. Fig. VII20–21), wie leicht solche Beispiele zu vermehren wären. Und der Umstand, daß auch in Fig. VII20 (p. 314) nur ein Teil der schon vor Jahrzehnten bekannten Muster zusammengestellt ist und daß selbst heute erst ein Bruchteil dieses Epigenesesystems erschlossen sein kann, demonstriert den Umfang der zu erwartenden Dokumentation.

(3) *Die Fixierungsgrade* müssen also außerordentlich sein. Wir brauchen gar nicht erst rechnerisch vorzugehen, um zu erkennen, daß an Interphänfunktionen solchen Ausmaßes nicht zu rütteln ist.

So sehen wir denn auch Interphäne wie z.B. die durchgängige *Chorda dorsalis* von den Larven der Seescheiden und Salpen bis zum Menschen im Bauplane aller *Chordata* unverbrüchlich verankert; obwohl wir an der Erhaltung ihrer primären, als Körper-Längsstütze wirkenden Außenfunktion schon mit dem Auftreten der Wirbelsäule zweifeln müssen. Und wir gelangen damit zu Fixierungsgraden der reinen Epi-

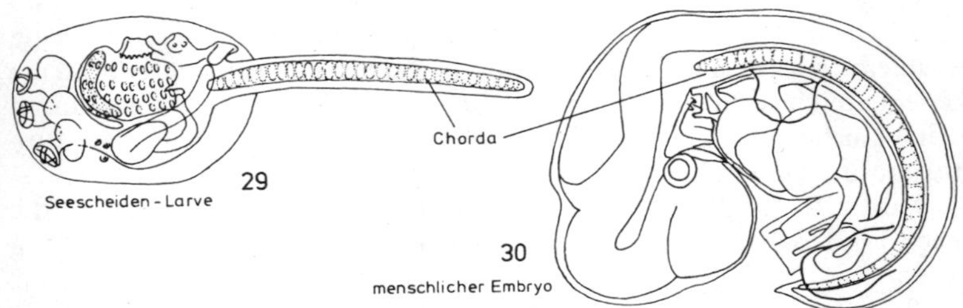

Fig. VII29–30: *Extreme Repräsentationen der Chorda dorsalis.* 29: Als reines, völlig verschwindendes Larvalorgan bei der Seescheide *Distaplia*, 30: Als reines, später in die *Nuclei pulposi* aufgelöstes Embryonalorgan der Säuger (29 aus *Riedl* 1970, 30 aus *Corning* 1925).

genese-Funktion, welche die ungeheure Dimension fast der ganzen überlieferten Fossilgeschichte der Organismen umfaßt.

Dabei geht sogar die Erhaltung der Ähnlichkeit so weit, daß schon rein anatomisch (nach der Struktur) an der Identität der Chorda einer Seescheidenlarve und eines menschlichen Embryos (Fig. VII29–30) gar nicht zu zweifeln ist. Dabei wissen wir, wie weit Homologa abgewandelt werden könnten (Fig. II22–26, p. 75 und Abs. VB1f), ohne daß wir an ihrer Identität unsicher würden.

Und das Netzwerk der Abhängigkeiten, Bürden und folglich Fixierungen läßt dann auch jene Fülle an festgelegten Interphänen erwarten, wie sie die vergleichende Embryologie der letzten hundert Jahre ja in nicht weniger erstaunlicher Zahl erarbeitet hat: *Das Epigenesesystem muß von einer Wiederholung seines eigenen Entstehungsmusters ausgehen, weil die wichtigsten Entscheidungen ein Ausmaß an Bürde tragen, welches ihren Ersatz mit Hilfe des Zufalles außerordentlich unwahrscheinlich macht.*

Die Wiederholung scheint ein generelles Prinzip. Jedenfalls der Ausgang von ihr. Aber es können, ja es müssen Vereinfachungen, Abkürzungen der Umwege eintreten.

c. Die Freiheit der Vereinfachung

Der fundamentale Unterschied zwischen Meta- und Interphänen ist ja ein zweifacher. Erstens: Ist in der phylogenetischen Gestalten-Reihe eines Metaphän-Homologons ein Umweg einmal gegangen worden (etwa vom Kiefer- zum Gehörknochen, von der Fischflosse über die Raubtiertatze zur Delphinflosse), dann ist das unwiderruflich geschehen. Hat aber ein Interphän-Homologon diesen Weg zu wiederholen (vom Kiemen- zum Aortenbogen, von der Chorda zum *Nucleus pulposus*), dann kann es in jedem Reproduktionsschritt dem Mutationsexperiment und der Selektionsauswahl unterworfen sein. Zweitens: Die funktionellen Anforderungen, welchen die Serie eines Metaphän-Homologons unterworfen ist, werden sich von Nische zu Nische wandeln; und zwar in einer, nach unserer Methode zufällig erscheinenden Weise, begrenzt nur durch die physischen Möglichkeiten des Systems (so daß immerhin mit einem Kieferknochen schließlich gehört, mit einer Schwimmblase geatmet und mit einer Fischflosse ein Manuskript geschrieben wird). Die funktionellen Anforderungen an die Serie eines Interphän-Homologons sind hingegen durch seine ›Nischen‹ im Epigenesesystem definiert, einem Determinationssystem, dessen Entwicklung und Veränderung ja dem Zufalle weitgehend entzogen ist. Es ist ein Rückkopplungs-Mechanismus, in dem die geprüfte Einzelfunktion selbst einen Teil des Systems darstellt.

Wir müssen darum erwarten, daß auch mit dem Weg der Interphäne ständig experimentiert wird und daß, wachsend mit der Zahl der Replikationen, funktionelle Verbesserungen, jedoch nur mit dem Ziel auf ein an sich konservatives Epigenesesystem, angebracht werden. Man mag die Resultate (wie das der Brauch ist) auch zu den Caenogenesen rechnen, doch sind es keine Zufügungen durch ›Außenstimula‹, sondern Neuheiten der Vereinfachung durch ›Innenstimula‹. Sie seien in aller Kürze zusammengestellt:

(1) *Das Schwinden des Unbelasteten*, also aller Phäne mit geringer oder nur mäßiger Bürde, ist wohl die auffallendste Eigenschaft aller Embryonen; auch der älteren. Alle jungen, wechselnden, arteigenen, terminalen Merkmale haben die Tendenz, aus dem Epigenesesystem zu verschwinden oder gar nicht erst aufgenommen zu werden (all das, was wir akzessorische Merkmale nannten; vgl. Abs. VB2a). Nur bei den freilebenden Larven gewinnen sie ihre eigene Renaissance. Damit haben gerade die Embryonen etwas Generalisiertes, dem Typus Verwandtes (dem morphologischen Typus, wie – in Abs. VIIIB2b – zu zeigen sein wird).

(2) *Die Phasenanpassung*. Sie ist in der Embryologie schon wohldefiniert. Man versteht darunter entweder die Vorverlegung von Bildungsvorgängen vor ihren phylogenetisch entsprechenden Einsatz, wenn die Herstellung zeitraubender ist als die anderer Organe (man denke an die weit vorauseilende Gehirnentwicklung der menschlichen Embryonen im Fischstadium); oder die Rückverlegung, wie die oft sehr späte Öffnung der Lidspalte, wenn auch das Vorteile bringt.

(3) *Abkürzend neue Wege*. Wird ein ontogenetischer Umweg so extrem, daß es schwierig sein muß, die umfänglichen Sonderbildungen alle in der Metamorphose zum Endstadium wieder abzubauen, so kann (ähnlich einem Flußmeander) ein neuer Kurzweg die ganze Schleife abschneiden.

Solche Abkürzungen von weit über den phylogenetischen Umweg hinausschwingenden Ontogenesen (gewissermaßen larvaler oder caenogenetischer Extremierung) kennt man von den Metamorphosen mariner Larven bei Nemertinen (*Pilidium*) und Echinodermen (*Ophiopluteus-*, *Echinopluteus-*, *Brachiolaria-* und *Bipinnaria*-Larve) wie von terrestrischen (z.B. Schmetterlingsraupen) und den Puppenstadien der *Holometabolie* der Insekten (Fig. VII31–37). Dabei wird in der Regel die extreme Larvenform dadurch aufgegeben, daß durch Hauteinstülpungen zunächst in einem neuen, amnionartigen Innenmilieu *Embryonalscheiben* entstehen, von welchen die Entwicklung der Endform ihren neuerlichen Ausgang nimmt. Trotz dieser gänzlich neuen Wege können dennoch Reste palingenetischer Merkmale erhalten bleiben, deren Deutung allerdings viel schwieriger ist.

Das ist anders bei einer zweiten Gruppe (4 und 5, in Fortsetzung von 1), in der palingenetische Umwege allmählich und traditiv eingeschliffen werden.

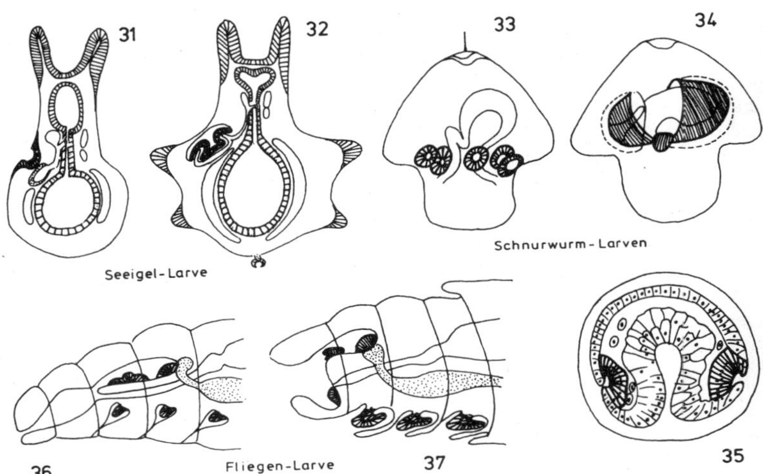

Fig. VII31–37: *Abkürzungen von Metamorphosen* durch Ausbildung von Embryonalscheiben (jeweils dunkler ausgewiesen). 31: *Pluteus*-Larve (schematischer Längsschnitt) am Beginn der Scheibenbildung. 32: Nach fertiggestelltem Amnion, 33: *Pilidium*-Larve (Seitenansicht) am Beginn der Scheiben- und 34: am Ende der Amnionbildung, 35: *Desor*sche Larve (Querschnitt in der Eihülle) bei der Scheibenbildung. 36–37: Stadien der Imaginalscheiben bei einem holometabolen Insekt (Seitenansicht) (aus *Korschelt* und *Heider* 1936).

(4) *Schematisierung*, gewissermaßen eine Form diagrammatischer Vereinfachung, läßt sich bei der Rekapitulation sehr alter Merkmale oft feststellen; entsprechend also bei der Anlage der fundamentalsten Bauteile. Dies drückt sich, meiner Meinung nach, in einer Häufung von epithelialen Häuten, Faltungen und umhüllten Hohlräumen bei der Ontogenese von Organismen aus, die diese Merkmale späterhin nur sehr abgeschwächt oder gar nicht mehr besitzen. Hierher rechne ich (unkonventionellerweise) die Bildungsweise mancher primärer und sekundärer Leibeshöhlen, manches Urdarmes und viele abfaltende Organanlagen. Es sind das die Phänomene von Blastula, Gastrulation, Mesodermaabgliederung und der Zerlegung der sogenannten *Keimblätter* (Fig. VII42–45).

Die Keimblattlehre zeigt dabei auf das vorzüglichste, auf welche Weise der Fluß von Baumaterialien gemeinsam mit ihren Determinationsbefehlen vereinfachend abgesichert werden kann, auch Ursprung und Herkunft derselben, ein Schema, aber nicht die Ahnen des Phylogenese-Ablaufes.

Als die funktionsvollen Ahnen genommen, würden diese ›Diagramme von Organismen‹ das Paradoxon einer finalen Evolution beweisen, weil ihre Teile stets auf Funktionen zustreben, ohne sie während des Baues besitzen zu können. So, wie geordnete Stapel von Ziegel und Bauholz noch keine Funktion besitzen oder ein Baugerüst zwar die künftige Bauform voraussehen läßt, ohne aber je in einem Selektionstest nach Wärme- und Schalldämmung oder gar nach der Wohnlichkeit bestehen zu können.

Die Interphäne sind die Kommandostände, *die Archive der organisierten Determinationskomplexe* (mit der Abfolge der Bauvorschriften), deren Aufgliederung und Entwicklung logisch, ja selbst Reste der alten Formgebung schematisch wiederholend.

(5) *Symbolisierung* steht schließlich und in gerader Fortsetzung am Ende der Vereinfachung. Wir erwarten ihr Ergebnis bei den ältesten der Merkmale und finden es in der Primitiventwicklung; in den *Furchungstypen* und Blastomerengruppen (Fig. VII38–41).

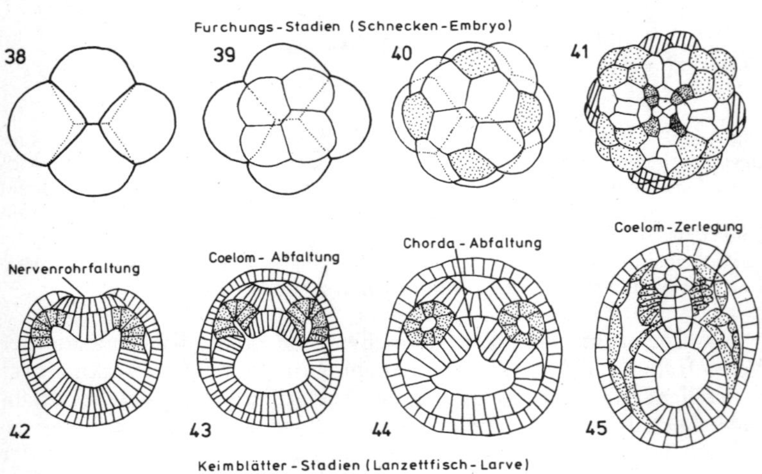

Fig. VII38–45: *Vereinfachungen im Entwicklungsablauf.* 38–41: Symbolhafte Vereinfachung am Beispiel der Blastomerenordnung einer Spiralfurchung (von *Trochus*) im 4-, 8-, 16- und ca. 64-Zellen-Stadium (Zellen gleicher Determination sind gleich ausgewiesen. 42–45: Schematische Vereinfachung am Beispiel epithelialer Faltungen (Querschnitte durch *Amphioxus*-Larven; Zellgliederung angedeutet, Coelom-Wände punktiert) (aus *Korschelt* und *Heider* 1936).

Gewiß ist die Korrelation von Lage-Struktur und Repräsentation wie z.B. bei der ›Spiral-Quartett-4d-Furchung‹, bei der Bildung des ›Kreuzes der Mollusken‹ oder dem der Anneliden so überzeugend, daß der Zufall ausschließt und wir vom Walten identischer Gesetzmäßigkeit überzeugt sein können. Aber es wäre naiv zu glauben, die ersten Mollusken wären alle mit einem Kreuz am Rücken herumgekrochen oder die algonkischen Meere wären einmal von vierzelligen und darauf von achtzelligen Stadien bevölkert gewesen, die sich endlich noch entschlossen, ihre Zelle Nr. 4d einzusenken, um daraus die künftige Muskulatur zu fabrizieren (Kreuzbildung: Fig. VII41).

Wer wäre auch naiv genug, die Baupläne des Architekten sogleich als Zelt aufzustellen oder in den Satz ›Dies ist ein saftiger Apfel‹ hineinzubeißen.

Die Blastomeren sind Sortierladen für Material und organisierte Determinationskomplexe mit mehr oder weniger regulativer Fähigkeit, wobei, wie wir wissen, in jedem Fache immer wieder der Gesamtplan deponiert ist; nur wird (wie in Formularen) mehr und mehr ›nicht Zutreffendes‹ durchgestrichen; alles bis auf die Aufgaben des Baumeisters, des Fenstertischlers, des Fensterverglasers, des Lehrbuben, der den Kitt einstreicht, und zuletzt den Mann von der Glasbruchversicherung, der auch noch später kommt, wenn sich der Fußball aus dem Garten verirrte.

Blastomerenmuster wie Blastomeren können im Inhalte wieder Identitäten sein; und zwar zu maximaler Sicherung der Befehlsaufteilung symbolisierte Fließmuster der tradierten Derterminative.

4. Tradierte Metaphäne

Daß wir nochmals auf die Endmerkmale einzugehen haben, hängt mit ihrer zweifachen Funktion zusammen, wie wir sie (in Abs. VIIB3a) nach solchen in der Umwelt und im Epigenesesystem bereits sortierten. Metaphän-Aufgaben beginnen ja wohl stets mit kleinen Außenfunktionen, werden aber mit Zeit und Verantwortung zunehmend mit Binnenfunktionen beladen.

Was also, wenn die Außenfunktionen schwinden, das Phän aber doch bis in den fertigen Organismus erhalten bleibt? Wir finden uns dann vor einem Metaphän, das, obwohl offenbar gegenwärtig ohne sichtbare Funktion, ohne sichtbaren Selektionsschutz, außerordentlich lange erhalten bleiben kann. Dies ist das Problem von

a. Atavismus und Langsamkeit der Rudimentation

In diesem Fragenkreis macht bekanntlich nicht das Verschwinden von Organen der Erklärung Schwierigkeiten, sondern das Nichtverschwinden. Der Neodarwinismus begründet ja den Mechanismus, der Funktionsloses zum Verschwinden bringt, zureichend. Was aber erhält all die vielen Reste von Organen, die im Leben des Organismus nichts mehr bedeuten?

Beim Menschen denke man an die Ohrmuskel, die Falte im inneren Augenwinkel, an den Wurmfortsatz, an die Schwanzwirbel des Steißbeines, welche an ihrer Innenseite sogar noch Proportionen rudimentärer Schwanzmuskulatur tragen (*Musculus sacrococcygicus ventralis*; Fig. VII46). Obwohl unsere Vorfahren seit einigen Jahrmillionen gar keinen Schwanz mehr besitzen, ist dieses Muskelchen über mehr als hunderttausend Generationen (im alten Sinne also gewiß funktionslos) mitgeschleppt worden. Warum also solche Stetigkeit?

Man hat vermutet, daß solche Reste, die nicht schaden und nichts kosten, auch keinen negativen Selektionswert besäßen und toleriert würden. Wir erinnern uns aber der Unwahrscheinlichkeit, mit der das Unwahrscheinliche von Organisation ohne Schutz erhalten bliebe. Und es verfängt schon gar nicht bei jenen Rudimenten, die Schwierigkeiten machen. So beim Wurmfortsatz unseres Blinddarmes, der unter beträchtlichem negativem Selektionsdruck stehen muß, wenn man bedenkt, welche große Zahl von Menschen durch sein Versagen dahingerafft würde, schnitte man ihn nicht rechtzeitig heraus.

(1) *Die Ursachen.* Man hat aber auch vermutet, sie wären »keineswegs funktionslos, sondern haben im komplexen Entwicklungsgeschehen wichtige Aufgaben zu erfüllen, z.B. als Organisatoren«, wie es jüngst *Osche* aussprach; oder es können, wie er fortfährt, die Merkmale von Organsystemen »im Hinblick auf ihre genetische Grundlage durch Polygenie und Polyphänie derartig miteinander verflochten sein, daß wegen der zahlreichen Nebenwirkungen die Anlagen auch ›überflüs-

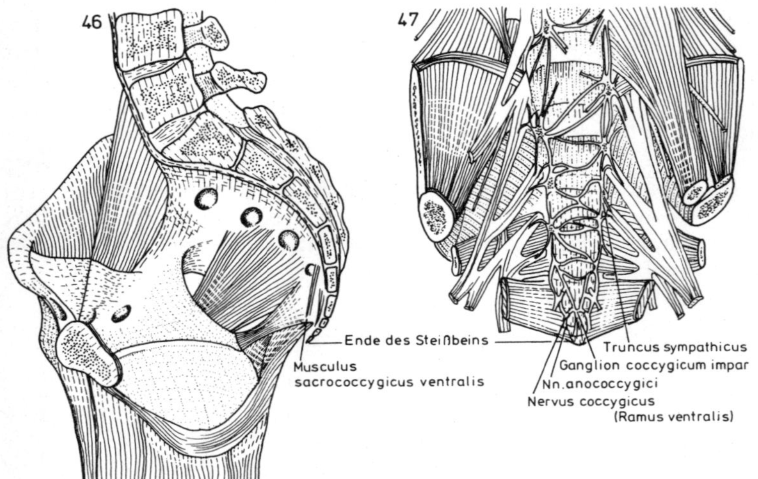

Fig. VII46–47: *Rudimente der inneren Organisation beim Menschen* am Beispiel des Schwanzmuskels beim Erwachsenen. 46: Lage der Schwanzmuskel-Portionen der rechten Körperhälfte (Sagittalschnitt durch die Beckenregion), 47: Lage des Systems der unmittelbar benachbarten Nerven im Becken-Hintergrund (geöffnet von der Bauchseite (nach *Hochstetter* 1940–46).

sig‹ gewordener Bildungen nicht einfach wegmutiert werden können«.[26] Damit ist ohne Zweifel die Lösung getroffen, wie wir sie auch im Vorausgegangenen (Abs. VIB2 und VIIB3) erarbeiteten. Es sind die Binnen- oder Systemfunktionen der Phäne, die das Wegmutiertwerden verbieten.

Selbst im vertrackten Falle des *M. sacrococcygicus* (vgl. Fig. VI46) sehen wir nun voraus, daß die Wirbel-Muskel-Nerven Abstimmung bei der funktionellen Bedeutung des Schwanzes von den primitiven Fischen bis in die Primaten sehr ausgewogen gewesen sein muß, daß sie im Induktionssystem der Chorda-Chordamesoderm-Somiten und von diesen für die Gliederung der Spinal- und Sympathicus-Nerven imitatorisch nachgebildet und tradiert sein wird; und daß die restliche Ordnung eben der zugehörigen Muskulatur die Voraussetzung für die auch an dieser Stelle durchaus funktionswichtige Organisation der Nerven (des *Ramus ventralis n. coecygicus* der *Nn. anococcygici* und des *Ganglion coccygicum impar*) zur Hautversorgung des Analgebietes sein dürfte (Fig. VII47).

Für unsere Auffassung ist die Langsamkeit der Rudimentation belasteter Phäne eine Notwendigkeit. Wir hätten sie postulieren müssen, wäre sie nicht längst bekannt gewesen.

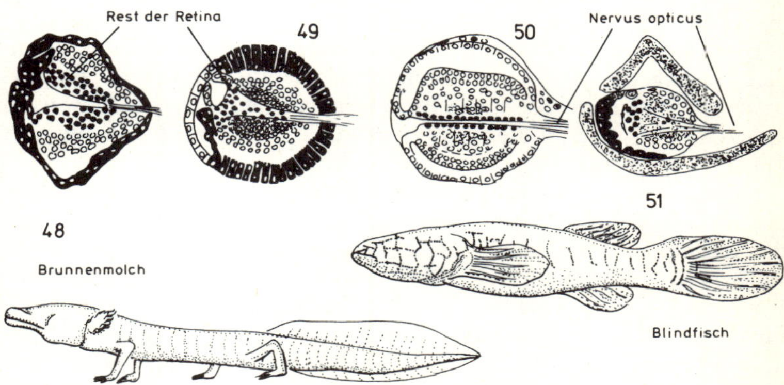

Fig. VII48–51: *Der Ablauf der Rudimentation* am Beispiel der Augenrückbildung bei Wirbeltieren aus Höhlengebieten. 48: *Typhlomolge*, oben Auge im Längsschnitt, unten erwachsenes Exemplar. 49–51: Blindfische (*Amblyopsidae*, 49: *Amblyopsis spelaeus*, 50: *Typhlichthys* 51: *Amblyopsis rosae*, oben Auge im Längsschnitt, unten ganzes Exemplar. Man beachte das Fehlen von Linse und Cornea und das schrittweise Schwinden von Glaskörper (49), Retina (50) und Bulbus (51) bis zum fast alleinigen Verbleiben des *N. opticus* (aus *Vandel* 1964).

(2) *Die Abläufe* der Rudimentation bringen eine weitere Bestätigung. Sie müßten aufgrund des Musters ihrer tradierten Binnenfunktionen

[26] *Osche* 1966, p. 846, in seiner zusammenfassenden Darstellung des Evolutionsproblemes.

die Induktionskette (die Reihenfolge ihrer ontogenetischen Bildung) zurücklaufen. Das umfangreichste Material liefern die Augenreduktionen der Höhlentiere.[27] Tatsächlich wird bei den Vertebraten (Fig. VII48–51) als erstes die Cornea, als zweites die Linse abgebaut, erst dann verfällt der nervöse Teil des Bulbus, die Augenmuskel treten dem entsprechenden Zustand nach zurück, der *Nervus opticus* bleibt aber in der Regel erhalten. Der Induktionszusammenhang[28] ist rückläufig (vgl. Fig. VII20–21) überzeugend nachgebildet.[29]

Auch daß das Beckengürtel-System der Wale von außen nach innen zu abgebaut wird, sei noch erwähnt. Umgekehrt zeigt das die Riesenschlange (*Python*), bei der sich noch eine Funktion der Endkralle erhalten hat.

b. Anpassung und Duldung

Faßt man den Begriff der Rudimente etwas weiter, indem man auch die Notwendigkeit von Submerkmalen unter die Lupe nimmt, dann findet man jeden Organismus voll der Rudimente:

Warum z.B. sind unsere Arme aus der Halsregion innerviert, wo sie in der Schulterregion liegen; warum sind die Öffner des Kiefers so kompliziert, wo die Schließer so einfach sind; warum sind die abgehenden Hauptgefäße unsymmetrisch, wo doch ihre Abnehmer symmetrisch sind; warum stehen die Rezeptoren im Auge verkehrt; warum kreuzen sich Speise- und Atemweg, usf. Die Liste ist noch über hundert Fragen verlängerbar.

Die Antwort des Anatomen ist stets dieselbe; und in jedem Falle kann die lange Geschichte des zugehörigen Hin und Her vergangener Funktionszustände die Sache begründen. Es sind alles Überbleibsel. Oder sollen wir sagen, Rudimente? ›Nein‹: weil man das Ganze funktionierend findet, ›ja‹: weil zahlreiche Subfunktionen aufgegeben, zahlreiche funktionslos, funktionswidrig, ja widersinnig mitgeschleppt sind. Jeder Organismus ist eine *historische Gestalt* und überhaupt nur zu verstehen, wenn man jegliches ins Auge faßt, was er schon gewesen ist. – *Wiedersheim* hat schon 1893 gezeigt, daß sich nur 15 Organsysteme beim Menschen progressiv entwickeln (z.B. Hand-, Kehlkopfmuskel und Gehirn), während sich 90 in Rückbildung befinden.

Evolution ist ein steter Kompromiß und das Ergebnis ein Sammelsurium überkommener Strukturen und funktioneller Halbheiten. Die meisten Biologen werden es schwer finden, hier zuzustimmen, weil wir alle in begründeter Admiration für das Wunder der Anpassung aufwuchsen. Aber man muß zugeben, daß die Evolution, wäre sie geplant,

27 Jüngste Zusammenstellung in *Vandel* 1964, p. 504.

28 Er ist von *Cahn* 1958 schon vermutet worden.

29 Folgerichtig ist der Verlauf der Augenreduktion bei Arthropoden so verschieden, wie deren Induktionsmuster sich von dem der Vertebraten unterscheiden.

schief und verquer geplant wäre; eine Fischflosse für das Piano, ein archaisches Riechhirn für unsere Logik und eine Torpedokonstruktion, welche, bei den Tetrapoden zur Brückenkonstruktion zurechtmanipuliert, zuletzt noch auf zwei Beinen (des hinteren Brückenpfeilers) balanciert zu werden hat. Evolution ist eben nicht geplant und nicht final. In ihr besteht, was die Selektion aus dem Reservoir historischer Gegebenheiten gerade noch duldet.

Sie steckt so voll zweckloser Geschichte wie die Landesgrenzen Europas, und sie unterscheidet sich wie das gewachsen Kontra-Funktionale (allein schon in der Straßenführung) unserer ehrwürdigen Städte von der atmosphärelosen Nur-Funktionalität jener, die wir vorgestern geplant und gestern fertiggestellt haben. Evolution ist zunächst einmal *nur* Tradierung; ›Order-on-Order‹, wie *Schrödinger* (1951) sagte; und erst wenn diese geregelt ist, kann über Adaptierung des schon wieder nicht mehr Adaptierten verhandelt werden.

Dabei ist die Sache nicht unwichtig, weil wir überzeugt sein können, daß auch unsere Köpfe in derselben Werkstatt gemacht sind und unser Denkapparat nicht minder voll einer Fülle höchst unfunktionaler, ja schädlicher Reste steckt, die uns auch weiterhin noch in beträchtliche Schwierigkeiten bringen wird. Das begründet auch unsere Sorge mit dem ›angepaßten Fortschritts-Individuum‹, weil in dessen Bewunderung für die Adaptation die für seine vermeintliche eigene Vollkommenheit zu hausen pflegt. Wie weit wir Angepaßten es doch gebracht haben, zeigt allein schon das humanitäre Schlamassel, in dem wir uns befinden. Es ist ein gefährlicher Irrtum zu glauben, daß *wir* mit der Evolution verfahren. Ganz im Gegenteil, die Evolution verfährt mit *uns.*[30)]

Doch zurück zur Ordnung der Strukturen. Die Dokumentation der Tradierungsmuster haben wir abgeschlossen. Was zu tun bleibt, ist die Darstellung des Mechanismus, der diese zur notwendigen Folge hat. Aber auch ihn sehen wir schon weitgehend voraus.

C. Tradierende Selektion

Der Mechanismus, der Tradierung zunächst veranlaßt und endlich auch gegen Widerstände durchsetzt, hat die Fähigkeit der Selbstreproduktion zur Voraussetzung, beruht auf Selektion und wird für seine entscheidenden Vorteile von heute wieder mit Nachteilen von morgen zu bezahlen haben. Es ist ein kausaler und ganz unfinaler Mechanismus, der eine weitere ausrichtende Komponente der Evolution zur Folge hat. Eine Komponente, welche die der übrigen drei Selektionsmechanismen erst voll zur Wirkung kommen läßt.

[30] Das hat bekanntlich schon *Goethes* Mephistopheles klar ausgesprochen; aber unsere ›Erfolge‹ haben uns offenbar auch diese Weisheit vergessen lassen.

1. Die Vorteile tradierter Daten

Ordnung, so wiederholen wir mit *Schrödinger*, muß auf Ordnung beruhen. Das ist, wie wir wissen, bereits angewandte Determinationsgesetzlichkeit. Worauf sonst könnte sie beruhen? Nur noch auf dem Wirken des Zufalles; weil wir ja außer Zufälligem und Notwendigem keine dritte Kategorie gefunden haben. Gewiß, jede erbliche Veränderung ist auf einen Zufall zurückzuführen. Aber wir wissen, daß dessen Erfolgschancen (Abs. IVC1a, VIC1a) nur mit der Einengung seiner Möglichkeiten, mit dieser aber exponentiell wachsen.

a. Die Notwendigkeit der Tradierung

Leben, stochastisch betrachtet, erkannten wir als einen außerordentlich unwahrscheinlichen Zustand seiner elementaren Bauteile, dessen adaptive Verbesserung aber ausschließlich durch den Zufall bewerkstelligt werden kann. Ein Widerspruch? Keineswegs: Denn außerordentlich ist die Zufalls-Unwahrscheinlichkeit, also das Ausmaß herrschender Gesetzlichkeit, und im verbleibenden Bereich des Zufalles die Selektion aus dessen wahllosen Möglichkeiten; also wiederum Determination.

Wie wäre auch in einem großen, halbgeordneten Puzzle der tausendste Bauteil zuzuordnen? Nicht dadurch, daß man das ganze Spiel in seiner Schachtel schüttelt. Wie wäre ein falscher Buchstabe in diesem Buche durch Zufallswirkung zu korrigieren? Keineswegs dadurch, daß alle Buchstaben seines Satzes in einer Trommel gemischt werden. Ausschließlich dadurch, daß die bisherige Ordnung konserviert wird und jeweils versucht wird, einen einzigen (in der Evolution wahllosen) Bauteil durch einen außerordentlichen Aufwand von Versuch und Irrtum in seine richtige Position einzupassen; durch einen außerordentlichen Aufwand an Selektion.

Eines der elementarsten Lebensgesetze kommt hier wieder zum Ausdruck: Wir nennen es Selbstreplikation, Identität oder molekulares Gedächtnis. Der Selektionsvorteil (vgl. Formel 26) als der Kehrwert der Mutationsrate potenziert mit der Zahl ersparter Entscheidungsfindungen mal der Erfolgschance potenziert mit der Zahl der Ereignisse ($(1/P_m)^R \cdot (1/P_3)^E$) ist schon bei den einfachsten biologischen Systemen von astronomischer Größe. Ordnung auf Ordnung ist eine Grundvoraussetzung, eine Selbstverständlichkeit.

b. Tradierung vergangener Metaphän-Gesetze

Was aber nun, wenn diese Ordnung geändert werden muß? Wenn in der Phylogenie zu einer Augenblase eine Linse hinzugefügt, aus einer Urniere eine Nachniere, aus einer Flosse eine Hand werden soll? Dann ist also die Erhaltung der alten und die Zufügung von neuer Determinationsgesetzlichkeit erforderlich. Dabei gehen die Zufallsaussichten und die Funktions-Notwendigkeiten Hand in Hand.

Die Augenblase (ihr präkambrisches Metaphän-Äquivalent) muß dauernd sehen, damit die Linsen-Erfindungen einen positiven Selektionswert erhalten, die Urniere muß ununterbrochen funktionieren, damit der Organismus am Leben bleiben kann, um an der Zufügung einer Nachnieren-Entwicklung zu experimentieren usf.

Die Augenblasen- wie die Urnieren-Determinationsgesetze müssen fest im Code verankert sein (das halbfertige Puzzle muß festgelegt sein, der Satz unseres Bandes muß ›stehen‹.) Nun darf der Zufall da und dort ändern. Jede Schwächung oder Konfusionierung der Augenblasen- oder der Urnierengesetze wird fortselektiert: Jeder Linsenversuch ohne Augenblasen-Zusammenhang, jeder Nachnierenversuch ohne Urnieren-Zusammenhang (absurd genug) ebenso. Nur jene Linsenversuche in eindeutiger, raum-, zeit- und gedächtnisverankerter Position, zentriert vor der Augenblase (und nur jene Nachnierenversuche in noch viel umfänglicherem Funktionszusammenhang mit den Urnieren-Metaphänen), können vor der Selektion bestehen.

Wo läßt sich aber der Befehl ›genau vor der Augenblase‹ bei einer selbst keineswegs trigonometrisch exakten Position derselben verankern, seinen Bezugspunkt nehmen, als an den Gesetzen der Augenblase selbst; wo jener der Nachniere als an der Urniere (des definitiven Ureters am Urnierengang). Wo sollte sich aber die Linse bilden, wenn die Augenblase mit ihren Gesetzen entfernt würde; wo die Cornea, wenn die Linse weggenommen wird?

Die alten Determinations-Gesetze sind die Ankerstellen für die neuen. Das ist entscheidend. Und selbst wenn die Außenfunktion der alten Phäne, einst sie erzwingend, schwinden sollte, die Binnenfunktionen der alten Befehle selbst bleiben davon unberührt. Und sind die Phäne der neuen Gesetze erfolgreich und lebensnotwendig, dann sind auch die Binnenfunktionen der alten ganz unentbehrlich. *Die Gesetze solch ehemaliger Metaphäne müssen tradiert werden.*

Sie können lediglich substituiert werden durch bessere, verläßlicher bearbeitbare Daten. Doch ist dies eine riskante Unternehmung; denn die Chancen erfolgreicher Substitution müssen wieder exponentiell mit der Komplexität sinken. das kennen wir schon zur Genüge. Man erinnere sich des Filzes verflochtener Genwirkungen, der Dimensionen an Polygenie (über 40 Gene beteiligt am Auge der Obstfliege), um die Unwahrscheinlichkeitsgrade erfolgreicher Substitution nachzurechnen.

c. Kopien der alten Genotypus-Muster

Freilich wird das ganze Heer solch notwendig konservierter Entscheidungen dem Bombardement mutativer Änderungen unterworfen bleiben. Doch kann nur jene Änderung toleriert werden, die letztlich dennoch zum gleichen Ziele führt. Und wir wissen ja bereits (vgl. Abs. VC3b), daß die Ausschußrate versuchter Änderungen außerordentlich hoch ist.

Es werden nur mehr minimale, gleitende und balancierte Änderungen durchgesetzt werden können, die also nie Prinzipielles ändern. Wir müssen also erwarten, solche Muster von Befehlen noch nach beträchtlichen Zeiten wiederfinden und als identisch (funktionell homolog) erkennen zu können. Und genau das zeigt uns das ›Wunder‹ der Homodynamie über hundert Millionen von Generationen (vgl. Abs. VIIB2d). *Die lange Erhaltung alter Muster von Determinationsentscheidungen ist eine Notwendigkeit.* Wir haben dafür auch in den Atavismen eine zureichende Dokumentation gefunden. Und auch das zeigt wieder die bivalente Funktion dieser Entscheidungen; die morphogenetische und die epigenetische. Alles bestätigt die stochastische Notwendigkeit der Rekapitulation der Abfolgen alter Befehle, wie wir sie schon im Ansatz unserer Überlegungen (vgl. Abs. IIIC3c, d und Fig. III11–16, p. 146) zu postulieren hatten. Und die notwendige Wiederholung der epigenetischen Funktionen schleppt die ihnen verketteten morphogenetischen mit; in vielen Abstufungen von der Vereinfachung bis zur Symbolisation.

d. Der Archigenotypus

Ist es nun aus Gründen der Chancen des Zufalles eine Notwendigkeit, die Befehlsmuster der jüngst vergangenen Gestalt eines Organismus (der zu Interphänen gewordenen letzten Metaphäne) zu wiederholen, dann muß das ein Vorgang sein, der sich selbst dann wiederholen wird, wenn auch die neuen Metaphäne in die Position sekundärer, tertiärer Interphäne zurückfallen. Eine zweite Gruppe von Voraussagen (vgl. die erste im korrespondierenden Abs. VIC1c) kann nun hinsichlich der Struktur des epigenetischen Systems versucht werden:

Wir müssen (1.) mit einem Schichtenbau alter Muster rechnen, die sich in der Sequenz ihrer phylogenetischen Entstehung in der Ontogenie übereinanderlagern, in der Datenaufbereitung des epigenetischen Systems nacheinander – in den sogenannten sensiblen Phasen – materialisieren und wieder vergehen. Wir müssen erwarten, daß (2.) die Lokalisation der alten Befehlsmuster – in den Interphänen – ebenso rekapituliert wird wie (3.) – in den Induktionsbahnen – die Fließmuster der Befehlsaddition und Datenverarbeitung. Wir müssen weiters (4.) erwarten, daß die Muster den Palingenesezusammenhängen entsprechen werden, daß (5.) ihre Vereinfachungsgrade mit Bürde und Alter zusammenhängen werden. Und wir müssen zudem (6.) fordern, daß die Ähnlichkeits- und Identitätsgrade der Muster den Verwandtschaftsverhältnissen entsprechen werden. *Wir finden das Wesentliche, den Typus, nun auch in den Abfolgen der Entscheidungsmuster tradiert.*[31)]

Man ersieht auch, daß diese Zahl an ermöglichten Voraussagen die experimentelle Prüfung der These in jeder Hinsicht ermöglicht.

Der tradierende Selektionsmechanismus, der diesen Aufbau erzwingt, beruht einfach auf einer Bevorzugung der in jedem Falle wahrscheinlichsten, also auf der ersten sich bewährenden Lösung (Fig. III11–16; p. 146); wobei der Träger jeder mutierten Genwirkung ausgeschieden wird, die im Netz der Genwechselwirkungen die Herstellung der erforderlichen Endmuster stört. Die von *Waddington* schon 1957 konzipierte Architypus-Selektion ist in ihrer Wirkung mit dieser tradierenden Selektion wohl identisch.

2. Kanalisierung durch tradierte Organisation

So umfänglich die Vorteile sind, so unumgänglich die Mechanik, Ordnung auf Vorgeordnetem aufzubauen, wir wissen bereits, daß aufgrund derselben Wahrscheinlichkeitsgesetze die adaptiven Vorteile, welche ihre Anwendung gestern schuf, heute mit Einschränkungen der Adaptierbarkeit abgegolten werden müssen. Das Verhältnis von Chance und Repertoire des Zufalls kann sich nicht ändern.

Werden die ungeraden Würfelseiten von einem Spieler so präpariert, daß sie dem Auftreten entzogen sind, weil, sagen wir, nur die Sechs Erfolg bedeutet, so verdoppelt sich zwar die Auftretens-Wahrscheinlichkeit aller geraden Zahlen (also auch der Sechs); aber die Möglichkeiten des Würfels werden halbiert. Sollte sich die Spielregel (die ökologische Nische) ändern und nun die Eins Erfolg bedeuten, so werden die Binnenfunktionen in den Möglichkeiten unseres Spielers den Außenfunktionen kaum mehr gerecht werden können.

Wir haben es also ein viertes Mal mit einem Mechanismus zu tun, der die Adaptierungschancen gegenüber dem Außenmilieu herabsetzt, für den Fall sich dessen Anforderungen in eine Richtung wenden, die bislang ausgeschlossen werden konnte. Die tradierende Selektion, bislang eine Vorbeugung gegen die Uferlosigkeit des Zufalles, wird zur Selektion gegen die Breite der Adaptationsmöglichkeiten; zu Kanalisation.

a. Funktionen, Bürde und Fixierung

Ich könnte gewiß sein, den Leser zu ermüden, würde ich hier nochmals die Formen und Wirkungen der Bürde darlegen, wie wir sie in ihren Spielformen als die normativen, hierarchischen und interdependenten schon kennen (Abs. IVC2b, VC3 und VIC2b). Darum will ich mich auf

[31] Obwohl wir das Für und Wider der Standpunkte erst im Kapitel VIII vergleichen wollen, muß doch hier schon auf die fast vollständige Antizipation dieses Gedankens durch *Waddington*, 1957, verwiesen sein.

jene Wirkungen konzentrieren, die in der tradierenden Selektion durch die Einführung der Zeitachse hinzukommen. Diese uns bekannten Formen der Bürde wirken weiter, zumal ja normative, hierarchische wie interdependente Ordnungsmuster gleichermaßen tradiert werden. Was im wesentlichen dazukommt, ist die

(1) *Bivalenz der Funktionen*; diese beruht, wie erinnerlich, auf dem möglichen Unterschied zwischen den Epigenese- und den Außenfunktionen von Genwirkungen (Abs. VIIB3). Zwar dürften die von der Selektion getesteten Funktionen eines Phäns als Außenfunktionen beginnen, welchen sich die Binnenfunktionen zunächst anpassen. Aber die Außenfunktionen können verändert werden, die Binnenfunktionen fixiert, und damit tritt eine neue Art der Bürde in Erscheinung: Binnen- versus Außenfunktionen.

(2) *Die Bürden der Epigenese-Funktionen* werden, wie wir schon feststellten, bei Interphänen von zentraler Position sehr groß. Von der Etablierung der embryonal durchgehenden Chorda z.B. hängt die Bildung von so vielen lebenswichtigen Phänen ab, daß eine erfolgreiche Substitution ihrer Binnenfunktion im höchsten Maße unwahrscheinlich wird. Und es ist dann gleichgültig, ob diese Bürde noch durch Außenfunktionen verstärkt wird, wie das bei der Linse der Fall ist (Abs. VIIB3a), ob diese Verstärkung abgebaut wird oder ganz verschwindet wie bei Chorda und Vorniere der Säugetiere. Die Epigenesebürde ist groß genug, um unabhängig von der Außenfunktion

(3) *Fixierungszeiten* von der größten uns bekannten Dimension zu erzwingen. Erinnern wir uns daran, daß Interphäne von zentraler Funktion wie Medullarplatte, Ganglienleiste, Chorda-Anlage, Seitenplatten, Muskel- und Coelomgliederung (vgl. Fig. VII20) bei allen *Vertebrata* ausnahmslos und identisch auftreten, also mindestens seit dem unteren Silur ($3 \cdot 10^8$ Jahre), vielleicht seit einer halben Jahrmilliarde ($5 \cdot 10^8$ Jahre) fixiert sind.

Dieses Selbständigwerden der Binnenbürden zur Binnenfixierung ist wichtig, weil sie sich von den Außenfunktionen ablösen, ja sich diesen entgegenwenden können.

b. Dimension und Richtung der Überselektion

Das Epigenesesystem wird also selbständig. Es gewinnt, zunächst gewissermaßen unter Außen-Anleitung seine Funktionen, entwickelt diese aber zu einer Eigengesetzlichkeit, die von den Ansprüchen des Milieus, in dem sich der fertige Organismus wird zu bewähren haben, unabhängig wird.

Die Ähnlichkeit dieser Verselbständigung mit jener der Betriebsorganisation oder Betriebsselektion von der Marktselektion ist nicht von der Hand zu weisen. So hat sich in manchem Automobilwerk das aus der Zeit der Postkutsche stammende Trittbrett erhalten. Ein Trittbrett, das keineswegs mehr zum Ersteigen des Fahrzeuges benützt und, vom Markte ignoriert oder hingenommen (obwohl für Schmutz und Rostansatz anfällig), sein Eigenleben gewinnt: Sei es, daß es konstruktive Aufgaben übernimmt oder überhaupt nur in der Tradition der Karosserieabteilung haften bleibt.

(1) *Das Ausmaß* der tradierenden Überselektion kann man wieder abschätzen, indem man die Zahl der potentiellen Änderungsmöglichkeiten eines Merkmales bestimmt, seitdem es von der Außenfunktion (z.B. durch Substitution) befreit worden ist; wie oft schon hätte es verschwinden können, wäre es tatsächlich von aller Selektion entbunden.

Die Vorniere mag als Beispiel gelten; ein Embryonalorgan aller Vertebraten, das schon seit dem Ursprung der Gnathostomen, das sind mindestens $2{,}5 \cdot 10^8$ Jahre und 10^8 Generationen funktionsverlustig wieder abgebaut und ersetzt wird. Rechnet man auch nur mit einer einzigen Erfolgschance einer Verlustmutation pro Generation (und einer Mutationsrate von 10^{-4}), so hätte es in jeder der Arten schon zehntausendmal ($10^8 \cdot 10^{-4} = 10^4$) verschwinden müssen: Bei den über 40 000 Arten also ($10^4 \cdot 4 \cdot 10^4 = 4 \cdot 10^8$) vierhundertmillionen Mal. Mindestens mit dieser Strenge muß die Selektion die Epigenesefunktionen bewachen.

(2) *Ihren Ansatz* nimmt diese Überselektion vornehmlich an phylogenetisch alten, funktionell zentralen oder grundlegenden Organsystemen. Bei den Vertebraten werden z.B. die Grundmuster der Coelomgliederung, der Rückenlage und Einrollung des Rückenmarkes, seiner Spinalnervengliederung, der Aorten- (oder Kiemen-) Gefäße, das Prinzip der Vorniere und der Chorda sehr geschützt und absolut stabil; und zwar – wie man sieht – unabhängig davon, ob sich die Außenfunktion erhält oder nicht; ja nicht einmal die funktionelle Notwendigkeit der Einrollung des Nervensystems oder der metamer gegliederten Körperhöhle bleibt offensichtlich.

Es sind ja gerade jene Merkmale, die sich zur Kennzeichnung des Typus einer Tiergruppe besonders eignen; und die wir aufgrund ihrer völligen Stetigkeit in der Systematik für die Differentialdiagnosen verwenden.

(3) *Das Ergebnis* sind Organe, die sich unbeschadet aller Funktions- und Biotopwechsel, aller Metamorphosen und Substitution, wie sie wieder etwa die Vertebraten in dreihundert Jahrmillionen mitmachten (vom Sägerochen zum Kolibri; vom Buckelwal zur Fledermaus), so erhalten haben, als hätten sie keine Funktion; oder in deren schematisierend vereinfachender Veränderung keinerlei Beziehung zu den äußeren Funktionen erkannt werden kann. Organe mit diesen Eigenschaften galten in Morphologie und Großsystematik stets als besonders verläßliche Bauplanmerkmale, als von besonderem Gewicht. Sie schienen sich gerade jener wandelnden Funktion, jener funktionellen Metamorphose entzogen zu haben, die ansonsten durch vergleichendes Denken

abstrahiert werden muß, um das Analoge und Zufällige vom Homologen und Wesentlichen zu scheiden.

Nimmt es da Wunder, daß man vor eben einem Jahrhundert aufgrund dieser richtigen Einsicht versuchte, als das verläßlichste das Organ ohne Funktionen zu finden; ja, daß man schon vermeinte, es im Coelom (der sekundären Leibeshöhle) gefunden zu haben. Physiologisch falsch, morphologisch richtig, methodisch hoch bewährt; wie nahe war der Schluß schon der Wahrheit.

Man hatte die Merkmale ohne täuschende Metamorphosierung durch Außenfunktionen gefunden, noch dazu ruhend unter der Stabilisierung bedeutender, bürdevoll unveränderbarer Binnenfunktionen.

c. *Gegenselektion und Kanalisierung*

Durch die Erstarrung von Bauvorschriften, oder genauer der Bauvorschriften für Bauvorschriften (der Interphängesetze für die sich auf ihnen verankernden Metaphängesetze) ist der Evolution bereits eine weitere, fundamentale Richtungskomponente aufgezwungen. Eine neue Zementierung jener Fixierungsschritte, die dazu führen, daß ein Vertebrat nur mehr ein Wirbeltier, ein Säuger nur mehr ein Säuger werden kann.

Diese unsubstituierbaren Fixierungen sind die Ursache, daß die Evolution der Organismen sich in Bahnen bewegt, daß die Einzelsysteme erstarren, daß es Umkehr über diese Fixpunkte hinaus nicht geben kann und daß wir abgestufte Verwandtschaft überhaupt erkennen können.

Das wäre, gemeinsam mit den übrigen, genug der ausrichtenden Wirkung. Doch steckt in der funktionellen Bivalenz, der die tradierende Selektion Schutz gibt, ein noch gravierender Mechanismus; der einer

(1) *Gegenselektion.* Eine solche muß wirksam werden, sobald die beiden Funktionen eines Merkmales in den Bereich gegensätzlicher Selektionswerte geraten. Das muß ohne Zweifel oft der Fall sein; nur wissen wir über die Selektionswerte der meisten Organsysteme noch so wenig, daß die Dinge noch nicht offen zutage liegen.

Doch nehmen wir wieder den Wurmfortsatz unseres Blinddarmes als Beispiel. Die Sterberate an Blinddarmentzündung wäre ohne chirurgische Hilfe so deutlich, daß seine Außenfunktion unter negativem Selektionsdruck liegen muß. Da er aber (seit den Reptilien bekannt) erhalten bleibt, kann die Epigenesefunktion, in der er verankert sein muß, nur einen positiven Druck ausüben; und dieser positive Selektionsdruck setzt sich ganz durch (vielleicht schon eine Million Generationen).

Erhalten wird also, was die Binnenselektion fordert und die Außenselektion noch eben dulden kann. Schon die Dokumentation (Abs. VIIB4a) ließ diesen Schluß zu. Doch wird sich auch einmal das Quantitative dieser Kräfte, die Toleranzen solcher Kanalisation, berechnen lassen.

(2) *Die Kanalisation der Strukturen* beschränkt sich aber ebensowenig auf Ausnahmefälle; sie ist vielmehr universell. All die schon oft ge-

nannten Halbheiten unseres Baues, die man einem Planer, einem finalistisch operierenden Konstrukteur als krasse Mißkonstruktionen vorwerfen müßte, werden sich mehr oder minder tief in den Sackgassen zwischen diesen Selektionsfronten befinden.

Man erinnere sich der Vertracktheit des Baues unserer Retina, des Weges des befruchteten Eies durch die Leibeshöhle (!), der Geburt durch den einzigen Knochenring, der Kreuzung von Luft- und Atemweg, der Verbindung von Geburts- und Harnweg usf. Man denke an die Brückenkonstruktion aus dem Torpedo-Entwurf, die nun aufrecht zu balancieren ist, man denke an all die sogenannten konstitutionellen Beschwerden, die die Folge solcher Nichtplanung sein müssen; an Schwindel, Bandscheibenmängel, Leistenbruch, Hämorrhoiden, Krampfadern, Platt- und Spreizfuß usf.

Man glaube auch nicht, daß sich derlei auf den Menschen beschränkte. Wir wissen nur von ihm etwas mehr. Der erfahrene Tierpfleger kennt das von all seinen Schützlingen. Man denke an die Bruchempfindlichkeit des Pferdelaufes, des Spangenschädels vieler Vögel, die Anfälligkeit der Flughaut der Fledermäuse; Spezialisierungen außerdem, die allesamt ihre Zukunft schon besiegelt haben.

Die Kanalisation ist universell: Mit der einzigen Ausnahme funktionell neuer Überbauten, die zwar das alte neuerlich bebürden, aber so lange ihre ›evolutive Freiheit an der Leine‹ genießen, bis sie selbst wieder als Träger weiterer Verantwortlichkeiten eingesunken sind. Sie ist so universell (vgl. Abs. VIIAa), daß wir gewiß sein können, ›die Natur macht keine Sprünge‹, daß wir sagen können ›das ist nichts anderes als...‹ (obwohl fast alles an einem Dinge anders sein kann als...). Daß wir darauf vertrauen, daß Identitäten weit über die Grenzen ihrer Formen und Funktionen hinaus aus ›inneren Notwendigkeiten‹ identisch sein können. Und zwar Notwendigkeiten, die wir nicht einmal zu kennen brauchen, um von ihrer Existenz überzeugt zu sein. Woher stammt diese vorwissenschaftliche Überzeugung? Wieder haben wir einen Kreis geschlossen.

(3) *Die Koinzidenz mit den Denkmustern* beruht auf unserer Neigung, überall nach Identitäten zu suchen, das Bestehen des verborgenen Gemeinsamen (wo es sich nicht nachweisen läßt) vorauszusetzen und mit Metamorphosen vermeintlicher Identitäten zu rechnen, die bis zur Unentwirrbarkeit des Kausalzusammenhanges, bis zur Unvergleichbarkeit der Gestalt und bis zur völligen Funktionslosigkeit führen. Eine umfängliche Materie: Sie beinhaltet die Antriebe des Forschens, ja des rationalisierenden Denkens überhaupt. Skepsis und Warnung dagegen sind als *Nominalismus* bekannt (ein Überregulativ mit der Annahme, daß das Allgemeine überhaupt keine reale Geltung hätte).

Man bedenke, mit welcher Unbedenklichkeit wir bereit sind, etwa beim Vergleich Seepferdchen-Ameisenbär von einer kaum überblickbaren Zahl von Ungleichheiten abzusehen, um die verborgene Identität ›Wirbeltier‹ herauszusehen. Der Nominalist reklamiert. Im Organischen rechtfertigte bisher der Erfolg (der Selbstbestätigung) die Methode: Nicht nur jegliches Individuum zeigt Identität, es besitzt diese in so vielen Ebenen, um Identitäten mit den Gruppen sämtlicher Lebewesen zu teilen; geordnet in einem System, das in sich so widerspruchsfrei ist, daß man es lange schon vertrauensvoll das ›Natürliche System‹ nennt. Der lupenreine Nominalist bezweifelt nun auch dessen Realität; denn wo wäre seine Notwendigkeit.

Nun, diese *causa*, die Notwendigkeit haben wir begründet. Die Identitäten der Homologa und ihrer Verwandtschafts-Systeme sind reale Naturdinge. Eine unserer entscheidenden Ahnungen hat sich bestätigt. Die Morphologie behält recht (und *Darwin* und alle nach ihm)[32], der Nominalismus nicht. Und die Koinzidenz von Natur- und Denkmuster kann wieder nur aus den Lektionen erklärt werden, welche die tradierte Ordnung der selektiven Evolution unseres Gehirnes erteilt hat.

(4) *Die Kanalisierung des Denkens* erkennt man jedoch, wenn man unsere Haltung gegenüber dem mutmaßlich Ungeordneten betrachtet; oder schlechthin in Gebieten, wo noch gar keine Hoffnung zu sehen ist, das postulierte Gemeinsame, die Tradierung identischer Gesetzmäßigkeit nachweisen zu können. Man denke an das willkürliche Extrapolieren bekannten Herkommens ins Unbekannte, z.B. an den die Erde tragenden Atlas, an das die Sterne tragende Himmelsgewölbe, an den Sonnenwagen von damals wie an unsere Vorstellung vom schwebenden All von heute.

Die Hypothese (die Denknotwendigkeit) einer traditiven Welt ist, wie ich glaube, eine Einschränkung, vielleicht mancherorts eine Irreführung, wo dann auch die nominalistische Warnung gälte. Sie ist wahrscheinlich eine Extrapolation aus dem uns nächsten Bereich, aus dem Organischen; wieder gefördert durch eine Ökonomie an erforderlicher Information.

3. Tradierung in der Zivilisation

Im Bereiche unserer Zivilisationsprodukte ist das Herrschen tradierter Ordnung besonders offensichtlich. Schon *Darwin* hat auf die Rudimente funktionsloser Buchstaben hingewiesen. »Auf allen Gebieten,

32 Von *Romanes* 1892 bis *Lorenz* 1965c (um nur zwei Werke zu nennen). Erinnern wir uns auch nochmals daran, daß diese Konsequenz, die wir aus den Fakten der vergleichenden Anatomie ein viertes Mal zu ziehen haben, ganz unabhängig soeben auch von *Lorenz* (1973) gezogen wurde; aus den Fakten verglichenen Verhaltens (siehe unsere Anmerkungen 25, 7, 49 und 24 auf den Seiten 61, 185, 267 und 299).

die überhaupt eine Geschichte, geschrieben oder ungeschrieben, haben, werden wir mehr oder weniger verwischte, verbrauchte oder veraltete Reste von früher einmal lebenskräftigen und anwendbaren Elementen nachweisen können.«[33]

Und was die Herkunft dieser Koinzidenz betrifft, war man sich auch schon 50 Jahre nach *Darwins* »Entstehung der Arten« gewiß, daß »ihre verschiedenen Formen und Typen denselben Gesetzen gehorchen, welche die organische Welt beherrschen«.[34] Heute ist man dabei[35], das große Gebiet weitgehend methodisch aufzuschließen, und ich muß mich darauf beschränken, aus meiner Sicht die Gesetze zu beleuchten, die ich als identisch erwarte.

a. Die Notwendigkeit der Adoptierung

der Übernahme alter Ordnung im Zivilisations-Phänomen, sehe ich (nach der Erfahrung im Bereich der organismischen Evolution) in einer Einsparung der Abstimmung neuer Entscheidungen; man kann auch sagen in der Vermeidung des Risikos ihres Einbaues. Fortführung sichert mit dem geringsten Aufwand den besten Erfolg.

Daß z.B. das erste Auto aufs Haar der Kutsche seiner Zeit gleicht, ist deshalb nötig, weil außer dem Motor alle weiteren Erfindungen, welche die Kutsche von damals zum Automobil von heute machten, erst zu entwickeln sind, erst ins Ganze – mit Versuch und Irrtum – einzustimmen sind.

Ebenso ist beim Stimmloswerden eines Buchstabens oder während des Funktionsverlustes einer Wendung, eines Brauches, die künftig völlige Unnötigkeit noch nicht gewiß.

Gleichzeitig treten mit der Funktionsänderung in der Fortführung Randfunktionen auf, die (ähnlich den Epigenesefunktionen) nur mehr im System, welches das Tradierte aufnimmt, einen Sinn haben: Der stimmlose Buchstabe wird zum Aussprachehinweis, die lochlose Knopflochausnähung zum Schmuck (Fig. VII56–59), die ›Halsberge‹ zum symbolischen Standesabzeichen (Fig. VII60–64), die Schweifung des Kutschenfensters rudimentiert zum Komfort-Symbol des Eisenbahnabteils 1. Klasse (Fig. VII52–55), das zähnefletschende Hassen gegen den gedachten Dritten zum Lächeln, die Angriffs-Fanfaren zur Einleitung der akademischen Feier und das Kriegsgeschrei zur Sportunterhaltung.

Und wieder endet das Tradierte hinsichtlich seiner Funktion im Eigenleben einer Symbolik in der Mode, in der Sitte, Konvention oder Lebensart, hinsichtlich seiner Stetigkeit aber in jenem Bereich, in dem man die sogenannten Selbstverständlichkeiten zusammenträgt; ein Be-

[33] Zitiert aus *Darwin*, nach *Leche* 1922, p. 229.

[34] *Leche* 1922, p. 229.

[35] Man vergleiche z.B. *Koenig* 1970 und *Lorenz* 1971 und 1967.

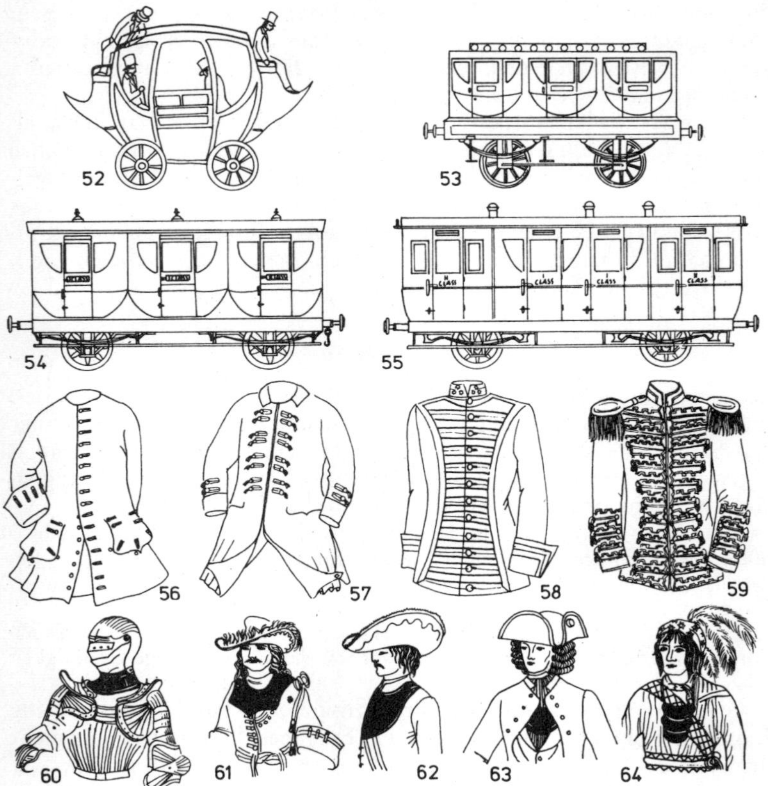

Fig. VII52–64: *Beispiele der Tradierung in der Zivilisation.* 52–55: Tradierung des Postkutschen-Musters zum Qualitätssymbol. 52: Erster Eisenbahn-Personenwagen, 1825, und 53: etwas später mit drei Abteilen, England. 54: Schweden, alle Fensterkrümmungen erhalten, oder 55: nur mehr der I. Klasse vorbehalten. 56–59: Funktionswechsel der Knopfloch-Ausnähung zum Uniformschmuck. 56: Soldatenrock, 1690, 57: 1756, mit bereits ›blinden‹ Knopflöchern, 58: Hofdienst-Waffenrock, k.u.k. Trabantengarde, und 59: deren Gardekapitän (Österreich), 60–64: Wandel der ›Halsberge‹ zum Standessymbol. 60: Rüstung um 1500, 61: Offizier mit großem Ringkragen um 1690, 62: mit kleinem Ringkragen, 1688, 63: mit symbolischem Ringkragen, 1710 (Brandenburg), 64: Seminolen-Häuptling mit dekorativ dreifachem Imponier-Ringkragen (52–55 aus *Leche* 1922, 56–64 aus *Koenig* 1970).

reich, in dem die Frage nach der Ursache meist auf Überraschung, die nach dem Sinn der Sache auf Befremden trifft. Ist ja doch das Tradierte oft Ersatz für Erklärung, das Ruhende, Determinative in den Zivilisationen: Erklärung für das Unerklärliche und die Eindämmung jenes Zufalles, der uns in voller Entfaltung weder zu einer Verständigung noch zu einer Zivilisation und schon gar nicht zu irgendeiner Kultur hätte vorankommen lassen.[36)]

b. Tradition und Toleranz

Wie wir aber schon voraussehen, zählt es auch in der zivilisatorischen Evolution zu den (folgeschweren) Konsequenzen, daß für Tradierung, also für den Genuß adoptierter Ordnung mit verschiedenen Graden neuerlicher Freiheitsberaubung bezahlt werden muß; und daß keine Klage hilft (weil die Hypothek schon konsumiert wurde), sondern bestenfalls Vernunft.

Wir bezahlen schon wieder mit einer Einmauerung zwischen Tabus, Vorschriften und Selbstverständlichkeiten, welche die rationalen, objektivierbaren Funktionen, wie sie weiland vielleicht auf Toleranz und Humanität abgezielt haben mochten, verloren haben; in einem transrationalen *Perpetuum mobile* ebenso künstlicher wie wachsender Wertsysteme. Nun ist nichts gegen das Herrschen von Ordnung oder die Verschiedenheit ihrer Ausprägungen einzuwenden; vielmehr gegen die aus der Tradierung entstehende Verwechslung des vormals Praktischen mit vermeintlich Unvermeidlichem, der Kanalisierung des Denkens mit den Zielen der Zivilisation. Daß schließlich aus jenen widerstreitenden Wertordnungen Rechte über die jeweils anderen abgeleitet werden, das sollte hingegen auf unsere geschlossenen Einwände treffen.

Lassen Sie mich hier noch anfügen, daß es nicht die pluralistische Moral ist, mit der man uns anhält (mit Unheil und Verderben), die Hypothek zu begleichen, sondern die Moral mit dem doppelten Boden. Das, worunter schon *Thomas Huxley* und *Ernst Haeckel* »Humbug und Betrug«[37)] gezählt haben. Ein Problem, das meines Wissens bisher nur *Nathan der Weise* gelöst hat; aber auch er (in *Lessings* Version) letztlich nur durch die Entdeckung von Verwandtschaft.

Tradierung, das wollte ich zeigen, ist ein universelles Prinzip; ein ebenso universelles Prinzip der organischen Ordnung wie Norm, Hierarchie und Interdependenz (Abs. IVC3, VC4, VIC3). Und, wenn ich recht sehe, sollte es nützlich sein, sich über die Notwendigkeit seiner Entstehung wie die des Kummers aus seinen Konsequenzen ins Klare zu kommen.

---

[36] Wichtig ist mir (wie ich nach Drucklegung nachtragen kann) die neuerliche Übereinstimmung mit *Lorenz* 1973; in dessen Abb. 3–4 sogar meine Fig. VII52–64 unabhängig wiederkehrt.

[37] Zitiert aus einem Brief *Huxleys* an *Haeckel* zum gleichen Thema (Quellen in *Hemleben* 1964, p. 84).

Vor vier Kapiteln hatte ich die Darstellung der Ordnungsmuster der molekularbiologischen Entscheidungen mit jener Zurückhaltung abzuschließen (Schluß Kapitel III), die sich der Biologe auferlegt, der weiß, daß ›in einem Evolutionsmechanismus aus Zufallsentscheidungen und Ereignisnotwendigkeiten nicht eines die ausschließliche Ursache des anderen sein kann‹. Ich müßte daher auch die Ordnungsmuster der morphologischen Ereignisse im gleichen Sinne schließen:

Selbst für den Fall ich hier davon überzeugen konnte, daß die Koinzidenz zwischen den vier Ordnungsmustern der Ereignisse und jenen der dahinterliegenden Entscheidungen mit größter Wahrscheinlichkeit einen Kausalzusammenhang repräsentiere – selbst in diesem breiter dokumentierbaren Zusammenhang wäre es ein einseitig aufgerollter Konnex geblieben. Denn wir wissen: keine exekutive Kausalbetrachtung kann den komplexen Gesamtzusammenhang der Evolution erfassen.

Die Ordnungsmuster der Entscheidungen waren aber nicht nur sichtbar, ihre Koinzidenz ließ selbst mit so großer Wahrscheinlichkeit auf die Identität der Phänomene schließen, daß die Strukturmuster, sähen wir sie nicht, zu fordern gewesen wären. – Der Kreis der Theorie schließt sich. Systembedingungen lassen die morphologischen Wirkungen auf die molekularen Ursachen ebenso zurückwirken, wie die molekularen auf die morphologischen. Der Kreis funktionaler Kausalität ist nun geschlossen.

KAPITEL VIII

Die Theorie und ihre Konsequenzen

Eine Theorie ohne neue Konsequenzen hätte keinen Sinn; ja selbst Konsequenzen, böten sie keine einfachere oder umfassendere Erklärung, hätten keinen Wert. Logik und Erkenntnis haben längst klargemacht, daß der Nutzen einer Theorie von dem Erklärungswert abhängt, den wir mit ihrer Einführung zusätzlich gewinnen. Denn irgendeine Erklärung, sei sie nun stichhaltig, anerkannt oder keines von beiden, haben wir ja längst jeder Erscheinung unseres Interesses angeheftet. Auch bei der Übersicht des hier vorliegenden Problemkreises (in Abs. IIB3 und IIC) machten wir die Erfahrung, daß die sogenannten ›offenen Fragen‹ nicht durch das Fehlen von Erklärungsversuchen, sondern vielmehr durch die nicht beendete Kontroverse über deren Bedeutung und Stichhaltigkeit gekennzeichnet sind.

Wir müssen also abschließend prüfen, was denn die vorliegende Theorie besser, das heißt einfacher oder umfassender erklärt, als es die synthetische Theorie des Neo-Darwinismus (auf welcher wir aufgebaut haben) ohnedies schon tut. Ich will darum den kausalen Mechanismus, welchen die Theorie als die universellere Erklärung vorsieht, zusammenfassen (VIIIA) und ihm seine Konsequenzen (B) gegenüberstellen.

Diese Sichtung ist umso nötiger, da wir ja nicht bloß ein schon definiertes Phänomen zu erklären versuchten. Wir hatten dieses Phänomen vielmehr selbst erst zu definieren; und zwar als das Übergeordnete oder Gemeinsame der ganzen Reihe recht unterschiedlich formulierter Einzelprobleme, der ›offenen Fragen‹ der transspezifischen Evolution und der Strukturforschung. Es beinhaltet all das, was in der Makroevolution Notwendigkeit, also Determination, Vorhersehbarkeit oder Ordnung bedeutet.

A. Eine Theorie der Systembedingungen

Was also sagt diese Theorie, und wie ist sie einzuordnen. Die Theorie behauptet, daß die Evolution der Organismen in einem viel höheren Maße dem Zufall entzogen ist, als bislang angenommen wurde, und daß dies die notwendige Folge einer Selektion wäre, welche nun nicht nur von Umweltsbedingungen, sondern vorwiegend von den funktionellen Systembedingungen in der Organisation der Organismen selbst diktiert wird. Sie ist nach ihrer Funktion eine *Selektionstheorie*. Sie setzt die Richtigkeit der neodarwinistischen Synthese voraus, ergänzt sie aber durch eine kausale Erklärung nunmehr der transspezifischen Phänomene der Evolution.

Damit beansprucht die Theorie zwar nur die uns schon bekannten Mechanismen von Mutation und Selektion: Sie weist jedoch mit den Methoden einer *Wahrscheinlichkeitstheorie* nach, daß eben jene Mechanismen in ein System von Wechselabhängigkeiten einlenken. Damit geht unser Evolutionskonzept von einer linearen oder exekutiven zum Erkennen vernetzter oder funktioneller Kausalität über, wie sie allgemein zu fordern ist. Solch ein biologisches Konzept entspricht strukturell einer *Systemtheorie*.

Und sie behauptet, daß die stete Folge der ungleichen Chancen von Zufall und Notwendigkeit zu Determination führt. Zufallseinschränkung erhöht die Erfolgschance der Gesetzesfindung und endet aber mit der Feststellung der Gesetzlichkeit in einer Kanalisation der Möglichkeiten, in Fixierung, und zwar von den Molekularentscheidungen über die Gestaltsereignisse bis in den Bereich von Denken und Zivilisation. Damit ist ihr Produkt das einer *Determinationstheorie*, im Sinne von Vorhersehbarkeit, Determinierbarkeit.

1. Die Chancen molekularer Entscheidungen

Zu den Eigentümlichkeiten der uns rational erfaßlichen Welt gehört ihre glatte Teilbarkeit in Zufall und Notwendigkeit; und zu den Merkwürdigkeiten der Evolution der Organismen, daß sie vom Antagonismus dieser beiden betrieben wird. Denn jede Verbesserung der erforderlichen Entscheidungen kann nur vom Zufall versucht, der Erfolg der von ihnen ausgelösten Ereignisse aber nur von der Notwendigkeit deren verbesserter Adaptierungschancen bestimmt werden. Die Überlebens-Chancen der molekularen Entscheidungen sind bestimmt vom notwendigen Erfolg des Zufalls (vgl. die Formeln über die Stichworte im Index).

a. Zufall und Notwendigkeit der Entscheidungen

Der gesamte Informationsgehalt jedes begrenzten Systems setzt sich aus seinem Determinations- und Indeterminationsgehalt zusammen ($I_I = I_D + D$); das heißt, die Summe aus Zufall und Notwendigkeit ist konstant. Der Gewinn an Determination entspricht einem Verlust an Zufallsmöglichkeit. Das gilt für die subjektiven Änderungen bei zunehmender Erforschung eines Systems ebenso wie für seine realen Änderungen, etwa im Falle wachsender Ordnung.

Soll nun die Chance des Auftretens eines bestimmten Zufallsereignisses steigen, dann müssen die Möglichkeiten, die der Zufall zur Wahl hat, verringert werden. Zufall ist ein Mangel an Fixierung und umgekehrt ($I_D + D = konst.$). Das Repertoire des Zufalls wird somit von der Zahl der möglichen Zufallsentscheidungen bestimmt. Tritt eine solche vom freien in den determinierten Zustand, dann sinkt das Repertoire der möglichen Ereignisse im gleichen Maß, wie die Realisationschance der verbleibenden steigt ($D = ld\ (P_D/P_I)$).

Die Entscheidungen, die in den Determinationsgehalt eines – nicht finalen – Systems eintreten, bleiben jedoch nicht gleichwertig. Einige sind zur Definition des Gehaltes der Nachricht unentbehrlich; andere könnten bei geeigneter Schaltung wegbleiben, ohne den Nachrichtengehalt zu schmälern. Ein determiniertes System setzt sich somit aus Gesetzes- und Redundanz-Entscheidungen zusammen ($D = G + R$): Gesetzesgehalt im Sinne der für eine Nachricht nicht reduzierbaren Entscheidungen; Redundanzgehalt im Sinne von Weitschweifigkeit und von Wiederholung, welche die Wiederholung der Anwendung einer Gesetzmäßigkeit bestimmt. Ordnung ist Gesetz mal Anwendung ($D = G \cdot a$).

Dabei ist die Anwendung, die wiederholende oder sichtbare Redundanz, gleichzeitig jenes Mittel, welches uns erlaubt, über das Herrschen von Gesetzmäßigkeit Gewißheit zu gewinnen ($P_g = P_D/(P_D + P_I)$). Diese beruht darauf, daß mit der Zahl der bestätigten Voraussagen die Wahrscheinlichkeit, daß es sich um das Walten von Zufall handeln könnte, allmählich ganz verschwindet.

b. Ökonomie, Redundanz und Bürde

Alle materiellen Determinationssysteme schließen nun ein Prinzip der Ökonomie ein, weil die Schaffung (besser: Findung!), Erhaltung und Ablesung der gespeicherten Entscheidungen die Fehlerrate wie den Energieaufwand vergrößern. Dies hat umso mehr Gewicht, als der Redundanzgehalt schon in einfachen Systemen den Gesetzesgehalt um mehrere Größenordnungen übertreffen kann.

In der Logik, im Apparatebau wie im genetischen Code wird nun der Redundanzgehalt gleichermaßen abgebaut; und zwar in übereinstimmender Weise dadurch, daß einzelne Entscheidungen anderen übergeordnet werden (was man Positionseffekt oder Schaltung nennt). Dabei scheint es prinzipiell vier Möglichkeiten der Überordnung zu geben, die auch sämtlich in allen drei Gebieten realisiert sind. Die Replizierschaltung ist genetisch im Prinzip des Nuclein-Säure-Systems, die Vorschaltung im Operon-System, die Gleichschaltung im Regulator-Repressor-System und die Folgeschaltung im ›Order-on-Order‹-System der Vererbung realisiert.

Die Folge solcher Systemisierung des Determinationsgehaltes ist eine starke Reduktion der für die Festlegung der Ereignisse des Systems erforderlichen Entscheidungen. Das bedeutet einen entscheidenden Gewinn an Adaptierbarkeit, aber auch eine ebensolche Verflechtung und Belastung der Einzelentscheidung mit der Verantwortung für mehr als nur ein Ereignis. Räumt man den Entscheidungen wie jenen im genetischen Code weiterhin gleiche Aussichten der Zufallsänderung ein, dann beginnen die Erfolgschancen der von ihnen geänderten Determinations-Ereignisse voneinander abzuweichen.

Was an Modifizierbarkeit der Ereignisse im Sinne des Schaltmusters gewonnen wird, muß an Modifizierungsrichtungen, steht es diesen entgegen, wieder verlorengehen. Denn solange nicht weitere, im Systeme dem Zufalle überlassene Entscheidungen in Determinationsentscheidungen verwandelt werden, muß das Gesamtverhältnis an Determination und Änderungschance gleich bleiben. Redundanzabbau durch Systemisierung wandelt nur die Einzelchancen. Gewinn an Gesetzmäßigkeit ist aus dem Repertoire des Zufalls zu bezahlen: Die Summe aus Zufall und Notwendigkeit bleibt ja konstant.

2. Die Chancen morphologischer Ereignisse

Zu den Eigentümlichkeiten der fortschreitenden Evolution der Organismen gehört das Wachsen der Zahl der Ereignisse (*E*) und ihrer Wechselabhängigkeiten, also von Differenzierung und Organisation, von Komplexität und Abstimmung. Diese uns zur Selbstverständlichkeit gewordene Zunahme hat aber tiefgreifende Konsequenzen, wenn es um die Chancen der adaptiven Änderbarkeit der Einzelereignisse geht; um jene Metamorphose, die merkwürdigerweise von aller Organisation durch einen ruhelosen Wandel der Außenbedingungen und -möglichkeiten ohne Ende gefordert wird.

a. Zufall und Notwendigkeit der Ereignisse

Determinations-Ereignisse, sofern sie von gleichwertigen Determinations-Entscheidungen ausgelöst werden (und von solchen ist hier nochmals auszugehen), haben die gleichen Chancen, geändert zu werden. Ihre erbliche Änderung hängt bei den Organismen von den sie bestimmenden Gen-Entscheidungen ab; das sind die Mutationen, unter welchen ja im Prinzip wieder die Chancengleichheit des Zufalls herrscht. Es ist jedoch eine ganz andere Frage, ob eine von diesen ausgelöste Änderung eines Ereignisses von der Selektion akzeptiert wird oder nicht.

Hier sind es nunmehr funktionelle Notwendigkeiten, welche den Maßstab für die jeweilige Strenge der Selektion angeben: Ähnlich einem Schlüssel-Schloß-Mechanismus, bei dem es darauf ankäme, den Schlüssel mit Hilfe des Zufalles so zu ändern, daß er das Schloß auch zur nächst-vorteilhaften ökologischen Nische aufzuschließen vermag.

b. Bürde und Überdetermination (oder die zweifache Bürde)

Organisation der Ereignisse (der Merkmale) bedeutet Wechselabhängigkeit in bestimmten Mustern. Unter ihnen gibt es Merkmale an den Enden wie im Zentrum von Funktionsbeziehungen; wobei die marginalen nicht mehr Verantwortung tragen als ihre eigene Funktion, die zentralen aber die *Bürde* all jener, die wie Kettenglieder von ihnen abhängen.

Diese Bürde wird bestimmt von der Anzahl der dependenten Einzelereignisse, deren Funktion durch die Änderung eines einzelnen Funktionsgliedes betroffen und von der Selektion aber kollektiv getestet wird. Gibt man der Erfolgschance der Zufallsänderung eines Einzel-

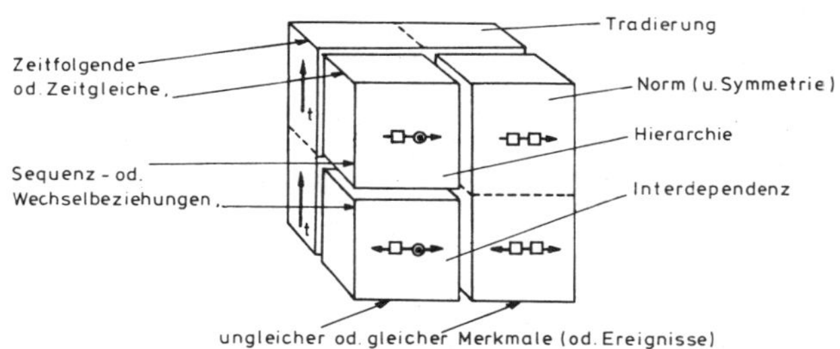

Fig. VIII1: *Der Zusammenhang der Ordnungsqualitäten.* Nach den drei Koordinaten (der Zeitabhängigkeit, der Abhängigkeitsrichtung und der Merkmals-Ähnlichkeit) ergeben sich im Prinzip acht qualitativ differenzierte Ordnungsmuster, die wir zu den vier hier verwendeten Ordnungsbegriffen zusammenfaßten (Orig.).

ereignisses einen bestimmten Wert (P_e), dann sinkt dieser für das Kollektiv mit der Potenz der gleichzeitig zu verändernden Dependenten (P_e^E). Schon bei wenigen Abhängigen wird die Erfolgschance einer Änderung dependenter Ereignisse, die auf independenten Entscheidungen beruhen, nahezu null. Solche Systembedingungen führen daher zu einer Überselektion und Fixierung, die um viele Größenordnungen über den Determinationsgrad (den Kehrwert der Änderungschancen oder der Mutationsrate) und die Erfolgschancen der adaptiven Veränderbarkeit des Einzelmerkmales hinausgeht.

Damit entstehen Einheiten, in welchen ein Funktionsmuster ein Bürde-, Überselektions- und Überdeterminationsmuster zur Folge hat.

Dabei ist zu erwarten, daß Funktionsmuster von grundsätzlicher Art auftreten. Das wären die zeitgleichen (simultanen) sowie die zeitfolgenden (sukzedanen) Abhängigkeiten von identischen und nicht-identischen Bauteilen in Form von Sequenz- oder von Wechselbeziehungen, also von gereihten oder gegenseitigen Dependenzen (Fig. VIII1). Tatsächlich folgt die ganze Vielfalt organismischer Funktionsbeziehungen diesen Grundmustern. Vier (oder fünf der acht) verdienen eine eigene Bezeichnung: unter den zeitgleichen Mustern bilden die Abhängigkeiten der identischen Bauteile das (Struktur-)Phänomen der Norm (und das Lagephänomen der Symmetrie); die der nicht identischen Bauteile bei Sequenz-Beziehungen das der Hierarchie, bei Wechsel-Beziehungen das der Interdependenz; und alle zeitfolgenden Abhängigkeiten bilden das Phänomen der Tradierung.

3. Der Kreislauf der adaptiven Chancen

Die Erfolgschancen der Zufallsänderung von Entscheidungen und jene der Notwendigkeiten der Ereignisse (der Merkmale) sind voneinander nicht unabhängig. Sie bilden im Gegenteil ein sich wechselseitig bedingendes System. Dabei zieht das Wachsen bestimmter Notwendigkeiten einen Abbau der Möglichkeiten des Zufalls nach sich, während dieses verringerte Repertoire der Entscheidungen eine Kanalisation der möglichen Ereignisse (Fig. VIII2) zur Folge hat.

Damit ersetzen wir das einsinnige Konzept ›exekutiver Kausalität‹, welches auch die Analyse der Evolutions-Mechanismen vorwiegend geleitet hat, durch eine ›*funktionelle Kausalität*‹, die zudem die Rückwirkung eines Effektes auf seine eigene Ursache in Betracht zieht. Diese Erweiterung unserer Auffassung der Kausalität wie seine Begründung ist von der Physik ausgegangen. *Eder* hat das (1963) übersichtlich dargestellt.

a. Entscheidungen kopieren Ereignismuster

Progressive Evolution reagiert auf neue Bedingungen des Milieus mit fortschreitender Addition, Differenzierung und Abstimmung. Dieser Zuwachs an Organisation hat einen ebensolchen an Merkmalen (Ereignisse E) und erforderlichen Gen-Entscheidungen (bit_D des Determinationsgehaltes D) zur Folge. Mit dem Wachsen der Funktionssysteme steigt das Repertoire des Zufalls in derselben Weise, wie die Aussicht (V_{ve}) erfolgreicher (P_e) Realisation (P_m) exponentiell sinkt: $V_{ve\,(neg.)} = P_m^R \cdot P_e^{E'}$. Die *funktionelle Bürde* vieler Merkmale und der selektive Ausschuß wachsen. Gleichzeitig aber werden im Fall gleichbleibender Anpassungsziele zahlreiche Entscheidungen redundant; und zwar jene sich wiederholenden Entscheidungen (bit_R), die funktionell dependente Ereignisse definieren.

Und damit ergibt sich – unter dem Selektionsvorteil von $> 10^5$ pro Entscheidung und Ereignis – die Notwendigkeit, die Redundanz (R) durch Vorrangung von Entscheidungen abzubauen: eine Systemisierung des Genoms (zum epigenetischen System). Der Anpassungsvorteil (V_{ve}) steigt dabei exponentiell mit der Zahl der vermeidbaren Entscheidungen: $V_{ve} = P_m^{-R} \cdot P_e^{-E'}$, wobei die Zunahme der Realisationschancen eines bestimmten Zustandes wieder der Abnahme der Möglichkeiten des Zufalls entspricht (man vergleiche den Sektor ›Systemisierung‹ im Kreislauf der Entscheidungen in Fig. VIII2).

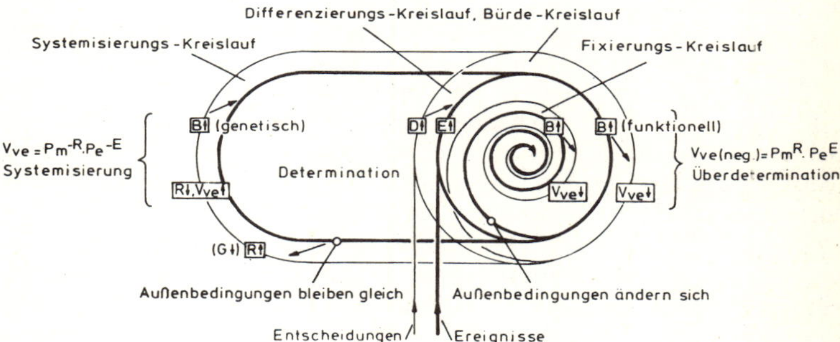

Fig. VIII2: *Schema der funktionellen Kausalität des Systemisierungs-Mechanismus* an Hand der drei Kreisläufe der Organisation der Gen- Entscheidungen und Phän-Ereignisse sowie der Zu- (↑) und Abnahme (↓) von Bürde (*B*), Determinationsgehalt (*D*), Zahl der Ereignisse (*E*), von Gesetzes- (*G*) und Redundanz-Gehalt (*R*), von Adaptierungsvorteil (V_{ve}) und Kanalisation ($V_{ve(neg)}$) der Determination. (Orig.).

Die zweite Folge dieser Systemisierung ist eine *Kopierung* der vier funktionellen Dependenz-Muster der Ereignisse durch Schaltmuster jener Entscheidungen, die für deren Etablierung verantwortlich sind; und zwar deshalb, weil die Koppelung von dependenten Ereignissen wie $P_m^{-R} \cdot P_e^{-E'}$ exponentiell gefördert, die Kopplung solcher, die sich unabhängig adaptieren sollen wie $P_m^{R} \cdot P_e^{E'}$ unterdrückt werden muß. Das führt zum Aufbau eines epigenetischen Systems, das die Ereignismuster nach deren Bedeutung und Anwendungszeit mit vier Systemisierungs-Mechanismen kopiert; zu einem imitatorischen und (der Zeitachse nach) traditiven Epigenotypus.

b. Ereignisse folgen Entscheidungsmustern

Die Adaptierungsmöglichkeiten der morphologischen Ereignisse entsprechen zunächst ihren übernommenen Bürdegraden; zudem aber, und in übereinstimmender Weise, den aufgebauten Schaltmustern, an welche ja die Schwierigkeiten aus der funktionellen Bürde abgewälzt wurden.

Die Rückwirkung der Schaltmuster der Entscheidungen auf die Chancen adaptiver Modifizierbarkeit ihrer Ereignisse entspricht dem Zusammenhang von Zufalls-Einengung (der Entscheidungen) und Repertoire-Verkleinerung (der Ereignisse). Solange sich die Funktionsmuster der Ereignisse nicht oder weiterhin im Sinne der Systemisierung ihres Genoms zu ändern haben, wird ihre Adaptierbarkeit, d.h. die Realisationschance der gewünschten Ereignisse in dem Maß höher sein, als die Realisationschancen der ungewünschten geringer sind. Die Erwartbarkeit der verbleibenden Ereignisse entspricht ja dem Kehrwert des verbleibenden Repertoires.

In dem Augenblick jedoch, in dem die vom Milieu geforderten Umbildungsmuster neue Richtungen einschlagen, die den eingebauten Schaltmustern nicht mehr entsprechen, ändert sich die Chance des Realisationserfolges, der Findung erfolgreicher Entscheidungen, drastisch. Die Vorzeichen der exponentiellen Beziehungen ändern sich, $P_m^{-R} \cdot P_e^{-E}$ wird $P_m^R \cdot P_e^E$, und die vordem erreichten Adaptierungsvorteile verwandeln sich in ihre Kehrwerte. Der bisher geförderte Ausschluß sinnwidriger Ereignisse wird maßgleich zum sinnwidrigen Ausschluß der förderlichen. Freiheit von gestern wird zur Kanalisation von heute. Die Zufallsregeln sind nicht umgehbar. Für nichts ist nichts zu haben.

Diese Kanalisierung wird von der bekannten Selektion überwacht. Die zu eliminierenden Fehlpassungen beruhen aber immer weniger auf dem zufallsvollen Wechsel des äußeren als vielmehr den determinierten Bedingungen des inneren Milieus; auf den Bedingungen der Schaltmuster des epigenetischen Systems. Das führt zu einer Stetigkeit der Selektion, zu einer Art Überselektion oder *Überdetermination*, welche den dem Evolutionsmechanismus ursprünglich eingeräumten Determinations- oder Stetigkeitsgrad ($P_m \cdot P_e$) um viele Größenordnungen übertrifft. Diese Überdetermination manifestiert sich in den vier Ordnungsmustern, auf welchen ihre Entstehung beruht. Sie wird aber nicht nur zunehmend starrer und vom Wechsel der Außenbedingungen immer weniger berührt, sondern beginnt mit zunehmender Systemisierung des Innenmilieus unverbrüchliche Richtungen für jede ihrer Evolutionsbahnen durchzusetzen. Das erklärt die richtungs- und ordnungsvollen Phänomene nun auch der transspezifischen Evolution sowie den kausalen Hintergrund der morphologisch-systematischen Gesetze. Es erklärt das Phänomen der Voraussehbarkeit, das wir als Ordnung erleben.

Das Ergebnis ist also eine Selbstordnung des Lebendigen, Gesetzmäßigkeit des ›self-design‹, die wir, wo sie an die Grenzen unseres Fassungsvermögens heranreicht, achtungsvoll Harmonie nennen. Jedoch ist es keine prästabilisierte, sondern eine poststabilisierte Harmonie, nicht Entelechie, sondern kausale Eigengesetzlichkeit. Der Unterschied besteht darin, daß uns die Schöpfung dieser Evolution ihre Gesetze doch nicht vorenthält.

Der Spielraum des Zufalls im Evolutionsgeschehen erscheint damit noch weiter eingeengt. Wenn wir Biologen noch glauben sollen, daß Gott würfelt, so nur mehr in zwei Gebieten: Einmal in der unvorhersehbaren Instabilität der Materie, in welcher die Lebensgesetze kodifiziert sind; ein andermal in der Begegnung der vorhersehbaren Kreatur mit den unvorhersehbaren Mäandern ihres ewig wechselnden Milieus.

Wir sagten schon; das ist viel und wenig zugleich. Die Glaubwürdigkeit der Theorie kann an ihrer Übereinstimmung mit den Fakten zu messen sein; ihr Nutzen aber an ihrem Erklärungswert und ihre Richtigkeit an den verifizierbaren Voraussagen, die sie, über das uns bekannte Maß hinausgehend, zulassen wird.

B. Die Konsequenzen

Im Erklärungswert einer Theorie – und mit diesem ist nun zum Schluß ausführlicher zu verfahren – steckt noch ein weiteres wichtiges Merkmal: Die Möglichkeiten ihrer *Verifikation*. Diese muß auf der Bestätigung von Voraussagen beruhen, welche nur mit Hilfe der Theorie getroffen werden können. Zu diesem, besonders dem Experimentator wichtigen Punkt, noch einige Worte; kurz zu fassen, weil Voraussagen, die sich schon bestätigten, zum Erklärungswert gestellt zu werden pflegen, die noch zu bestätigenden aber erst morgen getroffen werden.

Die Theorie der Systembedingungen erwartet Verifikation auf fast allen Gebieten, die sie berührt. Sie ist ebenso, wie die Art der möglichen Voraussagen, vorherzusehen; beschreibende wie experimentelle.

Diese erkenntnistheoretisch ebenso unkritische wie gebräuchliche Trennung hat uns das Auseinanderlaufen der Disziplinen eingetragen; wobei die dahinterliegende Wertung von ›rein experimentell‹ und ›nur deskriptiv‹ schon vielerlei Schaden machte. So als ob ein Experiment der Natur, welches wir beschreiben, unsignifikanter wäre als ein solches, das wir selbst anstellen und dessen Ergebnis wir nicht anders, nämlich wieder als eine Koinzidenz von Ereignissen, beschreiben. Doch das ist hier nicht unsere Sache.

Die deskriptiven Verifikationen sind in den morphologischen Disziplinen (in den Synthesen der Ereignisse) zu erwarten. Sie bestehen darin, daß Voraussetzungen über das Verhalten der Homologa, der Baupläne und Trends für jede noch zu entdeckende Art, Metamorphose und Mutante, für jeden noch tiefer aufschließbaren Organisations- und Strukturzusammenhang im Vorhinein getroffen und im Nachhinein geprüft werden können. Dies ist ja das stete (leider ungeschriebene) Methodenrüstwerk der erfahrenen Palöontologen, Systematiker und vergleichenden Anatomen.

Tabelle G

Übersicht der durch die Theorie lösbaren Probleme und Kontroversen.

Hauptgebiet / Ordnungsmuster	Probleme und Kontroversen	Hauptgebiet / Ordnungsmuster	Probleme und Kontroversen
	Anatomische Plurale		*Anatomische Wiederholung*
Morphologie Norm	Homologie (als Duplikation) Homonomie Identität der Homonome	*Phylogenie* Tradierung	Atavismus Rudimentation Heteromorphosen
	Anatomische Singulare		
Morphologie Hierarchie	Homologie (als Fixierung) Identität der Homologa Grenzen Ursachen, 'Idealismus' Typus Bauplan	*Ontogenie* Tradierung	*Haeckels* Gesetz Induktionsmuster Organisationsmuster Homodynamie Symbolisation
Systematik Hierarchie	Realität der Systemgruppen des Systems Wägung a posteriori	*Genetik* Tradierung	Epigenotypus, Typenzahl Kryptotypus Gen-(spont.)Atavismus Relations-Pleiotropie Homöotische Mutanten Phänokopie Archigenotypus
	Anatomische Ausrichtung		*Anatomische Abstimmung*
Phylogenie Hier. u. Norm	Synorganisation Koadaptierung Parallelismus Trends Orthogenese Cartesische Transformation Typostrophe Stasigenese additive Typogenese Typostasie	*Allg. Biologie* alle Muster	'Innere' Mechanismen Homöosis, Regulation Irreversibilität *Nexus organicus* Poststabilisierte Harmonie Zahl der Realisationen Selbstordnung fixierte Übel
			Anatomische Koinzidenzen
		Erkenntnisfragen alle Muster	mit Denkmustern mit Zivilisationsmustern

Diese Probleme und Kontroversen sind mit Stichworten angeschrieben und nach *Sachgebieten* geordnet. Links daneben sind die einschlägigen *Hauptgebiete* der Biologie und die überwiegend an der Lösung beteiligten Ordnungsmuster (jeweils unter diesen)

Die experimentellen Verifikationen sind dagegen in jenen physiologischen Disziplinen zu erwarten, die sich mit der Struktur des epigenetischen Systems (mit den Systemen der Entscheidungen) befassen. Sie bestehen darin, daß nach der vorliegenden Theorie eine Voraussicht über den imitatorischen Zustand und den tradierten Ablauf sowie über die Verwandtschaftsverhältnisse der palingenetischen Merkmale jeder Spezies gewonnen werden kann. Dies darf nicht minder als Voraussage gelten, weil die ›Logik‹ der entwicklungsphysiologischen Systemisierung der Genwirkungen noch ebenso der Durchleuchtung bedarf wie das Bestehen unserer postulierten Schaltmuster im molekulargenetischen System der höheren Organismen.

Ich zweifle nicht an dieser Verifikation, die nun kommen kann, wie ich auch nicht zweifle, daß der Theorie noch manches an Reifung nottut und an Prüfung bevorsteht.

Doch zurück zum Gegenstand von heute. Wir haben schon bei der Problemstellung (in Abs. IIB3 und C) eine Übersicht der einschlägigen offenen Fragen gegeben. Nun können wir uns an ihre Lösung machen. Dabei folge ich der Gruppierung der wissenschaftlichen Disziplinen, die ohnedies recht weitgehend mit den vier Ordnungsphänomenen übereinstimmt (Übersicht in Tabelle G). Doch muß ich mich auf die grundlegenden Kontroversen beschränken, um den Rahmen zu wahren.

1. Prinzipien der Evolution

In diesem Fragenkreis geht es bekanntlich um die Art und Position der Mechanismen, welche die Evolution betreiben, und darum, ob sie sämtlich der naturwissenschaftlichen Methode zugänglich werden können oder vielmehr ein transkausaler, vitalistischer Rest zur Erklärung der Harmonie in der Natur angenommen werden müßte. Beginnen wir mit den

a. Meßgrößen: Gesetz und Anwendung

Unsere Formulierung: Ordnung ist Gesetz mal Anwendung erklärt zunächst jene Paradoxa und Widersprüche, die bei der biophysikalischen Analyse der Organisationsgrade des Lebendigen aufgetreten sind:

Die Paradoxa der Information, des *Einstein*- und des Zahnradbeispiels[1)] lösten wir (IB4) durch die Trennung von Indeterminations- und Determinations-Gehalt, durch die Frage: Information, worüber? Die Einsicht, daß die objektive Summe aus Zufall und Notwendigkeit sowie die subjektive aus Ungewißheit und Voraussicht eines Systems konstant

[1] von *Lwoff* 1968, p. 94, und *Linschitz* 1953, p. 261;

ist, entspricht ja dem Ansatz wie der Synthese unserer Überlegungen. Davon also noch (in VIIIB7) etwas mehr.

Die Paradoxa der Anwendung, z.B. (IB4) das des Ordnungs-Zusammenbruches durch Informationsvermehrung (Organismus plus Virus[2]) oder jenes der Ordnungs-Mehrung bei gleichem Informationsgehalt (Vermehrung eines Einzellers) löst die Beschreibung des Ordnungsgehaltes als das Produkt aus Gesetzes- und relativem Redundanzgehalt. Sie führt in gleicher Weise zur Lösung der

Widersprüche der Ordnungsgehalte, wie sie sich beispielsweise beim Vergleich Keimzelle und Mensch ergaben.[3] Die hier, bei offenbar identischem Gesetzesgehalt, auftretende Differenz des Informationsgehaltes von 20 Dezimalen erklärten wir (in IIA2) aus einer entsprechend großen Wiederholung identischer Gesetzmäßigkeit des Genoms im fertigen Organismus. Eine in sich zunächst stimmige Methode der Beschreibung von Gesetz und Ordnung war damit gewonnen; nun kommt es auf ihre Anwendung an.

b. Molekulare oder morphologische Synthese

Die Kontroverse Reduktionismus versus Holismus enthält die nächstwichtige Frage, nun zwischen Methode und Prinzipienlehre zum Aufschluß der Mechanismen der Evolution. Sie lautet: ›Alle Lebensgesetze sind molekular verankert‹ versus ›Die Lebenserscheinungen sind nicht nur molekular zu erklären‹[4] (siehe Abs. IIC1).

Unsere Lösung lautet: Das realisierte System der Gestalten ist ohne das der Moleküle ebensowenig denkbar wie das der Molekülsequenzen ohne jenes der Gestalten. Den Ansatz lieferte die Gegenüberstellung der Entscheidungen und Ereignisse; die Erklärung aber das System der Wechselwirkung, das sie miteinander bilden, weil die einen vom Zufall erzeugt sein, die anderen Notwendigkeiten entsprechen müssen. Wird die Wahrscheinlichkeit, eine Notwendigkeit durch den Zufall zu erreichen, zu gering, so muß sich das Repertoire des Zufalls sinngemäß verringern: zwar gewählt durch den Zufall, aber selektiert durch Notwendigkeit. Ähnliches sieht schon *Monod* (1971, p. 122).

2 *Lwoff* 1968, p. 93;

3 *Dancoff* und *Quastler* 1953, p. 268, *Quastler* 1964;

4 Dies ist am deutlichsten in der Verteidigung des Holismus definiert: vgl. z.B. *Weiss* 1970 a, b und 1971, sowie *Koestler* und *Smythies* 1970, *Cannon* 1958, *Simon* 1965 und *Koestler* 1968, 1970. – Unsere dem Holismus verwandte Lösung entspricht, wie (in VIII A3) festgestellt, der Wendung zur ›funktionellen Kausalität‹. Durch sie »gelingt es, die Summe sämtlicher Wirkungen und Rückwirkungen simultan zu überschauen und in ihrer Gesetzmäßigkeit zu erfassen«. Denn »für jede Naturwissenschaft ist die exekutiv nicht aufschlüsselbare Wechselwirkung verschiedener Komponenten von zentraler Bedeutung« (*Eder* 1963, p. 208). – Man beachte auch *Thorpe* 1970.

»Der Zufall«, sagt *Monod*, »wird durch den Invarianzmechanismus eingefangen... in Ordnung, Regel, Notwendigkeit verwandelt.« Aber ebenso wird notwendige Ordnung von den Möglichkeiten des Zufalls kopiert. So wird in zufälligen Änderungen der möglichen Entscheidungen eines Senders dem Mechanismus eine Entscheidungsmöglichkeit wieder entzogen werden, wenn die Selektion von den Sendungen nur solche annimmt, die jene Entscheidungen ausschließen.

Es gibt weder eine molekulare noch eine morphologische Gesamtlösung. Die Metamorphosegrenzen der Gestalten sind nur mit ihrem Epigenotyp und dessen Struktur, nur mit den Grenzen seiner bisherigen Morphotypen zu verstehen. Letztenendes sind sogar Entscheidung und Ereignis dasselbe (wir werden das bei den Erkenntnisfragen in Abs. VIIIB7b nochmals erörtern) und unterscheiden sich durch die Fragestellung; objektiv nur nach der Komplexität, subjetiv nach den Möglichkeiten der menschlichen Wahrnehmung.

c. Gibt es ›innere‹ Mechanismen?

Diese Kontroverse ist, wie wir schon feststellten (IIC2), so alt wie der Darwinismus und, wohl wegen ihrer greifbaren Konsequenzen, die zentrale Streitfrage geblieben. Sie lautet: ›Das Wirken eines im Organismus selbst gelegenen Ordnungsprinzips ist zu postulieren, weil blinde Mutabilität und die Kurzsichtigkeit der Prüfung durch das Außenmilieu allein die Ordnung in der Evolution nicht erzeugen können.‹ Versus: ›Ein drittes Prinzip ist unsichtbar, ja unwahrscheinlich, und die beiden bekannten werden alle Phänomene erklären können.‹

Mit Befriedigung stelle ich fest, und wir werden das in allen weiteren entscheidenden Fragen wieder erleben, daß beide, nun von drei Generationen der weitblickendsten Biologen eingenommenen Standpunkte ihre Bestätigung finden. Unsere Lösung lautet ja: Es wirkt nur Mutation und Selektion, aber letztere nicht nur von ›außen‹.

(1) *Die Bürdegrade* der Merkmale, ihre Organisationslücke und die Selektion im Entwicklungsablauf haben uns ein ›Milieu‹ gelehrt, welches tief in die inneren Strukturbedingungen des Organismus hineinreicht; in welchem Selektionsbedingungen entstehen, die dem Außenmilieu immer fremder, den funktionellen Systembedingungen im Organismus immer verwandter werden. Das sind Selektionsvorschriften unter Eigenbedingungen, welchen *Stern* und *Schaeffer*[5], *Waddington*[6], *Haldane*[7] und *Whyte*[8] besonders nahegekommen sind. Aber auch die prominenten Vertreter des reinen Neodarwinismus (der Synthese-Theo-

[5] ›Keimes-Selektion‹, 1943;
[6] ›Architypus-Selektion‹, 1957;
[7] ›Genotypus-Selektion‹ 1958;
[8] ›Entwicklungs-Selektion‹, 1964;

rie) sahen natürlich schon den »Entwicklungszwang«[9] oder die reduzierten Erfolgschancen der »tiefsitzenden«[10], »früh ins Entwicklungsgeschehen eingreifenden«[11] Merkmale. – Nun läßt ihre funktionelle Position die Freiheits- und Fixierungsgrade voraussehen, welche ihrem Schicksal zugeteilt werden. Darüber hinaus war eine

(2) *Organisation der Gen-Wechselwirkungen* zu postulieren, welche aufgrund durch Bürde sinkender Adaptationschancen das epigenetische System zu einer Imitation seiner funktionellen Phänsysteme zwingt. Eine solche Systemisierung, obwohl zunächst auch nur von den drängenden Selektions-Bedingungen des ›äußeren‹ Milieus durchgesetzt, bildet nun ein System ›innerer‹ Bedingungen; ein epigenetisches System nach den Gesetzen der eigenen Organisation. Aber zum mindesten die Lage dieses inneren, kanalisierenden, restringierenden Apparates ist von Genetikern wie Entwicklungsphysiologen vorausgesehen worden.[12] Nun können wir verifizierbare Voraussagen auch über seine speziellen Strukturen und Vorschriften machen. Ja, die vier Typen molekularer Mechanismen selbst (wie in IIIC geschildert) finden ihre Begründung.

Diese ›innere‹ Selektion steht zur ›äußeren‹ in einem Verhältnis wie die Betriebs- zur Marktselektion. Auch sie ist letztlich durch die Ansprüche des Marktes, aber über die Funktionsbedingungen des Produktes und die Organisation des Betriebes entstanden, aber zu Eigengesetzen von Test und Toleranz, zu Eigengesetzlichkeit gelangt.

(3) Sie hat auch mit dem *Lamarck*schen Prinzip[13] wenig zu tun, weil Ereignisse nicht direkt auf Entscheidungen wirken können; nur indirekt werden deren Funktionsmuster von der Systemisierung der Entscheidungen (und bis auf eine stets verbleibende Organisationslücke) von der Systemisierung der Entscheidungen imitiert und wirken richtend auf jene zurück. Der grundlegende Unterschied gegenüber *Lamarcks* Milieutheorie liegt aber in dem letztlich den Anforderungen des Außenmilieus gänzlich entgegenwirkenden Mechanismus des Determinations-Prinzips. Ja, wir werden eine dem alten Konzept diametral gegenüberstehende Milieutheorie abzuleiten haben.

Wir bestätigen sogar die *Weismann*-Doktrin, wie das ›genetische Dogma‹ von heute in dem Sinne, als sich keine direkte Wirkung der Phäne auf ihre Gene erwarten läßt. Eine indirekte Rückwirkung aber ist nach den Gesetzen der Wahrscheinlichkeit zu postulieren. Wie beim Entropiegesetz wird auch die im Dogma definierte Kausalität nicht gebrochen, sondern vom Lebendigen umgangen. Die Postulate des Neo-

9 *Rensch* 1954;
10 *Mayr* 1967;
11 *Osche* 1966, p. 844.
12 *Dobzhansky* 1951, *Kosswig* 1959, *Baltzer* 1955, *Waddington* 1957 und andere.
13 *Lamarck* 1909.

Lamarckismus und des Neo-Darwinismus: ›es gibt direkte Rückwirkung‹ versus ›es gibt keine Rückwirkung‹ sind beide falsch. Die Wahrheit hält die Mitte. Die Postulate: ›es gibt eine Rückwirkung‹ versus ›es gibt keine direkte Rückwirkung‹ sind beide richtig. Auf die Konsequenzen dieser Einsicht kommen wir (in Abs. VIIIB7f und g) zurück. Hier interessiert zusätzlich nur das waltende Prinzip.

d. Prä- oder poststabilisierte Harmonie?

So bleibt noch die Kontroverse mit dem ›inneren Prinzip‹ des Vitalismus[14] zu klären. Sie lautet: ›Wahllose Änderung und opportunistische Selektion können die zunehmend ausgerichtete, gewissermaßen einem Ziele zustrebende Evolution nicht erklären; eine zielgebende Komponente ist einzuführen (eine Entelechie oder Vitalis-Kraft).‹ Versus: ›Die vom Vitalismus eingeführte Kraft ist methodisch unzugänglich und daher wissenschaftlich irrelevant.‹

Nun sind die Kräfte, die unsichtbaren Zielen zusteuern, gewiß keine Sache der Naturwissenschaften, die richtungsvoll harmonischen Metamorphosen der Evolution aber objektiv ebenso nicht zu verkennen. In dieser Lage bleibt es Sache der Weltansicht (die ja auch keine mindere ist), das Bestehen dieses Dilemmas entweder zu leugnen oder an einen Plan der Schöpfung zu glauben; an eine prästabilisierte Harmonie. Oder wäre denn ein kausaler Mechanismus denkbar, der der Evolution ihren Sinn (wenn auch nur einen Richtungssinn), ihre Harmonie (wenn auch nur die Stetigkeit des Ausgewogenseins) und ein Ziel (wenn auch nur an der identischen Ordnung ihrer realisierten Bahnen belegbar) zu geben vermag?

Tatsächlich erfüllt unsere Theorie all diese Ansprüche. Richtungssinn, Harmonie und Identität der Ordnung sind die Folgen des Landgewinns von Determination im Repertoire des Zufalls unter einer entscheidenden (und tatsächlich erfüllten) Voraussetzung, daß nämlich jede, welcher Zufallskonstellation auch immer entsprungene Ordnung selbst wieder ordnend auf das eigene Schicksal zurückwirkt. Die Harmonie der Schöpfung des Lebendigen folgt einem Naturgesetz; nur sind dessen Konsequenzen nicht vorgegeben (wie man zunächst glauben mußte), sondern mit ihr entstanden. Die Ordnung der Evolution ist eine Konsequenz nicht prä-, sondern *poststabilisierter* Harmonie. Wie nahe war man wieder dem Wesen der Sache.

[14] Eine gewisse Übersicht dieses Sammelkonzeptes gewinnt man aus *E. Hartmann* 1875, *Driesch* 1909 und 1919, *Teilhard de Chardin* 1961, *Schubert-Soldern* 1962 und 1970.

2. Grundlagen einer kausalen Morphologie

Diese zweite Gruppe von Kontroversen macht auf den Laien dieses Gebietes oft den Eindruck einer untergeordnet methodischen, ja überholten Diskussion. Wir aber wissen längst, daß es sich um einen der Angelpunkte des gesamten Evolutionsproblems handelt. Ja mehr noch. Rechnet man mit 200 Jahren wissenschaftlicher Biologie, dann war über 150 Jahre Morphologie ihr Rückgrat schlechthin; und nach kaum 50 Jahren Experimentalforschung sind wir drauf und dran, es gänzlich zu verlieren: Jene Methode, die uns das Phänomen der Verwandtschaft, der Deszendenz, ja der Phylogenie überhaupt hat wissenschaftlich erschließen lassen.

Diese seltsame wie entmutigende Wende muß mit der Einführung des Kausalitäts-Prinzips in die Biologie zu tun haben, welches in den Grundfragen der Strukturforschung (wir nehmen hier die funktionelle Anatomie aus) noch keinen Eingang fand; wodurch Morphologie, vergleichende Anatomie und Systematik als Wissenschaften zweiter Klasse, ja manchem überhaupt jenseits der streng wissenschaftlichen Methode zu stehen schienen.

Aber auch die für eine jede Wissenschaft bereits unübersehbare Faktenfülle von zehn Milliarden Merkmalen ($2 \cdot 10^6$ Arten mal im Mittel wenigstens $5 \cdot 10^3$ Merkmalen) hat das Gebiet isoliert und selbst in Hunderte Spezialistengebiete zerfallen lassen (dabei erinnern wir uns – aus IIA3 –, daß der Gesetzesgehalt noch zwei, die Redundanz der Ereignisse noch viele Größenordnungen darüber liegt).

Der Bruch – er ist wissenschafts-historisch weit gravierender als alle Kritik am Reduktionismus und Darwinismus – vollzog sich durch das Typusproblem und ist konsequenterweise dabei, in das Homologieproblem hinüberzugreifen. Der Typus ist ja als eine »Konsequenz, eine Regel, nach der die Natur, wie wir erwarten, verfahren werde«[15], seit *Goethes* erster Formulierung ein Abstraktum geblieben (kaum zu messen, schwer abbildbar und nicht einmal leicht zu denken); und er ist, ohne einen Zugang zu seiner *causa*, in weiser Beschränkung als ein Denkprinzip, einer Idee nicht unähnlich, aufgefaßt worden. Nun kann man sich freilich fragen, was soll eine, sich bald auf Metrik und unmittelbaren Kausalnexus beschränkende Wissenschaft mit schwer denkbaren, unanschaulichen Gestalts-Ideen ungewisser Ursachen und Erkenntnisgrundlage anfangen? Kaum zu verargen: Nichts! Sie hat die Morphologie als idealistisch deklassiert und möchte sie als eine Art verbaler Kunstform von der Zunft ausschließen.

Ein Verständnis der Ursachen lebendiger Ordnung ist aber identisch mit einem der Ursachen der lebendigen Gestalt. Eine *causa* der Ordnung muß zugleich die Erkenntnisgrundlage der Morphologie enthalten. Die kausalen Prinzipien der Morphologie machen folglich die

15 *Goethe* 1790.

zweite Seite unserer Theorie aus. Ihre Konsequenzen sind nun in dieser Sicht darzulegen. Folgen wir den Stufen der Komplexität:

a. Das Gesetz der Homologie: Vom Molekül bis zum Verhalten

Das Homologie-Theorem ist im letzten Jahrzehnt zunehmend kritisiert, ja ganz in Frage gestellt worden. Auch seiner letzten, von *Hennig*, *Remane* und *Simpson* dargelegten Form (auf der wir hier aufbauten), ist der Vorwurf der Unklarheit und Subjektivität gemacht worden. Daran sind namentlich *Sokal* und *Sneath* (1963) und die ihnen in Amerika folgende Schule der ›Numerischen Taxonomen‹ beteiligt. Ausgehend von der Frage der Merkmals-Gewichtung für die Systematik wurde behauptet, die klassische Methode habe Frage und Antwort (Phänetik und Phylogenetik) ebenso verwechselt wie Urteil und Vorurteil (*a posteriori* und *a priori*), zumal ja kein Mechanismus existierte, der Merkmale ungleich rangte: Wäre das richtig – ein Todesurteil der Morphologie. Doch ist es eben nicht richtig.

Wir kommen (in Abs. VIIIB3c) auf Phänetik und A-Prioris zurück und müssen hier bei der Homologie bleiben, die ein Chaos zurückließe, wäre sie nicht im ganzen Umfange (von Grenze zu Grenze) stichhaltig.

Das unbestreitbare Verdienst der numerischen Taxonomie besteht dagegen in der Definition des Unbehagens gegenüber einer ›natürlichen Ordnung ohne Ursache‹. Aber eben diese Ursache ist nun zur Hand. Daher steht auch der objektiven Analyse ihrer Konsequenzen nichts mehr im Wege.

Kein Verdienst aber ist die Etablierung der ›operational homology‹ als Substitut, die definitionsgemäß mit einer Verwechslung von Analogie und Homologie (»z.B. Kopf, Beine, Blätter«[16]) beginnt und mit einer Homologisierung von Nicht-Homologa (z.B. von Blattlängen[17]) endet. Aber kommen wir zur Sache:

(1) *Identität:* Wie festgestellt, kann beim einmaligen Empfang einer Sendung über deren Beruhen auf Zufall oder Notwendigkeit nichts ausgesagt werden (IB1e). Das ändert sich jedoch mit der Wiederholung des Empfanges und mit dem Repertoire der Sendung. Mit der Zahl der identischen Wiederholungen (repräsentierenden Arten des Kollektivs) und ihrer Komplexität (Lage-Struktur-Ereignisse der Minimum- und Rahmenhomologa) wächst die Wahrscheinlichkeit der Gesetzeserwartung exponentiell. Schon bei mittelgroßen Systemen (Fig. II46, p. 88) liegt die Zufalls-Unwahrscheinlichkeit weit jenseits aller Möglichkeiten dieser Welt. Am Vorliegen identischer Gesetzmäßigkeit zu zweifeln, hätte also keinen Sinn; ebensowenig an deren Verankerung im genetischen System. Die allgemeine Grenze ist die zu geringer Zufalls-Unwahrscheinlichkeit. Betrachten wir nun die speziellen Grenzen:

[16] Aus Raumgründen bitte ich dies nötigenfalls bei *Sokal* und *Sneath* 1963, p. 69 und
[17] p. 70 nachzuschlagen;

Daß die Wahrscheinlichkeit der Gesetzeserwartung mit Merkmalminima zu tun hat, ist eine Konsequenz unserer Auffassung der Homologie. *Goethes* Grenzziehung der Morphologie entspricht bereits einer unserer Methodengrenzen: »Alles, was die Form des Teils zerstört, was den Muskel in Fasern zertrennt, was den Knochen in Gallerte auflöst, wird von uns nicht angewandt.«[18]. Sie entspricht unserem Homonomiezaun zwischen Einzel- und Massenhomologa, anatomischen Singular- und Plural-Identitäten. Hinter ihr setzen sich die Homologien in der einen Richtung aber noch in Histologie, Cytologie und Biochemie, in einer anderen in die Verhaltensweisen fort.

(2) *Die Grenze im Mikrobereich* liegt in der Komplexitätsebene von Molekülen und folgt, wie *Florkin* überzeugend zusammenfaßt, auch dort unserem Wahrscheinlichkeits-Theorem: Denn Isologie von Molekülen kann für den Biochemiker noch nicht Homologie bedeuten[19], ebensowenig (so fügen wir hinzu) wie Ähnlichkeit für den Anatomen. Erst wenn die Ursache komplexerer Ähnlichkeit »unverträglich wird mit dem Effekt des Zufalls«[20], muß es sich um homologe Moleküle handeln. Auch für cytologische Merkmale beginnt man diesen Standpunkt bereits einzunehmen.[21]

Das gilt für die ›indirekten Homologa‹ (oder Episemantiden), wie man sie in der Biochemie[22] von den ›direkten‹ (oder Semantiden; wie Kernsäuren usf.) unterscheidet. Letzere sind durch eine direkte Einsicht in das Vorliegen identischer Befehle herausgehoben. Wir berühren damit noch das Problem der *homologen Gene* mit zwei einschlägigen Fragen.

Erstens: Wäre in zwei homologen Cistronen das erste Triplet, dessen erste Base (ja deren erste Wasserstoffbrücke usf.) auch noch homolog? Hat es einen Sinn, von homologen Atomen zu sprechen? Sie sind ja beliebig austauschbar. Unsere Antwort lautet: in homologen Teilen nehmen Bausteine identische Positionen ein.

Zweitens: Entsprechende Cistronen von Geschwistern können gewiß homolog genannt werden. Ob das allerdings für die Befehle von homologen Ereignissen schlechthin gilt, stelle ich in Frage (z.B. die Befehle zum Bau eines Kieferteils beim Hai und eines Gehörknöchelchens beim Menschen; vgl. Fig. II22–26, p. 75). Es mag befremdlich scheinen, aber die Homologie dieser Entscheidungen ist ebenso ungewiß wie unnötig. Es ist z.B. weder nötig noch wahrscheinlich, daß Entscheidungen zum Auffinden der Buchstabenfolgen *father* und *père* alle identisch sein müssen; und dennoch sind diese Ereignisse seit der Buchstabenfolge *pater* homolog. Entscheidungen besitzen keinen Vorrang vor den Ereignissen, denn diese sind ja selbst die Summe ihrer Konsequenzen. Über das Vorliegen identischer Gesetzmäßigkeit entscheidet die Majorität aus allen Merkmalen eines Systems.

Die Übereinstimmung der Auffassung ist also vollkommen. Nur die Bauteile wechseln mit den hierarchischen Rängen der Komplexi-

18 *Goethe* 1795;
19 *Florkin* 1962;
20 *Florkin* 1966, p. 7;
21 *Wilmer* 1970;
22 zuerst bei *Zuckerkandl* und *Pauling* 1965;

tät.[23] Das Verhältnis zwischen Zufall und Notwendigkeit bleibt stets kalkulierbar. Jedenfalls »die manchmal entwickelte Gegensätzlichkeit zwischen der organismischen und der molekularen Betrachtung der Evolution ist völlig bedeutungslos«[24]. Wie gerne stimmen wir darin *Florkin* zu.

(3) *Die Grenze im Funktionsbereich* ist ebenso tief gelegen, wohl erkennbar und klar. Die Unterscheidung funktionierender Strukturen und strukturdependenter Funktionen ist hinsichtlich der Wahrscheinlichkeit von Gesetzeserwartung ohnedies irrelevant. Die Kritik an der Homologisierbarkeit funktioneller Zeitgestalten von *Lorenz*[25], wie sie von *Schneirla*[26] und Nachfolgern vorgebracht wurde, ist daher unbegründet.

Es gibt ja Menschen (mich eingerechnet), welche die gesetzliche Identität eines Musikstückes meist leichter nach der Funktion (den Schwingungen) als nach der Struktur (der Partitur) erkennen. Man denke auch an den Wechsel zwischen den beiden: Das Telegramm ›beginne hausbau‹ erreicht uns als Struktur, erzeugt Funktionen, deren Folge sind neue Strukturen mit dem Sinn, Funktionen zu übernehmen, die Strukturen erzeugen sollen usf.

Die Grenze liegt wieder (sei es eine Körper-Bewegung oder ein Produkt, wie eine Melodie, ein Nest, ein Spinnennetz usf.) bei den von den Zufallsmöglichkeiten eingeholten Merkmalsminima. Eine *Bizeps*-Kontraktion liegt natürlich jenseits derselben.[27] Aber Mangel an Lagekriterium, was *Atz* kritisiert[28], bedeutet alleine nichts. Im Gegenteil, die fast beliebig oftmalige Wiederholbarkeit eines Verhaltens-Homologon verankert es in den Massenhomologa der Baupläne, von welchen wir wissen, daß sie durch diese zusätzliche Verankerung als Normteile noch wesentlich höhere Beständigkeit erlangen können. Alle hier gemachte Erfahrung wiederum untermauert dieses Homologiekonzept im Sinne *Wicklers* (1961) noch weiter und die entscheidende, ja dramatische Bedeutung, die seine Kenntnis nach *Lorenz* (1963) und *Eibl-Eibesfeldt* (1970) für uns Menschen selbst haben muß.

(4) *Ursache:* Was bleibt, ist die Frage der Ursache der überdimensionierten Stetigkeit dieser Gesetze; mehrere Größenordnungen jenseits der Haltbarkeit der sie kodifizierenden Moleküle, ja vielfach entgegen der vom Außenmilieu zu erwartenden Selektion. Diese Ursache fanden wir in der funktionellen Bürde des Merkmals (Ereignisses) sowie in der imitatorischen Systemisierung des epigenetischen Systems (der Entscheidungen). Und wir erinnern uns, daß Milliarden dieser Gesetzmä-

23 *Wald* 1963;
24 zitiert aus *Florkin* 1966, p. 164.
25 *Lorenz* 1935, sowie *Tinbergen* 1942 und *Baerends* 1958;
26 *Schneirla* 1957;
27 vgl. *Dilger* 1964;
28 *Atz* 1970.

ßigkeiten Systeme aus vier Mustern bilden, vom Großmolekül[29] bis zum Individuum reichend (Fig. II28 und 51, p. 76 und 96), nach Stetigkeit und Metamorphose beschreibbar und der experimentellen Analyse zugänglich sind. So erlaubt z.B. die Phänokopie Einblick in den Ablauf der Entscheidungen, die Homodynamie Einblick in deren Verwandtschaft.

Die Homologa sind die Erscheinungsform komplexer Determinationsgesetze von der höchsten, uns (im Lebendigen) bekannten Präzision und Stetigkeit; überwacht durch die Bedingungen ihrer eigenen Struktur.

Und Homologie ist, wie jede Gesetzeserkenntnis, eben in jeder Form ein Wahrscheinlichkeitstheorem. Es baut auf dem Verhältnis bestätigter versus enttäuschter Prognosen über erwartete, identische Determinationsgesetze, wobei jede Erfahrung im Rahmen jedes Kreises von Ähnlichkeiten (hypothetischer Verwandtschaft) auf jede andere zurückwirkt[30], Lage-Strukturen wie Koinzidenzen. Folglich bedeutet jeder Mangel möglicher Erfahrung einen Mangel an Kompetenz des Urteils, jeder Verzicht[31] auf eine solche einen Verzicht auf Kompetenz.

Bemühen wir[32], gewissermaßen im Überschuß, doch nochmals unser altes Beispiel (aus IB3c), um die Bedeutung solcher Erfahrung zu rekapitulieren: Wenn ich den Setzer dieser Zeilen ersuchte, das Buchstabengebilde *Buse* hinzusetzen, dann könnte kein Mensch herausfinden, wovon die Rede sein soll; von einer *Base, Puse* oder *Bluse* oder was sonst noch den Denkentscheidungen des Lektors ›zusinnbar‹ wäre. Erst wenn der Mensch jene ihm (gesetzt) wohlvertrauten vier Millionen bit_D der Odyssee aufschlägt und schon in der ersten Zeile die Buchstabenfolge ›Sage mir, *Buse*, die Taten des vielgewanderten Mannes‹ findet, dann weiß er nicht nur, wovon die Rede ist, sondern auch, was von *Homer*, vom Setzer und vom Lektor zu halten ist.

An der Nachweisbarkeit identischer Gesetzlichkeit ist im ganzen Homologierahmen nicht zu zweifeln. All unsere Erfahrung, von den Mondphasen bis zur Deszendenztheorie, ruht auf derselben Methode.

b. Die Notwendigkeit von Typus und Bauplan

Zweifelte man an der methodischen Sauberkeit der Homologie, so lehnte man die Realität des Typus überhaupt ab. Das ist gravierend, weil der Typus die Synthese der Homologieforschung und die Grundlage der Groß-Systematik darstellt.

(1) *Was sind also die Vorwürfe?* Erstens schien das Typuskonzept finalistisch, denn es definiert die Einhaltung von Baugesetzlichkeiten aus unbekannten, inneren Ursachen, wo doch die uns bekannten Mecha-

29 *Florkin* 1962;

30 Das ist ja alles schon bei *Hennig* 1950, *Remane* 1971 und *Simpson* 1961 nachzulesen.

31 Wie ihn die ›operational homology‹ der ›numerical taxonomy‹ lehrt (z. B. *Sokal* und *Sneath* 1963).

32 Die Diskussion ›how many characters‹ findet man z.B. bei *Sneath* 1957.

nismen ausschließlich deren stete Abwandlung, ja Auflösung aus äußeren Ursachen bewirken. Wir haben nun diese ›innere‹ Ursache dargelegt. Zweitens: Das Typuskonzept ist prä-darwinisch; ist es nicht folglich auch prä-kausalistisch? Die Ursache der Evolution wurde ja erst nachher entdeckt. Hier liegt eine Verwechslung der Erkenntnis von Ähnlichkeit mit ihrer Erklärung vor (wir kommen darauf in VIIIB3c zurück). Drittens: Der Typus ist schwer vorstellbar. Das ist richtig. Wahrscheinlich ist er darum überhaupt eine Fiktion. Dieser Schluß ist freilich unbegründet.

(3) *Der Typus* ist in jedem Vergleichsrahmen (Gruppe) von Ähnlichkeiten, die dem Zufall entzogen sind (Verwandtschaftsgruppe), notwendigerweise die Summe, das Gesamtmuster der repräsentierten Homologa. Da die Fixierungs- und Freiheitsgrade aller beteiligten Homologa empirisch gewonnen und definierbar sind, müssen auch die Kennzeichen von Spielraum und Festlegung des Typus objektiv zu gewinnen und zu beschreiben sein. Seine Repräsentanten verhalten sich zu ihm wie die Fälle zum Gesetz (was *Goethe* schon 1795 aussprach) und es wäre absurd, die Fälle für grundlegender oder realer zu erachten als das Gesetz, auf dem sie beruhen.

Der Typus also, mit seiner speziellen Musterung von Freizügigkeit und Einengung, ist die Konsequenz seiner funktionellen Bürde und der Flechtmuster seiner epigenetischen Dependenzen. Kein Wunder, daß das schwer abzubilden ist. Er unterscheidet sich von Stammform und Urform wie die Archive der Bauordnungen einer alten Stadt von einem ihrer alten Häuser. Im Trachten nach Anschaulichkeit haben das auch die meisten Morphologen seit *Goethes* ›Urpflanze‹ nicht für möglich halten wollen. Man kann sich dem Bilde nur nähern. Und diese ›Typen‹ haben seither verschiedene Namen[33)] und konkurrieren unnötigerweise um eine gedachte alternative Richtigkeit.

(1) Im diagrammatischen Typus werden, wie in einer Strukturformel nur die Minimum-Bausteine und Lagevorschriften definiert (Fig. VIII3). Er ist der vorsichtigste und verzichtet im größten Umfang auf die über ihn hinausgehend verfügbare Erfahrung. Der *erklärende, Remane* sagt: *maskiert diagrammatische*, versucht, die allgemeinsten Strukturprinzipien einzuschließen (Fig. VIII4). Beide entsprechen nur oberflächlich den Diagnosen der Systemkategorien. Alle Abwandlung bleibt unerwähnt.

(2) Im *generalisierten* wie im *Zentraltypus* wird zwar von den Abwandlungen ausgegangen, aber sie werden wiederum abgezogen, indem man alles, was mit funktioneller Spezialisation zu tun hat, abstreicht oder aus allen Formzuständen jedes Bauteils den Mittelwert bildet. In den Diagnosen werden solche Eigenschaften der Merkmale mit ›in der Regel‹ – oder ›gewöhnlich mit‹ – beschrieben. Die Art der Wandlungsweise bleibt unerwähnt.

[33] In der Gliederung folge ich hier ganz *Remane* 1971, p. 119 ff; von seiner Auffassung von Typus und Diagnose weiche ich etwas ab (vergleiche dazu *Kühn* 1955, p. 73 ff.).

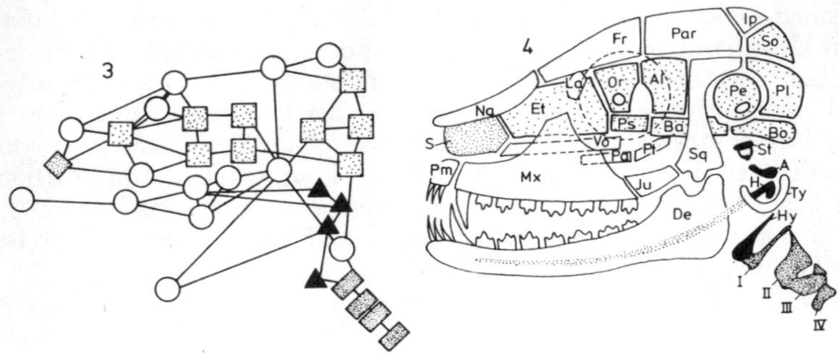

Fig. VIII3–4: *Der morphologische Typus* am Beispiel des Säuger-Schädels. 3: In diagrammatischer Vereinfachung; es sind nur die Lagebeziehungen und fünf Merkmalsgruppen eingetragen, 4: in diagrammatisch-erklärender Vereinfachung mit den zusätzlichen Hinweisen auf die Formzustände. Deckknochen weiß, Ersatzknochen und Rest des Primordialcraniums getönt, und zwar: Ersatzknochen des Neurocraniums locker, Rest des Knorpelschädels mittel, Brachialbogen dicht punktiert, Hyalbogen und Ohrknochen schwarz. (4: aus *Kühn* 1955, 3: Orig.).

(3) Im *systematischen Typus* wird nach Kenntnis der Typen der nächst übergeordneten Gruppen noch die Ursprungseigenschaft der Homologa berücksichtigt. In unseren Diagnosen sagt man: ›primär‹ oder ›ursprünglich mit‹. Die Art der Wandlungsrichtungen bleibt unerwähnt.

(Unglücklicherweise wird auch die erstbeschriebene Art eines Genus von Taxonomen zum ›Typus‹ ihrer Gattung erklärt. Derlei hat natürlich mit dem hier in Rede Stehendem überhaupt nichts zu tun.)

Will man in einem *morphologischen Typus* alle empirischen Erfahrungen erfassen, so sind in ihm die Homologa und die Trends, deren Lagestruktur, Metamorphosen und Koinzidenzen aufzunehmen, das schließt die Wandlungsweisen und Wandlungsrichtungen ein. Und dies ist ein vieldimensionales Geschehen, das sich nur nacheinander denken und schon gar nicht in einem Einzelbild wiedergeben läßt. Daß das kompliziert ist, sei zugegeben: doch sagt das ja nichts über die Realität des Typus, sondern es vergleicht die Effizienz unseres Denkapparates. Näherungsweise sind aber alle Typen schon gedacht worden. In den Maximaldiagnosen der Tiergruppen sind sie ja bereits niedergelegt. Der Typus definiert, was nach Bürde und epigenetischem System der Gruppe möglich ist. Das Wunder besteht darin, daß die Möglichkeiten der Epigenotypen damit (im groben) bereits beschrieben werden, ohne deren Struktur zu kennen. Das natürliche System erkannt zu haben, zählt zu den verblüffendsten Leistungen der Menschheit.

(3) *Den Bauplan* einer Tiergruppe endlich kann man sich aus der Serie der Typus-Merkmale der ihr hierarchisch übergeordneten Verwandt-

schaftsgruppen zusammengesetzt denken. Er umfaßt die epigenetischen Gesamtvorschriften, denen bislang gefolgt wurde. Kein Typus steht allein, vielmehr erhält er durch den übergeordneten Typus (wie wir das vom Muster der Hierarchie kennen) seinen ›Sinn‹, durch die ihm untergeordneten seinen ›Inhalt‹.

c. *Kunst oder Wissenschaft*

Ich will mich nun abschließend auch noch einmal einer Frage stellen, die über den Rahmen dessen hinausgeht, was die Über-Empiristen (wir kommen in Abs. VIIIB3c auf sie zurück) unter ›Wissenschaft‹ zu verstehen scheinen. Sie haben es zuwege gebracht, die Grundlage ihres eigenen Handwerks, das ist die Homologien-Forschung und deren Anwendungsgebiete in vergleichender Systematik und Anatomie, als eine Kunstform zu deklassieren. Sie haben damit – wie wir nun wissen – Gesetzeserkenntnis mit Bezifferbarkeit verwechselt (was wohl ein Mißverständnis ist).

Sie berufen sich dabei (was ein noch größeres Mißverständnis ist) auf die Wertschätzung, die einige unserer Großen der Systematik zollten[34], indem sie in ihr auch die *Kunst einer Wissenschaft* sahen. Offenbar weiß man nicht, daß die Kunst in der Wissenschaft der Geist im Handwerk ist und der Sinn in unserem Tun. Und man weiß nicht, daß es ohne den Gedanken (die heuristische Idee) keine Theorie und ohne Theorie keine wissenschaftliche Fragestellung gibt, und daß ohne Fragestellung von dieser Natur nichts zu haben ist (außer den Monatsbezügen aus der Tasche einer Öffentlichkeit, die das alles noch weniger weiß).

Ich buche für mich eine Genugtuung, diesem Ungeist widersprochen zu haben. Die Homologienforschung ist der Schlüssel zur Erkenntnis von Gestalts-Gesetzlichkeit schlechthin, und diese ist von eindeutiger Kausalität, die Herrschaft der Notwendigkeit über den Zufall, die Voraussetzung unserer Erkenntnis überhaupt. Und kann einem auch dort die Kunst im Großen verschlossen bleiben, die Gesetze hier im Kleinen werden wohl hinzunehmen sein. Unsere klassischen Morphologen (als Idealisten oder Künstler hin- und hergewertet) haben jedenfalls völlig recht gesehen. Alles Wesentliche ihrer Voraussicht war richtig. Die gewaltigen Bibliotheken der Systematik und der Anatomie enthalten lauter Naturgesetze. Die Systematik beschreibt das komplexeste und relevanteste Ereignis auf diesem Planeten, auch die Gesetze am Wege zum Menschen, das tückische Erbe wie die Kanalisation der uns verbleibenden Hoffnung auf eine höhere, menschlichere Ordnung. – Dies ist meine ganz persönliche Genugtuung.

Attacke wie Gegenzug werden hier freilich mit Emotion geritten; und so will ich mit einer Hoffnung erwidernd enden. Ich hoffe, jenem Verfall entgegenzu-

34 Man beruft sich z.B. auf Stellen in *Simpson*. (Anders die Darstellung von *Warburton* 1967.)

wirken, den wir unserer eigenen Bedrängnis verdanken: Der Defensive unserer Massenschlacht mit der Wissensmasse, der Überspezialisierung als der Deckung des einzelnen im babylonischen Gewirr der wissenschaftlichen Dialekte, der Rückzugsposition in das Verhau eines Atomismus des Denkens, das keinen Ausblick mehr freiläßt auf den Sinn unserer Manöver. Eines der umfänglichsten Gebiete menschlichen Wissens möge nicht verloren gehen.

Ich hoffe, daß die *causa* der Gestalt der Erforschung der Gestalt nützen möge, daß die Jungen von heute jene Lehrer aus den Abstellräumen und die Bände aus den Depots holen mögen (in welche sie schon mancherorts fortgeschafft werden), und daß die von morgen sie vor dem Verbrennen schützen werden; einem Vorgang, der bei solcherlei Ordnungmachen der Menschen – wie überliefert – üblicherweise die letzte der Konsequenzen gewesen ist.

3. Die Natur des Natürlichen Systems

ist eine Konsequenz des Gesagten. Wenn bei entsprechenden Homologa am Vorliegen identischer, realer Gesetze nicht zu zweifeln ist, wenn jene den (in den Diagnosen der Gruppen reflektierten) Typus zusammensetzen und dieser notwendigerweise hierarchisch geordnete Beziehungen aufweist, dann kann an der Realität und Naturgesetzlichkeit des hierarchischen Ähnlichkeits-Systems der Lebewesen nicht mehr gezweifelt werden. Dennoch ist das ausgiebig geschehen; und nochmals können wir klärend wirken, weil es wiederum die Unsichtbarkeit der Ursache dieser Ordnung war, die Unsicherheit und Zweifel weckte.

Man könnte das auf den ersten Blick für eine Kontroverse zweiten Ranges halten. Tatsächlich sind aber von ihr die Gebiete der vergleichenden Anatomie und Systematik schwer getroffen worden. Nur die ›new systematics‹ hat, vor allem durch *Mayr*, eine Renaissance erlebt[35)], weil mit ihr die intraspezifischen Phänomene in den kausalen Forschungsbereich nachgeholt wurden. Die transspezifischen Forschungs-Gebiete der Evolution aber drohen verloren zu gehen. Vielfach zu Hilfswissenschaft und Ordnungsmacherei abgewertet, beginnen die Mittel zu fehlen; die wissenschaftlichen Schulen, ja die kompetenten Lehrer beginnen zu verschwinden. Jenes ungeheure Wissen (selbst heute noch das halbe Volumen aller biologischen Bibliotheken), auf dem die weitgreifendste Erkenntnis der Menschheit beruht – die Erkenntnis des Deszendenz –, beginnt man ja mancherorts schon fortzupacken. Darum ist das Thema nochmals aufzugreifen. Drei ungleiche Problemkreise liegen vor:

[35] Übersicht z.B. in *Mayr* 1967.

a. Der Nominalismus

bildet die extremste der Kontroversen. Wird, wie von *Gilmour* (1940), außer dem Individuum jede Realität in der Natur bestritten, dann findet das nicht viel Gehör. Die Gesetze der Vererbung und Speziation[36] haben die Realität der Spezies zu deutlich bewiesen; die Kreuzung erlaubt die experimentelle Prüfung.

Das ist bei den Kategorien von der Gattung aufwärts bereits anders. Wohl verband auch hier die Vererbung. Aber sind die Gruppierungen nicht künstlich; wer hat die Grenzen gezogen, wo bleibt die Prüfbarkeit? Und was bedeutet der ›Korrelations-Effekt‹, an dem wir noch ebenso rätselten wie *Darwin* 1872 (wie z.B. die Aufgabe der Chorda bei allen Seescheiden versus ihrer Erhaltung bei allen Vertebraten zu verstehen wäre).

Wir haben aber eben das begründet. Schrittweise und verzweigungsweise treten Merkmale in Fixierung ein, erst durch Bürde, dann durch epigenetische Verknüpfung. Folglich bleiben sie in korrelierten Gruppierungen erhalten, kennzeichnend für die Gruppen des Systems. Nimmt man Stetigkeit als eines der Kriterien von Realität[37], dann sind sie realer als ihre Arten.

Könnten wir die Evolution seit dem Kambrium ($5 \cdot 10^8$ Jahre) in einem Kulturfilm von rund 17 Minuten Dauer (10^3 sec) ablaufen sehen, dann würden wir die Speziation der Arten (10^6 Jahre Verwandlungszeit) in einer Folge von durchschnittlich 2 Sekunden vorbeijagend, ihre Artmerkmale (10^5 Jahre) mit 1/5 Sekunde Projektionszeit überhaupt nicht mehr erkennen können. Wir sähen in solch ungeheurem Strudel der Ereignisse nichts von den Arten (von den ein Millionstel Sekunde ›existierenden‹ Individuen ganz zu schweigen); aber die Systemgruppen und ihre diagnostischen Merkmale würden mit wachsender Stetigkeit aus dem Trubel auftauchen und in eherner Ruhe (fast die ganze Filmlänge) den unbewegten Kern aller Ereignisse bilden. – Wir halten zu viel von der Realität unserer eigenen Eigentümlichkeit. Der Baumeister der Evolution muß sie anders sehen.

Wenn es auch keinen Sinn hat, über Grade von Realität zu streiten, eines muß als gewiß gelten; daß nämlich die Gesetzmäßigkeiten, die in den epigenetischen Systemen erhärten, mit ihrer hierarchischen Position grundlegender, umfassender und unumstößlicher werden. Die Arten sind die Unruhe dieser Uhr, die Individuen deren Moleküle, die Systemgruppen die großen Räder im Werke der Evolution. Und wie fern den Gesetzen ihres Baues sind die Nominalisten.

Alle fachlich erhärteten Systemgruppen sind daher Realitäten; von der Gattung bis zu den Reichen. Nur ihre Namen sind vereinbart, ihre Ordnungen zueinander objektiv. Die Homodynamie verwandter epigenetischer Systeme erlaubt die experimentelle Prüfung. Systematik

[36] *Mayr* 1969;
[37] wie bei *N. Hartmann* 1950 (auch 1964).

und Entwicklungsphysiologie arbeiten an ihrer immer entsprechenderen Erkenntnis.

b. Der Kausalismus

wirft eine ungleich weniger extreme, aber umso schwerwiegendere Frage auf. Sie steht im Zentrum. Aber wir fänden uns weiter in der Trübe von Unausgesprochenheiten und Vorurteilen, hätte nicht *Hassenstein* die Morphologie *Goethes* darin geprüft. Was festgestellt wird, war ernüchternd genug und findet nun seine volle Klärung, und zwar:[38)]

Der Morphologe sagt nichts über kausale Zusammenhänge, und dennoch behauptet er (*Goethes* Metamorphose), Gestalt bestimme die Lebensweise und diese wirke auf die Gestaltung zurück. Dabei ist nun das Subjekt mit der Aufgabe betraut, das reine ›allgemeine Phänomen‹, den Typus zu bestimmen, und dieser existierte dann nur in der Idee; die Morphologie ist idealistisch geworden, und die Position der an so entscheidender Stelle zu fordernden Erklärung wird von *Goethes* esoterischer (das heißt geheimnisvoller) Eigenschaft der Gestalt eingenommen. Wo also ist man hingeraten? An die Grenze von Wichtigem: Aber durchaus nicht weiter. Es sei denn, und die Lage drängt nach Aufklärung, da *Goethe* selbst an eine Übereinstimmung zwischen den Prinzipien der Natur und der Vorstellungsformen glaubt, – es sei denn die Gestaltsgesetze seien eine Projektion, eine notwendige Folge unserer Denkgesetze. Dann aber ist ›natürliches System‹ ein Widerspruch in sich selbst.

Entlang dieses Leitfadens der Kritik ist unsere Aufklärung vollständig (Übersicht in VIIIA): Die Kausalität der Gestalt liegt im Wechselwirken von Zufall und Notwendigkeit der molekularen Determinationsentscheidungen, die sie verursachen. Die Rückwirkung der Gestalt (*Goethes* esoterische Eigenschaft) beruht auf der Hebung der Chancen der Notwendigkeiten durch Minderung des Repertoires des Zufalls. Das Allgemeine sind die dem Zufall gestern entzogenen Notwendigkeiten im Schutze der – selbst über die Beständigkeit von Materie hinausgehenden – Selektionsbedingungen der Systeme heute. Das Natürliche System ist ein System, ein Muster von Naturgesetzen. Und wenn das so ist, kann die Koinzidenz unserer Denkmuster mit jenen Ordnungsmustern nur selbst wieder ein Produkt der Selektion in der Evolution unseres Vorstellungsvermögens sein.

Als Ergebnis bleibt die Rehabilitation zweier Jahrhunderte morphologischen, anatomisch-systematischen Denkens, als Wunder die völlige Richtigkeit der intuitiv verwandten Methode. Wir werden das noch untersuchen (vgl. Abs. VIIIB7d).

38 *Hassenstein* 1958 und besonders 1951 (im folgenden Absatz z.T. wörtlich übernommen).

c. Der Überempirismus

in seiner Anwendung durch die sogenannten *Phänetiker* hat, wie wir sehen werden, den geringsten Gegenstand, aber, wie das zu sein pflegt, eine Kontroverse von bereits einigem Ausmaß herausgefordert. Fast schon gehen die Standpunkte quer durch die ganze Klein- und Bakteriensystematik. Worum geht es? Es geht darum, die Spekulation in ihre Schranken zu verweisen.

Pheneticists[39] nennt sich eine Gruppe anglikanischer Taxonomen, in welcher man der vertretbaren Meinung ist, man sollte neue Theorien nicht auf Unbegründetem aufbauen, überhaupt Fakten und Erklärung auseinanderhalten und zu einer objektiven (quantitativen) Ähnlichkeitsanalyse gelangen.[40] Sie stellen sich aber den *phyleticists* gegenüber (das wären alle übrigen Systematiker, weil sie die Phylogenie im Auge haben) und unterschieben ihnen, all diesen Forderungen nicht zu entsprechen. Da unsere Kenntnis der Ursache gestaltlicher Ordnung in allen drei Angriffspunkten Gewicht hat, muß auf sie eingegangen sein; wenn auch mit gebührender Kürze.

Das Ganze aufzurollen, ist hier weder nötig noch möglich, weil die vielen Mißverständnisse z.T. auf einer Unkenntnis des Theorien-Gebäudes der reinen Morphologie beruhen, selbst der Hauptwerke von *Remane* (1971), *Hennig* (1950) und *Troll* (1948), und zurück über *Tschulok* (1922), *Naef* (1919) und *Haekkel* (1866) bis zu den morphologischen Schriften *Goethes.* Das wurde schon von *Kiriakoff* (1959) festgestellt und anerkannt.

(1) *Theorie und Erklärung* zunächst haben, obwohl die Theorie das zu Erklärende darlegt, stets ungleiche Schicksale und Funktion. Erstere ist unentbehrlich, letztere kann wechseln.

Das Ergebnis der morphologischen Theorie eines Zusammenhanges von Ähnlichkeiten ist von der Erklärung, welche die Theorie anschließen läßt, unabhängig. Bewiesen dadurch, daß sich die Gliederung des ›idealistischen‹ Systems durch *Darwin* nicht geändert hat, daß *Darwin* als Lamarckist den Darwinismus schuf, daß der Darwinismus auch ohne Genetik stimmte und ebenso die Groß-Systematik mit Typus und Homologa ohne unsere Theorie der Systembedingungen.

Hingegen ist auch die einfachste Fragestellung ohne Theorie unmöglich, und sei es auch nur die trivialste, ja schlecht definierte Erwartung (wie: ›etwas werde eintreten‹ oder ›dem werde ich wieder begegnen‹). Darum hat es keinen Zweck, Theorie vermeiden zu wollen; man kann sie bestenfalls nicht erkennen oder unbrauchbar formulieren. Jedes beobachtete Merkmal schließt eine Erwartung ein, jede Korrelation eine Annahme, jede Reihung eine Theorie, die auf Bestätigung wartet (die Anwendung *a*, Voraussetzung jeder Einsicht; IB4b). Eine solche, sehr

[39] Der Name scheint vom gr. *phainesthai* (erscheinen), von Phänomen oder Phän, engl. *phen* zu kommen; doch hat die Sache mit Phänomenologie im bekannten Sinne *Husserls* wenig zu tun, sondern mit Empirismus.

[40] Dies geht schon auf *Cain* 1956, *Gilmour* 1937, *Michener* 1957 zurück und mündet in die schon erwähnte ›Numerical Taxonomy‹.

umfassende Theorie ist die der Homologie, und sie bewährt sich *ohne* beigefügte Erklärung wie *mit* einer solchen; und sei diese nun esoterisch oder deterministisch.

Und daß schließlich eine theoretische Erwartung, fand man sie bestätigt, die Grundlage der Formulierung der nächsten sein soll, ist selbstverständlich. Finde ich meine Erwartung, daß beispielsweise im Tetrapodenkreise der erste Halswirbel den zwölften Schwanzwirbel an stetiger Repräsentanz übertreffen werde, bestätigt, so wäre ich ein Narr, gestatte ich mir nicht, dasselbe sogleich auch vom dreizehnten zu erwarten (zumal ja die Verifikation zu folgen hat), um schrittweise zu umfassenderen, signifikanteren Prognosen aufzusteigen.

Die Theorie der Erwartung von Homologie könnte also nur sogleich durch eine zielführendere ersetzt werden, will man die Möglichkeit der Einsicht nicht verlieren; ihre Erklärung aber (wie wir nun erkennen) kann unabhängig von jener zur jeweils plausibleren wechseln.

(2) *Erkenntnis- und Erklärungsweg.* Wiederholt ist vermutet worden, daß eine Systematik, welche die Phylogenie im Auge hat, Ähnlichkeit mit Verwandtschaft begründet und Verwandtschaft mit Ähnlichkeit, sich also in einem Zirkelschluß befände, Ursache und Wirkung durcheinanderbrächte. Da wir nun eine ursächliche Erklärung auch der transspezifischen Phänomene der Evolution zur Hand haben, läßt sich auch das richtigstellen. Es zeigt sich nämlich, daß unter ›Begründung‹ zweierlei verstanden wird; einmal die Begründung der Erwartung, ein andermal die Begründung der Ursache (vgl. Fig. VIII5).

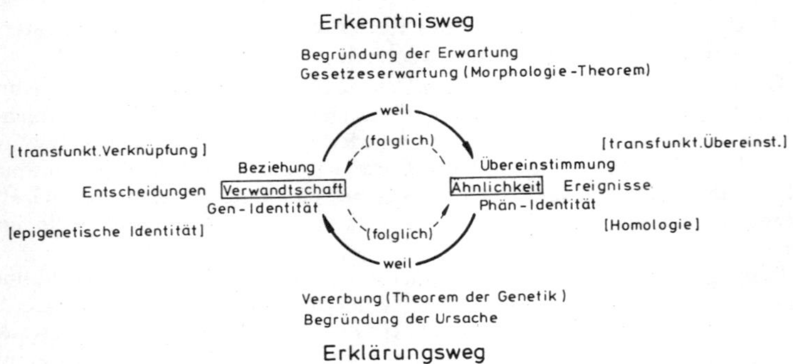

Fig. VIII5: *Der Zusammenhang zwischen Erkenntnis und Erklärung* von identischen oder homologen Ähnlichkeiten. Die jeweils substituierenden Begriffe sind einander spiegelbildlich gegenübergestellt. (Orig.).

Decken wir z.B. bei einer Grabung einen Knochen auf, so erstellen wir sogleich Prognosen (*Cuvier* machte das bekanntlich im Hörsaal) und verifizieren mit zunehmender Freilegung die Zustände erwarteter Übereinstimmung, werden enttäuscht (überrascht), korrigieren, prognostizieren erneut usf., bis das

Objekt mit voller Freilegung auch bereits seinen Platz im System der Ähnlichkeiten gefunden hat. – Die Ursache dieser Ähnlichkeit aber erklären wir mit einem (bei diesem fossilen Knochen übrigens völlig unzugänglichen) Mechanismus, der auf Grund ganz anderer Erfahrungen die identische Replikation erwarten läßt.

Hier liegt also keineswegs ein Zirkelschluß vor, sondern ein legitimer Kreislauf gegenseitiger Verifikation. Er ist so notwendig wie unser Schließen von identischen Sendungen auf identische Determinationsentscheidungen; und er ist für unseren Sinnesapparat, der nur die Ereignisse wahrnehmen kann, die molekularen Entscheidungen aber nur rekonstruieren (weil er selbst aus solchen zusammengesetzt ist), auch unvermeidlich.

So bleibt nur mehr die Frage, ob der Erklärungsweg auf den Erkenntnisweg Einfluß nimmt. Tatsächlich tut er das nur in sehr beschränkter Weise. Er erhöht die Sicherheit durch Befriedigung der Vorstellung (vom Wunder z.B. der eineiigen Zwillinge, der Atavismen usf.). Sonst zunächst nichts. Wir würden die festgestellten Ähnlichkeitsmuster (das Natürliche System) nicht einmal dann ändern, wenn wir verhalten wären, sie im Sinne *Lamarcks* oder im Sinne *Cuviers* Katastrophentheorie zu erklären. Wir gerieten nur zunehmend in Ungereimtes und in Widersprüche. Ja wir gäben auf; und zwar nicht den Erkenntnis-, sondern den Erklärungsweg.

(3) *Gewichtung der Merkmale:* eine unscheinbare Kontroverse, aber der Test des Homologietheorems in der Praxis schlechthin (wieder ausgelöst durch die Unsichtbarkeit seiner Ursache). Es hat eine prinzipielle und eine quantitative Seite:

Der Vorwurf, wiederum von der Seite der Über-Empiristen, lautet: Nachdem es nicht zu verstehen ist, warum Merkmale für die Beurteilung der Verwandtschaftsverhältnisse ungleiches Gewicht an sich haben sollen, ist zu vermuten, daß ihnen dieses vom Systematiker *a priori*, also subjektiv zugeteilt wird. Folglich drehte sich die Morphologie im Kreise, und Objektivität wäre nur durch Verwendung einer wahllosen Serie von Merkmalen zu erreichen, für die einfach gleiches Gewicht angenommen wird.[41]

Tatsächlich wägt der erfahrene Systematiker natürlich *a posteriori* und zwar *nach der Koinzidenz (und gegen die Antikoinzidenz) mit anderen, wenn immer möglich, homologen Systemen.* Diese Unterstellung wurde auch schon deutlich zurückgewiesen.[42] Bei einem zureichend großen Vergleichsmaterial treten dann auch noch die Metamorphosen der Lagestruktur (nämlich ihre funktionellen Analogien, gewissermaßen unter dem Bruchstrich unserer Wahrscheinlichkeitsgleichung, ihre funktionsunabhängigen Stetigkeiten des Typus über dem Bruchstrich)

41 *Sokal* und *Sneath* 1963.

42 z.B. von *Simpson* 1961 und *Mayr* 1969.

in die Gleichung ein. Und die kausale Ursache der Gewichte sind – wie wir nun wissen – primär die Bürden im Phänotyp, sekundär die Verflechtungen im Genotyp; »Manifestationen ursprünglicher, hochintegrierter Genkomplexe«, wie das von *Mayr*[43] bereits antizipiert wurde.

So bleiben nur noch die Positionen und Glieder einer Wägeformel zu bestimmen. Aber noch ist es noch nicht soweit. Der Weg kann nur wieder über das Homologietheorem führen; das sah schon *Remane*, aber »wie sich etwa der Wert des 3. Kriteriums mit zunehmender Zahl der Zwischenstadien steigert, wie er bei ontogentischen und wie bei morphologischen Zwischenstadien anzusetzen ist, wie sich die verschiedenen Kriterien in ihrer Wirkung gegenseitig steigern«, ist doch noch so unsicher, »daß man die Abwägung«, wie *Mayr* rät, »immer noch besser dem Computer im Gehirn des erfahrenen Systematikers überläßt«.[44]

Dieser Computer hat ja bisher das ganze Wunder der Einsicht in die natürliche Verwandtschaft der Organismen geschafft, ohne die Ursache, ja, wie es sich zeigt, ohne seinen Computer für eine Beschreibung dessen Funktionen gut genug zu kennen. Dies ist das wirkliche Wunder, wie wir es nochmals (VIIIB7d) hervorheben müssen; es aufzuklären wäre wohl eine Sache der Psychologen, uns zum Nutzen.[45]

Ich zweifle nicht, daß eine quantitative Morphologie geschrieben werden wird.[46] Wir selbst haben sie vorbereitet; mit einer Synthese der üblichen sechs Homologiedimensionen, dem Minimum-Homologon als Einheit und dem Unwahrscheinlichkeitsgrad der Zufallserwartung als Meßgröße.

Die weiteren Streitpunkte (oder Mißverständnisse) sind untergeordnet, Konsequenzen der geschilderten. Ich muß mich darauf beschränken, deren zwei (als Beispiele Nr. 4 und 5) nach unserer Perspektive zu sichten.

(4) *Phylogenetik ohne fossile Dokumentation* ist verurteilt worden; als methodische Übertretung, weil es keine andere Instanz gäbe, welche Mitteilung über die Struktur eines Vorfahrens machen könnte. – Wir wissen bereits, daß die Natur der Sache hier am Kopfe steht. Mit der einzigen, nie erfüllten Ausnahme, daß der Beobachter bei einem jeden Fortpflanzungsschritt der Umwandlungsserie, und sei es auch nur von einer Gattung zur nächsten, gegenwärtig wäre – mit dieser einzigen

[43] 1969, p. 221;

[44] *Remane* 1971, p. 60; *Mayr* 1969.

[45] Wir erinnern uns, daß dieser vorbegriffliche Erkenntnisapparat nun im Prinzip durch *Konrad Lorenz* (1973) sichtbar wurde und unsere Auffassung glänzend bestätigt. Wir werden auf diesen vorbewußten oder ratiomorphen Mechanismus in VIII B7d (vgl. auch *Brunswik* 1957, *Popper* 1962 und *Campbell* 1966b) noch gebührend eingehen, ihn selbst als ein Selektionsprodukt ableiten.

[46] Ansätze dazu findet man z.B. bei *Farris* 1969, z.T. in *Olson* und *Müller* 1958.

Ausnahme ist nämlich die alleinige Instanz die morphologische Theorie. Nur sie sagt uns, wie die Struktur des nächsten und des Nächst-Nächstverwandten zu erwarten wäre: Und das gilt nicht nur für die abgestufte Verwandtschaft der Vorfahren, es gilt in identischer Weise für die der Zeitgenossen, seien diese nun Zeitgenossen der Trias oder der Siebzigerjahre. Bisher ist noch jegliches Fossil nach der Theorie eingeordnet worden, die man sich bereits gemacht (oder doch – angesichts eines Fundes – nun schleunigst zu machen) hatte. Keines trug einen Namen.

Doch: eines ist bekannt, ein ›Fossil‹ namens ›*Beringer*‹. Es wurde 1725 von übermütigen Studenten des Urzeitforschers *Johannes Bartolomäus Beringer* in einem Würzburger Muschelkalkbruch vergraben. Und die Geschichte ist von so aufschlußreicher Komik, daß sie auch die hier in Rede stehende Konfusion dem interessierten Leser ins rechte Licht rücken kann.[47]

Ein fossiles Dokument liefert nur den Nachweis einer bestimmten Koinzidenz von Merkmalen, wie ein rezentes; und darüber hinaus noch ein (mehr oder weniger genaues) Datum. Dieses Datum ist die einzige zusätzliche Information gegenüber einem rezenten Fund. Und dieses Datum erlaubt es, die relative Lage der Verzweigungsstellen des theoretischen Stammbaumes an dieser einzigen Stelle zeitlich zu korrigieren. Das ist der wichtige Gewinn, der über die Konsequenzen, welche allein die Theorie enthalten kann, hinausgeht.

(5) *Eine Erforschung von Zufälligkeiten* ist die Phylogenie genannt worden, denn: sind nicht jene zahlreichen Merkmale, die keinen Funktionskonnex zeigen, nur durch den Zufall verbunden? Warum ist etwa die Erhaltung des rechten Aortenbogens ausschließlich mit dem Besitz von Federn, die des linken mit dem von Haaren korreliert? Nun, wir wissen, was vom Zufall zu halten ist, daß er zunächst gleichermaßen den Mangel an Gesetzmäßigkeit wie jenen an Kenntnissen beschreibt und daß er weiterhin für die Erforschung der Gestalt ein schlechter Ratgeber ist.

Wir kommen der Natur gewiß näher, wenn wir, wie das bereits auch wieder aus großer Erfahrung vermutet wurde[48], annehmen, daß solche Merkmale in durchaus »funktionellem Zusammenhang entstanden und daß ihre genetische Integration erhalten bleibt, während sich die funktionelle auflöste«. Wie erinnerlich, entspricht dies genau der Forderung unserer Theorie. Die Ursache in unseren beiden Beispielen wird in der Trias entstanden sein, und ich zweifle nicht, daß sie noch heute im epigenetischen System der Vögel und Säuger gefunden werden kann. Fragen wir nämlich beispielsweise, aus welcher Ursache die inverse (verkehrt stehende) *Retina* mit der (meist in *Nuclei pulposi* aufgelösten) *Chorda* korreliert ist, so können wir diese sogar schon angeben. Wie Figur

47 Zum Nachschlagen *Wendt* 1953.

48 *Mayr* 1969, p. 221.

VII20 (p. 314) zeigt, hängen beide in einem Maß über die Aufbauvorschriften für das Zentralnervensystem zusammen, daß jede Unterbrechung dieses Zusammenhanges schon beim Embryo den sicheren Tod zur Folge hätte.

Nichts von den Korrelationen ist Zufall. Es müssen stets Lebens- und Fortkommensnotwendigkeiten gewesen sein, die sie zu solcher Stetigkeit zusammenzwangen.

4. Ontogenie und Entwicklungsphysiologie

Wir kommen nun zu einer Gruppe von Fragen, die vom traditiven Muster dominiert wird und bei der es letztenendes um das epigenetische System geht, um die Struktur der ›inneren Ordnungsursachen‹ in der Morphogenese, der Formbildung des Individuums. Einmal ist es die Frage, warum die Morphogenesestadien eines Organismus dessen Ahnenreihe ähneln, ein andermal die Frage, welcher Mechanismus jenes erstaunliche Maß an zielführender Regulation und Zweckmäßigkeit, man möchte sagen ›Vernunft‹, in ein System bringen konnte, das ja zu funktionieren hat, bevor seine Produkte vom Milieu selektiert werden.

Sieht man einmal von den Vitalisten ab, so stellt man fest, daß sich alle wissenschaftlichen Schulen darin einig geworden sind, es müsse sich um eine Einflußnahme der Selektion auf die Organisation der Wechselwirkungen der Gene handeln. Aber wie wäre diese zu verstehen: »Es wird höchst unwahrscheinlich«, stellt *Hartmann* fest und *Baltzer* unterstrich dies wiederholt[49)], »daß hier nicht noch eine andere und uns noch ganz unbekannte Form von Determination im Spiele wäre, ein spezieller *Nexus organicus.*« Diese unbekannte Form haben wir – wie erinnerlich – als einen Mechanismus von Überdetermination beschrieben, welcher durch eine Minderung der Adaptationschancen bei zunehmender funktioneller Bürde von Ereignissen dazu führt, daß deren Funktionsmuster von den Mustern sich systemisierender Entscheidungen kopiert werden.

Im Speziellen liegen aber, wie wir wissen (Abs. IIB3d), soviele Einzelprobleme wie Einzelphänomene vor, und wir wollen nun die Lösung der Schlüsselfragen unter ihnen (Übersicht wieder in Tabelle G, p. 356) von unserem Standpunkt aus darlegen.

a. Die Ursache des Gesetzes von **Haeckel**

Es wird dem Praktiker befremdlich erscheinen, daß hier behauptet wird, *Haeckels* Biogenesegesetz, das seit über einem Jahrhundert der Embryologie ihren Sinn, der Biologie eine neue Dimension gibt, verfü-

[49] *N. Hartmann* 1950, p. 689, *Baltzer* z.B. 1955.

ge noch heute über keine kausale Erklärung. Besteht es denn nicht zurecht, hat es sich nicht unzählige Male bestätigt, enthält es nicht selbst die Erklärung aller palingenetischen Zustände? Gewiß, es ist erklärend, bestätigt und zurecht ein biologisches Gesetz genannt (es ist dies alles sogar in größerem Maße als jene vermuten, die es als eine ›Regel‹ betrachten), aber der Mechanismus, der es verursacht, ist dennoch nicht erklärt (vgl. Abs. IIB3d).

Wir begegnen hier nochmals der Feststellung, daß die Formulierung eines Konnex zwar die Beziehung seiner Teile zueinander beschreibt, dieser jedoch nur in einem weiteren Zusammenhang erklärt werden kann, von welchem er selbst wieder ein Teil ist. So erklärten die *Kepler*schen Planetengesetze zwar deren Bahnen, wurden aber selbst erst durch *Newtons* Gravitationsgesetz erklärt. Dieser weitere Rahmen erklärt zwar den Zusammenhang zwischen Masse und Entfernung, wurde selbst aber erst durch die allgemeine Relativitätstheorie *Einsteins* erklärt.

Es sei darum Anwendbarkeit nicht mit Verständis verwechselt. Dem Praktiker wird erinnerlich sein, daß wir z.B. die Elektrizität seit 370 Jahren kennen, seit 170 Jahren verwenden, ja schon Städte mit ihr betrieben, ohne ihre Ursache wirklich verstanden zu haben (Anwendung setzt Verständnis nicht voraus, was, wie man zugeben wird, schon die elektrischen Fische beweisen).

Das heißt natürlich keineswegs, daß man der Erklärung nicht bereits zustrebe. Zunächst fragte *Dobzhansky*[50]: »Welchen Vorteil könnte denn ein Organismus davon haben, seine Entwicklung zu ändern?« Dann schließt *Kosswig*[51], daß Embryonalmerkmale erhalten würden, weil ja die neuen, additiven Merkmale auf deren genetischer Grundlage werden aufgebaut haben. Und schließlich wird es durch *Mayr* klar, daß Gene, die den Phänotyp des fertigen Organismus determinieren, die jüngsten sein werden, überlagert von den älteren, die sich nicht ändern können. »Selbst wenn wir annehmen, daß Strukturen, die z.B. von den embryonalen Kiemenbögen gebildet werden, auf direktem Wege hergestellt werden könnten, ist es für den Organismus gewissermaßen doch weit einfacher, diese unnötig gewordenen Merkmale beizubehalten, als den ausgewogenen Gen-Komplex zu zerstören, der ihren Aufbau lenkt.«[52] Wie überzeugend bestätigt sich dies alles.

Was wir hinzufügen ist, besonders an dieser neuralgischen Stelle der biologischen Theorienbildung, nicht mehr viel: Herkunft, Muster und Ausmaß. Die Herkunft der Systemisierung der Genwirkung ist aus den funktionellen Bürdemustern zu verstehen, deren Struktur wird kopiert und das Ausmaß der erreichten Anpassungsvorteile wird zuletzt durch das Ausmaß an Überdetermination wieder eingeholt (VIIC1 und VIII-A3). Ja die Phäne des Adulten von gestern, welche die Schlußinfor-

50 *Dobzhansky* 1956, p. 346;
51 *Kosswig* 1959, p. 215.
52 *Mayr* (eine Übersetzung aus dem englischen Original), vgl. 1967, p. 474.

mation empfangen müssen, werden überhaupt zu Embryonal-Phänen, zu den Drehscheiben der Daten-Weiterleitung. *Haeckels* Gesetz ist eine Konsequenz des Chancen-Verhältnisses von Entscheidungen und Ereignissen; wäre es nicht bekannt, wir müßten es formulieren.

Was wir hier schon fast ganz antizipiert fanden, kaum einer neuen Abhandlung wert, begegnete uns aber an anderer Stelle, wie etwa im Typusproblem (VIIIB2b), oder wird uns noch begegnen, wie im Orthogeneseproblem (VIIIB5b) als die Kontroverse schlechthin.

b. Der Epigenotypus, Struktur und Konsequenzen

Nun noch zur zweiten Seite. Die Frage lautet: Folgen die epigenetischen Systeme einem übereinstimmenden Funktionsmuster, ähnlich nach Ursache, Herkunft und Verwandtschaft; und wenn, aus welchem Grund? Es ist, wie man sieht, zunächst nur die Gegenfrage nach der Funktion, nach den Mustern der Entscheidungen. Da wir aber gewöhnlich Funktionen durch Strukturen entdecken, aber diese durch Funktionen erklären, ist der Ausblick verändert.

Wir erinnern uns dabei, daß das enorme Volumen an Kenntnis und Theorie des epigenetischen Systems, von den elementaren (IIIC) über die zelligen[53] bis zu den Ereignissen in den Organ-Niveaus (VIIB), nur angedeutet werden konnte: Aber auch daran, daß es hier um die Ursache und die Struktur eines, wie man annehmen muß, identischen Mechanismus geht, das Desideratum der Kenntnis eines universellen Prinzips.

Die entscheidenden Perspektiven hat hier die Entwicklungsphysiologie gebracht. Schon der Begriff ›Epigenotypus‹ sollte[54] nicht nur Komplexität, sondern auch ein einendes Prinzip andeuten. *Baltzer* gewann die Einsicht[55], daß dieser die ursprünglichen Merkmale enthalten muß, von welchen dann die neuen abhängen werden. *Kühn*[56] bewies, daß verwandte Arten übereinstimmende entwicklungsphysiologische Grundeigenschaften besitzen, welche von den hinzukommenden in regulativer Weise verwendet werden. Und endlich noch eine fundamentale Einsicht, wieder von *Waddington*, das Architypus-Konzept, das vorsieht, »daß es nur eine beschränkte Anzahl von Grundmustern in den Aufbauvorgängen der organischen Strukturen geben kann«.[57] Geradezu schon der Schlußstein in dieser Serie bewundernswürdiger Voraussichten. Und wieder vollziehen wir nur mehr einen kleinen Schritt.

Er besteht in der Ableitung eines Rückwirkungs-Mechanismus von den funktionellen Phän- auf die Organisation der entsprechenden Gen-

[53] Man vgl. das von *Britten* und *Davidson* 1969 formulierte Rekapitulations-Konzept;
[54] *Waddington* 1939,
[55] *Baltzer* 1955,
[56] *Kühn* 1955,
[57] *Waddington* 1957, p. 79,

Wechselwirkungen.[58] Das Gen-System kopiert die Muster des Phänsystems. Oder, was dasselbe ist, das Organisationsmuster der Gen-Wechselwirkungen enthält in geraffter Form den Vorgang seiner Entstehung. Daraus ergibt sich auch schon die funktionelle Definition des Biogenetischen Gesetzes: *Der Epigenotypus (Ontogenie) entspricht einer verkürzten Rekapitultion seiner eigenen Geschichte (Phylogenie).*

Somit postulieren wir folgende palingenetische, rekapitulierende Eigenschaften: 1. Das Vorliegen einer begrenzten Zahl, den Verwandtschaftsverhältnissen gestaffelt entsprechenden Typen. 2. den Aufbau organisierter Komplexe von Determinationsentscheidungen nach dem Funktionsmuster der Ereignis-Komplexe, 3. die Erhaltung der alten Entscheidungsmuster, 4. die Erhaltung ihrer Orte, Fließbahnen und Schaltfolgen und 5. harmonisch verlaufende Vereinfachungen, abgestuft nach Belastung, Zeit und Verwandtschaft. – Dies wird durch die Liste der folgenden Phänomene dokumentiert; und die mit ihnen aufgeworfenen Probleme werden durch das übergeordnete Prinzip erklärt.

(1) *Typenzahl und Verwandtschaft* werden z.B. durch den Erfolg xenoplastischer Transplantationen dokumentiert, die Möglichkeit, Entwicklungsbastarde bis hinauf zu Ordnungs-(ja Klassen-)Chimären erzeugen zu können. Sie erlauben die Erkenntnis des Zusammenhanges zwischen Phylogenie und Entwicklungsphysiologie[59], der phylogenetischen wie der spezifischen Komponente in der Verwandtschaft der gegebenen Muster.[60]

Homodynamie, also homologe Entscheidungsmuster, die in abgestufter Weise der Verwandtschaftsbeziehungen von Art zu Art, ja von Klasse zu Klasse verstanden und befolgt werden, bildet eine der Konsequenzen; und so, wie die Strukturhomologien den strukturellen Typus der Morphologen zusammensetzen, ist zu fordern, daß die Gesamtheit der homodynamen Funktionen den äquivalenten funktionellen Typus im Epigenesesystem zusammenfügen; den Archi-Genotypus, wie ihn *Waddington*[61] voraussah.

(Der Begriff ›Epigenotypus‹ wäre sprachlich dem ›Morphotypus‹ eine bessere Entsprechung. Doch hat leider ›Typus‹ im Genotypus und Phänotypus der Genetik einen ganz anderen Sinn als ›Typus‹ in der Morphologie; so daß ›Archi-‹ als Hinweis auf das historisch Erhaltene, altertümlich Gemeinsame, doch vorteilhafter ist.)

(2) *Phänentsprechende Zweckmäßigkeit* stützt sich auf die Phänomene der homöotischen oder System-Mutationen und viele Phänokopien

[58] Aber auch dieses Prinzip ist in *Warburtons* »feed- back in development« 1955 vorausgesehen.

[59] *Kühn* 1965, p. 541,

[60] *Baltzer* 1957, p. 19,

[61] *Waddington* 1957, p. 80.

im Entwicklungsgeschehen, auf die Heteromorphosen, Doppel-, Ersatz- und Mehrfachbildungen im Regenerationsvorgang.

Dabei erklärt die imitatorische Organisation der Gen-Wirkungsmuster, daß ganze Komplexe von Gen-Entscheidungen erstens auch am falschen Orte, in Verdoppelung oder als Ersatz, in sich ›zweckmäßige‹ Bildungen erzeugen; daß zweitens Komplexe aller Komplexitätsstufen so gebündelt sind, daß sie letztlich von einer Einzelentscheidung (wie deren Fehler zeigen) kontrolliert werden können; und drittens, daß sie selbst am falschen Platz die Fähigkeit regulativer Einfügungen besitzen, was man Homöose (homeorhesis), Homöostase[62] oder Regulation zu nennen pflegt. Erscheinungen, die wir sogar bis zu den xenoplastischen Chimären kennen.

(3) *Erhaltung alter Organisationsmuster* wird dokumentiert durch die unter ›spontanem Atavismus‹ zusammengefaßten Phänomene, bei welchen die Änderung einer einzigen Entscheidung (Punktmutation) zum Auftreten wiederum in sich sinnvoller und ausgewogener, oft sehr komplexer Phäne Anlaß gibt, die im rezenten Organismus fehlen (›sinnlos‹ erscheinen), jedoch bei seinen Ahnen aufgetreten sind.

Diese Erhaltung für das definitive Phänsystem des Organismus gänzlich zweckloser, aber in sich noch immer wohl organisierter archaischer Befehlskomplexe läßt an sich keine Funktion erkennen. Solcher *Gen-Atavismus* oder *Kryptotypus* scheint zwecklos und der sie erhaltende Mechanismus sogar rätselhaft (*Relikt-Homöostasen*), solange man nicht erkennt, daß er als der notwendige Träger der auf ihm aufbauenden, moderneren Entscheidungsmuster unbedingt erhalten bleiben muß.

(4) *Erhaltung von Ort, Fließmuster und Abfolge* der Entscheidungen, und zwar der früheren End-Entscheidungen, die nun als Vor- und Frühentscheidungen in die verschiedenen Tiefen des epigenetischen Geschehens eingesunken sind, werden auch überzeugend dokumentiert. Die Orte, morphologisch die Blasteme, welche diese Vorentscheidungen beherbergen (sagen wir genauer: freimachen oder ausgeben), kennt man als *Organisatoren*, primäre – sowie solche zweiter, dritter Ordnung. Die Fließmuster sind durch die *Induktionsbahnen*, die Abfolgen durch die Induktionsfolgen bekannt. Wobei es entscheidend ist, daß die homodynamen Entscheidungen »nicht nur in primären Positionen der Induktion, sondern auch in den folgenden Induktions-Positionen« nachzuweisen sind.[63]

Diese Homologie der Orte und Bahnen homodynamer Entscheidungen und ihre nach Verwandtschaft gestufte Ähnlichkeit ist wieder durch unser funktionelles Biogenese-Gesetz begründet.

(5) *Verkürzung, je nach Belastung, Zeit und Verwandtschaft,* enthält

[62] Begriffe und Übersichten bei *Lerner* 1954, *Waddington* 1957, *Nanney* 1958.
[63] *Baltzer* 1952, p. 295.

eine Gruppe von Phänomenen, die wir aus der Keimblatt-Lehre ebenso wie von den Furchungstypen kennen.

Der merkwürdige, in den faltenden und trennenden embryonalen Epithelien sich äußernde *Schematismus* und die finalen überschematischen *Symbole* der frühdeterminierten Furchungsmuster gewinnen dadurch ihre Begründung.

c. Die Systemisierung im Molekular-Bereich

Wir haben bislang die Systemisierung der Entscheidungen im Genom als eine beobachtete Tatsache hingenommen (IIIC). Man kann aber z.B. fragen, warum ganze Systeme von Vorentscheidungen aufgebaut werden, wo doch ein noch so komplexes Volumen an Ereignissen (ein Organismus, oder die Odyssee) auch durch einen ganz niederrangigen Schlüssel (einen Morsestreifen) determiniert werden könnte. Wir haben hingegen festgestellt, daß es entscheidende Selektionsvorteile sind, welche diese Systemisierung durchsetzen.[64)] Tatsächlich fordern auch die jüngsten genetischen Modelle, »daß Selektionsfaktoren die Integrationsweise beeinflussen, mit welcher Organismen ihre Gene benützen«.[65)]

Ebenso wie unser Modell mit der Differenzierung der Phäne vorwiegend eine Zunahme der Zahl und der Rangung der Vorentscheidungen erwarten läßt, wird auch im molekularen Modell der Zunahme der DNS (von den Viren zum Säuger-Zellkern von $< 10^4$ auf $> 10^9$ Nucleotidpaare steigend) »überwiegend auf einen Zuwachs der Komplexität in der Regulation denn in einer Vermehrung der Strukturgene« zurückgeführt.[66)] Dasselbe gilt für die Anhebung schon bestehender Entscheidungen in den Vorentscheidungsrang, und zwar bis zu einem Grad an Überordnung, »in welchem ein Integratorgen die Transkription sehr vieler Strukturgene induziert, und zwar aufgrund eines einzigen molekularen Ereignisses«.[67)]

Unsere Theorie begründet also auch im Molekularbereich die Notwendigkeit der Systemisierung und ihrer Formen aus Selektionsbedingungen und wird gegenläufig durch die jüngsten Erfahrungen und Modelle bestätigt. Unser genuiner Beitrag besteht nur mehr in der Voraussicht der Entstehung imitatorischer Muster, ihres Selektionsvorteils und deren vier Grundformen: dem DNS-, Operon-, Regulator- und Order-on-order-System als Notwendigkeit.

64 Man verwende auch zur Übersicht der einschlägigen Literatur die Arbeit von *Britten* und *Davidson* 1969; auch bei *Medawar* (1960) ist der Gedanke – für des Menschen Zukunft – entwickelt.

65 *Britten* und *Davidson* 1969, p. 356,

66 p. 352 und

67 p. 356.

5. Phylogenie

Wir sind am Ansatzpunkt der Kontroverse zurück, bei der Frage: Dirigismus in der Phylogenie oder nicht. Uns hat ja jener Problemkreis, den wir nun im Kern der Sache fanden, etwa der Mangel einer Begründung des Biogenesegesetzes, der Massen-Normen, der hierarchischen Diagnostik, vor unserer Untersuchung gar nicht beunruhigt, ja selbst die Existenz der Homologa konnte als eine Laune der Natur hingenommen werden. Was aber die Geister seit *Darwin* nicht zur Ruhe kommen ließ, waren die vielen Probleme, die sich aus der Beobachtung der Richtungskomponenten in der Stammesentwicklung ergeben haben. Dahingegen sieht der Leser bereits voraus, daß es sich um die durchsichtigsten Konsequenzen des Determinations-Vorganges handelt. Allein schon unsere *causa* der Homologie oder des Biogenesegesetzes ließe alle Phylogenese-Formen von Dirigismus erklären.

Wir finden uns auch in einem Kreis von Fragen wieder, dessen Existenz nie ernstlich bestritten wurde; nur das Einzelproblem erschien vergrößert oder verkleinert je nachdem, ob von der Meinung ausgegangen wurde, daß das Prinzip der Milieuselektion die Sache durchaus nicht oder aber wahrscheinlich doch erklären könnte. So begegnen wir nun – und wir mögen es als einen Hinweis auf die vielen zunächst unsichtbaren Hürden werten, die wir schon genommen haben – nicht verhärteten Standpunkten, sondern eher ungleichen Perspektiven.

Wir können darum all diese dirigistischen Einzelzustände als Dokumente des Gesamtphänomens werten und sie umgekehrt aus dessen Mechanismus erklären (ihre Übersicht gibt Tabelle G, p. 356).

a. Synorganisation, Koadaptation

Die zweckmäßig aufeinander abgestimmte Evolution von Merkmalen, von deren getrennter Entstehung wir überzeugt sein können, haben wir als eines der elementaren Rätsel kennengelernt[68)] (Abs. VIB1c). Aber schon *Remane* erwartet das Walten eines inneren Abhängigkeitsprinzips. *Rensch*[69)] nimmt übereinstimmend »einen bestimmten Zustand harmonischer Tierkonstruktion« an, bei welchem »jede Veränderung von speziellen Regeln gelenkt wird, die den Organismus als Ganzes betreffen« und die, wie bereits *Osche*[70)] ergänzt, »im Moment der Kombination selektive Vorteile bilden«. Damit ist auch schon die Ursache zu sehen.

Wir brauchen nur mehr die Mechanik anzufügen – herabgesetzte Abstimmungschancen von Einzelereignissen (VIC1) erzwingen die Eta-

[68] Wie wir sie bei *Remane* (1971) zusammengestellt fanden;

[69] 1961, p. 127;

[70] 1966, p. 889.

blierung von gleichschaltenden Entscheidungen (im Regulator-Repressor-System; IIIC3a) – um beides bestätigen zu können; die Realität der Rätsel wie deren Lösung. Nur wird die Wirkung eines somit imitatorisch werdenden Epigenese-Systems nicht auf die Abstimmung zunächst unabhängiger Phäne beschränkt, sondern generell durchgesetzt werden. Somit wäre alle Evolution synorganisiert, von der Abstimmung der größten Gelenkflächen bis zu jener der kleinsten Gefäße. Oder richtiger: Das Synorganisationsproblem beschreibt eines der auffallendsten Enden des universellen Homöostase- oder Interdependenz-Phänomens.

b. Trend, Orthogenese, cartesische Transformation

Diese Titel enthalten drei Variationen der Kontroverse, inwieweit und warum stammesgeschichtliche Abläufe, und zwar unabhängig von richtenden Außenfaktoren, ausgerichtet wären. Dabei hat die Diskussion darüber, wie *ortho* (gerade) eine Genese zu sein hätte, um eine Orthogenese zu sein, zur Verwendung der unbestimmteren Bezeichnung ›trend‹ (oder Richtungssinn) geführt; wogegen die cartesischen Transformationen (vgl. Fig. VI2–9, p. 277), die das Wunder solch gleichsinniger Änderung so vorzüglich beschreiben, eher unbestritten blieben (als wären es nur Formen der Illustration).

Wie auch immer: Die Beibehaltung eines solchen ›Sinnes‹, sei es Gleich-, Gerade- oder Richtungssinn, überall in der Evolution beobachtet, oft über hundert Jahrmillionen, über hundert Millionen Generationen und unübersehbare Möglichkeiten gegenläufiger Milieu- und Selektionsbedingungen, hat die Sache (gerechterweise) nicht zur Ruhe kommen lassen. Wer immer glaubte, ›innere Bedingungen‹ annehmen zu müssen – wir haben schon in Absatz IIC2 (p. 109) eine Übersicht gegeben, und ich verweise nochmals auf die mutige Sicht, die *Whyte* erst 1965 der Sache gab (die zeigt, in wievielen Richtungen das Thema heute erst recht wieder lebendig ist) –, der erwartete hier zutreffenderweise des Pudels Kern. Aber auch die reinen Neodarwinisten, geführt durch *Simpson, Rensch* und *Mayr* bleiben weiter auf der Suche und bei der Annahme, »daß die evolutiven Änderungen des Phänotyps mittels der natürlichen Selektion durch die dem Genotyp mögliche Amplitude der Reaktion limitiert sind«.[71] Sagt das nicht dasselbe? Gewiß, und als Biologe stelle ich mit Genugtuung fest, daß keine dieser beiden großen Gruppen einen falschen Weg gegangen ist: Es sind Gesetzmäßigkeiten im Inneren des epigenetischen Systems, die dem Sinn, dieser Richtung ihre *causa* geben; wie sie auch die Experimentatoren als »Kanalisa-

[71] *Mayr* 1967, p. 480 (eigene Übersetzung aus dem englischen Original).

tion«[72], als »Architypus-Selektion«[73] und »als Verflechtung mit dem Restgenotypus«[74] vorausgesehen haben. Sobald man sich jedoch verhalten sieht, die Universalität dieses auf Bürde, imitatorischer Epigenotyp-Tradierung und der (der Adaptierbarkeit schließlich entgegenwirkenden) Überselektion beruhenden Mechanismus zu erkennen, sieht man auch die Universalität des Phänomens. Und man braucht nicht mehr nach Beispielen zu suchen, es wird vielmehr schwierig, Variable ohne Dirigismus zu finden.

Selbst die Beispiele maximaler evolutiver Freiheit (wie wir sie in den Figuren V25–51, p. 209 bis 213) zusammenstellten, enthalten mehr Festlegung als Freiheit. Es ist eine Freiheit an der Leine, das Ende ist frei,

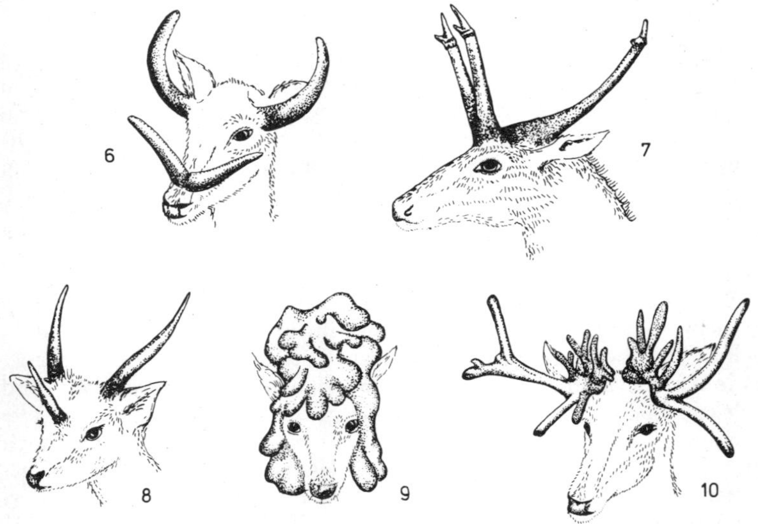

Fig. VIII6–10: *Ungewöhnliches und aberrantes Geweih.* 6–7: Rekonstruktionen, Vor- und Frühformen des Geweihs. 6: *Syndyoceras* mit zwei Paaren knöcherner Schädelfortsätze, 7: *Cranioceras,* dreihörnig mit langen Knochenzapfen und kurzen Geweihenden. 8–10: Wuchsfehler bei rezenten Formen, 8: dreistangiger Damhirsch nach Implantation einer Geweihknospe, 9: Perückenreh nach Kastration (wie es durch Verletzungen in der Wildbahn vorkommt), 10: mehrstangiger Weißwedelhirsch durch mehrjährige Haltung in der Wärme (verhinderter jährlicher Stangenabwurf durch Frost). (6 nach *Müller* 1970 und *Portmann* 1948, 7–10 aus *Goss* 1969).

[72] *Baltzer* 1955,
[73] *Waddington* 1957, p. 80;
[74] *Kosswig* 1959.

der Ansatz ist völlig fixiert. Beim Gehörn z.B. (eine Freiheit der Peitschenschnur) sind eben stets die zahlreichen ›Gehörn-Merkmale‹ festgelegt, die immer paarig, am Stirnbein, am Ende frei und verjüngt auftreten. Einen ersten Schritt der Freiheits-Zunahme zeigen die, naturgemäß noch weniger gebundenen Merkmale der Vorfahren (Fig. VIII6–7), sowie die Entwicklungsfehler (in Fig. VIII8–10); einen zweiten etwa die Antithesen der ebengenannten Lage-Struktur-Merkmale (in Fig. VIII11–15); und den dritten Schritt könnte man bereits bei *Hieronimus Bosch* (vom Typ in Fig. VI1, p. 271) nachschlagen.

Nie fand man die Gehörne Augen tragen, an den Zehen wachsen, auf Fischen, auf einsam laufenden Augen, nie fand man sie mit Saugnäpfen beweglich, verzweigt und belaubt, wimpernd im Wassertropfen schwimmend. Auch die letzte Interdependenz ist erst dann aufgelöst, wenn von ›Gehörn‹ selbst in solch geringstem ›Sinne‹ auch nicht mehr gesprochen werden kann.

Solange sich Begriffe bilden lassen, sind grundsätzliche Festlegungen und, in der Zeitachse, grundsätzlich Richtungen gegeben. Alle Evolution ist dirigiert, und zumeist ist sie es in erstaunlich hohem Maße. Und es ist wohl für keinen leicht, diese Tatsache in unsere ›biologische Weltansicht‹ – da sie seit hundert Jahren allein am ›Wunder der Adaptierung‹ erzogen wurde – maßgerecht einzubauen; denn auch mit der von uns selbst beanspruchten Freiheit scheint sie sich schlecht zu decken. Doch zunächst zurück zur Biologie und ihren Gesetzen.

c. *Typogenese, Typostasie*

Hier ist das Thema dem eben erörterten verwandt; aber es geht um mehr, um die größeren Bahnen der Evolution und um das gänzliche Einschwenken des Richtungssinnes in die Zeitachse, das Aufhören jeder Veränderung, was *Mayr* die ›hohle Kurve‹ genannt hat. Das Phänomen ist unbestritten. Die Diskussion hingegen dreht sich um drei Fragen. Erstens: Münden alle Bahnen in eine typostatische Phase, wie es das *Rosa*sche Gesetz[75] verlangte. Zweitens: Ist der Wechsel der typostatisch-typogenetischen Phase eine Notwendigkeit, eine *Typostrophe*, wie das viele seit *Schindewolf*[76] erwarten. Und drittens: Was wäre die Ursache dieser Vorgänge?

Wir fanden, daß Fixierung primär eine Folge der Bürde und sekundär des imitatorischen Epigenotyps ist, Freiheit und neues Zunehmen morphologischer Distanz dagegen auf additiven, noch wenig belasteten Merkmalen beruht. Damit stimmen wir mit der heute gebräuchlichen Vorstellung einer stabilisierenden *Stasigenese*[77] und einer *additiven Ty-*

75 *Rosa* 1903;
76 1950;
77 *Huxley* 1957;

Fig. VIII11–15: *Unmögliches, unbekanntes Gehörn.* 11. Geteiltes Gehörn ist aus Gründen des Wachstums unmöglich, 12: sagittales oder 13: in Zahnposition befindliches Gehörn ist ganz unwahrscheinlich, 14: am Ende verdicktes oder 15: verschmolzenes Gehörn ist aus Entwicklungsgründen nicht zu erwarten. (Orig.).

pogenese[78] überein, und mit der Konsequenz der *Mosaik-Evolution*[79], wonach sich in einer einzigen Evolutionsbahn typogenetische wie typostatische Merkmale vereinen können. Wir haben das in Absatz VB4 und 5 ausführlich abgeleitet (vgl. Fig. V81) und darüber hinaus gezeigt, daß die additiven Merkmale zur Fixierung jener beitragen, die ihre Grundlage bilden, diese aber gleichzeitig zur Voraussetzung haben. Es ist ein sinnvolles Mosaik, das entsteht.

Beide Phasen sind nach den Selektionsbedingungen im System notwendig. Aber freilich können die Typostrophen unvollständig sein. Vielen ausgestorbenen Gruppen ist die nächstnötige Typogenese nicht mehr geglückt (sie wurde nicht mehr begonnen oder endete ohne Erfolg; was man *Typolyse* nennt); manche rezente Gruppe ist so jung, daß letzt-additive Merkmale noch wenig fixiert sind. Auch folgen die Additionen in ungleichen Abständen und Mengen (was sich im Bahnverlauf

[78] Heberer 1958 und 1959b (man vergleiche *Osche* 1966, p. 874–876);
[79] das Phänomen erörtert beispielsweise *de Beer* 1958.

wie in der Bedeutung der mit ihnen definierten Systemkategorien äußert). Im Prinzip des Geschehens aber müssen beide Phasen zu erwarten sein.

d. Homoiologie, Parallelismus, Irreversibilität

Auch durch diese Phänomene wird unsere Auffassung unterstützt und die gängige Erklärung weiter begründet. Bei Parallel-Evolution als den Vorgang und Homoiologie als den erreichten Zustand geht es ja um die Frage, wie es zu verstehen ist, daß Phän-Systeme wiederholt in derselben Richtung evolutive Freiheit und Möglichkeiten besitzen, aber kaum in anderen.[80] Die Antwort lautet allgemein: »auf Grund der Reaktion gleicher Anlagen auf ähnliche Erfordernisse des Milieus«.[81] Gleiche Anlagen umfassen gleiche Phän-Funktionen wie Gen-Entscheidungen.

Wir fügen noch hinzu, daß auch die Bürdemuster der Phäne wie die Verflechtungsmuster der Gene sehr ähnlich sein werden; was sowohl die verwandtschaftliche Begrenzung wie Eindeutigkeit und Notwendigkeit des Phänomens nochmals belegt.

Die Aufstockung funktionsgleicher Geschoße auf gleichen Gebäuden gleicher Funktion führt mit großer Wahrscheinlichkeit wieder zu gleichen Formen. Ganz anders sind aber die Chancen bei Zurückfallen in alte Funktionen. Bei der Verwahrlosung eines Jagdschlosses kann man nicht erwarten, daß die Gestalt des Jagdhauses wieder zum Vorschein kommen wird oder der Försterhütte, aus welchen es einmal hervorgegangen ist. Dieses ist das Phänomen der Irreversibilität der phylogenetischen Entwicklung. Wir brauchen uns nur zu erinnern, daß die enormen Vorteile der Verknüpfung von Entscheidungen (VC3c) nicht nur aufgelöst, sondern in ihren Kehrwert verwandelt werden. Nur in die allerjüngsten Vorstadien kann zurückgegangen werden, bei allen älteren ist die Verflechtung zu groß.

Alte Muster können wieder auftauchen. Erfolg aber können sie keinen haben. Auf früheren ontogenetischen Zuständen kann hingegen stets verharrt werden (*Neotenie*). So mancher Bau hat unvollendet besser überdauert.

e. Rudimentation und Atavismus

Diese beiden Aspekte aus dem Tradierungsphänomen, nämlich die Langsamkeit des Abbaues sowie die Dauer der Erhaltung der als Meta-

[80] Literatur zu diesem Thema besonders bei *Haecker* 1925, *Simpson* 1952, *Huxley* 1958, *Osche* 1966, *Thenius* 1969b;

[81] *Mayr* 1967, p. 476.

phäne nicht oder kaum mehr funktionsnotwendigen Merkmale, galten lange als Rätsel im Evolutionsgeschehen.[82] Heute ist man der Ansicht, daß die lange Erhaltung auf einem Weiterbestehen von Funktionen im epigenetischen System beruht. Ja, unsere Auffassung ist bereits in Einzelheiten antizipiert.

Folgende Zeilen von *Osche* (1966, p. 846) mögen das belegen. »Zum Teil sind solche auf den ersten Blick ›sinnlos‹ erscheinende Anlagen keineswegs funktionslos, sondern haben im komplexen Entwicklungsgeschehen wichtige Aufgaben zu erfüllen, z.B. als Organisatoren, die in benachbarten Keimbezirken bestimmte Entwicklungsvorgänge induzieren – wie etwa die *Chorda* die Ausbildung des Neuralrohres. Andere, wie z.B. die Kiemenbogen, können unter anderem ›Matrizen‹ für sich daran orientierende Organsysteme (Blutgefäßsystem) sein oder ›Bahnen‹ für die Materialbewegung darstellen.«

Was wir hinzufügen, ist nur mehr wenig: Die Begründung der Position bestimmter Organisator-Wirkungen in bestimmten Blastemen (durch den Selektionsvorteil der Kopierung von Funktionszusammenhängen), der Schwierigkeit, sie zu substituieren und des Zeitaufwandes, sie zu vereinfachen.

Sobald man aber erkennt, in welch universeller Weise die Weitergabe und Wechselabstimmung von Organisations-Befehlen in sämtlichen Bauteilen von Organismen verbreitet sein muß, wird man auch die universelle Verbreitung der Tradierung im Evolutionsgeschehen erkennen. Dabei erweisen sich diese scheinbar funktionslosen Strukturen wieder nur als ein, wenn auch besonders auffallender, Spezialfall in der Masse jener allein funktionell nicht begründbaren Konstruktionen, die den überwiegenden Anteil des Baues wohl jedes Organismus ausmachen, den historischen Teil der organischen Gestalt.

Es zählt nach einem Jahrhundert der (berechtigten, aber) einseitigen Bewunderung (des Wunders) der Anpassung zu den schwierigen Dingen, die Relativität derselben zu veranschaulichen. Das Historische in der Gestalt ist, dürfte man sie mit finaler Konstruktions-Planung vergleichen, schief, umwegig und vertrackt, voll von Halbheit und Kompromiß (das war schon *Helmholtz* aufgefallen); was allein nur zu verstehen ist, wenn man weiß, welche Umwege jede Konstruktion gegangen und wie unwahrscheinlich schwierig (welches Wunder) jegliche Umdisponierung gewesen ist. Wir selbst sind ein solcher Kompromiß, ein Sammelsurium von Rudimenten und beinhalten jenes Maximum fixierter Mängel und Übel, das von der Selektion gerade noch geduldet wird.

6. Ökologie

Wir haben die Dokumentation in diesem Bande fast ausschließlich den Systemen innerhalb von Individuen entnommen; so kann man sich fra-

[82] *Wiedersheim* 1893, *Romanes* 1892, *Plate* 1925.

gen, was die überindividuellen Systeme hier sollen. Wenn wir uns aber erinnern, daß wir uns nur aus taktischen Gründen an die bislang verläßlichsten Methodengebiete der Strukturforschung hielten, daß aber die Identität der Gesetzmäßigkeit von Individualitäten keineswegs an die (ohnedies recht unscharfen) Grenzen des Begriffes »Individuum« gebunden ist, so ist das Herrschen von Ordnung in Systemen aus Individuen ebenso zu erwarten. Und obwohl wir von ihr noch recht wenig wissen, ist die Sache sogar schon von unmittelbarer Bedeutung, weil wir mit den Ordnungsmängeln unserer eigenen Individualsysteme zwar schon längst unsere Pathologen, Psychiater und Richter befassen, für die Beurteilung der Mängel unserer Sozialsysteme aber durchaus noch keine Instanzen entwickelt haben, die unser Vertrauen beanspruchen könnten.

Beschränken wir uns aber wieder auf die Konsequenz der Theorie und auf einige Grundprobleme der Ökosystemforschung.

a. Die überindividuelle Ordnung

besteht aus den Determinationsgesetzen der zu einer Biozönose oder Organismengemeinschaft vereinigten Individuen und jenen, die sie miteinander verbinden. Bei den letzteren ist die Wechselwirkung von Ereignissen und Entscheidungen dadurch kompliziert, weil die Systemereignisse ihre gemeinsame Ursache in vielen verschiedenen Gen-Systemen (genepools) haben und auch nur mittelbar auf die in diesen festgelegten Determinationsentscheidungen zurückwirken.

Dennoch erkennt man Normen und Interdependenzen, aber auch hierarchische Dependenz und Tradierung. Letztere beispielsweise in dem Phänomen der *Lebensort-Typen*[83)], eine Korrelation von Typus- und Biotop- oder Lebensort-Merkmalen, die ebenfalls nicht mehr in einem direkten Funktionszusammenhang stehen, sondern über längere (teils wahrscheinlich wieder entwicklungsphysiologische) Kausalketten verbunden bleiben. Es sind dies nun die historischen Anteile einer Biozönose-Gestalt; auch sie bestätigen den Typus und werden von der Einsicht in dessen Kausalität bestätigt.

Darüber hinaus wird die evolutive Tendenz wiederholt, die Anwendung in alle noch unbesetzten Positionen auszudehnen sowie die primitiven Formen der Ordnung (die durch einen besonders großen Anteil sich wiederholender Ereignisse kenntlich sind) in höhere zu verwandeln. In der Ökologie ist dies das Phänomen der *Diversifikation.* Und wieder deutet alles darauf hin, daß mit der Vergrößerung der Ordnung die Realisationschancen, mit dem Erreichen höherer Formen hingegen[84)] die Stabilität und damit die Überlebenschancen der Systeme

[83] *Riedl* 1963 und 1966, p. 514.

[84] *Margalef* 1970;

(diesmal also der Gemeinschaften) zunehmen. Auch dies unterstreicht die generelle Gültigkeit unserer Auffassung und wird von ihr begründet.

b. Ordnung, Energie und Biosphäre

Erhalten schon die oben erwähnten Korrelationen aufschlußreiche Hinweise auf die Zukunftschancen von Organismengesellschaften im allgemeinen, so wird deren Relevanz noch greifbarer durch ihre generelle Anwendung auf unsere, die Limitationen eines Raumschiffes nun erreichende Biosphäe. Seit der universellen Verwendung des Energiefluß-Prinzips[85)] macht man die Erfahrung, daß alle Biosysteme, Organismen, Biozönosen, die Gemeinschaften des Menschen wie ihre Produkte, auf eine stete Vergrößerung des Energiedurchzuges hin selektiert werden. Dies hat zunächst zwei unmittelbare Applikationen, die Limitationen der Energiequellen und die Moral der Macht (Ernte, Reserve, Einfluß, Kapital, Rüstung; die zivilisatorischen Spielformen der Energie). Dies hat aber unmittelbar auch zwei gegenläufige Zusammenhänge mit der Ordnung: Und das ist der Grund, es hier hervorzuheben.

Einmal ist es die Konvertierbarkeit von Ordnung und Energie, die wir (Abs. IIA1) schon kennen. Wir könnten darum übersetzen und sagen: Alle Biosysteme – Organismen, Biozönosen, die Gemeinschaften des Menschen wie ihre Produkte – werden auf eine Vergrößerung ihres Ordnungsgehaltes hin selektiert. Das klingt nicht nur hoffnungsvoller, es enthält nochmals die gegenseitige Bestätigung der beiden Theorien. Bleibt nur die Frage (wenn es überhaupt eine ist), welcher der beiden Mechanismen die primäre Ursache enthielte. Ist in den Mechanismen der Evolution der Energiezuwachs eine Konsequenz des Ordnungszuwachses (wie man hoffen kann) oder ist vielmehr die Weisheit nur eine Begleiterscheinung der Macht (wie man fürchten muß).

Ein andermal[86)] ist es die Gegenläufigkeit von Ordnung und Energie, die uns (Abs. IIIAa) auch schon bekannt ist. Die Erhaltung von Ordnung verlangt nicht nur Energie, sondern (vgl. Fig. III2) ein auf ihre Struktur abgestimmtes Maß davon. Zu großer Energiedurchzug zerstört, verheizt die Ordnung des Systems. Dies ist die Ursache unseres Umweltproblems. In der zweiten Evolution (der der Zivilisation) sind die Erfolgsgesellschaften für ihre Biotope zu tüchtig geworden. Sie sägen am Ast, auf dem sie sitzen. Energie- und Ordnungsvolumen muß zum Überleben wieder balanciert werden: Neben der Bremse des Bevölkerungswachstums mit einer Bremse des Energiekonsums, aber auch durch effizienteren Energie-Abbau und eine zeitgerechte Über-

[85] *Odum* 1971; (vgl. auch *Hass* 1970).

[86] *Commoner* 1970, *Riedl* 1973a und 1973b.

führung der niederen in die höheren Formen der Ordnung. Dazu noch einige Worte später (Abs. VIIIB7e).

Also auch im globalen Maßstab erkennen wir die Ordnung als ein existenz-bedingendes Phänomen. Aber wir finden uns auch schon am Rande des engeren Fachbereiches und wechseln hinüber zu den generellsten Konsequenzen unserer Theorie.

Wir haben, wenn auch in groben (wie ebenso langen) Zügen, die Konsequenzen unserer Theorie im Rahmen der Biologie geschildert; und wenn wir, nochmals von den Einzelfakten zurücktretend, eine Zusammenfassung des Zusammenhanges formulieren wollen, dann können wir vielleicht vier als die Hauptkonsequenzen betrachten:

1. Es gibt keine vorrangigen Disziplinen (und keine exekutiv-kausale Lösung) in der Evolutionsforschung, da sich die Folgen des postulierten Wechselgeschehens zwischen Entscheidungen und Ereignissen in allen Ebenen übereinstimmend nachweisen ließen. 2. Es gibt keinen echten Widerspruch zwischen der synthetischen Theorie des Neodarwinismus und den Vertretern ›innerer Prinzipien‹ des Typus- wie des Orthogenese-Theorems, da wir die Angleichung der scheinbar unversöhnlichsten Standpunkte antizipiert fanden. 3. Es gibt aber ein allgemeines Gesetz der Struktur (als den statischen Aspekt), denn unsere Theorie erklärt seine Grundphänomene; und 4. Es gibt ein allgemeines Gesetz auch der transspezifischen Evolution (als den dynamischen Aspekt), denn unsere Theorie erklärt die Phänomene ihres geordneten Ablaufes.

An dieser Stelle müßte wohl der vorsichtige Biologe endgültig schließen. Ich habe aber – wie ersichtlich – noch etwas zu sagen. Einmal, weil die Biologie ein Fach wurde, das von der Evolution der Moleküle bis zu jener des Menschen reicht. Ein andermal, weil es eines ist, seine Haut in Sicherheit zu halten, ein anderes aber, geradezustehen auch für die Konsequenzen seines Handwerks.

7. Zur Erkenntnis der Natur

Wir finden uns am Rande der Naturphilosophie. Der Erfahrene wird aber nur wenige Zeilen zu lesen haben, um zu sehen, daß sie keineswegs von einem Philosophen, sondern wieder nur von jenem Anatomen verfaßt sind, wie er ihn nun schon genügend kennen mag. Schon deshalb verbleiben wir am Rande. Wir müssen es aber auch sachlich sehen, weil wir an jene Grenzen gelangen, an welchen wohl das Problem als eine Konsequenz biologischer Erfahrung definiert, aber nicht ohne Physik gelöst werden kann.

a. Gesetz, Erkenntnis und Erklärung

Es scheint, daß wir nichts sicher wissen können; es sei denn, daß sämtliche Zustände und Ereignisse nur auf Zufällen und Notwendigkeiten beruhen. Diese glatte Teilbarkeit der Welt ist dies schon definitionsgemäß; dies verliert aber seine Trivialität, wenn man beobachtet, daß auch unser Denkapparat ganz und gar nach diesem Muster gebaut ist.

(1) *Ordnung und Erfahrung:* Die Entstehung von Ordnung, also die wiederholte Anwendung (oder Realisation) identischen Gesetzestextes (Mustern von Determinations-Entscheidungen), hat ihre Entsprechung in der Entstehung von Erfahrung und ist gleichzeitig deren Voraussetzung. Diese Übereinstimmung kann, wie wir (in Abs. VIIIB7d) sehen werden, nur als ein Produkt der Selektion erklärt werden.

Dabei werden wir zunächst nur durch die Beobachtung solcher determinativer Entscheidungen schlüssig, deren Wirkung komplex genug ist, um von uns als etwas wahrgenommen zu werden, das wir gemeiniglich ein Ereignis nennen. Wir kommen auch darauf (in Abs. VIIIB7d) noch zurück. Der Grund für diese zweite Teilung unserer Welt in Entscheidungen und Ereignisse ist sehr einfach: alle Entscheidungen, die getroffen werden, beruhen letztlich auf dem Eintreten von Atomen und ihrer Bauteile in den nächststabileren Zustand, sei es nun einzeln, in Massen oder in komplexen Systemen. Die feinsten unserer Sinnesorgane sowie Elemente unseres Datenverarbeitungs-Apparates vermögen aber nicht Atomzustände wahrzunehmen.[87)] Die einzelne Sinneszelle beinhaltet ja bereits viele Millionen derselben. Wir sind also auf die Wahrnehmung von Entscheidungs-Komplexen angewiesen und rekonstruieren aus ihnen experimentell deren Zusammensetzung. Unser Mangel eines speziellen Sensoriums für Atomzustände erzwingt diesen Umweg, den wir, wie im Apparatebau, vermeiden, sobald wir die Einzelentscheidung in den Makrobereich der Relais verlegt haben.

(2) *Die Wahrnehmung* des Vorliegens von Gesetzmäßigkeit beruht nun auf dem Vergleich der Wahrscheinlichkeiten, mit welchen die Wiederholung eines Ereignisses als das Produkt von Zufalls- oder aber von Determinations-Entscheidungen zu erwarten wäre. Die Voraussetzung dazu ist die Speicherung eines Äquivalents dieser Ereignisse (Gedächtnis) und die Fähigkeit, die Äquivalente vergleichen und das Vergleichsergebnis berücksichtigen zu können. Und die Bestätigung der Erfahrung gewinnen wir aus dem Wiedereintreten von Ereignissen im Rahmen uns bereits möglicher Voraussagen. ›Ereignis‹ steht dabei für Zustände nicht minder als für Vorgänge.

[87] Die Maximalleistungen (niederste Reizschwellen) z.B. beim Hund, der wahrscheinlich ein Molekül riecht, beim Menschen, der schon wenige Photonen sieht und Schwingung in der Dimension eines Atom-Durchmessers hört, sind dabei erstaunlich genug.

Einen Unterschied zu erwarten – wie man das hören kann – etwa zwischen ›Struktur- und Kausalgesetzen‹ wäre darum ganz ungerechtfertigt. Der Grad unserer Gewißheit hinsichtlich des Vorliegens von Gesetzmäßigkeit hängt vielmehr nur mit dem Umfang der Merkmale und der Anzahl ihrer identischen Wiederbeobachtung zusammen. Und dies fanden wir im Homologietheorem ebenso verankert, wie wir es von der Beobachtung z.B. physikalischer Experimente gewohnt sind.

Ebensowenig entspräche es den Gegebenheiten, zwischen Gesetzen und Regeln einen prinzipiellen Unterschied machen zu wollen, da vom Vorliegen einer dritten, etwa zwischen Zufalls- und Determinations-Entscheidungen vermittelnden Instanz keinerlei Evidenz besteht. Regeln sind ungenau erkannte Gesetze. Sie schließen Grenzbereiche ein, in welchen auch der Zufall regiert oder in welchen weitere Gesetze unerkannter Art am Werke sind. Freilich wächst die Schwierigkeit, solche Grenzen zu definieren, mit dem Komplexitätsgrad des Gegenstandes; sie ist folglich in der Biologie sehr groß. Wir gewinnen jedoch in jedem Falle nur Einblicke in die Unwahrscheinlichkeitsgrade, daß die identischen Wiederholungen eines Ereignisses unserer Voraussicht doch widersprechen würden. Unsere Voraussicht kann an Gewißheit grenzen; aber eben in Strukturgesetzen nicht minder als etwa in den Hebelgesetzen.

(3) *Die Erklärung* eines Ereignisses wiederum hat mit seiner Voraussicht nichts zu tun. Ja, ein und dieselbe Gesetzmäßigkeit kann mit zunehmender Kenntnis immer wieder andere Erklärungen ›finden‹, ohne dadurch selbst geändert zu werden. Solche Beispiele kennen wir wohl aus allen Wissenschaften. Selbst der Mangel einer Erklärung oder der Nachweis, daß die einzig bekannte nicht richtig sein kann, ändert nichts an der Voraussicht, also an der Gesetzlichkeit selbst.

Dieser zunächst befremdliche Umstand beruht darauf, daß sich die Beschreibung (Definition, Formulierung) einer Gesetzmäßigkeit (einer Korrelation, Dependenz oder Funktion) ja nicht selbst begründen, sondern nur als der Fall eines übergeordneten, nächst-grundlegenderen Prinzips erklärt werden kann. Erklärung verlangt übergeordnete Gesetze; und Gesetze bilden selbst wieder ein hierarchisches System; aufsteigend zu den universellen Sätzen von Raum, Zeit, Maß und Bewußtsein, die dann konsequenterweise selbst der Erklärung entbehren. Viel von alledem ist freilich längst bekannt,[88)] aber im Hinblick auf die Gestaltsgesetze übersehen worden.

b. Die Systeme der Entscheidungen

Im Zentrum unserer Theorie stehen, wie erinnerlich, zwei Feststellungen: Erstens das Ungleichwerden erfolgreicher Änderungschancen in

[88] Man vergleiche z.B. *Bavink* 1930, *Eder* 1963.

den zu Systemen zusammentretenden Ereignissen; zweitens die Verbesserung der Erfolgschancen von Änderungen mittels der Kopierung der Funktionsmuster der Ereignisse durch die Systemisierung, die Rangung der Entscheidungen. Was erreicht wird, ist also eine Zunahme der Anpassungs- oder Überlebenschancen; wir können allgemein sagen: der Stabilität. Wir könnten, über die Biologie hinausgehend, erwarten: Die Systemisierung fördert die Wieder-Abstimmung stabiler Binnen-Bedingungen (-Gesetze) unter definierten Außen-Bedingungen.

(1) *Das Redundantwerden* von Entscheidungen ist dabei eine Grundbedingung mit zwei Voraussetzungen. Geht man von der Annahme aus, daß in einem Biosystem zunächst keine redundanten Entscheidungen vorliegen, dann entstehen diese erst, wenn gleichrangige in eine Rangung überführt werden können. Die zweite Voraussetzung besteht im Ausschluß bestimmter Permutationen der Ereignisse; Ereignis-Kombinationen, die aufgrund der im System enthaltenen Entscheidungen zwar möglich, aber von den Außenbedingungen einer zureichend langen Evolutionsphase nicht akzeptiert werden. Dürften alle Ereignisse alle Formen des Repertoires annehmen, so würde wiederum keine der Entscheidungen überzählig.

Beide Voraussetzungen scheinen aber stets erfüllt zu sein: Vielleicht sogar so stetig, daß keine redundant werdende Entscheidung lang in dieser Position verbleibt, die Systemisierung also weitgehend mit der Differenzierung des Systems Schritt hält.

Mit der Systemisierung reduziert sich aber sogleich das Repertoire, die Zahl der Permutationen, die allein nach der Anzahl der Teile im System erwartet werden könnten, sehr drastisch.

(2) *Die Diskrepanz zwischen den möglichen und den realisierten* Systemen ist tatsächlich außerordentlich groß. Das haben bereits thermodynamische Überlegungen deutlich gemacht. Nur der Grund dafür, so stellt *Morowitz*[89] fest, »liegt derzeit noch weit jenseits des Bereiches der Thermodynamik, da wir keine echte Erklärung dafür haben, warum unter all den möglichen Quantenzuständen die Biosphäre auf eine so kleine Auswahl beschränkt ist«. Diese Erklärung scheinen wir nun zu besitzen. Der Grund liegt in der Systemisierung, in der Dependenz der Entscheidungen.

Nachdem aber sämtliche Entscheidungen, welchen Rang sie auch einnehmen, letztlich jeweils stabile Quantenzustände darstellen, wird man auch einmal mit der allgemeinen Beschreibung des Phänomens rechnen dürfen. Man müßte ja, wo immer die Entscheidungen, die ein System determinieren, gerangt auftreten, mit einer drastischen Reduktion der möglichen Permutationen rechnen; und zwar als eine Funktion von R, der vermiedenen absoluten Redundanz (der neuen Entschei-

[89] *Morowitz* 1970, p. 168.

dungsfindung), die schon bei einfachen Systemen beträchtliche Dimensionen erreicht.

Differenzierung scheint unter Systembedingungen stets auf eine Kanalisierung der möglichen Zustände hinzuwirken; auf ein Kanalisierungsmuster nach den möglichen Systemisierungsmustern, was die Begrenztheit wie die Beschreibbarkeit auch der anorganischen Naturphänomene erklärte. Doch dies liegt wiederum jenseits des Bereiches der Biologie.

c. Ordnung als Zwischenzustand

Wir müssen uns eine weitere und zunächst wieder befremdliche Konsequenz vor Augen halten, die sichtbar wird, sobald man den Rahmen bestimmt, innerhalb dessen Ordnung (nach unserer Definition) einen Sinn hat. Wir definierten Ordnung (oder Determinationsgehalt; vgl. Formel 18, p. 61) schließlich als das Produkt aus Gesetzesgehalt und Anwendung ($D = G \cdot a$). Solange wir den Bereich der Organismen nicht verlassen, haben zwar Gesetzesgehalt wie die Anwendung der Ereignisse stets noch hohe Werte; aber das Zahlenverhältnis variiert, ja die beiden zeigen gegenläufige Tendenz. Zieht man nun die phylogenetische Position von Systemen mit sehr ungleichen Zahlenwerten zu Rate, so sieht man gleich, daß es sich einmal um sehr urtümliche, ein andermal um sehr evolvierte Typen handelt.

(1) *Niedere und höhere Formen der Ordnung* sind also unterscheidbar. Das ist neben dem Umfang der Ordnung ($G \cdot a$) gewissermaßen ein *Ordnungswert* (Q), den man als den Quotienten aus Gesetz und Anwendung ($G \cdot a^{-1}$) beschreiben kann:

$$Q = G/a \qquad \text{(Formel 33).}$$

Berechnen wir nun im angestrebten allgemeinen Sinn G im niederen Ordnungsbereich nach der zur Definition der Lage der Atome erforderlichen Information[90] (nicht nach den Homologa) und wieder in bit_G, sowie a wieder nach der Zahl identischer Realisationen, so ergibt sich eine Variante der Ordnungswerte von 20 bis 30 Größenordnungen.

Z.B. erreicht eine Cytosinbase mit 34 Atomen und höchstens 24,5 *bit* pro Atom erforderlichen Entscheidungen[91] $G \leq 10^3\ bit_G$, aber eine Anwendung von $5 \cdot 10^8$ identischen Molekülen pro durchschnittlichem Genom mal 10^8 Zellen im Mittel pro Organismus[92] mal $2 \cdot 10^6$ Arten mal im Durchschnitt 10^9 Individuen, also $a = 10^{32}$. Der Ordnungswert ist folglich ($Q = G/a = 10^3 \cdot 10^{-32} = 10^{-29}$) sehr gering.

Dahingegen erreichte das System *Homo*, wie wir (in Abs. IIA3) sahen, minde-

90 Nach dem Vorgang von *Dancoff* und *Quastler* 1953, p. 264 ff;

91 siehe auch *Quastler* 1964, p. 3;

92 Übersicht in *Britten* und *Davidson* 1969, p. 352;

stens $5 \cdot 10^5$ homologe (nicht redundante) Einzelstrukturen[93)] und damit gewiß mehr als 10^6 bit_G; aber die Anwendung betrug vor wenigen Jahrzehnten noch $a \leq 10^9$ identische Exemplare der Weltbevölkerung. Der Ordnungswert mit $(G/a = 10^6 \cdot 10^{-9} =)10^{-3}$ läge damit wenigstens 19 Größenordnungen über dem einer Pyrimidinbase des genetischen Codes.

Freilich sind das grobe Näherungen, denn wir haben weder die identische Repräsentation der Homologa des menschlichen Bauplanes, in anderen Organismen, noch die ordnungsbildenden Leistungen der Gattung *Homo* in Betracht gezogen. Es wäre wohl auch verfrüht, schon die Renaissance und die Aufklärung über den Bruchstrich zu praktizieren und die Deckung der Baupläne unter denselben. Uns kann aber die Erwartung einer Ordnungsskala von 20 bis 30 Größenordnungen vorerst genügen.

Es ist auch interessant, wie sehr dieser Quotient, der Ordnungswert, unserer Wertvorstellung entspricht, nach welcher der Wert eines Individuums mit der Vermassung sinkt, aber mit der Seltenheit steigt (die Differenz z.B. zwischen einem Wehrsold und jenem Betrag, welchen ein Zoo für ein Exemplar der aussterbenden – vielleicht schon ausgestorbenen – Stellerschen Seekuh anbietet, finge man noch eine, kann Eindruck machen). Die Ordnungswerte sind ebenso real, wie ihre Korrespondenz mit unserer Wertvorstellung deutlich ist.

(2) *Eine Evolution der Ordnungswerte* ist nun in der organischen Struktur gleichermaßen unverkennbar. Sie ist, quer zur Zeitachse, in allen Ordnungsmustern nachweisbar. Das ist interessant. Die organische Natur strebt also nicht nur quantitativ, sondern auch qualitativ zu höherer Ordnung.

Die Massennormen werden durch Differenzierung oder Individualisierung abgebaut; die Symmetrien reduzieren sich entlang der Evolutionsachse von der sphärischen über die radiäre und die disymmetrische Form (Rippenquallen) auf nur mehr eine einzige Symmetrie-Ebene; und auch diese Bilateralsymmetrie wird, wie unser innerer Bau zeigt, vielfach aufgelöst. Die Massenhierarchie erkannten wir als eine Primitivform, die über die Dichotomform zum Altersstadium der Schachtelhierarchie leitet. Und entsprechend kann man Massendependenzen erkennen, die zur Individualisation von Einzelbeziehungen evolviert werden.

Das Befremdliche ist also der Umstand, daß Ordnung – wie wir sie verstehen – an ihrer eigenen Auflösung wirkt. *Ordnung erscheint als ein Übergangsfeld der primitiven zu hohen Determinations-Zuständen.* Die Harmonie des Lebendigen ist ein Durchgangszustand; aber sie macht uns großen Eindruck, weil unser Erkenntnisapparat ganz nach ihrem Muster selektiert, uns seine Entsprechung (Harmonie) widerspruchslos erleben läßt.

93 Wir nehmen hier zur Vorsicht die um mehrere Größenordnungen niedrigere Homologie als Maßzahl für G an.

(3) *Die Evolution der stabilen Zustände* scheint jedoch über die belebten Körper hinauszugehen. Diese erscheinen selbst wieder wie ein Mittelfeld. Schon die kosmologischen Theorien, die konservativen wie die jüngeren von *Jordan* und *Dirac*, nehmen übereinstimmend die Weltentstehung in einem Kern an, der sich in 5 bis $10 \cdot 10^9$ Jahren zur Dimension des heutigen Kosmos ausdehnte[94)] und weiter expandiert. Die Elemente denkt man dabei in ihm entstanden oder aus zwei Neutronen seines ersten Inhaltes am Wege der Expansion, also immer noch entstehend. Die sehr ungleiche Häufigkeit der Elemente[95)], ihre steile Abnahme mit der *Ordnungszahl* (99,8 % der Atome des Universums werden allein von den beiden einfachsten (!) gestellt; 83,9 % H, 15,9 % He) und die mit dem Ausbau der Kernphysik zunehmend entwickelte Vorstellung, daß sich die Elemente von den niedersten Formen durch stufenweisen Einfang von Quanten differenzierten, ja in den Supernovae noch entstehen und in den Sternen und neuen Planeten noch entwikkeln, deutet auf eine entsprechende Evolution.

Der denkbar niedrigste (primitivste) oder ursprünglichste Ordnungswert könnte das Proton über dem Bruchstrich und *Jordans* Zahl 10^{40} (die Gesamtmasse der Welt mit $\approx (10^{40})^2$ Elementar- oder Protonenmassen) unter demselben führen; eine Grenzannahme.

Noch deutlicher wird die Entsprechung bei der sogenannten ›Epigenese‹ der Gesetzmäßigkeit überhaupt. Physiker, Biologen wie Naturphilosophen sehen sehr deutlich, »daß die speziellen Kausalgesetze im Laufe der kosmischen Evolution sukzessive in Erscheinung treten«, daß in einer Gaswolke die Hebelgesetze, im Festkörper die Stoffwechselgesetze noch nicht aufscheinen.[96)] »Im Gegenteil von Stabilisierung und Nivellierung führt das Geschehen schließlich zu einer Komplikationsstufe, durch die ... die materiellen Bedingungen geschaffen sind, um einer neuen Ordnungsentfaltung Raum zu geben.«[97)] Und zuletzt dokumentierte die »chemische Evolution«[98)] noch den nahtlosen Anschluß an die in diesem Bande dargelegten Gestaltsgesetze.

Tatsächlich scheinen alle drei Grundphänomene und deren Genesis vorbereitet; Muster, Musterabbau und Kanalisierung. Wir kennen Normen, Symmetrie, die sich in den Gleichungen ausdrückenden Interdependenzen der Glieder wie die Hierarchieposition der Klammer-Ausdrücke. Wir kennen die Differenzierung der Symmetrien, Massennormen und -hierarchie von den Quanten zu den Riesenmolekülen, vom Gasball bis zur Gebirgsbildung. Und wir kennen die Einengung

94 Der Erfahrene vergleiche *Heckmann* 1942 und *Jordan* 1952;
95 Übersicht in *Klüber* 1931.
96 *Schrödinger* 1961; Zitat aus *Rensch* 1961, p. 318;
97 *Strombach* 1968, p. 100.
98 z.B. *Ponnamperuma* 1972;

der stabilen aus den möglichen Zuständen zunehmender Differenzierung.

Von den Elementarteilchen sind nur wenige dauerhaft. Unter den 1 000 unterschiedlichen Atomkernen, die sie zusammensetzen könnten, sind nur ein Drittel stabil und gehören 100 Elementen an.[99] Die chemische Struktur schließt die physikalischen Gesetze in neue Regelmäßigkeit ein, und die organische nimmt, wie wir sahen, noch fast den ganzen Rest an Zufälligkeit.

Was ist aber die allgemeine Ursache einer solchen Epigenese, die Grundmuster einhält und die beim Aufbau von Determination nicht bei der primitiven Massenordnung (etwa dem Kristall) Halt macht, vielmehr die sich wiederholenden Ereignisse differenziert und der reinen Gesetzmäßigkeit (etwa dem aperiodischen Festkörper) einer sich selbstbegrenzenden Zahl von Zuständen zustrebt? In der organischen Natur erscheint die primitive Ordnung als jener Gewinn an Stabilität, der mit den geringsten Aufwänden an Gesetzesfindung, an ›evolutivem Experimentier-Risiko‹ erreicht werden kann. Eine billige Ordnung; entstanden aus Wechselwirkung und Kanalisation von Ereignis und Entscheidung. Ein Vorstadium, das langsam durch die noch größeren Stabilitätschancen der höheren Formen ersetzt wird. Es sieht so aus, als wäre die organische Ordnung nur das komplexe Ende, selbst eine Konsequenz der Ordnung der Materie.

(4) *Die höchsten Ordnungszustände*, welchen die Evolution zuzustreben scheint, müssen also jene sein, in welchen nicht nur ein Maximum an Determination herrscht (an Voraussagen, Kenntnis, Gewißheit möglich ist), sondern in welchen diese durch ein Minimum an Wiederholung und ein Maximum an Gesetzmäßigkeit (Differenzierung, Komplexität, Individualisierung) erreicht ist.

Wir haben schon festgestellt, daß die Evolution der Organismen auf dieser Sakala der Ordnungswerte zwar 20 bis 30 Größenordnungen erklommen hat. Aber noch immer überwiegt die Zahl der identischen Repräsentanten den Gesetzesgehalt bei weitem. Nur unsere Kultur mag noch höhere Werte erreicht haben. Die größten Kunstwerke der Menschen scheinen diesen Bedingungen zu entsprechen wie auch die großen Ideen, die, einsam fast in ihren Gattungen, wie es das Schema verspricht, an Beständigkeit ihre Generation übertreffen, ja die Jahrhunderte in den Bann ihrer Gesetze ziehen.

Und da wir uns schon im Unmeßbaren befinden, noch eine Konsequenz: Wir erwarten, daß die höchste Ordnung, welche diese Welt erreichen mag, die reine Gesetzmäßigkeit sein müßte. In ihr wäre $a = 1$, D wie $Q = G$. In ihr würde sich nichts wiederholen. Wir wissen aber, daß wir Ordnung (Gesetz und Determination) nur durch die Wiederholung zu erkennen vermögen. Bestünde die höchste Ordnung schon heute,

[99] Übersicht in *Eder* 1963.

wir könnten sie nicht erfassen. Dieses aber sagten schon die Propheten. Man sieht ein, daß man hier abbrechen muß.

Einmal, im allgemeinen Problem der Evolutionstheorie (VIIIB7f), ist noch darauf zurückzukommen, doch vorher unsere eigene Position im System der Ordnung zu untersuchen. Ich meine das transstrukturelle, das *sapiens* in der Struktur der Gattung *Homo*: Mechanismus und Produkt des Denkens.

d. Die Denkmuster

Die Konsequenzen, die ich nun wiedergebe, sind wieder nur die aus der vergleichenden Anatomie, nun für die Beurteilung des Mechanismus unseres Denkens. Aber schon das ist ja merkwürdig genug. Eine Umkehrung der Kausalität?

De facto hatten wir bei der Analyse eines jeden der vier organischen Ordnungsmuster von der methodisch beunruhigenden Feststellung auszugehen[100)], daß ohne sie gar nicht gedacht werden kann. Dann aber fanden wir, in allen Einzelheiten, daß sämtliche Ordnungsmuster unzweifelbar Realitäten sind. Was nun! Die Koinzidenz der Denk- und Naturmuster liegt jenseits des Zufalles. Sie sind dazu viel zu ähnlich und merkmalsreich. Sie müssen eine identische Ursache haben oder sich gegenseitig verursachen. Eine gemeinsame Ursache war mit dem Werkzeug des Anatomen nicht aufzuschließen. Doch mag sie existieren. In der Wechselbedingung aber muß die ältere Naturordnung die Ursache, die Denkordnung die Folge sein. Auch dies war wiederum viermal[101)] und zwar durch die Beobachtung zu stützen, daß die Ursache der Naturordnung selbst klargeworden war, ohne einer identischen Ordnung des Denkens zu bedürfen.

(1) *Die Denkordnung muß folglich eine Nachbildung der Naturordnung sein.* Das war unsere Konsequenz in jedem der Fälle. Tatsächlich geht diese Vorstellung auf *Plotin* zurück. Sie ist von *Goethe* in seiner Morphologie angewandt, jedoch erst in jüngerer Zeit wieder kritisiert (wir sagten das schon; IIC4 und VIIIB3b), aber auch kräftig unterstützt worden:

»Alle Versuche darzulegen«, sagt *Dessauer*, »daß der Mensch erst durch sein Denken die Ordnung in die Natur hineintrage, scheitert an der Tatsache, daß er in seinem Denken so lange irrt – oft jahrhundertelang –, bis er sich einer durch Erfahrung sich offenbarenden Vorgegebenheit anpaßt.«[102)] »Und liegt es dann nicht nahe anzunehmen« (Naturphilosophie und Physik können unsere Ordnungsmuster gemein-

[100] Abs. Aa der Kapitel IV–VII;

[101] Abs. C2c4 der Kapitel IV und VII, sowie VC3d3 und VIC2c2.

[102] *Dessauer* 1958, ganz ähnlich auch schon bei *Kraft* 1947;

sam auf die *Zahl* zurückführen), »daß zwischen Naturordnung und der Ordnung in der Mathematik, die ja Ausdruck unserer logischen Denkordnung ist, ein tatsächlicher Zusammenhang besteht? ... Wenn sich die Natur dem mathematischen Zugriff erschließt, muß auch ihr Seinsprinzip dem irgendwie entsprechen.«[103] Und *v. Weizsäcker* schließt: »Die Natur ist nicht subjektiv geistig; sie denkt nicht mathematisch. Aber sie ist objektiv geistig, sie kann mathematisch gedacht werden.«[104]

Die *Voraussetzung* dieser Nachbildung ist eine Identität der Grundgesetze. Auch das sah *Goethe* schon: »Wär' nicht das Auge sonnenhaft, die Sonne könnt' es nicht erkennen.« Diese Identität ist voll erwiesen. Die Quanten der Moleküle des Sehpurpurs, die auf Lichtquanten reagieren, sind sonnenhaft wie die Quanten der Wasserstoffatome der Sonne, die sie, bei ihrer Verbrennung zu Helium, aussenden.

(2) *Die Ursache der Nachbildung* muß die Selektion sein. *»Natura parendo vincitur«*[105] finden wir schon bei *Bacon*. Es lassen sich leicht Modelle rechnen, die zeigen, welch entscheidende Selektionsvorteile es haben muß, wenn z.B. die Ähnlichkeits-Daten von Räubern und Beute in ebensolchen hierarchischen Mustern gespeichert und abgerufen werden können, wie sie in der Natur auftreten. Gewiß »hat sich das Denken während der Stammesentwicklung der höheren Lebewesen bis zum heutigen Menschen hin notwendigerweise an die logische Weltgesetzlichkeit angepaßt«; diese von *Rensch* gezogene Konsequenz wird bereits von mehreren Biologen vertreten[106] und von all unserem Material bestätigt.[107]

Drei Methoden, so sehen wir voraus, werden den Nachweis erbringen: die tierpsychologische Analyse des vorbegrifflichen Denkens[108] (wohl zurück bis zu den primitiven Amnioten, ja Tetrapoden); die Untersuchung der Logik unserer letzten phylogenetischen und ontogenetischen Vorstadien (die ja bei Naturvölkern und Kindern noch zugänglich sind). Freilich zielen die bisherigen Untersuchungen noch nicht auf

103 *Strombach* 1968, Zitate von p. 66 und 59;

104 *v. Weizsäcker* 1958.

105 »Wir müssen der Natur gehorchen, wenn wir sie beherrschen wollen«, aus *Strombach* 1968, p. 59 und 66;

106 Zitiert aus *Rensch* 1961 (vgl. auch *Mohr* 1965, p. 526 und *Rensch* 1968).

107 Seitdem diese Zeilen in Druck gingen, ist unsere Auffassung von *Konrad Lorenz* (1973) in der überzeugendsten Weise bestätigt worden. Was wir hier aus der Anatomie der Ordnungsmuster ableiten, ist dort aus dem Vergleich der Verhaltensweisen klar geworden (siehe auch *Brunswik* 1934, 1957, *Popper* 1962, *Campbell, D.* 1966a, 1966b und *Lorenz* 1967). Wir fügten nur die Grundmuster hinzu und stellen nun fest: Schon die Strukturen des Lebendigen sind unter ›hypothetischem Realismus‹ selektiert, die Denkmuster, wie ihre ratiomorphen Vorstadien, sind ihre Konsequenzen.

108 Beispiele in *Köhler* 1952 bis *Lorenz* 1973.

unser Problem ab, denn die Muster, um welche es geht, haben wir eben erst definiert. Dennoch kann uns bereits die Übereinstimmung der ›Systematik‹ von Naturvölkern mit unserer Fachsystematik überraschen[109] oder die Fähigkeit unserer Kinder zu homologisieren[110]; und zwar beide, ohne in der Lage zu sein, die Prinzipien ihres Vergleichens angeben zu können. *Lorenz* spricht von *ratiomorphen*, nicht von rationalen Leistungen. Das ist das wesentliche. Ja, wir brauchen auch gar nicht auf Kinder und Primitive zurückzugreifen, um uns von diesen vorbegrifflichen Fähigkeiten unseres Denkapparates zu überzeugen.

Ich habe an Universitäten, die Systematik (der Ökologie wegen) fördern, aber den vergleichend anatomischen Unterricht unterdrücken (und den der Morphologie gar nicht mehr kennen), darin mit Studenten experimentiert. Einvernehmlich mit der Versuchsperson wurde die Erfahrung aller Grundbegriffe der Morphologie verhindert, aber eine systematische Arbeit vorgenommen. Die erfolgten Neubeschreibungen sind heute in der Fachliteratur veröffentlicht und um nichts schlechter als in vielen anderen wissenschaftlichen Mitteilungen.

Wir verstehen darum subjektiv das Mißtrauen der Über-Empiristen (vgl. Abs. VIIIB3c), aber objektiv nicht minder deren Irrtum. Sind es doch in großem Maße vorbegriffliche Vernunftprinzipien, die durch die intuitive Vorwegnahme der Gestaltgesetze das ganze System der Verwandtschaft, ja der Deszendenz haben errichten lassen.

Wir berühren damit sogar das universelle Phänomen ›a-priorischer‹ Vernunft, dessen Existenz von vielen Empiristen so energisch bestritten wird. Ich vermute, daß die Lösung dieser alten Streitfrage zeigen wird, daß es sich um vorbegriffliche Erfahrung handelt, die dem einen *›a priori‹* erscheint, vom anderen aus diesem Grunde geleugnet wird.

(3) *Die Ursache der Erhaltung* unseres Denkmusters kann aber nur zum Teil im Selektionsvorteil der Nachahmung von Naturmustern liegen; schon deshalb, weil es uns oft genug irreführt.

Man denke an all die Übertreibungen der Muster-Erwartung; wie die Norm zur Gleichmacherei, die Hierarchie zum Zusammenwerfen verleitet; an das Muster-Sehen, wo keine sind, den Interdependenz-Unfug (die unsinnigen Namen wie ›jelly-fish‹, ›Meerengel‹ und viele andere), den Tradierungs-Unfug (die Füllung unserer Sprache mit etymologischen Mißverständnissen).

Die kanalisierende Erhaltungsursache muß wieder das Ökonomieprinzip sein. Das erkannte bereits *Simon* (1965). Allein die Merkmale aller Menschen oder Bäume, die jeder von uns schon gesehen hat, überstiegen die Kapazität unseres Gehirns. Allein ohne das Speichermuster z.B. der Massenhierarchie, das nur das Generelle von *Baum* speichert (Busch und Telegraphenmast ausschließt), den Typus *Mensch* (indem zunächst auf alle Individualität verzichtet werden muß), wäre uns die Orientierung unmöglich. Die ungeheuren Zahlen redundanter Ereig-

[109] *Berlin, Breedloue* und *Raven* 1966 sowie *Diamond* 1966.

[110] Hier ist besonders die Darstellung von *Lorenz* 1965a und 1965b Band II, p. 282 ff und der Band von 1973 von Wichtigkeit; Übersicht in *Löther* 1972.

nisse, die damit den Speicher nicht belasten, haben wir ja schon im physischen Bereich kennengelernt.

Freilich evolviert das Denksystem, analytisch wie synthetisch. Wir differenzieren, was wir als Kleinkind *Apf* genannt haben (alles Runde und an den Mund Führbare), in Früchte und Bälle.[111] Wir synthetisieren, was wir getrennt sahen, Himmel und Erde zu Sonnensystemen und Galaxien, ja Raum und Zeit zum System der Relativität. Aber jede Übertretung der Denk-Ökonomie führt der Mißerfolg in die vier Muster zurück. Die Kapazität hat einwandfreie Grenzen (zwei Liter Gesetzmäßigkeit, wenn auch dicht gepackt, gegenüber der eines Universums); und andere Ökonomisierungsmuster scheint es nicht zu geben. Was Wunder ist es also, unsere Vorstellungen voll der im Aufwande billigen Ordnungsmuster zu sehen, wie sie nun langsam und kanalisiert, durch Irren und Wiederirren[112] am Wege sind, die Wirklichkeit ganz abzubilden.

e. *Die Zivilisationsmuster*

Was Wunder also auch, unsere Zivilisation voll Primitivmuster zu finden. Wir haben das schon bei jedem der vier Ordnungsmuster ausgeführt[113] und brauchen nur mehr zusammenzufassen.

In der Musterbildung der zivilisatorischen Evolution scheint es sich wie in der organischen (im Wachsen der Merkmale, Bürden und Dependenzen) darum zu handeln, mit einem Minimum an Text ein Maximum an Regulation zu erreichen, weil der Text Aufwände, die Regulation aber Sicherheit mit sich bringt. Wir sagten im Strukturbereich: durch ein Minimum der Chancen des Zufalles (*R*), also mit wenig Gesetzes- oder Entscheidungsgehalt (*G*) ein Maximum an Determinationsgehalt der Ereignisse (*D*) zu erreichen. Übersetzt in die äquivalenten Begriffe des Zivilisationsbereiches heißt das: durch ein Minimum an Investition (*R*; Kapital, Kosten, Mühe, Lernen, Differenzierung), also mit wenig ›Information‹ (*G*, Weisheit, Wissen, Einsicht, Kenntnis, Erfahrung), ein Maximum an Geordnetheit (*D*, Gewißheit, Voraussicht, Rat, Bestimmtheit und Ruhe) zu erreichen.

Das Ergebnis sind die Kollektivmuster Norm, Hierarchie und Interdependenz nebeneinander und die Tradierung in der Zeit, die man eine Adoptivordnung nennen könnte. Eben das ist der modernen Soziologie bekannt.[114] Aus unseren anatomischen Erfahrungen fügen wir nur hin-

[111] Vgl. die Denkpsychologie der Würzburger Schule, z.B. *Bühler* 1907–08; ferner *McGeoch* 1952;

[112] vgl. *Lorenz* 1971 (und die von ihm p. 252 zitierten Zeilen *Piet Hein's*);

[113] in den Absätzen VC4 und C3 der Kapitel IV, VI, VII;

[114] Man vergleiche besonders *Freyer* 1955, *Berger* und *Lockmann* 1966, *Georgescu-Roegen* 1971.

zu, daß es sich um Konsequenzen bis tief im Molekularbereich wurzelnder Naturgesetze zu handeln scheint, die wir darum wohl akzeptieren, ja in ihrer Gleichzeitigkeit als notwendig hinnehmen müssen. Es kann z.B. keine Norm ohne Hierarchie geben, noch umgekehrt, wiewohl die Behauptung des Gegenteils immer wieder Anlaß zu jenen Massenkonvulsionen war, die wir – betrüblich genug – die Wenden der Weltgeschichte nennen. Und wir fügen hinzu, daß nicht die Pluralität unsere wachsame Kritik verdient, sondern die Primitivzustände dieser Ordnungsmuster wie die Konsequenzen ihrer Fixierung.

Der zivilisatorische Erfolg der Primitivzustände beruht auf einer Reduktion des Ordnungswertes (vgl. Formel 33, p. 397), wobei Entscheidungen durch den Gleichlauf der Ansprüche redundant und abgebaut (G sinkt), die Ereignisse aber immer leichter identisch wiederholbar werden (a steigt); normiert, gerangt, interdependent und tradiert. Und das bedeutet für den Augenblick einen Abbau der Schwierigkeiten des Ordnens, der Entscheidungsfindung (im Ausmaß der Potenz $-R$). Das sichtbare Ergebnis sind Massennorm und Massenhierarchie, also Massendependenz (das Gegenteil von Selbst- und Individualordnung) mit wachsenden Merkmalen der Konformisierung (in Standards, Rängen, Spezialisationen, in Ideologie, Tabus und Selbstverständlichkeiten) der Produkte, ihrer Produzenten wie deren Institutionen; ein Schwinden der Individualisierung (der Universalität, Unabhängigkeit und Differenzierung). Dies ist das Raumgreifen einer Ordnung der technischen Zivilisation. Ihre Evolution zu den höheren Formen der Ordnung bringt den allmählichen Abbau dieser Massen-Merkmale, die sichtbaren Erscheinungsformen der Kultur. »Dies«, sagt schon *Schrödinger*[115], »wird zwar die Produktion nicht billiger machen, dafür aber jene, die in sie verwickelt sind, glücklicher.«

Die Rückzahlung der Zivilisationsvorteile von gestern – wir sagten: an die Unbestechlichkeit des Verhältnisses von Zufall und Notwendigkeit – muß heute jeweils mit jedem Richtungswechsel der Milieubedingungen beginnen. Was an Haben (mit der Potenz $-R$) zu verzeichnen war, muß als Soll (Potenz R) zu Buche kommen. Hohe Systemisierung der Entscheidungen kann bis zur Untransformierbarkeit führen; bei Wechsel der Ansprüche zur chaotischen Auflösung des Systems. Man ist an die Konsequenzen *Spenglers* erinnert. Und doch möchte man hoffen, mit der Erkenntnis des Mechanismus künftig doch auch noch unsere Vernunft auf der Habenseite in die Bücher zu bringen. – Und wir sind zurück beim generellen Problem der Evolution (wo wir es in Abs. VIIIB7c verlassen haben).

115 *Schrödinger* 1969, p. 125.

f. Zwei düstere Evolutionstheorien

Unsere wissenschaftliche Vorstellung vom Wesen dieser Welt ist bestimmt von den beiden großen Theoremen der Evolution, denn sie haben sich als ebenso universell wie richtig erwiesen: Vom Entropiegesetz der Physik und vom Deszendenzgesetz der Biologie. An ihrer Richtigkeit ist nicht zu zweifeln, gewiß aber an ihrer Vollständigkeit.

Schrödinger hat die Konsequenzen des Deszendenz-Mechanismus *gloomy* genannt und als Physiker nach dem Ausweg aus solch hoffnungsloser Düsternis gesucht;[116] scheint doch die Hoffnung jeder Kreatur der Planlosigkeit (den Zufallsentscheidungen) eines blinden Konstrukteurs ausgeliefert (der Mutation) und der Ziellosigkeit eines Kurzsichtigen (der Selektion), der nach Maßstäben des Augenblicks-Opportunismus dazu berufen ist, fortgesetzt über Leben und Tod zu entscheiden. Um nichts hoffnungsvoller erlebt aber auch der Biologe die Konsequenzen des Entropiesatzes, der uns lehrt, daß alle Ordnung darauf beruht, ein noch viel größeres Volumen an Chaos hinter sich zu lassen, daß alle Harmonie der Schöpfung, die höchsten Werte unserer Kulturen, letztenendes dazu vergehen, die Weltraumkälte zu wärmen, die Unbestimmbarkeit, die Verwirrung der wirbelnden Atome zu vergrößern.

Ist es nicht merkwürdig, daß wir solch Evolutionsgeschehen schon in der Apokalypse nachlesen können, in der sich Wärmetod und Chaos als die Hölle symbolisiert und das Fegefeuer (zuletzt bei *Sartre*) in dem hoffnungslosen, nie endenden Abmühen um das Gerade-noch-Überleben? Gewiß, an den Sätzen ist nicht zu zweifeln. Wo aber finden wir in der Naturwissenschaft die Gesetze der Genesis formuliert? Das Werden von Gesetz und Ordnung, deren Produkte ja hell zutage liegen, die Welten und Meere, die Menschen und ihre Rechte, und viel greifbarer als das Dunkel von Ausrottung und werdendem Chaos? Ist es nicht merkwürdig, daß uns *Mephisto* (wenn wir *Goethe* folgen) zuerst die Feder führte? Ist »der Geist, der stets verneint« dem kritischen der Wissenschaft so verwandt?

Freilich ist solcherart nicht voranzukommen. Das Gläubige der Empfindung wird vor solcher Trivalität schaudern, das Kritische des Denkens vor so phantastischer Prophetie. Und doch wissen wir, daß vor jedem rationalen Erkennen ein vorbewußtes steht, und da es sich noch nicht rationalisieren ließ, ist auch die Benennung seiner Propheten keine Sache der Ratio. In dieser Lage hilft die Annahme, die beiden Evolutionstheorien seien ebenso richtig wie unvollständig. Das ist eine Forschungsaufgabe wie eine Hoffnung; und wir selbst haben schon 406

[116] *Schrödinger* 1969, p. 113; man erinnere sich auch nochmals der Darstellungen von *Bergson* 1911, *Cannon* 1958 und vor allem von *Koestler* 1968, der die Dramatik in der Unvollständigkeit unserer Evolutionstheorien anschaulich zu machen vermochte.

Seiten verbraucht, um beide für den Bereich des Lebendigen zu belegen.

Die Evolution der Organismen ist fern von Planlosigkeit. Energiepumpe und Entropieabfuhr, Realisations- und Erhaltungschance, die sie betreiben, führen nicht nur zu Differenzierung und Diversifikation, einer Vergrößerung der Zufalls-Unwahrscheinlichkeit, sondern darüber hinaus zu einer sich selbst stabilisierenden Harmonie verifizierbarer Gesetzmäßigkeit; einer geordneten Mannigfaltigkeit der Gestaltung. Die Gesetze der transspezifischen Evolution erweitern den ›naturwissenschaftlichen Sinn‹, also Ziel und Zweck des Lebendigen, vom ›Sinn des Überlebens‹ zum ›Sinn sich selbst schöpfender Ordnung‹ mit Merkmalen, für welche ich die Begriffe Selbstwirkung, Zielbildung und Selbstordnung bilden muß.

(1) *Die Selbstwirkung* geht über die scheinbare Passivität des Lebendigen hinaus. Sie liegt zwischen aktivem und passivem Geschehen, für welches wir – darum entschuldige man das neue, noch leere Wort – keinen rechten Namen haben. In ihr ist Eigen-Steuerung, Rückkopplung, Selbstregulation enthalten; wobei die Steuerteile gesteuert werden und die Gesteuerten steuern. Sie liegt zwischen der Aktivität, nach dem Lamarckismus, und der Passivität, nach dem genetischen Dogma (obwohl als Mechanismus ersterer nicht erwiesen, letzteres aber im Prinzip unwidersprochen bleibt). Die Zwischenposition dieses Mechanismus sieht man leicht, schwerer die unseres Seins. Die Funktionssysteme der Ereignisse ziehen die Systemisierung der Entscheidungen nach sich und die Entscheidungsmuster Stetigkeit in jenen der Ereignisse. Jeder Teil ist ebenso Ursache wie Folge. Ja, die Grenzen zwischen Ereignissen und Entscheidungen sahen wir mit der Analyse schwinden. Was übrig bleibt, sind Systeme von Entscheidungen, die Ursache und Wirkung gemeinsam beinhalten. Nicht vom Einzelnen aktiv erworbene Eigenschaften werden erblich, sondern von der Gesamtheit eingeschlagene Richtungen. Der Lamarckismus überschätzte die Rolle der End-Ereignisse, das Dogma die der Erst-Entscheidungen. Weder machen wir Evolution, noch werden wir von ihr gemacht: Wir sind sie selber.

(2) *Die Zielbildung* geht über die vermeintliche Ziellosigkeit hinaus. Daß die Bahnen der Evolution auf bestimmte Zustände zulaufen (Muster, Kombinationen von Ereignissen und Entscheidungen, Morpho- wie Epigenotypen) oder, wenn man will, unübersehbare Zahlen anderer Kombinationsmöglichkeiten ausschließen, halten wir nun für gewiß. Somit wäre die Evolution voller Ziele. Aber keinem Urfisch war ein Vierfüßer, keinem primitiven Vierfüßer der Mensch in ›der Wiege gesungen‹; es waren nur potentielle Möglichkeiten. Alles scheint vorhersehbare Notwendigkeit; nicht aber die Begegnung von Möglichkeit und Erfordernis. Das Ziel entsteht erst mit seiner Setzung. Es kann weder vorher hinein, noch nachher herausgegeben werden. Weder haben

wir die Potenz, Ziele der Evolution festzulegen, noch waren wir von Haus aus angezielt. Das Ziel ist mit uns entstanden und von uns nicht fortzunehmen.

(3) *Die Selbstordnung* geht über die Wahllosigkeit der Ordnungsformen hinaus. Ordnung in dieser Welt ist ja – wie man vordem meinen mochte – nicht allein ein Festlegen unwahrscheinlicher Zustände, Ordnungswachstum nicht deren bloße Vermehrung. Sie enthält vielmehr nach bestimmten symmetrischen Mustern sich wiederholende (und wiederum mathematisch definierbare) Gesetzmäßigkeit. Diese Muster durchziehen alle Kreaturen, deren Denken wie deren Schaffen; eine Übereinstimmung, die wir achtungsvoll (wertend) die Harmonie dieser Welt nennen. Ein System von Mustern, das selbst evolviert von den Symmetrien und Rängen des molekularen Codes bis zu den kompositorischen Symmetrien und Rängen unserer Dome und Symphonien. Wir können nun wohl feststellen, daß wir Menschen in den Ordnungswerten, die wir kennen, die Spitze halten, daß deren Wachstum dazu geeignet sein kann, Orientierung und Einsicht, ja Vernunft und Weisheit zu vergrößern, und daß die fernen Ziele dieser Veränderung mit dem zusammenfallen, was wir unsere höchsten Werte nennen. Aber wir müssen auch sogleich einräumen, daß weder wir diese Harmonie konzipiert haben, noch jene Dome und Symphonien eine notwendige Folge der Säugetiere, der Organismen oder der Biomoleküle sein können. Sie sind nur potentiell in ihnen enthalten. Ordnung ist nicht in die Natur hineingetragen; sie ist in ihr enthalten. Ihre Differenzierung, ihr ›Geist‹ ist mit ihr entstanden, ihre Grundformen aber, *ihr Sinn*, nicht erst im Bereich des Lebendigen. Er ist eine Konsequenz der Materie.

Damit sind wir zur anorganischen Ordnung zurückgekehrt. Denn von der speziellen Frage: Wieviel der organischen Ordnungsgesetze schon im Anorganischen enthalten wäre (die, wie etwa von *Monod* und *Teilhard de Chardin*[117]), sehr unterschiedlich beantwortet wird), ist nur mehr ein kleiner Schritt zu generellen Fragen: Was führt zur Gesetzesentfaltung der Materie, oder: Welches ist das Ordnungsprinzip, aus dem sie sich entfaltet? Diese Frage entspringt aber nicht der Unbekümmertheit eines Biologen, sondern, ganz im Gegenteil, der Physik des *Heisenberg*schen Ordnungsprinzips. *Heisenberg* führt darin das mathematische Gesetz der Materie an jenen Bereich heran, in dem die Materie entsteht; wo Masse und Energie, die sich ja nach der *Einstein*schen Masse-Energie-Äquivalenz selbst wieder entsprechen, auf ein gemeinsames Prinzip zurückgeführt werden müssen. Dies sind die mathematischen Strukturen. »Für die moderne Naturwissenschaft steht also am Anfang nicht das materielle Ding, sondern die Form, die mathematische Symmetrie. Und da die mathematische Struktur letztenendes ein

117 *Monod* 1971, *Teilhard de Chardin* 1959.

geistiger Inhalt ist, könnte man auch mit den Worten *Goethes* Faust sagen: *»wenn ich vom Geiste recht erleuchtet bin. Geschrieben steht: ›im Anfang war der Sinn‹.«*[118)]

Die Entsprechung und Entfaltung dieses Sinnes haben wir in Gesetzen der organischen Gestalt und Evolution verfolgt, bis zu jenem Differenzierungsgrad, wo er sich in Bewußtsein und Erkenntnis wiederbegegnet; in welchem System diese Moleküle sogar in die Lage kommen, über sich selbst nachzudenken. Das Gesetz sich entfaltender Ordnung muß die ganze Genesis durchziehen. Soweit es uns das Lebendige lehrte: Ein Gesetz der Systeme determinierender Entscheidungen. Die großen Theoreme der Evolution müssen richtig, aber sie können nicht vollständig gewesen sein.

g. *Determination und Destination*

Hier angekommen, wird der Leser voraussehen, daß es bald das letzte Blatt sein muß, das sich der Autor zu diesem Buch ausbreiten darf, denn ganz offensichtlich kommt er immer weiter von jenen Gegenständen ab, über die er etwas Konkretes sagen kann (wiewohl es umgekehrt Gegenstände sind, die uns immer mehr betreffen). Diese Gegenläufigkeit von Fundierung und Relevanz hat aber nach dem Gesagten auch nichts mehr Wunderliches; und so kann man sich nur fragen, ob das Allgemeinste überhaupt, und wenn, von wem es gesagt werden soll. Man lasse es darum auch den Naturwissenschaftler tun, weil er ja zunächst die Fakten hat und soweit ihn diese, wie er überzeugt ist, zu tragen vermögen. Denn, seien wir offen, was wäre erfahren mit der Kenntnis all der erarbeiteten Steinchen (harten Fakten), hätten sie nicht zusammengenommen irgendeine Bedeutung für uns selber, unser Leben, unsere Chance morgen.

Was die Theorie im Wesentlichen behauptet, ist, daß der Ablauf der Evolution in ungleich größerem Ausmaß dem Zufall entzogen und Gesetzmäßigkeiten unterworfen ist, als bisher angenommen wurde. Das bedeutet zunächst ein Raumgreifen der determinierbaren Voraussicht. Schon diesen Umstand mag man begrüßen oder beklagen. Das ist aber nicht unsere Sache. Es ist das eine Konsequenz des sich Ausbreitens reproduzierbarer Erkenntnis. Und die Frage, ob man diese nun haben möchte oder nicht, soll hier nicht diskutiert werden. Höhere Determination in der Evolution bedeutet jedenfalls höhere Voraussehbarkeit ihrer Segen und Übel, und diese seien noch kurz reflektiert.

(1) *Die Moral der fixierten Übel* ist, gewissermaßen schon die Kon-

[118] Zitiert aus *Heisenberg* 1959, p. 148; wie erinnerlich begegneten wir den ersten Worten des *Johannes* Evangelium schon in der Informationstheorie (p. 115) am Beginn unserer Untersuchungen.

sequenz für morgen, das wichtigste. *Lorenz*[119] hat entdeckt – Leser wie Entdecker mögen mir die kurze Wiedergabe vergeben –, daß Gott den Teufel in uns angenagelt hat. Man schauderte; und manche, welchen schauderte, wollten mit allerlei metrischem Hin und Her nachweisen, daß dem doch nicht ganz so sei. Was immer wir aber am Wege unserer Untersuchungen fanden, läßt jedoch keinen anderen Schluß zu, als daß es so ist. Will man aber heute dem Menschen einreden, daß man ihm seine ererbten Übel ausreden kann (beispielsweise die Aggression), dann werden sie morgen nur noch unkontrollierter und verdienter über ihn hereinbrechen. Die Dinge gelten auch, wie wir sahen, für Strukturen und Funktionen in gleicher Weise; der Unterschied ist ja nur ein methodischer. Man hat *von Bertalanffy*[120] der Unsachlichkeit bezichtigt, der feststellte, daß den Evolutions-Sprossen entlang mit der Vielzelligkeit der Tod, mit dem Nervensystem der Schmerz und mit dem Bewußtsein die Angst ins Leben getreten ist. So ist es aber. Wir haben in jedem der vier möglichen Muster zwischen Zufall und Notwendigkeit nachgewiesen, daß für die erreichten Vorteile bezahlt werden muß; und zwar mit derselben Währung, die vordem als Erfolg (meist der Vertilgung des Nachbarn) gebucht werden konnte.

Die Gesetze dieses Werdens lassen sich nicht beschwindeln, und ihre Produkte stecken voll katastrophaler Fehler; zusammen gerade noch nicht übel genug, um die Ausrottung vollends sicherzustellen. Die Stabilität der Zustände ist eine relative Sache und nur wertbar an der Differenzierung (dem Ordnungsgrad, der Unwahrscheinlichkeit), die sie enthalten. Der Mensch in seiner Komplikation und der biologischen Einseitigkeit der exzessiven Entwicklung eines einzigen Hirnteiles ist freilich schwer zu balancieren. Umso dringlicher sollte uns eine profunde Kenntnis seiner fixierten Mängel sein. Wir werden ansonsten bald unseren Platz auf dieser Erde den Ratten räumen oder jedenfalls den Schwefelbakterien. Im Bereich der anatomischen Strukturen haben wir die Chancen zu errechnen gehabt, und wer sie für den Bereich der zivilisatorischen Funktionen nicht bald berechnen kann, der wird keine Chance mehr haben.

Die epigenetischen Systeme lassen sich nicht ändern, und da sie die Vorteile für gestern speichern mußten, müssen sie die Nachteile für heute beinhalten. Nachteile gegenüber einem Milieu, dem wir nicht angepaßt sind. Ein Milieu, das wir selbst geschaffen haben. Das enthält zugleich die Tragik wie die Hoffnung unserer Position. Sollen die Nachteile verschwinden, so nur durch eine Anpassung unseres Milieus an die Biologie des Menschen und seines Lebensraumes.

Und schon finden wir uns vor der Konsequenz einer Milieutheorie.

119 *Lorenz*: »Das sogenannte Böse«, 1963.
120 *Bertalanffy* 1955.

Sie enthält die Umkehrung dessen, was der dialektische Materialismus vom Milieu erwartet. Das komplexeste Produkt der somatischen Evolution läßt sich nicht umdressieren; und schon gar nicht von den Erfolgszivilisationen, die deshalb so erfolgreich sind (die Vertilgung des Nachbarn so leicht zur Hand haben), weil sie die urtümlichsten der – jahrmillionenalten – Bedürfnisse mit Bewußtsein fördern, die Aufstauung von Energie, zivilisatorisch also von »Ernte, Ertrag, Geld, Einfluß, Macht, Kapital, Rüstung«.[121)] *»Es sollte stehen: Im Anfang war die Kraft! Doch auch, indem ich dieses niederschreibe, schon warnt mich was, daß ich dabei nicht bleibe!«*[122)] Wir bestätigen nur wieder alte Weisheit.

(2) *Ordnung und Wertordnung.* Wo sind wir hingelangt? Keineswegs zu einem vollständigen Bild. Die Genesis ist kein Werk des Teufels. Er durfte nur mitwirken. Wir wissen von der Selektion wenigstens soviel, daß das Übel eine Folge ihres Segens sein wird. Und diesen Segen fanden wir wieder in ihrer Gerichtetheit; und zwar nicht nur Vielfalt und Spezialisation planlos zu erweitern, sondern Ordnung zu vergrößern und die Formen der Ordnung zu heben; in der Erweiterung der reinen Gesetzmäßigkeit.

Wir hatten dabei festzustellen, daß die Vergrößerung dieser Ordnung identisch ist mit jenen Bewußtseinsinhalten, die wir Orientierung, Voraussicht, Gewißheit und Ruhe nennen; Begriffe, die mit Recht und Frieden schon sehr verwandt sind.[123)]

Wir hatten weiter festgestellt, daß die Evolution die reine Gesetzmäßigkeit auf Kosten der Redundanz der Ereignisse vermehrt; die Ordnungswerte vergrößert. Übertragen in den Bereich unseres Subjekts bedeutet das Entnormung und Entmassung, einen Abbau der Standards der Klassen, der Vorurteile, Tabus und Selbstverständlichkeiten. Es bedeutet Pluralisierung und Individualisation; Differenzierung und Profilierung, Anerkennung und Stabilisierung der Individualgesetze auf Kosten der Massengesetze. Wie nahe sind diese Begriffe unseren Zielen von Menschenwürde und Humanität. *Das Milieu des Humanen* muß zu unserem Überleben geschaffen werden. Wir haben aber noch ein Drittes festgestellt. Die höchsten Ordnungsgrade, auf welche die Mechanismen der Evolution die Materie hinzulenken scheinen, liegen bereits außerhalb des Körperlichen. Es ist ein Ausfließen, die Projektion der Ordnung einer Zeit und eines Individuums nach außen; Produkte, welche wir die der Kultur nennen. Und gerade sie, die ein Minimum an Redundanz und Massenidentität besitzen, aber ein Maximum an indivi-

121 *Riedl* 1973a, p. 10; und *Riedl* 1973b (man vergleiche dort die zitierte einschlägige Literatur).

122 *Goethe*, Faust I. Teil (dritte Deutung des Johannes-Evangelium).

123 Einen ähnlichen Gedanken findet man schon bei *Weaver* 1948.

dueller, unvergleichlicher Gesetzlichkeit, pflegen wir unsere höchsten Werte zu nennen; ja wir schätzen sie umso höher, je umfassender und einmaliger sie sind. Und das Höchste, das reine Gesetz, vermögen wir rational noch nicht einmal zu begreifen.

Die Koinzidenz ist zu umfänglich, um ein Zufall zu sein. Wir fanden vielmehr die Evolution des Bewußtseins als eine Konsequenz der Evolution des Körperlichen. Und da weder wir die Ordnung in die Natur tragen, noch ihre Gesetze vor ihrem Erscheinen existierten, sind wir und die Evolution dasselbe. Hier also liegt unsere kanalisierte Hoffnung; der Ausweg aus der Sklaverei der Redundanz, der Überzähligkeit des Menschen, die Chance natürlichen Abbaues der gefährlich gestauten Energien, der verbleibende Pfad vom ›missing link‹ zum Menschen. »Aber was wir für Luxurierung der Erbauung halten mochten, scheint nun Forderung eines Naturgesetzes zu sein, an der unser Überleben hängt. Beugten wir uns nicht erahnten Werten«,[124)] so werden wir uns vielleicht erkannten Gesetzen zu beugen haben.

(3) *Über Gesetz und Freiheit.* Ist der Ablauf auch der transspezifischen Evolution, der Wege der Genesis – wie unsere Theorie behauptet – zum großen Teil Gesetzmäßigkeit unterworfen, dann ist die Konsequenz eine gesetzliche Verankerung der Übel wie ihrer Segen. Das Übersehen von keinem der beiden hat Chancen auf Erfolg. Die Evolution ist selbstbestimmt. Diese Welt ist keinesfalls die beste der denkbaren, wie *Leibniz*[125)] meinte, aber auch nicht die schlechteste, wie *Voltaire*[126)] erwiderte. Sie beinhaltet nur beides; und unsere Chance scheint darin zu bestehen, uns in ihr zu erkennen. Und in diesem allgemeinsten Zusammenhang ist das Verhältnis von Gesetz und Freiheit die letzte der Konsequenzen, die wir erörtern wollen.

Aus Gründen, die wir wohl verstehen, pflegt man Gesetz, Verbot und dessen kompromißlose Durchsetzung mit Einengung, Unterdrükkung und Sklaverei, Freiheit aber mit deren Gegenteil in Verbindung zu bringen. Wir verstehen das, weil wir ja alle zur Gruppe jener Individuen gezählt werden, von welchen erwartet wird, daß sie Gesetzen folgen, die nicht sie über sich selbst, sondern die andere über sie verfügt haben. Wir sind zwar selbst das Gesetz der Natur, dem zu folgen wäre, verfügen uns aber in Gemeinschaften, die mehr geregelte Übereinstimmung nötig haben, als man sie vom Kollektiv ihrer Mitglieder erwarten kann. Freiheit aber mit Chaos gleichzusetzen, wäre verfehlt.

Wenn wir Freiheit empfinden oder anstreben, scheint es darum weniger ein Freimachen von der Individual- als vielmehr von Kollektiv-Ge-

124 *Riedl* 1973a, p. 16.
125 Theodizee (»Essai de theodicée sur la bonté de dieu, la liberté de l'homme et l'origine du mal«; zuerst 1710). Deutsche Ausgabe 1879.
126 Candide (»Candide ou l'optimism«, 1759).

setzlichkeit zu sein, von der Identität, der Redundanz oder Überzähligkeit, den Normen und Selbstverständlichkeiten in der Gruppe. Es ist eine Individualisierung[127)]; zunächst unabhängig davon, ob der ungewöhnlichen Tat ein Orden oder der Kerker (oder beides) harrt. Freiheit erscheint so als der Versuch, die individuelle Gesetzlichkeit auf Kosten der Redundanz zu vergrößern; das ist wiederum Wachsen der Ordnungsform. Sie kann dem allgemeinen Werden der Ordnung zuwiderlaufen, keine Anwendung finden, im Chaos enden. Sie kann aber auch zur Entstehung viel höherer Ordnungsformen der Anlaß sein; und so zählt gerade sie zu unseren hohen Werten. Die höchste Freiheit – dies als die letzte Konsequenz der Theorie – ist die Anwendbarkeit größtmöglicher individueller Ordnung: Ein Triumph von Gesetz über Identität. Es ist dieselbe Konsequenz, mit der *Goethes* ›Faust‹ den ersten Worten des Johannes-Evangelium die endgültige Deutung gibt: *»Mir hilft ein Geist! Auf einmal seh' ich Rath und schreib' getrost: im Anfang war die That!«*

Die Ordnung dieser Welt ist eine ihrer elementaren Eigenschaften. Sie ist das Produkt aus der Entfaltung der Naturgesetze und den Erhaltungschancen deren Anwendung. Sie folgt in Bahnen der Selbstordnung, den möglichen Dependenzen in den Schichten-Systemen der Determinations-Entscheidungen; den Konstanzbedingungen der Binnensysteme in definierten Außensystemen. Sie ist die Voraussetzung, diese Welt zu begreifen; sie formt unser Denken und Handeln als eine Konsequenz der Muster in aller belebten Struktur; und diese erscheinen als eine Konsequenz der Stabilitätsbedingungen der Materie, deren möglichen mathematischen Symmetrien.

Die Zustände der Ordnung sind das Gegen-Teil von Ratlosigkeit, Willkür und Chaos. Die Genesis der Ordnung ist das notwendige Gegen-Stück zur Entropie.

[127] Eine entsprechende Konsequenz hat *Lorenz* 1971, p. 232 aus Verhaltensweisen abgeleitet.

Literaturverzeichnis

Adachi, B., 1933: Anatomie der Japaner. 3 Bde., Kenkyusha, Kyoto.

Ardrey, R., 1967: Adam kam aus Afrika. Molden, Wien.

Atz, J., 1970: The application of the idea of homology to behavior. In: Aronson, L., Tobach, E., Lehrmann, D. und Rosenblatt, J., eds., Development and evolution of behavior, 53–75. W.H. Freeman, San Francisco.

Auerbach, C., und *Robson, J.*, 1947: The production of mutations by chemical substances. Proc. Roy. Soc. Edinb. 62: 284–291.

Ax, P., 1961: Verwandtschaftsbeziehungen und Phylogenie der Turbellarien. Ergebn. Biol. 24: 1–68.

Ax, P., und *Dörjes, J.*, 1966: Oligochoerus limnophilus nov. spec., ein kaspisches Faunenelement. Int. Revue Hydrobiol. 51 (1): 15–44.

Baer, K. von, 1828: Über Entwicklungsgeschichte der Tiere. Borntraeger, Königsberg.

— 1876: Studien aus dem Gebiet der Naturwissenschaften. Röttger, St. Petersburg.

Baerends, G., 1958: Comparitive methods and the concept of homology in the study of behavior. Arch. Néerl. Zool. 13 (suppl.): 401–417.

Baldass, L. von, 1943: Hieronymus Bosch. Schroll, Wien.

Balkaschina, E., 1929: Ein Fall der Erbhomöosis (die Genovariation »Aristopedia«) bei Drosophila melanogaster. Roux-Arch. Entwicklungs. Mech. 115 (1/2): 448–463.

Balss, H., *Gruner, H.*, *Buddenbrock, W.*, und *Korschelt, R.*, 1961: Decapoda. In: Klass. u. Ordn. d. Tierreichs, 5 (1/7).

Baltzer, F., 1950: Entwicklungsphysiologische Betrachtungen über Probleme der Homologie und Evolution. Rev. Suisse de Zool. 57 (11): 451–477.

— 1952: Experimentelle Beiträge zur Frage der Homologie. Experientia 8: 285–297.

— 1955: Finalisme et physicisme. Actes Soc. Helvétique Sci. Naturelles 135: 92–99.

— 1957: Über Xenoplastik, Homologie und verwandte stammesgeschichtliche Probleme. Mitt. Naturforsch. Ges. Bern 15: 1–23.

Bavink, B., 1930: Ergebnisse und Probleme der Naturwissenschaften. Eine Einführung in die heutige Naturphilosophie (4. Aufl.) Hirzel, Leipzig.

Beauchamp, P., de, 1961: Généralités sur les Plathelminthes. Traité de Zoologie IV (1): 23–212.

Berg, L., 1926: Nomogenesis or evolution determined by law. Constable, London.

Berger, P., und *Lockmann, Th.*, 1966: The social construction of reality. Doubleday, New York.

Bergson, H., 1907: Evolution créatrice. Alcan Coll. de Bibl. de Philosophie (3eEd.), auch: Oeuvres, Press Universitaires de France, Paris.

Berlin, B., Raven, P., und *Breedloue, D.*, 1966: Folk taxonomies and biological classification. Science 154: 273–275.

Bertalanffy, L., von, 1948: Das Weltbild der Biologie. In: Moser, S., ed., Weltbild und Menschenbild, Tyrolia, Salzburg.

— 1949: Vom Molekül zur Organismenwelt – Grundfragen der modernen Biologie. Athenaion (2. Aufl.), Potsdam.

— 1952: The problem of live. Harper, New York.

— 1955: Die Evolution der Organismen. In: Schlemmer, D., ed., Schöpfungsglaube und Evolutionstheorie, 53–66. Kröner, Stuttgart.

— 1968: General system theory. Foundation, development, application. Braziller, New York.

— 1970: Gesetz oder Zufall: Systemtheorie und Selektion. In: Köstler, A. und Smythies, J., eds., Das neue Menschenbild, 71–95. Molden, Wien-München-Zürich.

Beurlen, K., 1932: Funktion und Form in der organischen Entwicklung. Naturwiss., 20: 73–80.

— 1937: Die stammesgeschichtlichen Grundlagen der Abstammungslehre. Fischer, Jena.

Bigelow, R., 1959: Similarity, ancestry, and scientific principles. Syst. Zool. 8: 165–168.

Binding, K., 1872–1919: Die Normen und ihre Übertretung. Untersuchung über die rechtmäßige Handlung und die Arten des Delikts. 4 Bde. Engelmann, Leipzig.

Bird, A., 1971: The structure of nematodes. Academic Press, New York-London.

Birnstiel, M., Chipchase, M., und *Speirs, J.*, 1970: The ribosomal RNA cistrons. Progr. Nucl. Acid Res. 11: 351–389.

Blackwelder, R., 1967: A critique of numerical taxonomy. Syst. Zool. 16: 64–72.

Bohlken, H., 1958: Vergleichende Untersuchungen an Wildrindern (Tribus Bovini Simpson 1945). Zool. Jb. (allg. Zool. u. Physiol.) 68: 113–202.

Braus, H., 1929: Anatomie des Menschen (2. Aufl.). Springer, Berlin.

Bresch, C., und *Hausmann, R.*, 1970: Klassische und molekulare Genetik (2. erweit. Aufl.). Springer, Berlin-Heidelberg-New York.

Bridges, C., und *Brehme, K.*, 1944: The mutants of Drosophila melanogaster. Carnegie Institutions of Washington Publication 552, Washington, DC.

Bridgman, P., 1941: The nature of thermodynamics. Harvard Univ. Press, Cambridge (Massachusetts).

Brillouin, L., 1956: Science and information theory. Academic Press, New York.

Britten, R., und *Davidson, E.*, 1949: Gene regulation for higher cells: a theory. Science 165: 349–356.

Brunswik, E., 1934: Wahrnehmung und Gegenstandswelt. Psychologie vom Gegenstand her. Deuticke, Leipzig–Wien.

— 1957: Scope and aspects of the cognitive problem. In: Bruner, R. et al., eds., Contemporary approaches to cognition. Harvard Univ. Press, Cambridge (Massachusetts).

Bühler, K., 1907–08: Tatsachen und Probleme zu einer Psychologie der Denkvorgänge. Arch. Ges. Psychol. 9: 297–365 und 12: 1–92.

Burgers, J., 1965: On the emergence of patterns of order. General Systems 10: 77–90.

Bytinski-Salz, H., Trapianti di ›organizzatore‹ nelle uova di Lampreda. Arch. Ital. Anat. Embryol. 39: 177–228.

Cahn, P., 1958: Comparative optic development in Astyanax mexicanus and two of its blind cave derivates. Bull. Americ. Mus. Nat. Hist. 115: 73–112.

Cain, A., 1956: The genus in evolutionary taxonomy. Syst. Zool. 5: 97–109.

Camin, J., und *Sokal, R.*, 1965: A method of deducing branching sequencies in phylogeny. Evolution 19: 311–326.

Campbell, B., 1967: Biological entropy pump. Nature 215: 1308.

Campbell, D., 1966a: Evolutionary epistemology. In: Schlipp, P., The philosophy of Karl R. Popper. Open Court Publishing Co., Lasalle.

— 1966b: Pattern matching as an essential in distal knowing. Holt, Rinehart u. Winston, New York.

Cannon, H., 1958: The evolution of living things. Manchester Univ. Press., Manchester.

Chen, P., und *Baltzer, F.*, 1954: Chimärische Haftfäden nach xenoplastischem Ektodermaustausch zwischen Triton und Bombinator. Roux' Arch. Entw. Mech. 147: 214–258.

Chomsky, N., 1970: Sprache und Geist. Suhrkamp, Frankfurt.

Clara, M., 1942: Das Nervensystem des Menschen. Barten, Leipzig.

Clark, R., 1964: Dynamics in metazoan evolution: the origin of the coelom and segments. Clarendon Press, Oxford.

Claus, C., *Grobben, K.*, und *Kühn, A.*, 1932: Lehrbuch der Zoologie. Springer, Berlin-Wien.

Colless, D., 1967: The phylogenetic fallacy. Syst. Zool. 16: 289–295.

Commoner, B., 1970: Science and survival. Ballentine, New York.

Corning, H., 1925: Lehrbuch der Entwicklungsgeschichte des Menschen. Bergmann, München.

Coulombre, A., 1965: The eye. In: DeHaan, R. und Ursprung, H., eds., Organogenesis, 219–253. Holt, Rinehart und Winston, New York.

Cracraft, J., 1967: Comments on homology and analogy. Syst. Zool. 16: 355–359.

Cuénot, L., 1951: L'evolution biologique. Masson, Paris.

Dacqué, E., 1935: Organische Morphologie und Paläontologie. Bornträger, Berlin.

Dahrendorf, R., 1957: Soziale Klassen und Klassenkonflikte in der industriellen Gesellschaft. Enke, Stuttgart.

Dancoff, R., und Quastler, H., 1953: The information content and error rate of living things. In: Quastler, H., ed., Information theory in biology, 263–273. Univ. Illinois Press, Urbana.

Danesch, O., und *Danesch, E.*, 1969: Orchideen Europas; Südeuropa. Hallwag, Bern-Stuttgart.

Danforth, C., 1923: The frequency of mutations and the incidence of hereditory traits in man. Eugenics, genetics, and family, Sc. Papers 2. internat. Congr. Eugen. N.Y. 1921, 1: 120–128.

Darlington, C., 1969: The evolution of man and society. Simon und Schuster, New York.

Darwin, C., 1872: The origin of species (6th ed.). Murray, London.

Dayhoff, M., 1969: Computer analysis of protein evolution. Sci. Amer. 221 (1): 87–95.

De Beer, G., 1958: Embryos and ancestors (3. Aufl.). Clarendon, Oxford.

De Groot, S., und *Mazur, P.*, 1962: Non-Equilibrium thermodynamics. North Holland, Amsterdam.

Dessauer, F., 1958: Naturwissenschaftliches Erkennen. Knecht, Frankfurt (am Main).

Diamond, J., 1966: Zoological classification system of a primitive people. Science 151: 1102–1104.

Dilger, W., 1964: The interaction between genetic and experiential influences in the development of species – typical behavior. Am. Zool. 4: 155–160.

Doblhofer, E., 1957: Zeichen und Wunder. Die Entzifferung verschollener Schriften und Sprachen. Neff, Wien-Berlin-Stuttgart.

Dobzhansky, T., 1951: Genetics and the origin of species (3rd ed.). Columbia Univ. Press, New York.

— 1956: What is an adaptive trait? Amer. Naturalist 90: 337–347.

Driesch, H., 1909: Philosophie des Organischen. 2 Bde. Engelmann, Leipzig.

— 1919: Der Begriff der organischen Form. Abh. theoret. Biol. 3. Bornträger, Berlin.

— 1927: Behaviorismus und Vitalismus. Akad. 1927/28 (Philosoph. hist. Kl.) I: 1–10. Sitzber, Heidelberg.

Eden, M., 1967: Inadequacies of neo-darwinian evolution as a scientific theory. In: Moorhead, P. und Kaplan, M., eds., Mathematical challenges to the neo-darwinian interpretation of evolution, Symposium monograph 5: 5–19. Wislar Inst. Press, Philadelphia.

Eder, G., 1963: Quanten, Moleküle, Leben. Begriffe und Denkformen der heutigen Naturwissenschaft. Alber, Freiburg-München.

Eibl-Eibesfeldt, I., 1967: Grundriß der vergleichenden Verhaltensforschung. Piper, München.

— 1970: Liebe und Haß. Piper, München.

Eigen, M., 1971: Selforganization of matter and the evolution of biological macromolecules. Naturwissenschaften 58 (10): 465–523.

Einstein, A., und *Born, M.*, 1969: Briefwechsel 1916–1955. Nymphenburger Verlagshandlung, München.

Farris, J., 1966: A stimulation of conservatism of characters. Evolution 70: 587–591.

— 1967: Comment on psychologism. Syst. Zool. 16: 345–347.

— 1969: Successive aproximations approach to character weighting. Syst. Zool. 18: 374–385.

Fiedler, W., 1956: System der Primaten I. In: Hofer, H., Schulz, A. und Stark, D., eds., Primatologia 1–266. Karger, New York.

Fisher, R., 1942: The design of experiments. Oliver and Boyd, Edinburgh-London.

Flechtner, H.-J., 1970: Grundbegriffe der Kybernetik. Wiss. Verlagsgesellschaft, Stuttgart.

Florkin, M., 1962: Isologie, homologie, analogie et convergence en biochemie comparée. Bull. Classe Sci. Acad. Roy. Belg. (S) 48: 819–824.

— 1966: A molecular approach to phylogeny. Elsevier, Amsterdam-New York.
Freyer, H., 1955: Theorie des gegenwärtigen Zeitalters. Deutsche Verlags-Anstalt, Stuttgart.

Garstang, W., 1922: The theory of recapitulation: a critical restatement of the biogenetic law. J. Linnean Soc. London, Zoology 35: 81–101.
Gehring, W., 1966: Übertragung und Änderung der Determinationsqualitäten in Antennenscheibenkulturen von Drosophila melanogaster. J. Embryol. Exptl. Morphol. 15: 77–111.
Geist, V., 1966: The evolution of hornlike organs. Behavior 27: 175–214.
Georgescu-Roegen, N., 1971: The entropy law and the economic process. Harvard Univ. Press, Cambridge (Massachusetts).
Ghiselin, M., 1966: On psychologism in the logic of taxonomic controversies. Syst. Zool. 15: 207–215.
— 1969: The triumph of the darwinian method. Univ. Calif. Press, Berkeley.
Gilmour, J., 1937: A taxonomic problem. Nature 139: 1040–1042.
— 1940: Taxonomy and philosophy. In: Huxley, J., ed., The new systematics, 461–474. Clarendon Press, Oxford.
Glansdorff, P., und *Prigogine, I.*, 1971: Thermodynamic theory of structure, stability, and fluctuations. Wiley and Sons, London-New York.
Goethe, J.W. von, 1790a: Versuch über die Gestalt der Thiere, 261–269 (II. Weimarer Ausgabe). Böhlau, Weimar.
— 1790b: Die Metamorphose der Pflanzen, 23–89 (II. Weimarer Ausgabe). Böhlau, Weimar.
— 1795: Erster Entwurf einer allgemeinen Einleitung in die vergleichende Anatomie, ausgehend von der Osteologie, 5–78 (II. Weimarer Ausgabe). Böhlau, Weimar.
Goldschmidt, R., 1940: The material basis of evolution. Yale Univ. Press, New Haven.
— 1952: Homeotic mutants and evolution. Acta Biotheoretica 10: 87–104.
— 1961: Theoretische Genetik. Akademie Verlag, Berlin.
Goodall, D., 1970: 3rd annual conference of numerical taxonomy. Syst. Zool. 19 (3): 303–306.
Goss, R., 1969: Principles of regeneration. Academic Press, New York.
Gregory, W., 1951: Evolution emerging, 2 Bde. Macmillan, New York.
Gross, S., 1969: Genetic regulatory mechanism in the fungi. Ann. Rev. Genet. 3: 395–424.
Grüneberg, H., 1952: The genetics of the mouse (2nd ed.). Nijhoff, The Hague.
Grzimek, B., und *Schultze-Westrum, T.*, 1970: Paradiesvögel. In: Grzimek, B., ed., Grzimeks Tierleben, IX: 471–481. Kindler, Zürich.

Hadorn, E., 1945: Zur Pleiotropie der Genwirkung. Arch. Jul. Klaus-Stiftung, Erg. Bd. zu Bd. 20: 82–95.
— 1955: Letalfaktoren. Thieme, Stuttgart.
— 1961: Developmental genetics and lethal factors. Wiley and Sons, New York.
— 1966a: Dynamics of determination. In: Locke, M., ed., Major problems in developmental biology, 85–104. Acad. Press, New York-London.
— 1966b: Konstanz, Wechsel und Typus der Determination in Zellen aus ♂ Genitalanlagen von Drosophila melanogaster. Develop. Biol. 13: 424–509.

— 1968: Transdetermination in Cells. Sci. Amer. 221 (1): 110–120.
Haeckel, E., 1866: Generelle Morphologie der Organismen, 2 Bde. Reimer, Berlin.
— 1899–1902: Kunstformen in der Natur. Bibliographisches Institut, Leipzig.
Haecker, V., 1925: Pluripotenzerscheinungen. Synthetische Beiträge zur Vererbungs- und Abstammungslehre. Fischer, Jena.
Haldane, J., 1958: Theory of evolution before and after Bateson. J. Genet. 56: 11–28.
Hartmann, E. von, 1875: Wahrheit und Irrtum des Darwinismus. Dunker, Berlin.
Hartmann, N., 1950: Philosophie der Natur. De Gruyter, Berlin.
— 1964: Der Aufbau der realen Welt (3. Aufl.). De Gruyter, Berlin.
Hass, H., 1970: Energon. Das verborgene Gemeinsame. Molden, Wien-München-Zürich.
Hassenstein, B., 1951: Goethes Morphologie als selbstkritische Wissenschaft und die heutige Gültigkeit ihrer Ergebnisse. Neue Folge d. Jahrb. d. Goethe-Gesellschaft 12: 333–357.
— 1958: Prinzipien der vergleichenden Anatomie bei Geoffroy Saint – Hilaire, Cuvier und Goethe. Act. Coll. int. Strasbourg. Publ. Fac. lettr. 137: 155–168.
— 1965: Biologische Kybernetik. Eine elementare Einführung. Quelle und Meyer, Heidelberg.
— 1966: Was ist Information? Naturwissenschaft und Medizin 3 (13): 38–52.
Hatt, P., 1933: L'induction d'une plaque mèdullaire secondaire chez le Triton par implantation d'un morceau de ligne primitive de poulet. Compt. Rend. Soc. Biol. 113 (2): 246–248.
Haupt, H., 1953: Insekten mit rätselhaften Verzierungen. Neue Brehm Bücherei 104. Ziemsen, Wittenberg-Lutherstadt.
Heberer, G., 1958: Zum Problem der additiven Typogenese. Uppsala Univ. Arsskrift 6: 40–57.
— 1959a: Die Evolution der Organismen (2. erw. Aufl.). Fischer, Stuttgart.
— 1959b: Theorie der additiven Typogenese. In: Heberer, G., ed., Die Evolution der Organismen (2. erw. Aufl.). Fischer, Stuttgart.
Heckmann, O., 1942: Theorien der Kosmologie. Springer, Berlin.
Heikertinger, F., 1954: Das Rätsel der Mimikry und seine Lösung. Fischer, Jena.
Heisenberg, W., 1959: Die Plancksche Entdeckung und die philosophischen Probleme der Atomphysik. Univ. 14, 2: 135–158.
Hemleben, J., 1964: Ernst Haeckel in Selbstzeugnissen und Bilddokumenten. Rowohlt, Hamburg.
Hendelberg, J., 1969: On the development of different types of spermatozoa from spermoids with two flagella in Turbellaria with remarks on the ultrastructure of the flagella. Zool. Bidr. Uppsala 38: 1–50.
Hennig, W., 1944: Organisches Werden, paläontologisch gesehen. Paläont. Z. 23: 281–316.
— 1950: Grundzüge einer Theorie der phylogenetischen Systematik. Deutscher Zentralverlag, Berlin.
Herbst, C., 1916: Regeneration von antennenähnlichen Organen anstelle von Augen, VII. Arch. f. Entw.-Mech. 42: 407–489.

Hochstetter, F., 1946: Toldts Anatomischer Atlas 3 Bde. (19. Aufl.). Urban und Schwarzenberg, Wien.

Hofstätter, P., 1959: Psychologie (3. Aufl.). Fischer, Frankfurt.

Höpp, G., 1972: Evolution der Sprache und Vernunft. Suhrkamp, Frankfurt.

Husserl, L., 1928: Logische Untersuchungen 2 Bde. Niemeyer, Halle.

Huxley, J., 1942: Evolution, the modern synthesis. Harper, New York.

— 1957: The three types of evolutionary process. Nature, 180: 454–455.

— 1958: Evolutionary process and taxonomy. In: Hedberg, O., ed., Systematics of today. Uppsala Univ. Arsskrift. 6: 21–39.

Hyman, L., 1959: The irvertebrates: smaller coelomate groups, vol. 5. McGraw-Hill, New York-London-Toronto.

Inglis, W., 1970: The purpose and judgement of biological classification. Syst. Zool. 19: 240–250.

Jacob, F., und *Brenner, S.*, 1963: Sur la régulation de la synthèse du DNA chez les bactéries: l'hyopothèse du réplétion C. R. Acad. Sci. (Paris), 256: 298–300.

Jaennel, R., 1950: La marche de l'évolution. Presses Universitaires de France, Paris.

Jordan, P., 1952: Schwerkraft und Weltall. Vieweg, Braunschweig.

Kaiser, H., 1970: Das Abnorme in der Evolution. Acta Biotheoretica 17 (suppl.)

Katchalsky, A., und *Curran, P.*, 1965: Nonequilibrium thermodynamics in biophysics. Harvard Univ. Press, Cambridge (Massachusetts).

Kaufmann, A., 1954: Lebendiges und Totes in Bindings Normentheorie, Normlogik und moderner Strafrechtsdogmatik. Schwartz, Göttingen.

Kedes, L., und *Birnstiel, M.*, 1971: Reiteration and clustering of DNA sequences complementary to histone messenger RNA. Nature New Biol. 230: 165–169.

Kiger, J., 1973: The bithorax complex – a model for cell determination in Drosophila. J. theor. Biol. 40: 455–467.

Kiriakoff, S., 1959: Phylogenetic systematics versus typology. Syst. Zool. 8: 117–118.

— 1965: Criticism of numerical taxonomy. Syst. Zool. 14: 61–64.

Klein, M., 1970: Einführung in die DIN-Normen (6. neubearb., erw. Aufl.). Deutscher Normenausschuß, Teubner, Stuttgart.

Klotz, J., 1967: Energy changes in biochemical reactions. Acad. Press, New York-London.

Klüber, H., von, 1931: Das Vorkommen der chemischen Elemente im Kosmos. Barth, Leipzig.

Kluge, A., und Farris, J., 1969: Quantitative phyletics and the evolution of anurans. Syst. Zool. 18: 1–32.

Koehler, O., 1952: Vom unbenannten Denken. Zool. Anz. 16 (suppl.): 202–211.

Koenig, O., 1970: Kultur- und Verhaltensforschung. Einführung in die Kulturethologie. Deutscher Taschenbuch-Verlag, München.

Köstler, A., 1968: Das Gespenst in der Maschine (engl. Original: The ghost in the machine). Molden, Wien-München-Zürich.

— 1970: Jenseits von Atomismus und Holismus – Der Begriff des Holons. In: Köstler, A. und Smythies, J., eds., Das neue Menschenbild 192–229. Molden, Wien-München-Zürich.

— 1970: Jenseits von Atomismus und Holismus – Der Begriff des Holons. In: Kötler, A. und Smythies, J., eds., Das neue Menschenbild 192–229. Molden, Wien-München-Zürich.

Korschelt, E., 1927: Regeneration und Transplantation: Regeneration Bd. I. Bornträger, Berlin.

Korschelt, E., und *Heider, K.*, 1936: Vergleichende Entwicklungsgeschichte der Tiere. 2 Bde., Fischer, Jena.

Kosswig, C., 1959: Phylogenetische Trends genetisch betrachtet. Zool. Anz. 162 (7/8): 208–221.

Kraft, V., 1947: Mathematik, Logik und Erfahrung. Springer, Wien.

Kuenne, R., 1963: The theory of general economic equilibrium. Univ. Press, Princeton (New Jersey).

Kühn, A., 1955: Grundriß der allgemeinen Zoologie (1. Aufl.). Thieme, Stuttgart.

— 1965: Vorlesungen über die Entwicklungsphysiologie. (2. Aufl.). Springer, Berlin-Heidelberg-New York.

Kühnelt, W., 1953: Ein Beitrag zur Kenntnis tierischer Lebensformen. Verhandl. Zool. Bot. Ges. Wien 93: 57–71.

Kurtén, B., 1958: A differentiation index, and a new measure of evolutionary rates. Evolution 12: 146–157.

Lalande, A., 1948: La raison et les normes. (Coll. à la recherche de la verité.). Hachette, Paris.

Lamarck, J., 1909: Zoologische Philosophie. Kröner, Leipzig.

Langridge, J., 1958: A hypothesis of developmental selection exemplified by lethal and semi-lethal mutants of Arabidopsis. Aust. J. Biol. Sci. 11: 58–68.

Lautmann, R., 1969: Wert und Norm. Begriffanalysen für die Soziologie. Westdeutscher Verlag, Köln-Opladen.

Leche, W., 1922: Der Mensch, sein Ursprung und seine Entwicklung (2. Aufl.). Fischer, Jena.

Lehmbruch, G., 1967: Einführung in die Politikwissenschaft. Kohlhammer, Stuttgart-Berlin-Köln-Mainz.

Lehninger, A., 1965: Bioenergetics. The molecular basis of biological energy transformation. Benjamin, New York-Amsterdam.

Leibniz, G., von, 1879: Die Theodicée . Dürrsche Buchhandlung, Leipzig.

Lerner, I., 1954: Genetic homeostasis. Wiley and Sons, New York.

Lewis, E., 1964: Genetic control and regulation of developmental pathways. In: Locke, M., ed., The role of chromosomes in development 231–252. Acad. Press, New York.

Lima de Faria, A., 1952: Chromomere analysis of the chromosome complement of rye. Chromosoma 5: 1–68.

— 1962: Selection at the molecular level. J. Theor. Biol. 2: 7–15.

Linschitz, H., 1953: The information content of a bacterial cell. In: Quastler, H., Augenstein, R., et al. eds., Essays on the use of information theory in biology. Univ. Illin. Press, Urbana: 251–262.

Locke, M., ed., 1966: Major problems in developmental biology (The 25th Symposium). Acad. Press, New York-London.

— 1968: The emergence of order in developing systems (The 27th Symposium for developmental biology). Acad. Press, New York-London.

Lorenz, K., 1935: Der Kumpan in der Umwelt des Vogels. J. Ornith. 83: 137–213, 289–413.

— 1963: Das sogenannte Böse. Borotha-Schoeler, Wien.

— 1965a: Über die Entstehung von Mannigfaltigkeit. In: Verhandlgn. der Gesellschaft deutscher Naturforscher und Ärzte. 103: 80–90. Versammlung zu Weimar, Oktober 1964.

— 1965b: Über tierisches und menschliches Verhalten. Aus dem Werdegang der Verhaltenslehre. 2 Bde. Piper, München.

— 1965c: Darwin hat recht gesehen. Neske, Pfullingen.

— 1966: Stammes- und kulturgeschichtliche Ritenbildung. Naturwiss. Rundschau 19: 361–370.

— 1967: Die instinktiven Grundlagen menschlicher Kultur. Die Naturwissenschaften 54: 370–377.

— 1971: Knowledge, beliefs and freedom. In: Weiss, P., ed., Hierarchically organized systems in theory and practice 231–261. Hafner, New York.

— 1973: Die Rückseite des Spiegels. Versuch einer Naturgeschichte menschlichen Erkennens. Piper, München-Zürich.

Löther, R., 1972: Die Beherrschung der Mannigfaltigkeit. Philosophische Grundlagen der Taxonomie. Fischer, Jena.

Ludwig, W., 1940: Selektion und Stammesentwicklung. Naturwiss. 28: 689–705.

Lus, J., 1947: Einige Gesetzmäßigkeiten der Vermehrung der Populationen von Adalia bipunctata L. – Heterozygotie der Populationen für letale Faktoren. Dohl. Akad. SSSR n.s. 57: 825–828.

Lwoff, A., 1968: Biological Order (2nd ed.). M. I. T. (Massachusetts Inst. of Technology) Press, Cambridge (Massachusetts).

Margalef, R., 1970: Perspectives in ecological theory. (3. Aufl.). Univ. Chicago Press, Chicago-London.

Margulis, L., and *Margulis, T.*, 1969: A note on equivalence of characters. Syst. Zool. 17: 477–479.

Marinelli, W., und *Strenger, A.*, 1959: Vergleichende Anatomie und Morphologie der Wirbeltiere (3. Lieferung). Deuticke, Wien.

Mayr, E., 1942: Systematics and the origin of species. Columbia Univ. Press, New York.

— 1965: Numerical phenetics and taxonomy theory. Syst. Zool. 14: 73–95.

— 1967: Artbegriff und Evolution. (aus dem Englischen übertragen von Heberer, G.). Parey, Hamburg-Berlin.

— 1969: Principles of systematic zoology. McGraw-Hill, New York.

— 1970: Populations, species, and evolution. Belknap, Harvard Univ. Press, Cambridge (Massachusetts).

Mc Geoch, J., 1952: The psychology of human learning. McKay, New York.

Meckel, J., 1921: System der vergleichenden Anatomie. Reuger, Halle.

Medawar, P., 1960: The future of man. Verlag der BBC, London.

Meyer-Abich, A., 1943: Beiträge zur Theorie der Evolution der Organismen. I. Das typologische Grundgesetz. Acta Biotheoretica 7: 1–80.

— 1950: Beiträge zur Theorie der Evolution der Organismen. II. Typensynthese durch Holobiose. Biblio. Biotheoretica 5: 206pp., Leiden.

Meyerhof, O., 1924: Chemical dynamics of life phenomena. Lippincott, Philadelphia.

Michener, C., 1957: Some bases for higher categories in classification. Syst. Zool. 6: 160–173.

Mohr, H., 1965: Erkenntnistheoretische und ethische Aspekte der Naturwissenschaften. In: Mitt. d. Verb. Deutscher Biologen Nr. 113: 525–535 (Beilage zu Naturwiss. Rdschau 10, 1965).

Monod, J., 1971: Zufall und Notwendigkeit. Philosophische Fragen der modernenn Biologie. Piper, München.

Monod, J., und *Cohn, M.*, 1952: La biosynthèse induite des encymes (Adaptation encymatique). Advanc. Enzymol. 13: 67–116.

Monod, J., und *Jacob, F.*, 1961: Cellular regulatory mechanisms. Cold Spring Harbor, Symp. quant. Biol., New York.

Moore, R., ed., 1965: Treatise on invertebrate paleontology Part H, Brachiopoda vol I. Geol. Soc. Am. Univ. Kansas Press, New York.

Morell, P., *Smith, I.*, *Dubnau, D.*, und *Marmur, J.*, 1967: Isolation and characterization of low molecular weight ribonucleic acid species from Bacillus subtilis. Biochemistry 6 (1): 258–265.

Morgan, T., 1907: Regeneration. (Übersetzt von Moszkowski, M.). Engelmann, Leipzig.

— 1929: Variability of eyeless. Publ. Carnegie Inst. 399: 141–168.

Morowitz, H., 1955: Some disorder–order considerations in living systems. Bull. Math. Biophys. 17: 81–87.

— 1968: Energy flow in biology. Acad. Press, New York-London.

— 1970: Entropy for biologists. Acad. Press, New York.

Müller, A., 1963: Lehrbuch der Paläozoologie. Band I: Allgemeine Grundlagen. Fischer, Jena.

— 1966: Lehrbuch der Paläozoologie. Band III (1): Vertebraten; Fische und Amphibien. Fischer, Jena.

— 1968: Lehrbuch der Paläozoologie. Band III (2): Vertebraten; Reptilien und Vögel. Fischer, Jena.

— 1970: Lehrbuch der Paläozoologie. Band III (3): Vertebraten; Mammalia. Fischer, Jena.

Müller, F., 1864: Für Darwin. Engelmann, Leipzig.

Muller, H., 1928: The production of mutations by X-rays. Proc. nat. Acad. Sci. USA 14: 714–726.

— 1950: Our load of mutations. Amer. J. Human Genet. 2: 111–176.

— 1954: The manner of dependence of the permissible dose of radiation on the amount of genetic damage. Acta Radiol. 41: 5–20.

Naef, A., 1919: Idealistische Morphologie und Phylogenetik. Fischer, Jena.

Nanney, D., 1958: Epigenic control systems. Proc. Nat. Acad. Sci. Wash. 44: 712–717.

Needham, J., 1936: Order and life. Yale Univ. Press, New Haven.

Odum, H., 1971: Environment power and society. Wiley and Sons, New York-London-Sidney-Toronto.

Olson, E., und *Müller, R.*, 1958: Morphological integration. Chicago Univ. Press, Chicago.

Oppenheimer, J., 1936: Structures developed in amphibians by implantation of living fish organizer. Proc. Soc. Exp. Biol. Med. 34: 461–463.

Osborn, H., 1934: Aristogenesis, the creative principle in the origin of species. Amer. Naturalist. 68: 193–235.

Osche, G., 1966: Grundzüge der allgemeinen Phylogenetik. In: Gessner, F., ed., Handbuch der Biologie III (2): 817–906. Athenaion, Konstanz.

— 1972: Evolution. Grundlagen – Erkenntnisse – Entwicklungen der Abstammungslehre. Herder (Studio visuell), Basel-Wien.

Owen, R., 1848: On the archetype and homologies of the vertebrate skeleton. Brit. Asoc. Rep. 1846: 169–340.

Pattee, H., 1973: Hierarchy theory. The challenge of complex systems. Braziller, New York.

Patzelt, V., 1945: Histologie. Lehrbuch für Mediziner. Urban und Schwarzenberg, Wien.

Pernkopf, E., 1952: Topographische Anatomie des Menschen. Band III. Der Hals. Urban und Schwarzenberg, Wien.

— 1960: Topographische Anatomie des Menschen. Band IV (2). Urban und Schwarzenberg, München-Berlin-Wien.

Peters, J., 1967: Einführung in die allgemeine Informationstheorie. Springer, Berlin-Heidelberg-New York.

Pilgrim, G., The evolution of the buffaloes, oxen, sheep, and goats. Linn. Soc. Zool. 41 (279): 272–286.

Plate, L., 1925: Die Abstammungslehre. Tatsachen, Theorien, Einwände und Folgerungen in kurzer Darstellung. Fischer, Jena.

Polanyi, M., 1968: Life's irreducible structure. Science 160: 1308–1312.

Ponnamperuma, C., 1972: The origins of life. Thames and Hudson, London.

Popper, K., 1935: Logik der Forschung. Springer, Wien.

— 1962: The logic of scientific discovery. Harper and Row, New York.

— 1967: Times arrow and feeding on negentropy. Nature 213: 320.

Portmann, A., 1948: Einführung in die vergleichende Morphologie der Wirbeltiere. Schwabe, Basel.

Porzig, W., 1971: Das Wunder der Sprache. Francke, München-Bern.

Prigogine, I., 1955: Introduction to thermodynamics of irreversible processes. Thomas, Springfield.

Quastler, H., 1964: The emergence of biological organization. Yale Univ. Press, New Haven-London.

Reisinger, E., 1960: Was ist Xenoturbella? Z. wiss. Zool. 164 (1/2): 188–198.

Remane, A., 1936: Wirbelsäule und ihre Abkömmlinge. In: Bolk, L. et al., eds., Handbuch der vergleichenden Anatomie der Wirbeltiere 1–206. Urban und Schwarzenberg, Berlin-Wien.

— 1939: Der Geltungsbereich der Mutationstheorie. Zool. Anz. 12 (suppl.): 206–220.

— 1943: Bedeutung der Lebensformentypen für die Ökologie. Biologia generalis 17: 164–182.

— 1971: Die Grundlagen des natürlichen Systems der vergleichenden Anatomie

und der Phylogenetik (2. Aufl.) (Autorisierter Nachdruck, 1. Aufl. 1952. Geest und Portig, Leipzig). Koeltz, Königstein-Taunus.
Rensch, B., 1954: Neuere Probleme der Abstammungslehre (2. Aufl.). Enke, Stuttgart.
— 1961: Die Evolutionsgesetze der Organismen in naturphilosophischer Sicht. Philosophia Naturalis 6 (3): 288–362.
— 1968: Biophilosophie auf erkenntnistheoretischer Grundlage. Fischer, Stuttgart.
Riedl, R., 1963: Probleme und Methoden der Erforschung des litoralen Benthos. Verhandl. Deutsch. Zool. Ges. Wien, Zool. Anz. 26 (suppl.): 505–567.
— 1966: Biologie der Meereshöhlen. Parey, Hamburg-Berlin.
— 1970: Fauna und Flora der Adria (2. Aufl.). Parey, Hamburg-Berlin.
— 1973a: Die Biosphäre und die heutige Erfolgsgesellschaft. Universitas 28 (6): 587–593.
— 1973b: Energie, Information und Negentropie in der Biosphäre. Naturwiss. Rundschau 26 (10): 413–420.
Riedl, R., und *Forstner, H.*, 1968: Wasserbewegung im Mikrobereich des Benthos. Sarsia 34: 163–188.
Roberts, P., 1964: Mosaics involving aristopedia, a homeotic mutant of Drosophila melanogaster. Genetics 49: 593–598.
Roggen, D., *Raski, D.*, und *Jones, N.*, 1966: Cilia in nematode sensory organs. Science 152: 515–516.
Romanes, G., 1892: Darwin und nach Darwin. Eine Darstellung der Darwinschen Theorie und Erörterung Darwinistischer Streitfragen. Aus dem Engl. von Vetter, B. und Nöldecke, B. Engelmann, Leipzig.
Romer, A., 1959: Vergleichende Anatomie der Wirbeltiere. (1. deutsche Aufl.). Parey, Hamburg-Berlin.
— 1966: Vertebrate paleontology (3rd ed.). Univ. Chicago Press, Chicago.
Rosa, D., 1903: Die progressive Reduktion der Variabilität. Fischer, Jena.
— 1931: L'ologénèse. Librairie Felix Alcan, Paris.
Rowell, A., 1965: Inarticulata. In: Moore, R., ed., Treatise on invertebrate paleontology. Part H, Brachiopoda vol. I: 260–297. Geol. Soc. Am. Univ. Kansas Press, Kansas.
Russell, E., 1962: The diversity of animals. Biblio. Biotheoretica 13 (suppl.).

Salisbury, F., 1969: Natural selection and the complexity of the gene. Nature 224 (5214): 342–343.
Scharp, H., 1958: Wie die Kirche regiert wird. Papst, Kardinäle, Vatikan. Heider, Freiburg.
Schindewolf, O., 1936: Paläontologie, Entwicklungslehre und Genetik. Borntraeger, Berlin.
— 1950: Grundfragen der Paläontologie. Schweizerbart, Stuttgart.
Schmalhausen, I., 1949: Factors of evolution: the theory of stabilizing selection. Blakiston, Philadelhia.
Schneirla, T., 1957: The concept of development in comparative psychology. In: Harris D., ed., The concept of development 78–108. Univ. Minnesota Press, Minneapolis.
Schrödinger, E., 1944: What is life? The physical aspect of the living cell (1. Aufl.). Univ. Press, Cambridge.

— 1951: Was ist Leben? Die lebende Zelle mit den Augen des Physikers betrachtet (2. deutsche Aufl.). Francke, Berlin.
— 1959: Geist und Materie. In: Westphal, W., Die Wissenschaft – Sammlung von Einzeldarstellungen aus allen Gebieten der Naturwissenschaft 113. Vieweg, Braunschweig.
— 1961: Meine Weltansicht. Zsolnay, Hamburg-Wien.
Schubert-Soldern, R., 1962: Mechanism and vitalism. Fothergill, Pl, ed., Univ. Notre Dame Press, Paris.
— 1970: Der Evolutionismus Teilhard de Chardins. Kath. Acad., Wien.
— 1955: The major features of Evolution (2. Aufl.). Columbia Univ. Press, New York.
— 1961: Principles of animal taxonomy. Columbia Univ. Press, New York.
— 1964a: Organisms and molecules in evolution. Studies of evolution at the molecular level lead to greater understanding and a balancing of viewpoints. Science 146: 1535–1538.
— 1964b: Numerical taxonomy and biological classification. Science 144: 712–713.
Schuster, P., 1972: Vom Makromolekül zur primitiven Zelle – die Entstehung biologischer Funktion. Chemie in unserer Zeit 6: 1–16.
Schützenberger, M., 1967: Algorithms and the neo-darwinian theory of evolution. In: Moorhead, P. und Kaplan, M., eds., Mathematical challenges to the neo-darwinian interpretation of evolution 73–80. Symposium Monograph No. 5. Wislar Inst. Press, Philadelphia.
Seidel, F., 1953: Entwicklungsphysiologie der Tiere. Göschen 1/63. De Gruyter, Berlin.
— 1972: Entwicklungsphysiologie der Tiere. (2. neubearb. Aufl.). Göschen 7/62. De Gruyter, Berlin-New York.
Shannon, C., und *Weaver, W.*, 1949: The mathematical theory of communication. Univ. Illinois Press, Urbana.
Shatoury, H., 1956: Developmental interactions in the differentiation of the imaginal muscles of Drosophila. J. Embryol. exp. Morph. 4: 228–239.
Shepard, T., 1965: The thyroid. In: De Haan, R. und Ursprung, H., eds., Organogenesis 493–512. Holt, Rinehart, and Winston, New York.
Sheppard, D., und *Engelsberg, E.*, 1967: Further evidence for positive control of the L-arabinose system by gene ara C. J. molec. Biol. 25: 443–454.
Simon, H., 1965: The architecture of complexity. General Systems 10: 63–76.
Simpson, G., 1951: Horses. Oxford Univ. Press, Oxford.
— 1952: The meaning of evolution. Yale Univ. Press, New Haven.
Sleigh, M., 1962: The biology of cilia and flagella. Pergamon Press, New York.
Smith, E., und *Margoliash, E.*, 1964: Evolution of cytochrome C. Federation Proc. 23: 1243–1257.
Smoluchowski, R., 1914: Vorträge über die kinetische Theorie der Materie und Elektrizität. G. B. Teubner, Leipzig.
Sneath, P., 1957: The application of computers to taxonomy. J. Gen. Microbiol. 17: 201–226.
Sokal, R., und *Sneath, P.*, 1963: Principles of numerical taxonomy. Freeman, San Francisco.

Sokolov, J., 1954: Versuch einer natürlichen Klassifikation der Horntiere (Bovidae). Tr. Zool. Inst. Akad. Nauk. UdSSR 14: 1–295.

Sondhi, K., 1961: Developmental barriers in a selection experiment. Nature 189: 249–250.

Spemann, H., 1936: Experimentelle Beiträge zu einer Theorie der Entwicklung. Springer, Berlin.

Spurway, H., 1949: Remarks on Vavilov's law of homologous variation. In: Supplemento, La Ricerca Scientifica (Pallanza Symposium) 18. Cons. Naz. delle Ricerche, Roma.

Spurway, H., und *Callen, H.*, 1960: The vigour and male sterility of hybrids between the species Triturus vulgaris and Triturus helveticus. J. Genet. 57: 84–117.

Stammer, H., 1959: Trends in der Phylogenie der Tiere; Ektogenese und Autogenese. Zool. Anz. 162: 187–208.

Steinböck, O., 1963: Origin and affinities of the lower metazoa: the aceloid ancestry of the eumetazoa. In: Dougherty, E., ed., The lower metazoa, Univ. California Press 40–54, Berkeley.

Stensiö, E., 1958: Les cyclostomes fossiles ou ostracodermes. In: Grasse, P., ed., Traite de Zoologie 13 (2): 173–425. Masson, Paris.

Stern, C., 1968: Genetic mosaics and other essays. Harvard Univ. Press, Cambridge (Massachusetts).

Stern, C., und *Schaeffer, E.*, 1943: On wild-type isoalleles in Drosophila melanogaster. Proc. Nat. Acad. Sci. Wash. 29: 361–367.

Steyskal, G., 1968: Number and kind of characters needed for significant numerical taxonomy. Syst. Zool. 17: 474–477.

Størmer, L., 1955: Merostomata. In: Moore, R., ed., Treatise on invertebrate paleontology. Part P, Arthropoda vol. II: 5–41. Geol. Soc. Am., Univ. Kansas Press, Kansas.

Strombach, W., 1968: Natur und Ordnung. Beck, München.

Stümpke, H., 1964: Bau und Leben der Rhinogradentia. Fischer, Stuttgart.

Sturtevant, A., 1954: Social implications of the genetics of man. Science 120: 405–407.

Sullivan, D., Palacios, R., Stavnezer, J., Taylor, J., Faras, A., Kiely, M., Summers, N., Bishop, J., und *Schimke, R.*, 1973: Synthesis of a desoxyribonucleic acid sequence complementary to ovalbumin messenger ribonucleic acid and quantification of ovalbumin genes. Journ. Biol. Chemistry 248 (21): 1530–1539.

Szilard, L., 1929: Über die Entropieverminderung in einem thermodynamischen System bei Eingriffen intelligenter Wesen. Z. Physik 53: 840–856.

Tasch, P., 1969: Branchiopoda. In: Moore, R., ed., Treatise on invertebrate paleontology. Part R, Arthropoda 4, vol. I: 128–191. Geol. Soc. Am. Univ. Kansas Press, Kansas.

Teilhard de Chardin, P., 1959: Der Mensch im Kosmos. Beck, München.

— 1961: Die Entstehung des Menschen. Beck, München.

Thenius, E., 1965: Lebende Fossilien. Zeugen vergangener Welten. Kosmos, Franckh, Stuttgart.

— 1969a: Stammesgeschichte der Säugetiere (einschließlich der Hominiden). In: Handbuch der Zoologie 8/2 (1): 1–722. De Gruyter, Berlin.

— 1969b: Über einige Probleme der Stammesgeschichte der Säugetiere. Z. f. Zool. Systematik u. Evolutionsforschung 7: 157–179.

Thenius, E., und *Hofer, H.*, 1960: Stammesgeschichte der Säugetiere. Eine Übersicht über Tatsachen und Probleme der Evolution der Säugetiere. Springer, Berlin-Göttingen-Heidelberg.

Thom, R., 1972: Stabilité structurelle et morphogénèse. Essai d'une theorie général des modèles. Benjamin, Reading, Massachusetts.

Thompson, D., 1942: Growth and Form. Cambridge Univ. Press, Cambridge.

Thorpe, W., 1970: Nachwort. In: Koestler, A. und Smythies, J., eds., Das neue Menschenbild (engl. Original: Beyond reductionism) 404–409. Molden, Wien-München-Zürich.

Tinbergen, N., 1942: An objective study of the innate behaviour of animals. Bibl. Biotheoretica 1: 37–98.

Torrey, T., 1965: Morphogenesis of the vertebrate kidney. In: De Haan, R. und Ursprung, H., eds., Organogenesis 559–581. Holt, Rinehart and Winston, New York.

Troll, W., 1941: Gestalt und Urbild. Acad. Verl. Ges., Leipzig.

— 1948: Urbild und Ursache in der Biologie. Springer, Heidelberg.

Trusheim, F., 1931: Aktuo-paläontologische Beobachtungen an Triops cancriformis Schaeffer (Crustacea; Phyllopoda). Senckenbergiana 13: 234–243.

— 1938: Triopiden (Crustacea; Phyllopoda) aus dem Keuper Franckens. Paläontol. Zeitschr. 19: 198–216.

Tschulok, S., 1922: Deszendenzlehre. Fischer, Jena.

Vandel, A., 1964: Biospéologie. La biologie des animaux cavernicoles. Gauthier-Villars, Paris.

Voltaire, J., 1759: Candide ou l'optimism. Miret, Paris.

Waddington, C., 1939: An introduction to modern genetics. Allen and Unwin, London.

— 1956: Genetic assimilation of the bithorax phenotype. Evolution 10 (1): 1–13.

— 1957: The strategy of the genes. Allen and Unwin, London.

— 1966: Fields and gradients. In: Locke, M., ed., Major problems in developmental biology. Acad. Press, New York.

Wainwright, S., 1969: Stress and design in bivalved mollusc shell. Nature 224 (5221): 777–779.

Wainwright, S., *Biggs, W.*, *Currey, J.*, und *Gosline, J.*, 1974: Mechanical design in organisms. Arnold, London (im Druck).

Wald, G., 1963: Phylogeny and ontogeny at the molecular level. In: Oparin, A., ed., Evolutional Biochemistry. Pergamon, London.

Warburton, F., 1955: Feedback in development and its evolutionary significance. Amer. Natural. 89: 129–140.

— 1967: The purpose of classifications. Syst. Zool. 16: 241–245.

Watson, J., 1970: Molecular biology of the gene (2nd ed.). Benjamin, New York.

Weaver, W., 1948: Science and complexity. American Scientist 36: 536–544.

Wedekind, R., 1927: Umwelt, Anpassung und Beeinflussung, Systematik und Entwicklung im Lichte erdgeschichtlicher Überlieferung. Sitzungsber. Ges. Beförd. Naturw. Marburg 62: 237–245.

Weippert, G., 1930: Das Prinzip der Hierarchie in der Gesellschaftslehre von Platon bis zur Gegenwart. Hanseat. Verl. Anstalt, Hamburg.

Weiss, P., 1939: Principles of development. Holt, New York.

— 1969: The living system: determinism stratified. Studium generale 22: 45–87.

— 1970a: Life, order, and understanding. A theme in three variations. The Graduate J. 8 (suppl.). Univ. Texas Press, Austin.

— 1970b: Das lebende System: ein Beispiel für den Schichten-Determinismus. In: Köstler, A., und Smythies, J., eds., Das neue Menschenbild (engl. Original, Beyond reductionism) 13–70. Molden, Wien-München-Zürich.

Weiss, Pl, ed., 1971: Hierarchically organized systems in theory and practice. Hafner, New York.

Weizsäcker, C., von, 1958: Die Geschichte der Natur (4. Aufl.). Vandenhoeck und Ruprecht, Göttingen-Zürich.

Wendt, H., 1953: Ich suchte Adam; Roman einer Wissenschaft (2. Aufl.). Grote, Hamm (Westfalen).

Westoll, T., 1949: On the evolution of the Dipnoi. In: Jepsen, G., Mayr, E. und Simpson, G., eds., Genetics, paleontology, and evolution 121–184. Univ. Press, Princeton.

Whitehead, A., 1933: Adventures of ideas. Cambridge Univ. Press, Cambridge.

Whyte, L., 1960: Developmental selection of mutations (answer to Lewontin and Caspary 1960). Science 132: 1692–1694.

— 1964: Internal factors in evolution. Acta Biotheoretica 16: 33–48.

— 1965: Internal factors in evolution. Braziller, New York.

Wickert, J., 1972: Albert Einstein in Selbstzeugnissen und Bilddokumenten. Rowohlt, Hamburg.

Wickler, W., 1961: Ökologie und Stammesgeschichte von Verhaltensweisen. Fortschr. Zool. 13: 303–365.

—1965: Die Evolution von Mustern der Zeichnung und des Verhaltens. Naturwissensch. 52: 335–341.

— 1968: Mimikry. Nachahmung und Täuschung in der Natur. Kindler, München.

— 1969: Sind wir Sünder? Naturgesetze der Ehe. Droemer-Knaur, München.

— 1970: Stammesgeschichte und Ritualisierung (zur Entstehung tierischer und menschlicher Verhaltensmuster). Piper, München.

Wiedersheim, R., 1893: Der Bau des Menschen als Zeugnis für seine Vergangenheit (2. Aufl.). Mohr, Freiburg-Leipzig.

Wiener, N., 1948: Kybernetik. Regelung und Nachrichtenübertragung im Lebewesen und in der Maschine (2. Aufl. 1963). Econ, Düsseldorf-Wien.

— 1952: Mensch und Menschmaschine. Metzner, Frankfurt (am Main)-Berlin.

— 1961: Über Informationstheorie. Naturwissenschaften 48: 174–176.

Wilmer, E., 1970: Cytology and evolution. Acad. Press, New York.

Wilson, J., 1968a: Increasing entropy of biological systems. Nature 219: 534–535.

— 1968b: Entropy, not negentropy. Nature 219: 535–536.

Winter, R., Walsh, K., und *Neurath, H.*, 1968: Homology as applied to proteins. Science 162: 1433.

Woolhouse, H., 1967: Entropy and evolution. Nature 216: 200.

Zarapkin, S., 1943: Die Hand des Menschen und der Menschenaffen. Eine biometrische Divergenzanalyse. Z. Menschl. Vererb.- und Konstitutionslehre 27: 390–414.

Zemanek, H., 1959: Elementare Informationstheorie. Oldenbourg, Wien-München.

Zeuner, F., 1946: Dating the past; an introduction to geochronology. Methnen, London.

Zietschmann, O., *Ackerknecht, E.*, und *Grau, H.*, 1943: Handbuch der vergleichenden Anatomie der Haustiere (18. Aufl.). Springer, Berlin.

Zinner, E., 1931: Die Geschichte der Sternkunde. Springer, Berlin- Heidelberg.

Zuckerkandl, E., und *Pauling, L.*, 1965: Molecules as documents of evolutionary history. J. theoret. Biol. 8: 357–366.

Liste der verwendeten Zeichen

Symbol	verwendet für	erklärt auf Seite
A	*Ausschluß* (von einer Sendung ausgeschlossene, im Repertoire des Senders aber mögliche Ereignisse)	45
a	*Anwendung* (Auflage; Zahl der identischen Sendungen; – der identischen Anwendungen eines Gesetzesgehaltes *G*; bei nicht systemisierten Sendungen gleich der sichtbaren, relativen Redundanz *r'*)	56 f.
a	*Alter* (eines Systems; in Jahren)	206
B	*Bürdegrad* (Anzahl der von einem Phän-Merkmal oder den Konsequenzen eines Gen-Merkmals Abhängigen; in Homologa)	138, 170, 202
b	*Entscheidungsfindung* (Einbau neuer Entscheidungen in ein System; in bit_D)	59
bit	*Ja-Nein-Entscheidungen* (binary digits eines Systems)	31 f.
bit_D	*Determinations-Entscheidungen*	35, 52
bit_G	*Gesetzes-Entscheidungen* (nicht redundante Determinations-Entscheidungen)	61
bit_I	*Zufalls-Entscheidungen* (Indeterminations-Entscheidungen)	35, 52
bit_R	*redundante Determinations-Entscheidungen* (überzählige DeterminationsEntscheidungen)	41
c	*Komplexitätsgrad* (eines Systems oder Subsystems, nach der Anzahl der Dependenten; in Homologa)	200
cg	*Komplexitätsgrad einer genetischen Änderung* (nach der Anzahl der in der Konsequenz veränderten Phäne; in Homologa)	252
cp	*Komplexitätsgrad einer Phän-Änderung* (wie sie zum neuerlichen Funktionieren des Systems erforderlich wäre; in Homologa)	253
D	*Determinationsgehalt* (Ordnungs- oder Negentropiegehalt eines Systems, in bit_D)	40 f.
D	*Grad atomarer Unordnung*	49
E	*Ereignis* (Einzelereignis einer Sendung)	37
F	*Fixierungstrad* (das Maß des Gleichbleibens eines Systems oder Merkmales nach Alter und Stetigkeit; in **a** und **s**)	207, 219
G	*Gesetzesgehalt* (Anzahl der nicht redundanten Determinationsentscheidungen eines Systems; in bit_G)	42
h	*Homologiegrad* (in % repräsentierter Homologa)	207
I	*Informationsgehalt* (eines Systems, in *bit*)	31

I_D	*Indeterminationsgehalt* (tatsächlicher Informations- oder Zufallsgehalt, verbleibende Voraussichtslosigkeit gegenüber einem System; in bit_I)	38
I_I	*maximaler Informationsgehalt* (maximale Voraussichtslosigkeit gegenüber einem System, in *bit*)	38
i	*Integrationsgrad* (in % dependenter Homologa)	201
J	*Jahrmillion* (Evolutionsalter)	206
k	*Boltzmann-Konstante* (in *erg pro* °C)	29, 49
N	*Negentropie* (oder negative Entropie; in **D**)	29
P	*Wahrscheinlichkeit* (eines Ereignisses, eines Zustandes, einer Annahme und deren Richtigkeit)	31 f.
P_D	*Wahrscheinlichkeit eines Determinationsereignisses*	35
P_e	*Wahrscheinlichkeit eines Mutations-Erfolges*	138 f., 253 f.
P_G	*Wahrscheinlichkeit eines Gesetzesereignisses*	36
P_g	*Wahrscheinlichkeit einer Gesetzeserwartung* (des Zutreffens angenommener Gesetzlichkeit)	35
P_{ga}	*Wahrscheinlichkeit einer Gesetzeserwartung bei wiederholter Anwendung* (identischer Gesetzes-Entscheidungen)	36
P_I	*Wahrscheinlichkeit eines Zufallsereignisses* (Indeterminations-Ereignisses)	35
P_m	*Wahrscheinlichkeit einer Mutation* (Mutationsrate)	138
P_s	*Wahrscheinlichkeit einer Stetigkeit*	206
p	*Ähnlichkeitsgrad der Proportionen* (in %)	204, 206
Q	*Ordnungswert* (qualitativer Ordnungsgrad; in *G* und *a*)	397
R	*Redundanzgehalt* (Anzahl der in einem System durch Systemisierung vermeidbaren Entscheidungen; in bit_R)	42
R'	Sichtbarer Redundanzgehalt (in bit_R)	43 f.
R''	Verdeckter Einzel-Redundanzgehalt (in bit_R)	45
R'''	Verdeckter Serien-Redundanzgehalt (in bit_R)	45
r	*relativer Redundanzgehalt* (Anteil der redundanten Entscheidungen am Determinationsgehalt *D*; namentlich verwendet für nicht- systemisierte Sendungen und Systeme, in welchen r ≈ a - 1 erscheint; in *D* und *G*)	42
r	*Repräsentationsgrad* (homologer Systeme; in % verwandter Arten)	207
S	*Entropie* (in erg/° C oder in *P*)	29, 50
s	*Systemisierungsgrad* (eines Systems nach dem Anteil abgebauter, dem Verhältnis erwartbarer und erhaltener Redundanz; in *a* und *r*)	61
s	*Stetigkeitsgrad* (eines Systems oder Merkmales im Rahmen eines definierten Bereiches von Vergleichsobjekten; in **r**, **h** und **p**)	207
V	*Selektionsvorteil* (Evolutions- oder Adaptierungsvorteil eines Systems nach seinen Systemisierungsbedingungen; in ***P***)	124

V_e	*Erfolgsvorteil* (Zunahme der Erfolgswahrscheinlichkeit einer Änderung; in P_e)	139
V_v	*Realisationsvorteil* (Zunahme der Realisationswahrscheinlichkeit einer Änderung; in P_m)	126
V'_v	Realisationsvorteil (nach Einsparung von R')	129
V''_v	Realisationsvorteil (nach Einsparung von R'')	133
V'''_v	Realisationsvorteil (nach Einsparung von R''')	134
V_{ve}	*Realisations-Erfolgs-Vorteil* (zusammengesetzt aus V_v und V_e; in P_m und P_e)	139
$V_{ve(neg.)}$	*Realisations-Erfolgs-Nachteil* (Minderung der Realisations- und der Erfolgswahrscheinlichkeit einer Änderung eines Systems; in P_m und P_e)	140
V_{vet}	*Realisations-Erfolgs-Vorteil unter Tradierungsbedingungen* (in P_m und P_e)	147
V_{vx}	*Realisations-Vorteil unter Interdependenzbedingungen* (in P_m)	144

Autorenregister

Sachregister

C

D

E

F

G

H

J

K

L

M

N

O

P

S

T

U

Rupert Riedl

Evolution und Erkenntnis

Antworten auf Fragen aus unserer Zeit
360 Seiten. Serie Piper 378

Zu den herausragenden Entwicklungen der Naturwissenschaft in unserem Jahrhundert gehört die Umwälzung in der Biologie, der man den Rang einer »kopernikanischen Wende« zugesteht. Sie ist vom Wandel der Theorien von Evolution und Erkenntnis geprägt. Der Wiener Biologe Rupert Riedl ist an der neuen evolutionären Erkenntnislehre maßgeblich beteiligt und hat in seinen erfolgreichen Büchern vielfältige Denkanstöße vermittelt. In »Evolution und Erkenntnis« entwickelt und vertieft er seine gegenüber dem Darwinismus erweiterte Evolutionstheorie: Die Gesetze des natürlichen Werdens und die unserer Erkenntnis erweisen sich als identisch.

Kultur – Spätzündung der Evolution?

Antworten auf Fragen an die Evolutions- und Erkenntnistheorie
355 Seiten. Geb.

»Kultur – Spätzündung der Evolution?« knüpft unmittelbar an »Evolution und Erkenntnis«, das erfolgreiche Buch des Wiener Biologen, an. Riedl zeigt, daß die evolutionäre Erkenntnistheorie in fast allen Bereichen der menschlichen Kultur grundlegende Antworten geben kann. Mit ihrer Hilfe können wir unsere durch die Zivilisation überholten Anschauungsformen korrigieren. Dies wird, so der Autor, eine Bedingung unseres Überlebens sein.

Die Strategie der Genesis

Naturgeschichte der realen Welt
381 Seiten mit 106 Zeichnungen. Geb.
(Auch in der Serie Piper 290 lieferbar)

»... auffallend ist die Selbstverständlichkeit der Erhellung von Zusammenhängen, die noch vor kurzem jedem Erklärungsversuch trotzten ... Das ganze Gebäude strebt dem Rang einer ›abgeschlossenen Theorie‹ entgegen ...« Die Weltwoche

Der Wiederaufbau des Menschlichen

Wir brauchen Verträge zwischen Natur und Gesellschaft
228 Seiten. Geb.

Rupert Riedl knüpft mit seinem neuen Buch bewußt an den vieldiskutierten »Abbau des Menschlichen« von Konrad Lorenz an. Riedl zeigt hier konkret, welche Konsequenzen aus den lebensbedrohenden Auswirkungen der technokratischen Massenzivilisation zu ziehen sind: Durch das Lernen aus negativen Erfahrungen kann der »Wiederaufbau des Menschlichen« gelingen – durch Lernschritte der Bürger, ihrer Institutionen und des Staates.

Konrad Lorenz

Der Abbau des Menschlichen
294 Seiten. Serie Piper 498

Die acht Todsünden der zivilisierten Menschheit
112 Seiten. Serie Piper 50

Er redete mit dem Vieh, den Vögeln und den Fischen
Tiergeschichten. 215 Seiten mit 104 Zeichnungen von Konrad Lorenz und Annie Eisenmenger. Geb.

Hier bin ich – wo bist du?
Ethologie der Graugans. 320 Seiten mit 140 teils farbigen Abb. Leinen

Das Jahr der Graugans
200 Seiten mit 147 Farbfotos von Sybille und Klaus Kalas. Geb.

Die Rückseite des Spiegels
Versuch einer Naturgeschichte menschlichen Erkennens

Der Abbau des Menschlichen
Zusammen 537 Seiten. Geb.

So kam der Mensch auf den Hund
187 Seiten mit 110 Zeichnungen des Verfassers. Geb.

Das sogenannte Böse
Zur Naturgeschichte der Aggression. 317 Seiten. Geb.

Über tierisches und menschliches Verhalten
Aus dem Werdegang der Verhaltenslehre. Gesammelte Abhandlungen
Bd. I: 412 Seiten mit 5 Abb. Serie Piper 360
Bd. II: 398 Seiten mit 63 Abb. Serie Piper 361

Piper 26/5b

PIPER

Konrad Lorenz

Das Wirkungsgefüge der Natur und das Schicksal des Menschen

Gesammelte Arbeiten
Herausgegeben und eingeleitet von Irenäus Eibl-Eibesfeldt.
368 Seiten mit 23 Abb. Serie Piper 309

Oskar Heinroth / Konrad Lorenz
Wozu aber hat das Vieh diesen Schnabel?

Briefe aus der frühen Verhaltensforschung 1930–1940
Herausgegeben von Otto Koenig.
334 Seiten. Serie Piper 975

Konrad Lorenz / Franz Kreuzer
Leben ist Lernen

Von Immanuel Kant zu Konrad Lorenz
Ein Gespräch über das Lebenswerk des Nobelpreisträgers.
103 Seiten mit 1 Abb. Serie Piper 223

Karl R. Popper / Konrad Lorenz
Die Zukunft ist offen

Das Altenberger Gespräch
Mit den Texten des Wiener Popper-Symposiums. Hrsg. von Franz Kreuzer
143 Seiten. Serie Piper 340

Piper 26/6c

PIPER

Irenäus Eibl-Eibesfeldt

Die Biologie des menschlichen Verhaltens

Grundriß der Humanethologie
998 Seiten mit rund 1000 Abb.
Leinen in Schuber

Galápagos

Die Arche Noah im Pazifik
413 Seiten mit 240 farbigen und
schwarzweißen Abb. Geb.

Grundriß der vergleichenden Verhaltensforschung – Ethologie

929 Seiten, 443 Abb., Bildfolgen und Grafiken und 12 farbige Tafeln.
Leinen in Schuber

Krieg und Frieden aus der Sicht der Verhaltensforschung

329 Seiten mit Abb. Serie Piper 329

Liebe und Haß

Zur Naturgeschichte elementarer Verhaltensweisen
293 Seiten. Serie Piper 113

Die Malediven

Paradies im Indischen Ozean
324 Seiten mit 190 meist farbigen Abb. Geb.

Der Mensch – das riskierte Wesen

Zur Naturgeschichte menschlicher Vernunft
272 Seiten mit 29 Abb. Leinen

Piper 26/5a

PIPER

Alfred Gierer

Die Physik, das Leben und die Seele

Anspruch und Grenzen der Naturwissenschaft
310 Seiten mit 19 Abbildungen. Geb.
(Auch in der Serie Piper 927 lieferbar)

In diesem Buch zeigt der Physiker und Biologe Alfred Gierer die Reichweite, aber auch die prinzipiellen Grenzen naturwissenschaftlichen Denkens auf. Beides wird besonders deutlich im Verhältnis der Biologie zur Physik. Hier stellen sich die Fragen, was Leben ist, wie es entstand und sich bis zur Höhe des Menschen entwickelte, wie der Reichtum der Formen zu verstehen ist und in welcher Beziehung das Bewußtsein, die »Seele«, zu einem wissenschaftlichen Verhältnis der Lebensvorgänge steht.

»Gierers Buch war überfällig. Er überläßt die Diskussion um die unüberschaubare Komplexität der Wirklichkeit nicht länger den Philosophen, Theologen und Mystikern.« Die Zeit

»Gierer hat hier zweifelsohne ein sehr lesenswertes – im übrigen auch gut lesbares – Buch vorgelegt, das für jeden an den Grundproblemen eines naturwissenschaftlichen Weltbildes interessierten Leser einiges an Perspektiven bietet.« Spektrum der Wissenschaft

»Ein vorzügliches Buch, das die wissenschaftlichen Erkenntnisse von Logik, Erkenntnistheorie, Physik und Biologie auf dem neuesten Stand diskutiert.«
Frankfurter Allgemeine Zeitung

Manfred Eigen / Ruthild Winkler

Das Spiel

Naturgesetze steuern den Zufall
404 Seiten mit 68 zum Teil farbigen Abbildungen.
Serie Piper 410

Alles Geschehen in unserer Welt gleicht einem großen Spiel, in dem von vornherein nichts als die Regeln festliegen. Das Spiel ist ein Naturphänomen, das schon von Anbeginn den Lauf der Welt gelenkt hat: die Gestalten der Materie, ihre Organisation zu lebenden Strukturen wie auch das soziale Verhalten des Menschen.
Dies ist die Quintessenz des faszinierenden Buches des Göttinger Biochemikers und Nobelpreisträgers Manfred Eigen und seiner Mitarbeiterin Ruthild Winkler, das in seine subtile, aber stets praxisbezogene Untersuchung auch brisante »apokalyptische« Themen unserer Zeit, z. B. die Frage der Genmanipulation und des Wachstums in einem begrenzten Lebensraum, mit einbezieht.

»... ein Buch, aus dem der Leser höchst komplizierte Fakten und Vorgänge ›spielend‹ lernt«. Die Zeit

Von Manfred Eigen liegt vor:

Stufen zum Leben

Die frühe Evolution im Visier der Molekularbiologie
311 Seiten mit 50 zum Teil farbigen Abbildungen. Leinen

Der Nobelpreisträger Manfred Eigen zeigt in den »Stufen zum Leben«, daß die Voraussetzungen für die Entstehung des Lebens in jüngster Zeit sowohl theoretisch als auch experimentell erforschbar geworden sind. Dadurch erscheint Darwins Evolutionstheorie in einem neuen Licht. Eigens neues Buch – das ist aktuelle Evolutionsforschung aus erster Hand.

»Manfred Eigens ›Stufen zum Leben‹ ist ein solides Sachbuch, das den Charakter eines Grundlagenwerkes hat.« Frankfurter Allgemeine Zeitung

Piper 53/4 a

PIPER

Grégoire Nicolis / Ilya Prigogine
Die Erforschung des Komplexen

Auf dem Weg zu einem neuen Verständnis der Naturwissenschaften
Aus dem Engl. von Eckhard Rebhan und Rainer Feistel.
384 Seiten mit 110 Abbildungen. Kt.

Die beiden Autoren lassen die Leser teilhaben an aufregenden Entwicklungen in der modernen Naturwissenschaft. Sie sind davon überzeugt, daß Wissenschaft mit der interdisziplinären Erforschung des Komplexen den Menschen dazu verhelfen wird, ihre gesamte Umwelt besser zu verstehen und damit Lösungen für drängende Probleme zu finden.

Ilya Prigogine
Vom Sein zum Werden

Zeit und Komplexität in den Naturwissenschaften
Aus dem Engl. von Friedrich Griese. 304 Seiten. Kt.

Prigogine fand bei seinen Untersuchungen, die 1977 mit dem Nobelpreis für Chemie ausgezeichnet wurden, daß auch bei irreversiblen Prozessen geordnete Strukturen entstehen können. Für die Evolutionstheorie bedeutete diese Erkenntnis einen großen Schritt nach vorn. Sie hat nämlich insbesondere die Grundlagen dafür geschaffen, daß man nunmehr in der Lage ist, auch den Übergang von toter zu lebender Materie rational zu erfassen. Die neuen Vorstellungen sind nicht nur auf Probleme der Physik, Chemie und Biologie anwendbar, sondern eignen sich auch zur Beschreibung des Verhaltens sozialer Systeme.

Ilya Prigogine / Isabelle Stengers
Dialog mit der Natur

Neue Wege naturwissenschaftlichen Denkens
Aus dem Engl. und Franz. von Friedrich Griese.
347 Seiten mit 11 Abbildungen auf Tafeln und 28 Zeichnungen. Geb.

»Der ›Dialog mit der Natur‹, blendend geschrieben und hervorragend übersetzt, wird sich vermutlich als eines der wichtigsten Werke unserer Zeit erweisen.«

Bild der Wissenschaft

Gerd Binnig

Aus dem Nichts

Über die Kreativität von Natur und Mensch
298 Seiten, mit Zeichnungen und Gedichten von Rudi Gerharz. Geb.

»Wie alles mit allem zusammenhängt« – so überschrieb die »Süddeutsche Zeitung« ihren Bericht über einen Vortrag von Gerd Binnig auf der letzten Tagung der Physik-Nobelpreisträger in Lindau. Binnig sprach dort über »Die Fractal-Struktur der Evolution«, ein Thema, das ihn seit Jahren beschäftigt und zu dem er nun sein erstes Buch geschrieben hat.
Evolution ist ein kreativer Prozeß. Deshalb handelt Binnigs Buch vor allem von Kreativität. Er schreibt schon der außermenschlichen Natur Kreativität zu, nicht erst dem Menschen. »Mir geht es in diesem Buch nicht darum, detaillierte Rezepte für kreatives Verhalten zu geben, sondern vor allem darum, ein tieferes Verständnis von Kreativität zu erreichen. Dazu muß man sich aber die gesamte Natur und nicht nur den Menschen anschauen. Die Natur war und ist in der Lage, ständig Neues hervorzubringen, ist also kreativ.«
Das Buch behandelt Kreativität in zweifacher Weise: Zum einen werden kreative Mechanismen beschrieben, zum andern ist das Buch selbst ein kreativer Prozeß, an dem der Leser teilnimmt. Es ist – sehr stark durch persönliche Erfahrungen des Autors geprägtes – kreatives Nachdenken über Kreativtät.
Das im ersten Teil erarbeitete neue Bild der Kreativität wird im zweiten Teil vertieft und auf alltägliche und nichtalltägliche Situationen angewandt. Binnigs Modell beschreibt unsere Welt als ein Kollektiv ineinandergeschachtelter »Lebewesen« – und das können Staaten, Organe, Zellen, Moleküle, Atome, ja Gedanken sein. Zwischen ihnen findet eine besondere Art von darwinistischem Wechselspiel statt – selbstähnliche Prozesse von Isolation, Attraktion, Reproduktion, Mutation und Auslese. Dies gilt auch für kreative Denkprozesse, da Gedanken und Denkmuster im Großen wie im Kleinen immer wieder reproduziert, mutiert und auf ihre Lebensfähigkeit hin überprüft werden.
Gerd Binnig, ein erfolgreicher und durch den Nobelpreis ausgezeichneter Experimentalphysiker, blickt und denkt mit diesem Buch weit über die Grenzen seines Fachs hinaus. Seine Leser brauchen keine Fachkenntnisse, aber Lust dazu, sich in einen kreativen Prozeß verwickeln und zu einem neuartigen Nachdenken über Mensch und Natur anregen zu lassen.

PIPER

Heinrich Meier (Hrsg.)

Die Herausforderung der Evolutionsbiologie

Mit Beiträgen von Richard D. Alexander, Norbert Bischof, Richard Dawkins, Hans Kummer, Roger D. Masters, Ernst Mayr, Ilya Prigogine und Christian Vogel.
294 Seiten mit 28 Abbildungen. Serie Piper 997

Keine wissenschaftliche Revolution der Moderne hat das Selbstverständnis des Menschen sichtbarer verändert und in den Augen vieler tiefgreifender erschüttert als die Umwälzung, die Darwin und seine Nachfolger bewirkt haben. Die Herausforderung der Evolutionsbiologie reicht daher über den Streit der Wissenschaft weit hinaus. Sie richtet sich nicht nur an die Humanwissenschaften und die Philosophie, für die sie neue Perspektiven eröffnet. Eine Wissenschaft, die sich anschickt, den Ursprung des Menschen zu erhellen und seine Natur zu erforschen, stellt auch eine religiöse und politische Herausforderung dar.

»Heinrich Meier, der 35jährige Leiter der Münchner Carl Friedrich von Siemens Stiftung, nennt das dezent: ›Die Herausforderung der Evolutionsbiologie‹. Davon hat er eine Elite der einschlägigen Wissenschaften im regelmäßig überfüllten Nymphenburger Kavaliershaus der Stiftung Zeugnis ablegen lassen. Seinen akademisch geschulten Gästen dort hat es mitunter den Atem genommen. Jetzt, weiter präzisiert im Buch, gewinnt das eine noch stärkere Brisanz.«
Der Spiegel

PIPER

Biologie der Erkenntnis

Die stammesgeschichtlichen Grundlagen der Vernunft
Von Prof. Dr. Rupert Riedl, Wien, unter Mitarbeit von Robert Kaspar, Wien. 3., durchgesehene Auflage. 231 Seiten mit 60 Abbildungen. Gebunden DM 29,80

Dieses Buch will dem Studierenden wie dem verantwortlichen Lehrer, Forscher und Politiker den Gesamtprozeß des Erkenntnisgewinns des Lebendigen darlegen; jene Systembedingungen und Selbstorganisationsprozesse, die seinen Gang und Erfolg garantieren. Er will als eine nunmehr biologische Theorie des Erkenntnisgewinns die Dimensionen von Wissen und möglicher Gewißheit objektiv begründen.

Begriff und Welt

Biologische Grundlagen des Erkennens und Begreifens
Von Prof. Dr. Rupert Riedl, Wien. 226 Seiten mit 59 Abbildungen und 2 Beilagen. Gebunden DM 39,80

Aus der Hypothese vom „Vergleichbaren“ entwickelt Rupert Riedl eine Naturgeschichte des Erkennens und Begreifens. Nach seinen zuvor erschienenen Büchern „Biologie der Erkenntnis“ und „Die Spaltung des Weltbildes“ ist dies ein weiterer Schritt auf dem Wege der evolutionären Erkenntnistheorie.

Die Spaltung des Weltbildes

Biologische Grundlagen des Erklärens und Verstehens
Von Prof. Dr. Rupert Riedl, Wien. 333 Seiten mit 54 Abbildungen. Gebunden DM 39,–

Mit diesem Band leistet Rupert Riedl einen weiteren Beitrag zu der von Ihm mit dem Buch „Biologie der Erkenntnis“ begründeten Buchreihe zur evolutionären Erkenntnistheorie.
Er unternimmt hier den Versuch einer Synthese unseres gespaltenen Weltbildes im Sinne einer wissenschaftlichen Methodenlehre, mit deren Hilfe er die Evolution des Erklärens und Verstehens entwickelt.

Die Evolutionäre Erkenntnistheorie

Bedingungen – Lösungen – Kontroversen
Herausgegeben von Prof. Dr. Rupert Riedl und Dr. Franz M. Wuketits, beide Wien, Mit Beiträgen von 27 Evolutionsforschern und Naturwissenschaftlern. 288 Seiten mit 6 Tabellen. Gebunden DM 39,80

Die Evolutionäre Erkenntnistheorie – eine Theorie der stammesgeschichtlichen Grundlagen menschlichen Erkennens und Denkens – ist heute eine der meistdiskutierten Theorien im Grenzbereich von Naturwissenschaft und Philosophie. Das Buch basiert auf dem internationalen Symposium Wien 1986.

Fauna und Flora des Mittelmeeres

Ein systematischer Meeresführer für Biologen und Naturfreunde
Bearbeitet und herausgegeben von Prof. Dr. Rupert Riedl, Wien; unter Mitarbeit von 20 Autoren.
3., neubearbeitete und erweiterte Auflage. 836 Seiten und 16 Farbtafeln; 3512 Abbildungen, davon 163 farbig, und mit 98 Verbreitungskarten; 2 dreifarbige Übersichtskarten. Gebunden DM 148,–

Biologie der Meereshöhlen

Topographie, Faunistik und Ökologie eines unterseeischen Lebensraumes. Eine Monographie
Von Prof. Dr. Rupert Riedl, Wien.
636 Seiten mit 350 Abbildungen, davon 22 farbig, und 30 Tabellen. Kartonierte Studienausgabe DM 68,–; Gebunden DM 198,–

Preise: Stand 1. 1. 1990